organisme et corps organique
de Leibniz à Kant

DERNIERS OUVRAGES PARUS DANS LA MÊME COLLECTION

BARBARA J.-G., *La naissance du neurone*, 2010.

CARNAP R., *Logique inductive et probabilité 1945-1970*, introduction P. Wagner, traduction sous la direction de P. Wagner, 2015.

– *Testabilité et signification*, traduction Y. Benétreau-Dupin, relue par D. Chapuis-Schmitz, introduction P. Wagner, 2015.

DUCHESNEAU Fr., *Leibniz, le vivant et l'organisme*, 2010.

– *Organisme et corps organique de Leibniz à Kant*, 2018.

HEINZMANN G., *L'intuition épistémique*, 2013.

Helmholtz. Du son à la musique, textes éd. par P. Bailhache, A. Soulez et C. Vautrin, 2011.

JOLY B., *Descartes et la chimie*, 2011.

LACOUR Ph., *La nostalgie de l'individuel*, 2012.

LASSÈGUE J., *Cassirer. Du transcendantal au sémiotique*, 2016.

LECLERCQ B., *Fondements logiques et phénoménologiques de la rationalité mathématique chez Husserl*, 2015.

LEIBNIZ G. W., *Mathesis universalis. Écrits sur la mathématique universelle*, textes introduits, traduits et annotés sous la direction de D. Rabouin, 2018.

ŁUKASIEWICZ J., *Écrits logiques et philosophiques*, 2013.

MANCOSU P., *Infini, logique, géométrie*, 2015.

MÉLÈS B., *Les classifications des systèmes philosophiques*, 2016.

UZAN P., *Conscience et physique quantique*, 2012.

MATHESIS
Directrice : Hourya BENIS SINACEUR

organisme et corps organique de Leibniz à Kant

par
François DUCHESNEAU

Ouvrage publié avec le concours du Centre national du livre

PARIS
LIBRAIRIE PHILOSOPHIQUE J. VRIN
6 place de la Sorbonne, V^e^

2018

Imprimé en France

ISSN 1147-4920
ISBN 978-2-7116-2818-6

www.vrin.fr

INTRODUCTION

La notion complexe d'organisme occupe une position centrale au fondement des théories biologiques. Du moins, tel est le cas depuis que la biologie s'est établie comme science autonome au début du XIXe siècle. Si la datation de la naissance de la biologie comme science peut donner lieu à discussion, tout autant que les conditions de son instauration, le recours au terme d'organisme pour signifier l'individualité biologique par excellence et l'objet d'étude commun des disciplines particulières relevant de la biologie a pu apparaître comme un acquis historique indéniable.

Certes, la philosophie de la biologie aujourd'hui suscite le constat que l'on pourrait légitimement remettre en cause l'hégémonie du concept d'organisme sur la totalité des sciences du vivant. Du point de vue critique, la question fondamentale porte alors sur les fondements et les limites de l'individualité vivante. Jusqu'à une époque relativement récente, le modèle de cette individualité semblait précisément fourni par l'organisme, ses structures et ses opérations : les référents de ce concept pouvaient être reconnus et identifiés tant chez les animaux que chez les végétaux, dans la mesure où ceux-ci paraissaient posséder une unité morphologique et fonctionnelle déterminée, et cela dans le cadre de leur appartenance à des espèces vivantes historiquement constituées. La reconsidération de cette catégorie générale d'organisme s'est imposée pour un ensemble de raisons qui tenaient d'une part à la diversification des champs d'étude à l'intérieur de la biologie, néanmoins présumée unitaire, d'autre part à la difficulté de circonscrire ce qui pourrait constituer l'unité essentielle du vivant, tant du point de vue méthodologique – celui des procédures d'analyse des phénomènes vitaux – que du point de vue théorique – celui des principes permettant de structurer l'explication de ces phénomènes. Ainsi, par exemple, trois ordres de considérations parmi nombre d'autres ont imposé la révision du statut épistémologique privilégié accordé au concept d'organisme[1]. En premier lieu, la problématique des unités de sélection en théorie de l'évolution (suivant le programme de la synthèse évolutionnaire) a amené certains à étendre le rôle d'agent et de sujet des processus de variation adaptative à des entités situées à des paliers infra- ou supra-organismiques. En second lieu, l'on est passé d'une génétique néo-mendélienne suivant laquelle l'identification des gènes s'opérerait à partir de la structure organismique des phénotypes les exprimant, à une génétique moléculaire pour laquelle le gène est un déterminant autonome de réplication, sujet à corrélation avec d'autres déterminants de même ordre, indépendamment de toute expression phénotypique : cette évolution théorique a en quelque sorte marginalisé la perspective structurale et fonctionnelle unitaire que fournissait le rapport primordial à l'organisme en tant qu'entité de référence. En troisième lieu, les phénomènes de symbiose entre individualités d'espèces diverses, mais plus encore les phénomènes d'interactions immunologiques relativisant la frontière entre moi et non-moi ont radicalement déplacé le paradigme de l'identité présumée essentielle, attribuée à l'organisme individualisé[2].

Or, la remise en cause de la catégorie d'organisme dans l'ontologie de la biologie contemporaine ne saurait s'opérer à la pièce, car ce qui est en jeu dans ce questionnement, ce sont les fondements théoriques de la discipline, qui se trouvent désormais soumis au réexamen critique en leur globalité. Il en est de même pour les méthodes d'analyse et de construction de modèles que les sciences de la vie ont déployées en vue d'interpréter et d'expliquer leur objet d'étude, à savoir le vivant en son individualité complexe et en son implication systémique dans un monde de relations à la fois organiques et inorganiques. Cette remise en cause et les recherches auxquelles elle donne lieu ne sauraient toutefois se dispenser d'une réflexion historique et épistémologique sur les conditions d'apparition des notions concernées, surtout de la principale d'entre elles, celle d'organisme, et sur les configurations théoriques et méthodologiques qu'elles ont déterminées. Les stratifications particulières qui ont progressivement constitué la biologie ont en effet engendré le profil actuel,

1. Voir l'état de la question tel qu'il est présenté dans la plupart des traités de philosophie de la biologie aujourd'hui, par exemple dans K. Sterelny, P. E. Griffiths, *Sex and Death. An Introduction to Philosophy of Biology*, Chicago, University of Chicago Press, 1999 ; P. Godfrey-Smith, *Philosophy of Biology*, Princeton, Princeton University Press, 2014. J'ai pour ma part décrit ces problématiques et leur configuration naissante dans F. Duchesneau, *Philosophie de la biologie*, Paris, P.U.F., 1997.

2. Voir sur ce dernier point T. Pradeu, *Les Limites du soi. Immunologie et identité biologique*, Montréal-Paris, Presses de l'Université de Montréal-Vrin, 2009.

combinatoire et hiérarchisé, de ses sous-disciplines et de l'ensemble qu'elles ont tendu à former; corrélativement, ces stratifications ont influé sur les schèmes d'analyse que les biologistes ont mis en œuvre. Dans cette perspective, il nous paraît justifié de tenter l'analyse des premières configurations conceptuelles qui ont marqué l'émergence de la théorie de l'organisme, en portant une attention particulière aux changements de perspective méthodologique qu'elles ont impliqués. L'intérêt de cette démarche de type historique est certes de reconstituer les voies qui ont mené aux problématiques contemporaines, mais aussi de redécouvrir les multiples options que recélaient les doctrines du passé dont certaines comporteraient même un air de famille avec des orientations de recherche actuelles.

Une première tâche sera de retracer les modèles de l'organisme au XVIIIe siècle. Quelques études ont examiné l'invention de ce concept même. Nous pouvons notamment nous référer sur ce point à celles qu'a menées Tobias Cheung[1]. Les premiers usages significatifs du terme dans le contexte des études sur le vivant se produisent à la fin du XVIIe et au début du XVIIIe siècle, peut-être chez Gottfried Wilhelm Leibniz, sûrement chez Georg Ernst Stahl. Mais indiscutablement trois auteurs afficheront cet usage de façon nette, mais indiscutablement contrastée, le naturaliste Nehemiah Grew, le philosophe Leibniz et le médecin Stahl aux environs de 1700[2]. Au point de départ, « organisme » ne désigne ni ne signifie l'entité que l'on identifie au vivant individuel, mais une propriété de celui-ci caractéristique de son mode de composition et de son fonctionnement dans le cadre d'une conception donnée du système de la nature. C'est un terme associé à celui de « mécanisme » et ce vocable désigne une forme particulière de mécanisme. Un témoignage probant à cet égard nous vient de Friedrich Hoffmann, professeur de médecine à l'Université de Halle, opposant déterminé de son collègue Stahl et correspondant estimé de Leibniz :

1. Voir T. Cheung, « From the organism of a body to the body of an organism : occurrence and meaning of the word "organism" from the seventeenth to nineteenth centuries », *British Journal for the History of Science*, 39 (2006), p. 319-339 ; T. Cheung, « What is an "organism" ? On the occurrence of a new term and its conceptual transformations 1680-1850 », *History and Philosophy of the Life Sciences*, 32 (2010), p. 155-194.

2. Voir notamment R. Andrault, « Entre anatomie et théologie : L'organisme chez Nehemiah Grew et G. W. Leibniz », *in* H. Breger, J. Herbst, S. Erdner (Hrsg.), *Natur und Subjekt. IX. Internationaler Leibniz-Kongreß*, Hannover, Gottfried-Wilhelm-Leibniz-Gesellschaft, 2011, I, p. 18-26.

> Quand plusieurs causes matérielles sont coordonnées et disposées de telle sorte que des effets en découlent correspondant à l'idée de l'artisan qui s'est proposé une fin déterminée, il s'agit aussi, dit-on, de mécanisme, mais plus parfait, et, selon certains, d'organisme, puisqu'il [ce mécanisme] se trouve exister dans des corps organiques [1].

Certes, le mécanisme tel qu'il s'accomplit dans le corps des êtres vivants peut obéir aux mêmes lois auxquelles sont soumis les corps non vivants, si ce n'est qu'alors des conditions particulières liées à la nature même des vivants en infléchissent l'application au point d'engendrer des effets proprement vitaux. Une autre possibilité est que ce mécanisme spécial traduise l'intervention de principes non mécaniques dans le déroulement de processus qui, laissés à eux-mêmes, ne produiraient que des effets de type inorganique, conformes en cela à l'ordre mécanique général : bref, ces principes imposeraient aux natures concernées des modes de fonctionnement échappant aux lois générales de l'univers physique. Ce conflit d'interprétations que l'on peut sans doute tenir respectivement pour « mécanistes » et « anti-mécanistes », magistralement orchestré dans la controverse entre Leibniz et Stahl [2], va par la suite dominer l'histoire de l'organisme, du moins dans sa phase pré-biologique, et engendrer diverses tentatives de résolution.

Sans doute peut-on considérer que l'antinomie inhérente au concept premier d'organisme était d'essence principalement épistémologique et concernait les catégories relatives au mécanisme de la nature dans leur application aux phénomènes vitaux pour en fournir l'explication causale et/ou téléologique. Autre apparaît de prime abord la perspective ontologique sur le statut des êtres vivants dans la nature. La question primordiale porte alors sur le concept-objet d'une science des êtres vivants à constituer qui puisse se situer au point de convergence d'une anatomie et d'une physiologie en cours d'autonomisation par rapport à la médecine et dans le cadre d'une histoire naturelle qui tend à se transformer en histoire de la nature. Ce concept-objet est celui de « corps organique » ou de « corps organisé » qui renvoie, comme à son cadre formel, à la philosophie naturelle mécaniste des modernes. Dans cette sorte de physique générale,

1. F. Hoffmann, *De natura morborum medicatrice mechanica*, Halæ Magdeburgicæ, Typis Christiani Henckelii, 1699, § 5 : « [...] quando autem plures materiales causæ ita coordinatæ ac dispositæ sunt, ut effectus fluant, ideæ artificis, qui certum finem propositum habeat correspondentes, dicitur etiam mechanismus, sed perfectior, & a nonnullis organismus, quoniam in organicis corporibus existit ».

2. Voir F. Duchesneau, J. E. H. Smith (eds.), *The Leibniz-Stahl Controversy*, New Haven-London, Yale University Press, 2016.

le recours à des principes semble pouvoir fonder l'explication des divers ordres de phénomènes; mais ces principes ne laissent pas cependant d'être conçus fort différemment par les disciples d'Isaac Newton et de John Locke, par les héritiers de la tradition cartésienne et, pour ce qui nous intéresse ici plus directement, par les réinventeurs de concepts leibniziens. Il ne fait pas de doute que la question des modèles théoriques à imaginer pour rendre compte de l'ordre spécifique aux corps des vivants dans l'univers phénoménal primait sur l'analyse épistémologique des modes de constitution de la science qui s'y appliquerait. Les deux ordres de questions étaient néanmoins intimement liés : ils l'étaient chez Leibniz, lorsqu'il traitait des corps organiques comme « machines de la nature »; ils le seront manifestement chez Immanuel Kant, lorsqu'il s'interrogera sur les modes de connaissance aptes à fonder et à légitimer notre compréhension des êtres organisés comme « fins de la nature » (*Naturzwecke*). Dans l'intervalle entre ces doctrines qui ont marqué des temps forts de l'analyse philosophique, sans doute les préoccupations ontologiques et épistémologiques étaient-elles également présentes chez les promoteurs d'une science des vivants, mais de façon plus subtile, plus indirecte, car l'ambition spéculative des auteurs restait, dans la plupart des cas, subordonnée à l'intention de se cantonner dans les limites de la philosophie expérimentale lorsqu'ils abordaient la question du statut naturel des vivants. S'esquissait néanmoins, à travers une séquence de doctrines, la tendance à passer d'une forme de « réductionnisme mécaniste » dans la conception des corps organisés à diverses variantes de « vitalisme » [1]. De façon sommaire, sans doute est-on tenté de suggérer que l'explication des fonctions qu'accomplissent exclusivement les corps organisés semblait dans un premier temps pouvoir se déduire de l'analyse des structures et de l'analogie des corps organisés avec des modèles mécanistes, ou au contraire semblait ne pouvoir être ainsi réalisée. Dans un deuxième temps, l'explication semblait plutôt pouvoir se constituer en présupposant des forces vitales aptes à assurer la formation et le fonctionnement de ces corps.

Un fil d'Ariane m'apparaissait requis pour entreprendre l'analyse des phases de transformation de la théorie des corps organiques à travers un choix de modèles pertinents. Au terme des avancées de l'anatomie et de

1. Les termes « réductionnisme » et « vitalisme » n'étaient pas alors d'usage et ne peuvent être appliqués à ces doctrines que de façon rétrospective et analogique et pour fins d'interprétation épistémologique. Voir ici en particulier F. Duchesneau, « Territoires et frontières du vitalisme (1750-1850) », *in* G. Cimino, F. Duchesneau (eds.), *Vitalism from Haller to the Cell Theory*, Firenze, Leo S. Olschki, 1997, p. 297-349.

la physiologie au XVIIe siècle, un modèle se détachait spécialement par sa pertinence : le modèle leibnizien des « machines de la nature », ces machines associant suivant un lien substantiel essentiel monades et corps organiques. Dans ce modèle, Leibniz avait investi une part essentielle d'explications issues du grand mouvement d'anatomie subtile (*anatomia subtilis*) et de physiologie mécaniste qui s'était développé autour de Nicolas Sténon (Niels Stensen), de Marcello Malpighi, de Jan Swammerdam, d'Antoni van Leeuwenhoek, de leurs émules et disciples, et que j'ai antérieurement désigné sous le vocable de « micro-structuralisme »[1]. On pouvait trouver, dans cette partie de la doctrine leibnizienne, des schèmes utiles aux hypothèses explicatives et à la conceptualisation théorique : tels étaient le concept d'un ordre organique intégré à l'infini dans la composition des corps organisés, l'idée d'une identification possible de propriétés physiologiques servant de raisons suffisantes à l'explication des processus vitaux, la notion d'une correspondance entre modes de structuration des corps organiques et rapports de dominance et de subordinations entre monades, la définition de ces monades, dotées de perception et d'appétition, comme sujets d'inhérence de forces primitives dont les forces dérivatives seraient l'expression phénoménale, sans oublier le concept d'une génération des corps organiques en vertu de l'inhérence d'une loi de transformation des germes préformés eux-mêmes.

Ernst Cassirer a été le premier, il y a plus d'un siècle, à reconnaître l'importance de la doctrine leibnizienne de l'organisme pour l'histoire ultérieure des sciences biologiques et pour la philosophie même des sciences[2]. On peut certes lui reprocher de n'avoir pas pleinement saisi la différence sémantique du concept leibnizien d'organisme par rapport à ce que l'on trouve évoqué par ce terme dans la biologie du XIXe siècle. Mais il a parfaitement identifié le rôle de notions clés du système de la nature selon Leibniz dans la détermination de principes architectoniques pour une science de la vie à constituer. Cette voie d'analyse qu'il avait esquissée, ne fut guère empruntée dans les décennies qui suivirent la publication du *Leibniz' System* ou, lorsqu'elle le fut, les visées des interprètes manquèrent d'envergure et les résultats furent de faible portée. Il fallait sans doute qu'entre-temps davantage d'inédits leibniziens fussent mis au jour, que l'intérêt de Leibniz pour les problématiques du vivant en métaphysique, en épistémologie et en philosophie naturelle se révélât

1. F. Duchesneau, *Les Modèles du vivant de Descartes à Leibniz*, Paris, Vrin, 1998, p. 183-184.

2. Voir E. Cassirer, *Leibniz' System in seinen wissenschaftlichen Grundlagen* [1902], Hildesheim, Georg Olms Verlag, 1980, p. 401-422.

sous tous ses aspects et qu'une nouvelle historiographie réévaluât la place des sciences de la vie dans la Révolution scientifique des temps modernes. Récemment, plusieurs études ont approfondi et précisé les contours de la réflexion leibnizienne sur le vivant. Qu'il me soit permis d'évoquer ici outre mes propres travaux [1], principalement ceux de Michel Fichant [2], de Justin Smith [3], de Jeanne Roland [4] et de Raphaële Andrault [5], sans compter de multiples projets désormais en cours de réalisation.

À la lumière de cette redécouverte de la « pensée biologique » de Leibniz, il devenait impératif, me semble-t-il, d'en retracer l'impact méthodologique et doctrinal au siècle des Lumières et jusqu'à l'orée de la biologie proprement dite, sinon au-delà. Reconnaissons ici que notre connaissance du devenir de la philosophie leibnizienne au XVIIIe siècle est remarquablement lacunaire, outre que son exploration pose des défis particuliers. Je ne nie pas que l'on puisse tirer avantage de quelques travaux d'ensemble relativement anciens, tel l'ouvrage de William Henry Barber [6], et de quelques études consacrées à des philosophes marquants en relation avec les thèmes leibniziens qui les ont inspirés [7]. Mais il reste infiniment plus à découvrir et maints obstacles à surmonter. Parmi ces derniers, figurent des schèmes qui ont imposé des grilles d'analyse simplificatrices et parfois déformantes. Le premier de ces schèmes et le plus évident, sinon le plus valide, résulte de ce que la diffusion de la pensée leibnizienne a tenu à peu d'œuvres et que l'essentiel en aurait donc été occulté pour des générations de lecteurs. C'est là omettre la diffusion indirecte assurée par nombre de disciples et l'extrême influence des textes publiés, ceux de Leibniz dès avant la publication des *Nouveaux Essais sur l'entendement humain* en 1765 et des *Opera omnia* édités par Louis Dutens en 1768, mais aussi ceux d'hommes de lettres ou de science avec

1. En particulier, F. Duchesneau, *Leibniz. Le vivant et l'organisme*, Paris, Vrin, 2010.

2. En particulier, M. Fichant, « Leibniz et les machines de la nature », *Studia Leibnitiana*, 35 (2003), p. 1-28.

3. J. E. H. Smith, *Divine Machines. Leibniz and the Sciences of Life*, Princeton, Princeton University Press, 2011.

4. J. Roland, *Leibniz et l'individualité organique*, Montréal-Paris, Presses de l'Université de Montréal-Vrin, 2012.

5. R. Andrault, *La Vie selon la raison. Physiologie et métaphysique chez Spinoza et Leibniz*, Paris, Honoré Champion, 2014.

6. W. H. Barber, *Leibniz in France. From Arnauld to Voltaire* [1955], New York, Garland Publishing, 1985.

7. Nous renvoyons par exemple à C. Leduc, F. Pépin, A.-L. Rey, M. Rioux-Beaulne (dir.), *Leibniz et Diderot. Rencontres et transformations*, Montréal-Paris, Presses de l'Université de Montréal-Vrin, 2015.

lesquels Leibniz avait échangé ou polémiqué – pensons ici à Pierre Bayle, Stahl ou Samuel Clarke.

Autre schème d'analyse à relativiser : celui de la transformation de la philosophie leibnizienne en discipline d'école sous l'égide de Christian Wolff. Il est vrai que Leibniz sera souvent lu à travers l'image déformée et altérante qu'en procuraient les thèses souvent de tout autre nature, développées dans la masse imposante des traités wolffiens. Mais il faut là aussi moduler : ces reformulations et transformations, parfois fort diverses, voire divergentes les unes par rapport aux autres, méritent d'être considérées comme des éléments représentatifs de la diffusion dans l'exacte mesure où elles ont été comparées au paradigme de départ. Les interprètes mis en cause, à commencer par Wolff lui-même, étaient conscients de leurs différences de pensée par rapport à Leibniz et savaient parfois en faire état. D'ailleurs, dans le domaine germanique, plus le siècle avance, plus on rencontre de philosophes qui se veulent autonomes par rapport à cette présumée orthodoxie leibnizienne-wolffienne qu'ils n'ont jamais vraiment reconnue : ils se rapprochent de thèses proprement leibniziennes, certes souvent pour les critiquer, mais aussi en les reconnaissant pour ce qu'elles étaient. Le plus célèbre, mais non le seul, de ces héritiers critiques de Leibniz par-delà toute *Schulphilosophie* pseudo-leibnizienne fut évidemment Kant.

Autre schème interprétatif à moduler : celui de la prétendue hégémonie de l'empirisme de Locke et de la science naturelle de Newton en regard du rationalisme des métaphysiciens classiques et d'une philosophie de la nature qui aurait reposé sur des hypothèses et des principes méta-empiriques. Suivant cette figuration antinomique, la pensée leibnizienne aurait subi une critique radicale et connu une forme d'éradication au profit de paradigmes hérités de Locke de Newton. On ne peut et on ne doit pas suivre ce schème trop artificiel jusque dans le détail des doctrines et théories qui en auraient constitué les illustrations historiques. L'hégémonie de l'empirisme et de la physique inductive, dite newtonienne, ne fut jamais totale, ni dans les œuvres de Locke ou de Newton, ni dans celles de leurs successeurs, qui à bien des égards endossèrent plutôt parfois des méthodes empruntées au philosophe de Hanovre et forgèrent leurs théories et leurs hypothèses pour une part suivant l'analogie de conceptions leibniziennes.

Dans quelle mesure les conceptions de l'organisme et du corps organique selon Leibniz sont-elles intervenues dans le développement des modèles théoriques du vivant au XVIIIe siècle ? Telle est l'interrogation qui a déterminé les recherches dont le présent travail fait état. À l'évidence, l'enquête que j'ai menée se fonde sur des choix discutables d'auteurs et de doctrines ; l'on aurait pu faire référence à des physiologistes et à des philosophes dont l'œuvre a eu moins à voir avec ce que l'on peut considérer comme le modèle leibnizien de l'être vivant; l'on aurait pu aussi s'intéresser à d'autres héritiers du leibnizianisme qu'à ceux dont j'ai valorisé la contribution. Il reste à ce double égard des tâches à accomplir qu'il reviendra à d'autres d'assumer. Je me tiendrai pour satisfait si l'on tient mes choix pour raisonnables et mes analyses pour éclairantes, même si les uns restent contingents et les autres se révèlent être demeurées partielles. N'est-ce pas là d'ailleurs le caractère obligé de toute recherche d'histoire de la philosophie et des sciences? Ces excuses faites, ma conviction très ferme est que ce modèle leibnizien a sans doute été une sorte de commun dénominateur pour des propositions théoriques diverses qui ont servi à le critiquer, à l'ajuster, à l'adapter, voire à le transformer radicalement. Et cela s'est produit dans un contexte où d'autres concepts étrangers au leibnizianisme pouvaient s'immiscer dans la discussion et animer l'effort d'édification théorique. En outre, sur aucun sujet, la philosophie naturelle à l'époque des Lumières ne saurait devenir objet d'analyse sans que soient pris en compte les multiples apports de la partie empirique des sciences, c'est-à-dire de ce que l'on qualifiait alors de « philosophie expérimentale ». En un mot, les découvertes issues de l'observation et de l'expérience, tout comme les inductions et les analogies s'y rattachant, infléchissaient significativement les conceptions physiologiques qui voyaient alors le jour. Ce fut le cas, par exemple, des découvertes relatives à la parthénogenèse des aphides par Charles Bonnet, à la régénération des polypes par Abraham Trembley, ou à la distinction expérimentale entre irritabilité et sensibilité élaborée par Albrecht von Haller. Enfin, le noyau théorique leibnizien pouvait se révéler plus ou moins consistant, plus ou moins altéré ou repensé, plus ou moins explicite, suivant les savants chez lesquels on en détecte la présence. C'est en exprimant toutes ces réserves eu égard à la portée et aux limitations de mon projet que j'indique ici le plan du travail qui en marque l'aboutissement.

Dans un premier temps, il s'agissait de repérer dans l'œuvre leibnizienne les éléments de doctrine qui pouvaient constituer les principes d'une théorie de l'organisation vitale. De ce point de vue, le rejet des natures plastiques, la contestation de la conception de l'organisme selon Stahl, l'explication de la génération axée sur la préformation comme loi inhérente de développement des structures organiques, la conception des corps organiques comme « machines de la nature » à l'infini : toutes ces thèses leibniziennes contribuaient à dessiner la forme d'une théorie ouverte à l'exploitation pour fins d'explication des processus physiologiques.

Une démarcation initiale par rapport à cette doctrine et à ses implications épistémiques se produit sans conteste chez les successeurs avérés de la philosophie de Leibniz. Mais sur quoi le décalage porte-t-il et comment se manifeste-t-il ? L'examen des *Physique* et *Physiologie allemandes* [1], puis des œuvres latines plus tardives de Christian Wolff doit nous permettre d'entrevoir que la notion même de « machine de la nature » cesse alors d'impliquer une organisation se déployant analytiquement à l'infini, puisqu'ultimement l'analyse mène sur le plan physique à des éléments que l'on peut tenir pour de simples atomes de force. La relation de l'âme au corps organique se réduirait pour sa part à une connexion harmonique hypostasiée. Enfin, se pose la question de confiner la génération des corps organiques au simple prolongement analogique des données de philosophie expérimentale qui s'y rapportent. D'où des modèles théoriques proprement inachevés du point de vue systémique, comme celui que semblent requérir des phénomènes de régénération, tels ceux du polype de Trembley. Il m'est apparu pertinent d'interroger les textes de quelques autres Wolffiens sur ces mêmes thèmes, en l'occurrence Georg Bernhard Bilfinger, Isaac Gottlieb Canz et Johann Heinrich Winckler.

De façon divergente par rapport à ces révisions wolffiennes du modèle, Louis Bourguet propose une hypothèse relative à la génération des corps organisés dans ses *Lettres philosophiques sur la formation des sels et des crystaux, et sur la génération et le mechanisme organique des plantes et des animaux* (1729) [2]. Il convient de s'intéresser ici à l'évaluation comparative des types d'hypothèses explicatives proposées. Une fois admis que la formation première de ces corps requiert une cause transcendante et en présumant que la préformation s'impose au point de départ des séries germinales, il apparaît indispensable de rattacher les lois de développement des formes d'êtres vivants impliquées en ces séries aux lois générales du mouvement et à celles plus spécifiques du mécanisme organique : ces lois fournissent la raison causale des agencements de corpuscules à réaliser pour que les vivants s'actualisent. Mais de quelle nature doivent donc être les monades pour servir de principes d'action aux corps organiques qui leur sont intimement liés ?

1. Sous ces appellations, l'on renvoie à C. Wolff, *Vernünfftige Gedancken von der Würckungen der Natur* [*Deutsche Physik*], Halle in Magdeburg, in der Rengerischen Buchhandlung, 1723 ; C. Wolff, *Vernünfftige Gedancken von dem Gebrauche der Theile in Menschen, Thieren und Pflanzen, den Liebhabern der Wahrheit mitgetheilet* (1725) [*Deutsche Physiologie*], Frankfurt-Leipzig, in der Rengerischen Buchhandlung, 1730.

2. L. Bouguet, *Lettres philosophiques sur la formation des sels et des crystaux, et sur la génération et le mechanisme organique des plantes et des animaux*, Amsterdam, Chez François L'Honoré, 1729.

Chaînons essentiels de transmission du modèle leibnizien, mais aussi instances de décalages manifestes, les théories de Pierre-Louis Moreau de Maupertuis et de Georges-Louis Leclerc de Buffon ne laissent pas de présenter de profondes affinités entre elles, en même temps qu'elles offrent des variantes distinctes eu égard aux concepts-principes relatifs à la formation des corps organiques. Sans doute convient-il ici de s'interroger sur les limites de l'adhésion des deux savants à la philosophie leibnizienne dont certes ils ne se revendiquent pas, mais dont ils adoptent indirectement des éléments centraux. Ainsi transposent-ils en particulier le rapport entre monade et corps organique pour en faire la cheville-ouvrière d'explications épigénétiques de la génération qu'il importe de reconsidérer du point de vue de leur rapport à un mécanisme organique. Celui-ci est conçu de façon originale, si on le compare à ce que le mécanisme avait pu représenter pour les micro-structuralistes, disciples de Giovanni Alfonso Borelli, de Malpighi et de Sténon, dont Leibniz, mais aussi Wolff et Bourguet s'étaient inspirés. Dans quelle mesure les apports de Maupertuis et de Buffon à l'évolution du modèle de l'organisme introduisaient-ils une réelle solution de continuité dans la représentation des modes d'organisation vitale? Cette question est déterminante, compte tenu de l'influence exercée par ces deux promoteurs initiaux de l'épigenèse au XVIIIe siècle.

John Turberville Needham, collaborateur de Buffon pour un temps et naturaliste observateur des zoophytes et des infusoires, pourrait à première vue être considéré comme l'auteur d'une théorie de l'organisation vitale assez analogue à celle de Buffon. Or, de fait, les divergences par rapport à celle-ci sont notables et vont s'accentuant dès la rédaction des *Nouvelles Observations microscopiques* (1750)[1]. Needham s'intéresse tout particulièrement à la formation de corps organiques dotés d'activité vitale et apparaissant sous le seuil de l'animalité proprement dite. Il développe à cet égard une théorie épigénétique qui doit s'insérer en un système de la nature et se justifier par le moyen d'inférences hypothético-déductives. Ce système doit concilier la production de formes vivantes depuis les puissances de l'ordre physique avec le caractère téléologique des organisations résultantes. Pour ce faire, il s'appuie sur le modèle leibnizien des machines de la nature et il le déclare explicitement. Cela n'est toutefois possible que par une révision audacieuse du concept de monade dans son usage physiologique et des principes régissant les lois

1. J. T. Needham, *Nouvelles Observations microscopiques*, Paris, Chez Louis-Étienne Ganeau, 1750.

de l'organisation vitale. Ces transformations méritent d'autant plus d'être retracées qu'elles ont influé sur les interprétations vitalistes de l'économie des forces immanentes aux êtres vivants. La diffusion des thèses de Needham, leur reprise, voire leur rejet critique par des naturalistes et philosophes de la seconde moitié du XVIIIe siècle constitue un champ de recherche à explorer à travers des œuvres d'orientation parfois fort diverses.

Un facteur majeur de réorientation se rattache à la détermination expérimentale de l'irritabilité et de la sensibilité par Haller. La construction théorique qui s'appuie sur la distinction de ces propriétés physiologiques et sur leur corrélation à des combinaisons d'éléments fibrillaires implique la possibilité d'énoncer des lois de l'organisation vitale. D'où des développements en ce sens dans les hypothèses qu'expose Bonnet sur la base de données essentiellement collectées par Haller et par des naturalistes tels que lui-même. De façon quasi antithétique par rapport à Needham, Bonnet rétablit la préformation pour rendre compte de la génération, mais la révision des concepts destinés à modéliser la préexistence des germes implique l'annexion d'un schème néo-leibnizien relatif aux âmes et aux corpuscules organiques. Il faut d'ailleurs voir comment, à cette fin, Bonnet recourt à des principes architectoniques servant à justifier l'économie des formes de vie dans un système de la nature téléologiquement ordonné.

Après la réforme hallérienne, un jalon important dans les transformations du modèle leibnizien et corrélativement du concept de corps organisé m'apparaît constitué par des œuvres synthèses ayant eu pour objet la mise en forme systématique de connaissances proto-biologiques. Tel est le cas du traité de Michael Christoph Hanov, *Philosophia naturalis sive Physica dogmatica* (1762-1768)[1]. Le terme de « biologie » y fait une apparition annonciatrice, mais, cette innovation terminologique n'est pas le seul point d'intérêt dans l'analyse qu'il convient ici d'entreprendre. D'autres aspects des arguments développés par le philosophe de Dantzig méritent considération. Ainsi Hanov s'emploie à établir la compatibilité de la conception monadologique, qu'il reconstitue au plus près de ses formulations leibniziennes, avec une hypothèse de formation des corps organisés par épigenèse. Cette hypothèse attribue une loi de développement des structures et des processus à une force architectonique inhérente aux corpuscules organiques et découlant des propriétés essentielles des

1. M. C. Hanov, *Philosophiæ naturalis sive Physicæ dogmaticæ Tomus I-IV* [1762-1768], Hildesheim, Georg Olms, 1997.

monades dominantes qui leur correspondent. Dans ce contexte, il y a lieu de s'interroger sur le mode d'inhérence du projet organisateur dans une machine de la nature qui se construit matériellement, mais en vertu d'un dessein architectonique immanent.

En parallèle, les théories de l'organisation vitale développées par Maupertuis, Buffon et Needham engendreront diverses reprises et transformations qui tendront à assimiler les concepts d'inspiration leibnizienne à une forme de matérialisme vital. Ainsi, chez Denis Diderot, l'analyse s'attachera à la réduction au physique du concept de monade et à la réinterprétation du modèle de l'organisme, tant du point de vue méthodologique que théorique. Mais il convient aussi d'examiner les œuvres de Jean-Claude de la Métherie qui élabore des thèses comparables dans la décennie 1780[1]. Ici, la filiation leibnizienne est explicite, notamment en ce qui concerne le recours aux principes architectoniques, mais la théorie de l'organisation vitale résultante redéfinit les éléments composant les corps organisés en leur conférant un statut simplement physique. Reste alors à déterminer comment la sensibilité peut émerger de la combinatoire des éléments matériels et comment, sur la base de cette propriété vitale, l'on peut rendre compte des fonctions les plus complexes des vivants animaux.

En continuité de la physiologie hallérienne, mais dans une perspective vitaliste, Johann Friedrich Blumenbach rattache la formation des corps organisés et leur fonctionnement à un principe vital hégémonique, le *Bildungstrieb*, et aux forces vitales qui en découlent. S'agit-il alors de récuser la possibilité de formation mécanique des vivants au profit d'une épigenèse commandée par le projet d'organisation vitale à réaliser ? Quelle part le recours à la téléologie est-il appelé à jouer dans l'explication des phénomènes en termes de forces vitales, par-delà les modèles mécanistes que l'on peut tenter d'en former ? L'héritage de concepts de corps provenant du modèle leibnizien transformé se traduirait-il en particulier dans le mode de conciliation de pouvoirs finalisés et de processus physico-mécaniques produits dans et par des machines de la nature en constant devenir ? Dans le même temps où Blumenbach investit le territoire épistémologique dessiné par ces interrogations, il élargit le modèle des corps organiques pour y intégrer le devenir des variétés spécifiques : cette évolution avait certes été amorcée chez Maupertuis et chez Buffon, mais la façon

1. Voir J.-C. de La Métherie, *Vues physiologiques sur l'organisation animale et végétale*, Amsterdam-Paris, Chez P. F. Didot, 1780 ; J.-C. de La Métherie, *Principes de la philosophie naturelle*, Genève, 1787, 2 vol.

dont elle suscite une structuration des hypothèses physiologiques chez Blumenbach, comme aussi chez Carl Friedrich Kielmeyer, est notable : le modèle de l'organisme est alors appelé à permettre la formulation de lois de l'organisation vitale.

C'est précisément en lien avec cette évolution de la théorie des corps organiques que l'ordre de déploiement des thèmes de la présente recherche nous mène à l'examen des vues de Kant sur les conditions d'explication théorique des phénomènes vitaux. La dissolution critique des éléments de métaphysique dogmatique que recélaient sans doute les hypothèses explicatives de forme néo-leibnizienne, pouvait sans doute donner lieu à une solution de continuité avérée chez Kant par rapport à de telles hypothèses. Il importe au contraire, me semble-t-il, de bien établir quel rapport aux sources s'affiche dans la série des textes kantiens relatifs à la connaissance des êtres vivants, depuis *L'Unique Fondement possible d'une démonstration de l'existence de Dieu* (1763)[1] jusqu'à la *Critique de la faculté de juger* (1790)[2]. Comment le modèle des fondements possibles pour une science de la nature qui fait appel à une systématisation des principes physico-mécaniques doit-il être ajusté pour permettre de constituer une théorie des êtres organisés? À cet égard, sans doute faut-il examiner à nouveaux frais comment l'analyse fonctionnelle appliquée aux vivants et aux processus vitaux peut assurer l'articulation adéquate du mécanisme et de la téléologie – articulation qui apparaît comme une constante méthodologique des visées explicatives selon la théorie de l'organisme. Serait-il alors légitime de se représenter que Kant nous offre une sorte de *terminus ad quem* des transformations du concept de corps organique au XVIIIe siècle depuis sa figuration paradigmatique dans l'œuvre et l'héritage de Leibniz? Et ne serait-il pas également légitime de lui attribuer une part de responsabilité dans le passage d'une théorie des corps organique à une théorie de l'organisme proprement dit?

1. I. Kant, *Der einzig mögliche Beweisgrund zur Demonstration des Daseins Gottes*, in *Kants Werke*, II, p. 63-163.

2. I. Kant, *Kritik der Urtheilskraft*, in *Kants Werke*, V, p. 165-486.

CHAPITRE PREMIER

LEIBNIZ. ORGANISME ET PRÉFORMATION

Le concept de corps organique joue un rôle central dans la philosophie naturelle telle que la conçoit Leibniz. Cela est particulièrement vrai après que le tournant monadologique eut marqué le cours des spéculations leibniziennes. À toutes fins pratiques, aucune monade ne se conçoit dénuée d'un corps organique et nul corps ne peut être tenu pour quelque chose de substantiel dans l'ordre des phénomènes bien fondés, s'il n'est organique ; tout corps non organique n'aurait par contre qu'un statut d'agrégat dépourvu d'unité propre et ne formerait qu'un tout au statut illusoire, dont l'analyse ou la décomposition mènerait obligatoirement à des corps qui seraient proprement organiques. La notion de corps organique, comme tous les grands concepts leibniziens, a connu des inflexions successives et l'on pourrait utilement en retracer la genèse et préciser les contextes dans lesquels elle s'est transformée. Ces contextes ont été, pour une part, internes à la pensée leibnizienne dans son évolution et son économie propre, pour une autre part, externes et résultant de développements en anatomie, en physiologie et en physique dont Leibniz s'est inspiré tout en les réinterprétant. Or, même si je dois m'abstenir d'explorer méthodiquement cet ensemble de questions, j'y toucherai par la pointe. Et cette pointe c'est le rôle architectonique dévolu au concept d'harmonie dans la compréhension de ce que Leibniz en est venu progressivement à entendre sous le vocable de corps organique. L'harmonie m'est en effet apparue à la fois comme une raison déterminante dans la construction du concept leibnizien de corps organique et comme l'une des principales résultantes de cette construction, spécifiant la forme que doit prendre l'explication des fonctions propres aux corps organisés. L'harmonie jouerait en quelque sorte un rôle à la fois d'*explanans* et d'*explanandum* dans ce qui tient lieu, chez Leibniz, d'une définition causale du corps organique. La notion d'harmonie paraîtrait de ce fait fournir l'armature formelle de l'analyse qui déploierait le contenu de cette définition [1].

1. La machine animale

Je partirai ici de la notion de machine de la nature dont Leibniz se sert pour caractériser le corps organique et qui apparaît en 1695 dans le *Système de la nature et de la communication des substances* dans le contexte de formation du concept de monade.

> Il faut sçavoir, écrit Leibniz, que les Machines de la nature ont un nombre d'organes veritablement infini, et sont si bien munies et à l'épreuve de tous les accidens, qu'il n'est pas possible de les detruire. Une machine naturelle demeure encor machine dans ses moindres parties, et qui plus est, elle demeure tousjours cette même machine qu'elle a esté, n'estant que transformée par des differens plis qu'elle reçoit, et tantost étendue, tantost resserrée et comme concentrée lorsqu'on croit qu'elle est perdue [2].

Michel Fichant a écrit un article séminal sur la notion de machine de la nature et sa genèse [3]. Je me contenterai d'y référer. J'insisterai toutefois sur le principal facteur de différenciation de ces « machines divines » par rapport aux machines issues de l'art humain : ce sont des machines composées de machines à l'infini. Spontanément, l'épistémologue des sciences de la vie perçoit ici le lien à faire avec le mécanisme biologique professé par les disciples directs ou indirects de Giovanni Alfonso Borelli qui ont fondé la physiologie moderne sur l'anatomie subtile et sur l'explication micro-structuraliste des processus vitaux. C'était la base de cette « médecine rationnelle » dont Leibniz fut un ardent partisan. Le corps organique formé de « petites machines » juxtaposées ou emboîtées et constituant autant de dispositifs : tel était le cœur de la théorie physiologique selon ces Nicolas Sténon et Marcello Malpighi que

1. Des éléments du présent chapitre ont donné lieu à des versions antérieures : voir F. Duchesneau, « Autonomie des âmes et devenir des corps dans les Essais de théodicée », *in* P. Rateau (dir.), *Lectures et interprétations des Essais de théodicée*, Studia Leibnitiana, Sonderhefte 40, Stuttgart, Franz Steiner, 2011, p. 97-115 ; F. Duchesneau, « The organism-mechanism relationship : An issue in the Leibniz-Stahl controversy », *in* J. Smith, O. Nachtomy (eds.), *The Life Sciences in Early Modern Philosophy*, New York, Oxford University Press, 2014, p. 98-114 ; F. Duchesneau, « Leibniz et Bayle critiques des natures plastiques », *in* C. Leduc, P. Rateau, J.-L. Solère (dir.), *Leibniz et Bayle : confrontation et dialogue*, Studia Leibnitiana, Sonderhefte 43, Stuttgart, Franz Steiner, 2015, p. 247-265.

2. GP IV, 482.

3. Voir M. Fichant, « Leibniz et les machines de la nature », *Studia leibnitiana*, 35 (2003), p. 1-28.

Leibniz tenait pour les chefs de file d'une nouvelle science du vivant. Or, même si Leibniz peut annexer leurs vues théoriques et méthodologiques à sa propre philosophie naturelle, son concept de machine de la nature s'en distingue par un élément de connotation métaphysique : les machines de la nature sont machines de la nature à l'infini. Les machines organiques à la Malpighi sont formées de micromachines (*machinulæ*), englobant sans doute elles-mêmes des machines plus subtiles et plus ténues, mais la régression analytique doit avoir un terme, même si nous ne le connaissons pas, et ce terme sera une machine finie.

Certes, s'agissant d'expliquer la génération des êtres vivants, une partie des physiologistes mécanistes de cette école ont soutenu la préformation des corps organiques avant fécondation, et certains, à la suite de Nicolas Malebranche et de Jan Swammerdam, ont même soutenu la préexistence des germes emboîtés depuis la création originelle, ce qui supposait une régression analytique vers l'incommensurable en petitesse. Ne sommes-nous pas alors en présence de corps organiques emboîtés à l'infini au sens leibnizien ? À cette question la réponse me semble devoir être encore une fois négative. Certes, Leibniz a lui-même adhéré au préformationnisme et évoqué les observations des Antoni van Leeuwenhoek, Swammerdam et autres naturalistes en faveur de la préformation, mais il n'a pas entériné le fondement même de leur hypothèse : la composition de germes premiers de structures finies surgissant de la matière inorganique par fiat divin. Que soutient-il dans la correspondance avec Louis Bourguet ? « Je suis seur [...], affirme-t-il, que jamais un corps organique de la nature n'est formé d'un chaos ou d'un corps non organique, et meme qu'il n'y a jamais chaos qu'en apparence. C'est une consequence de la production des choses par une cause parfaitement sage »[1]. Il tient par ailleurs la structure du corps organique pour primordiale dans sa composition à l'infini : « Je ne saurois rien dire, concède-t-il, sur le detail de la generation des animaux. Tout ce que je crois pouvoir asseurer est, que l'ame de tout animal a préexisté, et a été dans un corps organique, qui enfin par beaucoup de changemens, involutions et evolutions est devenu l'animal present »[2]. Selon Leibniz, la préexistence doit être accordée à l'âme et la préformation au corps organique dans sa composition organique à l'infini. Et nous savons que le rapport des deux est régi par l'« hypothèse des accords »[3], c'est-à-dire par l'harmonie dite préétablie.

1. Lettre à Bourguet du 3 janvier 1714, GP III, 562.
2. Lettre à Bourguet du 5 août 1715, GP III, 579.
3. GP IV, 485.

Mais comment peut-on rendre compte de l'organicité à l'infini dans la composition des corps vivants en tant que telle, organicité que Leibniz désignera de façon régulière après 1700 par le terme d'organisme, inspiré en cela par Friedrich Hoffmann selon moi [1] et/ou par Nehemiah Grew selon Raphaële Andrault [2]. Pour tenter une réponse à cette question, il me faut remonter à une phase antérieure de formation du concept de corps organique dans l'œuvre leibnizienne.

Le texte *Corpus hominis et uniuscujusque animalis machina est quædam* de la période 1680-1682, initialement édité par Enrico Pasini, nous fournit de précieuses indications sur le modèle du corps organique à l'époque où la physique leibnizienne se réforme suivant les principes de la dynamique en gestation [3]. Leibniz y subordonne toute l'analyse physiologique aux spécificités du modèle qu'il tente d'élaborer suivant l'analogie d'une mécanique dont les rouages coordonnés assureraient à la fois la perpétuation et la régulation du mouvement résultant. Ce mouvement résultant figure une sorte de mouvement perpétuel, dans la mesure où les oscillations qui l'engendrent se renouvèlent par cycles de rétroaction. Leibniz écrit :

> Le corps de l'homme, comme aussi de tout animal, est une machine. Or, toute machine se définit le mieux par sa cause finale, de telle sorte que l'on aperçoive ensuite dans l'explication des parties comment celles-ci sont toutes coordonnées suivant une fin déterminée. Ainsi, si l'on doit décrire une horloge, l'on dira qu'elle est une machine faite pour indiquer des divisions égales du temps : c'est pourquoi il faut un mouvement égal et suffisamment durable pour servir d'indicateur et, pour ce mouvement, il faut d'une part une force motrice, telles celles qui proviennent d'un poids ou d'un ressort, d'autre part un retardateur afin que la force ne s'épuise pas d'un seul coup (ce que l'on peut réaliser également par des rouages et par un balancier), d'autre part enfin un régulateur de justesse, qui s'obtient d'abord par la spirale d'un ressort ou par les oscillations d'un corps soit

1. Voir, F. Duchesneau, « Organisme et mécanisme : de Hoffmann à la controverse entre Leibniz et Stahl », *in* H. Breger, J. Herbst, S. Erdner (Hrsg.), *IX. Internationaler Leibniz-Kongress. Natur und Subjekt, Hannover, Gottfried-Wilhelm-Leibniz-Gesellschaft*, 2012, Nachtragsband, p. 20-38.

2. Voir R. Andrault, *La Vie selon la raison. Physiologie et métaphysique chez Spinoza et Leibniz*, Paris, Honoré Champion, 2014, p. 31-45.

3. Voir *Corpus hominis et uniuscujusque animalis machina est quædam* (LH III 1, 2, f. 1-2), *in* E. Pasini, *Corpo e funzioni in Leibniz*, Milan, Franco Angeli, 1996, p. 217-224 ; *Le corps de l'homme et de tout animal est une machine*, *in* F. Duchesneau, *Leibniz. Le vivant et l'organisme*, Paris, Vrin, 2010, p. 318-325.

pesant, soit élastique, soit même par un mouvement circulaire, comme nous l'avons expliqué ailleurs [1].

Retenons de ce texte que les mouvements des diverses parties du corps organique, résultant des forces motrices qui leur sont inhérentes, se trouvent coordonnés pour l'exécution des fonctions attribuables à ce tout que constitue l'ensemble des parties. Cette coordination est tributaire de dispositifs régulateurs qui doivent se réaliser dans et par l'organisation même des parties. L'analyse physiologique que Leibniz met en scène repose sur la cause finale que l'on peut concevoir comme responsable de la combinaison si parfaitement ajustée des parties : cette cause finale correspond à l'effet produit par cette combinaison conçue comme optimale [2]. D'où la définition clé : « Les corps animaux sont des machines de mouvement perpétuel ou, pour le dire plus clairement, formées pour toujours conserver de façon circulaire une espèce déterminée et singulière de mouvement perpétuel mécanique » [3]. Leibniz présente cette définition comme réelle ou causale et non comme simplement nominale : même si les réquisits déterminant la règle effective de combinaison et d'agencement des parties ne nous sont pas d'emblée accessibles, la structure formelle de l'effet résultant nous permet d'en déduire le mode d'organisation des parties et de coordination de leurs mouvements effectifs. En vue d'assurer le mouvement perpétuel du tout organique, la nature est donc présumée avoir opéré une combinaison de structures et d'opérations dont le détail ferait l'objet d'une analyse à l'infini – détail dont l'anatomie subtile ne dévoile qu'une infime portion. Mais la détermination hypostasiée de cette fin révèle le principe d'organisation qui régit le tout de l'individualité organique. Comme Leibniz s'emploie à le montrer : « ainsi en partant de la fin que poursuit la nature, nous obtenons directement l'origine de trois ensembles de fonctions, à savoir les fonctions vitales, animales et génératives (*genitalium*) » [4].

Nous ne poursuivrons pas davantage la description des nombreuses analogies qui servent à étayer la notion du corps animal comme machine hydraulique-pneumatique-pyrotechnique et donc comme modèle empirique complexe, mais partiel, de ce que serait le corps animal ou

1. Voir F. Duchesneau, *Leibniz. Le vivant et l'organisme*, Paris, Vrin, 2010, p. 318. La référence est à l'« Extrait d'une lettre de Mr. Leibniz à l'auteur du Journal, touchant le principe de justesse des horloges portatives de son invention », *Journal des sçavans*, 25 mars 1675, p. 91-96.

2. Ceci est conforme à la première note marginale du texte.

3. F. Duchesneau, *Leibniz. Le vivant et l'organisme*, p. 319.

4. *Ibid.*, p. 320.

humain comme machine de la nature. En ce début de décennie 1680, le caractère d'infinitude qui s'y exprime apparaît lié à la raison déterminante de ce qui est désigné comme un « mouvement perpétuel organique ». Ce mouvement est notamment retracé dans les effets dynamiques liés à la circulation des fluides organiques : sang, lymphe et esprits animaux. Ces fluides provoquent de constants impacts sur les parties solides du corps animal ; mais, par des effets en retour dus à l'élasticité de structures et à des réactions chimiques compensatoires, l'équilibre fonctionnel se trouve incessamment rétabli dans le déploiement des mouvements physiologiques.

Une note marginale nous renvoie à des processus de rétroaction harmonique d'ordre physique qui peuvent servir à expliquer par analogie les effets régulés des dispositifs moteurs de la machine organique.

> Cela nous donne, explique Leibniz, la raison d'un phénomène qui trouble les anatomistes, à savoir pourquoi le pouls est assez égal, même si l'influx sanguin est inégal. C'est que des corps assurément élastiques, à quelque degré de vitesse ou de lenteur qu'ils soient pressés, se reconstituent cependant toujours avec la même vitesse, tant qu'ils conservent leur tonus. En partant de là, nous avons aussi déduit ailleurs l'isochronisme des vibrations et la qualité du son émis par les cordes [1].

Leibniz renvoie ici à ses travaux en acoustique. Ceux-ci ont donné lieu à des échanges épistolaires avec Günther Christoph Schelhammer et avec Edme Mariotte, ainsi qu'à des mises en forme ultérieures notamment dans les *Cogitationes novæ, quomodo formetur sonus et per aërem propagetur atque in organo auditus exprimatur* [2]. Ici, je rends hommage à Raphaële Andrault qui a bien noté l'importance de ces travaux, du moins des premiers qui sont tout à fait contemporains du *Corpus hominis*, en ce qu'ils éclairent la corrélation entre les mécanismes organiques de la sensibilité et les mouvements oscillatoires issus des corps sonores [3].

En fait, un triple rapport d'expression, suivant le terme technique utilisé par Leibniz, lie les vibrations des corps transmises par l'air, les dispositifs moteurs au sein des organes de l'audition et les impressions sensibles résultantes. Résumons à l'essentiel les longues démonstrations leibniziennes à ce sujet. Les corps vibrent en fonction de leur densité et de leur élasticité sous l'effet de quelque percussion, mais ces vibrations ou tremblements ne sauraient s'expliquer dans les limites de l'effet percussif.

1. F. Duchesneau, *Leibniz. Le vivant et l'organisme*, p. 322.
2. Voir G. W. Leibniz, *Nachgelassene Schriften physikalischen, mechanischen und technischen Inhalts*, E. Gerland (hrsg.), Hildesheim, Georg Olms, 1995, p. 16-31.
3. Voir R. Andrault, *La Vie selon la raison*, p. 285-287 et 326-327.

La vibration dont il s'agit correspond à un processus de retour à l'équilibre de la structure par mouvements oscillatoires séquentiels. Les sons se caractérisent par des degrés variables de fréquence des vibrations, ce qui en détermine le ton (*tonus*). La transmission des oscillations sonores se fait essentiellement par l'air. Formant un corps éminemment élastique, ce fluide peut se diviser de façon infiniment variée en parties dont les propriétés physiques les rendent aptes à vibrer sympathiquement suivant des oscillations « homotoniques » par rapport à celles du corps émetteur considéré, par effacement en quelque sorte des autres séquences vibratoires possibles qui correspondraient à des décompositions de l'air en parties différentes. Leibniz s'intéresse tout particulièrement aux vibrations qui se propagent d'une corde oscillante à une corde sympathique similairement accordée lorsqu'elles sont raccordées par le bois de l'instrument à cordes, en l'occurrence la table d'harmonie. Il établit que si les oscillations de la corde sympathique ne sont pas d'emblée parfaitement congruentes par rapport à celles de la corde pincée ou frottée, un processus de régulation intervient qui assure l'homotonie isochrone et produit donc la concordance harmonique des vibrations et le phénomène d'unisson que perçoit l'observateur. En ce qui concerne les conditions physiologiques du phénomène perçu, le même rapport d'expression harmonique doit pouvoir en rendre compte. L'oreille interne doit comporter des structures susceptibles de vibrer respectivement à l'unisson des divers mouvements oscillatoires. Comme Leibniz l'a exposé à Schelhammer[1] et le rapporte à Mariotte dans sa lettre de la fin d'août 1681 :

> Pour ce qui est de la perception du son, et de son expression dans l'organe j'ay dit en general qu'il faut aussi dans l'organe un tremblement respondant à celuy du corps sonant, c'est pourquoy il faut expliquer comment l'organe se peut mettre à l'unison avec tout corps sonant donné, c'est à dire comment le tympane rend justement le degré du ton, peutestre qu'il prend luy meme la tension qu'il faut par le moyen des muscles. Comme nous sçavons que les parties de l'œil prennent la figure qu'il leur faut pour mieux voir. Apres cela je croy comme vous dites que les osselets reçoivent ce tremblement, sçavoir chacun le tremblement auquel sa grandeur le rend propre. En quoy vous avés fait justement ce que je voulois qu'on fist, et que j'exigay de M. Schelhammer, qui est Anatomiste, sçavoir qu'il cherchât dans l'oreille des parties differentes propres aux sons differens[2].

1. Voir lettre à Schelhammer de février-mars 1681, A III-3, 355-361.
2. A III-3, 481-482.

Dans les *Cogitationes novæ*[1], Leibniz prendra en effet acte de la publication du *Traité de l'organe de l'ouïe* par Joseph Guichard Duverney en 1683 et du *De auditu* par Schelhammer en 1684 et il notera l'endossement que ces médecins ont donné, du point de vue anatomique, à ses vues et à celles, concordantes, de Mariotte. Pour notre propos, ce qu'il est intéressant de retenir de ces recherches leibniziennes en acoustique et en physiologie, c'est la représentation de petites machines organiques se divisant en parties fonctionnelles diverses, aptes à « exprimer » par des séries ordonnées de mouvements oscillatoires une réponse adaptée aux mouvements externes correspondants et à rétablir ainsi l'ordre organique du tout auquel elles appartiennent.

Dans le *Corpus hominis*, Leibniz exploite aussi une métaphore pneumatique du même ordre pour illustrer le fait que le processus de rééquilibrage des mouvements vitaux s'opère en vertu de la corrélation harmonique des forces assignables aux parties individuelles. Le modèle concret qu'il élabore vise à représenter le fonctionnement d'un système sensitif-moteur intégré. Les nerfs, les membranes et les muscles qui s'y rattachent se trouvent pressés mutuellement par la force expansive des esprits qui y sont contenus lorsqu'une cause externe ou interne exerce un effet altérant sur quelque partie du système. Celui-ci réagit en visant le rétablissement ou du moins la compensation de l'équilibre entre ses forces inhérentes, par stimulation des organes des sens et déploiement de mouvements adaptés issus de ces forces. L'agent externe de mouvement n'engendre pas ces forces : il ne fait qu'en déclencher l'exercice. Et Leibniz de conclure :

> La manière dont la force de l'animal se trouve tout entière dans le tout et tout entière dans n'importe quelle partie devient visible, car autant ce point avait semblé obscur jusqu'ici, autant il se dévoilera facilement si l'on considère attentivement notre explication. [...] Aussi, parce que, comme nous le démontrerons un jour, autre chose est la force, autre chose le mouvement, et que le mouvement est inhérent (*inesse*) à la masse étendue, mais que la force motrice est inhérente à un sujet que l'on appelle forme substantielle dans les corps ordinaires, âme dans les vivants, esprit dans l'homme, nous pourrons expliquer avec une clarté inespérée l'origine de la sensation (*sensus*) et de l'appétit (*appetitus*) chez les animaux, l'union de l'âme et du corps, et la façon dont l'âme agit sur le corps ou est affectée (*patitur*) par le corps[2].

1. Leibniz, *Nachgelassene Schriften physikalischen, mechanischen und technischen Inhalts*, E. Gerland (hrsg.), *op. cit.*, p. 27.
2. F. Duchesneau, *Leibniz. Le vivant et l'organisme*, p. 325.

Constatons qu'à cette époque, Leibniz conçoit le corps organique comme doté d'une force commune s'exerçant en quelque sorte de l'intérieur en fonction du tout qu'il forme, mais que cette force commune est attribuable à la sommation des forces individualisées des parties dont il est composé. Or, ces forces appelées à produire un effet harmonique ne sont pas en tant que telles réductibles aux masses étendues, qui sont sujettes à décomposition infinie, mais elles relèvent de formes substantielles équivalant à des âmes et elles forment les unités véritables dont les corps organiques sont les résultantes. Ce qui n'est pas clair dans ce contexte, c'est le statut à attribuer à d'éventuelles formes substantielles subalternes qui sous-tendraient les parties intégrantes du corps organique à l'infini et que régirait harmoniquement la forme substantielle du tout organique. Rien n'équivaut encore dans cette phase de développement de la philosophie leibnizienne au rapport spécifique des monades subordonnées à la monade dominante – ce rapport fondant l'économie interne du corps organique, laquelle en constitue l'expression et l'exact équivalent dans l'ordre des phénomènes.

Dans la physiologie leibnizienne plus tardive, rien n'apparaîtra toutefois qui contreviendrait aux modèles explicatifs développés autour de 1680 sous l'inspiration des principes théoriques et méthodologiques de l'anatomie subtile et du mécanisme organique qui en est le corrélat. Leibniz y reprendra notamment le modèle des mouvements oscillatoires harmoniques dans au moins trois importantes correspondances à connotations physiologiques, avec Johann Bernoulli, Pietro Antonio Michelotti et Bernardino Zendrini, correspondances dont j'ai donné l'analyse dans *Leibniz. Le vivant et l'organisme*[1].

2. L'INVENTION DU CONCEPT D'ORGANISME

Les séries d'objections et de répliques que Leibniz et Georg Ernst Stahl ont échangées à la suite de la publication de la *Theoria medica vera* (1708) du médecin de Halle mettent en scène des doctrines contrastées sur la nature des êtres vivants et sur le rapport de l'âme au corps organique, mais aussi des approches distinctes sur la façon de développer la médecine comme science. À ce sujet, se produit une nette divergence de vues sur l'« organisme ». Ce concept était alors récemment apparu en philosophie naturelle et en médecine. Ainsi Raphaële Andrault en retrace-t-elle l'usage dans la *Cosmologia sacra* (1701) de Nehemiah Grew, texte que

1. *Ibid.*, p. 158-184.

Leibniz a lu et auquel il a reconnu des mérites particuliers [1]. Mais le terme se retrouve aussi dans la dissertation *De natura morborum medicatrice mechanica* (1699) de Friedrich Hoffmann. Celui-ci a adressé copie de ce texte à Leibniz qui a répliqué en approuvant les thèses exposées et en les rapprochant de sa propre théorie des êtres vivants. Les arguments de Hoffmann méritent ici d'être évoqués, car ils ont alimenté certaines vues leibniziennes au sujet de l'organisme et de l'organisation vitale. Et la confrontation Leibniz-Stahl sur ce point constitue le révélateur d'un problème majeur relatif à la façon de rendre compte de l'organisation et du fonctionnement des vivants par le mécanisme. De prime abord, les textes semblent montrer que Leibniz résout la difficulté par l'équivalence entre mécanisme et organisme, et Stahl par la différenciation, voire par l'opposition des deux termes. D'où la tentation à laquelle les historiens ont souvent cédé d'interpréter rétrospectivement la controverse comme illustrant la confrontation entre mécanisme (ou réductionnisme) et vitalisme dans la conceptualisation de l'individualité biologique Cette lecture est partiellement erronée et ne rend pas justice à la réelle divergence de vues entre les deux protagonistes. Pour en rendre compte, il convient de rattacher les thèses en présence à une même problématique et de rappeler comment Hoffmann en avait disposé du point de vue de la « médecine rationnelle ». Pour Leibniz comme pour Stahl, la question qui sous-tend leur différend est celle de l'ordre de la nature et du statut spécifique des êtres vivants. Dans ce cadre métaphysique, la question se spécifie secondairement en celle de concevoir les vivants comme sujets de propriétés physiologiques et comme agents de processus fonctionnels.

J'ai pour ma part soutenu que le concept d'organisme fait essentiellement son apparition chez Leibniz après 1700, avec une première occurrence publique connue dans l'échange avec Lady Masham en mai 1704 :

> Et par conséquent ni le fer ni le feu, ni toutes les autres violences de la nature, quelque ravage qu'elles fassent dans le corps d'un animal, ne sauraient empêcher l'âme de garder un certain corps organique, d'autant que l'*Organisme* c'est-à-dire l'ordre et l'artifice, est quelque chose d'essentiel à la matière produite et arrangée par la sagesse souveraine, la production devant toujours garder les traces de son auteur [2].

Le terme d'organisme avait été utilisé par Stahl dès 1684 dans la *Dissertatio medica inauguralis de intestinis*, pour caractériser la propriété

1. Voir R. Andrault, *La Vie selon la raison*, p. 19-57.
2. GP III, 340.

d'un organe, grâce à laquelle sa composition et sa structure particulière lui permettent d'accomplir une fin instrumentale que l'on peut identifier à sa fonction [1]. Le terme appartenait aussi au lexique de Friedrich Hoffmann, professeur de médecine à Halle et lui-même correspondant de Leibniz, comme en atteste la *Dissertatio inauguralis physico-medica de natura morborum medicatrice mechanica* qui fait l'objet de la soutenance de Salomon Cellarius, le 5 septembre 1699 [2]. Hoffmann et Stahl étaient tous deux professeurs de médecine à l'Université de Halle. Dans ces conditions, il convient sans doute d'inférer que le terme « organisme », s'il peut certes s'être répandu en d'autres lieux, était nettement d'usage dans le cercle d'influences constitué autour des deux éminents physiologistes, protagonistes par ailleurs de méthodes et de théories rivales [3].

Un autre fait d'importance mérite d'être pris en compte. La controverse entre Johann Christoph Sturm et Schelhammer sur l'interprétation du concept de nature avait incité Leibniz à prendre parti en rédigeant le *De ipsa natura* qu'il fit paraître en 1698 dans les *Acta eruditorum* [4]. Or, Hoffmann réfère à cette polémique et s'appuie sur l'article de Leibniz pour défendre une conception du mécanisme à laquelle se trouve directement lié le concept d'organisme. C'est cette circulation des thèses en présence qui forme la toile de fond de l'échange épistolaire auquel Leibniz et Hoffmann procèdent sur le thème de la « médecine rationnelle » (*medicina rationalis*) à compter de 1699.

Que nous apprend le *De natura morborum medicatrice mechanica* de Hoffmann ? L'objet de discussion est le concept de nature dans son rapport à la conservation de la vie et à la formation des corps organiques [5]. Ce thème hippocratique doit être concilié avec une conception des phénomènes qui permette de les ramener à l'ordre physique général et de « les soumettre tous au solide calcul de la raison » [6]. Hoffmann soutient que la nature correspond à un principe actif dans les corps et que, chez

1. G. E. Stahl, *Dissertatio medica inauguralis de intestinis, eorumque morbis ac symptomatibus cognoscendis et curandis*, Ienæ, Typis Wertherii, 1684, non paginé. R. Andrault, *La Vie selon la raison*, p. 57-61, analyse les quatre occurrences du terme « *organismus* » dans cette œuvre, mais souligne que le vocable semble disparaître par la suite chez Stahl, pour ressurgir avec force dans le *De mechanismi et organismi diversitate* (1706).

2. F. Hoffmann, *Dissertatio inauguralis physico-medica de natura morborum medicatrice mechanica*, Halæ Magdeburgicæ, Typis Christiani Henckelii, Acad. Typ. [1699], non paginé.

3. Voir à ce sujet F. P. de Ceglia, *I fari di Halle. Georg Ernst Stahl, Friedrich Hoffmann e la medicina europea del primo settecento*, Bologna, Società editrice il Mulino, 2009.

4. *De ipsa natura sive de vi insita actionibusque Creaturarum, pro Dynamicis suis confirmandis illustrandisque*, GP IV, 504-516.

5. F. Hoffmann, *De natura morborum*, § 1.

6. *Ibid.*, introduction : « ad solidum rationis calculum omnia revocare [...] ».

les humains comme chez les animaux, ce principe est l'agent de toutes les actions vitales et les régit et ajuste constamment[1]. Se référant à la controverse entre Sturm et Schelhammer, il récuse, à l'instar de Leibniz, l'hypothèse occasionnaliste de Sturm qui accentuait la distinction cartésienne entre *res extensa* et *mens* et par conséquent dépouillait les corps de toute capacité interne de mouvement, de tout dynamisme autonome. Contre l'occasionnalisme, Hoffmann défend la thèse selon laquelle il convient d'attribuer aux corps une force active réelle qui leur soit propre. L'existence de cette force justifierait qu'on leur attribue une force passive correspondante ; et celle-ci sous-tendrait leur extensivité et leur aptitude à recevoir du mouvement[2]. Hoffmann va alors jusqu'à soutenir l'équation entre substance et force, celle-ci pouvant se manifester sur le plan psychique comme sur le plan corporel. Dans cette optique, il s'agit donc de concevoir les corps comme des « forces étendues » (*vires extensæ*).

Comment le passage aux corps organiques s'opère-t-il ? Ceux-ci se distinguent des corps inanimés par un haut degré de composition structurale. Hoffmann insiste sur le fait que les organes dont ils sont composés ne sont pas similaires et homogènes, mais impliquent un ordre de construction particulier intégrant les parties les plus diverses en leur conférant « figure, texture et consistance »[3]. Se pose alors la question du type de principe dont relèvent les opérations vitales qui s'exercent dans et par cette structure, à savoir, de façon générique, la nutrition, la sensation et les mouvements vitaux. Hoffmann dénonce la confusion des concepts théoriques par lesquels on a tenté d'expliquer ce principe – force plastique, archée ou âme – et il leur oppose la thèse de Robert Boyle selon laquelle la nature des corps, quels qu'ils soient, ne consisterait que dans des mécanismes particuliers[4]. Hoffmann spécifie que le mécanisme ainsi entendu équivaut à postuler que tous les effets des corps – mouvements et opérations – dépendent de principes physiques agissant conformément à des lois nécessaires et impliquant de ce fait ce qu'il désigne comme la « nécessité des causes ». Certes, sous le concept de mécanisme naturel, on peut inclure des processus physiques et chimiques. Toutefois, certains mécanismes peuvent plus directement impliquer une combinaison de

1. F. Hoffmann, *De natura morborum*, § 2.
2. *Ibid.*, § 4.
3. *Ibid.*, § 5.
4. Telle était la thèse exposée par R. Boyle dans le *De ipsa natura sive libera in receptam naturæ notionem disquisitio*, Londini, Typis H. Clark, Impensis Johannis Taylor, 1687, qui avait servi d'argument dans la controverse entre Sturm et Schelhammer et à laquelle Leibniz se réfère dans son propre *De ipsa natura*.

parties telle que leur agencement soit source de mouvements nécessaires, mais conformes à l'idée d'une coordination des effets répondant à une fin déterminée : cette fin s'actualiserait dans la production même du mécanisme et dans les opérations en découlant. La condition particulière régissant le mécanisme dans son application aux corps organisés consisterait dans le fait que les opérations se produisent dans une structure organique et dépendent d'un tel mode spécifique de structuration.

> Quand plusieurs causes matérielles sont coordonnées et disposées de telle sorte que des effets en découlent correspondant à l'idée de l'artisan qui s'est proposé une fin déterminée, il s'agit aussi, dit-on, de mécanisme, mais plus parfait, et, selon certains, d'organisme, puisqu'il [ce mécanisme] se trouve exister dans des corps organiques [1].

La référence au mécanisme plus parfait résultant d'un dessein divin qui s'est incarné dans la nature créée nous rapproche indiscutablement de la notion leibnizienne de « machine de la nature » par contraste avec les machines de fabrication humaine. Un autre passage illustre de façon remarquable la correspondance des termes mécanisme et organisme : à l'organisation structurale du vivant se trouve associé un principe de détermination motrice de la machine organique d'où découlent les divers processus physiologiques :

> Par cette nature [des Anciens] qui conserve le corps et remédie à ses maladies [...] nous entendons ici non seulement le principe actif moteur de notre machine, c'est-à-dire le mouvement officiant dans les parties et recevant les idées des objets externes, mais nous comprenons tout à la fois le mécanisme entier ou l'organisme, à savoir la quantité et le mélange approprié des parties fluides, et les construction et configuration obligées des parties solides, tout cela cependant à l'exclusion de l'âme rationnelle [2].

Le mécanisme du corps vivant est présenté comme l'effet d'un dessein organisateur émanant de l'intelligence suprême et s'exerçant sur une extrême diversité de parties composantes, eu égard à la figure, à

1. *Ibid.*, § 5 : « [...] quando autem plures materiales causæ ita coordinatæ ac dispositæ sunt, ut effectus fluant, ideæ artificis, qui certum finem propositum habeat correspondentes, dicitur etiam mechanismus, sed perfectior, & a nonnullis organismus, quoniam in organicis corporibus existit ».

2. *Ibid.*, § 8 : « [...] subintelligimus per naturam, quando dicitur ab antiquissimis medicis, corporis conservatrix & morborum medicatrix, hic non tantum principium machinam nostram movens activum, sive motus in partibus celebrans & externorum obiectorum ideas recipiens, sed simul comprehendimus totum mechanismum seu organismum, id est, partium fluidarum legitimam quantitatem, temperiem, solidarum debitam constructionem ac configurationem, exclusa tamen anima rationali ».

la grandeur et à la consistance : il en résulte une composition ordonnée de mixtes chimiques, un agencement proportionné et harmonieux de composantes actives et passives. Par voie de conséquence, un tel dispositif engendre des mouvements qualifiés de vitaux qui assurent la conservation et la persistance dans la durée des mixtes intégrés au sein du corps organique. Aux mouvements vitaux se rattachent les fonctions nutritives, ainsi que les fonctions sensitives et motrices ; les mouvements impliqués dans ces dernières fonctions « tendent et conspirent » à l'exécution d'actes conformes aux commandements de la *mens*[1]. La différence entre ces machines divines et des machines artificielles tient d'abord et essentiellement aux modes d'action infiniment diversifiés issus de la puissance divine, par contraste à une puissance humaine limitée qui s'exerce par des moyens simples à la seule surface des corps, sans pouvoir en structurer la composition à l'infini. De ce fait, l'une des différences entre les produits réalisés de part et d'autre tient à ce que les corps vivants sont animés par un principe de mouvement interne autonome dont l'action se diffuse également à toutes leurs parties constituantes ; par contraste, dans les automates fabriqués par l'homme, le mouvement vient d'une source principalement externe.

Mais la différence cruciale tient au pouvoir de reproduction des machines naturelles par les semences, pouvoir dont les machines artificielles sont totalement dépourvues[2]. Présumant une création originelle des dispositifs organiques, Hoffmann soulève la question du pouvoir reproducteur propre aux vivants. Il exclut l'hypothèse d'une formation particulière par Dieu de tout vivant animal ou végétal au fil des générations naturelles. Il opte plutôt pour l'attribution à tout corps organique d'un pouvoir *sui generis* de se reproduire et d'assurer ainsi la perpétuation de l'espèce sous réserve d'un concours général de Dieu à la conservation du monde créé[3]. Ce pouvoir réside dans le « principe séminal » (*principium seminale*) qui forme les « premiers éléments et rudiments du corps » (*prima lineamenta & rudimenta corporis*). Une question se pose : ce pouvoir séminal agit-il par intelligence – comme le laisse entendre l'attribution au vivant d'un « logos » selon Stahl – ou indépendamment de toute faculté psychique ? Cette question métaphysique est écartée et laisse place à une hypothèse qui se profile en prolongement du modèle

1. F. Hoffmann, *De natura morborum*, § 6 : « [...] qui motus in animantium corporibus appellatur vitalis sive ipsa vita, quæ ad conservationem & durationem principaliter corporis mixti & structi, postea etiam ad nutritionem, item sensationem & motus, mentis imperio obsecundantes, tendit atque conspirat ».

2. *Ibid.*, § 7.

3. *Ibid.*, § 6.

mécaniste. Il s'agit de postuler un principe très subtil et très actif qui soit apte à recevoir des impressions et des déterminations dynamiques et à produire corrélativement des effets nécessaires indépendants de toute volition. De manière analogue, la semence assure la génération de tel ou tel individu, sans qu'intervienne la volition de quelque agent psychique que ce soit. Hoffmann semble suggérer que des dispositions motrices spécifiques incarnées dans des micro-dispositifs organiques d'une extrême subtilité peuvent engendrer des processus organogénétiques ou simplement sensori-moteurs conformément à des déterminations de type psychique : ces déterminations sont également caractéristiques de la substance composée que constitue le vivant, à la fois âme et corps organique ; et, dans ce vivant, se produit une correspondance entre contenus de perception et séquences fonctionnelles d'opérations physico-chimiques. C'est pourquoi Hoffmann soutient que tout se passe comme si d'une part l'âme détenait le pouvoir d'agir sur le corps, comme en témoigne l'effet des passions, et que d'autre part, réciproquement, l'état du corps et notamment la disposition de ses humeurs pouvaient affecter la *mens* et en modifier les dispositions [1]. De ce fait, on peut soutenir que le vivant résulte de l'intégration substantielle d'une âme et d'un corps organique – intégration dont le *nexus* est présumé, bien qu'il échappe à nos capacités d'intellection [2].

Dans le même temps toutefois, l'autonomie structurale et fonctionnelle de la machine organique est posée comme condition de toutes les opérations vitales, y compris de celles qui relèvent de la sensibilité-motricité :

> La vie, la nutrition, les processus de sécrétion, d'excrétion, la circulation du sang et des humeurs, les impressions des choses externes sur les organes mêmes des sens, les mouvements involontaires des parties et des muscles, se réalisent et s'accomplissent purement mécaniquement par des causes corporelles physiques, sans aucune assistance, concours ou opération nécessaire d'un quelconque principe d'action libre. C'est pourquoi, au sujet de ce mécanisme, nous déclarons qu'il est lui-même au plus haut degré l'œuvre de la sagesse, de l'ordre et de l'intelligence, œuvre agencée par Dieu dans sa suprême intelligence et munie d'instruments et de moyens en sorte qu'elle dispose de forces suffisantes non seulement pour conserver la machine et la défendre contre la putréfaction et la destruction de sa combinaison de mixtes, mais encore pour repousser et écarter toute lésion

1. *Ibid.*, § 8.

2. Voir *Ibid.*, § 22 : « […] quomodo id procedat & qualis sit nexus substantiæ immaterialis cum substantia corporea, iterum ignorantiam ingenue fatemur, & quidem eo consultius, quo minus accurate rationes alias non intelligibiles administramus ».

> interne tendant à ruiner la machine ; et pourtant tout cela se fait sans aucune intelligence, pour des raisons internes et propres au corps [1].

Le reste de la dissertation s'intéresse aux implications de cette conception de l'organisation vitale pour la pathologie. De façon générale, Hoffmann semble adopter la vision stahlienne de la corruptibilité latente, voire imminente, du composé de mixtes que représente le corps organique. Mais, tout à l'opposé de Stahl, il rattache systématiquement la préservation contre la corruption, non aux capacités intellectives et volitives sans représentation de l'âme, mais aux agencements mêmes de la machine organique et aux dispositions motrices qui en découlent. Le corps organique serait, par suite de sa formation originelle, doté de moyens

> suffisants pour se préserver et se défendre mécaniquement contre la corruption et la mort, puisque ce qui est pernicieux et contraire à la combinaison de mixtes et au mouvement vital provoque des influx violents et extraordinaires d'esprits dans les parties musculaires pour qu'ils servent alors à corriger ou éliminer la cause de lésion morbifique [2].

Ce sont des dispositions organiques de type mécanique qui assurent le mouvement circulatoire du sang, empêchant par le fait même sa prompte décomposition. Le mouvement du sang et/ou des esprits apparaît comme un moyen instrumental naturel de réagir aux effets délétères dus aux facteurs pathologiques, eux-mêmes interprétés suivant les catégories d'un mécanisme physico-chimique. De remarquables analyses sont à ce titre consacrées à des processus tels que la fièvre et l'inflammation, que l'on serait en droit de traduire en termes d'actions et de réactions impliquant tels ou tels organes : or, ces organes, subissant des stimulations pathologiques, se révèlent normalement aptes à compenser les effets

1. F. Hoffmann, *De natura morborum*, § 8 : « Attamen vita, nutritio, actus secretionum, excretionum, sanguinis & humorum circulatio, impressiones rerum externarum in ipsa sensoria, motus partium & musculorum involuntarii, mere mechanice a causis corporeis physicis conficiuntur & absolvuntur citra ullum necessarium auxilium, concursum, vel operam, principii cuiusdam libere agentis. De hoc itaque mechanismo pronunciamus, esse ipsum opus summe sapientiæ, ordinis, intelligentiæ, & ita a Deo summo intelligente dispositum ac instrumentis & mediis munitum, ut non tantum machinam conservare, a putredine & destructione mixtionis suæ defendere, sed & læsiones quasvis internas, perniciem machinæ intententes, propulsare atque propellere, sufficientibus viribus instructum sit, quamvis hæc omnia fiant sine quadam intelligentia, ratione ipsius corporis interna & propria ».

2. *Ibid.*, § 14 : « Tantis nempe præsidiis instruxit divinum Numen corpus nostrum, ut sufficiat sæpe numero sibi ipsi se tueri & defendere mechanicis rationibus a corruptione & morte, dum, uti dictum, illud ipsum quod perniciale & infensum mixturæ & motui vitali est, proritat violentum & extraordinarium spirituum in partes musculosas influxum, qui deinde serviat causæ morbificæ lædenti vel corrigendæ vel exterminandæ ».

délétères par des actions appropriées, consistant notamment à expulser les matières peccantes [1]. Hoffmann assigne la prévention naturelle des affections et la sécrétion des humeurs à des processus analogues – spasmes, saignements périodiques, etc. – qui s'accomplissent conformément aux lois mécaniques et hydrauliques [2].

Compte tenu de ces positions, il n'est pas dénué de signification que, dans sa lettre à Hoffmann du 27 septembre 1699 [3], Leibniz commente avec approbation les thèses maîtresses du *De natura morborum medicatrice mechanica* en les ajustant toutefois à sa propre conception des vivants et des corps organiques. Ainsi déclare-t-il :

> Vous me semblez juger très justement du mécanisme de la nature. Ce fut toujours aussi mon opinion que tout dans les corps s'accomplit mécaniquement, même si nous ne parvenons pas toujours à expliquer distinctement les mécanismes particuliers, mais aussi que les principes généraux du mécanisme coulent d'une source plus élevée, ce que vous approuvez également, si je ne m'abuse. Je comprends aussi que vous jugez très justement de la controverse que j'ai eue avec M. Sturm et que vous situez fort bien la substantialité de la masse corporelle dans la force étendue (*in vi extensa*), c'est-à-dire, comme je l'interprète, dans la force diffuse à travers le lieu, c'est-à-dire divisible en parties. Je suis d'accord avec vous que ce qui est passif ne peut jamais se trouver seul ou subsister par soi-même. Vous notez de belle façon que dans ce qui est simplement passif ne se trouve aucune aptitude à recevoir et à retenir le mouvement, et que si l'on retire aux choses la force d'agir, on ne peut les distinguer de la substance divine et que l'on tombe dans le spinozisme. Par contre, j'incline aussi, comme vous, à penser qu'il n'existe aucune créature purement active de telle sorte que j'attribue non seulement au corps humain, mais aussi aux autres corps organiques, une âme immatérielle ou quelque chose d'analogue à une âme [...] [4].

1. Voir *Ibid.*, § 10-12.
2. Voir *Ibid.*, § 15-16.
3. Lettre de Leibniz à Hoffmann du 27 septembre 1699, Dutens II-1, 260-261, et F. Hoffmann, *Operum omnium physico-medicorum supplementum primum*, Genevæ, Apud Fratres de Tournes, 1749, I, p. 49a-51a.
4. *Ibid.*, Dutens II-1, 260 : « Doctissimæ & judicii non minus, quam experientiæ Tuæ non vulgaris testes, dissertationes Tuæ adhuc pretiosores & addita ad me humanissima epistola fecerunt, ut utroque nomine gratias Tibi agam debeamque vellem & referre posse. Mihi videris de mechanismo naturæ judicare rectissime, & mea quoque semper fuit sententia, omnia in corporibus fieri mechanice, etsi non semper distincte explicare possumus singulos mechanismos : ipsa vero principia mechanismi generalia ex altiore fonte profluere, quod Tibi quoque, ni fallor, probatur. Quantum etiam capio de controversia inter Dn. Sturmium & me rectissime judicas, & substantialitatem massæ corporeæ optime collocas in vi extensa, hoc est, ut interpretor, per locum diffusa, seu partibili. Tecum etiam sentio, id quod passivum est, nunquam solum reperiri, aut per se subsistere. Pulchre autem notas in mere passivo nullam esse motus recipiendi retinendique habilitatem : & ademta rebus vi agendi, non posse eas a divina

Leibniz partage donc en grande partie la conception hoffmannienne du mécanisme vital, quitte à y greffer des considérations métaphysiques conformes à la doctrine monadologique. Quant au modèle de « médecine rationnelle » que Hoffmann met en scène en conclusion de cette dissertation, Leibniz en saisit la convergence par rapport aux thèses méthodologiques qu'il favorise et dont il va défendre la pertinence dans ses objections à Stahl [1].

3. L'Opposition entre Leibniz et Stahl sur la théorie de l'organisme [2]

Stahl fait paraître sa *Disquisitio de mechanismi et organismi diversitate* en 1706 et il l'insère comme premier essai introductif dans sa *Theoria medica vera* (1708). Par le fait même, il accorde une importance majeure et proprement inédite au nouveau concept d'organisme. Par ailleurs, il semble poser l'« organisme » en opposition catégorique par rapport au « mécanisme », ce qui apparaît aussi comme un geste sans précédent. On peut sans doute résumer ce que Stahl entend par organisme en précisant que le terme caractérise chez lui le mode d'être d'individus appartenant à des espèces naturelles. Ces entités naturelles sont ordonnées à la production d'une fin pour laquelle toutes leurs structures et tous leurs actes, quelle qu'en puisse être la décomposition analytique, apparaissent comme des moyens nécessaires et donc comme des fins subordonnées [3]. Qui plus est, les êtres constituant ces espèces n'existent et ne subsistent que pour la réalisation de leur fin essentielle. Et une telle fin ne saurait émaner que d'un agent détenteur d'une visée intentionnelle. Dans l'ordre naturel, les agents dont il est ici question résident au sein des corps qu'ils forment, organisent et animent, et dont ils assurent l'intégrité et la persistance formelle à travers les innombrables séquences de modifications que ces corps subissent en raison de leur matérialité. C'est d'ailleurs à ce point que le mécanisme entre en jeu, pourrait-on dire. Le terme signifie l'ensemble des processus de modification des corps considérés en leur matérialité, abstraction faite de toute détermination finale [4]. Une caractéristique

substantia distingui, incidique in Spinosismum. Vicissim nullam dari creaturam mere activam eo etiam Tecum inclino, ut non humano tantum corpori, sed & aliis corporibus organicis animam immaterialem aut aliquid analogum animæ tribuam [...] ».

1. Voir F. Duchesneau, *Le vivant et l'organisme*, p. 155-158.

2. Pour une analyse comparable, voir F. Duchesneau, J. E. H. Smith (eds.), *The Leibniz-Stahl Controversy*, New Haven-London, Yale University Press, 2016, p. LIII-LXX.

3. Voir G.E. Stahl, *Theoria medica vera*, Halæ, Impensis Orphanotrophei, 1737, *Disquisitio*, § 13-14, p. 7.

4. Voir *Ibid.*, § 31, p. 13.

importante du mécanisme ainsi conçu tient à son isolement par rapport à toute relation d'efficace véritable qui suppose une détermination par l'imposition d'une forme ou d'une fin. Le monde des phénomènes réduit au mécanisme serait constitué de faits bruts, physiques et chimiques, issus d'une nécessité aveugle. Si un certain ordre peut être ainsi engendré, il sera nécessairement fortuit et caractérisé comme l'effet du hasard (*casus*), à l'instar des dunes que forme le vent déplaçant une myriade de grains de sable, sans destination finale évidente, sans but posé à l'avance et ordonnant le déroulement du processus [1]. Émules de Démocrite et d'Épicure, les modernes auraient négligé l'organisme par défaut de compréhension, pour ne s'intéresser qu'au mécanisme et tenter d'en déployer les lois hypothétiques en leur assignant une portée universelle et nécessaire.

Or, certaines productions naturelles ne peuvent s'insérer sous de telles lois, puisque leur ordre interne ne peut résulter que d'une détermination organique, c'est-à-dire instrumentale. Cette détermination signifie un rapport réciproque entre fins et moyens et ce rapport s'incarne, à tous les paliers d'intégration, dans la formation et le fonctionnement du corps organique vivant [2]. Par conséquent, le rapport de raison instrumentale qui lie les composantes structurales et fonctionnelles de ce corps, définit principalement ce que l'on doit entendre par « organisme » et, dans la foulée de cette définition, fixe le rapport de subordination du mécanisme par rapport à l'organisme [3]. On doit ici comprendre que le vivant repose sur une intégration fonctionnelle des mécanismes, et non sur une simple coordination de ceux-ci : une telle coordination aboutirait à un résultat apparemment ordonné, mais celui-ci n'aurait nullement constitué une visée intrinsèque des processus y aboutissant ; Stahl prend ici exemple du façonnement « mécanique » des rives d'un cours d'eau, et de la production de sels par réaction chimique entre acides et alcalis. Par contraste, l'organisme, qui caractérise tant des entités substantielles que des actions de l'ordre physique, implique nécessairement des dispositifs mécaniques, mais la raison constitutive qui assure la formation, l'intégration et

1. Voir *Ibid.*, § 18, p. 8-9.

2. Voir *Ibid.*, § 34, p. 14 : « Tanto maior autem est evidentia huiusmodi etiam reciprocæ indolis *efficientis & finis*, quando efficiens illud non solum ita directe ad illum tendit, sed etiam de reliquo, neque per se exsistere aut subsistere apparet, nisi quatenus ad illum finem agit atque tendit, neque effectus directus & primarius ulli alteri rei æque quadrare, imo vel solum directe subservire apparet, quam solum ut illud efficiens energiam suam non magis exerceat quam exhibeat, adeoque vere & simpliciter effectus de sua causa testetur ».

3. Voir *Ibid.*, § 36, p. 14-15.

l'efficience de ces dispositifs échappe au mécanisme[1]. Stahl se sert de l'exemple des machines artificielles, telle l'horloge, pour souligner que l'on peut avoir affaire à des combinaisons analogues de mécanismes dans l'ordre naturel, mais que ces ensembles ne sauraient être considérés comme des organismes qu'à partir du moment où ils réalisent la fin ou les fins pour lesquelles l'agent responsable de leur montage et de leur fonctionnement les a conçus et organisés. Un tel agent est externe à la machine artificielle, alors qu'il figure comme composante intrinsèque de la machine naturelle.

Tels apparaissent précisément le statut et le rôle de l'âme dans la physiologie stahlienne. Cette âme n'existe et n'agit que pour assurer la finalité instrumentale du corps vivant et elle le fait en générant et dirigeant des mouvements affectant les structures corporelles[2]. Réciproquement, le corps vivant apparaît essentiellement comme l'instrument ou l'organe de cette âme, ce qui en détermine les modes de formation et les processus fonctionnels, en tant qu'incarnation de l'organisme[3]. Notons le statut incorporel que Stahl attribue au mouvement et qu'il justifie en raison de la dépendance de celui-ci par rapport à la causalité efficiente et finale de l'agent organique. Notons aussi deux aspects tout à fait fondamentaux des mouvements vitaux. 1) Compte tenu de la corruptibilité des agrégats de mixtes que constituent les corps vivants, Stahl accorde à l'âme un rôle de cause dominante dans la préservation et la restauration de l'intégrité du vivant. Tout se passe apparemment comme si l'âme constituait une force d'opposition à la désintégration et à la mort du vivant, comme si les mécanismes, laissés à eux-mêmes sans cette direction active d'un principe étranger, étaient voués à la décomposition. La conservation comme la restauration des corps organiques vivants apparaît comme l'effet des mécanismes intégrés eux-mêmes dans la seule mesure où l'âme a produit ces dispositifs et en assure le maintien[4]. 2) Pour expliquer les phénomènes tant physiologiques que pathologiques, Stahl fait constamment fonds sur le « lien organique » (*organicus nexus*) de l'âme et du corps qui en constitue l'instrument[5]. L'analyse des praticiens tend à porter exclusivement sur les processus de transformation organique, qui sont directement perceptibles et observables, et elle tend à négliger la relation d'intégration des processus impliqués. Dans ces conditions,

1. Voir G.E. Stahl, *Theoria medica vera*, § 39, p. 16.
2. Voir notamment *Ibid.*, § 81, p. 33-34.
3. Voir *Ibid.*, § 84, p. 35.
4. Voir *Ibid.*, § 68, p. 28.
5. *Ibid.*, § 91, p. 38.

Stahl, tout en soulignant que ce lien n'est pas directement accessible à l'intellection, reporte l'effort de compréhension sur les « synergies » qui reflètent le « nexus mécanico-organique pour la conservation, la défense et la restauration du corps »[1].

Confronté à des thèses aussi nettement articulées sur l'opposition et la complémentarité de l'organisme et du mécanisme, Leibniz amorce sa critique en rappelant certains éléments de sa philosophie naturelle. Il développe à partir de là une notion partiellement différente et contrastée de l'organisme, qui se trouvait préfigurée dans son concept de machine de la nature. Comme il se doit, il entreprend d'intégrer à sa théorie des propositions que lui inspirent plus directement les assertions de Stahl sur le thème de l'organisation structurale et fonctionnelle du vivant.

Le préambule des *Animadversiones* sur la *Theoria medica vera* fixe précisément le cadre de philosophie naturelle que Leibniz infère des thèses qu'il a antérieurement formulées. En rapport à la question de l'organisme, certains points se signalent à l'attention, et, en premier lieu, l'autonomie d'ordre des séquences de phénomènes physiques. L'application du principe de raison suffisante implique en effet que « tout ce qui survient dans la matière découle de l'état précédent de la matière en vertu des lois du changement »[2]. Quant à ces lois, elles constituent la cheville ouvrière de toute explication par voie de mécanisme. Dans l'ordre de la nature phénoménale, rien n'échappe donc au mécanisme. Mais l'ordre des phénomènes et de ses lois requiert un fondement causal dans la théorie des monades et dans les lois qui y spécifient les séquences de changements internes; et un principe de correspondance harmonique assure la corrélation des séquences de perceptions-appétitions monadiques d'une part, avec les enchaînements de phénomènes du corps organique d'autre part, en vertu de la préformation divine originelle. La thèse-clé de l'interprétation leibnizienne se trouve condensée dans une formule significative du préambule :

> […] dans le corps organique du vivant, auquel l'âme préside comme agent recteur particulier, même si la source de toute action est dans l'âme, rien ne se produit cependant à l'encontre des lois du corps, comme rien ne se

1. *Ibid.*, § 97, p. 42; « Hac demum solida considerandi methodo vere dilucescet, quid activum in corpore, utile imo necessarium, pulchro ordine atque nexu vere mechanico-organico ad conservationem, vindicationem, & restaurationem corporis fiat atque faciat […] ».

2. *Animadversiones circa assertiones aliquas Theoriæ Medicæ veræ Clar, Stahlii*, Dutens II-2, 131 : « […] quicquid in materia evenit, ex præcendenti materiæ statu, per leges mutationum oriri ».

produit dans l'âme, si ce n'est selon ses lois propres, même si la source de ses passions provient de la matière [1].

Dans la suite de l'échange, Leibniz soulignera à maintes reprises, à l'appui de cette thèse, l'impossibilité de concevoir comment les propriétés géométriques et mécaniques des corps peuvent résulter causalement des propriétés perceptives et conatives des monades et réciproquement. Pour emprunter la terminologie de Stahl, c'est le « lien organique » qui serait proprement inintelligible dans sa réalité propre et qui requerrait qu'on lui substitue la correspondance expressive des instances corporelles et monadiques. C'est seulement en vertu de la préformation originelle que la corrélation aboutit à ce que « l'âme soit représentation essentielle du corps et le corps instrument essentiel de l'âme » [2]. Par ailleurs, le principe de correspondance expressive vaut pour l'ensemble des phénomènes, comme pour l'ensemble des substrats monadiques. D'où l'impossibilité de restreindre la détermination finale ou instrumentale à un seul type d'entités naturelles : la finalité et l'efficience causale se trouvent universellement distribuées dans l'une et l'autre sphère de la nature. Ainsi peut-on se servir de la finalité pour expliquer les relations d'ordre sous-tendant des phénomènes propres aux corps inorganiques, qu'il s'agisse de processus optiques ou mécaniques par exemple. Par suite, la finalité instrumentale n'apparaît plus comme le mode exclusif de réalisation des phénomènes organiques, mais plutôt comme l'une des voies de leur explication possible, l'autre consistant à déployer les enchaînements d'effets mécaniques par lesquels se réalisent les opérations des vivants : cette voie est certes plus profonde et plus difficile d'accès que celle du recours à la téléologie, comme le signalait déjà l'article 22 du *Discours de métaphysique* [3]. Cela se traduit de façon analogue dans le préambule : « Même si les effets naissent des mouvements internes et de la structure de la machine, toutefois, comme ces aspects plus intérieurs nous sont inconnus, on peut les deviner plus facilement par les fins que par les mécanismes » [4].

1. *Animadversiones circa assertiones aliquas Theoriæ Medicæ veræ Clar, Stahlii*, Dutens II-2, 133 : « [...] ita in corpore organico viventis, cui anima tanquam rector peculiaris præest, etsi omnis actionum fons sit in anima, nihil tamen fit præter corporum leges ; uti vicissim nihil in anima, nisi per proprias leges, oritur, etsi fons passionum ejus ex materia oritur ».

2. *Ibid.*, Dutens II-2, 133 ; « [...] ut anima sit essentiale corporis repræsentativum, & ut corpus sit essentiale animæ instrumentum ».

3. A VI-4, 1565.

4. *Animadversiones*, Dutens II-2, 135 : « Etsi enim effecta oriantur ex intestinis motibus structuraque machinæ : tamen quia horum interiora ignota sunt, facilius ex finibus, quam ex mechanismo, divinari possunt ».

On comprend dans ces conditions que Leibniz s'inscrive en faux contre la présumée véritable différence entre organisme et mécanisme. Il évoque à cet égard deux raisons principales : la première consiste à postuler que l'organisme n'est qu'un mécanisme de degré plus élevé, puisqu'il caractérise l'ordre interne des corps organiques de la nature, c'est-à-dire des machines de la nature qui sont des productions divines, par contraste avec les machines de fabrication humaine[1]. Il s'agit de reconnaître là un principe de composition des structures et des processus se déployant à l'infini à l'intérieur de la machine et dont l'unité formelle, source d'intégration du divers enveloppé, ne réside que dans une entéléchie. Par contre, l'analyse de ces structures et de ces processus dans leur ordre ne nécessiterait pas de recourir à des modes d'explication autres que ceux du mécanisme. Ainsi se trouvent justifiées les positions critiques énoncées dans l'article suivant des *Animadversiones* : le rejet de tout élément étranger au mécanisme dans l'organisme, d'une part; l'affirmation d'un empire complet des raisons mécaniques sur le territoire des phénomènes organiques, d'autre part. Allusion est alors faite aux natures plastiques et autres principes du type de l'âme physiologique de Stahl qui détiendraient la capacité d'intervenir directement dans l'ordre phénoménal pour en modifier le cours : de tels agents organisateurs, hétérogènes par rapport aux mécanismes de l'ordre physique, ne sauraient y intervenir en contravention du principe de raison suffisante. Certes, Stahl expliquait que l'agent dans l'organisme compte sur les dispositifs mécaniques composant le corps vivant, tout en ne s'y réduisant pas, afin de réaliser la fin instrumentale qui constitue sa destination propre :

> Tout organe (physique) est mécanique, à savoir une machine. Mais la converse suivant laquelle toute machine serait vraiment et directement un organe, ne tient pas. Tout organisme repose sur un mécanisme ou le présuppose : juste ! Tout mécanisme serait en un sens précis un organisme : d'aucune façon ! [2]

Or, Leibniz ne juge pas que cette concession faite par Stahl au mécanisme en ce qui concerne la constitution des corps organiques suffise à harmoniser organisme et mécanisme dans l'unité d'un vivant concret. Les mécanismes en tant que structures et processus ne constituent pas seulement le vivant matériellement, mais aussi formellement : « il faut

1. *Ibid.*, § 2, Dutens II-2, 136.

2. G. E. Stahl, *Negotium otiosum*, Halae, Litteris et impensis Orphanotrophei, 1720, *Enodationes*, § 2, p. 32 : « Omne Organon (physicum) est *Mechanicum*, seu *Machina*. Sed *converte*; omnis Machina est, *vere & directe* Organon : frustra. Omnis *Organismus nititur Mechanismo*, seu *praesupponit* Mechanismum. Recte. Omnis *Mechanismus est, exquisito sensu, Organismus*. Nequaquam ».

ajouter que l'organisme n'est rien d'autre formellement qu'un mécanisme, mais plus subtil et plus divin, puisque tout dans la nature doit se produire mécaniquement »[1].

Si l'on se réfère aux articles 8 et 9 des *Animadversiones*, qui ne relèvent plus directement de la critique de la *Disquisitio*, l'on obtient une différenciation additionnelle exemplaire de l'organisme selon les deux auteurs. La question porte alors sur ce qui permet de reconnaître le corps organique comme vivant. Selon Leibniz, la condition déterminante de la vie réside dans la capacité de perception et d'appétition, c'est-à-dire dans la caractéristique formelle de la monade dominante associée au corps organique. Selon Stahl, la propriété vitale se situe dans l'ordre même des phénomènes et se révèle dans l'action antagoniste de l'âme, agent de détermination finale, par rapport au dispositif matériel que représente l'ensemble des organes du corps propre : ce dispositif matériel, agrégat de mixtes relativement instables, est voué à l'autodestruction lorsqu'il est laissé à lui-même, à savoir lorsque s'y accomplissent les seuls processus de la chimie des corps inorganiques. Dans ses premières *Enodationes*, Stahl, outre le fait de protester contre l'interprétation leibnizienne qui rabattrait la fonction de vie sur la seule préservation du corps par lui-même, rattachait cette fonction à l'âme, dans la mesure où le comportement de cet agent est déterminé par l'état du corps et par les finalités à assurer dans la détermination des mouvements vitaux spécifiques, de leur degré, de leur proportion et de leur durée. Parce que toutefois le rapport de l'âme à ses effets organiques est régi par l'intentionnalité et implique une relative contingence du point de vue du *nexus* entre causes psychiques et effets organiques, il peut survenir une perversion d'intention dont le résultat se déployant en mouvements fonctionnels, mais insuffisamment adaptés, serait pathologique, voire létal[2]. Stahl relevait l'ambiguïté qui affecte le concept de force de végétation : chez nombre d'interprètes, soulignait-il, le terme sert à désigner à la fois la vie et les processus physiologiques de nutrition et de restauration du corps, identifiés comme effets du dispositif organique. Il conviendrait donc de dissocier d'une part les mécanismes à l'œuvre dans de tels processus et qui peuvent perdurer par eux-mêmes un certain temps, notamment dans les organismes adultes, avant que la décomposition ne s'amorce, et d'autre part, l'« acte directement

1. *Responsiones*, § 2, Dutens II-2, 144 : « [...] addi enim debet, organismum nihil aliud esse formaliter, quam mechanismum, etsi exquisitiorem & diviniorem, quia omnia in natura fieri debent mechanice ».

2. G. E. Stahl, *Negotium otiosum*, *Enodationes*, § 8, p. 45.

conservateur » (*actus directe conservatorius*) [1], dû au principe d'animation, et les opérations organiques qui lui sont subordonnées : circulation des humeurs, sécrétions, excrétions et autres processus régulateurs.

Leibniz transpose la thèse stahlienne en la soumettant à une double réduction : 1) il attribue les fonctions de préservation, de restauration et de reproduction du vivant à une force végétative qui découlerait des structures mêmes du corps organique : du moins serait-ce là l'objet d'une déduction possible à partir des conditions matérielles du dispositif organique compris en termes de mouvements et de micromouvements ; et c'est dans ce contexte que Leibniz développe l'analogie de ce dispositif et de la flamme. 2) Par ailleurs, Leibniz réduit radicalement le rôle de l'âme dans de tels processus en n'y considérant qu'un ensemble d'effets de concordance réglée, sans intervention causale directe du principe d'animation dans le jeu des processus corporels par lesquels la vie se manifeste de façon expresse et spécifique. En même temps toutefois, il attribue formellement la vie à l'âme en tant que celle-ci est sujet de perception et d'appétition. La vie devient ainsi un équivalent psychique d'un mécanisme corporel suffisant à maintenir, accomplir et reproduire les mouvements fonctionnels en lesquels se traduit organiquement la vitalité. L'article 9 des *Exceptiones* souligne la primauté épistémologique de l'explication mécaniste des phénomènes se déroulant dans et par le corps organique. Par ailleurs, Leibniz récuse la présumée absence d'analogie, dénoncée par Stahl, entre l'entretien de la flamme et l'autosuffisance fonctionnelle de la machine de la nature. Leibniz établit à cet égard la détermination stricte de l'un et l'autre processus par les causes physiques externes : l'ordre interne des opérations physiologiques se trouve intégré au champ plus vaste des conditions corporelles externes qui assurent le flux permanent des microstructures et des microprocessus. Alors que Stahl détachait la sphère du vivant de celle, plus englobante, des phénomènes inorganiques en spécifiant l'autonomie causale de l'agent de vie, Leibniz l'étend à l'ensemble des phénomènes corporels : à travers tout l'ordre de la nature, ceux-ci peuvent être analysés selon les mêmes rapports d'efficience mécanique et dynamique ; parallèlement toutefois, les raisons d'être formelles de tout ce système organique généralisé se trouvent rapportées à l'ordre intrinsèque des monades, incluant celui des âmes animales.

Critiquant la *Parænesis ad aliena a medica doctrina arcendum*, autre traité-préface de la *Theoria medica vera*, Leibniz relève tout

1. *Ibid.*, *Enodationes*, § 9, p. 46.

particulièrement l'aporie stahlienne suivant laquelle les mouvements vitaux dans leur intégrité ne dépendraient pas strictement « d'une juste proportion de la matière et des organes corporels »[1]. À la thèse qu'il conteste, Stahl rattachait la supposition que, cette proportion étant préservée, les mouvements se poursuivraient sans discontinuer et qu'étant lésée, elle se reconstituerait et qu'elle retrouverait, voire parachèverait ainsi son intégrité. Selon lui, des raisons *a posteriori* prévaudraient contre cette hypothèse : notamment les dérèglements sans causes physiques régulières survenant dans les mouvements vitaux, qui se trouvent accélérés ou freinés hors de proportion avec les propriétés du dispositif organique au sein duquel ils s'accomplissent. D'où un appel obligé aux affections et aux habitudes de l'âme comme sources de ces altérations de processus. Mais Leibniz s'en prend à la conception stahlienne qu'il estime ruineuse pour toute forme d'interprétation mécaniste de l'économie vitale. Il la corrige en supposant des mouvements subtils dans les parties organiques imperceptibles qui entrent dans la composition du corps organique, mouvements sans lesquels on ne saurait rendre compte des processus observables tant physiologiques que pathologiques. Les appétits et autres affections de l'âme qui semblent engendrer directement les altérations organiques n'apparaissent alors que comme l'expression de phénomènes concomitants. L'exigence de rechercher des raisons suffisantes intelligibles des processus corporels suscite le recours à l'organisation spécifique des machines de la nature, organisation que Leibniz identifie comme étant l'organisme même. Que conclure d'autre ici sinon que « plus la machine animale se distingue, plus elle rend manifeste l'artifice d'une structure divine »[2]? Dans les *Exceptiones*, Leibniz fait valoir que si, dans une certaine mesure, le principe du mouvement peut être distingué des mouvements vitaux qu'il engendre, il n'en reste pas moins que ce principe est de l'ordre de la matière et de ses dispositifs organiques, puisque le déplacement de tout corps, quelles que soient sa dimension et sa figure, suppose l'impulsion par quelque corps lui-même en mouvement. La genèse pure du mouvement dans l'ordre des phénomènes par quelque cause non corporelle que ce fût contreviendrait à l'intelligibilité des chaînes causales. Certes, le corps organique est susceptible de connaître des transformations par ajout ou par soustraction de force, mais cela se produit par voie d'échange d'effets de puissance entre le corps organique

1. *Theoria medica vera*, *Parænesis*, § 33, p. 59 : « […] a materiæ & corporeorum organorum justa proportione ».

2. *Animadversiones*, § 15, Dutens II-2, 139 ; « […] quanto hæc animalis machina præstat exquisitius, tanto magis divinæ structuræ conspicuum artificium esse »..

et les corps externes, de même qu'à l'intérieur du système intégré que constitue le corps organique[1]. Surgit alors de nouveau l'analogie d'une machine qui recevrait, distribuerait en elle-même et dépenserait de l'énergie suivant un processus d'autorégulation : dans le cas présent, la référence est aux mécanismes de régulation des fours pour la métallurgie.

Dans sa réponse aux objections, Stahl distingue deux modes d'altération des mouvements vitaux : 1) l'un est dit *a priori* et suppose l'intervention directe de l'agent de motilité qui accroît ou diminue son énergie ; 2) selon l'autre mode, dit *a posteriori*, l'effet moteur est modifié par les changements matériels affectant le dispositif organique[2]. Stahl fournit, comme exemple du premier mode, le cas de la détermination volontaire à soulever un corps léger lentement et un corps lourd brusquement, ce qui à son avis échappe à une détermination pure et simple par la structure de l'appareil neuromusculaire et par les processus qui en découleraient comme par automatisme. Quant au second mode, il correspond à une situation où les conditions matérielles du corps engendreraient en quelque sorte un mouvement spontané proportionné à la configuration et aux dispositions dynamiques du corps vivant[3]. Mais ce cas d'espèce ne saurait apparaître comme universellement représentatif des raisons du mouvement vital, puisque l'expérience manifeste fréquemment la disparité des déterminations finales et des actualisations qui s'ensuivent, par rapport aux conditions structurales prévalant alors et aux mouvements qu'on pourrait être tenté d'en déduire. En outre, la détermination la plus profonde reste celle de l'âme, puisque celle-ci peut à tout moment se substituer à l'ordre des causes efficientes mécaniques, ou plutôt y intervenir pour instituer, maintenir, réguler ou pervertir le fonctionnement vital : soit elle se sert des mécanismes comme de moyens pour une fin physiologique de formation, de conservation ou de reproduction organique, soit, dans les cas pathologiques, elle impose à ces moyens un ordre proprement dysfonctionnel orienté vers des fins inadéquates.

Un aspect additionnel novateur de la théorie de l'organisme, telle qu'elle s'esquisse de part et de l'autre, porte sur le rôle et l'importance de la chimie dans l'élaboration de modèles mécanistes qui s'inscriront

1. Voir *Responsiones*, § 15, Dutens II-2, 149-150.

2. *Negotium otiosum*, *Enodationes* § 15, p. 56 : « Primo itaque velim mihi dari, in genere, & sine sola restrictione ad rem quaestionis, quod Motus *duplici* ratione possit alterari seu mutari : 1) *a priori*, quando *principium* movens *energiam* suam intendit, aut retardat : 2) *a posteriori*, quando *materia* ipsa, secundum habitum sui *ad mobilitatem*, vel minus vel magis moratur *actum* motus ».

3. *Ibid.*, § 15, p. 57.

soit, pour Leibniz, dans l'accomplissement, soit, pour Stahl, dans le dépassement obligé de l'explication des phénomènes organiques [1].

Leibniz lie les processus vitaux s'accomplissant dans le corps animal à l'interaction entre micro-composantes des fluides organiques et microstructures organiques. L'article 24 des *Animadversiones* s'intéresse aux réactions chimiques pouvant illustrer ce pouvoir fonctionnel d'action et de réaction imparti aux parties de la machine de la nature [2]. L'exemple que prend Leibniz est celui des sels volatils d'urine – selon la nomenclature moderne il s'agit de carbonate d'ammonium ($(NH_4)_2CO_3$) – qui agit comme un anticoagulant du sang *in vitro*. Il est donc loisible de se représenter qu'une telle substance ou quelque composé analogue pourrait intervenir dans le corps vivant pour empêcher la coagulation du sang qui s'est épanché hors des vaisseaux. Certes, on peut se représenter que les processus organiques sont d'intensité différente et mobilisent de multiples facteurs additionnels par rapport à ceux que l'expérience met en jeu, mais il faut supposer, selon ce modèle, que la recherche chimique fournirait des moyens analytiques pour éclairer la compréhension des fonctions et dysfonctions organiques et déterminer des modalités appropriées d'intervention thérapeutique. Stahl, bien que chimiste réputé, professe l'inutilité de ce type d'expérimentation et de toute forme de traitement qui impliquerait l'altération chimique des processus naturels. Il soutient de fait que l'agent régissant les fonctions vitales intervient naturellement pour rectifier le cours de processus qui, relevant de la seule chimie, et donc proprement inorganiques, détruiraient la téléologie des mouvements vitaux. Ceux-ci échapperaient donc à toute modélisation en termes de réactions chimiques. Par voie de conséquence, Stahl conteste l'existence même de médicaments altérants : entendons par là des composés chimiques susceptibles de se combiner avec les composantes du corps animé en en modifiant les mouvements intrinsèques. Dans l'article 25 [3], Leibniz évoque l'action fébrifuge de la poudre de quinquina, voire sédative ou curative de composés opiacés ou arsenicaux, à l'appui de la thèse d'un rôle obligé des réactions chimiques dans le fonctionnement et la régulation vitale. C'est au moyen d'une chimie de type analytique que les mécanismes propres aux micro-parties du corps vivant pourront se révéler à l'expérimentateur et au théoricien. Leibniz constate que cette chimie que l'on pourrait qualifier de physiologique est fort différente

1. Je résume ici cet aspect de l'affrontement entre Leibniz et Stahl, tel qu'analysé dans Duchesneau (2010), p. 150-152.
2. Voir *Animadversiones*, § 24, Dutens II-2, 141.
3. Voir *Ibid.*, § 25, Dutens II-2, 141-142.

de la chimie de son temps, essentiellement empirique et vouée au seul dévoilement des combinaisons de processus inorganiques. Mais deux modalités de transformation font espérer l'avènement d'une chimie plus physiologique : la généralisation analogique des expériences du domaine de l'inorganique à celui de l'organique, d'une part; l'interprétation des opérations propres aux petites machines de l'anatomie subtile en termes de processus chimiques, d'autre part. Le programme théorique qu'envisage Leibniz se dessine alors comme celui d'un mécanisme organique, fondé sur l'observation micro-anatomique et sur l'expérimentation chimique, mais capable de s'élever à la considération des raisons et des causes et qu'il rattache à une « physique spéciale » (*physica specialis*) encore en gestation [1].

> Maintenant du fait que les raisonnements physiques sont facilités par la mathématique et la mécanique, et les expériences par la microscopie et la chimie, naît l'espoir que la physique [spéciale] croisse et, quittant enfin ses langes, s'achemine vers l'âge adulte [2].

C'est par référence à ce cadre théorique qu'il convient d'interpréter la formule souvent utilisée depuis le *Corpus hominis* et définissant le corps organique comme une *machina hydraulico-pneumatico-pyria*. Cette formule implique que les agents d'*impetus* à l'œuvre dans le corps organique doivent faire l'objet de modélisation en termes physico-chimiques si l'on veut en promouvoir l'explication rationnelle par-delà toute notion d'âme physiologique, de nature plastique ou d'autres principes analogues [3]. Et il s'agit là d'une illustration probante de la mise en équation par Leibniz de l'organisme et du mécanisme, en vertu de l'agencement téléologiquement immanent des seuls dispositifs physico-chimiques impliqués dans le corps organique.

4. La critique des natures plastiques

L'intelligibilité mécaniste de la nature et ses limites, notamment en ce qui concerne le vivant, constituent l'un des thèmes problématiques au cœur des échanges critiques entre Bayle et Leibniz. Ces échanges surviennent à la suite de la publication par Leibniz du *Système de la nature et de la communication des substances* (1695), où apparaît la notion de machine

1. Voir lettre à D. Guglielmini de septembre 1697, A III-7, 577.

2. *Exceptiones*, § 11, Dutens II-2, 148 : « Nunc vero ex quo ratiocinia physica, per Mathesin vel Mechanicam, & experimenta per microscopia & Chymiam adjuvantur, spes est, Physicam paulatim crescere, & tandem crepundiis relectis ad adolescentiam proficere posse ».

3. *Ibid.*, § 14, Dutens II-2, 149.

de la nature, et sont suscités par les commentaires à l'article Rorarius du *Dictionnaire historique et critique* (1697) de Bayle. Or, le différend ressurgit sous un jour nouveau lorsqu'une tierce position est avancée par Jean Le Clerc. Celui-ci publie dans la *Bibliothèque choisie* entre 1703 et 1706 de larges extraits du *True Intellectual System of the Universe* (1688) de Ralph Cudworth en traduction française, et quelques passages de la *Cosmologia sacra* (1701) de Nehemiah Grew. Bayle s'inscrit en faux contre la doctrine des natures plastiques ainsi ressuscitée et contre toute thèse analogue ; il suscite en contrepartie des répliques justificatives de la part de Le Clerc. Dans ce contexte de controverse, Leibniz est incité à prendre position, ce qu'il fait en publiant en 1705 ses *Considérations sur les principes de vie, et sur les natures plastiques* dans l'*Histoire des ouvrages des sçavans* de Basnage de Beauval. Comme Bayle, Leibniz opère une critique radicale de la doctrine des natures plastiques, mais selon des paramètres fort différents. Il ne cesse néanmoins de répliquer à Bayle. Il se dissocie en particulier de toute forme d'interprétation des lois de la nature tant physique que psychique qui s'appuierait sur la doctrine des causes occasionnelles. Au cœur du différend, figure le problème d'expliquer l'émergence de l'organisation vitale au sein d'une nature conçue selon les catégories du mécanisme : on s'y trouve confronté à des considérations métaphysiques et épistémologiques issues de systèmes de pensée pour le moins partiellement antagonistes. J'ai pu analyser ailleurs la doctrine développée par Henry More au sujet de l'esprit de la nature (*spirit of nature*) ou du principe hylarchique, et celle de Cudworth relative aux natures plastiques, dans leur rapport critique au mécanisme vital[1].Selon une formule synthétique du *True Intellectual System of the Universe*, « la *nature* [plastique] est soit une *puissance* ou faculté *inférieure* de quelque âme consciente, soit une espèce inférieure de Vie par soi, qui dépend d'une *Âme supérieure* »[2]. En définitive, la thèse des natures plastiques se résume à admettre des entités incorporelles incarnant de façon immanente à la nature les lois d'organisation et de régulation suivant lesquelles s'exprime le dynamisme inhérent aux substances créées : ces entités interviendraient causalement dans la production des phénomènes dont elles détermineraient l'ordre et le déroulement. Ces thèses doivent être vues ici comme l'objet d'argumentations critiques de la part de Bayle et de Leibniz : ces critiques visaient chez le premier

1. Voir F. Duchesneau, *Les Modèles du vivant de Descartes à Leibniz*, Paris, Vrin, 1998, p. 149-181.

2. R. Cudworth, *The True Intellectual System of the Universe*, London, Printed for Richard Royston, 1678, I, chap. III, XXXVII, § 21, p. 165 et 166.

la dissolution, chez le second la rectification mécaniste de la notion de nature plastique sous l'égide du principe de l'harmonie.

Les remarques C et D à l'article Sennert du *Dictionnaire historique et critique* nous fournissent une piste initiale pour explorer la position de Bayle sur les principes de vie. Le commentaire critique s'y greffe sur la thèse du médecin allemand Daniel Sennert suivant laquelle la semence du vivant comporterait une âme qui serait l'agent organisateur des structures subséquentes à son développement. Comment une telle âme, à supposer qu'elle advienne à la semence, pourrait-elle posséder la capacité de produire l'organisation d'un animal ou d'une plante qui représente un accomplissement de niveau infiniment supérieur ? Comment une telle âme pourrait-elle se reproduire de semence en semence au fil des générations ? La solution au problème de la génération tient à l'hypothèse d'une préformation suivant laquelle « les corps vivans sont organisez avant que de naître, & aparemment depuis l'origine des choses »[1]. Au passage, Bayle loue Leibniz pour s'être inspiré de cette solution[2]. Cette hypothèse dispense de recourir à la création divine de chaque vivant au fil des générations ou de supposer, contre toute vraisemblance, que les « lois générales de la communication des mouvements » suffisent à engendrer l'organisation dont il s'agit. Recourir aux formes substantielles comme aux âmes du type de celle que Sennert postulait dans la semence, c'est faire appel à un principe dénué d'intelligence architectonique[3]. Or, la fabrication de tout vivant, comme de toute machine ou instrument, requiert l'intervention d'une telle intelligence ; et celle-ci dépasse toute capacité de l'esprit humain lorsqu'il s'agit de la moindre organisation vitale. Dans un deuxième temps toutefois, Bayle met en cause l'interprétation mécaniste forte selon laquelle les vivants, originellement créés, se déploieraient dans le temps en vertu des seules lois générales de la communication des mouvements. Cela ne saurait suffire, car la croissance et les fonctions qui

1. P. Bayle, *Dictionnaire historique et critique*, Rotterdam, Chez Reinier Leers, 1697, « Sennert », C, II, p. 1040.

2. *Ibid.*, II, p. 1040 : « C'est celle dont j'ai parlé ci-dessus [à l'article Rorarius], & qui a fourni de si belles ouvertures à l'illustre Mr. Leibnitz ».

3. Voir A. Blank, « Sennert and Leibniz on animate atoms », *in* J. Smith, O. Nachtomy (eds.), *Machines of Nature and Composite Substances in Leibniz*, Dordrecht, Springer, 2011, p. 115-130. Sennert adopte une hypothèse suivant laquelle les âmes, notamment les âmes végétatives, auraient la capacité de se reproduire. Ce serait en vertu du lien substantiel à un corps organisé minimalement constitué que cette âme pourrait former le vivant complexe doté de ses fonctions les plus développées. Bayle estime que ce rehaussement d'organisation et de dispositions fonctionnelles suppose une intelligence que ne saurait détenir quelque âme finie que ce soit.

s'y rattachent supposent un ajustement constant des processus que seule une intelligence peut accomplir.

> […] Pourquoi croirions-nous que les loix du mouvement, incapables d'organiser un point de matiere auront la vertu si elles le trouvent organisé, de le convertir en un animal mille fois plus gros, toutes les proportions observées dans un nombre presque infini d'organes de differente nature ; les uns mous, les autres fluides, les autres durs, &c ? [1]

La difficulté requiert que l'on fasse appel à une intelligence qui puisse avoir l'idée du plan à réaliser et qui en assure la réalisation. Point d'appel toutefois à un miracle permanent dû à l'action providentielle de Dieu ! Il faut que ces actions intelligentes s'inscrivent dans l'ordre des causes secondes. Compte tenu de ce réquisit, Bayle s'intéresse à la solution avancée par More, celle d'un « esprit de la nature » agissant sans conscience pour accomplir le dessein architectonique d'un vivant dans l'ordre des phénomènes physiques. Mais il rejette cette option parce que l'on ne saurait admettre que l'âme du vivant ait une connaissance effective du dessein organisateur et qu'elle puisse de ce fait l'accomplir physiquement.

> Cette hypothese est combattuë par l'ignorance où nous sommes de ce qu'il faut faire, pour ranger ensemble des nerfs, des veines, des os, &c. on pourroit repondre que l'ame oublie toutes ces idées dès que son logis est fait, parce que la grossiereté des organes du corps humain rompt le commerce qu'elle avoit auparavant avec des causes occasionnelles fort subtiles Mais j'aimerois mieux supposer que l'ame même ne dirige point les mouvemens qui font croître son *fœtus* ; j'aimerois mieux attribuer cette direction à un autre esprit [2].

À ce point, l'argumentation reste en suspens en ce qui concerne la nature de cet esprit, mais, clairement, il ne saurait s'agir de quelque nature plastique que ce soit, en raison du degré d'intelligence requis pour l'agencement harmonique d'une infinité de mouvements corpusculaires dans le temps. Bayle semble s'en tenir à une forme d'*ignoramus*, assortie d'une condition d'intelligibilité appliquée à la cause inconnue de l'organisation vitale : cette cause doit impliquer une intelligence architectonique transcendante par rapport aux plantes et aux animaux dont elle assure la fabrication. Ses effets architectoniques se déploient en un enchaînement de processus naturels, sans que ceux-ci n'en recèlent les causes véritables, nous

1. P. Bayle, *Dictionnaire historique et critique*, II, p. 1040.
2. *Ibid.*, II, p. 1041.

renvoyant par le fait même à une action générale et permanente de l'Esprit divin dans la nature.

Par ailleurs, dans la *Continuation des pensées diverses* (1705), Bayle s'en prend aux thèses de Cudworth et de Grew comme si elles récusaient la philosophie d'inspiration cartésienne-occasionnaliste au nom d'une doctrine renouvelée des formes substantielles aristotéliciennes. Cette position aurait pour conséquence de favoriser le matérialisme et l'athéisme, puisque les formes substantielles seraient tenues pour caractériser des entités physiques et pour leur conférer des propriétés d'autonomie dans l'organisation et le fonctionnement. Les matérialistes se trouveraient ainsi autorisés à présumer qu'il y aurait des dispositions suffisantes dans la matière même pour expliquer la formation des animaux, abstraction faite de la création par Dieu de tels dispositifs organiques. Alors que le dessein de produire de telles créatures semble dépendre d'une intelligence supra-mondaine, tout se passerait comme si le projet équivalent pouvait résulter de la puissance de la matière, sans subordination aux lois générales traduisant la volonté divine et surtout sans connaissance de telles lois[1].

Selon Bayle, la plupart des philosophes modernes auraient admis que la nature possède des propriétés causales adéquates à la production des ouvrages naturels les plus complexes, tels les fœtus animaux, qui surpassent infiniment tout ce que l'on pourrait attribuer à l'art humain, et cela sans que la moindre intellection ne soit requise dans la mise en œuvre de ces projets architectoniques. Ces philosophes se contenteraient de supposer le concours général de Dieu à l'accomplissement d'un tel dessein par l'enchaînement de causes secondes effectives. Or, cette thèse recèlerait une dangereuse aporie, puisque le concours de Dieu ne déterminerait pas la direction des actions vitales accomplies par les corps organiques par exemple, mais ce seraient les pouvoirs spécifiques dévolus

1. P. Bayle, « Continuation des pensées diverses », § XXI, in *Œuvres diverses*, La Haye, Par la Compagnie des Libraires, 1737, III, p. 217a : « Ils [Cudworth et Grew] n'ont pas trouvé qu'il fût digne d'eux de fortifier & d'éclaircir l'hypothese Cartésienne, qui est dans le fond la plus capable de soûtenir la spiritualité de Dieu : ils ont trouvé plus de gloire à fortifier la secte chancelante & presque atérrée des Péripatéticiens, je veux dire à mettre dans un plus beau jour & sous une nouvelle face, la doctrine des formes substantielles ; l'un en illustrant le systême de la faculté plastique ; l'autre en supposant un monde vital distinct du monde matériel. Vous ne sauriez croire le tort qu'ils font à la bonne cause, sans que ce soit aucunement leur intention. Rien n'est plus embarrassant pour les Athées que de se trouver réduits à donner la formation des animaux à une cause qui n'ait point l'idée de ce qu'elle fait, & qui exécute réguliérement un plan sans savoir les loix qu'elle exécute. La forme plastique de Mr. Cudworth, & le principe vital de Mr. Grew, sont cependant dans le même cas, & ainsi ils ôtent à cette objection contre les Athées toute sa force ».

à ces corps qui entraîneraient, sans cognition impliquée, le concours divin en vue de produire l'effet conforme à la règle.

> Les Philosophes modernes, affirme Bayle, qui ont bani les facultez, ou qui les ont réduites au seul mouvement local, croïent que les corps sont la vraie cause de ce mouvement, & des effets qui en résultent ; les corps [...] ne savent ni où ils sont, ni s'ils rencontrent un obstacle, ni ce que c'est que se mouvoir, ni comment il faut pousser, & cependant ils se meuvent avec la derniere justesse selon des loix admirables [1].

Le Clerc a beau jeu en contrepartie de souligner, dans son *Éclaircissement de la doctrine de Mrs. Cudworth & Grew, touchant la nature plastique & le monde vital*, qu'en ce qui concerne les réalités corporelles proprement dites, Cudworth et Grew adhèrent à une physique corpusculaire qui ne se distingue pas essentiellement de la physique de Descartes [2]. L'apport spécifique de la doctrine des natures plastiques consiste dans l'admission de substances incorporelles qui interviennent sur les parties matérielles des corps organiques pour en déterminer l'arrangement et l'organisation finale. Ces entités naturelles sont, quant à elles, des instruments subordonnés au plan de la création qui relève de l'Intelligence suprême et qu'elles exécutent de façon aveugle et finie. Ainsi se trouverait levée l'objection dirimante suivant laquelle cette doctrine ne ferait que conforter l'athéisme en voulant le contrecarrer, puisqu'elle ferait de l'organisation vitale et, par extension, de l'intelligence et de la volition au sein des êtres de l'ordre naturel, des effets résultant des principes dynamiques qui leur seraient inhérents. Un élément important de la critique baylienne consiste précisément à assimiler les principes de vie ou natures plastiques à une forme présumée de principes dynamiques intervenant dans l'ordre des corps et sous-tendant l'identité, la continuité et les effets fonctionnels attribuables aux substances naturelles. Point de surprise donc dans la mise en cause collatérale des thèses soutenues par Leibniz dans le *De ipsa natura* sur l'autonomie des substances finies, sur la loi interne de déploiement des états de la monade, sur l'enchaînement des processus dans les corps organiques et sur l'harmonie préétablie, par transposition

1. P. Bayle, « Continuation des pensées diverses », § CXI, *Ibid.*, III, p. 340b-341a.

2. J. Le Clerc : « Éclaircissement de la doctrine de Mrs. Cudworth & Grew, touchant la nature plastique & le monde vital [...] », *Bibliothèque choisie*, V (1705), art. 4, p. 283-303, notamment p. 290-291 : « 1. Ces Messieurs suivent la Philosophie Corpusculaire, aussi bien que Descartes, qui n'en est pas l'inventeur, & disent que la matiére de tous les corps est une substance étendue, divisible, solide, capable de figure et de mouvement. 2. Ils n'attribuent aucune autre Forme à chaque corps, consideré simplement comme corps, qu'une forme accidentelle ; qui consiste dans la grosseur, la figure, la situation, le mouvement et le repos, & ils tâchent de rendre par-là raison des qualitez des corps ».

et intégration des arguments de Cudworth relatifs à l'insuffisance du mécanisme à rendre compte des phénomènes « plastiques » de genèse, d'organisation et d'adaptation dans l'univers matériel.

5. Principes de vie et natures plastiques matérielles

Leibniz conçoit son intervention au sujet des natures plastiques à la fois comme un éclaircissement de ses positions, prolongeant les discussions suscitées par l'article Rorarius du *Dictionnaire historique et critique*, et comme une évaluation critique des thèses en présence dans la controverse entre Bayle et Le Clerc. Il a été lui-même mis en cause par le biais de la connexion que Bayle a établie entre la théorie des natures plastiques et celle des formes substantielles. Car Bayle poursuivait ainsi l'objectif de réfuter toute tentative de dépasser le mécanisme occasionnaliste par recours à des agents naturels dotés du pouvoir de modifier le cours des phénomènes. L'assimilation qu'il opère alors est celle de tels principes avec les formes substantielles de la scolastique. Le Clerc a d'entrée de jeu protesté contre cette assimilation en interprétant les natures plastiques comme des substances incorporelles de plein droit intervenant de façon efficiente dans la détermination des processus physiques associés à la vie. Si, dans la *Continuation des pensées diverses*, Bayle a mis corrélativement en cause la doctrine leibnizienne des entéléchies, c'est essentiellement parce que celle-ci attribue une autonomie dynamique à des entités naturelles de type substantiel : à ce titre, Leibniz risque d'autoriser la vision d'une nature suffisant d'elle-même à produire et à préserver des corps organisés complexes sans implication directe de la puissance divine. Dans le mémoire qu'il a fait paraître dans l'*Histoire des ouvrages des sçavans* de Basnage de Beauval en 1704, Bayle a de nouveau souligné la parenté de la métaphysique leibnizienne de la substance avec la doctrine des natures plastiques sous l'angle d'un « péripatétisme rectifié »[1]. Pour justifier cette interprétation, Bayle s'en est tenu, comme il le précise, à « quelques conformitez generales qui se trouvent entre les êtres plastiques ou vitaux, & les formes substancielles »[2]. En vertu de ces conformités, ce qu'il a retenu, pour en faire la cible de ses objections, c'est la relation causale présumée liant des agents naturels dénués d'intellection à des effets qui supposaient un dessein de structuration organique dépassant tout artifice purement mécanique. Dans cette perspective, faisant abstraction du fondement métaphysique possible de cette relation dans des substances

1. « Mémoire communiqué par Mr. Bayle […] », *Histoire des ouvrages des sçavans*, 20 (1704), p. 369-396, ici p. 394.

2. *Ibid.*, p. 393.

créées irréductibles à l'ordre mécanique des phénomènes, Bayle a saisi dans la thèse leibnizienne un système faisant appel à la généralisation du modèle de relation que l'on pouvait associer aux formes substantielles de la scolastique. Cette interprétation lui permettait d'assimiler les monades à des natures plastiques formelles, inhérentes en quelque sorte à l'ordre physique.

Il ne faut donc pas s'étonner que Leibniz ait d'abord entrepris de préciser quel usage légitime de la notion de forme substantielle était le sien. Il pose en effet les monades comme « substances indivisibles », ou comme « unités », dotées de perception et d'appétit – ce sont les « principes de vie » à la façon leibnizienne – par opposition aux corps, divisibles à l'infini et impliquant de ce fait une multiplicité interne. La réplique à Bayle en ce qui concerne la relation que représente la forme substantielle consiste à lier celle-ci à la seule existence des corps organiques, « car les principes de Vie n'appartiennent qu'aux corps organiques »[1]. Il s'agit évidemment d'écarter la conception proprement aristotélicienne de la forme substantielle qui s'applique à toute entité physique, que celle-ci implique une unité véritable ou non. La notion de forme substantielle selon Leibniz ne s'applique que pour autant que l'on considère des corps dotés d'une organisation dont le principe d'unité dépend des monades correspondantes. À Bayle, partisan de l'occasionnalisme, Leibniz rappelle l'utilisation restreinte que Descartes faisait de cette notion de forme dans son application à l'unité substantielle constituée par l'âme et le corps chez l'homme, par opposition à la forme accidentelle issue de leur composition selon Regius. À l'évidence, la notion leibnizienne se distingue de cet usage restreint, puisque d'une part la relation s'étend dans le registre psychique à toute forme de perception et d'appétition sous le seuil de l'apperception et que d'autre part la relation s'applique dans le registre physique à tout composé de monade et de corps organique. À cela s'ajoute un facteur de distinction majeure, à savoir la dimension de composition organique à l'infini des corps dotés de principes d'unité vitale : ce caractère d'infinité s'applique aux machines de la nature que sont les corps organiques animés et constitue une raison essentielle de différenciation du principe de vie leibnizien par rapport à ses analogues présumés en termes de natures plastiques qui seraient à l'œuvre dans le monde des phénomènes.

La relation des principes de vie leibniziens à l'ordre des phénomènes tient à un concept spécifique de loi de la nature que Leibniz oppose tant aux partisans de l'interaction âme-corps qu'à ceux des causes occasionnelles.

1. Leibniz, *Considérations sur les principes de vie, et sur les natures plastiques*, GP VI, 539.

De fait, ce que rejette Leibniz dans les notions alors courantes de principe de vie, c'est la supposition que ces principes interviendraient dans le cours des mouvements affectant les corps – supposition qui autorisait d'ailleurs Bayle à les assimiler à des formes aristotéliciennes régissant toute entité matérielle comme par un principe immanent de spontanéité. Certes, si cette action du principe formel s'exerçait de façon uniforme d'une entité matérielle à l'autre et produisait conséquemment des effets constants, l'on pourrait accéder par induction à des généralisations qui sembleraient représenter l'ordre même régissant le cours des phénomènes naturels. Mais les partisans des natures plastiques et autres archées soutiennent, à l'encontre de cette vision d'uniformité dans les apparences, que de tels principes interviennent pour susciter des dérogations à tout ce qui pourrait se présenter comme un cours mécanique des choses. Ce à quoi contredit la thèse de Cudworth et de More, c'est à la nécessité des enchaînements mécaniques à travers l'ordre des corps, que ceux-ci soient organiques ou non, la seule différence résidant dans la soumission des corps inorganiques à la nature plastique ou à l'esprit de la nature en général et dans celle des corps organisés à des principes endogènes individualisés, se présentant comme des âmes aux échelons hiérarchiques supérieurs des formes de vie. Or, comme le souligne Leibniz, les Cartésiens ne sont pas indemnes d'une solution de continuité analogue dans leur conception de l'enchaînement mécanique des phénomènes. Pour ce qui est de Descartes lui-même, il avait certes développé le concept de loi de conservation de la puissance motrice, mais en réduisant celle-ci de façon erronée à la simple conservation de la quantité de mouvement, et il avait écarté de la seule législation mécaniste la détermination univoque des directions de mouvement, puisque il avait aussi reconnu ce privilège à l'âme humaine. Malebranche a, pour sa part, évité ce second point d'achoppement à la juridiction mécaniste de l'ordre physique, mais en privant la nature d'engendrer l'enchaînement des phénomènes en vertu de quelque puissance immanente que ce soit. Par ailleurs, la loi générale ne serait alors que l'expression directe de la volonté divine assurant causalement la correspondance entre les états des corps organisés et ceux des âmes.

Dans le fond, Leibniz soutient une conception forte de la causalité impliquée dans les lois de la nature puisqu'il s'agit de déterminations causales générales dont l'exercice découlerait de la puissance immanente aux réalités créées, que ces réalités relèvent de l'ordre des corps ou de celui des âmes ou des monades. Pour soutenir ce point, Leibniz prend appui sur la démonstration de « cette nouvelle Loy de la Nature » [1] que constitue

1. *Ibid.*, GP VI, 540.

le principe de la conservation de la puissance motrice calculée selon le produit mv^2. Le théorème de la conservation de la quantité des forces enveloppe en effet les principes de conservation des vitesses respectives et de la quantité de progrès des corps en interaction avant et après le choc [1]. C'est cet aspect de relation systémique propre aux lois causales de la nature qui se trouve assumé en termes de raisons déterminantes par le système de l'harmonie préétablie, lequel corrige les anomalies causales qui découleraient des hypothèses interventionniste et occasionnaliste :

> Et c'est ce que rappelle l'Harmonie preétablie, qui ecarte toute notion de miracle des actions purement naturelles, et fait aller les choses leur train reglé d'une manière intelligible : au lieu que le système commun a recours à des influences absolument inexplicables, et que dans celuy des causes occasionnelles, Dieu par une espece de loy generale et comme par un pacte s'est obligé de changer à tout moment le train naturel des pensées de l'ame, ce qui ne se peut expliquer que par un miracle perpetuel ; pendant que j'explique le tout intelligiblement par les natures que Dieu a établies dans les choses [2].

La solution leibnizienne au problème de la correspondance des séries causales respecte le principe d'intelligibilité des phénomènes physiques ; celui-ci implique que tous les changements survenant dans les mouvements des corps ne peuvent venir que de l'action mécanique des corps les uns sur les autres et des lois régissant cette action. De même en est-il, dans leur ordre, pour les perceptions et les appétitions des monades qui découlent, comme par une suite nécessaire, de leurs dispositions internes. Leibniz se contente de rapporter à la préformation divine l'origine première des séries et la configuration des lois qu'elles déploient. Dans le même temps, ces séries, respectivement rattachables au schème de l'efficience causale et de la détermination finale, suffisent à rendre compte du « détail » des changements du sujet concerné, qu'il s'agisse de l'âme ou du corps organique, sans postuler l'interaction des entités concernées. Ces thèmes ont été constamment présents dans la philosophie de Leibniz depuis leur cristallisation initiale à la fin de la décennie 1670 : la controverse des natures plastiques donne occasion de les confronter aux principes d'un naturalisme vital, hostile à la subordination des corps organiques au seul jeu des lois mécaniques.

L'un des aspects critiques inédits de l'argumentation consiste alors à dissocier l'âme animale et ultimement toute monade de l'assimilation à

1. Voir F. Duchesneau, *La Dynamique de Leibniz*, Paris, Vrin, 1994, p. 253-258.
2. Leibniz, *Considérations sur les principes de vie*, GP VI, 541.

des natures plastiques formelles[1]. Leibniz reconnaît l'existence d'âmes des bêtes contre les Cartésiens, mais il récuse d'emblée qu'il s'agisse de natures plastiques sujettes à périr et donc mortelles, comme semblait l'impliquer la thèse de Cudworth appliquée aux âmes non spirituelles. Puis, en application du principe de continuité, Leibniz étend analogiquement les caractéristiques des âmes animales à une variété infinie de monades, dotées de modalités de perception et d'appétition sous le seuil de la perception consciente. Du même souffle, il pose la spécificité de l'âme humaine dans « la réflexion qui accompagne la raison »[2]. Corrélativement, disparaît la fonction organogénétique de l'âme-nature plastique qui semblait sa fonction essentielle pour les Néoplatoniciens de Cambridge, fonction estimée impossible dans un contexte de séparation ontologique des séries causales. L'autre ligne d'argumentation consiste à matérialiser en quelque sorte la fonction organogénétique pour autant qu'elle relève des natures créées. Il s'agit ici de reconnaître que le corps organique est tout aussi impérissable que l'âme animale ou la simple monade. Référence est faite aux observations des naturalistes contemporains – les Swammerdam, Malpighi, Leeuwenhoek et autres – qui ont fourni des raisons de présumer la préformation des corps organiques dans les semences, et donc l'absence d'épigenèse : la génération ne consisterait donc que dans la transformation d'un corps organique préexistant depuis un état embryonnaire antérieur à la fécondation. La préexistence de l'âme va de pair avec celle de l'animal tout entier, constamment doté d'un corps organique qui possèderait une identité de forme à travers une infinité de métamorphoses. « Ce qui nous decouvre encor des merveilles de l'artifice divin, où l'on n'avoit jamais pensé, explique Leibniz, c'est que les machines de la nature estant machines jusques dans leurs moindres parties, sont indestructibles, à cause de l'enveloppement d'une petite machine dans une plus grande à l'infini »[3].

Qu'implique cette thèse de la préformation appliquée aux machines de la nature dans le contexte d'une évaluation critique des natures plastiques ? Sans doute deux propositions. D'abord l'impossible dérivation originelle de ces machines de la nature à partir des seules puissances de la matière, et donc l'impossibilité d'expliquer la formation même des

1. Un double mouvement se fait jour ici dans le texte, correspondant aux propositions : « Il y a encor une autre difference entre les sentimens des autres auteurs, qui sont pour les principes de vie, et entre les miens » (GP VI, 542) et : « Ce sentiment nous mene à un autre, où je suis encor obligé de quitter l'opinion receue » (GP VI, 543).

2. *Ibid.*, GP VI, 543.

3. *Ibid.*, GP VI, 543.

corps organiques des êtres vivants par le seul jeu des lois du mécanisme appliquées aux corps inorganiques. Cudworth est précisément loué pour avoir avancé un argument suivant lequel l'organisation devrait être produite par d'autres moyens que par des combinaisons de parties matérielles issues de mouvements corpusculaires. Mais si cela peut et doit s'appliquer à la production originaire des êtres organisés, il ne saurait être question d'impliquer des substances incorporelles dans la détermination causale des opérations et transformations auxquelles les corps organiques sont sujets, comme si ces substances pouvaient agir directement sur les corps indépendamment des lois du mécanisme. Cette objection vaut contre les « natures plastiques immatérielles » de Cudworth, comme elle vaut, *mutatis mutandis*, contre les âmes structrices d'Aristotéliciens, tel Jules Scaliger, ou contre les archées de Van Helmont [1] et comme elle vaudra contre l'âme physiologique de Stahl. D'où – seconde proposition – l'admission obligée de la préformation divine comme seule raison de la formation des êtres vivants et de la programmation d'une correspondance des lois de développement régissant respectivement l'âme et le corps organique.

À ce point de l'analyse, pour fixer le type de loi s'appliquant aux corps organiques, Leibniz établit une équation entre le concept de machine de la nature, déjà acquis dans sa philosophie, et une notion qu'il avance *ad hoc*, celle de « nature plastique matérielle ». Le texte projette ici un éclairage particulier et original sur la théorie leibnizienne des êtres vivants.

> J'en puis dire [des théories critiquées], *Non mi bisogna, e non mi basta*, par cette raison même de la preformation et d'un organisme à l'infini, qui me fournit des natures plastiques materielles propres à ce qu'on demande ; au lieu que les principes plastiques immateriels sont aussi peu necessaires, qu'ils sont peu capables d'y satisfaire. Car les animaux n'estant jamais formés naturellement d'une masse non organique, le mechanisme incapable de produire de nouveau ces organes infiniment variés, les peut fort bien tirer par un developpement et par une transformation d'un corps organique preexistant [2].

La préformation et l'organisme à l'infini constituent la nature plastique matérielle. Comme nous l'avons noté, ce terme d'organisme désigne le mécanisme pour autant qu'il soit inhérent au corps organique et qu'il

1. Leibniz, *Considérations sur les principes de vie*, GP VI, 544.
2. *Ibid.*, GP VI, 544.

en gouverne les opérations[1]. Selon Leibniz, ce mécanisme s'actualise à l'infini. Cette propriété d'infinité tient au fait que l'organisme ainsi entendu découle de la préformation divine et qu'il intègre de ce fait une infinité de réquisits pour chaque individualité organique. Non seulement les conditions de l'organisation vitale se détaillent-elles à l'infini, mais les effets de celle-ci présentent la même caractéristique. Que sont ces effets, sinon les variations infinies de structure et de processus qui affectent le vivant depuis sa préformation originelle? Toutes ces variations dont on ne saurait assigner le terme s'inscrivent sous une même loi, que l'on peut sans doute désigner comme une « loi de l'organisme » subsumant les transformations de la machine de la nature qu'est le corps organique du vivant. Nous voyons par ailleurs que cette loi de l'organisme se déploie suivant une relation d'expression réglée par rapport à la loi interne d'enchaînement des perceptions-appétitions de la monade dominante de ce même vivant.

Deux remarques s'imposent ici. L'une est d'ordre épistémologique : la machine de la nature obéit aux lois du mécanisme et celles-ci s'appliquent indifféremment aux diverses masses corporelles. Tous les modèles explicatifs que la science du vivant tentera de fournir devront se conformer aux lois ainsi entendues, mais cela ne suffit pas. Pour que ces modèles constituent des explications adéquates, ils devront prendre en compte un schème de finalité propre à exprimer de façon générique la loi de l'organisme inhérente aux individualités biologiques; ils devront en quelque sorte dessiner la courbe des transformations morphologiques et fonctionnelles suivant lesquelles l'organisation de tout être vivant varie à l'infini : d'où le style particulier des lois causales de la physiologie qui, sous l'égide du mécanisme, représenteront l'auto-développement continu de microstructures intégrées à l'infini[2].

La deuxième remarque nous ramène à l'enjeu métaphysique du débat concernant les natures plastiques. Bayle avait dénoncé dans le recours aux natures plastiques le risque d'assigner à des puissances naturelles finies la production effective d'êtres organiques complexes, en les sevrant de leur dépendance par rapport à Dieu. Leibniz récuse ce risque pour la doctrine incriminée, que l'on adhère à l'hypothèse de natures plastiques

1. Suivant le sens du terme « organisme » tel que Leibniz a pu l'emprunter de la dissertation de F. Hoffmann, *De natura medicatrice mechanica* (1699). Voir *supra*, p. 31-37.

2. Il y a lieu de se représenter que les processus physiologiques relèvent, selon Leibniz, des lois du mouvement, c'est-à-dire des lois générales de la physique, mais que celles-ci interviennent en fonction des structures et dispositifs d'un corps téléologiquement organisé à l'infini : d'où la connotation propre des lois physiologiques.

immatérielles à la façon de Cudworth ou à sa propre conception des machines de la nature, comme « natures plastiques matérielles ». Pour contrer la critique, il aurait suffi que les disciples de Cudworth intégrassent aux conditions nécessaires d'exercice de leurs agents organisateurs « une direction particuliere de Dieu » [1], c'est-à-dire une pré-ordination de la loi d'organisation et de transformation suivant laquelle ces natures agissent. Mais cette réponse à la critique principale de Bayle ne saurait effacer l'aporie affectant, aux yeux de Leibniz, la doctrine de Cudworth et de More, aporie résultant d'une part de l'inintelligibilité du mode d'interaction entre l'âme et le corps propre, aporie résultant d'autre part de l'absence de régulation inhérente aux séquences d'états de l'âme et du corps. La position leibnizienne est immunisée contre cette critique, car le « mechanisme plastique » [2], autrement dit un pouvoir organogénétique réel dévolu aux machines de la nature, ne se conçoit aucunement sans préformation divine originelle : les effets subséquents de cette préformation découlent de la loi de l'organisme qui ne fait que traduire mécaniquement l'ordre formel de transformation impliqué dans la programmation divine initiale. Et cela vaut tant pour l'ordre des corps que pour celui des âmes. Par ailleurs, l'autre branche de l'aporie se trouve récusée par la législation autonome et autosuffisante des phénomènes physiques et psychologiques. Tel est d'ailleurs le dernier point développé dans les *Considérations*. Leibniz y évoque la « liaison universelle » qui s'étend à l'infini dans l'ordre de la nature créée et qui est celle des lois par lesquelles s'exprime la puissance autonome des créatures sous un rapport d'harmonie globale. Ces lois fournissent l'explication de ces machines de la nature se déployant à l'infini dans leur composition comme dans leurs actions. Selon le style métaphysique, cela donne un système des êtres dominé par la loi de l'organisme comme loi de développement et de transformation, et échappant de ce fait à toute gestion arbitraire et irrationnelle des puissances en jeu :

> Cette universalité des Regles est soutenue d'une grande facilité des explications, puisque l'uniformité, que je crois observée dans toute la nature, fait, que par tout ailleurs, en tout temps et en tout lieu on pourroit dire que c'est tout comme icy, aux degrés de grandeur et de perfection près ; et qu'ainsi les choses les plus eloignées et les plus cachées s'expliquent parfaitement par l'analogie de ce qui est visible et près de nous [3].

1. Leibniz, *Considérations sur les principes de vie*, GP VI, 544.
2. *Ibid.*, GP VI, 544.
3. *Ibid.*, GP VI, 546.

6. Monade, harmonie et composition du corps organique

Les principes d'analyse que recense et ordonne la *Monadologie* (1714) n'y sont pas nécessairement des créations originales, mais ils traduisent, pour la plupart, des inventions philosophiques survenues antérieurement durant la carrière de Leibniz. Ainsi en est-il en particulier des thèses sur le vivant, sur le rapport entre entéléchie et corps organique, rapport constitutif du vivant, sur le concept de « machine de la nature », composée de machines de la nature à l'infini, et sur les propriétés d'organisation et de fonctionnement qui dépendent de l'identification des vivants à de telles machines de la nature. Tout cela est maintenant bien connu et a fait l'objet de travaux divers au cours des dernières décennies [1]. Pour ma part, je me suis particulièrement intéressé à la façon dont les concepts leibniziens dans le domaine biologique se rapportent à l'évolution des disciplines scientifiques et médicales de l'époque, soit pour s'en être inspirées, soit pour leur avoir inspiré en retour certaines orientations et méthodes [2]. Or, la présentation synthétique des concepts et des propositions dans la *Monadologie* tend à gommer le caractère paradoxal et à certains égards problématique des thèses leibniziennes dans ce domaine, car celles-ci avaient surtout valeur d'inférences analogiques et d'hypothèses interprétatives en anticipation de véritables démonstrations scientifiques. En vertu de sa forme et de son style, la *Monadologie* tend indéniablement à nous orienter vers la cohérence accomplie d'un illusoire système leibnizien. Nous devons donc nous déprendre du modèle leibnizien systématisé pour reconstituer le sens de l'enquête et de l'analyse inachevée qui, dans la *Monadologie*, prévaut particulièrement en ce qui concerne les considérations sur le vivant. C'est à ce prix que nous pouvons accéder à une compréhension historiquement fondée de la pluralité des modèles que Leibniz tente d'associer ou d'élaborer aux fins de son analyse sur la condition substantielle des composés de la nature.

L'article 70 de la *Monadologie* tente de définir le corps organique comme totalité : « On voit par là, que chaque corps vivant a une Entelechie dominante qui est l'Ame dans l'animal ; mais les membres de ce corps vivant sont pleins d'autres vivans, plantes, animaux, dont chacun a encore son Entelechie, ou son ame dominante » [3]. Ce corps, y est-il dit, est formé de membres ou d'organes. Il est vivant parce qu'il

1. Voir notamment J. E. H. Smith, *Divine Machines. Leibniz and the Sciences of Life* ; J. Roland, *Leibniz et l'individualité organique* ; R. Andrault, *La Vie selon la raison*.

2. Voir notamment F. Duchesneau, *Les Modèles du vivant de Descartes à Leibniz* ; F. Duchesneau, *Leibniz. Le vivant et l'organsime*.

3. *Monadologie*, § 70, éd. Robinet, Paris, P.U.F., 1954, p. 113.

a une entéléchie dominante. Dans le cas de l'animal, cette entéléchie est une âme. Entéléchie ou âme, la monade est dominante parce qu'elle impose une unité d'ordre et d'action à un composé, le corps organique, qui lui-même intègre d'autres vivants dans son organisation interne : les monades qui régissent ces vivants intégrés apparaissent de ce fait comme des monades subordonnées par rapport à la monade dominante du vivant observable dont l'analyse doit révéler les réquisits. D'entrée de jeu, si l'on veut transposer cette chaîne de concepts liés les uns aux autres par implication en un modèle explicatif des phénomènes du vivant, l'on se heurte à une extrême complexité des représentations. Or, il ne peut y avoir de modèle explicatif en science qui n'implique une adéquate référence à l'observable, que celle-ci soit d'ailleurs directe ou indirecte. Leibniz a pu constater que certains savants, philosophes, naturalistes et médecins tendaient à traduire son hypothèse métaphysique en modèles divers et que ceux-ci, du moins certains d'entre eux, risquaient de subvertir le sens de son hypothèse en en transposant les éléments conceptuels sous forme de représentations fictionnelles, voire fictives, recélant des contradictions inhérentes.

L'article 71 vise précisément à désamorcer de telles tentatives de modélisation inadéquate du vivant comme machine de la nature. Le sens de la formule est clair :

> Mais il ne faut point s'imaginer avec quelques uns qui avoient mal pris ma pensée, que chaque Ame a une masse ou portion de la matière propre ou affectée à elle pour toûjours, et qu'elle possède par consequent d'autres vivans inferieurs destinés toûjours à son service. Car tous les corps sont dans un flux perpetuel comme des rivières; et des parties y entrent et en sortent continuellement [1].

Michel Fichant a pour sa part signalé que Leibniz s'en prend ici à Bayle et aux critiques que celui-ci avait développées dans l'article Rorarius du *Dictionnaire historique et critique* à l'encontre du système de l'harmonie préétablie [2]. Dans les notes préparatoires à l'*Éclaircissement des difficultés que M. Bayle a trouvées dans le système nouveau de l'union de l'âme et du corps* (1698), Leibniz a en effet relevé le passage suivant de l'article Rorarius : « [L'hypothèse de M. Leibniz], avait écrit Bayle, nous porte à croire 1. que Dieu au commencement du monde a creé les formes de tous les corps, et par consequent toutes les ames des bestes; 2. que les ames subsistent tousjours depuis ce temps là unies inseparablement au premier

1. *Monadologie*, § 71, *Ibid.*, p. 113.

2. Voir M. Fichant, *in* G.W. Leibniz, *Discours de métaphysique*, suivi de *Monadologie*, Paris, Gallimard, 2004, p. 497-498, note 67.

corps organisé, dans lequel Dieu les a logées »[1]. Ce à quoi Leibniz réagit en rectifiant le propos : « non pas, écrit-il, qu'une certaine masse demeure tousjours inseparable de l'animal ou de l'ame, mais tellement qu'ils demeurent tousjours certains organes, du moins par la substitution d'un equivalent, comme lorsqu'une riviere demeure la même, quoyque de la matiere semblable y entre et sorte tousjours »[2]. L'article 71 de la *Monadologie* autorise indiscutablement le recours à cette référence, notamment pour deux segments d'argumentation : d'une part, la thèse dénoncée par Leibniz de l'union de l'âme « à une masse ou portion de la matière propre ou affectée à elle pour toûjours »[3] ; d'autre part, la reprise par Leibniz de l'analogie du corps constamment recomposé avec le flux perpétuel des rivières. Mais le texte suggère que le paralogisme que Leibniz dénonce serait le fait de plusieurs interprètes : il ne saurait *a priori* s'agir du seul Bayle. Par ailleurs, l'une des composantes du modèle fautif impliquerait qu'en raison de son union avec un corpuscule primordial, l'âme « possède[rait] par consequent d'autres vivans inferieurs destinés toûjours à son service »[4].

Où trouve-t-on les autres sources de modélisation du couple monade dominante-corps organique dont Leibniz signale l'inadéquation ? La réponse à cette question, si nous y parvenons, éclairera, par contraste, la recherche concernant la conception de modèles plus acceptables pour la transposition analogique de l'hypothèse leibnizienne, donc pour sa capacité explicative en regard des phénomènes.

Si l'on tente de scénariser le mode de représentation du vivant que Leibniz vise à écarter ici, l'on peut se référer aux éléments suivants. Le vivant ne saurait se concevoir que comme l'association d'une âme et d'un corps propre. L'âme serait perpétuellement associée au même corps à quelque phase de développement que l'on considère le vivant. L'identité du corps à travers les changements vitaux serait liée à sa structure et à sa composition qui resteraient les mêmes depuis la création originelle. Tout se passerait dans l'exercice des fonctions comme si ce corps pouvait assimiler ou désassimiler des parties matérielles exogènes sans changer ni de figure ni de composition fondamentale ; ce corps en tant que tel ne pourrait qu'être impérissable, tout comme l'âme qui y résiderait. Ajoutons qu'en vertu des conditions du modèle, il y aurait simple concordance entre le devenir du corps et le devenir de l'âme, et, entre les deux entités, aucune parenté d'essence ne pourrait être établie : nous

1. Leibniz, *Extrait du Dictionnaire de M. Bayle* […], GP IV, 529.
2. *Ibid.*.
3. *Monadologie*, § 71, éd. Robinet, p. 113.
4. *Ibid.*, p. 113.

serions donc alors confrontés à une situation de pur occasionnalisme. Mais la représentation du modèle fautif se complique du fait que le vivant serait composé d'autres vivants. Dans le cas supposé d'une identité rigide du corps organique des points de vue structural et compositionnel, cette caractéristique d'identification se trouverait reportée du corps englobant aux corps englobés, ceux-ci constituant des parties constitutives pérennes de celui-là. Et, comme il s'agirait de vivants intégrés, les âmes associées aux corps de ces vivants entreraient en quelque sorte dans la composition matérielle du vivant qui les engloberait.

Ce qui m'apparaît dans cette représentation que Leibniz entend dissocier radicalement de tout modèle conforme à sa propre hypothèse, c'est qu'elle rassemble des éléments divers provenant de doctrines critiquables d'un point de vue leibnizien. En premier lieu, Leibniz résiste à une forme de préformationnisme inspirée de Malebranche : celle-ci serait devenue presque dominante parmi ses contemporains, philosophes et naturalistes, car presque tous s'y référeraient pour concevoir la génération selon la préexistence de germes emboîtés à l'infini, chaque germe constituant la miniature d'un corps qui se développerait, après fécondation, par ampliation mécanique de sa structure primordiale. Leibniz accrédite certes le concept de préformation, mais il se refuse à admettre l'immanence structurale du vivant dans le germe conçu comme la miniature d'un corps strictement délimité et stable. Souvenons-nous à cet égard des déclarations faites à Bourguet sur le lien dynamique des stades successifs de formation du vivant, sur le changement constant des « structures » du corps organique, et donc de ses composantes matérielles, et sur le rôle proprement architectonique de la monade dominante en tant qu'elle fournit la raison déterminante de l'unité comme des transformations de la machine de la nature. Somme toute, l'organicité des corps n'est pas le fait de leur unité matérielle – celle-ci n'est qu'illusoire – mais de la présence et de l'action de leurs entéléchies respectives. Je me contenterai de citer ici les trois passages suivants de la correspondance avec Bourguet :

> Je suis sûr que jamais un corps organique de la nature n'est formé d'un chaos ou d'un corps non organique, et même qu'il n'y a chaos qu'en apparence [1].
>
> Car je tiens qu'il faut toujours un vivant préformé, soit plante, soit animal, qui soit la base de la transformation, et que la même Monade dominante y soit [2].

1. Lettre à Bourguet du 3 janvier 1714, GP VII, 562.
2. Lettre à Bourguet du 22 mars 1714, GP VII, 565.

> Je ne saurois rien dire du détail de la génération des animaux. Tout ce que je crois pouvoir assurer est, que l'âme de tout animal a préexisté, et a été dans un corps organique, qui enfin par beaucoup de changemens, involutions et évolutions est devenu l'animal présent [1].

À cet égard, l'analyse proposée dans les *Principes de la nature et de la grâce* (1714) est également probante, puisque la préformation s'y trouve liée à l'inhérence d'une âme à un corps organique qui devient le théâtre de métamorphoses programmées. De ce point de vue, le corps n'apparaît pas comme le principe stable de ses propres changements, mais comme le corrélat matériel d'une action de transformation qu'il faut réserver à la monade dominante et à son expression phénoménale, à savoir l'infinité des modes successifs d'organisation corporelle par lesquels et à travers lesquels le vivant s'accomplit :

> Ainsi non seulement les Ames, mais encore les animaux sont ingenerables et imperissables : ils ne sont que developpés, enveloppés, revêtus, depouillés, transformés. Les Ames ne quittent jamais tout leur corps, et ne passent point d'un corps dans un autre corps, qui leur soit entièrement nouveau. Il n'y a point de Metempsychose, mais il y a Metamorphose. Les animaux changent, prennent et quittent seulement des parties, ce qui arrive peu à peu par petites parcelles insensibles ; et tout d'un coup notablement mais rarement, dans la conception et dans la mort qui les font acquerir ou perdre beaucoup tout à la fois [2].

Ainsi une partie du faux modèle dénoncé par Leibniz serait-elle due à une conception purement structurale ou compositionnelle de la préformation selon laquelle, somme toute, le vivant serait identifié à une texture pérenne d'agrégat matériel de laquelle découleraient tous les actes vitaux.

Selon Leibniz, la rectification du modèle que certains semblent avoir inféré à tort de son hypothèse implique qu'il se distancie de toute assimilation présumée de la monade à une forme de nature plastique. De même qu'il lui importe de contester la préformation « statique » des corps selon les occasionnalistes, Leibniz doit écarter une thèse selon laquelle des âmes interviendraient directement dans l'ordre physique pour former, régir et préserver la structure corpusculaire vouée aux fonctions vitales. D'entrée de jeu, ce que Leibniz conteste alors, c'est une variante de modèle hylémorphique qui viserait à rejoindre une conception combinatoire des machines de la nature, les natures plastiques assumant alors non

1. Lettre à Bourguet du 11 juillet 1714, GP VII, 571.
2. *Principes de la nature et de la grâce*, § 6, éd. Robinet, Paris, P.U.F., 1954, p. 44-45.

seulement les fonctions de la monade dominante, mais aussi celles des monades subordonnées. Le texte de l'article 71 de la *Monadologie* ne dénonce-t-il pas en effet la représentation de cette âme qui non seulement est présumée liée à un corps pérenne, mais qui « possède par consequent d'autres vivans inferieurs toûjours à son service »? Dans cette formule, la clause de conséquence fait des vivants intégrés des implications de la structure du corps pérenne, dont la composition même requerrait des natures plastiques subordonnées, agissant à l'instar des « archées » de la « médecine vitale » [1].

Dans les *Considérations sur les principes de vie et sur les natures plastiques* (1705), Leibniz avait répliqué à l'assimilation indue du rapport monade-corps organique à la doctrine des natures plastiques en faisant essentiellement valoir deux thèses, d'une part l'harmonie préétablie, d'autre part, la subordination de toutes les transformations organiques à des lois de développement mécanique découlant de la préformation. Qu'implique cette thèse de la préformation appliquée aux machines de la nature dans le contexte d'une évaluation critique des natures plastiques? Sans doute deux propositions. D'abord l'impossible dérivation originelle de ces machines de la nature à partir des seules puissances de la matière, et donc l'impossibilité d'expliquer la formation même des corps organiques des êtres vivants par le seul jeu des lois du mécanisme appliquées aux corps inorganiques. L'organisation doit être produite par d'autres moyens que par des combinaisons de parties matérielles issues de mouvements corpusculaires. Mais si cela peut et doit s'appliquer à la production originaire des êtres organisés, il ne saurait être question d'impliquer des substances incorporelles dans la détermination causale des opérations et transformations que subissent les corps organiques, comme si ces substances pouvaient agir directement sur les corps indépendamment des lois du mécanisme. Cette objection vaut contre les « natures plastiques immatérielles » de Cudworth, comme elle vaut, *mutatis mutandis*, contre les âmes structrices d'Aristotéliciens, tel Jules Scaliger, ou contre les archées de Van Helmont [2]; et elle vaudra similairement contre l'âme physiologique de Stahl. D'où – deuxième proposition – l'admission obligée de la préformation divine comme seule raison de la formation

1. Voir *Animadversiones*, Dutens-II-2, 136 : « Porro ad Medicinæ quoque usum veteres observationem finium accommodasse apparet; sed peculiari quadam ratione huc incubuerunt Autores recentiores vitalis, quam vocant, Medicinæ, ex quibus Paracelsus & Helmontius eminent, Archæo quodam introducto, cujus appetitu, irritatione, vigore & languore corporis actiones regerentur ».

2. Leibniz, *Considérations sur les principes de vie*, GP VI, 544.

des êtres vivants et de la programmation d'une correspondance des lois de développement régissant respectivement l'âme et le corps organique.

Si l'on vise à développer un modèle du vivant conforme aux concepts monadologiques, il faut certes le constituer à partir de la notion d'un corps organique dont les structures, intégrées à l'infini, se révèlent en changement constant. Le principe d'organisation de ce corps, principe qui en assure l'unité, l'intégration et l'incessante transformation, réside en la monade dominante. Si la génération et le développement du corps organique dépendent d'une préformation, ce que Leibniz ne cesse de professer, cette préformation n'entretient qu'un rapport d'analogie avec la préformation des naturalistes et des philosophes. Ceux-ci, notamment Swammerdam et Leeuwenhoek, ainsi que Malebranche, l'interprétaient suivant le schème de l'emboîtement des germes, conçus comme des miniatures déjà réalisées du vivant qui doit advenir. Leibniz emprunte certes les arguments empiriques de ces savants, mais non leur hypothèse d'une structure corporelle permanente qui maintiendrait son identité à travers le temps, se modifiant par simple addition ou soustraction de corpuscules agrégés. La préformation du corps organique, telle que Leibniz la conçoit, dépend d'une loi de transformation qui enchaîne des phases de composition et d'organisation successives, et cette loi est une loi d'expression des forces primitives et donc des perceptions-appétitions des monades impliquées. Si un modèle empirique peut être ici évoqué pour illustrer les processus en cause, ce serait celui des phases de transformation de l'embryon décrites par Malpighi dans la *Dissertatio epistolica de formatione pulli in ovo* (1673) et qu'il conviendrait de rattacher à une loi de développement impliquant des séquences ordonnées d'organisation, depuis un état initial déjà organisé.

De façon analogue, Leibniz conçoit que l'intégration des structures et des processus du vivant se réalise par l'effet mécanique des forces impliquées, qui expriment les modalités de perception et d'appétition des monades correspondantes. C'est là sa conception de l'organisme comme mécanisme se déployant dans la constitution même du vivant. Le vivant, de ce point de vue, n'est pas un simple agrégat de vivants qui en constitueraient des parties permanentes, elles-mêmes constituées d'agrégats matériels régis par des archées, des natures plastiques, ou des âmes à la façon de Stahl, sorte de démiurges subalternes. Par contraste, les monades subordonnées représentent plutôt des principes d'unité et d'intégration partielle : elles fournissent la loi de formation et de fonctionnement des petites machines qui composent le vivant comme autant d'organes en constante métamorphose. Les équivalents empiriques auxquels on peut ici songer seraient fournis par les petites machines (*machinulæ*) intégrées que les micro-anatomistes de l'époque identifiaient dans la composition des organes. Ces petites machines sont présumées déployer des processus dont la synthèse fournirait l'équivalent analytique des fonctions vitales observables. Ce point de vue est également conforme au concept d'organisme que Leibniz a emprunté aux physiologistes micro-mécanistes de l'époque, comme le confirment les échanges qu'il a eus avec Friedrich Hoffmann à la suite de la publication par celui-ci de la dissertation *De natura morborum medicatrice mechanica* (1699).

En définitive, deux types de considérations restructurent l'analyse philosophique du corps organique en l'infléchissant dans le sens de la doctrine monadologique : l'un a trait au recours à l'harmonie préétablie dans l'explication des processus physiologiques; l'autre concerne la préformation. Et les deux types de considérations tendent à se rejoindre, puisque l'harmonie régissant les machines de la nature implique des correspondances entre les lois de développement de l'âme et du corps organique, considérées de part et d'autre, et l'une par rapport à l'autre : en effet, la loi de développement interne des états de la monade dominante serait en correspondance avec les lois équivalentes des monades subordonnées; et la loi de préformation et de transformation de chaque corps organique serait en correspondance avec les lois équivalentes des autres corps sous l'égide des lois générales de l'univers physique; et les deux systèmes seraient harmoniquement accordés.

Nous savons, notamment depuis les travaux de Michel Fichant[1], comment les réflexions de Leibniz sur le fondement de la substantialité pour les corps animés, en particulier dans les échanges avec Arnauld et avec Fardella, ont déterminé des évolutions conceptuelles aboutissant, en métaphysique, aux thèses de type monadologique. Je me contenterai donc de souligner que tous les textes plus tardifs relatifs au corps organique portent la marque de ces évolutions. Cela se traduit entre autres dans les *Animadversiones* que Leibniz rédige au sujet de la *Theoria medica vera* (1708) de Stahl. Je retiendrai de l'introduction générale préfaçant ces remarques le passage où la thèse des accords est présentée en termes de lois concordantes :

> Le parallélisme entre corps et âme, affirme Leibniz, contient le système de l'harmonie préétablie, que j'ai été le premier à formuler. Même si la source prochaine de toute action est dans l'âme, comme celle de la passion dans la matière, il ne faut point cependant supposer que l'âme par ses opérations inhérentes (*insitas*), à savoir la perception et l'appétition, écarte (*dimovere*) le moindrement le corps de ses propres lois mécaniques, mais plutôt le fait

1. Voir notamment M. Fichant, « Introduction. L'invention métaphysique », *in* G. W. Leibniz, *Discours de métaphysique*, suivi de *Monadologie et autres textes*, *op. cit.*, p. 7-140.

> agir selon celles-ci ; et que tout a été ainsi constitué à l'origine par Dieu créant les âmes et les corps qu'à la série des perceptions dans l'âme réponde parfaitement la série des mouvements dans le corps, et réciproquement. Et, comme tout dans les créatures, pour autant qu'elles contiennent quelque perfection, émane de Dieu et que cependant, dans le cours naturel des choses, tout dérive par des lois de nature d'un état antécédent en un état subséquent, Dieu dès l'origine constituant toute chose avec la plus extrême sagesse, ainsi, dans le corps organique du vivant qu'une âme régit de façon en quelque sorte particulière, même si toute source de ses actions est dans l'âme, rien cependant ne se fait indépendamment des lois de ce corps ; et de même rien ne naît dans l'âme si ce n'est selon ses propres lois, même si la source de ces passions provient de la matière [1].

Dans cette perspective, que peut signifier la notion de loi appliquée au cas du corps organique individuel, à l'instar de ce qu'elle peut signifier dans le cas de la monade dominante ? S'agissant d'expliquer la production même des vivants sur la base d'une préformation originelle, Leibniz figure au moyen d'analogies l'autosuffisance des mécanismes en jeu. Ces analogies portent sur la fabrication d'automates aptes à exécuter des mouvements normalement identifiés comme volontaires, mais aussi sur la représentation d'un navire qui poursuivrait par le seul effet de l'agencement séquentiel de mécanismes internes et externes un itinéraire prédéterminé le menant à bon port. Comment pourrait-on restreindre l'intellection et la puissance divine en excluant que Dieu ait pu agencer les dispositifs naturels de telle sorte qu'ils réalisassent sans conscience ni volition le dessein organique prévu ? S'ajoute la métaphore du feu d'artifice dont l'effet actualisé est en quelque sorte déjà compris dans le montage de la machine pyrotechnique. L'harmonie préétablie dans un tel cas est celle des dispositifs immanents aux réalités naturelles, qui requièrent d'avoir été concertés dans le plan originel des choses de telle sorte que leur actualisation ultérieure suivant les lois de la nature s'avère conforme au dessein originellement programmé : « Il faut juger que Dieu a preformé les choses, en sorte que les organisations nouvelles ne soyent qu'une suite mechanique d'une constitution organique precedente »[2]. C'est ce qu'illustrent les exemples fournis par des naturalistes tels que Swammerdam dans son *Historia insectorum generalis* (1669), notamment celui des métamorphoses du ver à soie en papillon, plus particulièrement analysées par Malpighi dans sa *Dissertatio epistolica de bombyce* (1669). Compte tenu de l'organisation germinale d'origine, les séquences de développement ne consisteraient proprement qu'en développements de

1. Dutens II-2, 133.
2. *Théodicée*, Préface, GP VI, 41.

structures et d'opérations organiques subsumées sous les lois de la nature. Par homologie, Leibniz fait consister l'harmonie préétablie de l'âme et du corps dans la correspondance des séries de déterminations entre processus physiologiques et processus perceptifs-appétitifs. Cette correspondance ne peut se concevoir que comme l'expression de lois de développement qui se réfléchissent en quelque sorte l'une l'autre, tant par la règle qu'elles incarnent respectivement que par le détail et l'enchaînement des éléments qu'elles englobent et promeuvent à l'existence.

Vu la doctrine de l'harmonie préétablie et de la préformation appliquée aux corps organiques, Leibniz doit envisager un traitement équivalent concernant le devenir et la transformation des âmes. Deux passages des *Essais de théodicée* traitent de cette question. Il s'agit des articles 86 à 91, que commente ultimement l'article 397. Leibniz défend la subsistance originelle comme aussi l'indestructibilité naturelle de toutes les formes substantielles, comprenant certes les esprits, mais aussi les âmes des bêtes auxquelles la tradition a eu quelque difficulté à reconnaître l'immortalité. Le texte de l'article 90 est probant à cet égard :

> Or comme j'aime des maximes qui se soutiennent, et où il y a le moins d'exceptions qu'il est possible, voicy ce qui m'a paru le plus raisonnable en tout sens sur cette importante question. Je tiens que les Ames et generalement les substances simples ne sauroient commencer que par la creation, n'y finir que par l'annihilation : et comme la formation des corps organiques animés ne paroit explicable dans l'ordre de la nature, que lorsqu'on suppose une preformation déja organique, j'en ay inferé que ce que nous appellons generation d'un animal, n'est qu'une transformation et augmentation : ainsi puisque le même corps étoit déjà organisé, il est à croire, qu'il étoit déjà animé, et qu'il avoit la même ame ; de même que je juge vice versa de la conservation de l'ame, lorsqu'elle est créée une fois, que l'animal est conservé aussi, et que la mort apparente n'est qu'un enveloppement ; n'y ayant point d'apparence que dans l'ordre de la nature, il y ait des ames entierement separées de tout corps, ny que ce qui ne commence point naturellement, puisse cesser par les forces de la nature [1].

Les métamorphoses que le corps subit, englobant les effets de génération apparente et de croissance, forment une séquence de modifications « programmées » dans l'organisation d'origine, ce qui renvoie à la force primitive de l'âme intégrant des variations qualitatives correspondantes sous forme de loi de développement formel. Pour établir la vraisemblance de la préformation ainsi conçue, Leibniz évoque les observations de naturalistes microscopistes, mais il va plus loin

1. *Théodicée*, § 90, GP VI, 152.

et accrédite jusqu'à un certain point l'association entre préformation organique et préexistence de germes emboîtés, telle que la soutenaient à divers titres Swammerdam, Malebranche, Bayle, Archibald Pitcairn et Nicolas Hartsoeker [1]. Le recours à la préformation vise ici à faire admettre que les effets d'organisation déployés au fil des générations successives doivent être rattachés à l'harmonie des forces primitives inhérentes aux âmes. Dans ce contexte, Leibniz avance l'idée d'une « transcréation » des âmes humaines et rationnelles à partir de certaines « âmes sensitives ou animales, douées de perception et de sentiment, destituées de raison » [2]. Certes, les âmes animales ne seraient pas, quant à elles, concernées par ce rehaussement qui ouvre la voie non simplement à l'indestructibilité, mais à une forme d'immortalité liée à l'identité personnelle.

Or, dans l'article 397, Leibniz envisage la possibilité de faire l'économie du miracle que constituerait cette « transcréation », car le rehaussement de certaines âmes sensitives au rang d'esprits pourrait se trouver directement intégré au schème conceptuel de la préformation des vivants, corps et âmes combinés.

> [...] Et cela se pourra expliquer, en concevant que dans ce grand nombre d'Ames et d'Animaux, ou du moins de corps organiques vivans qui sont dans les semences, ces ames seules qui sont destinées à parvenir un jour à la nature humaine, enveloppent la raison qui y paroitra un jour, et que les seuls corps organiques de ces ames sont preformés et predisposés à prendre un jour la forme humaine, les autres petits animaux ou vivans seminaux, où rien de tel n'est préetabli, étant essentiellement differens d'eux, et n'ayant rien que d'inferieur en eux [3].

Certaines âmes de type animal sont donc originellement prédisposées à s'exprimer comme esprits, en passant du mode de la sensibilité à celui de la rationalité : cette transition, bien qu'elle représente une métamorphose radicale, s'inscrit dans la série des changements internes du même sujet substantiel animal. La même loi de développement inscrite dès l'origine comme disposition formelle de ce sujet enveloppe et actualise une telle transformation. De la même manière, le corps organique d'origine, quelle que soit sa structure propre, celle d'un animalcule ou d'un vivant séminal, enveloppe, selon une loi individuelle de transformation, la force de générer à terme le corps d'un vivant humain.

1. Cette affirmation ne s'applique toutefois à Hartsoeker que pour les œuvres antérieures à 1717. Voir à ce sujet *infra*, p. 131-132.
2. *Théodicée*, § 91, GP VI, 153.
3. *Théodicée*, § 397, GP VI, 352.

Il y a donc harmonie de ces deux lois, celle du développement des états internes de la monade ou de l'âme, et celle de la production séquentielle des structures et opérations organiques. Mais il y a plus dans la mesure où ces deux lois en relation harmonique l'une avec l'autre constituent conjointement la raison formelle de la génération et du développement du vivant – composé substantiel, machine de la nature. Par un souci de révision remarquable, Leibniz reprend le vocable de « traduction » qu'il avait écarté pour sa signification métaphysique traditionnelle à l'article 88 des *Essais de théodicée* : alors que ce terme servait précédemment à désigner une production d'âmes nouvelles par d'autres principes formels agissant comme causes efficientes à l'intérieur de l'ordre naturel, il sert désormais à caractériser la dérivation d'un corps organique depuis une organisation préalable où résiderait de façon immanente le principe formel, la disposition dynamique apte à engendrer le vivant accompli : il y aurait somme toute « traduction » de vivant à vivant en vertu de la continuité du lien formel que constitue la loi harmonique de développement, orchestrant en quelque sorte « par programme » [1] les transformations qui nous paraissent parfois abruptes et radicales dans le devenir des seules substances du monde créé, à la fois âmes et corps organiques.

En fait, traitant de la notion de loi dans son application aux âmes comme aux corps, Leibniz tendra de façon assez nette, notamment dans les *Essais de théodicée*, à distinguer et subséquemment à associer deux sens possibles de ce concept. Nous avons en nous, selon Leibniz, le propre principe de nos actions, ce qui nous confère une réelle spontanéité d'action, mais cette propriété, manifeste chez les esprits où elle se traduit par l'« empire » qu'ils exercent sur leurs actions, se trouve chez toute substance véritable, à cette réserve près qu'elle peut impliquer et implique de fait des degrés divers d'intensité et donc des restrictions eu égard à l'ampleur du champ où elle exerce ses effets. Cette propriété se rattache directement à l'élément formel et proprement monadique des substances composées ou corporelles ; et Leibniz la rapporte à une loi permanente et spécifique, inhérente à l'âme de chaque individualité substantielle. Le système de l'harmonie permet, quant à lui, de relier ces diverses lois individuelles, d'établir la coordination entre monades, mais aussi de justifier la correspondance entre séries de phénomènes qui constituent, sur le plan corporel, la manifestation des changements internes aux monades.

1. O. Nachtomy, « Leibniz and *The Logic of Life* », *Studia leibnitiana*, 41 (2009), p. 1-20, suggère très fortement que le concept de programme, d'importance majeure en biologie contemporaine, pourrait analogiquement s'appliquer à la conception de la génération des organismes vivants selon Leibniz.

D'où, par extension, l'application aux corps organiques d'une notion équivalente de loi individuelle. C'est du moins ce qu'on peut inférer de l'article 291 des *Essais de théodicée* :

> [Je] fais voir [par le système de l'harmonie préétablie] que naturellement chaque substance simple a de la perception et que son individualité consiste dans la loy perpetuelle qui fait la suite des perceptions qui luy sont affectées, et qui naissent naturellement les unes des autres, pour representer le corps qui luy est assigné, et par son moyen l'univers entier, suivant le point de veue propre à cette substance simple, sans qu'elle ait besoin de recevoir aucune influence physique du corps : comme le corps aussi de son côté s'accommode aux volontés de l'ame par ses propres loix, et par consequent ne luy obeit, qu'autant que ces loix le portent [1].

Leibniz présente volontiers son système de l'harmonie comme un système général sans exception, donc entièrement déterminé, comportant une pluralité de règles générales, mais ajustées les unes par rapport aux autres de telle sorte qu'elles impliquent des limitations mutuelles [2]. Dans cet ajustement, dans cette corrélation de déterminations s'affirme, à notre avis, la spécificité, voire l'individualité des diverses lois gouvernant les substances finies au sein de l'ordre naturel. On peut donc légitimement admettre des lois individuelles, régissant chaque monade, mais reflétant toutes, d'un point de vue particulier, un système de lois d'ensemble constitutives du dessein divin incarné dans l'univers créé. Ces lois sont évidemment celles de l'harmonie générale, celles d'une volonté conséquente traduisant la combinaison optimale des volontés antécédentes relatives aux possibles aboutissant aux unités formelles de la nature. Si l'on se hausse à un degré plus élevé, celui de la considération des mondes possibles aboutissant par un effet de la sagesse divine à l'élection du meilleur, force est de constater que les lois particulières potentielles se trouvent rattachées, dans chaque monde, à un ordre combinatoire, sans doute exprimable en lois générales subsumant les lois particulières de façon à constituer un « système général » possible, lequel serait en quelque sorte le « plan » du monde correspondant.

> La sagesse de Dieu, non contente d'embrasser tous les possibles, les penetre, les compare, les pese les uns contre les autres, pour en estimer les degrés de perfection ou d'imperfection, le fort et le faible, le bien et le mal : elle va même au-delà des combinaisons finies, elle en fait une infinité d'infinies,

1. GP VI, 289-290.

2. Voir *Théodicée*, § 44, GP VI, 127 : « Aussi n'est il rien de si foible que ces systemes, où tout est chancelant et plein d'exceptions. Ce n'est pas le defaut de celuy que j'approuve, où tout va par regles generales, qui tout au plus se limitent entre elles ».

> c'est-à-dire une infinité de suites possibles de l'univers, dont chacune contient une infinité de creatures; et par ce moyen la Sagesse Divine distribue tous les possibles qu'elle avoit déjà envisagés à part, en autant de systemes universels, qu'elle compare encor entre eux : et le resultat de toutes ces comparaisons et reflexions est le choix du meilleur d'entre tous ces systemes possibles, que la sagesse fait pour satisfaire pleinement à la bonté; ce qui est justement le plan de l'univers actuel [1].

Or comment cela se traduit-il dans l'ordre des corps organiques et des phénomènes bien fondés qui s'y rattachent? Au principe de l'harmonie générale, Leibniz rattache sans équivoque non seulement l'harmonie préétablie, mais aussi de façon particulièrement significative, la préformation des corps organiques et l'interrelation des phénomènes :

> [...] de sorte que les loix, qui lient les pensées de l'ame dans l'ordre des causes finales et suivant l'evolution des perceptions, doivent produire des images qui se rencontrent et s'accordent avec les impressions des corps sur nos organes; et que les loix des mouvements dans le corps, qui s'entresuivent dans l'ordre des causes efficientes, se rencontrent aussi et s'accordent tellement avec les pensées de l'ame, que le corps est porté à agir dans le temps que l'ame le veut [2].

À l'harmonie générale se rattache corrélativement la correspondance des relations de lois entre l'ordre des monades et celui des corps, ces relations de lois répondant tant à l'enchaînement des causes finales qu'à celui des causes efficientes, enchaînements décrits comme parallèles [3]. Dans cet ordre d'idées, Leibniz souligne que la dépendance mutuelle entre l'âme et le corps telle que présumée sur la base de l'expérience commune doit se résorber par l'analyse en un concept de dépendance idéale, qui est celle des raisons explicatives des séquences de part et d'autre [4] : d'où une correspondance des formes de lois prévalant dans et sur les états perceptifs-appétitifs d'une part, dans et sur les phénomènes dynamiques

1. *Théodicée*, § 225, GP VI, 252.
2. *Théodicée*, § 62, GP VI, 137.
3. Voir, par exemple, *Théodicée*, § 247, GP VI, 264 : « Monsieur Bayle n'auroit point fait cette opposition s'il avoit été informé du système de l'harmonie generale que je conçois, et qui porte que le regne des causes efficientes, et celuy des causes finales, sont paralleles entre eux; que Dieu n'a pas moins la qualité du meilleur monarque, que celle du plus grand Architecte; que la matiere est disposée en sorte que les loix du mouvement servent au meilleur gouvernement des esprits [...] ».
4. Voir *Théodicée*, § 66, GP VI, 138 : « On peut pourtant donner un sens veritable et philosophique à cette dependence mutuelle, que nous concevons entre l'ame et le corps. C'est que l'une de ces substances depend de l'autre idealement, en tant que la raison de ce qui se fait dans l'une, peut être rendue par ce qui est dans l'autre; ce qui a déjà eu lieu dans les decrets de Dieu dès-lors que Dieu a reglé par avance l'harmonie qu'il y auroit entre elles ».

modifiant les structures corporelles de l'autre. Et, dans un cas comme dans l'autre, l'on aurait affaire à des lois particulières s'intégrant sous des lois générales qui en représenteraient les principes de sommation ou la raison formelle intégrative. Concernant le monde des phénomènes, ces lois générales équivalent aux lois dites de la nature, qui incluent notamment les théorèmes fondamentaux de la dynamique. Ainsi s'explique le fait que les corps organiques, tous strictement individualisés et régis par des lois de séquences d'états distinctes les unes des autres, répondent néanmoins aux raisons générales du mécanisme, donc aux principes de la théorie des forces, lorsqu'on tente d'analyser les phénomènes qui en découlent.

La conception même des lois de la nature, selon Leibniz, révèle leur rapport à un dessein d'intégration systématique des déterminations individuelles affectant les corps et leurs phénomènes. Cela apparaît notable dans les articles des *Essais de théodicée* où Leibniz s'oppose à la provenance arbitraire des lois de la nature selon les Cartésiens ou à leur présumée nécessité géométrique selon Spinoza et les Stratoniciens modernes. À l'article 345, il fait allusion à la *Dynamica*, en grande partie non divulguée, dont l'une des caractéristiques principales est de concilier la démonstration de la conservation absolue de la force vive avec des principes de conservation relative portant sur les vitesses respectives des corps avant et après le choc et sur la quantité de progrès des systèmes partiels que forment les corps en interactions [1]. Ces lois générales sont vérifiées par l'expérience; elles ne peuvent faire l'objet de démonstrations purement géométriques, car « elles naissent du principe de la perfection et de l'ordre » [2]; et elles dépendent d'une supposition, qui est l'hypothèse d'un ordre organique des déterminations individuelles, ordonnées à l'optimalité de l'ensemble. À l'article suivant, Leibniz énonce une série de principes régulateurs dont on peut se servir pour corroborer les lois de la dynamique : principe de l'équivalence de la cause pleine et de l'effet entier, principe de l'égalité de l'action et de la réaction, principe de la composition des mouvements : ce ne sont que des hypothèses sans justification apodictique, mais elles forment avec d'autres principes analogues les composantes formelles d'une représentation combinatoire des interactions corporelles, lesquelles renvoient à des substances organiquement constituées qui impliquent en leur essence un principe de spontanéité de leur développement.

1. Ce point est particulièrement illustré dans l'*Essay de dynamique sur les loix du mouvement*, GM VI, 215-231. Voir F. Duchesneau, *La Dynamique de Leibniz*, p. 215-258.

2. *Théodice*, § 345, GP VI, 319.

Certes, cette spontanéité apparaît de prime abord comme celle des sujets monadiques, mais la préformation organique est source et fondement d'une spontanéité équivalente dans l'ordre des corps. Pour l'âme, figurée comme « automate spirituel » [1], l'attribution d'une forme de détermination intrinsèque au changement et d'un déploiement effectif de ce pouvoir relève des arguments fondamentaux de la métaphysique.

> Il est vray que la Forme ou l'Ame a cet avantage sur la matiere, qu'elle est la source de l'action, ayant en soy le principe du mouvement et du changement, en un mot, τὸ αὐτοκίνητον, comme Platon l'appelle ; au lieu que la matiere est seulement passive, et a besoin d'être poussée pour agir, *agitur, ut agat*. Mais si l'ame est active par elle-même (comme elle l'est en effect), c'est pour cela même qu'elle n'est pas de soy absolument indifferente à l'action, comme la matiere, et qu'elle doit trouver en soy de quoy se determiner. Et selon le système de l'harmonie préetablie, l'ame trouve en elle-même, et dans sa nature ideale anterieure à l'existence, les raisons de ses determinations, reglées sur tout ce qui l'environne [2].

Pour ce qui est des corps, le rôle de principe de spontanéité y est assumé primordialement par la préformation et par les dispositions dynamiques inhérentes aux corps organisés : ces dispositions s'actualisent en séquences réglées de mouvements suivant les lois individuelles issues de la préformation. Sur le plan des lois générales, la spontanéité relative des corps organiques se trouve reflétée dans la subordination causale et formelle des lois régissant les forces dérivatives par rapport aux principes gouvernant l'expression des forces primitives. Les corps forment « système » suivant l'ordre des rapports spatio-temporels par lesquels ils se manifestent, suivant l'ordre des monades dont ils constituent les points de vue sur l'univers physique, et tout particulièrement suivant « la liaison et l'ordre des choses [qui fait] que le corps de tout animal et de toute plante est composé d'autres animaux et d'autres plantes, ou d'autres vivans et organiques ; et que par consequent il y ait de la subordination, et qu'un corps, une substance serve à l'autre » [3]. Qu'est-ce à dire, sinon que la spontanéité dans l'ordre organique s'expliquerait principalement par l'intégration des vivants comme machines de la nature, les vivants impliquant des vivants immanents ou subordonnés et les machines de la nature pouvant se décomposer en machines de la nature à l'infini. Or, l'expression canonique d'une telle intégration consiste dans une loi autonome de développement à laquelle on puisse rattacher toutes les

1. *Théodicée*, § 52, GP VI, 131.
2. *Théodicée*, § 323, GP VI, 308.
3. *Théodicée*, § 200, GP VI, 235.

altérations et métamorphoses de ces corps vivants en leur unité structurale et fonctionnelle.

Une démarche leibnizienne particulière s'imposait afin de concevoir : 1) le lien d'intégration entre les lois individuelles gouvernant respectivement le devenir de l'âme et celui de son corps organique; et, corrélativement, 2) le lien de consonance des couples de lois individuelles dans une nature elle-même régie par des lois. Il s'agit, de l'aveu même de Leibniz, d'un système où ces multiples règles de détermination « s'accommodent », s'ajustent les unes aux autres de façon à satisfaire au plus complet des accords. Dans chaque monde possible, des lois particulières de développement potentiel constitueraient ainsi un système général, lequel serait, pourrait-on dire, le « plan » du monde correspondant. Voici à ce propos une intéressante citation de Leibniz, tirée des remarques sur l'article Rorarius du *Dictionnaire historique et critique* de Bayle (dans l'édition de 1702)[1]. Leibniz y décrit les lois particulières régissant les monades comme des instanciations variées des lois générales de la nature : « Enfin lorsqu'on dit que chaque Monade, Ame, Esprit a reçu une loi particulière, il faut ajouter qu'elle n'est qu'une variation de la loi générale qui règle l'univers; et que c'est comme une même ville parait différente selon les différents points de vue dont on la regarde »[2]. Pour le monde créé, la préformation des corps organiques, ainsi que la corrélation systématique et l'intégration harmonique des processus au sein de ces corps, relève de la même harmonie générale dont relèvent par ailleurs les lois individuelles établissant les séquences de perceptions et d'appétitions monadiques. La correspondance des formes de lois entre les termes contrastés de l'harmonie préétablie détermine ce que Leibniz qualifie de « dépendance idéale », consistant dans le rapport des raisons explicatives des éléments formant les séquences de part et d'autre. Ce rapport de dépendance idéale se transpose par la suite en un système des lois générales de la nature, comme l'illustre la composition de la dynamique comme « science de la puissance et de l'action ». Ainsi la dynamique fournit-elle des arguments majeurs à l'appui de l'attribution d'une spontanéité essentielle aux âmes en tant qu'« automates spirituels », comme aux corps comme lieux d'intégration des actions organiques. Enfin, suivant l'« organisme », cet arrangement interne des vivants comme « machines de la nature », il convient de supposer une loi autonome de développement apte à rendre compte des métamorphoses des corps organiques. De telles transformations constitueraient autant d'effets potentiellement

1. Je dois cette référence à Paul Rateau.
2. GP IV, 553-554.

enveloppés dans la formation originelle. Cette formation originelle comme préformation ne saurait se réduire à une première structure extensive proprement inassignable, en raison de ce qu'impliquerait une régression mathématique à l'infini, mais constituerait, pourrait-on dire, la forme d'une loi de développement ontogénétique, associant spontanéité et détermination expressive de la loi interne de la monade dominante pour un corps organique donné. Le type d'expression que constituent les lois de fonctionnement et de développement des corps organiques justifie qu'on tienne ces corps pour des modèles sémantiques de l'harmonie. Les machines de la nature constituent en effet des spécimens de l'harmonie comme système d'ordre des substances actualisées, en même temps qu'ils contribuent à fixer le sens du terme « harmonie » dans son application au système leibnizien de la nature.

Tant Leibniz que Stahl utilise le nouveau vocable d'« organisme » qui au tournant du XVIIIe siècle sert essentiellement à caractériser le mode de structuration des vivants animaux et végétaux. Il est indiscutable que la pratique de l'anatomie microscopique (*anatomia subtilis*) a contribué à révéler l'extrême complexité structurale des parties intégrantes de ces individualités organiques. Comment cette combinatoire de structures, cette savante géométrie intérieure, cette architectonique des corps organisés conditionne-t-elle l'exercice des processus qui s'y déroulent et par lesquels s'accomplissent les fonctions vitales? Quelle connexion l'organisation du vivant ainsi représentée entretient-elle avec les principes d'animation que présumait l'ancienne physiologie? Confronté à cette double problématique, Friedrich Hoffmann, l'un des théoriciens majeurs de la physiologie à cette époque, développe une conception de l'organisme comme mécanisme spécial propre aux corps organiques. La dissertation *De natura morborum medicatrice mechanica* (1699) qui en est l'exposé recueille l'assentiment de Leibniz qui y découvre un modèle physiologique du vivant suffisamment compatible avec les lignes de force de sa propre théorie des machines de la nature. Et de fait il prend appui sur cette composante du programme pour une « médecine rationnelle » auquel il adhère, lorsqu'il formule ses remarques sur la *Theoria medica vera* (1708) de Stahl et critique la conception stahlienne de l'organisme. En définitive, chez Stahl, comme chez Leibniz, le champ d'application de la notion d'organisme est conditionné par un rapport certain au mécanisme comme cadre général de l'analyse des phénomènes tant organiques qu'inorganiques. Certes, Leibniz favorise l'équation entre organisme et mécanisme, alors que Stahl tend à opposer ces deux modes de détermination des phénomènes. Rien n'autorise toutefois à voir dans cette divergence l'expression d'une adhésion du premier au réductionnisme mécaniste, du second au vitalisme, suivant des acceptions ultérieures. Dans un cas comme dans l'autre, l'analyse des phénomènes vitaux doit combiner le recours à des modèles mécanistes et la présupposition d'un ordre d'entités incorporelles afin de rendre compte des processus en jeu. Ces entités incorporelles sont des âmes ou monades sans lesquelles l'on ne saurait concevoir l'unité intégrative du corps organique vivant et la téléologie sous-jacente à l'organisation vitale : et l'on ne saurait faire totalement abstraction de cette téléologie lorsqu'on tente d'expliquer les fonctions dans leur ordre. En même temps toutefois, les thèses stahlienne et leibnizienne ne laissent pas d'être fondamentalement antinomiques sur le *nexus* de l'âme au corps organique. Nous avons esquissé la série de ces oppositions sur quelques points essentiels. À l'instar de Hoffmann, Leibniz soutient la généralité et l'autosuffisance des principes mécanistes pour l'explication des phénomènes organiques dans leur ordre : la série des déterminations physiques et chimiques intervenant dans le corps organique suffirait en effet à rendre compte des processus qui s'y déroulent, une fois présumées l'organisation instrumentale intégrée du vivant et la série parallèle des déterminations perceptives-appétitives de son âme ou monade dominante. Selon Stahl, les mécanismes du corps organique seraient ordonnés à sa propre dissolution si l'âme n'intervenait constamment dans le cours même des phénomènes pour former, régir et corriger l'agrégation vitale des mixtes chimiques qui, laissés à eux-mêmes, ne pourraient ni produire, ni maintenir, ni restaurer les actes fonctionnels de la vie. Au-delà de ces oppositions de principe, il reste infiniment plus de conséquences à inférer des vues divergentes exposées dans la controverse majeure qui a opposé le célèbre philosophe et le non moins célèbre médecin. Parmi ces conséquences, figurent sans nul doute des visions fortement antithétiques concernant l'objet de la physiologie, à savoir l'organisation structurale et fonctionnelle des corps organiques, organisation qu'ils sont sans doute parmi les premiers à caractériser par le terme d'« organisme ».

Le problème que la résurgence des natures plastiques a mis en scène est celui de l'explication de l'organisation vitale dans le cadre d'une nature mécaniquement régie. La thèse fondamentale que les Néoplatoniciens de Cambridge ont tenté de démontrer est celle de l'incapacité des lois de la mécanique à rendre compte de la formation et du fonctionnement des êtres vivants. D'où leur recours à la nature plastique, entité incorporelle dotée du pouvoir de régir l'ordonnancement des parties matérielles de façon spontanée, sans conscience ni volition. Bayle dénonce dans cette doctrine le risque de reconnaître l'autosuffisance des réalités corporelles : celles-ci créeraient en quelque sorte leur propre organisation, ce qui contreviendrait à la subordination causale de tous les phénomènes aux lois exprimant la volonté générale de Dieu. Sa préférence va à reconnaître la préformation originelle des êtres vivants sous l'efficience divine, mais à dénier tant aux âmes qu'aux corps, le pouvoir d'engendrer les séquences de transformations menant des germes embryonnaires aux structures complexes des organismes développés. Bayle postule l'insuffisance des mécanismes naturels pour cette fin et se cantonne volontiers dans une variante des causes occasionnelles pour contester qu'il puisse y avoir de véritables lois du développement organique. C'est au contraire la reconnaissance de telles lois dans le cadre d'une physique spéciale applicable aux animaux et aux plantes qui constitue la pierre de touche de la critique des natures plastiques selon Leibniz. Celui-ci rejette les « principes plastiques immatériels », mais se sert du concept de « machine de la nature » pour justifier l'existence de « natures plastiques matérielles » traduisant dans l'ordre physique les développements inhérents aux principes de vie que sont les monades. Il rattache ces natures plastiques matérielles à une loi d'enchaînement de leurs structures et opérations, loi qui découle de leur puissance immanente, à l'instar de ce qui prévaut dans les monades correspondantes. Le point crucial de l'argumentation consiste à reconnaître au corps organique, en vertu de la puissance commandant sa loi de développement, une fonction organogénétique qui suffise à expliquer toutes les transformations subséquentes de l'animal ou de la plante. Il s'agit là d'un principe d'identité de forme à travers le détail infini des métamorphoses affectant le corps organique. À l'occasion de la controverse suscitée par Le Clerc et Bayle, Leibniz développe, en opposition à l'occasionnalisme, l'idée d'un système de lois qui puisse rendre compte du mécanisme vital. Ce seraient proprement des lois de l'« organisme » au sens leibnizien, lois auxquelles Leibniz juge que notre raison peut accéder, alors que Bayle estime cela impossible, si ce n'est au prix d'insurmontables paradoxes. Leibniz parie ici sur notre capacité à fonder une science rationnelle des vivants, dont Bayle met en doute les fondements métaphysiques présumés.

CHAPITRE II

CHRISTIAN WOLFF ET QUELQUES WOLFFIENS
LE CORPS ANIMÉ ET SES ÉLÉMENTS

La conception du vivant se trouva intégrée, à l'instar des principales propositions de philosophie naturelle selon Leibniz, aux synthèses wolffiennes. Comme sur maints autres points, cette reprise n'aboutit pas à une entière reprise, mais à une altération marquée des thèses originelles. L'infléchissement que subirent les concepts leibniziens dans le cadre de la discipline d'école qui s'est instaurée à partir de l'œuvre de Christian Wolff mérite d'être considéré pour deux raisons en particulier. D'une part, l'interprétation des concepts qui y prévaut marqua durablement une grande partie des sciences de la nature, telles qu'elles se sont développées de façon originale en contexte germanique – nous pensons notamment ici au développement de la physiologie de Haller dont l'impact s'est fait sentir à travers toute l'Europe savante dans la seconde moitié du XVIIIe siècle. D'autre part, la prégnance et la relative rigidité des idées avancées par Wolff et par ses disciples de stricte allégeance eut pour conséquence de susciter des réactions antagonistes chez des penseurs qui purent et durent ainsi envisager d'autres interprétations possibles des concepts leibniziens, interprétations qui visaient à rejoindre plus adéquatement de nouvelles données scientifiques en quête de fondement théorique – nous pensons ici en particulier aux observations d'Abraham Trembley sur la génération des polypes d'eau douce ou à celles de Charles Bonnet sur la parthénogenèse des aphides. De fait, par-delà les exposés de Wolff lui-même, ce sont certains de ses disciples qui nous fournissent l'analyse la plus élaborée des implications de sa théorie. Je m'intéresserai à ce titre aux thèses de Georg Bernhard Bilfinger, d'Isaac Gottlieb Canz et de Johann Heinrich Winckler qui eurent le mérite de déployer les conséquences des concepts wolffiens pour l'analyse de notions relatives à l'organisation vitale.

1. Les corps organiques selon Wolff

On ne saurait soutenir que la théorie des corps organiques ait constitué un objet principal d'études pour Wolff. Les éléments de la théorie qu'il en propose se trouvent exposés dans des écrits tels que la *Physiologie allemande* [1] à des fins de diffusion de connaissances que l'on pouvait tenir pour non problématiques par rapport aux principes de la métaphysique wolffienne et sans qu'y transparaisse une nette volonté d'évaluation théorique quant à la façon de développer une science des êtres vivants. Une partie des mêmes éléments de doctrine physiologique se trouvera reprise de façon épurée et plus évaluative dans les textes doctrinaux en latin.

Le monde créé issu de l'ensemble optimal des possibles compossibles doit refléter, dans les diverses productions naturelles qui le constituent, un ordre téléologique. D'où l'expression dans et par les phénomènes d'une structure des choses qui implique l'harmonie et l'intégration architectonique de composantes infiniment variées, celles-ci issues d'une différenciation à l'infini d'éléments. Outre les éléments simples et dotés de force qui en fournissent la raison suffisante, la représentation des réalités composées de la nature suppose que toutes leurs altérations sont analysables en termes de grandeur, figure, emplacement et mouvements de leurs parties [2]. Les effets modaux de la force et les dispositions dynamiques au changement dans les composés découlent de l'essence des éléments. Mais, sur le plan physique, c'est essentiellement aux modifications des propriétés géométriques et mécaniques qui traduisent spatialement et temporellement l'action des éléments dans les composés que l'observation et l'analyse peuvent se référer. Et cela vaut pour tous les corps composés, vivants comme non vivants. Conformément à la doctrine monadologique, Wolff va présumer que le développement interne de chaque élément implique une correspondance harmonique avec celui de tout autre élément, mais il s'abstiendra d'endosser le fondement présumé de l'harmonie universelle dans la perception de la monade individuelle, enveloppant la représentation de tout le monde de son point de vue [3]. Bien qu'elle repose ultimement sur des principes métaphysiques établissant le concept du monde possible à réaliser, la science de la nature a comme

1. Voir C. Wolff, *Vernünfftige Gedancken von dem Gebrauche der Theile in Menschen, Thieren und Pflanzen, den Liebhabern der Wahrheit mitgetheilet* (1725) [*Deutsche Physiologie*], Frankfurt-Leipzig, In der Rengerischen Buchhandlung, 1730.

2. Voir C. Wolff, *Vernünfftige Gedancken von Gott, der Welt und der Seele des Menschen, auch allen Dingen überhaupt* (1720) [*Deutsche Metaphysik*], Halle in Magdeburg, in der Rengerischen Buchhandlung, 1747, § 72, p. 34-35.

3. Voir *Ibid.*, § 597-598, p. 368-369.

objectif, de considérer ce qui découle de l'essence des choses réalisées sur le plan des phénomènes mêmes et d'analyser ces effets empiriques selon les catégories de l'intelligibilité géométrique et mécanique de façon à en dévoiler les causes et les raisons déterminantes. Cet objectif est celui de la physiologie, discipline particulière relevant de la science de la nature, dans son application aux corps des vivants animaux et végétaux, comme objets d'observation et d'analyse.

La *Physiologie allemande* s'intéresse aux principes d'ordre qui prévalent dans la constitution et le fonctionnement de ces corps organisés et qui en déterminent la nature comme autant de petits mondes reflétant l'économie du grand monde[1]. Tobias Cheung a repéré à juste titre, semble-t-il, que trois principes semblent guider l'analyse physiologique selon Wolff. D'une part, dans les corps vivants, tout est ordonné selon la fonction des parties ; d'autre part, les fonctions des diverses parties sont corrélées les unes aux autres ; enfin, la finalité particulière des parties d'un corps est ordonnée à celle des autres microcosmes que constituent les corps organisés qui l'environnent, voire à celle du monde dans sa totalité. Par exemple, se référant à la *Neurographia universalis* (1684) de Raymond Vieussens, Wolff note que les nerfs se partagent en sensoriels et moteurs et que la structure fibrillaire des uns et des autres diffère selon le rôle qu'ils sont appelés à accomplir dans l'animal, plus molle et plus tendre pour les premiers, plus dense et plus forte pour les seconds. Cette distinction anatomique permet de localiser ces structures spécifiques dans les divers organes et d'en inférer des usages distincts. Et Wolff de conclure :

> On peut aisément juger que, si tout ce que l'on découvre dans la constitution du corps humain et dans le corps des animaux doit avoir sa raison d'être, en vertu de laquelle cela s'est produit d'une telle manière plutôt que d'une autre, les nerfs doivent être plus fermes et plus forts dans l'organe où ils ont plus à souffrir que dans un autre où s'exerce moins de puissance[2].

La relation hypothétique de finalité qui établit la raison suffisante régissant les phénomènes considérés ne fait pas directement appel, comme le suggérait Tobias Cheung, à un système de raisons métaphysiques

1. Voir *Ibid.*, § 712, p. 444-445 ; l'analyse des thèses de la *Physiologie allemande* à ce sujet a été donnée par T. Cheung, « Ontologie und Physiologie bei Christian Wolff (1679-1754) », *Verhandlungen zur Geschichte und Theorie der Biologie*, 19 (2004), p. 263-281.

2. C. Wolff, *Deutsche Physiologie*, § 32, p. 53 : « Man kan leicht erachten, daß, wenn alles, was man in der Beschaffenheit des Menschlichen Leibes und in dem Leibe der Thiere antrifft, seinen Grund haben soll, warum es vielmehr auf eine solche Art gemacht ist als auf eine andere (§ 30. Met.), die Nerven an denjenigen Orten härter und stärker seyn müssen, wo sie mehr auszustehen haben, als an anderen, wo ihnen weniger Gewalt geschiehet ».

fondées sur les compossibles logiques et sous-tendant la production des composés et de leurs propriétés sensibles. Wolff envisage plutôt que l'explication des structures et des processus organiques repose sur une relation téléologique inhérente à l'ordre même des phénomènes et que la raison peut rattacher aux principes de la mécanique en tant que ceux-ci permettent d'interpréter la configuration anatomique des corps où s'accomplissent les opérations vitales. L'apport de la raison dans l'explication de ces opérations consiste proprement dans la capacité de fournir des éléments de représentation géométrique et mécanique d'où découleraient les propriétés que révèle l'observation anatomique. Tel est, à mon avis, le sens à donner aux schèmes hypothético-déductifs que Wolff évoque au fondement des explications rationnelles que l'anatomie déploie comme discipline scientifique [1].

> Ainsi l'expérience s'accorde-t-elle avec ce que nous avons inféré par pure raison. Et l'on découvre de même en ce qui concerne d'autres parties du corps que si l'on s'efforce d'inférer leur configuration de principes rationnels, on l'infère, par cette voie même, telle qu'on la découvre dans l'anatomie ou dans la dissection du corps [2].

La représentation de la structure du corps organique repose donc d'abord et avant tout sur les données d'observation que les anatomistes ont recueillies. Puis, ces données sont corrélées les unes avec les autres et les propriétés empiriques générales ainsi établies sont confrontées à des modèles construits suivant les principes du mécanisme. Ainsi la base de toute l'explication physiologique concerne-t-elle le modèle des composantes organiques dont la combinaison peut équivaloir à la structure observable des corps organisés, structure qui se révèle éminemment finalisée, si l'on tient compte des actions en découlant.

Ce modèle est celui de la fibre qui lui est inspiré par les observations des microscopistes et en particulier d'Antoni van Leeuwenhoek [3]. La décomposition de toutes les structures organiques en fibres de plus ou plus

1. Il n'est pas sans intérêt que l'une des sources auxquelles Wolff se réfère est la *Bibliotheca anatomica* (Genevæ, Sumptibus Joannis Anthonii Chouet, 1695), éditée par Daniel Le Clerc et Jean-Jacques Manget, qui offre le recueil le plus complet des textes représentatifs de l'approche micro-structuraliste en anatomie et en anatomie subtile, issue des travaux de Malpighi, Sténon, Bellini, et de leurs disciples et émules.

2. C. Wolff, *Deutsche Physiologie*, § 32, p. 54 : « Es stimmet also die Erfahrung damit überein, was wir durch die blossse Vernunft heraus gebracht. Und man findet es auch so in anderen Theilen des Leibes, daß, wenn man sich bemühet ihre Beschaffenheit durch Gründe der Vernunft heraus zu bringen, man sie eben so heraus bringet, wie man sie in der Anatomie oder Zergliederung des Leibes findet ».

3. Voir *Ibid.*, § 48, p. 79, où il fait référence aux *Epistolae physiologicæ super compluribus naturæ arcanis* (Delphis, Apud Adrianum Beman, 1719) de Leeuwenhoek.

fines semble être un acquis de l'anatomie subtile, ce qui implique que la figure, la disposition et le mode de combinaison des divers types de fibres dont ils sont composés peut rendre compte du mode de formation des organes. De là peut émaner une « histoire » des corps organiques qui se fonde sur la description et la classification des types correspondant à leur organisation interne respective. Le mode dominant de combinaison des fibres dans ces corps est de type vasculaire. Vaisseaux et canaux constituent la forme structurale typique des complexes d'éléments constitutifs des divers organes. Soulignons au passage que ce modèle est une constante pour les théories physiologiques contemporaines, notamment celle de Boerhaave, exposée dans ses *Institutiones medicæ* (1re édition, 1708), le maître-texte dont Haller s'emploiera à fournir le commentaire détaillé avant de proposer sa propre théorie. Il est intéressant de noter que, déjà dans le modèle dont Wolff s'inspire, la fibre primordiale apparaît dotée d'une organisation complexe dont l'observation microscopique la plus fine ne peut dévoiler que les propriétés et dispositions émergentes, voire celles qui résultent de l'intégration de cette composante à des dispositifs organiques de niveau supérieur. Quant à ces dispositifs de niveau supérieur, ils sont essentiellement représentés et conçus comme des réseaux vasculaires, assurant la circulation du sang, de la lymphe et de l'influx nerveux (correspondant aux esprits animaux). La mécanique circulatoire assure la nutrition sélective et fonctionnelle des divers organes auxquels s'étend le système des vaisseaux sanguins et lymphatiques. La circulation pulmonaire est de son côté interprétée comme assurant une régulation thermique du sang par élimination du calorique en excès et par immixtion d'éléments aériens au sang qui retourne au cœur. De façon générale, c'est le modèle des machines hydrauliques qui sert à interpréter le fonctionnement des diverses circulations en partant du rôle moteur du cœur.

À titre d'illustration du mode de représentation appliqué à la relation structure-fonction dans ce système, prenons le cas des glandes[1]. Celles-ci sont répandues dans tout le corps organisé, innombrables et parfois imperceptibles. Elles sont l'instrument de séparation des matières contenues dans le sang qui doivent soit être éliminées soit affectées à un usage organique particulier. S'appuyant sur les recherches de Marcello Malpighi, d'Anton Nuck, de Thomas Wharton et de Nicolas Sténon, qui avaient essentiellement porté sur la composition et l'agencement particuliers des fibres glandulaires, Wolff note que les glandes ont fait l'objet de différenciations structurales, en glandes « conglobées » et glandes « conglomérées », celles-ci étant formées d'un assemblage

1. *Ibid.*, § 68, p. 133-136; voir également, p. 675-677.

de celles-là. C'est donc à la structure des glandes conglobées qu'il faut prioritairement s'intéresser. Wolff décrit cette structure, d'après une variante du modèle de Malpighi-Wharton, comme comportant artère, veine, canal lymphatique et canal excréteur. La mécanique ainsi constituée exerce une fonction sélective en excrétant les seules matières appropriées et en réacheminant les autres éléments afférents aux circuits organiques centraux. « Finalement, les canaux excréteurs emportent les matières spécifiques qui ont été séparées dans la glande »[1]. Le modèle comporte aussi des nerfs aboutissant au follicule et y causant des mouvements appropriés dans les vaisseaux afférents et efférents. Se servant d'observations d'Edmund King et de Lorenzo Bellini, Wolff note l'enchevêtrement des ramifications vasculaires de part et d'autre. Mais il relève surtout le conflit des interprétations microstructurales respectivement offertes par William Cowper (hypothèse de Frederik Ruysch) et par Malpighi, le premier raccordant directement le canal excréteur aux ultimes ramifications vasculaires, le second soutenant la présence requise d'un follicule intermédiaire de forme plus ou moins sphérique. Wolff en conclut que la fonction des diverses micro-parties de la machine glandulaire reste à déterminer. Cela laisse entendre que l'on peut établir et justifier la fonction d'une structure organique à un certain palier d'intégration en la rattachant à un modèle mécanique suffisamment représentatif, mais qu'il faudrait, pour fonder l'explication, déduire ce modèle de modèles correspondant à des structures plus fines, jusqu'aux fibres ultimes par-delà les limites de l'observation microscopique. Cette déduction est en dernier ressort inatteignable. Si la machine naturelle apparaît machine dans les divers éléments qui la constituent et que l'analyse semble devoir se poursuivre de régression en régression dans la décomposition fonctionnelle de ces éléments, rien ne permet de corroborer empiriquement l'organicité à l'infini des composés en tant que tels, qui relèverait proprement d'une hypothèse métaphysique dont la physiologie peut sans doute s'abstraire.

Les mêmes considérations semblent prévaloir dans les développements consacrés au système des nerfs et du cerveau que par ailleurs Tobias Cheung a bien résumés dans son article de référence. Là aussi nous avons affaire à une mécanique de canalisations et de vaisseaux résultant de formations fibrillaires. De remarquable façon, Wolff fait ressortir la disparité des réseaux de nerfs sensitifs et de nerfs moteurs, auxquels il rattache respectivement la fonction réceptive sensorielle et la fonction

1. C. Wolff, *Deusche Physiologie*, § 68, p. 135 : « Endlich die Absonderungs-Gänge führen die besondere Materie ab, welche in der Drüse abgesondert worden ».

motrice vitale et volontaire attribuable à la mécanique nerveuse dans son organisation globale. Là aussi on peut procéder à la décomposition des structures et au rattachement des composés organiques plus élémentaires à des micro-mécanismes spécifiques, notamment en ce qui concerne la circulation du fluide nerveux et les propriétés attribuables aux esprits animaux, mais l'analyse régressive n'aura qu'une portée limitée et laissera en suspens les raisons structuro-fonctionnelles ultimes dont dépendrait l'explication des phénomènes vitaux dans leur ordre. Dans ce cas particulier paradigmatique, le geste peut être posé de raccorder les phénomènes à quelque hypothèse métaphysique sur les rapports de l'âme et du corps, telle que l'hypothèse de l'harmonie préétablie, mais celle-ci ne saurait fournir de fondement à la conception du mécanisme organique en tant que tel, qui reste déductivement inachevée. Ce que Cheung considère comme une parfaite correspondance des thèses physiques et métaphysiques, nous apparaît plutôt comme une juxtaposition entre des modèles mécanistes et une hypothèse avec laquelle ils sont présumés compatibles. La modélisation mécaniste est la seule voie d'accès à l'explication des phénomènes vitaux dans leur ordre. Ainsi le recours aux concepts des éléments de l'ordre naturel, qui ne peuvent prétendre qu'à un simple statut hypothétique, ne saurait éclairer d'aucune façon la constitution organique des corps, non plus que les propriétés découlant de cette constitution. D'où la reconsidération obligée de la notion de machine de la nature enveloppant une organisation à l'infinie d'autres telles machines qui en constitueraient les parties intégrantes : cette notion est redessinée suivant l'idée d'une régression analytique de l'organisation vers des composés organiques ultimes, suivant l'analogie de fibrilles infra-microscopiques, réductibles à une infinité d'éléments comme atomes de forces. Par voie de conséquence, le corps organique n'apparaîtra plus en tant que tel comme proprement indestructible, en vertu de ses replis à l'infini, par-delà la mort, puisque le sort de l'âme qui lui serait liée en vertu de l'harmonie préétablie, fait l'objet d'une démonstration proprement métaphysique, sans lien essentiel avec l'existence d'une forme corporelle [1].

1. Même s'il considère qu'il y a correspondance entre l'ordre des possibles ontologiques et celui des réalités naturelles selon Wolff, T. Cheung reconnaît que Wolf inscrit l'explication des phénomènes propres aux corps organiques dans le seul cadre limitatif des analogies mécanistes, voir T. Cheung, « Ontologie und Physiologie bei Christian Wolff », p. 277 : « Immer dann, wenn es zu einer Überschneidung zwischen "Grund" und "Ursache" kommt, verweist Wolff auf einen Eintrag in das jeweils andere Buch (dem der Ontologie oder dem der Physiologie). Im Buch der "Natur" und ihrer "lebendigen Körper" finden sich daher keine "blühende Gärten" oder Körper "unednlich ineinander verwachsener Organe", sondern schlichte mechanische Modelle ».

Dans ses écrits de la même première période, notamment dans la *Physique allemande* (1723), Wolff déclarait son adhésion à une conception préformationniste et animalculiste de la génération[1]. Ainsi l'embryon possèderait-il, dès le moment initial de la fécondation, les structures complexes du corps organique qui se révéleront progressivement à l'observation durant les phases du développement fœtal – c'était là l'objet de la démonstration expérimentale de Malpighi dans la *Dissertatio epistolica de formatione pulli in ovo* (1673). Par ailleurs, à la suite de Leeuwenhoek, Wolff attribue à l'animalcule spermatique le germe du corps organique à développer, l'œuf de l'animal femelle – ou son analogue dans le cas des végétaux – servant de réceptacle à ce germe et lui fournissant les nutriments premiers nécessaires à son développement. Il s'agit là d'une variante de la thèse classique désignée comme l'« ovovermisme ». En ce qui concerne l'hypothèse proprement explicative de la génération, la *Physique allemande* fait référence, tant pour les végétaux que pour les animaux, à deux versions distinctes de la préexistence des germes (depuis l'institution primordiale des corps)[2]. Il s'agit de l'hypothèse des séries germinales emboîtées, attribuée initialement à Malebranche, et de l'hypothèse d'une dispersion des germes individuels isolés dans la nature, que des corps vivants analogues absorberaient et qui s'y développeraient suivant les conditions de la préformation embryologique – hypothèse qu'il trouve formulée par Honoré Fabry et Claude Perrault, et reprise par Günther Christoph Sturm dans sa *Physica electiva sive hypothetica* (1697-1698). Wolff expose les difficultés propres à ces hypothèses et tout particulièrement celles qui affectent l'explication sturmienne. Il semble plus favorable à la thèse de Malebranche transposée suivant les paramètres de l'ovovermisme. Mais il laisse la résolution finale de l'antinomie à de futures investigations : « Laquelle de ces opinions est la plus vraisemblable, laissons cela encore non pleinement déterminé pour l'instant. Afin d'éviter toute précipitation, nous entendons laisser la question en suspens en vue d'une recherche ultérieure »[3].

Wolff admettait la préexistence des germes depuis la création originelle; et il exposait les thèses classiques de l'ovovermisme. Son intérêt pour les éléments de preuve que les observations microscopiques

1. Voir C. Wolff, *Vernünfftige Gedancken von der Würckungen der Natur*, Halle in Magdeburg, in der Rengerischen Burchhandlung, 1723 [*Deutsche Physik*], § 439-454, p. 708-735.

2. Voir *Ibid.*, § 407, p. 641-644 pour les plantes; § 454, p. 732-735 pour les animaux.

3. *Ibid.*, § 454, p. 735 : « Welche nun von diesen Meinungen der Wahrheit am ähnlichsten ist, lässet sich zur Zeit noch nicht wohl bestimmen und, damit wir uns nicht übereilen, wollen wir es zu weiteres untersuchung ausgesetzt lassen ».

peuvent fournir pour ce genre d'hypothèse spéculative ressort, par exemple, fort clairement dans le chapitre de la *Physique expérimentale allemande* (1721-1723) consacré aux données que l'on peut recueillir grâce à l'application des techniques de microscopie. Wolff s'y réfère aux observations des microscopistes, en particulier à celles de Leeuwenhoek [1]. Ces observations corroborent la théorie moderne de la circulation sanguine, mais aussi tout particulièrement la théorie de la génération selon laquelle il y aurait enveloppement des corps organiques embryonnaires dans l'emboîtement sériel des animalcules spermatiques. Lorsqu'il expose alors ses vues sur la génération, Wolff conçoit les animalcules spermatiques initialement observés par Leeuwenhoek et Nicolas Hartsoeker comme les germes individuels des animaux à naître qui y figurent des organismes complets en miniature et en état de repliement extrême. Le développement embryonnaire s'amorce lorsque l'animalcule a pénétré dans l'œuf fécondé et s'y procure les ressources nutritives requises pour son déploiement (*evolutio*). Les germes existent sous forme de séries de corps organiques emboîtés depuis la création dont le développement résulte des processus mécaniques de la fécondation, de la nutrition et de l'expansion temporelle des organes, notamment de ceux de la génération. Suivant l'hypothèse métaphysique d'une harmonie suffisante, on peut se représenter la préexistence d'âmes corrélatives à ces corps organiques miniaturisés et enveloppés, âmes dont le statut ontologique peut être distinct et dont les phases de développement se manifesteront parallèlement à celles des corps correspondants.

Dans la *Psychologia rationalis* (1734), Wolff se réfère de même explicitement au modèle des enveloppements et développements de corps organiques pour rendre compte d'une implication correspondante d'idées partielles dans des représentations confuses : il tente alors surtout de justifier l'enveloppement des états du monde comme phénomènes et des états internes antécédents et subséquents dans l'agent de perception. En Adam ont préexisté tous les représentants de sa postérité sous forme de « rudiments ». Ces corps rudimentaires impliquent des séries préformées de tels rudiments représentant les corps organiques des générations suivantes. Le degré de préformation de ces corps est lié à l'état séquentiel des enveloppements et correspond à la position de chaque géniteur

1. Voir C. Wolff, *Allerhand nützliche Versuche, dadurch zu genauer Erkäntnis der Natur und Kunst der Weg gebähnet wird* [*Deutsche Experimentalphysik*] (1721-1723), Teil III, Hildesheim, Georg Olms, 1982, § 97-100, p. 428-456. Wolff y fait notamment état des observations microscopiques sur les animalcules spermatiques de façon à établir la validité des inférences qu'on peut en tirer dans le cadre de recherches plus fondamentales de philosophie naturelle.

potentiel dans la série[1]. La thèse que Wolff soutient se signale toutefois, selon la perspective déjà tracée par Leibniz, par l'insertion de modalités notables de transformation entre les corpuscules organiques préformés et emboîtés et les fœtus qu'ils produisent lorsque ces corpuscules se développent à la suite de la fécondation. Ces modalités de transformation sont parallèles à celles que connaissent les âmes animales, passant de leur association originaire avec les corpuscules ou petits corps emboîtés au déploiement de leur capacité perceptive-appétitive dès qu'elles se trouvent impliquées dans une vie fœtale en expansion. « Les âmes préexistent dans des corpuscules organiques préexistants, à partir desquels le fœtus se forme dans l'utérus »[2]. Si Wolff récuse la formation du fœtus à partir d'une masse séminale informe et inorganisée, il présume que la base de la formation embryonnaire est un animalcule spermatique ou quelque rudiment du fœtus. L'argument est ici leibnizien : rien d'organique ne peut provenir d'une matière qui se présenterait comme un chaos ; il faut supposer des constituants organiques originaires et des âmes qui leur soient jointes de telle sorte que soient ainsi formées des sortes d'ébauches des vivants à venir, à savoir les corpuscules organiques contenant les « filaments » (*stamina*)[3] du fœtus à être formé. Wolff évoque l'alternative de provenance possible du corpuscule organique, à savoir du petit œuf de la femelle ou de la semence du mâle : le choix entre ces deux options relève du physicien qui devra trancher la question en s'appuyant sur des arguments empiriques[4]. L'important, dans le contexte de la théorie de l'âme est de définir la relation congénitale d'harmonie entre celle-ci et le corpuscule organique qui lui fournit son corrélat essentiel,

1. C. Wolff, *Psychologia rationalis*, Hildesheim, Georg Olms, 1972, § 187 note, p. 154 : « Exemplum involutionis alias occurrit in doctrina de generatione, ubi inter diversa systemata, quæ a philosophis excogitata sunt, occurrit quoque systema involutionis. Nimirum si de præexistentia corpusculorum organicorum, quæ rudimentorum nomine vulgo veniunt, sermo inciderit ; in Adamo præextitisse dicuntur omnes ipsius posteri. Adamus in se continuit omnia rudimenta liberorum ex se prognatorum, in quorum rudimentis jam actu continebantur rudimenta liberorum ex ipsis nascendorum seu nepotum ipsius Adami ; Et idem affirmatur de Adami pronepotibus, abnepotibus & ita porro. Rudimenta igitur sequentis generationis continuo continentur in rudimentis anterioris, sed diverso præformationis gradu. Atque ita rudimenta omnium posterorum Adami in eadem linea recta descendentium diverso præformationis gradu involuta fuere in rudimento filii sui, ut alia una evolutione seu generatione, alia duabus, alia non nisi tribus inde evolvi potuerint & ita porro. Involutionis adeo notio, qualem supponimus in interiore perceptionum nostrarum ratione explicanda non est in foro philosophico incognita ».

2. *Ibid.*, § 704, p. 625 : « Animæ præexistunt in corpusculis organicis præexistentibus, ex quibus fœtus in utero formatur ».

3. *Ibid.*, § 704 note, p. 626.

4. *Ibid.*, § 707 note, p. 629 : « Ceterum in Physicis demum definiemus, num status præexistentiæ sit in animalculis spermaticis, an in organicis aliis corpusculis, quæ fœtus rudimenta continent ».

le devenir de l'animal vivant ne consistant que dans le développement de cette relation naturelle de correspondance, tant dans la formation de l'organisme embryonnaire que dans l'accomplissement fonctionnel de l'organisme adulte. L'infusion de l'âme dans un corps organique une fois constitué relèverait d'une hypothèse fallacieuse de formation du fœtus par épigenèse ; la correspondance des états psychiques et organiques sous forme de développement continu répond à une exigence d'ordre dans la conception des vivants [1].

Certes, la mort du corps entraîne sa dissolution, c'est-à-dire d'abord de façon explicite, la cessation de ses fonctions et la désagrégation des structures hautement composées qui les sous-tendaient. Ce processus peut se concevoir comme une rupture de l'organisation mécanique du vivant : « Si les parties du corps organique sont séparées les unes des autres, ou même divisées, ou détruites de quelque façon, le corps organique meurt » [2] ; mais la mort peut aussi se concevoir comme résultant d'une altération chimique des dispositifs internes de la machine corporelle : « Si les parties du corps organique consistent en matière mixte et que la mixtion dont il résulte soit de quelque façon dissoute, le corps organique meurt » [3]. Par contraste, en raison de sa simplicité, l'âme – comprenons l'âme animale – ne peut subir une telle dissolution, mais elle connaît un enveloppement correspondant de ses capacités perceptives-appétitives [4]. C'est en fait la cessation des mouvements vitaux par lesquels s'opèrent les fonctions qui détermine la mort. Cette mort que l'on pourrait sans doute qualifier de fonctionnelle provoque la dissociation des structures organiques observables, mais sans annihilation nécessaire de l'âme sensitive qui pourrait continuer d'exister à l'état d'élément par-delà les structures organiques dissoutes. Par âme sensitive, comprenons l'âme apte à exercer des fonctions perceptives telles que l'organisation complexe des appareils sensitifs et moteurs semble en impliquer. Tel est le fondement de l'argumentation analogique qui nous permet d'attribuer aux animaux supérieurs des opérations analogues à celles que nous attribuons à notre âme dans les processus correspondant aux fonctions des appareils sensitifs et moteurs – abstraction faite des opérations rationnelles proprement dites. Le positionnement des animaux sur l'échelle des perfections vitales apparaît

1. Voir à ce sujet, *ibid.*, § 728 note, p. 652.

2. C. Wolff, *Cosmologia generalis* (2e édition : 1737), Hildesheim, Georg Olms, 1964, § 280, p. 212-213 : « Si partes corporis organici a se invicem divelluntur, vel etiam dividuntur, aut quocunque modo destruuntur ; corpus organicum interit ».

3. *Ibid.*, § 281, p. 213 : « Si partes corporis organici constent ex materia mixta, & mixtio illius quomodocunque solvitur ; corpus organicum interit ».

4. Voir à ce sujet C. Wolff, *Psychologia rationalis*, § 730-739, p. 652-658.

directement corrélatif du raffinement et de la capacité de leurs organes sensoriels [1]. D'où par implication une régression des capacités psychiques accompagnant la régression en complexité structurale et fonctionnelle des corpuscules organiques qui servent de rudiments ou d'ébauches des organismes développés pour les diverses espèces considérées.

Dans la version leibnizienne, l'harmonie préétablie et la loi de continuité requièrent que toute âme soit dotée d'un corps organique, le tout constituant le vivant animal ou végétal : d'où, par voie de conséquence, l'impossibilité d'une décomposition telle que la mort puisse entraîner la destruction de tout corps organique et que le vivant en tant que tel puisse cesser naturellement d'exister. Par contraste, chez Wolff, on peut imaginer une décomposition du corps organique à la suite de la mort. Cette décomposition surviendrait par cessation totale des fonctions et elle ne pourrait aboutir qu'à la libération des éléments ou substances simples, à la suite de la disparition des corpuscules enveloppés dans le corps organique. Cela s'explique puisque, selon Wolff, la monade non spirituelle, y compris celle correspondant à l'âme animale, se voit en quelque sorte attribuer un statut d'entité physique et ne requerrait plus de ce fait par essence un complément d'ordre organique.

Pour bien interpréter, suivant cette nouvelle approche, le statut des corps organiques et, par suite, celui des machines de la nature que sont les vivants, soulignons que tout corps y représente un agrégat d'éléments ou de substances simples, inétendues et indivisibles, dotées de force immanente, développant leurs propres états par des séries continues de changements : ces séries internes de changements se reflètent ou s'expriment dans les composés corporels par des rapports de puissance d'action et de résistance à l'action, par des effets de mouvement répondant aux lois générales de la mécanique. L'organicité des corps, en tant qu'agrégats d'éléments, consiste dans le fait que leur mode de composition les rend aptes à des actions spécifiques : « Est appelé organique le corps qui en vertu de sa composition est apte à une certaine action » [2]. Le corps organique accomplit, par ses actions, des fins instrumentales conformes à sa structure, c'est-à-dire à son mode de composition, qui est aussi son essence [3]. Wolff distingue le corps organique simple qui n'est pas composé

1. Voir par exemple, *ibid.*, § 750 et note, p. 667 : « *Bruta perfectiora* sunt, quibus quinque sunt organa sensoria : *imperfectiora* vero, quibus pauciora. Dantur autem in imperfectioribus plures imperfectionis species. [...] Gradu tamen differre sensus tam in perfectioribus, quam imperfectioribus neminem fugit ».

2. C. Wolff, *Cosmologia generalis*, § 274, p. 209 : « *Organicum* dicitur *corpus*, quod vi compositionis suæ ad peculiarem actionem aptum est ».

3. *Ibid.*, § 275, p. 210 : « Compositio corporis organici dicitur *Structura* ». *Ibid.*, § 276, p. 210 : « Corporis organici essentia consistit in structura ejusdem ».

de parties elles-mêmes organiques, et le corps organique composé dont les parties sont elles-mêmes organiques et peuvent être désignées comme des organes. Notre corps est un tel composé organique. Il comporte, par exemple, des veines qui sont des tubes ou canaux aptes à assurer la circulation du sang de la périphérie au centre du réseau. Si l'on considère à leur tour les tuniques de ces vaisseaux configurées à une telle fin, on peut certes les tenir pour des organes simples; mais si on les observe dans le corps vivant, elles sont aptes, par leur mode de composition, à exécuter des mouvements instrumentaux tels ceux de la nutrition. Accomplissant donc une fin instrumentale par leur structure, ces parties composantes, celles des os, des organes des sens, des muscles, etc. constituent à leur tour des corps organiques[1]. L'analyse anatomique est ainsi appelée à mettre en évidence des structures fonctionnelles intégrées les unes aux autres, à plusieurs paliers de profondeur, pourrait-on dire, à l'intérieur du corps organique. Mais rien ne nous permet de présumer que cette décomposition analytique de l'organisation vitale pourrait se poursuivre indéfiniment, comme c'était le cas pour les machines leibniziennes de la nature. La connaissance des structures que réalise l'anatomie dépend en fait de la possibilité d'accéder au mode de composition spécifique des composants élémentaires de la structure : à son tour, ce mode de composition nous révèle, dans les limites de l'expérience possible, les fins instrumentales des parties intégrées de la mécanique vitale. La notion distincte de la structure, pour autant que nous puissions y accéder, nous fournit en effet non seulement la compréhension du mode de composition du corps organique, mais celle des actions qu'accomplit ou que peut accomplir le dispositif organique réalisé[2]. Il s'agit en l'occurrence d'un rapport de convenance des dispositifs internes formant les parties du corps organique; et ce rapport de convenance détermine la raison suffisante des actions découlant de l'association et de l'intégration de tels dispositifs : « Puisque tout corps organique, en tant que tel, est apte à telle action particulière, dans sa structure est certes contenue la raison de ce qui convient [dispositifs actuels et potentiels] au corps organique en tant que tel; dans la même structure doit être contenue la raison pour laquelle le corps organique est apte à ce type d'action »[3].

1. Voir à ce sujet *Ibid.*, § 274 note, p. 209.

2. Voir *Ibid.*, § 277, p. 211 : « [...] in structura quoque corporis organici ratio sufficiens contineri debet, cur ipsi tanquam corpori organico alia actu conveniant, alia vero convenire possint ».

3. *Ibid.*, p. 211 : « Quoniam omne corpus organicum, quatenus tale est, ad peculiarem actionem aptum, in structura vero continetur ratio eorum, quæ corpori organico qua tali conveniunt; in eadem structura ratio contineri debet sufficiens, cur corpus organicum ad istiusmodi actionem aptum sit ».

Wolff insiste par ailleurs sur le fait que cette structure, pour peu qu'on puisse la mettre totalement en évidence, se trouve activée par les seules lois générales du mouvement : d'où le caractère suffisant des explications alors accessibles : celles-ci en effet se fondent sur la compréhension des dispositifs particuliers jusqu'à la mise en évidence des parties organiques simples en tant que constituants élémentaires des corps organiques intégrés. Dans la plupart des cas cependant, à défaut d'accéder aux micro-dispositifs ultimes de la mécanique vitale, la physique doit se contenter d'explications imparfaites formées d'après les raisons inférées à partir du peu que l'on peut observer concernant la structure des corps organiques [1].

En tout état de cause, la clé de l'explication des processus vitaux réside dans la connaissance aussi poussée que possible de la structure organique et de son mode de composition. D'où le lien directionnel que Wolff établit entre l'anatomie et la philosophie naturelle des corps organiques [2]. Qui veut comprendre la fonction végétative des plantes et de leurs semences doit nécessairement se référer aux micro-dispositifs fonctionnels qui en composent la structure. De la même façon, les processus sensoriels, circulatoires, nutritifs et, de façon générale, tous les processus dits naturels ou spontanés du vivant animal requièrent d'être expliqués à partir d'une analyse des structures organiques impliquées. La conception des structures sur base de recherche anatomique nous fournirait les « notions directrices » (*notiones directrices*) [3] sans lesquelles l'on ne saurait accéder à une compréhension causale des processus. Or, à défaut de pouvoir directement inférer les processus de l'analyse intégrale des structures, l'approche téléologique peut nous permettre une certaine figuration hypothétique de ce lien causal. Le constat empirique des actions que les corps organiques se révèlent aptes à accomplir peut nous permettre d'établir quelle association de moyens est susceptible, plutôt que quelque autre, de produire l'effet dynamique observé. Par exemple, observant la délinéation des images projetées sur la rétine, nous pouvons tenter de nous figurer la composition des membranes et des humeurs

1. Voir C. Wolff, *Cosmologia generalis*, § 513 note, p. 398 : « Ita quod accidit in corpore humano, quatenus organicum est, naturaliter contingit, ubi per ipsius structuram & motus regulas explicari potest. Loquimur [...] de explicatione consummata, ut non modo intelligatur, quomodo certis motibus partium organicarum positis tale quid sequatur, quod fieri observatur ; verum etiam ut motus ipsi distincte intelligantur. Patet vero ex superioribus, quænam in motu distinguenda veniant, si in dato casu eam distincte intelligere volueris. Hactenus in Physicis imperfectis explicationibus contenti sumus, ut adeo istis ratiociniis ex essentia & natura corporum id minime colligeremus, cujus a posteriori observati rationes apertas iisdem stabilimus ».

2. Voir par exemple, *Ibid.*, § 278 note, p. 211-212.

3. *Ibid.*, § 278 note, p. 212.

susceptibles d'engendrer un résultat de ce type. « De l'action à laquelle un organe est destiné l'on peut inférer quel il doit être »[1]. Cette pratique se justifie à la lumière du principe d'implication téléologique de la fin instrumentale, c'est-à-dire de l'action fonctionnelle à accomplir, dans la détermination des mécanismes et de leur mode d'intégration permettant cet accomplissement : « dans l'action à laquelle le corps organique est apte en vertu de sa structure, est contenue la raison pour laquelle ses parties sont conformées de telle façon plutôt que de telle autre et doivent se joindre de telle manière plutôt que de telle autre »[2]. L'analyse physiologique est appelée à révéler pour sa part que les actions des corps organiques par excellence, ceux des vivants végétaux et surtout animaux, assurent les fonctions requises pour la conservation et la reproduction des structures complexes d'où dérivent ces organismes. Ce projet était plus particulièrement celui qui sous-tendait déjà les analyses contenues dans la *Physiologie allemande*[3].

Lorsque les problèmes scientifiques évoluent et qu'ils semblent parfois requérir d'importantes révisions, Wolff affiche une certaine conscience de l'enjeu. L'exemple par excellence de cet état de chose nous est fourni par la réaction de Wolff aux observations d'Abraham Trembley qui seront ultérieurement rapportées dans le *Mémoire pour servir à l'histoire d'un genre de polypes d'eau douce, à bras en forme de cornes* (1744)[4]. La révélation des reproductions de polypes par segmentation, suivant le modèle de régénération des parties excisées chez certains insectes[5], crée une instance capable d'infirmer l'hypothèse de la préformation, puisque de telles observations semblent suggérer que des néoformations organiques peuvent survenir par une forme d'épigenèse. Comme en

1. *Ibid.*, p. 212 : « Probe notandum est, vi hujus propositionis subinde ex actione, cui organum destinatur, colligi posse, quale ipsum esse debeat ».

2. *Ibid.*, § 279, p. 212 : « In actione, ad quam corpus organicum vi structuræ suæ aptum est, continetur ratio, cur partes ita potius conformandæ sint, quam aliter, & hoc potius modo conjungendæ, quam alio ».

3. Voir *supra*, note 1, p. 84.

4. Voir St. Borchers, J. Bronisch, « Christian Wolff und des Süßwasserpolyp. Zum wissenschaftsgeschichtlichen Quellenwert des Briefwechsels des Philosophen », *Studia leibnitiana* 37 (2005), p. 224-237. Ces auteurs ont noté (p. 230, n. 26) que, dès janvier 1742, Wolff avait été informé des découvertes de Trembley par Réaumur.

5. À cet égard, la référence principale de Wolff est tirée des *Mémoires pour servir à l'histoire des insectes* de René-Antoine Ferchault de Réaumur, dont il cite particulièrement la Préface du tome VI (Paris, De l'Imprimerie Royale, 1745), dont « […] la seconde [partie] apprend ce qui a été nouvellement découvert, tant par rapport aux Insectes qu'on multiplie en les coupant par morceaux, que par rapport à diverses productions prises jusqu'ici par les Botanistes pour des plantes, quoiqu'elles soient des ouvrages d'Insectes, & leurs domiciles » (p. XLIX-LXXX).

témoigne sa correspondance avec Ernst Christoph von Manteuffel, Wolff prend acte de la difficulté et tente de la surmonter par une forme d'hypothèse *ad hoc* qui ne verra pas cependant le jour de ses ouvrages publiés [1]. Il suppose que des animalcules séminaux (*Saamen-Thierlein*) circulent librement dans les fluides organiques et principalement dans le sang : normalement, ces animalcules n'accéderont pas au développement en tant qu'embryons au sein d'œufs véritables, mais, en raison des déficits structuraux et fonctionnels pouvant affecter des organes particuliers, ils s'intégreront à des sécrétions locales de façon à reconstituer la structure organique. Comment ces germes parcellaires peuvent-ils donner lieu à une structuration organique intégrale sous forme de nouveaux polypes? La question reste d'une certaine manière en suspens, d'autant que Wolff, à l'instar d'une majorité de ses contemporains, a rapproché le mode de reproduction du polype de celui d'organismes végétaux se reproduisant par gemmation ou bouturage. Dans la *Physiologie allemande*, Wolff avait précédemment insisté sur le rôle des testicules dans la production (*Erzeugung*) de la semence à partir du sang et dans la résorption de celle-ci par drainage du flux sanguin [2]. Dans cette correspondance avec Manteuffel, Wolff rappelle que les animalcules spermatiques sont sécrétés à partir du sang dans les testicules. Il évoque les observations de Malpighi sur l'œuf incubé pour postuler que tous les organes de l'animal se manifestent par simple développement (*evolutio*) à partir de l'animalcule séminal, à l'instar des structures végétales issues du germe. Lorsqu'une partie du polype est excisée, c'est un animalcule de la semence qui se développerait en venant s'aboucher, comme par bouturage pourrait-on dire, aux structures restantes du polype initial [3].

Or, la difficulté de concevoir le surgissement de nouvelles âmes dans les polypes issus de parcelles de l'organisme antérieur, comme si les âmes pouvaient se reproduire par une forme de segmentation substantielle, crée l'aporie, devant laquelle un tenant de l'harmonie préétablie

1. La connaissance que nous en avons est indirecte, grâce à la publication de la lettre de Wolff à Manteuffel du 27-28 juillet 1743 dans Christoph Gottlieb Kratzenstein, *Anhandlung von dem Nutzen der Electricität in der Arzneywissenschaft*, 2. vermehre Auflage, Halle, Verlegts Carl Hermann Hemmerde, 1745, p. 42-50.

2. C. Wolff, *Deutsche Physiologie*, § 184, p. 505 : « [...] woraus eben erhellet, dasz die Hoden keinen weiteren Nutzen in dem Leibe haben, als dasz darinnen der Saame erzeuget wird. Sie sondern den Sammen von dem Geblütte ab, das ihnen durch die Saamen-Puls-Adern zugeführet und durch die Saamen-Blut-Adern wiederum von ihnen abgeführet wird ».

3. Voir C. G. Kratzenstein, *Anhandlung von dem Nutzen der Electricität in der Arzneywissenschaft*, p. 45-46 : « [...] so kan es nicht wohl anders seyn, als dass derjenige Theil des Thieres, der abgeschnitten worden, durch die Evolution eines im Geblüte vorhandenen Thierleins herauswächset und an den übrigen Theil anwächset ».

pourrait se reconnaître démuni. Wolff tente la conciliation suivante. Chaque animalcule spermatique possède une âme à laquelle son corps est assujetti selon des principes physiologiques impliquant l'harmonie des changements d'états de part et d'autre. Chaque partie intégrante de provenance spermatique posséderait une telle âme et serait susceptible de se développer pour devenir un animal complet suivant les circonstances [1]. Wolff estime toutefois que cette théorie demeure incomplète. Il resterait en particulier à expliquer le fait que cette possibilité de reconstitution intégrale n'est impartie qu'à certains types de vivants de rang inférieur qui se développent à l'instar des végétaux. Il lui semble seulement qu'un des réquisits de la régénération tient au fait que la partie ou les parties issues de la scission de l'organisme de provenance doivent pouvoir se maintenir en vie dans un état structural imparfait en attendant la restauration des composantes manquantes. Dans le remarquable second post-scriptum de sa lettre à Manteuffel du 27-28 juillet 1743 [2], Wolff ira jusqu'à rappeler la notion de génération équivoque d'Aristote, non pour l'accréditer, mais pour dénoncer l'étroitesse de vue consistant à récuser *a priori* la possibilité de générations atypiques par rapport aux normes d'un préformationnisme de stricte allégeance. La découverte des cas apparents de génération équivoque – il vaudrait mieux parler d'épigenèse – se multipliera sans doute, requérant une investigation *a posteriori* plus poussée du cours des phénomènes naturels, comme Trembley en a fourni l'exemple : d'où la nécessité d'élaborer de nouveaux modèles pour expliquer de tels phénomènes. Cette démarche devrait néanmoins s'inscrire dans le cadre d'une philosophie naturelle conforme aux exigences de la rationalité mécaniste.

Or, même dans ce cadre, Wolff reste conscient du caractère incertain de l'hypothèse avancée : il tente en effet de concilier d'une part l'idée de corps organique intégral préexistant et intrinsèquement associé à l'âme correspondante et d'autre part la production apparente d'un tel corps à partir de simples parcelles organiques sans principe animique correspondant. D'un point de vue leibnizien, tout se passerait alors comme si d'un simple agrégat se formait un corps organique, et donc un composé doté d'un principe d'unité substantielle. Or, sans principe d'unité préalable, l'on ne saurait comprendre le développement d'un nouveau

1. Voir *Ibid.*, p. 46 : « Nun hat jedes von den Saamen-Thierlein, auch wenn sie im Geblüte verhanden sind, seine Seele, welche vermöge der Principiorum physiologicorum mit dem Leibe harmonicis Mutationibus unterworfen ist. Und auf solche Weise ist es nicht zu bewundern, wenn ein Stück eine besoindere Seele bekommet, in dem es zu einem gantzen Thiere wird ».

2. Voir *Ibid.*, p. 50.

corps organique, surtout lorsqu'il s'agit d'individus de même espèce de part et d'autre du processus de division. Peut-il donc y avoir des germes subalternes inhérents aux parties organiques, éventuellement capables de s'actualiser comme germes de l'organisme intégral ? Dans une phase ultérieure de la physiologie de la génération, l'on invoquera à cette fin le concept d'éléments germinaux totipotents. Dans la phase historique qui nous intéresse ici, la seule solution qui semble poindre à l'horizon consiste à rattacher l'unité organique à une force capable d'informer ou d'« animer » une partie de structure organique antérieurement existante de façon à l'assujettir à un développement fonctionnel intégré. Les Wolffiens de stricte allégeance vont buter sur ce problème en tentant de moduler de diverses façons, d'ailleurs plutôt dogmatiques, le modèle leibnizien du corps organique.

Trois cas types nous semblent révélateurs des variantes de la théorie des corps organiques parmi les Wolffiens. Nous les extrayons des thèses professées par Georg Bernhard Bilfinger, Isaac Gottlieb Canz et Johann Heinrich Winckler[1].

2. L'Hypothèse de bilfinger

Dans ses *Dilucidationes philosophicæ* (1725), Bilfinger, se référant à l'article 124 des *Essais de théodicée*, rappelle que tout esprit fini est dit posséder un corps organique[2]. Mais qu'est-ce qu'un corps organique ? Il faut pour le comprendre remonter aux notions de phénomène corporel et de machine. Ce dernier concept n'impliquerait aucune différence intrinsèque, qu'il soit appliqué aux machines de la nature ou à celles de fabrication humaine. L'enveloppement des machines organiques à l'infini dans le même composé, qui se situait au cœur de la conception leibnizienne de l'organisme, semble d'emblée, sinon gommé, du moins relativisé, voire marginalisé. Le cadre théorique dans lequel s'inscrit l'analyse des machines naturelles est délimité par une appréhension physique des phénomènes corporels : ceux-ci s'expliqueraient par la structure observable ou empiriquement déterminable des composés que forment les corps et par l'application à cette structure des lois reconnues

1. C'est essentiellement de ces auteurs que Pierre Sigorgne tirera l'inspiration de son traité *Les Monades, ou Introduction à la philosophie de Léibnitz*, Lyon, Chez les Frères Perisse, 1767, contre lequel Charles Bonnet s'insurgera pour motif de plagiat.

2. Voir G. B. Bilfinger, *Dilucidationes philosophicae de Deo, anima humana, mundo, et generalibus rerum affectionibus*, Tubingae, Sumtibus Joh. Georgii & Christiani Godof. Cottae, 1725, § 245, p. 235.

du mouvement. Soit un état antécédent de la structure décrite sur lequel interviennent de telles lois du mouvement : il en résulterait un état conséquent que l'on pourrait expliciter déductivement, du moins en principe. Le mécanisme s'appliquerait donc intégralement à tous les corps composés de la nature, que ceux-ci soient caractérisés comme inorganiques ou comme organiques[1]. Dans cette perspective, le corps organique comporte une détermination de ses parties suivant la finalité des processus s'y produisant, que ceux-ci correspondent à des actions ou à des passions. Cette détermination est spécifique si on la compare aux déterminations finales, c'est-à-dire aux opérations s'accomplissant en vertu de la composition structurale des autres corps. « J'appelle *organique*, soutient Bilfinger, un corps donné, en tant qu'une de ses parties est apte à recevoir ou à produire telles opérations plutôt que telles autres, en regard des autres corps »[2]. Des exemples probants à cet égard s'infèrent de la spécificité structurale des organes des sens qui leur permet de recueillir des impressions sensibles de type différent selon l'organe affecté. Sensibilité et motricité, les deux catégories dominantes d'effets caractéristiques permettant d'identifier les corps organiques animaux, se rapportent ainsi à des dispositifs structuraux-fonctionnels particuliers. Quant à ces dispositifs, l'analyse des structures anatomiques et des mouvements propres s'y accomplissant devraient en expliquer la composition et la finalité. Les rayons lumineux, par exemple, frappent tout aussi bien la main que les yeux, mais l'unification des rayons dispersés ne se réalise pas en vertu de la structure de la main, mais en vertu de la configuration spécifique des filaments nerveux du nerf optique et des mouvements internes pour lesquels cette structure se trouve agencée.

En ce qui concerne les fonctions sensitives par lesquelles les vivants animaux sentent, désirent et se meuvent, et les fonctions rationnelles par lesquelles les vivants humains exercent intellection et volition, Bilfinger suppose qu'elles s'expriment en états psychiques attribuables à une âme de degré sensitif ou rationnel. L'analogie semble fondée qui nous permet d'assigner à des principes psychiques de degrés inférieurs des opérations

1. *Ibid.*, § 182, p. 177 : « [...] quae secundum leges naturae ex structura & statu antecedaneo corporum fiunt aut explicantur phaenomena corporea, ea dicuntur fieri & explicari mechanice. *Machina* enim proprio sensu est compositum, cujus mutationes ex structura ipsius, & statu antecedaneo per leges motuum consequuntur. *Mechanismus* ex structura pendet corporum, & legibus motuum. Quicquid igitur de Mechanismo dicendum est, id vel ex structura deducendum est, vel ex legibus motuum ».

2. *Ibid.*, § 244, p. 235 : « *Organicum* autem illud voco, quatenus una illius pars apta est ad recipiendas, & edendas has potius operationes, aliorum corporum intuitu, quam alias ».

du même ordre se déroulant sous le seuil de la conscience. On reconnaît évidemment là l'héritage leibnizien relatif aux sujets de perception, dont certains peuvent accéder aux capacités aperceptives et réflexives depuis un état de simple perception. En même temps toutefois, à la suite des exposés de la *Métaphysique allemande* de Wolff, Bilfinger restreint la portée de l'harmonie préétablie au rang de l'hypothèse la plus plausible pour expliquer la correspondance entre les états du sujet apercevant et ceux de son corps organique.

En contrepartie, il admet des simples, ou éléments, ou monades (mais dans un sens déviant par rapport au concept leibnizien), entités inétendues et indivisibles, dotées de force intrinsèque, qui formeraient, par combinaisons diverses, les corps composés de l'ordre naturel. Ainsi pose-t-il quatre classes de « simples » [1]. En premier lieu, figurent alors les éléments principiels du monde des corps : ils sont dénués de perception au sens leibnizien, pour autant qu'une telle perception, expression du multiple dans l'un, correspondrait à la représentation plus ou moins confuse de tout l'univers ; cette représentation se traduit certes dans le rapport du point de force considéré à l'infinité des autres points métaphysiques constitutifs de l'univers créé, mais suivant une détermination d'essence conforme à l'appréhension plus ou moins implicite et aveugle des changements internes du sujet en question, ajustés aux changements internes de toutes les autres unités réelles de l'univers créé [2]. C'est précisément la qualité représentative ou expressive de ces monades brutes que rejette le wolffien Bilfinger, alors même qu'il la reconnaît, dans les deuxième et troisième classes, chez les simples correspondant aux âmes animales et aux esprits finis. La quatrième classe de simples vise enfin à faire place à l'esprit infini. De fait, Bilfinger ne nie pas qu'il puisse y avoir de telles monades dotées (au sens psychologique) de perception éminemment confuse et obscure, bien qu'elles soient impossibles à identifier dans l'ordre

1. Voir G. B. Bilfinger, *Dilucidationes philosophicae de Deo*, § 109, p. 101.

2. Bilfinger renvoie lui-même, afin d'illustrer le point de vue de Leibniz, à l'équivalent latin de la *Monadologie*. Voir *Monadologie* (éd. Robinet), § 12 : « Mais il faut aussi qu'outre le principe du changement, il y ait un detail de ce qui change, qui fasse pour ainsi dire la specification et la varieté des substances simples » ; § 13 : « Ce detail doit envelopper une multitude dans l'unité ou dans le simple. Car tout changement naturel se faisant par degrés, quelque chose change et quelque chose reste ; et par consequent il faut que dans la substance simple il y ait une pluralité d'affections et de rapports, quoy qu'il n'y ait point de parties ; § 14 : « L'état passager qui enveloppe et represente une multitude dans l'unité, ou dans la substance simple, n'est autre chose que ce qu'on appelle la Perception, qu'on doit distinguer de l'apperception ou de la conscience […] ».

naturel. De façon générale, il est prêt à accepter en un sens objectif (*sensu objectivo*) que les rapports entre les états internes des simples puissent « représenter » l'ordre des choses externes, de telle sorte qu'un esprit supérieur puisse découvrir dans ces rapports internes la constitution des externes correspondants. Voire : on peut aller jusqu'à concéder que le principe interne de changement représente, sous forme de « dénomination subjective » (*denominatio subjectiva*), l'ordre des choses externes. Mais l'analogie ne peut être ontologiquement soutenue avec les états de torpeur et de léthargie des âmes sensibles (au-delà peut-être d'une zone limitrophe de l'animalité dans la gradation des simples). L'hypothèse à favoriser consiste à supposer que ces simples du premier genre se caractérisent par un attribut et des modes autres que la perception et ses états représentatifs, sans que l'on contrevienne pour autant aux critères de simplicité et d'absence de parties réelles s'appliquant aux éléments autant qu'aux âmes. D'où l'hypothèse avancée :

> Qu'en serait-il si les simples, principalement ceux qui sont définis comme les éléments des corps, possédaient une force distincte de la perception, qui autorise le changement en degrés et aussi d'autres relations externes ? Telle apparaîtra peut-être bien la puissance de mouvoir (*vis movendi*), en laquelle les degrés s'expriment par des vitesses, et la relation externe par une différence de direction [1].

Ainsi la constitution des composés, tant organiques qu'inorganiques, consisterait-elle désormais dans des combinaisons de ces simples non psychiques, fournissant le fondement dynamique d'états physiques, eux-mêmes analysables en déterminations modales de mouvement.

Il s'ensuit une réduction significative des fonctions que les traditions aristotélicienne et galénique attribuaient à l'âme végétative, ou à la faculté végétative d'une âme s'actualisant par ailleurs comme sensitive (cas des animaux), ou comme sensitive et rationnelle (cas de l'être humain). Aux fonctions végétatives sont dévolus les processus de nutrition et de croissance des corps organisés, ainsi que ceux qui assurent la reproduction des structures caractéristiques des diverses espèces. Le renvoi de ces fonctions à un principe animique ne donne lieu à aucun concept intelligible. Ainsi, la transcription en termes psychologiques de ces processus ne peut-elle rien ajouter à l'interprétation en termes physiques des opérations intégrées de l'organisme qui se nourrit, croît

1. G. B. Bilfinger, *Dilucidationes philosophicæ*, § 108, p. 100-101.

et reproduit son type spécifique[1]. Conséquence remarquable : cette restriction dans les prérogatives de l'âme par rapport aux opérations vitales, dans les limites du moins de notre expérience de conscience de soi projetée sur l'activité animale, fait en en sorte que les fonctions végétatives échappent d'une certaine manière au commerce entre l'âme et le corps. Si Bilfinger rejette la thèse de l'influence directe de l'âme sur le corps et du corps sur l'âme, et s'il adopte l'harmonie préétablie comme principe d'explication du *nexus*, c'est dans un sens limitatif. Au pouvoir de l'âme se rattache en effet la capacité de déterminer de façon endogène le cours des perceptions sensibles – les seules considérées, abstraction faite de toute perception insensible – en congruence avec la séquence de mouvements particuliers affectant les organes des sens, tant périphériques que centraux. Corrélativement, les séries d'états appétitifs conscients ou interprétés comme tels qui se déploient en vertu des pouvoirs intrinsèques de l'âme s'accomplissent en congruence avec les effets déployés par la force motrice propre au corps organisé. La seule implication métaphysique concernant l'ordre des vivants qui dépasse cette convenance expressive limitée se rapporte aux réquisits de fonctionnement du corps organique pour qu'il puisse réaliser le rapport de congruence des opérations physiques avec l'âme sensible, c'est-à-dire perceptive, et dans le cas de l'être humain, avec l'âme réflexive et rationnelle : il faut, à cette fin, que Dieu ait monté les machines organiques de telle sorte qu'elles puissent assurer et préserver l'économie structurale et fonctionnelle des appareils dévolus aux opérations sensitivo-motrices, elles-mêmes associées au pouvoir de représentation inhérent à toute âme ou esprit fini.

> Le système de l'harmonie préétablie est la raison explicative du commerce mutuel entre le corps et l'âme, par laquelle il est établi que le *pouvoir de l'âme* de se représenter l'univers d'après le *situs* du corps organique est déterminé intrinsèquement à des perceptions sensibles des choses, congruentes aux mouvements qui s'accomplissent dans les organes sensibles du corps, et que la force motrice du corps est aussi déterminée par un principe intrinsèque à des mouvements congruents aux appétits de l'âme ; de telle sorte cependant que la succession des sensations soit telle et non autre, en raison de la succession des mouvements dans les organes des sens, et que la succession des mouvements soit telle et non autre, en raison des appétits

1. Voir G. B. Bilfinger, *Dilucidationes philosophicæ*, § 232, p. 225 : « *Vegetativam* Animam, vel eam animæ humanæ facultatem qua nutritioni corporis, & accretioni ejus, & propagationi speciei præsidere, adeo non intelligibiliter concipimus, ut vel ipsi illi, qui animæ humanæ actiones, ad vegetativam pertinentes, effective transcribunt, præter ea, quæ in physicis de œconomia crescendi, alendi se &c. traduntur, nihil quicquam valeant adducere ».

mêmes que l'âme en elle-même a produits à l'occasion de sensations présentes, de son propre chef, non seulement spontanément, mais tout à fait librement, même s'ils ont été divinement prévus et tels par conséquent que Dieu a pu fonder le corps organique selon l'exigence qu'ils représentaient [1].

Somme toute, l'harmonie préétablie se présente comme une hypothèse limitée dans son application au rapport entre l'âme et le corps organique, celui-ci étant susceptible d'explication physique intégrale au-delà de la zone de correspondance expressive entre les états de représentation mentale, soit perceptifs soit appétitifs, et les états des dispositifs propres aux fonctions animales du corps organisé.

Par la suite, nombre de traités wolffiens développeront le lieu commun constitué par la thèse du commerce d'harmonie entre l'âme et le corps en rattachant le *nexus* à des conditions physiologiques d'activité sensorielle et de motricité autonome et en présumant que des explications mécanistes pourraient suffire à rendre compte des fonctions vitales proprement dites. La prémisse fondatrice de cette approche consiste à supposer une organisation divine de l'ordre physique qui puisse d'une part fournir la raison suffisante des corps organiques dans leur formation, leur organisation et leur fonctionnement propre, et qui puisse d'autre part rendre compte de la correspondance harmonique entre les fonctions cognitive et appétitive de l'âme et les opérations des appareils corporels corrélatives de l'activité psychique.

3. LE MODÈLE DE CANZ

On peut trouver ultérieurement, dans maints textes wolffiens, confirmation de cette approche réductrice et mécaniste des phénomènes de vitalité et de la théorie de l'organisation originelle qui en assure la corrélation avec la thèse de l'harmonie préétablie. À titre d'exemple, il suffit de se référer aux passages pertinents des *Meditationes philosophicæ*

1. *Ibid.*, § 356, p. 379 : « Harmoniæ Præstabilitæ Systema est illa Commercium inter corpus & Animam mutuum explicandi ratio, qua statuitur, vim Animæ repræsentandi universum pro situ corporis organici, ab intrinseco determinari ad perceptiones rerum sensuales congruas motibus, qui fiunt in organis corporis sensoriis, & vim motricem corporis intrinseco item principio determinari ad motus congruos appetitibus Animæ ; sic tamen, ut successio sensationum sit hæc, non alia, propter successionem motuum in sensoriis, & successio motuum sit hæc, non alia, propter successiones has, non alias, appetituum, quos ipsa in sese anima occasione sensationum præsentium suo elicuit arbitrio, spontaneorum non solum, sed omnino liberorum, divinitus autem prævisorum, adeoque talium, ut secundum illorum exigentiam condi a Deo corpus potuerit organicum ».

(1750) d'Israel Gottlieb Canz[1]. Dans l'ordre naturel, les particules les plus élémentaires de la physique sont toutes intrinsèquement distinctes puisqu'elles se résolvent ultimement en substances simples, chacune dotée d'un pouvoir d'agir, sous forme de *nisus*, distinct de tout autre et représentant une différence intrinsèque. Ce n'est que spécifiquement, dans les masses similaires qu'elles composent, que les particules physiques traduisent une similarité de structures et de propriétés. En réalité, toutes ces masses similaires ne sont que des agrégats se décomposant en corps dotés de déterminations strictement individuelles. Ainsi ce qui nous apparaît uniforme et similaire dans les corps perçus par les sens ne l'est que partiellement, en raison des apparences; en remontant au fondement rationnel des phénomènes, l'on est amené à reconnaître des entités physiques, sous forme de corpuscules élémentaires, corrélatives des substances simples, véritables éléments de la nature. C'est à ce point qu'intervient le concept de corps organique : « Le *corps organique* est ce dont les parties singulières sont aptes à des fonctions particulières et distinctes »[2]. Les parties singulières dont il s'agit ici sont des organes : « La partie de notre corps, plus apte à une fonction qu'à toute autre est appelée *organe du corps* »[3]. L'organisation ainsi décrite est celle d'une machine dont les parties sont fonctionnellement agencées en vue de réaliser une finalité particulière d'ordre global. Pour en rendre compte, Canz évoque deux hypothèses de composition et de mise en ordre distinctes et qu'il estime mutuellement exclusives :

> Ou bien le corps est *doté d'un organisme simple*, qui peut immédiatement se résoudre en substances simples appropriées possédant différents conatus à agir; en ce sens, il n'y aurait au monde que des corpuscules organiques : ou bien le corps s'est formé par un *organisme composé*, et ses parties singulières sont derechef des corpuscules, mais un peu moins organiques :

1. I. G. Canz, *Meditationes philosophicæ quibus variæ scientiarum difficultates expenduntur et veritates oppositæ confirmantur*, Tubingæ, Sumtibus Johannis Georgii Cottæ, 1750. C'est principalement de cet ouvrage de Canz que Pierre Sigorgne tirera l'interprétation qu'il donne de la doctrine leibnizienne dans ses *Institutions leibnitiennes ou Précis de la monadologie* : voir p. 2-3 : « Il est certain qu'on ne connoît que fort peu cette Philosophie par ces Ouvrages [*Traité des systèmes* par Condillac et *Institutions physiques* par Mme du Châtelet]. Je vais tâcher de vous en convaincre par les différentes conférences que j'ai eues en 1750 avec M. Canz, célebre Professeur de Tubinge. C'est de celles-là principalement dont je vous parlerai, parce que c'est avec M. Canz que j'ai conversé le plus, & que c'est de lui que j'ai le mieux appris le fond du systême ».

2. *Ibid.*, § 715, p. 619 : « *Corpus organicum* est, cujus partes singulæ sunt peculiaribus ac distinctis functionibus aptæ ».

3. *Ibid.*, § 794, p. 677 : « Pars corporis nostri, uni functioni, quam aliis, magis apta : dicitur *organum corporis* ».

dans ces conditions tous les corps ne sont pas organiques. *En ce sens, les corpuscules primitifs sont dénués d'un tel organisme*[4].

Canz ajoute que les masses similaires, autrement dit les corps phénoménaux, sont des « collections de corpuscules » (*collectiones corpusculorum*) et que ces corpuscules sont similairement organiques. Leur organicité proviendrait alors, non d'une différence intrinsèque, mais d'une organisation assujettissant comme de l'extérieur les particules à des finalités de fonctionnement organique. Dans toute cette analyse, le terme d'« organisme » est pris dans le sens leibnizien, non pour l'entité vivante elle-même, mais pour une structure d'ordre téléologique caractérisant l'enchaînement des phénomènes dans le monde des vivants, mais avec cette particularité que l'ordre finalisé que l'organisme institue résulterait d'un simple mode de composition des parties. Canz tend manifestement à réduire les processus vitaux à des modalités de composition des corps phénoménaux : ces modalités résulteraient non d'une exigence d'essence immanente aux éléments ultimes de l'ordre physique, sorte de monades sans qualité représentative, mais d'un dessein contingent incarné dans la composition et le déploiement des machines naturelles à partir de ces éléments. L'organisation vitale ne tiendrait qu'à une structuration particulière des composants physiques et, par suite, à l'agencement fonctionnel des mouvements de particules issus de la mise en opération de la structure organique. « La composition du corps organique, soutient Canz, corps doté d'un organisme composé, porte le nom de structure »[5]. Dans cette composition entre le rapport des forces motrices issues de la conjonction des substances simples; ce rapport se décline en une infinie variété de modes dont proviennent les diverses incarnations du mécanisme, y compris le mécanisme des corps organiques[6]. Et, dans l'univers corporel ainsi conçu, se découpe une configuration mécanique particulière, celle de notre corps organique dont les fonctions déterminantes tiennent à la

4. *Ibid.*, § 715, p. 619 : « Aut ergo *corpus organismo simplici prœditum est*, quod immediate potest resolvi in substantias simplices diversis conatibus agendi, idoneas; quo significatu, nullum non corpusculum in mundo organicum est : aut corpus *organismo composito* coaluit, cujus singulæ partes iterum sunt corpuscula, paulo minus organica : tum non omnia corpora sunt organica. *Primitiva hoc sensu corpuscula organismo tali carent* ».

5. *Ibid.*, § 715, p. 619 : « Compositio corporis organici, composito organismo, præditi, gestat nomen structuræ ».

6. Voir *Ibid.*, § 721, p. 624, intitulé : « Vis infinities diversa motrix, constituit diversum mechanismum »; p. 625 : « Compositio substantiarum corporis essentiam; inertia corporis exsistentiam *format*, quia omne exsistens aliquam exercet vim, sive domi, sive adversus ea, quæ foris irrumpunt. Vis autem motrix varia, ut dixi, corporum constituit varietatem ».

sensibilité perceptive et à la motricité volontaire[1] : somme toute, il s'agit en l'occurrence d'une mécanique originellement montée par Dieu pour satisfaire aux conditions physiologiques de l'harmonie préétablie.

Dans ce contexte, se pose la question de l'âme des bêtes et de la sphère d'activité spécifique qu'on peut lui reconnaître dans l'économie de fonctionnement du corps organique de l'animal. L'entrée en matière du chapitre que Canz consacre à cette question comporte une ambiguïté apparente, puisque l'âme est hypothétiquement identifiée comme le principe des fonctions vitales que l'animal accomplit suivant ce qu'on en observe[2]. C'est l'analogie de configuration des appareils, notamment ceux des sens, entre les animaux supérieurs et l'homme qui nous permet de reconnaître à ceux-ci un pouvoir de représentation sensible ; et le même argument vaut pour le pouvoir d'appétition. D'où l'inférence d'une activité psychique particulière applicable à la substance simple hégémonique de l'organisme animal. Canz examine toutefois l'objection stratégique, selon laquelle « les corps des animaux sont si adéquatement construits que toutes les fonctions vitales [pourraient] être comprises à partir de ceux-ci : il ne [serait] donc pas requis de se figurer en eux une substance simple, et une faculté de sentir »[3]. Il y réplique que, par quelque artifice que cette machine ait été constituée, elle ne saurait produire la conscience de soi. Par ailleurs, l'excellence du mécanisme animal se révèle dans la capacité de conférer l'unité à une multiplicité très considérable de processus : ainsi le développement des organes des sens laisse supposer le service assumé par ces appareils auprès d'un agent de sensibilité qui établit en quelque sorte la fonction propre de ces composantes du système organique. Mais l'argument le plus significatif porte sur la nécessaire coordination des substances simples sous-tendant le corps organique. L'action de toutes ces substances doit se conformer à un « type » de composition. Or, la conformation de ce type doit résider dans un agent unique, en fonction duquel s'ordonnent les actions attribuables aux autres substances simples corrélées. « La substance, en vue de laquelle les autres composent leurs opérations, est appelée âme. Celles qui se composent en vue de celle-ci,

1. Voir *Ibid.*, § 794, p. 677 : « *Nostrum corpus* vocamus illam corporei universi portionem, a qua rerum materialium perceptiones nostræ a) immediate pendent ; b) & in quam aliquo motuum imperio anima vicissim immediate pollet ».

2. *Ibid.*, § 1107, p. 923 : « Illud ens, a quo oriuntur bruti functiones vitales, oculis nostris obviæ, dicitur bruti *anima* ».

3. *Ibid.*, § 1113, p. 929 : « Brutorum corpora adeo affabre sunt constructa, ut ex iis omnes functiones vitales intelligi queant : hinc non opus est substantiam in iis simplicem, & facultatem sentiendi confingere ».

forment le phénomène du corps. C'est pourquoi ceux qui admettent le mécanisme doivent aussi reconnaître la simplicité de l'âme animale »[1].

4. L'ORGANISATION VITALE SELON WINCKLER

Éclairer la raison suffisante de l'organisation vitale et de sa composition à partir des éléments de la nature, ainsi que celle de l'harmonie préétablie, comprise en son acception restreinte, entre l'âme sensitive ou rationnelle et le corps organique, constitue l'un des objectifs du wolffien Johann Heinrich Winckler. Dans ses *Institutiones philosophiæ wolfianæ* (1735), ce professeur de philosophie à l'Université de Leipzig accorde une importance relativement plus considérable à la théorie des corps organiques que ne le font les autres Wolffiens, ce qui justifie de prendre ici cette œuvre en considération. Certes, les bases du système restent assez similaires à celles que nous venons d'exposer. Certaines thèses ressortent toutefois particulièrement. La nature des corps est constituée par la force d'agir et de résister des simples qui les composent et dont les interrelations se traduisent en effets phénoménaux que le physicien doit analyser à partir de l'expérience sensible. Les simples sont des « atomes de la nature » dénués de parties, à la différence des présumés « atomes de la matière »[2]. Les éléments des corps sont des substances simples, essentiellement dotées d'une force d'agir (*nisus agendi*) intrinsèque : à ce titre, ces substances constituent les principes internes des propriétés dynamiques que révèlent les corps sensibles. Entre les deux niveaux de réalité, celui des « points métaphysiques », possédant le principe interne de leur changement et dont les états renvoient à tous les états correspondants présents et futurs des autres substances simples, et celui des corps complexes de l'ordre naturel, s'inscrit le *nexus* reliant les éléments associés pour produire ces corps : ce *nexus* consiste dans la connexion des forces propres aux éléments en vue de produire des effets concertés qui constituent le « cours de la nature » phénoménale. Dans cette perspective, le cours de la nature exprime, suivant des constantes dans les processus observés, l'ordre des substances simples et la séquence de leurs changements internes qui fournissent la raison suffisante causale

1. *Ibid.*, § 1112, p. 928 : « Substantia, ad quam aliæ suas operationes componunt, dicitur *anima*. Quæ autem se ad illam component, eæ formant *corporis* phænomenon. Itaque & illi, qui mechanismum admittunt, *animam bruti simplicem esse*, fateri coguntur ».

2. Voir J. H. Winckler, *Institutiones philosophiæ wolfianæ utriusque contemplativæ et activæ usibus academicis accommodatæ*, Lipsiæ, Sumtibus Caspar Fritsch, 1735, § 642, p. 157.

des interactions dynamiques entre les corps [1]. Compte tenu de la jonction que permet le rapport d'expression entre l'ordre interne de changement des monades ou éléments et le cours de la nature phénoménale, le physicien peut présumer que les changements survenant dans les corps résultent de leur mode de composition, des propriétés dynamiques des ensembles ainsi formés et des lois du mouvement régissant l'interaction générale des phénomènes. Par suite, « les mutations naturelles des corps sont celles que l'on peut expliquer par le mode suivant lequel les parties du corps sont conjointes, par les qualités de celles-ci et par les règles du mouvement » [2]. Les corps dits « mixtes » sont formés de corpuscules issus de la combinaison de particules dissemblables ; ces corpuscules possèdent des propriétés hétérogènes et inédites par rapport à celles de leurs constituants plus élémentaires. Ici, Winckler semble avoir en tête la composition chimique des mixtes : ceux-ci bénéficient d'une relative stabilité, une fois leurs constituants assemblés, et déploient des propriétés *sui generis* du fait de leur agencement spécifique. Les « corps organiques », à leur tour, se définissent comme des mixtes, mais dont le mode de composition fait en sorte qu'ils soient aptes à des actions spécifiques en vertu de leur « structure », c'est-à-dire d'un agencement *sui generis* des parties auxquelles s'appliquent les lois du mouvement [3].

Comme composés, les corps organiques se définissent comme des machines, et plus particulièrement comme des machines naturelles, dans la mesure où leur formation est suspendue au dessein primordial du Créateur en fonction duquel sont établies les fins qu'elles sont destinées à accomplir et l'organisation appropriée à l'accomplissement de telles fins.

> Tout composé qui subit des changements par un processus temporel continu est une machine. Ces changements en effet ne surviennent pas seulement par le mouvement, mais ils s'accordent en vérité aussi avec le mode de composition. Le composé dont les changements découlent, comme il convient, du mode de composition au moyen du mouvement est une machine [4].

1. Voir J. H. Winckler, *Institutiones philosophiæ wolfianæ utriusque contemplativæ*, § 745, p. 187 : « Nam ordo naturæ est similitudo in modo, quo vires mundanæ in agendo coniunctæ sunt. Igitur in ordine naturæ virium creatarum nexus requiritur. Sed in naturæ cursu ad illud tantummodo attendimus, quod ex iisdem consequitur caussis ».

2. *Ibid.*, § 751, p. 187 : « Mutationes corporum naturales sunt, quae per modum, quo partes corporis coniunguntur, earumque qualitates ac regulas motus possunt explicari ».

3. *Ibid.*, § 755, p. 189 : « *Corpus mixtum* est, cuius corpuscula, quæ ex particulis dissimilibus constant, ab his diversam habet qualitatem. *Organicum* est, quod, vi compositionis, quæ *structura* dicitur, ad peculiarem quandam actio[nem] aptum est ».

4. *Ibid.*, § 569, p. 128 : « Omne compositum, quod mutationes subit continuo temporis processu, est machina. Istæ mutationes enim non solum motu contingunt, verum etiam

La machine naturelle possède une détermination additionnelle pour autant que sa construction ne découle pas de facteurs contingents intervenant dans le cours général de la nature, mais d'une finalité intentionnelle. Attribuable à l'Agent créateur divin, cette finalité fournit la raison suffisante causale de ce type de production en vertu de l'ordre même institué dans la production originelle des êtres[1]. Cette thèse est certes métaphysique; sa mise en œuvre dans le cadre de la physique requiert que l'on puisse faire intervenir des propriétés déterminées, empiriquement repérables, qui présupposent et requièrent une téléologie essentielle comme raison suffisante. Cette exigence est remplie d'une part lorsque se dévoile une prédisposition à émerger en des formes typiques suivant les espèces vivantes, d'autre part lorsque se découvre une analogie de structure et de fonction entre les corps organiques des vivants animaux et celui de l'homme – cette analogie pouvant éventuellement s'étendre au-delà, en direction de machines de la nature plus élémentaires du type des organisations végétales. Au dire de Winckler :

> Les corps des bêtes sont des machines naturelles de ce même genre sous lequel les corps des hommes se rangent. Que ce soient des machines, cela est évident du fait qu'ils subissent des changements par un processus temporel continu. Que ce soient des machines naturelles, cela apparaît du fait qu'ils sont mis au jour suivant le cours de la nature ordonné par Dieu. Qu'ils soient du même genre, cela les organes des sens, leur structure, le cerveau, son ordre et son agencement, et toutes les autres parties du corps en témoignent avec suffisamment d'abondance[2].

Les paramètres de la physique appliquée aux corps vivants découlent de cette conception des machines naturelles. Machine naturelle, le corps vivant se définit comme « celui qui, en vertu de sa structure, exerce les mouvements nécessaires à sa propre conservation »[3]. La vie, la mort, la santé, la maladie sont présentées comme des phénomènes de mouvement

congruunt modo compositionis. Compositum, cuius mutationes modo compositionis convenienter ope motus consequuntur, est machina ».

1. Voir *Ibid.*, § 1069, p. 292 : « Machinæ naturales eiusdem generis destinatæ sunt eiusdem generis finibus. *Machinas naturales nuncupo*, quas Effector universi condidit ».

2. *Ibid.*, § 1071, p. 293 : « Corpora bestiarum sunt machinæ naturales eiusdem generis cui hominum corpora subsunt. Machinas esse, inde patet, quod continuo temporis processu subeunt mutationes. Naturales esse machinas, ex eo constat, quod per cursum naturæ a Deo ordinatae in lucem proferuntur. Eiusdem vero generis esse, id organa sensuum, illorum structura, cerebrum eiusque ordo & constitutio, & reliquæ corporis partes satis abundeque testantur ».

3. *Ibid.*, § 1803, p. 615 : « *Corpus vivum* est, quod ope structuræ suæ motus ad conservationem sui ipsius necessarios exserit ».

s'inscrivant dans le cadre des opérations de ce système organique : celui-ci est analysable comme une « structure de parties » soumise aux lois du mouvement[1]. Appliquée aux végétaux, cette notion de structure de parties représentant le système organique concerné se trouve explicitée en organes et en processus de croissance, de nutrition et de reproduction : ceux-ci définissent en quelque sorte la forme d'unité vitale assignable à ce type de machine de la nature. Point à noter : Winckler tend à souligner la multiplicité des moyens par lesquels ces agencements vitaux peuvent accomplir leurs fins propres et se reproduire. Ainsi la conservation du vivant végétal se réalise par quelque agencement que ce soit permettant l'élaboration des fluides nourriciers dans les utricules composant les tissus et la diffusion de ces sucs à toutes les parties singulières de la plante[2]. De même, la multiplicité des modes de propagation est soulignée : à partir de semences, de feuilles, de gemmes, de racines, de boutures, etc. Appliquée aux animaux, la même notion de structure de parties prévaut, mais subordonnée aux organes de la sensibilité. De même que la vie des végétaux dépend de la production et de la diffusion des sucs nourriciers, celle des animaux est, dans un cas générique, celui des animaux supérieurs, assurée par le mouvement du sang : dans l'autre cas, celui des animaux inférieurs et des insectes, la vie s'accomplit sans ce mouvement, suivant des modes de diffusion des fluides à travers la structure qui s'apparentent à ceux des végétaux. Chaque modalité générique d'agencement des parties entraîne des variantes dans la distribution et la composition des appareils et des organes : il se manifeste par là des systèmes d'organisation des parties; ceux-ci témoignent à la fois d'une unité intégrative englobant les fonctions à accomplir et d'une continuité analogique dans la diversification et la complexification des formes suivant les espèces[3].

Tout, dans le corps organique vivant ainsi conçu, doit s'expliquer mécaniquement suivant les déterminations primordiales que constituent l'identification de la structure et l'application à celle-ci des lois du mouvement. C'est là, sans nul doute, une reprise du principe *Omnia fieri mechanice in natura* que Leibniz posait comme condition d'explication de tous les phénomènes de la nature, y compris ceux qui relevaient de la

1. J. H. Winckler, *Institutiones philosophiæ wolfianæ utriusque contemplativæ*, § 1808, p. 616 : « Quare, qui de corpore vivo mechanice philosophari cupit, sanitatem, ipsius defectum, vitam & mortem ex structura partium & regulis motus explicare studeat ».

2. *Ibid.*, § 1818, p. 619 : « Plantæ vivunt, quamdiu nutrimentum, quod in utriculis elaboratur, per singulas partes promovetur. Hoc enim modo conservantur ».

3. C'est ce dont témoigne *Ibid.*, § 1823-1824, p. 621. Il est à noter que dans la suite de son traitement de corps vivants, Winckler se sert de l'organisme le plus accompli pour rendre compte des modalités d'agencement subalternes, lesquelles impliquent une atténuation progressive des capacités de sensibilité-motricité.

physiologie. Or, Winckler, dans une veine épistémologique assez similaire à celle qu'exploitait Leibniz dans sa conception d'une science mécaniste du vivant, établit une gradation des formes d'explication possibles dans un tel cadre. Certes, l'idéal consiste à déduire les phénomènes physiologiques de la connaissance adéquate des structures et de l'application des lois générales du mouvement aux concepts structuraux présumés complets et adéquats. Mais cette condition peut ne pas se trouver remplie, auquel cas il convient de suppléer à l'explication inatteignable en recourant à des explications reposant sur des « causes physiques »[1]. Que faut-il entendre par là ? Le concept de « structure des parties » fournit ici la clé d'une réponse possible. Dans une recherche causale sur les corps complexes, notamment organiques et vivants, l'analyse doit viser l'atteinte des parties composantes – comprenons ici les particules qui expriment l'ordre des substances simples sous-jacentes ; mais cela ne suffit pas, il faut aussi posséder une notion adéquate de la formule de composition, qui constitue l'« essence » du corps formé à partir des éléments et des corpuscules : enfin, chaque partie constituante possède une *vis agendi*, reflet de la force inhérente aux atomes de la nature, et la corrélation de ces déterminations dynamiques donne lieu à la formulation de lois générales du mouvement : c'est là la raison déterminante des propriétés dynamiques des corps. C'est à ce complexe de connaissances qu'il faut rattacher la norme d'intelligibilité déductive des corps complexes : « Dans la démonstration des causes efficientes prochaines, la réflexion doit se porter vers les parties du corps à considérer, leur composition, les forces et les règles du mouvement. C'est dans la relation suivant laquelle les parties sont conjointes que se trouve posée l'essence du corps, et dans la force de mouvoir que se trouve posée sa nature »[2]. Or, dans la réalisation approchée d'un tel programme, trois paliers peuvent être considérés, en récession de plus en plus marquée par rapport à la forme idéale de connaissance.

> Lorsque le physicien dans l'analyse des parties avance au point d'inférer des corpuscules les raisons des phénomènes, il se sert, peut-on dire, de la *philosophie corpusculaire*. Dans la mesure où il explique les changements à partir du mode de composition, il philosophe mécaniquement. Mais, pour

1. *Ibid.*, § 1808, p. 616 : « Quæ cognitio [l'application des lois du mouvement au concept déterminé de structure] suppetat : ad caussas physicas confugiendum est ».

2. *Ibid.*, § 1348, p. 396 : « In caussarum efficientium proximis demonstrandis ad partes corporis considerandi ; ad earum compositionem ; viresque & regulas movendi meditatio dirigenda est. Quippe in ratione, qua partes coniunctæ sunt, posita essentia corporis, inque vi movendi ipsius natura ».

> autant qu'il offre à considérer ce dont la condition mécanique n'apparaît pas, il dérive les effets de causes physiques [1].

L'admission d'un palier corpusculaire dans l'analyse physique est une constante de la philosophie naturelle des modernes. Certes, s'inscrivant dans la tradition wollffienne, Winckler ne saurait reconnaître les atomes physiques comme les composants ultimes des corps. Les substances simples de type monadique, points métaphysiques dotés de *nisus* se déployant en changements internes, constituent les éléments ultimes des corps : ceux-ci peuvent apparaître sous la forme de corpuscules, c'est-à-dire d'ingrédients phénoménaux des corps plus composés, notamment des mixtes inorganiques et organiques. L'application des lois du mouvement à ces corps en quelque sorte élémentaires, ainsi qu'à leur puissance intrinsèque d'agir et de pâtir, devrait nous fournir la clé recherchée pour l'explication, par combinaisons de propriétés élémentaires, des structures et processus des mixtes les plus complexes. Cette voie d'accès à la connaissance nous échappe, sauf à la formuler sous forme d'hypothèse générale servant de cadre à l'analyse. L'analyse visée se réalise sous forme d'explication mécanique, lorsque nous acquérons une pleine connaissance de la structure des corps organiques et que nous dérivons les processus observés des propriétés géométriques et mécaniques propres au mode complexe d'agencement structuro-fonctionnel impliqué. Ce type d'explication ne nous est que partiellement accessible, pour autant que nous sommes capables de modéliser les processus physiologiques conformément aux critères de l'intelligibilité géométrique et de constater la conformité de nos inférences hypothétiques à l'ordre des phénomènes à expliquer. L'exemple qui vient à l'esprit à cet égard est celui des tentatives d'expliquer les mouvements musculaires par modélisations micro-mécanistes chez les modernes depuis Nicolas Sténon et Giovanni Alfonso Borelli. Le recours aux hypothèses mécanistes peut s'avérer fondé, mais se révéler insuffisant pour rendre compte des processus les plus complexes et notamment de ceux qui traduisent une exigence d'intégration organique outrepassant toute capacité de représentation géométrique et mécanique. Dans des cas de cet ordre, la stratégie de suppléance consiste à identifier des propriétés fonctionnelles spécifiques sous-tendant le cours des phénomènes et servant de raisons déterminantes

1. J. H. Winckler, *Institutiones philosophiæ wolfianæ utriusque contemplativæ*, § 1348, p. 397 : « Cum in partibus discernendis physicus eo progreditur, ut ex corpusculis rationes phænomenorum petat : *philosophia corpusculari*, uti dicitur. Quatenus mutationes ex modo compositionis explicat, *philosophatur mechanice*. Quatenus autem ea affert, quarum conditio mechanica non constat, effecta *ex caussis physicis* derivat ».

présumées pour les corrélations empiriques qui expriment la dynamique interne et le fonctionnement du corps organique vivant. À l'époque de Winckler, ces causes physiques sont celles, par exemple, qui sous-tendent le fonctionnement des organes de sens, celui des organes sécrétoires et celui des organes moteurs, et qui supposent des actions unifiées et intégrées d'appareils complexes.

Il n'est pas sans intérêt de considérer comment les modalités explicatives de deuxième et de troisième niveau interviennent dans l'explication des processus de la fonction reproductive – pierre d'achoppement général des analyses physiologiques à cette époque. Winckler est partisan des thèses préformationnistes, mais il les décline de façon originale. En ce qui concerne la génération des plantes, il part du constat empirique que les semences de celles-ci contiennent déjà des plantules qui n'en reproduisent pas seulement la configuration externe, mais même la configuration interne : il s'agit donc de reconnaître la préformation d'un agencement structuro-fonctionnel complexe, sorte de propriété physiologique dont on ne peut retracer de raison suffisante adéquate dans les mouvements internes des fluides chez la plante-mère et dans les processus de sécrétion qui s'y déroulent. La présence d'un corps mixte organique – c'est-à-dire d'une propriété physiologique fournissant la cause physique correspondante – est présupposée. Cette présence est pré-requise pour l'élaboration vitale qui s'accomplit dans la semence suivant des processus dont on peut fournir une modélisation mécaniste [1]. Sur l'origine causale de ces corps organiques préformés, Winckler rappelle l'hypothèse de la préexistence des germes emboîtés dont il rapporte la formulation initiale à Malebranche. Or, il prend au sérieux la difficulté de se représenter l'écart de dimension entre les germes de diverses générations à l'infini pour ainsi dire, que cette hypothèse impliquerait, et il évoque le peu de fondement rationnel qu'elle comporterait [2]. Il préfère se rabattre sur l'hypothèse d'une dispersion des germes dans la nature, qui s'insèreraient dans la plante en corrélation avec l'élaboration du suc nourricier. Cette thèse de la dispersion des semences comme corps organiques préexistants provient, affirme-t-il, des spéculations d'Honoré Fabry, de Claude Perrault et de Johann Christoph Sturm. Il l'estime plus vraisemblable, à la lumière

1. Ce type d'approche analytique est bien représenté dans *Ibid.*, § 1821, p. 620 : « Quæritur de origine plantarum, quas semen plantae comprehendit. Cum plantulæ, quibus semen congestum est, non modo externa figura, verum interna etiam structura ornatæ sint : neque internus motus succi neque partium certarum seiunctio illarum formationi sufficere videntur. Itaque iam exstitisse, antequam in semine mutationes subeunt, veritati consentaneum est ».

2. *Ibid.*, § 1884, p. 639 : « Quæ vero *Malebranche* fingit, non solum imaginationi multum negotii facessunt, sed etiam rationibus destituuntur, quæ mentem ad assensum compellant ».

notamment de la corrélation entre terreaux appropriés et processus de croissance et de reproduction chez les végétaux : l'instillation des sucs nourriciers irait de pair avec l'assimilation d'un corps séminal susceptible de se développer comme organisme accompli [1].

Le passage à la génération des animaux s'inscrit dans la continuité analogique de l'hypothèse de la dispersion séminale. La position soutenue est ovovermiste : la génération de l'animal résulte d'une fécondation par la semence mâle : une subtile émanation de cette semence pénétrerait dans l'œuf et y déclencherait l'embryogenèse à partir du corps mixte organique de provenance séminale. Il ne saurait être question de supposer que l'embryogenèse puisse jamais se réaliser par combinaison d'éléments corporels inorganiques. Les démonstrations de Francesco Redi et de Marcello Malpighi à l'encontre des prétendues générations spontanées entraînent le rejet de toute hypothèse dirigée en ce sens [2]. Une fois exclu qu'une matière inorganique et informe, parce que dépourvue de structure, puisse produire l'embryon dans l'œuf, le processus d'émanation subtile permettrait au spermatozoïde qui contient les rudiments organiques, d'atteindre l'œuf ou son équivalent, de s'y introduire et de s'y développer en animal accompli :

> Comme il ne peut se faire que le fœtus existe dans l'œuf formé d'une matière brute et informe, il faut donc que, lorsque la semence a été éjectée sous la forme d'une agglomération de petits vers, l'émanation qui en pénètre dans le petit œuf contienne les dispositifs et les organes de l'animal. Le petit ver s'insinuant dans l'ovule, s'y nourrit et se transforme enfin en l'animal qui s'offre à notre vue [3].

1. Voir *Ibid.*, § 1822, p. 620 : « Si vero percontemur, ubi ante illud tempus latitaverint ? aliud *Malebranche*, aliud *Honoratus Fabry* cum *Perraultio* & *Sturmio* respondebunt. Ex illius opinione primo ciuislibet plantæ grano seminis omnes, quæ illam subsequuntur, infuerunt. Reliqui putant, plantulas ex aëre & terra cum succo nutritio in plantas inferri. Posterior hypothesis duabus de caussis est probabilior. Qui concipi non potest, quomodo prima planta sui generis omnes, quæ ab initio mundi in lucem editæ fuerunt, complexa sit, cum granum hordei hodierno adhuc die sexagesimam partem drachmae constituat, quam olim constituit. Succus, quo plantæ nutriuntur, simul etiam semen adauget. Quod ex plantis constat, quæ in fimo pinguiore collocantur ».

2. Voir *Ibid.*, § 1873, p. 635 : « Ex putredine igitur animalia nulla progignuntur, neque quicquam inest, ex quo structura animalium explicari possit. Quod ad ea animalia, quæ viva sui generis pariunt, attinet : Anatomici demonstrarunt, foeminis ova inesse, ex quibus fœtus in utero ortum ducit ».

3. *Ibid.*, § 1876, p. 636-637 : « Ut ex rudi informique materia in ovo fœtus existat, fieri non potest. Quare, cum semen eiectum sit vermiculorum congeries, halitus, qui in ovulum intrat, stamina & organa animalis iam contineat necesse est. Vermiculus igitur se in ovulum insinuans in hoc nutritur, tandemque in animal, quale oculis nostris se offert, transmutatur ».

Quant aux causes de monstruosité qui posaient problème aux partisans de la préexistence des germes, elles se trouvent rapportées aux processus déterminant l'embryogenèse, qu'il s'agisse de déficience fonctionnelle du spermatozoïde, de double insertion de spermatozoïdes dans l'ovule, ou d'altérations des mouvements du sang dans le fœtus occasionnées par les mouvements organiques altérés de la mère sous l'effet de modifications de la sensibilité. En ce qui concerne la préexistence des structures séminales, Winckler rappelle en premier lieu qu'avant même la découverte effective des animalcules spermatiques, les deux hypothèses évoquées, celle de la préexistence des germes emboîtés dans l'œuf et celle de la dispersion des œufs préexistants, s'affrontaient déjà. Adaptant le schème développé par Fabry, Perrault et Sturm à sa conjecture ovovermiste, Winckler tend à postuler la présence dans l'air, la terre et l'eau de corps mixtes organiques séminaux correspondant aux diverses espèces animales. Pénétrant dans le corps vivant par la nourriture et la boisson, puis véhiculés par le sang, ces dispositifs organiques rudimentaires se trouveraient sécrétés sous forme d'animalcules dans les vaisseaux spermatiques. De là résulterait le mécanisme de reproduction ovovermiste déjà évoqué. Conformément à la thèse leibnizienne de la préexistence d'une structure organique préalable à toute génération, préexistence assortie d'une transformation radicale possible du dispositif préformé, Winckler évoque alors une alternative hypothétique concernant la métamorphose possible des structures organiques séminales : « La question suivante, affirme-t-il, n'a pas encore pu être résolue, à savoir si l'animal de quelque espèce que ce soit assimile seulement des petits vers de son espèce, ou si les individus de quelque espèce que ce soit peuvent être engendrés à partir d'une seule et même espèce de rudiments » [1].

Wolff soutenait une conception du corps organique ordonnée à la préformation animalculiste et impliquant une relation d'harmonie présumée avec une âme. Si la mort entraîne la décomposition du corps, l'âme peut poursuivre son existence à titre d'élément ou de substance simple. Le corps organique accomplit des fins instrumentales conformes à l'agencement de ses parties et réalisées par le seul effet des lois du mouvement. La recherche anatomique vise précisément la mise en évidence des micro-dispositifs en lesquels consiste le corps organique suivant

1. *Ibid.*, § 1884, p. 639 : « Quæstio quidem decidi nondum potuit, num cuiuslibet generis animal tantum vermiculos sui generis accipiat, num ex uno eodemque genere rudimentorum singula cuiuscunque generis possint progigni ? »

principalement la détermination téléologique des actions observées. Confronté aux modes de régénération du polype de Trembley, Wolff tente d'assimiler de tels processus à l'intervention d'animalcules assumant la fonction de germes partiels. Le problème reste alors entier de déterminer comment le processus d'agrégation d'un nouveau corps organique peut dépendre de monades ou d'éléments préexistants de type animique.

Chez Bilfinger, l'analyse des machines naturelles que sont les vivants, doit répondre au modèle d'une composition physique et la finalité qui s'y déploie doit se concevoir suivant les seuls concepts du mécanisme. À cette conception se greffe l'harmonie préétablie comme simple hypothèse et la conception des éléments constitutifs des corps comme doués de force, et non de perception, auxquels se trouvent associées des âmes sensibles dans le cas des vivants animaux. La réduction des fonctions vitales aux processus de la mécanique organique sans corrélation avec des modes de perception implique une restriction du champ d'application de l'harmonie préétablie.

Avec Canz, se renforce l'approche mécaniste en ce qui a trait à la composition des corps, les corps organiques apparaissant comme des machines certes extrêmement complexes, mais dont la finalité ne découle que de l'arrangement « externe » de parties qui ultimement ne sont pas elles-mêmes organiques. Le montage initial des mécanismes instanciés dans l'animal a été prédéterminé afin de correspondre aux fonctions de sensibilité perceptive et de motricité volontaire, ce dont l'harmonie préétablie rend compte. L'âme intervient cependant dans l'organisation vitale pour assurer l'unité d'action des éléments composant en dernier ressort la machine organique.

Selon Winckler, l'organisation vitale doit s'analyser à partir des propriétés fonctionnelles que révèle l'expérience appliquée aux corps organiques. Chez ceux-ci, la raison de leurs propriétés résulte du *nexus* des forces propres aux éléments qui les composent; les transformations qu'ils subissent doivent pouvoir s'expliquer par le jeu de ces forces, mais, pour fonder l'explication physiologique, il convient de prendre en compte des causes prochaines qui tiennent aux propriétés émergeant des mixtes chimiques et des structures organiques. Winckler souligne ainsi la variété des dispositifs fonctionnels et de leurs modes de formation chez les végétaux et les animaux : la diversité des systèmes d'organisation, et l'impossible entière déduction de leurs propriétés depuis celles de leurs éléments et de leurs composantes organiques justifient une stratégie de suppléance : celle-ci implique d'identifier dans leur ordre les processus types émergeant des appareils spécialisés de la vie végétale ou animale. Partisan de la préformation. Winckler soutient l'hypothèse d'une dispersion dans la nature des semences ou des germes comme corps organiques préexistants, hypothèse qu'il adapte à une conception ovovermiste de la génération animale.

Même si Wolff et certains philosophes d'allégeance wolffienne se réfèrent aux catégories leibniziennes représentatives du statut des machines de la nature, l'examen des textes nous révèle un écart considérable entre leur doctrine et celle de Leibniz lorsqu'il s'agit de concevoir les éléments physiques, leur association dans les corps organiques et l'« organisme » comme mode de composition des structures. Une distance marquée s'affiche chez ces disciples présumés en ce qui concerne la monade comme principe de vie, assurant l'unité d'un corps organique qui se déploie en corps organiques à l'infini, mais aussi en ce qui concerne la correspondance harmonique des lois régissant respectivement l'âme et le corps, voire en ce qui concerne la conception même de la préformation comme raison suffisante des transformations organiques. Tout semble suggérer, chez les Wolffiens considérés ici, que le modèle leibnizien s'est en quelque sorte « naturalisé », dans la mesure où la vie n'est plus définie chez eux par la capacité de perception-appétition, mais par la persistance d'agencements structuraux, et dans la mesure où l'harmonie n'apparaît plus tant à leurs yeux comme une forme de loi s'appliquant aux constantes métamorphoses du couple monade-corps organique, que comme un ajustement externe entre des substances qui ne sont plus intimement unies. De fait, le passage à un concept de monade physique sous la dénomination d'élément, passage qui nous fournit la clé d'une transformation profonde du modèle leibnizien, annonce la formulation d'hypothèses sur le corps organique qui exploiteront ce même modèle en l'ajustant à des données empiriques originales. En marge de la philosophie naturelle wolffienne, se profileront d'autres interprétations du modèle leibnizien de l'organisme, plus innovantes tant du point physiologique que métaphysique, mais néanmoins affectées par les éléments de réforme conceptuelle introduits par Wolff et ses plus fidèles disciples en la matière.

CHAPITRE III

BOURGUET. LE MÉCANISME ORGANIQUE

Louis Bourguet (1678-1742) fit paraître ses *Lettres philosophiques sur la formation des sels et des cristaux, et sur la génération et le mécanisme organique des plantes et des animaux* en 1729[1]. Il avait lui-même correspondu avec Leibniz notamment sur des sujets relatifs à la génération des vivants et il avait été, lors de ses années de formation en Italie, directement influencé par les physiologistes, disciples et successeurs de Marcello Malpighi, dont Leibniz tenait les travaux et les œuvres en haute estime. Dans le sillage leibnizien, ses liens étaient restés très étroits avec Antonio Conti et Bernardino Zendrini, autres correspondants du philosophe de Hanovre. Et il se rattachait volontiers à la tradition de science leibnizienne qui s'était instaurée à Venise et à Padoue, comme en témoignent ses échanges épistolaires avec Jakob Hermann[2]. Durant ses années de séjour en Italie, Bourguet avait notamment servi d'intermédiaire entre Leibniz et Antonio Vallisneri, sollicitant de ce dernier qu'il satisfît à la requête du philosophe de trancher scientifiquement en matière de génération entre les hypothèses antagonistes de la préformation oviste et de la préformation animalculiste. Et il avait pris part à la genèse du grand traité de Vallisneri, *Istoria della generazione dell'uomo e degli animali* (1721). Afin d'éclairer les aboutissants majeurs de la théorie leibnizienne du vivant, j'ai précédemment analysé l'œuvre de Vallisneri[3]

1. L. Bourguet, *Lettres philosophiques sur la formation des sels et des crystaux, et sur la génération et le mechanisme organique des plantes et des animaux ; à l'occasion de la pierre belemnite et de la pierre lenticulaire, avec un mémoire sur la théorie de la Terre*, Amsterdam, François l'Honoré, 1729.

2. Voir à ce sujet les très nombreuses lettres de Jakob Hermann déposées dans le Fonds Bourguet à la Bibliothèque publique et universitaire de Neuchâtel.

3. Voir F. Duchesneau, « Méthodes et idées selon l'*Istoria* », *in* A. Vallisneri, *Istoria della generazione*, a cura di M. T. Monti, Firenze, Leo S. Olschki, 2009, p. CV-CXC.

et accessoirement celle de Bourguet[1]. Mon objectif est ici de relever ce qui, chez Bourguet, caractérise sa reprise des thèses leibniziennes relatives à l'organisme et au corps organisé[2].

1. L'ÉVALUATION DES THÈSES SUR LA GÉNÉRATION

Son interprétation de ces thèses rejoindrait-elle ou non celle que l'on observe chez Christian Wolff et les Wolffiens de stricte d'allégeance? On ne saurait certes infirmer l'hypothèse qu'il ait subi l'influence des *Vernünfftige Gedancken von dem Gebrauche der Theile in Menschen, Thieren und Pflanzen* (*Physiologie allemande*) de Wolff, parus en 1724, et que cette influence se soit exercée lors de la rédaction de ses *Lettres philosophiques*, mais cela semble peu probable. *A priori*, tout tendrait à nous faire présumer que son accès aux conceptions leibniziennes en philosophie naturelle fut distinct et original, fortement marqué par le contexte scientifique italien dans lequel il avait initialement œuvré.

D'entrée de jeu, des différences apparaissent chez Bourguet par rapport au modèle leibnizien dont il s'inspire. Si l'on se réfère au texte qu'il affirme avoir rédigé en 1714 et qu'il incorpore à la troisième de ses *Lettre philosophiques*, dès cette époque, il aurait contesté la validité de la génération des animaux par préformation animalculiste, position qu'il attribuait entre autres à Leibniz[3]. Certes, ce n'est pas l'allégeance de Leibniz à cette conception qu'il mettait directement en cause, mais plutôt les propositions scientifiquement argumentées d'Antoni van Leeuwenhoek, de Nicolas Hartsoeker et de Nicolas Andry de Boisregard, dont il opère la critique. Par ailleurs, la caution philosophique initiale qu'il évoque en faveur de la préexistence des germes emboîtés qu'il adopte, lui est plutôt fournie par Malebranche que par l'auteur de la *Monadologie*[4]. Mais, ces réserves à part, les conceptions leibniziennes sont effectivement mobilisées à l'appui du système que Bourguet met en place. Cette annexion d'idées suscite d'importants ajustements et ceux-ci dessinent les contours d'une véritable hypothèse néo-leibnizienne relative à l'organisme et aux modes de formation et de fonctionnement des êtres vivants.

1. Voir F. Duchesneau, *Leibniz. Le vivant et l'organisme*, Paris, Vrin, 2010, p. 249-294.
2. Une version préliminaire et partielle de mes analyses sur Bourguet a donné lieu à : F. Duchesneau, « Le mécanisme organique : à propos de la réception de Leibniz par Bourguet », *Les Études philosophiques*, Leibniz après 1716 : Comment (ne pas) être leibnizien? octobre 2016, p. 495-513.
3. Voir L. Bourguet, *Lettres philosophiques*, p. 80.
4. *Ibid.*, p. 132-133.

Les deux premières des *Lettres philosophiques* traitent respectivement des fossiles et des cristaux. Dans la première lettre, l'objectif principal de Bourguet est de montrer que les fossiles ne sont pas, en tant que tels, des formations minérales, mais représentent les traces laissées dans la pierre par des parties ayant appartenu à des plantes ou à des animaux disparus. Ce qui l'intéresse est de rattacher l'organisation de tel ou tel spécimen à une formation qui ne se réduirait pas à l'agrégation de corpuscules inorganiques. La lettre suivante est consacrée à la formation des cristaux. Le but visé est cette fois d'expliquer une forme d'organisation qui ne résulte que de la combinaison des propriétés géométriques des particules agrégées et soumises aux lois générales du mouvement. Par contraste, les organisations végétales et animales, même les plus simples, apparaissent liées à une structure intégrée préexistante qui sert en quelque sorte de moule pour l'assimilation des particules hétérogènes et l'expansion de la structure primordiale. Les lois générales du mouvement s'appliquent dans ce cas comme dans le cas des organisations cristallines, mais les effets du mouvement sont ici continuellement variés suivant le dispositif organique du corps séminal qui sert de matrice au développement du tout.

> On trouve dans les Plantes & dans les Animaux quelque chose de semblable [à la formation des concrétions cristallines]. La seule différence consiste, en ce que les Plantes et les Animaux sont des Especes de Machines hydrauliques, où tout s'éxecute par des Ressorts très-artistiquement composés ; C'est pourquoi tout y est d'une regularité proportionnée à l'artifice des Organes & de leur action reciproque, qui détermine ou change le Méchanisme general en celui qui convient à chaque Machine en particulier. Ce qui fait que les Règles générales de la Communication des Mouvemens sont non seulement variées dans chaque espece, mais même dans chaque individu [1].

Comme Bourguet le note dans sa Préface, on ne saurait retenir l'hypothèse suivant laquelle les corps organisés puissent résulter d'un « assemblage mécanique de particules déjà organisées » [2], comme on l'observe dans les formations de cristaux. Dans ce dernier cas, l'organisation du tout résulte d'« assemblages de molécules de la même figure » [3]. Cela revient à dire que, chez les cristaux, l'organisation se réduit à la figure géométrique des molécules impliquées, figure qui en détermine la combinaison. Les germes des plantes et des animaux comportent une organisation qui ne se réduit pas à l'arrangement structural de leurs parties

1. *Ibid.*, p. 72-73.
2. *Ibid.*, p. XXXV.
3. *Ibid.*, p. XXXVI.

intégrantes. Le tout possède une disposition structurale et fonctionnelle dont on ne peut rendre compte par homologie avec les caractéristiques géométriques et mécaniques de ses parties et qui ne saurait par conséquent en découler causalement. « C'est pourquoi, inférait Bourguet, il en faut venir par rapport aux Germes à une Prédelineation divine, comme Mr. de Leibniz l'appelloit, parce qu'elle vient immédiatement de Dieu »[1]. Il y a évidemment dans ce propos un raccourci notable, puisque l'on semble passer de constats empiriques au sujet de l'organisation corporelle à un concept explicatif de type métaphysique par seule référence possible à la préformation divine. L'argumentation qu'envisage Bourguet vise en fait à nouer les diverses composantes de l'explication en un système cohérent de raisons déterminantes. Ainsi résume-t-il le propos de la 4ᵉ Lettre :

> Ce que l'on dit de l'Organisation des Corpuscules de la matiere, de celle des Embryons infiniment petits, des Plantes & des Animaux, & les Reflexions qu'on a faites sur les *Principes Actifs*, sur les *Monades* de Mr. de Leibniz, & sur la nature du Méchanisme organique. Tout cela, dis-je, mène, par une induction naturelle & nécessaire à la Constitution primitive de tous les Corps organisés ; aux Substances immaterielles qui les habitent ; aux Régles qui leur conviennent aux uns & aux autres, & conséquemment à la Création[2].

La 3ᵉ Lettre comporte certes la section consacrée à la réfutation de la thèse des vers spermatiques comme porteurs des germes emboîtés de tous les organismes animaux, avec comme corrélat celle de la poussière des étamines, son équivalent pour les végétaux. Mais, une fois l'hypothèse de la génération spontanée écartée et ces vers identifiés à une espèce particulière d'insectes dotés de leur propre cycle de vie et de leurs séries de germes emboîtés, Bourguet réduit à trois « principaux systèmes »[3] les modes d'explication possible de la génération : il s'agit à quelques nuances près de l'hypothèse des moules, de celles des natures plastiques et de celle de l'opération immédiate de Dieu. Mais l'examen de ces systèmes est à réaliser en fonction des phénomènes qui forment autant d'*explicanda*. Ce faisant, Bourguet se rapproche d'une stratégie hypothético-déductive de type leibnizien, très voisine de celle que Leibniz souhaitait voir Vallisneri employer pour dénouer l'antinomie des explications préformationnistes[4]. Ces phénomènes sont les suivants[5] : 1) la fécondation de l'œuf est due au mélange des liqueurs mâle et femelle ; 2) chez toute espèce de vivant, le fœtus requiert d'entrée de jeu une organisation interne complexe pour

1. L. Bourguet, *Lettres philosophiques*, p. XXXVI.
2. *Ibid.*, p. XXXIX-XL.
3. *Ibid.*, p. 95.
4. Voir la lettre de Leibniz à Bourguet du 22 mars 1714, GP III, p. 565.
5. Voir L. Bourguet, *Lettres philosophiques*, p. 94-95.

exister; 3) le petit corps organisé se conçoit replié comme en un point avant la fécondation, ce qu'atteste l'observation des premiers stades de développement après fécondation; 4) le fœtus hérite, à divers degrés, des traits de ses parents; 5) les hybrides d'espèces différentes tiennent de la nature des deux; 6) le fœtus peut porter des marques résultant des phantasmes de l'animal qui le porte; 7) les monstres, plus fréquents chez les animaux que chez les plantes, se répartissent en difformes, en défectueux et en dotés de parties surnuméraires.

L'hypothèse des moules dont on sait qu'elle sera reprise et révisée par Buffon deux décennies plus tard se fonde sur un principe dont on trouvait la trace dans la correspondance entre Leibniz et Bourguet, à savoir que la formation de corps organiques suppose préalablement de l'organique : « C'est que l'organique produit l'organique » [1]. Ce principe qu'illustre excellemment la formation asexuée d'organismes produits par simple division, requiert toutefois d'être interprété. Et l'une des interprétations possibles apparaît fondamentalement contestable : c'est celle dont on peut présumer qu'elle rejoindrait la thèse d'une épigenèse mécanique. Bien que Bourguet ne cite aucun auteur [2], je suspecte qu'il fait référence à quelque chose des thèses exposées par Francesco Maria Nigrisoli dans ses *Considerazioni intorno alla generazione* (1712) [3] et qui avaient été critiquées par Antonio Conti d'un point de vue que l'on peut juger assez leibnizien [4]. La nutrition fournit des molécules diverses qui par l'effet de

1. *Ibid.*, p. 95.

2. À propos de la régénération des pinces d'écrevisse qui ont été sectionnées, Bourguet rapporte l'explication du fait par l'hypothèse des moules à des auteurs italiens (*Ibid.*, p. 125), parmi lesquels Nigrisoli nous semble devoir figurer, en raison notamment des critiques formulées à son endroit par Conti et par Vallisneri.

3. Voir F. M. Nigrisoli, *Considerazioni intorno alla generazione de' viventi e particolarmente de' mostri*, Ferrara, Presso Bernardino Barbieri, 1712. Selon Nigrisoli, le pouvoir de produire des êtres animés est dévolu par Dieu à la matière, au sein de laquelle des composantes élémentaires dotées de forces spécifiques engendrent mécaniquement, conformément à l'idée séminale qui leur est impresse, les corps organiques des divers types de vivants. Ainsi évoque-t-il la « lumière séminale », principe vital matériel dont dépendent tous les mouvements par lesquels s'opère la formation et s'accomplissent les fonctions des végétaux et des animaux : « Ecco scoperto qual sia quel principio effettivo, dà cui si hà la produzion de' viventi, qual sia l'artefice, che lavora il primi stami del feto, là dentro l'uovo. È la luce seminale, e l'anima del feto medesimo quella, che fabbrica il suo albergo, non essendo altro l'anima di ciascun vivente, alla sola riserva dell'Uomo, che un'aggregato, un'adattamento di particelle di luce, caratterizzate, & impresse dell'idea seminale, dalla mano Onnipotente » (*Ibid.*, p. 310).

4. Voir A. Conti, *Risposta del Signor abate Conte Antonio Conti, nobile veneziano, alla Difesa del Libro delle Considerazioni intorno alla generazione de' viventi*, Venezia, Appresso Jacopo Tommasini, 1716. À cette publication est jointe une lettre de Leibniz à Conti où le philosophe de Hanovre déclare (*Ibid.*, p. 169-170) : « La lumière séminale est un beau mot, mais dont on ne connoist point le sens. Je m'imagine que ces messieurs qui s'en servent, l'entendent dans un sens metaphorique : que la lumiere leur signifie quelque matiere subtile

la circulation atteignent les dispositifs organiques dont les corps vivants sont composés. Ces organes « si artistiquement construits »[1] sont aptes à transformer et à s'approprier ces molécules par « un Méchanisme qui, étant le même en tous, le particularise en chacun »[2]. Comprenons que les lois fondamentales du mouvement régissant l'ordre des corps, agissant dans et par les structures organiques existantes, diversifient leurs effets en fonction de tels dispositifs et en assurent le maintien et le développement. Jusqu'à ce point, la thèse des moules peut paraître acceptable et illustrer pour une part la pertinence de l'explication mécaniste, s'agissant de fournir un modèle interprétatif des fonctions vitales. L'inadéquation de l'hypothèse se manifeste lorsque l'on tente de l'appliquer aux phénomènes de la génération. Allons aussi loin que d'admettre que, dans la reproduction bisexuée, les corps des parents produisent des « ébauches » provenant de leurs divers dispositifs organiques, il faudrait supposer qu'un nouveau moule pût intervenir pour produire la nouvelle machine en son unité et son intégration fonctionnelle : « [...] ces ébauches ne suffisent point, à moins que l'on ne recoure à un nouveau Moule, ou à quelque principe qui puisse ranger toutes ces parties comme il faut, pour qu'il en résulte une machine aussi composée que l'est le Corps humain, ou celui d'un animal »[3]. En définitive, il faudrait que ce moule correspondît à la raison formelle du corps entier de l'animal, à la capacité architectonique de le produire en intégrant toutes ces composantes. Tous les dispositifs corporels de l'ordre naturel seraient inaptes à cette fin. C'est pourquoi les physiologistes de cette allégeance tendent à faire assumer la fonction génératrice par des principes de type animique. Ce faisant, ils sanctionnent le recours à l'hypothèse des « Natures Plastiques immaterielles ou [...] des Intelligences Rectrices & formatrices »[4].

En ce qui concerne l'hypothèse des natures plastiques, Bourguet se fonde sur les exposés que Le Clerc en avait fournis dans la *Bibliothèque ancienne et moderne* et sur les écrits de de Pierre Bayle et de Leibniz issus de la controverse suscitée par Jean Le Clerc et il termine son

dotée de grandes perfections ; comme la lumiere paroist le plus parfait fluide qui nous soit connu. Ils logeront dans un corps si parfait un artifice assez grand pour former les animaux, mais cela n'explique rien. Il faut qu'une matiere capable d'organiser soit organisée elle-même, mais un fluide tel que la lumiere ne dit pas cela. La lumiere prise dans le sens metaphorique dont je viens de parler conviendroit assez avec l'esprit de M. Newton ». Le brouillon de cette lettre dans LBr 173 apparaît daté du 6 décembre 1715.

1. L. Bourguet, *Lettres philosophiques*, p. 96.
2. *Ibid.*, p. 96.
3. *Ibid.*, p. 98.
4. *Ibid.*, p. 105.

analyse par une critique en règle des thèses de Hartsoeker[1]. Dans tout ce développement, l'influence de Leibniz est manifeste, en même temps qu'un décalage s'y produit par rapport aux prescriptions de la monadologie au sens strict. Bourguet soutient qu'à tout corps organique correspond une « nature simple active »[2]. La perfection de ces êtres immatériels et actifs qui habitent les corps organiques suit une gradation conforme à l'artifice de composition que révèlent ces corps. La référence est ici obvie à une conception de la chaîne des êtres qui impliquerait à la fois les monades et les corps organiques dans une gradation continue des structures et des pouvoirs les sous-tendant. Dans ce contexte doctrinal, le rejet de l'hypothèse des natures plastiques résulte de ce que le corps organique dans sa composition matérielle complexe traduit à titre d'effet une correspondance exacte avec le principe qui l'anime. Sa composition intégrée et l'artifice ou l'agencement finalisé qui le caractérise, expriment donc la puissance nécessairement bornée du principe animique correspondant, mais ils ne sauraient en être les produits, car ils requièrent une cause plus puissante, suffisamment puissante pour faire advenir tout principe animique à l'existence. Et comme cette cause est corrélativement celle de toutes les autres monades qui se bornent mutuellement en leurs perfections relatives, elle est, comme cause, transcendante par rapport à la totalité des principes d'action finis et des corps organiques. Toutes les natures plastiques formelles que l'on invoquerait pour expliquer la formation des corps organisés ne sauraient être des raisons suffisantes pour de tels effets : elles seraient causalement déficientes comme principes de génération de quelque organisation naturelle que ce fût.

Bourguet évoque trois variantes possibles de la thèse des natures plastiques. Soit en premier lieu un principe actif qui agirait suivant des capacités cognitives analogues à celles des hommes : dans ce cas « il faudroit pour former le moindre des Corps organisés une Connoissance & une habileté infiniment superieure à celle des Hommes, & des organes d'une délicatesse infinie pour l'exécuter »[3]. Et, en second lieu, cette condition serait *a fortiori* requise si l'on supposait que la nature plastique agît par une forme d'instinct, comme le supposait Cudworth. Si, dans un

1. Sur la controverse des natures plastiques, voir J. Roger, *Les Sciences de la vie dans la pensée française du XVIII*e *siècle*, 2e éd., Paris, Armand Colin, 1971, p. 418-429 ; S. Di Bella, « La nature en question : Leibniz, Bayle et la querelle des natures plastiques », *in* C. Leduc, P. Rateau, J.-L. Solère (dir.), *Leibniz et Bayle : confrontation et dialogue*, Stuttgart, Franz Steiner Verlag, 2015, p. 219-245 ; F. Duchesneau, « Bayle et Leibniz critiques des natures plastiques », *ibid.*, p. 247-265.

2. L. Bourguet, *Lettres philosophiques*, p. 111.

3. *Ibid.*, p. 117.

troisième temps, l'on descendait encore le long de l'échelle des capacités architectoniques vers les principes actifs inférieurs en les attribuant aux natures responsables de la formation des corps organisés les plus complexes, sans doute n'aboutirait-on qu'à des difficultés de conception irrémédiables. Si même l'on présumait que c'est l'âme même d'un corps organique donné qui forme celui-ci, « il faudroit supposer, que l'ame auroit déjà un Corps organisé avant qu'elle travaillât à l'organisation »[1] et, sans doute, faudrait-il concevoir que ce corps serait plus complexe et plus parfait que celui qui en découlerait génétiquement. On ne peut donc attribuer à des principes animiques inférieurs la faculté d'opérer des fonctions de niveau supérieur, telle celle de concevoir et de réaliser des organisations hautement intégrées, elles-mêmes requises pour l'accomplissement des fonctions animales, en sus des fonctions vitales ou végétatives. Si les corps organisés dotés des dispositifs appropriés à l'exécution des processus cognitifs et conatifs ne détiennent pas de pouvoir organogénétique suffisant pour s'engendrer eux-mêmes, il faut nécessairement remonter à une action divine pour atteindre la cause d'organisations hautement complexes et intégrées. Ceci est d'autant plus nécessaire que ces organisations s'actualisent en harmonie avec une infinité d'autres telles organisations et que toutes se délimitent les unes les autres dans l'univers qu'elles composent.

Une divergence significative affecte cependant la notion même de corps organique ou organisé selon Bourguet par rapport à la conception proprement leibnizienne. Autant que je puisse l'inférer, Bourguet conçoit les monades les plus brutes comme liées harmoniquement aux corps les plus simples, que représentent les cristaux, voire les molécules susceptibles d'agrégation cristalline. De ce point de point, il convient sans doute de les rapprocher du statut des éléments dans la physique wolffienne. Il y aurait donc des paliers d'organisation inférieurs au rang des vivants, et donc à celui des corps organiques animés. De son interprétation des thèses monadologiques, Bourguet conclut en effet :

> [...] ces Corps [des Natures qui sont réduites à une simple activité] ne peuvent être que les divers *Corpuscules* de matiere, dont la figure déterminée est très-simple & toute Géometrique. Ils succedent naturellement aux *Insectes*, aux *Zoophytes*, & aux Plantes du dernier rang. Or l'Activité et les Corps de ces Etres, étant tels que nous les avons représentés, il s'ensuit qu'ils ne sont point propres à produire un effet aussi admirable que l'est l'organisation d'une Plante et d'un Animal ; à moins qu'on ne veuille soutenir, sans aucun fondement, & même *contradictoirement à leur propre*

1. L. Bourguet, *Lettres philosophiques*, p. 118.

> *Nature*, qu'une infinité d'entr'eux se reünissent pour former un Composé si artificiel, puisqu'il est constant qu'ils y entrent, comme nous le verrons en expliquant le Mechanisme organique [1].

À ces natures simples correspondent des corps composés non vivants, désignés comme corpuscules. Des corpuscules de ce type seront assimilés par les corps organiques vivants en vertu des dispositifs fonctionnels qui composent ces derniers. Un tel processus d'assimilation est régi par les lois générales du mouvement dont les effets sont en quelque sorte infléchis, modulés et finalisés par ces dispositifs.

Le mécanisme organique est le mécanisme qui s'accomplit dans et par l'organisation du vivant et, primordialement, par les structures intégrées qui composent ce type de machine de la nature. Certes, Bourguet adhère à la dynamique leibnizienne, comme il appert de ses échanges avec Hermann et il en prendra notamment la défense à l'occasion des controverses qui l'opposeront au théologien Pierre Roques (1685-1748) et au philosophe Jean-Pierre de Crousaz (1663-1750)[2]. Il ressort de son adhésion à la dynamique que les monades ou leurs équivalents sont désignés comme les principes de l'activité que traduisent les processus physiologiques. Or, les corps organiques ainsi animés ne peuvent être considérés comme agissant les uns sur les autres. Toutefois, en vertu de l'harmonie régnant dans l'ordre des phénomènes, leurs actions respectives sont constamment ajustées suivant les phases de déploiement de leur organisation propre. L'autonomie d'essence et d'action de natures simples créées et donc bornées implique un principe de liaison extrinsèque d'institution divine. Cette situation ontologique se reflète dans la corrélation des phénomènes entre corps organisés. Cette corrélation est celle d'une liaison extrinsèque, qui ne saurait justifier la production de ces corps les uns par les autres, voire plus fondamentalement la production d'un corps organique par une âme qui lui serait extrinsèque dans le temps de sa production. Du moins peut-on ainsi interpréter ce passage :

> Rien n'empêche donc, que les Ames n'agissent comme principes de l'Activité qui se manifeste dans leurs Corps ; mais cela ne va pas jusqu'à former elles-mêmes la Machine où leur puissance active s'exerce ; parce qu'il faudroit les supposer auparavant unies à un autre Corps, comme on l'a dit ;

1. *Ibid.*, p. 115-116.

2. Voir en particulier L. Bourguet, « Lettre à Mr. Meuron [...] sur la philosophie de Mr. le baron de Leibniz », *Journal helvétique*, mai 1738, p. 393-419, ici, p. 397-401. Cette lettre sera suivie d'autres articles de Bourguet sur la philosophie de Leibniz dans le *Journal helvétique*, juillet 1738, p. 15-36 ; décembre 1738, p. 521-556 ; août 1739, p. 49-84 ; mars 1740, p. 204-223.

> puisqu'il est impossible que les Etres bornés, quels qu'ils soient, agissent jamais les uns sur les autres, s'il n'y a un Etre superieur qui produise une liaison entr'eux, afin que cette action ait lieu. Car ces Etres ne se sont point donné volontairement des Bornes les uns aux autres, ni ils n'y sont pas soumis par une necessité aveugle de leur nature ; parce que leur connexion & le raport qu'il y a des uns aux autres, est si visiblement l'effet du Choix de l'Intelligence, & de la Liberté [...] [1].

Certes, comme Leibniz l'avait fait avant lui [2], Bourguet assimile à l'hypothèse des natures plastiques l'explication que Hartsoeker avait proposée sur la formation des vivants. Hartsoeker supposait en effet que l'univers physique était primordialement constitué d'atomes, formant la matière proprement dite, et d'un premier élément entièrement fluide et susceptible de rendre compte de processus de structuration finalisée dans l'ordre des corps. Ce premier élément, compte tenu de ses capacités architectoniques, constituerait une sorte d'intelligence du système de la nature, une âme du monde, dont les âmes particulières des corps organiques ne seraient que des portions détachées. Ainsi Hartsoeker avait-il déclaré à Leibniz :

> J'ai dit que l'Univers est comme un animal plein de vie et d'intelligence, parce que je concois que le premier élement peut être doué de vie et mouvoir les corps qui sont incapables de se mouvoir eux mesmes [...]. Je ne scai si mon premier element est organique, ou non, ni uni pour cela à un corps organisé, ou non etc. Mais il me semble que Dieu peut accorder de l'intelligence à une portion de mon premier element, ou pour un temps limité, ou pour toujours, et lui accorder la liberté et le pouvoir de mouvoir les corps etc., comme nous sentons en nous mesmes cette liberté et ce pouvoir [3].

À ce titre, le premier élément agirait suivant un pouvoir architectonique subalterne par rapport à celui de Dieu : ce pouvoir serait dévolu par répartition aux agrégats de matière susceptibles de former des corps organisés et, par la suite, opérerait les diverses fonctions au sein de ces corps organiques animés. Bourguet axe sa critique sur deux conditions auxquelles il présume que la conjecture de Hartsoeker devrait satisfaire. D'une part, l'âme dont il s'agit ne pourrait créer l'organisation émergente que si des molécules, cristaux et corps organisés minimalement intégrés existaient préalablement à l'action structurante du principe animique – ce qui supposerait l'intervention d'un principe causal transcendant à

1. L. Bourguet, *Lettres philosophiques*, p. 122.
2. Voir à ce propos F. Duchesneau, *Leibniz. Le vivant et l'organisme*, p. 122-130.
3. Lettre de Hartsoeker à Leibniz du 13 mars 1711, GP III, 526.

l'ordre physique auquel Hartsoeker entendait réduire l'engendrement primordial des corps organisés. Par ailleurs, dans l'ordre des processus physiologiques, l'âme qui est présumée agir comme cause efficiente ne pourrait faire en sorte que les mouvements de développement organique se réalisassent autrement que selon les dispositifs organiques constitués. L'un des exemples auxquels Hartsoeker se référait était celui des pinces de l'écrevisse qui se régénèrent après résection. Il se servait de ce fait d'expérience pour écarter la préformation au profit d'une épigenèse déterminée par l'action des principes d'animation au sein de l'univers physique [1]. Le phénomène ne peut s'expliquer par des raisons simplement mécaniques. Hartsoeker présumait que c'était une intelligence inhérente à la matière du corps organique qui organisait et accomplissait la restructuration de la partie amputée. Par extrapolation, alors qu'il avait soutenu antérieurement la thèse de la préformation animalculiste, il rejetait toute présupposition de séries germinales emboîtées dans l'animalcule lors de la création originelle et il optait pour la fabrication de l'animalcule dans les vésicules séminales de l'animal mâle : cette fabrication serait l'effet d'une intelligence subalterne dotée de pouvoirs architectoniques qu'elle exercerait de façon contingente : d'où des déficiences et des dysfonctionnements possibles dans l'accomplissement des fonctions vitales correspondantes [2].

Dans sa réplique, Bourguet souligne les traits particuliers du processus de régénération. Il ne s'opère qu'à des emplacements donnés et donc en quelque sorte déterminés à cette fin; le développement de la nouvelle formation reproduit le mode suivant lequel l'embryon préformé se déplie; et le processus ne se réitère qu'un nombre limité de fois, comme si le dispositif avait été au préalable monté dans ce but. « Cette reproduction,

1. Voir F. Duchesneau, *Leibniz. Le vivant et l'organisme*, p. 126 : « Avec le rejet d'un mécanisme strict d'inspiration néo-cartésienne, la reconceptualisation de l'ordre des vivants à partir du concept d'élément premier entraîne [chez Hartsoeker] l'abandon du préformationnisme au profit d'une forme d'épigenèse opérant sous l'effet des forces animiques de l'univers physique. Cette épigenèse passe par la formation d'animalcules spermatiques dans les réceptacles organiques appropriés, par la pénétration et l'insertion de ces animalcules dans les œufs des femelles et par l'accomplissement de l'organogenèse sous l'effet d'une liaison fonctionnelle entre l'âme du fœtus et celle de la mère. Cette forme d'épigenèse ouvre la porte à des interprétations significatives de l'hérédité biparentale, de la formation des monstres et des processus de régénération partielle – notamment celle des pinces d'écrevisse, que Hartsoeker étudiera plus particulièrement ».

2. Ces thèses de Hartsoeker ont été notamment exposées dans la « Lettre sur quelques endroits des ouvrages de Mrs Cheyne et Derham », *Bibliothèque ancienne et moderne*, 8 (1717), p. 303-350, et dans le *Recueil de plusieurs pièces de physique*, Utrecht, Vve Braedelet, 1717. Ce sont les textes auxquels Bourguet renvoie (*Lettres philosophiques*, p. 125).

affirme Bourguet, est proportionnée au péril naturel ou probable de la perte [que l'écrevisse] peut en faire, et au temps de la vie ordinaire de l'Animal »[1]. Ces arguments impliquent l'idée d'un dessein fonctionnel, objet d'une pré-ordination qui outrepasse les capacités d'une intelligence architectonique subalterne réagissant aux seules circonstances présentes. De tels principes animiques, de telles natures plastiques ne sauraient constituer la raison suffisante d'une ordination fonctionnelle impliquant l'ensemble des dispositifs organiques à travers l'extrême diversité des espèces vivantes. Dans ces conditions, la solution que Bourguet privilégie consiste à accorder au mécanisme général la portée la plus large possible dans l'explication des phénomènes vitaux, sous réserve de modalités particulières d'application qu'il identifie au « mécanisme organique », ce mécanisme dont les effets sont diversifiés suivant les dispositifs inhérents aux corps organiques mêmes : « Ce qui marque évidemment, que toutes les operations des Creatures, excepté les Miracles, qui sont d'un ordre surnaturel, dépendent, ou du Mechanisme general de la matiére, ou du Mechanisme particulier des Corps organisés »[2].

2. Développement et mécanisme organique

La 4 e Lettre expose la théorie du développement selon la conception de Bourguet et celle du mécanisme organique, car les deux questions apparaissent liées. Une première partie de l'exposé vise à contrer l'argument développé par Hartsoeker en 1722 au sujet de l'incommensurabilité des germes supposés emboîtés à l'origine des séries, par rapport au volume des corps effectivement produits[3]. Bourguet substitue à ce calcul une règle rapportant la mesure différentielle des semences à la proportion des durées de développement des corps de l'état germinal à l'état adulte. On peut tenir ce débat pour purement spéculatif, ce qu'il est en réalité, mais l'intérêt que nous y trouvons, du point de vue du modèle même de développement, est que l'unité de mesure proposée correspond à une séquence spécifique de transformations, comme si c'était cette séquence qui constituait l'élément préformé plutôt qu'une miniature de la structure développée. Bourguet achève sa critique en soulignant que la divisibilité de la matière à l'infini

1. L. Bourguet, *Lettres philosophiques*, p. 126.

2. *Ibid.*, p. 130.

3. Voir N. Hartsoeker, « Lettre [...] sur les serres, qui recroissent aux ecrevisses, quand on les a rompues; sur la petitesse des animaux que quelques-uns supposent avoir été tous créez au commencement du monde, & sur les natures, qui forment présentement les corps organisez, & qui y résident », *Bibliothèque ancienne et moderne*, 18 (1722), p. 194-205.

est « une Conséquence legitime de tous les Phénomènes »[1], ce qui sert à répondre du fait que l'organique serait impliqué dans toutes les phases de transformation extensive du corps organisé, sans que l'on puisse assigner de terme régressif aux conditions organiques de cette métamorphose. On se rapproche ici de la thèse leibnizienne de la préformation sous forme de loi de transformation impliquée dans la structure à l'infini des machines de la nature.

Bourguet écarte de même une objection spéculative formulée par Le Clerc du point de vue de la doctrine des natures plastiques. Il conviendrait, selon Le Clerc, de prendre en compte la destruction d'innombrables corps séminaux ainsi que la production de monstres et d'autres générations déficientes, pour détacher la formation des corps organiques de toute pré-ordination divine s'exprimant sous la modalité d'une loi générale. Bourguet réplique en évoquant l'analogie des lois physiques, à commencer par celle de la gravité, qui, s'exprimant à travers des effets contingents liés à l'interaction des corps en mouvement, peuvent provoquer et provoquent de fait des phénomènes localement désordonnés, bien que soumis au mécanisme universel. Dans le cas des êtres vivants, ce sont les lois du mécanisme organique qui sous-tendent les processus de transformation des structures intégrées originellement données. Dans le contexte matériel de réalisation de ces processus, la survenue d'effets contingents est à prévoir, effets qui s'inscrivent néanmoins dans l'ordre naturel des choses : « ces desordres sont des suites accidentelles des Règles du *Méchanisme organique*, comme les autres le sont des Règles générales de communication des mouvemens »[2].

Les corpuscules originaux correspondant aux germes des vivants sont des machines infiniment petites dont la structure implique une organisation à l'infini. Certes, Bourguet se réfère aux horloges ou aux métiers à tisser pour fonder l'analogie finie de ces micromachines infinies. Il suppose celles-ci artistiquement conçues et fabriquées et, conformément à la doctrine monadologique, il en attribue les « principes actifs »[3] à des âmes qui leur sont originellement liées. Il pose le mécanisme organique comme un « axiome fondamental dans cette matière [celle des processus vitaux, axiome suivant lequel] il faut necessairement admettre des *Corps Organisés préëxistans*, avant que le Méchanisme puisse y operer »[4]. Le mécanisme organique représente l'ordre de mise en œuvre des processus

1. L. Bourguet, *Lettres philosophiques*, p. 140.
2. *Ibid.*, p. 142.
3. *Ibid.*, p. 145.
4. *Ibid.*, p. 146-147.

vitaux sous forme de lois générales : celles-ci sont diversement applicables suivant les corps organisés individuels où elles s'exercent. Il est de même concevable que les séquences d'effets produits varient suivant le type spécifique des corps organisés, ce qui explique que les mêmes processus, aux variations individuelles près, affectent les organismes d'une même lignée générative.

Le mécanisme organique régit ainsi les grands ordres de fonctions que sont le développement, l'accroissement, la nutrition et le mouvement spontané, en tant qu'ils dépendent des dispositifs des « machines organiques » [1]. Il est montré que ces fonctions découlent séquentiellement les unes des autres : les dispositifs mis en place par le développement permettent par la suite à la croissance de s'accomplir, puis à la nutrition de prendre le relai ; et c'est sur la base des dispositifs ainsi actualisés que les corps organiques en arrivent à manifester leur capacité, empiriquement constatée, d'agir de façon plus ou moins spontanée et autonome. En ce qui concerne le développement, il convient de prendre en compte les divers modes de génération chez les plantes comme chez les animaux. Chez ces derniers, il s'agit de la reproduction bisexuée, de celle des organismes hermaphrodites et de celle des organismes qui engendrent leurs semblables sans s'unir les uns aux autres [2]. Les végétaux répondent à des classes analogues, avec mise en évidence fréquente d'une composition structurale par unités organiques multiples, susceptibles de développement autonome. S'il existe une condition essentielle au développement des machines organiques, elle consiste dans le fait que le germe est apte à un mouvement spécifique, mouvement qu'il déploie sous l'influence d'un mouvement analogue que l'agent fécondant lui communique. Ce

1. L. Bourguet, *Lettres philosophiques*, p. 147.

2. Dans le *Discours sur la Providence*, qui figure comme partie du MS 1243 du Fonds Bourguet, un mode de reproduction de type végétal est attribué en outre aux insectes. Voir f. 38-39 : « Quoi qu'il en soit de cette petitesse extrème d'un nombre infini d'insectes, l'on sait aujourd'hui que leur generation ne differe point de celle des animaux qu'on apelle parfaits. Les petits sont engendrés par ceux de même espece, sans qu'il y ait jamais eu de changement dans les Règles qui concernent leur propagation. Il y a même à cet égard dans les insectes quelque chose de plus singulier, & qui montre combien la Providence a soin de ces Etres qui paroissent de peu de consequence au Vulgaire. Les insectes se multiplient de quatre manieres. La premiere par les deux sexes, comme les autres animaux : la seconde par les deux sexes dans chaque individu dans le genre de ceux qui sont des parfaits hermaphrodites ; la troisieme par une friction reciproque qui approche des poissons : la quatrieme et derniere manière est celle de ceux qui tous produisent leurs semblables comme font les plantes. Il y en a de vivipares & d'ovipares ; et la quantité de leurs petits est toûjours plus grande, à mesure que le corps de ceux qui les engendrent est de moindre volume. C'est-à-dire que la providence a augmenté le nombre des individus dans les Especes dont la vie est courte & qui sont les plus exposés à être detruits ; et cela, afin que l'espece se conservât toujours ».

mouvement est produit par une « liqueur fort spiritueuse, qui n'est qu'un Extrait des parties de l'Animal qui la communique »[1]. La production de ce fluide fécondant peut varier de mode suivant le type de reproduction, asexuée, hermaphrodite ou bisexuée – point que Bourguet expose en détail. L'important est de se représenter que l'afflux de ce fluide excite un mouvement particulier au sein du germe, mouvement par lequel celui-ci intègre des particules du fluide fécondant : celles-ci se combinent avec les particules de la micromachine germinale, engendrant ainsi le corps organique qui croît par intussusception, ce qui suppose une séquence ordonnée de processus physiques et chimiques opérant la transformation de la structure organique intégrée. Dans le même temps, Bourguet soutient que « toutes ces Combinaisons de mouvemens peuvent varier à l'infini, & produire par conséquent une infinité de variétés, soit dans la Conception, soit dans la Nutrition des fœtus »[2]. Le mécanisme organique s'illustre dans le développement, puis dans les fonctions qui en découlent, à la fois par l'arrangement spécifique et régulier des mouvements au sein des dispositifs structuraux intégrés et par la variation individuelle des processus suivant les déterminations particulières affectant les corps animés.

Partisan de la préformation, Bourguet s'inspire des études d'embryologie de Marcello Malpighi[3] pour soutenir que les parties organiques sont toutes formées à la fois, bien qu'elles puissent être observables séquentiellement au cours du développement fœtal. Mais, fidèle en cela au modèle malpighien, il admet que des combinaisons successives de particules matérielles entraînent des modifications structurales importantes de la machine organique préexistante. La préformation est essentiellement de ce point de vue une pré-délinéation des mouvements dont le corpuscule d'origine est le siège. Et cette pré-délinéation est à rapporter au « principe de vie »[4] animant le corps organique et qui fournit la raison déterminante des processus vitaux. Ces principes de vie ne peuvent être objets de représentation sensible : ils ne sont concevables que comme des substances immatérielles et purement actives, à l'instar des esprits.

Si la détermination immanente et unitaire des organisations successives du vivant découle des propriétés inhérentes à un tel élément monadique, il reste à rendre compte de la contingence pouvant affecter les diverses

1. L. Bourguet, *Lettres philosophiques*, p. 149.

2. *Ibid.*, p. 155.

3. Il cite plus spécifiquement de Malpighi, *Appendix, repetitas auctasque de ovo incubato observationes continens*, qui fait suite à la *Dissertatio epistolica de formatione pulli in ovo* (1673). Voir L. Bourguet, *Lettres philosophiques*, p. 151.

4. *Ibid.*, p. 151. Ce concept est vraisemblablement importé des *Considérations sur les principes de vie et les natures plastiques* que Leibniz avait fait paraître dans l'*Histoire des ouvrages des sçavans*, mai 1705, p. 222-236 (GP VII, 539-546).

phases de l'embryogenèse. Ce sera là le rôle d'un modèle présumé des processus attribuables au mécanisme organique. Voici une expression modale de l'hypothèse en question :

> Pour que le *Developpement* & l'*Accroissement* se fassent en même tems, il faut nécessairement que les organes primitifs soient d'un contexture si artificielle qu'ils puissent se communiquer de proche en proche de nouvelles Molecules qui se poussent les unes les autres en travers & en long, & que les liquides puissent transformer ceux qui surviennent, afin que par ce moyen toutes les dimensions de l'Animal augmentent en même tems, jusqu'au point de grandeur qui est naturellement destiné à chaque espece d'Animaux & à leurs différentes parties. Qu'on examine avec attention les Parties d'une Plante ou d'un Animal, & l'on verra qu'elles sont cruës de la maniere que j'ai dit, & non autrement. Le *Developpement* se fait donc, par le mouvement reciproque des Organes & des Liqueurs qui y circulent. Cette addition de nouvelle matiére pousse peu à peu les Organes qui étoient enveloppés, ou plutôt concentrés en eux-mêmes : Mais l'arrangement primitif reste toujours, s'il ne survient quelques accidens qui causent les défectuosités, & produisent les Monstres dont les diverses especes peuvent être facilement expliquées par le *Méchanisme organique* [1].

Bourguet s'emploie précisément à détailler les conditions contextuelles pouvant affecter le mécanisme organique dans son application à la machine animée. Il s'agit donc de justifier qu'un certain désordre puisse survenir dans l'exécution des processus dont la séquence normale dépend des propriétés formelles de la monade comme principe dynamique. À travers cette analyse, se dégagent ainsi des explications estimées suffisamment adéquates sur les effets structuraux et fonctionnels de l'hérédité, sur la formation des monstres, sur celle des hybrides, et sur les effets de l'imagination de la mère altérant le cours du développement embryonnaire. Pour rendre compte analogiquement des processus vitaux impliqués, Bourguet se sert de schémas d'observation et d'hypothèses de type physico-chimique que l'on retrouvera dans les écrits de Buffon et de Maupertuis, comme arguments simplement transposés en faveur de l'épigenèse. Mais, pour justifier la spécificité de son modèle théorique, par-delà ces schémas explicatifs, il soutient d'une part l'idée de dispositifs organiques préformés qui sous-tendent les transformations observables du corps végétal ou animal ; il recourt d'autre part à la thèse d'une corrélation harmonique entre monades et corps organisés, apte à fonder l'analyse des lois de transformations qui en sont issues. Le mécanisme organique intervient sur des « systèmes » de parties organiques intégrées dont le principe d'unité et d'action est monadique. Comme le professe Bourguet :

1. L. Bourguet, *Lettres philosophiques*, p. 152-153.

> [...] le Méchanisme Organique n'est autre chose que la Combinaison du mouvement d'une infinité de Molecules Étheriennes, Aëriennes, Aqueuses, Oleagineuses, Salines, Terrestres &c. accommodées à des systemes particuliers, determinés dès le commencement par la Sagesse suprême, & unis chacun, à une Activité ou Monade singuliere & dominante, à laquelle celles qui entrent dans son système sont subordonnées [1].

L'explicitation de cette thèse mène à quelques constats significatifs en ce qui concerne l'interprétation du modèle monadologique. Ainsi Bourguet soutient de façon leibnizienne que les âmes ne restent pas toujours unies à la même quantité donnée de matière, mais qu'elles le sont toujours à une certaine quantité de celle-ci [2]. Si l'on entend ici matière au sens de matière première, cela s'applique intrinsèquement à toute substance finie; si l'on entend qu'il s'agit de matière seconde, on accède à la thèse de la corrélation intrinsèque de l'âme à un certain corps organique qui lui est toujours associé bien que constamment transformé. Il s'agit alors de ce corps que Bourguet tient pour un « système particulier » préformé. Une autre formule est également, bien que plus indirectement, expressive d'une position leibnizienne : les molécules assimilées au système organique essentiel qui fonde l'unité du vivant corporel sont la source d'organisations constamment changeantes, « sans qu'il y ait de véritable transformation dans l'interieur des choses » [3], l'intérieur des choses consistant dans leur fondement monadique. Dans cette perspective, les choses considérées sous l'angle de leurs principes internes d'unité « suffisent à tout, en restant ce qu'elles sont, par le Méchanisme que Dieu a institué dès le commencement » [4]. Et cette conjonction des principes d'unité et de structures organiques animées selon les lois du mouvement nous fournit l'illustration d'une implication de dispositifs organiques à l'infini dans chaque corps animé. D'où la remarquable formule : « Les corps donc des Plantes & des Animaux, sont des petits *Mondes*; des *Series* infinies en leur genre, qui renferment une infinité d'autres *Series* dans des expressions moindres à l'infini » [5].

Dans le même temps toutefois où il expose ces thèses leibniziennes, Bourguet s'en écarte par deux développements qui pourront apparaître significatifs pour l'histoire ultérieure du modèle de l'organisme. D'une

1. *Ibid.*, p. 164-165.

2. Voir *ibid.*, p. 166 : « [...] comme Mr. de *Leibniz* l'a très bien remarqué, les Ames n'ont point toûjours une même quantité de matiere qui les accompagne; mais elles en ont une qui ne les abandonne jamais : Car dans la vérité, les Ames & les Corps sont dès la creation, & ne sauroient entierement finir qu'avec le Monde ».

3. *Ibid.*, p. 166.

4. *Ibid.*, p. 166.

5. *Ibid.*, p. 166.

part, il propose une interprétation du système leibnizien à partir de l'étude de la physique. De ce point de vue, on assiste à ce que l'on peut tenir pour une naturalisation partielle du concept de monade, si l'on entend par là une réduction possible du contenu métaphysique des concepts aux connotations empiriques correspondantes. Bourguet écrit :

> [...] L'usage légitime de l'étude de la Physique contribue beaucoup à rendre aisée à tout le monde l'Idée des *Monades* de ce célèbre Philosophe. Il appelle ainsi les *Principes de Vie* que nous avons nommés *Principes Actifs*, dont les Actions sont les plus simples qu'on puisse concevoir : Aussi leur vie ne consiste proprement que dans une tendance continuelle à agir, & leur action n'est pas plus accompagnée de sentiment & de perception que l'est celle d'un Arc tendu qui se débande, ou celle d'un Ressort à quoi nous les avons comparez. Elle ne produit précisement que ce qu'on appelle figure & mouvement : l'un marque leurs bornes ou la détermination reciproque de leur Action ; l'autre marque celle des changemens auxquels elles tendent toûjours [1].

Concernant ce premier type de monade, nous sommes confrontés à un usage conceptuel assez voisin de celui qui s'applique aux « éléments » dans la philosophie de Wolff : ces monades aux actions les plus simples apparaissent d'emblée comme des atomes de force sans dimension extensive et dénués de perception [2]. Remarquable est la caractérisation de l'effet qu'elles produisent dans l'ordre des phénomènes et qui se décline en figure et en mouvement. Comprenons que l'action inhérente aux monades engendre l'interaction phénoménale des corps, et par conséquent, les changements de mouvement qui reflètent cette interaction. De façon corrélative, les changements de figure des corps, leurs transformations structurales, émanent de la tendance interne aux monades correspondantes et cette tendance constitue le principe de toute préformation dont les corps organiques soient susceptibles [3].

1. L. Bourguet, *Lettres philosophiques*, p. 167.

2. De ce point de vue, bien qu'à ma connaissance, le terme de « monade physique » ne se trouve pas chez Bourguet, le concept en semble présent, ou du moins un certain concept ayant cette connotation.

3. Dans les fragments d'une *Dissertation sur les monades* (MS 1252-1253 du Fonds Bourguet), on trouve ce commentaire sur une proposition de Crousaz, MS 1253, f. 3 : « Les principes des choses ne changent point et de la vient l'uniformité constante qui [se manifeste] dans la Nature. p. 135 [Observations sur les Éclaircissemens que Mr de Crousaz a donné sur le vuide dans son Essai sur le mouvement imprimé à Groningue chez Jean Coste]. Cela est vrai, mais cela ne signifie pas que quoique les Principes des choses ne changent point essentiellement, il s'ensuive que leurs figures soient tellement déterminées qu'elles ne puissent s'accomoder les unes aux autres sans que le fond change. Cela arrive à tous les corps organisés vivans, et même aux ouvrages que l'âme humaine produit. Les mélanges de la chimie le prouvent encore ».

En prolongement de cette caractérisation quelque peu déviante des monades brutes leibniziennes, Bourguet traite des catégories hiérarchiquement supérieures que représentent les âmes des végétaux, des animaux et de l'homme. Il les caractérise essentiellement à partir des processus observables qui les distinguent, suivant leurs effets plus complexes, du statut de simples « principes actifs ». Les âmes des végétaux et des animaux « sont des Monades d'un rang supérieur, car leur vie est plus noble, leur action plus composée & plus féconde en Phénomènes »[1]. À l'évidence, Bourguet se fonde sur le schème naturaliste de la chaîne ou de l'échelle des êtres pour soutenir la progression continue en complexité des formes d'organisation structurale et fonctionnelle; par voie d'inférence, une gradation similaire s'applique aux âmes, c'est-à-dire aux principes actifs dont découlent les lois régissant l'intégration spatiale et temporelle des structures et processus qui forment les individualités vivantes. Il est intéressant de noter que les plantes sont dites dénuées de « perception sensible des Objets », si ce n'est que le cas des plantes sensitives est évoqué, auxquelles on attribue une fonction analogue à « la seule sensation de l'attouchement », attribuée aux zoophytes[2]. Au sommet de la hiérarchie, l'âme de l'homme jouit de la raison et de la liberté – ce dernier terme désignant la volition proprement dite. À cette âme convient le terme d'esprit, alors que le terme de monade devrait être réservé aux principes d'action des corps organiques ou inorganiques, sous-tendant des effets structuro-fonctionnels moins intégrés et moins autonomes. Toutes les monades, esprits compris, apparaissent reliées en vertu de leur appartenance commune au même univers. Leur limitation ou finitude intrinsèque détermine leur passivité relative. En tant que plus ou moins passives, elles se trouvent assujetties au mécanisme, soit au mécanisme général, soit au mécanisme organique. Comprenons ici que les corps apparaissent comme l'expression de ce qui est plus ou moins passif dans les diverses monades et que les lois générales du mouvement s'appliquent intégralement à tous ces corps, à ceci près que les modalités du mouvement actualisé se trouvent infiniment diversifiées suivant la configuration des systèmes organiques où il se manifeste[3]. Mais il faut

1. L. Bourguet, *Lettres philosophiques*, p. 167.

2. Voir *Ibid.*, p. 167.

3. Voir notamment « À Mr. Roques […] servant de reponse sux quatre lettres qui ont parû de lui, dans le Journal helvétique contre le sistème de Mr. de Leibniz », *Journal helvétique*, août 1739, p. 49-84, ici p. 72 : « Il paroit d'abord que ce Corps [de l'homme], étant fait pour une Ame intelligente & libre, de l'aveu de tous les Philosophes qui les distinguent comme il faut l'un de l'autre, il étoit facile de conclure de-là, que cette Machine diféroit absolument, non seulement des plus parfaites de l'Art, mais même de celles de tous les autres Corps organiques qu'il y a sur la Terre, en éfet il n'y a point d'habile Anatomiste qui n'avouë, que

également tenir compte des principes actifs et de leurs degrés variés de spontanéité, celle-ci s'élevant à la liberté de volition chez les êtres humains. Il ne saurait être question de présumer que l'ordre des actions internes aux monades puisse ne pas s'accorder avec celui des effets tant organiques qu'inorganiques du mécanisme. C'est pourquoi Bourguet recourt à l'harmonie entre ces ordres comme à une hypothèse métaphysique, justifiée *a posteriori* par le fait que le mécanisme et particulièrement le mécanisme organique suffisent à rendre compte de tous les processus corporels, y compris ceux de la génération et du fonctionnement des vivants. Le réquisit fondamental de l'explication revient à postuler qu'un plan issu de la création divine – *de facto* le meilleur des plans – régit la transformation des corps organiques suivant les dispositions internes des âmes correspondantes. La préformation relève essentiellement de la corrélation entre lois de développement de part et d'autre. Et ces lois, telles que Bourguet les a comprises, doivent apparaître comme des lois de séries qui se traduisent en transformations réglées de façon à s'engendrer les unes les autres à l'infini depuis l'organisation initiale.

Correspondant et disciple de Leibniz, Bourguet, dans ses *Lettres philosophiques*, développe une conception néo-leibnizienne des corps organisés. Fidèle à l'enseignement des naturalistes italiens, il opte pour la préformation oviste et il se sert d'arguments de type leibnizien pour justifier cette hypothèse à l'encontre de la théorie des « moules » organiques et de celle des natures plastiques. Aucun principe mécanique, aucune intelligence architectonique, voire aucune monade ne pourrait être cause ou raison de l'arrangement unitaire et hautement intégrée d'un corps organique dans sa production initiale, voire dans ses transformations et réplications subséquentes. Si les monades brutes servent de principes d'action pour des formations inorganiques, tels les cristaux, ce sont des âmes, monades dotées d'une activité interne plus riche et plus diversifiée, qui servent de corrélats aux corps organiques. Mais, à l'encontre des vues notamment exposées par Hartsoeker, l'ordination structurale et fonctionnelle des vivants ne pourrait résulter des pouvoirs architectoniques

l'organisation du Corps humain, ne soit infiniment plus excellente, que celle du Corps de quelque Animal que ce soit. Car quoique les Corps des Animaux soient organisés dans toutes leurs plus petites parties, aussi bien que le Corps de l'Homme, celui-ci difére de ceux-là, en ce qu'il est capable d'une infinité d'inflèxions & de mouvemens, dont il est impossible que ceux-ci soient susceptibles. Et cela précisément, parce qu'il est destiné à éxécuter la volonté d'un Esprit libre auquel il apartient ».

d'aucune intelligence subalterne. Le développement de l'animal ou du végétal se présente essentiellement sous la forme d'une séquence de transformations dont le principe serait immanent au vivant préformé, à la fois monade et corps organique. En vertu du mécanisme organique, les lois du mouvement – à savoir les lois fondamentales régissant les processus physiques et chimiques – opèrent sur les dispositifs intégrés des machines infinies de la nature et y produisent des effets diversifiés et particularisés, voire constamment réajustés : à ceux-ci correspondent les fonctions essentielles des vivants selon leur rang dans l'échelle des êtres. Le mécanisme organique opère sur des systèmes de parties organiques que régit une loi de développement conforme à la pré-ordination monadique, mais, compte tenu des conditions externes de cette action, des modifications contingentes peuvent affecter le devenir prédéterminé des structures et des fonctions. De façon générale, Bourguet va tendre à illustrer la corrélation des lois de développement inhérentes aux âmes et aux corps animés, en décrivant les processus infiniment diversifiés et les séries de transformations à l'infini qu'éprouvent les individualités vivantes. À quelques dérives près, concernant notamment la conception des monades brutes, la naturalisation des propriétés monadiques et la décomposition des corps organiques en corpuscules inorganiques, cette représentation de l'ordre des corps organiques, en leur réalité formelle et causale, reste assez fidèle à la vision leibnizienne de départ. Elle l'élargit toutefois dans son champ d'application, en proposant d'en tirer une synthèse théorique relative aux divers modes de la génération biologique. Un tel élargissement, d'ailleurs conforme à l'esprit de la philosophie leibnizienne qui se voulait conciliatrice de thèses diverses, ouvre la voie à des exploitations différentes du modèle de l'organisme selon Leibniz. J'en prendrai à témoin le passage de la 4e Lettre où il est suggéré que l'idée du mécanisme organique pourrait servir à « concilier tous les systemes, n'y en ayant aucun qui ne contienne quelque verité »[1]. Le concept de moule pourra ainsi être repris puisque les dispositifs de l'organisation vitale agissent comme tels dans la modulation des effets que l'on rapporte aux lois du mouvement. Suivant l'analogie des natures plastiques, on peut aussi considérer que les parties les plus spiritueuses des liqueurs séminales portent l'empreinte formelle des divers mouvements qui caractérisent spécifiquement le corps organisé intégral et qu'elles sont susceptibles de susciter un mouvement consonant au sein du dispositif organique germinal. Enfin, la théorie du développement assortie du modèle du

1. L. Bourguet, *Lettres philosophiques*, p. 165.

mécanisme organique pourrait rendre compte des processus de fabrication des machines de la nature à l'instar des agencements mécaniques de l'art humain. Qu'est-ce à dire sinon que la préformation pourrait à la limite se concevoir comme enveloppant une forme d'épigenèse par combinaisons physiques et chimiques de corpuscules, pour peu que l'on repensât le modèle du mécanisme organique en ce sens ?

CHAPITRE IV

MAUPERTUIS ET BUFFON. ÉPIGENÈSE ET MONADES PHYSIOLOGIQUES

Dans son analyse des théories de la génération aux XVIIe et XVIIIe siècles, Jacques Roger évoque une domination quasi exclusive du préformationnisme des années 1670 aux années 1740[1]. Il souligne à juste titre que la préformation implique deux principes distincts, même si l'histoire de la science les a souvent présentés comme étroitement associés, voire s'étayant l'un l'autre. L'un de ces principes est qu'un être vivant, notamment un animal, se présente comme un tout complexe et intégré dès la fécondation et que, par la suite, il ne fait que développer ses structures préformées jusqu'à atteindre son développement organique complet. Marcello Malpighi fournit une illustration typique de cette préformation dans sa *Dissertatio epistolica de formatione pulli in ovo* (1673). L'examen des métamorphoses d'invertébrés par Jan Swammerdam dans son *Historia insectorum generalis* (1669) et l'étude approfondie de la germination et de la croissance des plantes par Malpighi dans son *Anatomes plantarum* (1675-1679) relèvent directement du même type d'interprétation. Le second argument concerne la préexistence : celle-ci présume que chaque être vivant préexiste avant sa propre conception et *a fortiori* avant le développement embryonnaire qui, empiriquement, lui permet de se déployer et de se manifester. La cause déterminante de la préexistence réside dans la production primordiale de tous les êtres vivants par Dieu lors de la création, car expliquer l'avènement des végétaux et des animaux par un simple processus mécanique qui se serait éventuellement

1. Voir J. Roger, *Les Sciences de la vie dans la pensée française du XVIIIe siècle. La Génération des animaux de Descartes à l'Encyclopédie*, 2e éd., Paris, Armand Colin, 1971, p. 325-453.

déployé avec le temps, pose un problème insoluble. On retrouve une expression paradigmatique de ce principe dans la *Recherche de la vérité* (1674) et les *Entretiens sur la métaphysique et sur la religion* (1688) de Nicolas Malebranche. La conjonction de ces deux thèses engendre une configuration théorique spécifique combinant des observations au microscope avec des analogies hypothétiques et des spéculations métaphysiques. L'aspect le plus problématique du préformationnisme consiste en une alternative non résolue entre l'ovisme et l'animalculisme. Les partisans de l'ovisme croyaient que l'animal était préformé dans l'œuf de l'ovipare, ou dans l'œuf présumé du vivipare, et que des séries germinales indéfinies étaient emboîtées depuis l'origine dans les organes reproducteurs des femelles d'animaux. Ils s'opposaient aux partisans de l'animalculisme, qui croyaient à la préformation de séries germinales emboîtées dans les spermatozoïdes – ou animalcules spermatiques – que, dans le sillage d'Antoni van Leeuwenhoek et de Nicolas Hartsoeker, les naturalistes avaient observés dans la semence mâle. Cette alternative était troublante. Ainsi, par exemple, en 1714, Leibniz – par le truchement de Louis Bourguet – incita Antonio Vallisneri, en qui il voyait l'un des meilleurs naturalistes de l'époque, à comparer et à évaluer les arguments empiriques susceptibles d'être mis en avant afin de trancher cette ambiguïté théorique. Ce projet d'évaluation critique des théories dominantes de la génération allait déboucher sur l'*Istoria della generazione dell'uomo e degli animali* (1721) de Vallisneri, dans laquelle la balance devait pencher en faveur de l'hypothèse oviste. Même si Buffon n'a pas tari d'éloges sur les travaux de Vallisneri et sur les observations antérieures de Malpighi, il dénonça abruptement les deux versions antagonistes de la théorie de la préformation comme paradoxales :

> Ce système des œufs, par lequel [...] on ne rend raison de rien, & qui est si mal fondé, auroit cependant emporté les suffrages unanimes de tous les Physiciens, si dans les premiers temps qu'on a voulu l'établir, on n'eût pas fait un autre système fondé sur la découverte des animaux spermatiques [1].

Mais comment la tendance épigénétique apparut-elle après trois quarts de siècle de domination quasi exclusive du préformationnisme ? Les historiens des sciences ont généralement relaté qu'une nouvelle génération de philosophes de la nature, conduits par Maupertuis et Buffon – qui publièrent respectivement la *Vénus physique* (1745) et les premiers volumes de l'*Histoire naturelle générale et particulière* (1749)

1. G. L. Leclerc de Buffon, *Histoire naturelle générale et particulière*, Paris, Imprimerie royale, 1749-1789 (cité IR), II, p. 143 ; *Œuvres philosophiques*, éd. J. Piveteau, Paris, P.U.F., 1954 (cité OP), p. 279a.

– contesta l'hégémonie de la préformation et restaura sur de nouveaux fondements l'épigenèse comme explication de la génération organique : cette interprétation ressort par exemple, nettement des analyses de Jacques Roger auxquelles je me suis déjà référé. Un changement aussi radical de paradigme suppose néanmoins une phase de préparation. Dès l'époque où la préformation l'emportait, des divergences très nettes avaient émergé et s'étaient manifestées en faveur de diverses variantes de la théorie des « natures plastiques », dont l'histoire riche et complexe reste encore pour partie à écrire. De même, il existait de multiples lignes de convergence et points communs entre partisans opposés de la préformation et de l'épigenèse, notamment quant à la méthodologie à appliquer. Un témoignage important de cette volonté de conciliation méthodologique nous est offert par les *Lettres philosophiques* (1729) de Bourguet. Partisan de la préformation oviste, celui-ci tenta de rendre compte de la transformation des corps végétaux et animaux suivant les lois du « mécanisme organique » et il étaya son hypothèse en l'adossant à une lecture originale du rapport entre monade et corps organique selon Leibniz. Dans le camp des partisans de l'épigenèse, l'héritage de telles conceptions hybrides et celui des thèses monadologiques relatives aux machines de la nature durent sans doute exercer une profonde influence, dont Maupertuis et Buffon, célèbres restaurateurs de l'épigenèse, ne furent pas indemnes. En témoignent les thèses qu'ils ont soutenues sur la génération des êtres vivants [1].

1. CRITIQUE DU COUPLE MONADE-CORPS ORGANIQUE CHEZ MAUPERTUIS

Pierre-Louis Moreau de Maupertuis (1698-1759) ne peut être soupçonné d'être leibnizien [2]. Sa pensée philosophique tire principalement ses sources de Locke et de Newton, mais plus qu'on ne le croit en général, il est dûment informé de la doctrine leibnizienne. Il a sans doute profité de ses séjours à Cirey et à Bâle pour approfondir cette connaissance auprès de Samuel Koenig et d'Émilie du Châtelet, comme auprès des Bernoulli. Son installation à Berlin comme président de l'Académie

1. Pour apprécier cette approche, il convient de ne pas accorder d'importance exagérée aux réactions polémiques déclenchées à l'époque par les thèses de Maupertuis et de Buffon. Ces réactions s'expliquaient souvent par les motivations idéologiques soit de partisans d'un préformationnisme révisé – ainsi chez Bonnet – soit, au-delà du paradoxe apparent, de philosophes d'obédience matérialiste désireux d'amplifier les implications antimétaphysiques de l'épigenèse – ainsi chez Diderot.

2. Pour une version préliminaire de cette section, voir F. Duchesneau, « Critique et usage du concept de monade par Maupertuis », *Studia Leibnitiana*, 45 (2013), p. 170-190.

Royale des Sciences et Belles-Lettres en 1746 le mit par ailleurs plus directement en contact avec les Wolffiens. Sans nul doute est-il aussi instruit des tenants et aboutissants de la controverse sur les monades qui a résulté du concours lancé sur ce thème par l'Académie en 1746-1747. De ses écrits, ce qui ressort d'abord le plus nettement, c'est un point de vue modérément critique à l'endroit de la métaphysique leibnizienne que semble avoir notamment renforcé la lecture du *Traité des systèmes* (1749) de Condillac [1]. Mais il existe aussi au moins deux autres volets de réflexion sur les concepts leibniziens dans l'œuvre de Maupertuis : l'un a trait aux principes fondamentaux de la mécanique et plus précisément à l'insertion du principe de moindre action dans un système des lois de la nature conçu selon des principes ayant quelque affinité leibnizienne – question qui alimenta à compter de 1751 une controverse majeure dont Koenig et Leonhard Euler furent les principaux protagonistes. L'autre volet est celui de l'invention d'un nouveau concept de monade, que j'ai désigné comme le concept de « monade physiologique », auquel Maupertuis recourt pour étayer sa conception originale de l'organisation et de la génération des corps vivants. Mon analyse se concentrera d'une part sur la critique que formule Maupertuis à l'encontre de la conception leibnizienne-wolffienne du couple monade-corps organique – si l'on s'intéresse à la nature de la monade, on ne saurait en effet traiter du simple sans tenir compte conjointement du composé. Je m'intéresserai d'autre part à l'opération par laquelle Maupertuis détourne la relation en question monade-corps organique de sa signification originelle au profit d'un nouveau concept théorique de monade. Les transformations auxquelles il soumet ainsi la matrice leibnizienne du schème monadologique orientent vers des programmes de recherche inédits qui marqueront des étapes charnières dans le développement des sciences de la nature au XVIIIe siècle.

Dans *Die Philosophie der Aufklärung* (1932), Ernst Cassirer a entrepris de baliser l'interprétation des liens à établir entre la philosophie naturelle de Maupertuis et la pensée leibnizienne : « Sa position personnelle à l'égard de Leibniz, souligne-t-il, n'est […] pas nette de toute contradiction, mais la dépendance effective de sa métaphysique, de sa philosophie de la nature et de sa théorie de la connaissance à l'égard des principes leibniziens n'est pas moins indéniable » [2]. Cette

1. Voir, à ce sujet, C. Leduc, « Maupertuis et le système leibnizien des *Essais de théodicée* », *in* W. Li, W. Schmidt-Biggeman (hrsg.). *300 Jahre Essais de Théodicée – Rezeption und Transformation*, Stuttgart, F. Steiner Verlag, 2013, p. 285-298.

2. E. Cassirer, *La Philosophie des Lumières*, trad. P. Quillet, Paris, Fayard, 1970, p. 111-112.

assertion que l'on pourrait sans doute estimer trop catégorique repose principalement sur les arguments suivants. Maupertuis aurait eu recours à des idées leibniziennes pour démontrer son principe de la moindre action, son principe de continuité et sa conception de la phénoménalité de l'espace et du temps. Il aurait tenté à maints égards de concilier les approches newtonienne et leibnizienne en philosophie de la nature. Mais la controverse provoquée par Koenig au sujet de l'invention du principe de moindre action, à compter de 1751, l'aurait incité à se dissocier de toute influence présumée de Leibniz sur ses propres travaux [1]. Il n'en reste pas moins qu'en matière de théorie biologique, sa dette aura été considérable à l'égard de la pensée de Leibniz. Lorsqu'il s'agit pour lui de déterminer les raisons suffisantes de l'organisation vitale, il suppose que les éléments ultimes de la réalité physique sont dotés de propriétés analogues aux perceptions-appétitions des monades. Il y aurait là, selon Cassirer, une transposition du spiritualisme leibnizien « caricaturé sous la forme d'un vague hylozoïsme » [2]. En même temps toutefois, Cassirer est sensible aux traits notables de ce décalque théorique – cohérence, capacité explicative, adéquation à l'ordre intrinsèque des corps organiques – et il en perçoit la relation au modèle leibnizien initial.

Or, même à l'époque de son plus grand éloignement critique par rapport à la philosophie de Leibniz, lorsqu'il revendique son droit de propriété à titre d'inventeur du principe de moindre action et d'une théorie originale des phénomènes organiques, Maupertuis se détermine à une critique mesurée de la métaphysique leibnizienne, qui laisse place à une réutilisation de schèmes explicatifs hérités de la monadologie. Ce faisant, Maupertuis ajuste sa propre analyse suivant celle de Condillac.

La Lettre VII de Maupertuis. *Sur les systèmes* (1752) est en effet directement inspirée de la critique de la monadologie par Condillac. Et sans doute Maupertuis amplifie-t-il cette critique en lui accordant son plein aval. Trois propositions leibniziennes sont ainsi signalées comme sources de généralisation indue : 1) l'extension du principe de raison suffisante en un principe d'inférence *a priori* servant l'objectif de constituer une métaphysique ; 2) la correspondance constatée entre certains mouvements de la machine corporelle et certaines suites de perceptions dans l'âme, érigée en principe universel d'harmonie préétablie ; 3) le « système des

1. Sur la polémique relative au principe de moindre action, voir M. Terrall, *The Man Who Flattened the Earth. Maupertuis and the Sciences in the Enlightenment*, Chicago, University of Chicago Press, 2002, p. 292-309.

2. E. Cassirer, *La Philosophie des Lumières*, *op. cit.*, p. 112.

monades » lui-même. En effet, « il échappa à notre Philosophe [Leibniz] de dire, dans quelque accès de métaphysique, que toute la Nature étoit remplie d'*entelechies*, d'êtres simples, dont chacun doué d'une force active se représentoit lui-même, & représentoit tout l'Univers »[1]. La principale caractéristique du système leibnizien tiendrait au fait que les monades n'auraient aucun lien avec l'ordre des phénomènes : d'où le constat que l'hypothèse de leur existence et de leur simplicité ne saurait être ni corroborée, ni infirmée par quelque expérience que ce soit, alors même qu'on s'en servirait comme raison suffisante en philosophie naturelle. Le caractère obscur de la notion se reflèterait de fait dans les interprétations divergentes qu'en fournissent les philosophes de l'école wolffienne.

La lettre VIII de Maupertuis. *Sur les monades* (1752) soulève la question du rôle paradoxal que ce concept joue dans la métaphysique leibnizienne. L'argument s'y développe comme suit. La monade est parfois présentée comme un élément entrant dans la composition des corps, parfois comme un sujet se représentant des corps qui n'existent pour lui que dans les limites d'un acte de perception. Ou bien on confond la monade avec une partie constituante de son objet, une entité corporelle particulière ; ou bien on réduit les corps qu'elle représente au statut de simples phénomènes dénués de réalité propre. Dans le premier cas, la monade se trouve assimilée à une partie matérielle, à une sorte de corps élémentaire, entrant dans la composition des corps observables et notamment des corps organiques tels que le nôtre, dotés des propriétés que ceux-ci manifestent empiriquement. Dans le second cas, la monade figure une entité immatérielle dont la nature consisterait à se représenter des phénomènes, y compris l'apparence de son propre point de vue sur l'ordre des choses. Le système des monades engendre alors des conséquences incompatibles. Et Maupertuis de conclure :

> Il en est ainsi sur-tout du système des monades : elles pouvoient n'être dans leur principe que les premiers éléments de la matiere, doués de perception & de force. Des adversaires opiniâtres ont obligé les Monadistes à dire que les monades sont des êtres invisibles, mais représentatifs de tout ce que nous voyons dans l'Univers, qui n'est plus qu'un assemblage de phénomenes ; & les ont réduits jusqu'à se réfugier eux-mêmes dans leurs monades[2].

1. Maupertuis, Lettre VII. Sur les systèmes, *Œuvres* (1768), Hildesheim, Georg Olms, 1974, II, p. 259.
2. Maupertuis, Lettre VIII. Sur les monades, *Œuvres*, II, p. 264.

Éclairer cette interprétation suppose que l'on revienne à Condillac qui l'a inspirée, sinon depuis le concours de l'Académie de Berlin sur les monades, du moins depuis la parution du *Traité des systèmes* en 1749 et jusqu'à la rédaction finale du *Système de la nature* en 1754. Il ne fait pas de doute toutefois que Maupertuis n'ait été familier du modèle monadologique avant qu'il n'ait eu l'occasion de connaître les interprétations et les critiques de Condillac à ce sujet. Comme il est aisé de le montrer, la *Vénus physique*, notamment dans la seconde partie ajoutée en 1745, comportait déjà des vues dont les implications ressemblent aux prises de position condillaciennes auxquelles Maupertuis se ralliera volontiers par la suite.

D'ailleurs, rien n'indique chez Maupertuis une prise de position nettement adverse à la doctrine monadologique à l'époque du concours lancé par l'Académie de Berlin sur la « doctrine des monades », qu'il s'agissait, selon l'énoncé du sujet, de réfuter par des arguments imparables ou de défendre en en inférant l'explication intelligible des principaux phénomènes de l'univers, notamment celle de l'origine et du mouvement des corps. Mary Terrall a fait adéquatement la démonstration de la « neutralité » de Maupertuis entre les positions antagonistes soutenues lors du concours, d'une part par Euler, anti-leibnizien viscéral, d'autre part par Samuel Formey ou Christian Wolff qui représentaient le parti leibnizien à l'Académie[1]. Il est notable par exemple que Maupertuis a sollicité sans succès la participation de Johann II Bernoulli au concours pour « rétablir l'honneur de la métaphysique »[2]. Formey et Wolff l'ont informé de la publication des *Gedancken von den Elementen der Cörper* (1746) d'Euler et de la teneur des réactions des Leibniziens, notamment de Johann Christoph Gottschedt, à cet ouvrage farouchement anti-leibnizien[3]. Puis, Formey a donné la réplique à Euler en publiant ses *Recherches sur les élémens de la matière* (1747). Contrevenant aux règles, ces deux académiciens avaient en quelque sorte rendu, par avance, impossible le jugement impartial que devait prononcer l'Académie sur les mémoires soumis. Comme Maupertuis le rapporte à Johann II Bernoulli, il éprouve peu de sympathie pour les arguments avancés par l'un comme par l'autre des protagonistes dont il critique le manque de solidité, pour

1. Voir M. Terrall, *The Man*, p. 257-269, et notamment la lettre de Wolff à Maupertuis du 15 novembre 1746, *in* A. Le Sueur, *Maupertuis et ses correspondants*, Genève, Slatkine Reprints, 1971, p. 426-427.

2. Lettre de Maupertuis à Johann II Bernoulli du 22 octobre 1746, Fonds Bernoulli de Bâle, cité par M. Terrall, *Ibid.*, p. 258.

3. Gottschedt est l'auteur d'un compte rendu du livre paru dans le *Neuer Büchersaal der schönen Wissenschaften und freyen Künste*, 3-4 (1746), p. 355-366.

l'un au sujet de l'essence des corps, pour l'autre au sujet des monades [1]. Pour diluer l'hostilité des deux camps l'un envers l'autre, il élargit la composition du jury, mais rien n'y fit et le choix du mémoire allemand anti-monadique de Johann Heinrich Justi, dont il prit connaissance après qu'il eut été traduit en français, ne le satisfit guère. Il décida alors qu'il serait publié, accompagné de six autres mémoires, les uns pour, les autres contre les monades, en nombre égal de part et d'autre. Contre l'avis d'interprètes antérieurs [2], Terrall semble n'attribuer à Maupertuis aucun préjugé fortement anti-leibnizien dans ce contexte. Wolff lui-même ne semble pas avoir tenu Maupertuis pour responsable d'une décision qu'il considérait comme un coup monté par Euler à l'encontre de sa propre philosophie [3]. Par ailleurs, Maupertuis rapporte à Bernoulli, son correspondant bâlois, le jugement favorable que lui inspire le mémoire que nous identifions comme celui de Condillac, « une [pièce] Françoise qui n'est ny pour ny contre, qui me paroit belle » [4]. Intitulé *Les Monades. Dissertation* et considéré comme favorable à la thèse monadologique, ce mémoire sera d'ailleurs retenu pour être publié sans nom d'auteur dans le recueil officiel des pièces du concours [5].

L'exposé que Condillac a donné de la monadologie dans le *Traité des systèmes* (1749) et antérieurement dans le mémoire intitulé *Les Monades* [6] et soumis pour le concours de l'Académie de Berlin, est en effet dans l'ensemble assez fidèle aux exposés leibniziens, mais avec des inflexions particulières qui nous éloignent de l'ordre des raisons voulu par Leibniz [7].

1. Lettre de Maupertuis à Johann II Bernoulli du 18 septembre 1747, Fonds Bernoulli de Bâle, citée par M. Terrall, *The Man*, p. 262.

2. Notamment R. Calinger, « The Newtonian-Wolffian Controversy », *Journal of the History of Ideas*, 30 (1969), p. 319-330.

3. Lettre de Wolff à Maupertuis du 1 er juillet 1747, *in* Le Sueur, *Maupertuis et ses correspondants*, p. 430 : « Ipse nimirum abunde intelligis præter intentionem tuam omni laude dignam problema a te propositum eo esse detrorsum, ut, qui me impugnaret imperitis fucum faciendo cavillationibus suis, præmium acciperet »..

4. Lettre de Maupertuis à Johann II Bernoulli du 21 novembre 1747, Fonds Bernoulli de Bâle, cité par M. Terrall, *The Man*, p. 263, n. 124.

5. « Les Monades. Dissertation », in *Dissertation qui a remporté le prix proposé par l'Académie royale des sciences et des belles-lettres sur le système des monades avec les pièces qui ont concouru*, Berlin, chez A. Haude & J. C. Spener, 1748, p. 257-362.

6. E. Bonnet de Condillac, *Les Monades*, éd. L. L. Bongie, Oxford, Voltaire Foundation, 1980.

7. Je m'abstiendrai d'analyser ici les divergences entre l'exposé du mémoire et celui du *Traité des systèmes* en ce qui concerne le degré de critique comparé au degré d'adhésion aux thèses leibniziennes. Laurence Bongie soutient que la deuxième partie du mémoire expose une véritable métaphysique monadologique de Condillac qui ne se retrouve pas comme telle directement dans le *Traité des systèmes* qui est plus critique, mais indirectement dans des

Certes, Condillac illustre bien l'usage du principe de raison suffisante selon lequel, si l'ordre des perceptions nous représente l'ordre régissant les phénomènes, et donc les rapports sous-tendant les corps organiques et leurs interrelations, cet ordre et ces rapports se trouveraient fondés dans et par l'économie interne du système des monades [1]. Or, Condillac, suivant cette lecture, n'accorde aucune réalité substantielle aux corps, définis comme de simples agrégats de monades, mais il maintient qu'entre les monades, comme entre les corps organiques et dans la composition même de ceux-ci, prévalent des rapports et des changements de rapports qui se manifestent dans les mêmes proportions de part et d'autre. Avec justesse, il note que les changements d'états internes à la monade dépendent de la force comme principe, dont l'exercice continu s'actualise en appétits dirigés vers de nouvelles perceptions. Mais la présentation par Condillac de l'harmonie préétablie a ceci de caractéristique qu'elle atomise à l'extrême l'unité phénoménale des corps dont l'intégration en un tout ne tiendrait qu'à l'ordre interne des monades, prises une à une et intrinsèquement séparées : les monades ne formeraient système qu'en vertu d'une convenance issue de la pré-ordination divine. Cette accentuation déformante se reflète dans le texte :

> Les monades, étant indépendantes les unes des autres, existent dans le vrai une à une. Il n'y a donc rien dans la réalité des choses qui soit composé. Ni rien par conséquent qui mérite le nom de tout, non plus que celui de partie. Ce qu'on appelle *tout* et *partie*, sont des phénomènes renfermés dans la notion du corps, et qui résultent uniquement de l'harmonie préétablie entre les monades [2].

La monade confère donc ultimement, par l'acte de perception, son unité au corps comme phénomène. Ce que confirme l'analogie avec la multitude de sons produits et projetés dans l'air lors d'un concert, et qui se lient par l'acte de perception d'un auditeur dont le tympan et les nerfs auditifs ont été affectés de façon proportionnelle [3].

œuvres plus tardives. Il me semble que *grosso modo* c'est la lecture du *Traité des systèmes* qui a inspiré les commentaires formels ou implicites de Maupertuis, plutôt que celle du mémoire anonyme.

1. Voir Condillac, *Traité des systèmes* (TS), chapitre VIII. Sixième exemple. Des monades, *Œuvres philosophiques* (cité OP), Paris, P.U.F., 1947, I, p. 151b-164b.

2. Condillac, TS, chap. VIII-1, art. V, OP, I, p. 156a.

3. Condillac, TS, chap. VIII-1, art. VI, OP, I, p. 156b : « Transportez-vous dans un concert, et considérez les sons comme répandus dans l'air et existans indépendamment les uns des autres, vous ne concevez point de liaison entre eux. Considérez-les ensuite par le rapport qu'ils ont à votre organe, aussitôt vous les voyez se lier, et former des tons harmoniques. Il en est de même de tous les phénomènes de l'univers ».

Deux autres points de l'exposé condillacien sont à souligner. La thèse de la perception représentative s'étendant à tous les phénomènes de l'univers semble requérir que la monade perçoive en quelque sorte analytiquement les corps composés suivant une décomposition progressive des relations qui en lient les parties, jusqu'au « corps infiniment petit » auquel la monade se rapporte par essence [1]. Condillac conçoit de façon parallèle la décomposition analytique des perceptions comme si elle pouvait ultimement mener aux « différentes déterminations des êtres simples » [2]. Dans un cas comme dans l'autre, c'est le modèle de l'atomisme qui sert à expliciter la structure des êtres ainsi que celle des représentations, alors que Leibniz concevait plutôt qu'il s'agissait de penser la décomposition des perceptions, à l'instar de celle des corps phénoménaux, en termes de réquisits intelligibles. Une illustration probante de ce mode d'interprétation pratiqué par Condillac s'infère de l'article intitulé *De la nature des êtres*. Condillac y développe l'idée selon laquelle les monades, combinant leurs forces inhérentes, engendrent les forces motrices que les corps exercent les uns à l'endroit des autres et dont résultent la résistance et l'inertie. C'est là en quelque sorte se représenter le passage des forces primitives aux forces dérivatives de la dynamique leibnizienne comme une simple opération sommative [3]. Ce que confirme d'ailleurs l'analogie introduite à cette occasion au sujet de la formation des corps par agrégation de monades.

> La force particulière à un être simple, je l'appelle la nature de cet être : tous les changemens qui arrivent à un être sont donc une suite de sa nature. Ainsi que de l'aggrégat de plusieurs monades naît le phénomène du corps, des forces combinées de ces mêmes monades résulte un autre phénomène, c'est celui de la force motrice. Cette force est donc la nature du corps, c'est-à-dire, qu'elle est le principe de tous les changemens qui se font dans le phénomène de l'étendue mobile et impénétrable [4].

Le même type de déviance marque enfin le statut attribué aux corps organiques. Ceux-ci se caractérisent par la dépendance mutuelle de leurs parties les unes par rapport aux autres, en raison du concours que chacune

1. Condillac, TS, chap. VIII-1, art. VII, OP, I, 157b : « Une monade ne peut donc représenter l'univers, qu'elle ne soit unie à un corps infiniment petit ; et, puisqu'il est de la nature de chaque monade de le représenter toujours, il est aussi de sa nature de ne pouvoir jamais être séparée de son corps ».

2. Condillac, TS, chap. VIII-1, art. VIII, OP, I, p. 158a.

3. Condillac, TS, chap. VIII-1, art. VI, OP, I, 156b : « Cette force se conserve toujours la même dans chaque corps, le repos même ne peut l'altérer. Car un corps ne sauroit être un instant sans réunir toutes les forces des êtres simples dont il est l'aggrégat ».

4. Condillac, TS, chap. VIII-1, art. VI, OP, I, p. 156b.

apporte à la conservation du tout, mais surtout en vertu d'une proportion de leur organisation qui soit telle qu'elle semble permettre l'enchaînement causal de perceptions équivalentes dans l'âme. Cela serait possible parce que chaque âme possèderait une relation intrinsèque de représentation qui la lierait à son corps organique, c'est-à-dire à un agrégat de monades subordonnées. Suit la reprise de la thèse de l'indestructibilité de l'animal, constitué de la monade dominante et de son corps propre, sorte de structure essentielle, à laquelle peuvent s'agréger à travers la durée diverses parties renvoyant à des monades subordonnées. Certes, « chaque monade demeure donc unie au corps organique dont elle est l'entéléchie dominante »[1]. Mais, selon le modèle retenu, la notion est ici celle d'un corps organique minimal, composé d'un certain nombre de monades qui en seraient comme les éléments mêmes. Cela se trouve confirmé par les critiques que Condillac formule à l'encontre de la notion de monade qu'il a ainsi reconstruite.

Le schéma d'organisation de cette critique repose sur l'intelligibilité insuffisante du dispositif monadologique attribué à Leibniz. L'analyse leibnizienne entend rendre compte du composé par le simple, alors que le simple se voit attribuer des propriétés radicalement étrangères à celles du composé. L'angle d'attaque porte donc sur la perception et la force attribuées aux monades comme propriétés essentielles. Si l'on présume le concept abstrait de substance simple, on peut certes inférer qu'un principe interne de changement puisse s'y trouver. Mais de ce principe nous ne faisons pas l'expérience. Certes, la force nous est connue de façon réflexive, mais cette force que nous rattachons à l'âme, « nous la sentons comme répandue dans un tout composé. Elle ne peut donc nous servir de modèle pour nous représenter celle qu'on accorde à chaque monade »[2]. Quant au concept de force appliqué aux phénomènes corporels, il se trouve diversifié suivant les effets décrits. Le concept de force rattache ces effets à une cause inconnaissable sur laquelle nous projetons l'analogie tirée de notre expérience réflexive. Un argument analogue vaut pour la perception. Nous faisons l'expérience de percevoir et nous rattachons le pouvoir de représentation que nous exerçons ainsi, au sujet conscient que nous sommes, sujet que nous tendons à considérer comme une entité incorporelle ; mais, sur la nature même de l'âme, par-delà cette propriété phénoménale, nous n'avons aucune lumière qui nous permette d'extrapoler que les êtres simples, conçus comme incorporels, auraient une propriété analogue de perception. Pour transposer cette propriété à d'autres êtres

1. Condillac, TS, chap. VIII-1, art. X, OP, I, p. 159b.
2. Condillac, TS, chap. VIII-2, art. II, OP, I, p. 161b.

différents de nous-mêmes, il faudrait que nous puissions accéder à leurs qualités intrinsèques. Nous ne pouvons au mieux qu'étendre le pouvoir de représentation qui est le nôtre, sur la base des impressions sensibles qui s'imposent à nous, à certains êtres auxquels nous avons quelque raison d'attribuer une forme de conscience – ce qui s'appliquerait aux seuls animaux qui nous sont suffisamment ressemblants. Les caractérisations plus abstraites de la perception auxquelles les Leibniziens se livrent en en faisant un état représentatif des choses, voire de l'univers tout entier, par-delà la conscience effective dont nous faisons actuellement l'expérience, nous éloigneraient encore plus d'une connaissance distincte de propriétés attribuables génériquement aux êtres les plus simples.

Mais il y a plus : Condillac s'en prend à la notion de l'existence d'une infinité de perceptions en chaque monade, perceptions par lesquelles elle se représenterait l'univers tout entier de son point de vue singulier. La raison motivant cette hypothèse est l'idée de la liaison de toutes choses dans la nature. La façon la plus objective de se représenter cette relation mutuelle est de concevoir entre tous les êtres phénoménaux composant le système de la nature des rapports d'action et de passion. Il nous est certes loisible ici, bien que Condillac ne s'y arrête pas, de concevoir que ces rapports sont précisément régis par des lois de la nature telles qu'on peut les induire de l'analyse des mouvements des corps et de l'application des mathématiques à la représentation abstraite de ceux-ci – conception des lois de la nature qui rejoint celle que Maupertuis et Euler soutiennent dans leur défense du principe de moindre action. Or, la force que Leibniz attribue à la monade ne saurait en aucun cas renfermer la représentation détaillée de l'ensemble de tels effets. Condillac envisage ici deux interprétations possibles, selon que l'on suppose une interaction réelle ou seulement apparente entre les monades. La première hypothèse, suggère-t-il, rallierait certains Leibniziens tels que Wolff lui-même, mais elle échouerait à fournir la représentation du multiple infini dans l'un. On ne trouverait dans la monade ainsi hypostasiée que la notion de sa force active et passive propre :

> […] mais on n'y sauroit voir l'état et la liaison de tous les êtres […] Afin de connoître comment, par son action, elle est liée avec le reste de l'univers, il ne suffit donc pas de l'apercevoir, il faut encore apercevoir toutes les autres substances. On ne peut donc voir dans une seule monade l'état et la liaison de toutes les monades, supposé qu'elles agissent ou pâtissent réciproquement [1].

1. Condillac, TS, chap. VIII-2, art. V, OP, I, p. 163b.

L'autre interprétation possible, que Condillac rattache à Leibniz lui-même, suppose l'isolement des monades et l'absence d'interaction effective entre elles. Dans un tel cas, l'on ne saurait concevoir, dans quelque monade que ce soit, la perception de changements survenant aux autres monades. Qu'une monade ait des rapports à toutes les autres dans l'univers : soit ! Mais cela ne signifie aucunement qu'elle envelopperait l'expression de tous les états des autres monades. Il faudrait que la notion d'une harmonie générale externe vînt se joindre à la notion de la force représentative particulière d'une monade pour que l'on obtînt un accès, nécessairement *a posteriori*, à la représentation d'un tel système d'interactions.

Cette critique pourrait ne pas valoir intégralement contre l'interprétation wolffienne dans la mesure où le disciple n'attribue de perception qu'aux seules âmes et non à toutes les monades. Mais ce subterfuge wolffien introduit une discordance au sein du système leibnizien et Condillac estime que la doctrine des deux types d'éléments suscite une aporie majeure. Car, d'un côté, les âmes développeraient leurs états internes qui seraient autant de perceptions représentatives des objets corporels. Mais, dans les purs éléments, ces états enchaînés ne seraient pas représentatifs. Si la force est de part et d'autre le principe des changements survenant aux substances simples, pourquoi dans un cas la force suscite-t-elle des perceptions et dans l'autre non ? D'où proviendrait alors le privilège des âmes ? Revenant à la logique interne de la doctrine monadologique contre ce qu'il suppose être l'aporie de Wolff, Condillac note que « Leibniz, plus conséquent, admet des perceptions jusques dans le corps »[1]. Cela signifie que, sous-tendant les moindres modifications des corps, s'exercent des forces qui produisent autant de « changements représentatifs de l'univers »[2]. Par une remarquable inflexion, Condillac suggère alors une lecture que je qualifierai de « naturalisante » de la relation inter-monadique. En tenant la représentation perceptive pour un effet de la force et sans distinguer la force primitive de son expression dérivative et phénoménale, il déclare comme conforme à la monadologie cette thèse relative aux « éléments des choses ». Comme transposition analogique de l'ordre naturel des choses, elle lui semble fournir un modèle possible de ce que seraient des corps organiques composés d'éléments monadiques :

> Mais, afin que cette représentation [issue de la force motrice agissant dans les corps] se transmette, sans qu'il y ait de saut, il faut que la différence d'un corps à l'autre soit infiniment petite ; que chaque corps organisé soit

1. Condillac, TS, chap. VIII-2, art. V, OP, I, p. 164b.
2. *Ibid.*

composé de corps organisés ; que, jusqu'à l'infini, les moindres parties de matière soient de véritables machines, et qu'enfin chaque corps ait une entéléchie dominante, et chaque monade un corps [1].

Retenons de ce modèle les points suivants : les monades représenteraient les moindres éléments des corps organiques, lesquels représenteraient à leur tour, en quelque sorte, des infinitésimales de corps organiques. Le changement de tout corps organique et de ses composantes émanerait de la force sous-tendant les perceptions de sa monade dominante ; et ces perceptions refléteraient le rapport de cette monade aux autres monades combinant leurs forces pour produire le corps organique phénoménal. Ce rapport exprimerait l'interaction des moindres corps organiques composant les touts que représentent les machines vivantes de la nature. Que Condillac l'ait voulu ou non, le modèle leibnizien, tel qu'il le reconstitue, impliquerait une réduction de la monade au physique. Celle-ci apparaîtrait essentiellement comme principe de composition et d'effet moteur au sein de corps organiques qui intègrent d'autres corps organiques selon un ordre régressif menant aux confins de l'infini.

Présumons que Maupertuis, déjà instruit des difficultés du modèle monadologique et accueillant en son temps l'évaluation faite par Condillac de la doctrine des monades, ne pouvait qu'être sensible à cette variante organiciste du modèle proposée par Condillac et qu'il était de ce fait susceptible de l'intégrer à la théorie qu'il développait de façon originale, celle de l'organisation vitale.

2. L'Invention de la monade physiologique

Les hypothèses que formule Maupertuis pour rendre compte de la formation des corps animés sont exemplaires à plusieurs égards : elles révèlent le potentiel d'ajustement du modèle leibnizien à des conjonctures inédites influant sur les spéculations à ce sujet – comptent notamment parmi ces éléments de conjoncture les observations et expériences réalisées sur la reproduction d'insectes au sens du XVIIIe siècle : polypes, infusoires, pucerons, etc. Les explications avancées par Maupertuis marquent par ailleurs le tournant de l'association du modèle monadologique avec ce qui y paraissait d'entrée de jeu antithétique, à savoir l'explication par épigenèse de la formation des vivants et de leurs modalités de reproduction. Elles traduisent enfin une démarche théorique visant à compenser les lacunes du mécanisme dans la représentation des processus vitaux : ainsi

1. Condillac, TS, chap. VIII-2, art. V, OP, I, p. 164b.

Maupertuis développe-t-il une conception originale des rapports entre le mécanisme et l'explication de l'organisation vitale qui est en jeu [1].

Dans la *Vénus physique*, Maupertuis met en cause les hypothèses de génération par préformation au profit d'une restauration de l'épigenèse qui se fonde sur l'observation d'une structuration et d'une complexification progressive de l'embryon depuis un état organique relativement amorphe. Il renoue, par-delà les observations des microscopistes à la façon de Swammerdam et de Leeuwenhoek et les inférences métaphysiques opérées notamment par Malebranche, avec des descriptions de phases du développement embryonnaire qui se produiraient sans pré-délinéation, à la façon des descriptions de William Harvey dans ses *Exercitationes de generatione animalium* (1651). Il s'appuie également sur l'observation de modes de développement qui semblent *a priori* irréductibles à toute forme de préformation. Pensons ici aux phénomènes de régénération d'organes segmentés, analysés notamment par Hartsoeker dans son *Cours de physique* (1730) en ce qui concerne les pinces d'écrevisses et les queues de salamandres, ou aux métamorphoses et reconstitutions des hydres, objets du *Mémoire pour servir à l'histoire d'un genre de polypes d'eau douce, à bras en forme de cornes* (1744) d'Abraham Trembley. Maupertuis s'intéresse en outre aux conditions d'émergence et de maintien des variétés au sein des espèces animales, ainsi qu'à la transmission héréditaire des anomalies morphologiques et physiologiques – sexdigitisme, albinisme – au fil des générations chez les humains et les animaux supérieurs. L'hypothèse qu'il avance pour expliquer l'ensemble des phénomènes à considérer se résume en trois propositions présentées comme des faits que l'on se verrait forcé d'inférer de l'expérience :

> 1) Que la liqueur séminale de chaque espece d'animaux contient une multitude innombrable de parties propres à former par leurs assemblages des animaux de la même espece ; 2) Que dans la liqueur séminale de chaque individu, les parties propres à former des traits semblables à ceux de cet individu sont celles qui d'ordinaire sont en plus grand nombre, & qui ont le plus d'affinité, quoiqu'il y en ait beaucoup d'autres pour des traits différens ; 3) Quant à la matiere dont se formeront dans la semence de chaque animal des parties semblables à cet animal, ce seroit une conjecture

1. Je renvoie ici à l'analyse de la théorie de la génération selon Maupertuis que j'ai proposée dans F. Duchesneau, *La Physiologie des Lumières. Empirisme, modèles et théories*, Paris, Classiques Garnier, 2012, p. 343-376. Les exposés les plus complets sur la théorie de la génération de Maupertuis sont en outre : J. Roger, *Les Sciences de la vie dans la pensée française du XVIIIe siècle*, p. 468-487 ; M. de Carvalho Ramos, *A Geração dos corpos organizados em Maupertuis*, São Paulo, Editora 34, 2009.

> bien hardie, mais qui ne seroit peut-être pas destituée de toute vraisemblance, que de penser que chaque partie fournit ses germes [1].

Mais là ne s'arrête pas la spéculation, car il faut expliquer le « mécanisme » par lequel et les raisons suffisantes causales en vertu desquelles les particules, composants élémentaires des corps organiques et vecteurs de la transmission et de la réplication de leurs traits, accomplissent la génération et le développement. Le dernier chapitre de la *Vénus physique* esquisse, sous forme de « queries » suivant le modèle de l'*Opticks* de Newton, les éléments du modèle que l'on doit tenter d'élaborer, même s'il pourrait s'avérer inatteignable. L'essentiel de l'hypothèse consiste à développer une analogie, celle entre l'instinct qui régit les mouvements musculaires sur le plan de l'animal entier et une forme d'instinct dont seraient dotées les particules séminales : cet instinct en produirait « les unions nécessaires » [2] et, par le moyen de ces combinaisons, accomplirait la morphogenèse et rendrait compte des processus fonctionnels en découlant. Ce serait là notamment la racine des fonctions de l'organisme global, comme architecture de parties organiques intégrées. L'argument sur ce dernier point se développe comme suit : ces fonctions pourraient s'expliquer selon une « méchanique intelligible » [3] liée à l'interaction dynamique des solides et des fluides par tensions et relâchements sous l'effet des esprits animaux et du sang, mais l'activation de cette mécanique supposerait ou la volonté ou l'instinct comme principe actif et régulateur. Et l'analogie permettrait de transférer aux particules organiques comme leur propriété essentielle un principe du même ordre.

> Ne pourroit-on pas penser que l'instinct seroit une cause semblable des mouvemens et des unions des petites parties de la matiere ? ou qu'en vertu de quelqu'harmonie préétablie, ces mouvemens seroient toujours d'accord avec les volontés ? [4]

Au-delà de l'allusion à l'harmonie préétablie, les connotations monadologiques s'affirment dans la suite de l'hypothèse [5]. Sous le jeu

1. Maupertuis, *Vénus physique* (VP), II, chap. v, *Œuvres*, II, p. 120-121.
2. Maupertuis, VP, II, chap. dernier, § 1, *Œuvres*, II, p. 131.
3. *Ibid.*
4. *Ibid.*p. 132.
5. Cette inflexion n'a pas échappé aux historiens des sciences et de la philosophie qui ont volontiers souligné que Maupertuis s'inspire ici du modèle des entéléchies leibniziennes. Voir par exemple J. Roger, *Les Sciences de la vie*, p. 479 : « Il est probable que Maupertuis subit ici l'influence de Leibniz [...] et qu'il imagine les particules de la semence sur le modèle de la monade, mais en attribuant à la matière ce que Leibniz attribuait à la substance. [...] Dans cette pensée encore confuse, qui préfigure la théorie que Maupertuis présentera dans son *Système de la Nature*, il est facile de reconnaître l'idée que se faisait Leibniz de la

des métaphores, le modèle s'esquisse suivant lequel une partie organique composante, correspondant à la monade dominante, fonderait l'identité de l'individualité vivante à travers diverses agrégations avec d'autres parties organiques – agrégations par lesquelles l'individu pourrait s'intégrer à diverses configurations spécifiques. Ce décalque monadologique mérite d'être cité *in extenso* :

> Cet instinct, comme l'esprit d'une République, est-il répandu dans toutes les parties qui doivent former le corps ? Ou, comme dans un État monarchique, n'appartient-il qu'à quelque partie indivisible ? Dans ce cas, cette partie ne seroit-elle pas ce qui constitue proprement l'essence de l'animal, pendant que les autres ne seroient que des enveloppes, ou des especes de vêtements ? À la mort cette partie ne survivroit-elle pas ? & dégagée de toutes les autres, ne conserveroit-elle pas inaltérablement son essence ? toujours prête à produire un animal, ou, pour mieux dire, à reparoître revêtue d'un nouveau corps [...] ? [1]

Déjà dans la *Vénus physique*, Maupertuis tend à justifier cette démarche par l'attribution de propriétés ou de forces spécifiques à certaines configurations corpusculaires. Il s'appuie alors sur la formation des cristallisations métalliques – arbre de Diane, arbre de Mars, etc. – formation qui semble requérir un pouvoir spécifique d'organisation, de finalité intrinsèque irréductible aux propriétés mécaniques générales. Il faut donc recourir à d'autres lois que les lois ordinaires du mouvement pour expliquer de tels phénomènes et à des forces nouvelles pour en fournir la raison suffisante [2]. Maupertuis rappelle qu'Étienne François Geoffroy avait naguère suggéré de faire appel à des attractions spécifiques, nommées « rapports » pour expliquer des processus de combinaison et de séparation élective entre corps chimiques [3]. C'est en ajoutant autant de propriétés dispositionnelles que requises pour rendre compte

préexistence et de l'immortalité des germes ». Un point de vue analogue est exposé par M. G. Di Domenico, *L'inquietudine della ragione. Scienza e metafisica in Maupertuis*, Napoli, Morano Editore, 1990, p. 191 : « Tuttavia è indubbio che l'idea di monade, quale primum intelligente, costituisca per Maupertuis l'indicazione della via giusta da percorrere per spiegare il rapporto parti-tutto del corpo organizzato, già accennato, alla fine della *Venus*, come problema che attendava una risposta e rappresenta, inoltre, la possibile chiave per comprendere la vita nella sua pecularità fenomenica ampliando le caratteristiche fondamentali della materia ».

1. Maupertuis, VP, II, chap. dernier, § 2-3, *Œuvres*, II, p. 132-133.

2. Voir Maupertuis, VP, I, chap. XVI, *Œuvres*, II, p. 87.

3. Maupertuis renvoie à Geoffroy l'Aîné, « Table des differens rapports observés en chimie entre differentes substances », *Histoire de l'Académie Royale des Sciences*, année 1718, p. 202-212. Il cite la loi telle qu'elle est formulée dans la Table, p. 203 : « Toutes les fois que deux substances qui ont quelque disposition à se joindre l'une avec l'autre se trouvent unies ensemble ; s'il en survient une troisième qui ait plus de rapport avec l'une des deux, elle s'y unit en faisant lâcher prise à l'autre ».

des phénomènes les plus complexes que nous serons en mesure de produire des hypothèses suffisamment adéquates pour signifier les entités théoriques correspondantes.

Le *Système de la nature* met en œuvre cette stratégie explicative en tentant de la justifier. Ce faisant, Maupertuis développe une argumentation suivie en faveur de son propre modèle monadologique. Nous sommes désormais confrontés à des formulations d'hypothèse en dépassement par rapport au recours à des attractions spécifiques : il s'agit de donner corps aux idées spéculatives formulées sur le mode interrogatif à la fin de la *Vénus physique*. L'argumentation prend forme autour de l'exigence de postuler une cause intelligente de toute organisation vitale. Maupertuis soutient que la création originelle a suscité dans la nature des principes d'organisation vitale inhérents aux entités matérielles que sont les corps organisés et leurs particules constitutives. Il postule l'autonomie causale de l'ordre naturel, une fois l'univers créé – ce principe apparaît ici assez conforme à une conception leibnizienne de l'ordre initial du système. Mais cette autosuffisance des pouvoirs dévolus à la nature implique une sorte de principe d'intellection résidant dans les éléments des corps – ce qui outrepasse la notion leibnizienne du pouvoir d'agir dévolu aux corps organiques dans l'ordre des substances composées.

> Mais s'il [Dieu] a doué chacune des plus petites parties de la matiere, chaque élément, de quelque propriété semblable à ce que nous appellons en nous desir, aversion, mémoire; la formation des premiers individus ayant été miraculeuse, ceux qui leur ont succédé ne sont plus que les effets de ces propriétés. Les éléments propres pour chaque corps se trouvant dans les quantités suffisantes, & dans les distances d'où ils peuvent exercer leur action, viendront s'unir les uns aux autres pour réparer continuellement les pertes de l'Univers [1].

Rappelant que sa notion d'élément est celle des moindres parties en lesquelles il soit possible de diviser la matière, sans préjuger que cette division soit infinie ou finie, Maupertuis spécifie donc que cette propriété formatrice implique « désir, aversion, mémoire ».

Dans la suite du *Système de la nature*, il résorbe l'intellection dont il s'agit dans la notion de « perception », réalisant ainsi un rapprochement manifeste par rapport à la terminologie leibnizienne. La perception y est présentée comme une « propriété essentielle des éléments » [2], correspondant à un certain « degré de sentiment » [3]. Elle

1. Maupertuis, *Système de la nature* (SN), § 31, *Œuvres*, II, p. 157-158.
2. Maupertuis, SN, § 53, *Œuvres*, II, p. 171.
3. Maupertuis, SN, § 52, *Œuvres*, II, p. 171.

reste intrinsèquement attachée à chacun de ces éléments. La somme des perceptions est tenue pour constante dans l'univers, suivant l'analogie d'un principe de conservation absolue de la force – force vive ou quantité d'action essentielle ou formelle. Par ailleurs, les éléments se combinent de multiples façons pour donner les corps phénoménaux qui, tous, possèdent une forme d'organisation, comme le suggère l'évocation de la formation des arbres métalliques, l'arbre de Diane, par exemple, et l'extension analogique de ce type de formation vers les modes de génération propres aux polypes, aux vers, ainsi qu'aux animalcules des infusions, étudiés tout particulièrement par John Turberville Needham[1]. Maupertuis conçoit que ces animalcules pourraient être formés de particules n'ayant pas précédemment appartenu à des organismes de même type[2]. Ces formations, hors norme par rapport à la réplication du type des organismes parents par la génération, excluraient néanmoins la réduction possible à des générations équivoques proprement dites, puisque, dans tous les cas, l'épigenèse répond à des modes similaires de perception dans les éléments impliqués. L'ordre représenté par les éléments doués de perception représente une constante qui sous-tend l'ordre variable des composés que sont les corps organiques. La variation se trouve donc inscrite dans les différentes combinaisons d'éléments : celles-ci se réalisent suivant des circonstances déterminantes qui résultent des changements affectant l'environnement naturel. D'où la possibilité de modifications radicales du système des espèces à partir des mêmes éléments dans des conjonctures naturelles différentes.

Le point le plus important concernant la combinaison des perceptions tient cependant à la possibilité que des modifications de celles-ci puissent survenir comme par émergence dans les corps organiques les plus composés. Ainsi pourrait-on rendre compte de l'émergence des diverses fonctions psychiques, notamment cognitives, comme autant de modes de perception issus des éléments combinés en architectures complexes et organiquement agencées. Correspondant aux modes intégrés de combinaison des parties dans l'organisme, une perception intégrée se produirait, associée à la conscience, mais qui serait rendue possible par des assemblages de perceptions plus spécifiquement liées aux composantes

1. Voir J. T. Needham, *Nouvelles Observations microscopiques avec des découvertes intéressantes sur la composition et la décomposition des corps organisés*, Paris, Chez Louis-Étienne Ganeau, 1750. Needham lui-même associe ses observations sur de tels micro-organismes à une hypothèse épigénétique relative à leur mode de génération. Il tend par ailleurs à rattacher cette hypothèse à une philosophie naturelle d'inspiration leibnizienne (voir *infra*, chap. v).

2. Voir Maupertuis, SN, § 47, *Œuvres*, II, p. 166-168. Sur les réflexions que cette lecture a déterminées chez Maupertuis, voir M. Terrall, *The Man*, p. 317-321.

du corps que sont les organes et les parties de ceux-ci, suivant une analyse causale régressive qui nous mènerait en dernier ressort aux moindres éléments corporels. Dans cette perspective, l'article 54 du *Système de la nature* décline la relation perception-combinaison organique comme un double rapport d'intégration des perceptions et des structures qui répond à un schème d'harmonie entre les propriétés des éléments et les dispositifs des corps organiques qui en sont composés. La partie la plus significative de l'hypothèse porte sur la somme des perceptions, laquelle donnerait ainsi lieu à l'équivalent de ce que Leibniz désignait comme l'apperception, doublée de conscience réflexive.

> Mais, chez nous, il semble que de toutes les perceptions des éléments rassemblées, il en résulte une perception unique, beaucoup plus forte, beaucoup plus parfaite, qu'aucune des perceptions élémentaires, & qui est peut-être à chacune de ces perceptions dans le même rapport que le corps organisé est à l'élément [1].

Chez Maupertuis, le profil spécifique de la conjecture monadologique sur ce point se manifeste par l'analogie établie entre les divers dispositifs organiques du corps humain et des modalités d'intégration de perceptions réalisées dans et par ces dispositifs mêmes. Deux modalités particulières sont ici évoquées : ou bien les éléments eux-mêmes comportent des perceptions aptes à déterminer des aptitudes fonctionnelles distinctes dans les assemblages où ils s'insèrent; ou bien les combinaisons organiques, plutôt que les éléments, déterminent les opérations perceptives et les effets moteurs résultant des structures anatomiques spécialisées :

> Quelque partie de notre corps semble contenir l'assemblage des éléments dont les perceptions font la pensée ; les autres parties ne paroissent renfermer que des assemblages d'élémens destinés à la sensation ; dans d'autres enfin il ne paroît aucune réunion de perceptions élémentaires qui puisse former *pour nous* aucun genre de perception [perception sensible]. C'est d'où vient que des changemens imperceptibles dans la disposition des élémens de certaines parties causent de si étranges altérations sur la faculté intellective, tandis que la perte d'un bras ou d'une jambe n'a pas sur elle plus d'influence que le retranchement des cheveux ou des ongles [2].

Intervient évidemment ici la distinction entre perceptions élémentaires et perceptions sommatives issues de l'intégration d'éléments en une même totalité structurale et fonctionnelle, celle d'un corps organique

1. Maupertuis, SN, § 54, *Œuvres*, II, p. 172.
2. Maupertuis, SN, § 54, *Œuvres*, II, p. 173-174.

complexe; intervient aussi l'idée du remplacement ou de l'élimination possible d'éléments entrant de façon non nécessaire dans le tout que forme le vivant complexe. Quelles que soient les ressources analytiques déployées, la sommation des perceptions reste de l'ordre d'un processus inconnaissable. Et il en est de même du fondement de l'analogie qui nous permet de supposer une dégradation des modalités de sommation perceptive des formes les plus élevées de l'animalité aux corps organisés les plus rudimentaires [1].

En ce qui concerne la hiérarchie des formes d'organisation matérielle, Maupertuis reproduit en parallèle la distinction des types de monades. Il affirme d'une part que les propriétés issues du concours des perceptions élémentaires se rangent en assemblages à la fois quantitativement gradués et qualitativement diversifiés, d'autre part que des systèmes individués de perceptions composées résultent de la combinaison des parties élémentaires [2]. Ce double point est illustré par l'hypothèse selon laquelle les passions et les talents apparemment héréditaires dans certaines familles chez les animaux et les hommes pourraient provenir des combinaisons génétiques qui leur donnent naissance, et selon laquelle ces combinaisons seraient susceptibles de variations, soit naturelles, soit artificielles. Maupertuis rattache à cette problématique l'explication qu'il suggère d'une partie des fonctions cognitives et que Leibniz réservait aux seuls esprits. Par précaution, l'auteur du *Système de la nature* accorde un statut spécial aux sujets humains, pour autant qu'ils exercent leur intellection sur des objets, non seulement abstraits de toute représentation des propriétés physiques dont ils seraient dérivés, mais encore sans fondement possible dans l'expérience sensible [3]. De ce point de vue, le statut d'esprit, outrepassant l'ordre des entités physiques, ne pourrait se justifier que parce qu'il appert que le sujet est capable de concevoir des idées et principes abstraits, tels ceux de la métaphysique et de la morale. Mais, pour établir ce point, nous devrions sortir du cadre de la philosophie naturelle qui est celui où se cantonne la théorie des éléments et de leurs combinaisons.

Le *Système de la nature* se clôt sur une comparaison des trois systèmes types auxquels on peut référer l'explication de la production, par épigenèse, des individualités naturelles dont l'organisation requiert une forme d'intelligence :

1. *Ibid.*, p. 174.
2. *Ibid.*, p. 174-175.
3. Voir Maupertuis, SN, § 57, *Œuvres*, II, p. 176-177.

> Tous les systêmes sur la formation des corps organisés se réduisent donc à trois ; & ne paroissent pas pouvoir s'étendre à un plus grand nombre. 1. Celui où les élemens bruts & sans intelligence, par le seul hasard de leurs rencontres, auroient formé l'Univers. 2. Celui dans lequel l'Être suprême ou des êtres subordonnés à lui, distincts de la matiere, auroient employé les élemens, comme l'Architecte emploie les pierres dans la construction des édifices. 3. Enfin celui où les élemens eux-mêmes doués d'intelligence s'arrangent & s'unissent pour remplir les vues du Créateur [1].

Ces trois systèmes auxquels on demande de rendre compte de la formation des corps organisés impliquent respectivement les thèses de l'atomisme démocritéen, d'un ordre de la nature dans lequel Dieu ou des sortes de natures plastiques (formelles) formeraient directement les corps organiques depuis des éléments corporels inorganiques, et d'une épigenèse opérant à partir d'éléments dotés de perception et agissant comme ce que Leibniz qualifiait de « natures plastiques matérielles » [2]. Les difficultés inhérentes au système démocritéen et au système postulant l'intervention de principes de formation intelligents – esprit transcendant ou esprits immanents à la nature – agissant comme de l'extérieur sur la matière pour en faire émerger des structures animées, sont clairement identifiées. Le premier contrevient au principe de base de toute l'analyse : le rattachement causal de l'organisation vitale à une raison suffisante comportant un principe d'intellection. Notons qu'un tel principe faisait partie du dispositif de la monadologie leibnizienne, pour autant que ce qui est organique ne peut avoir sa raison causale de ce qui n'est qu'inorganique, et que l'organisation suppose un ordre imposé par une intelligence architectonique à une nature qui l'actualise par ailleurs spontanément [3]. Certes, selon Maupertuis, cette intelligence se déploie, non dans la production originaire des corps organiques, mais dans la puissance structurante immanente aux éléments corporels qui se réunissent pour former les vivants. Toutefois, à l'encontre du système démocritéen et de sa conception réductrice des atomes, on ne saurait faire l'économie de cette propriété intellective dans la conception des vivants comme machines de la nature :

> Ce systême [des atomistes] n'admet pour principes dans l'Univers que des atomes éternels, sans sentiment & sans intelligence ; dont les rencontres

1. Voir Maupertuis, SN, § 67, *Œuvres*, II, p. 183-184.
2. Leibniz, *Considérations sur les principes de vie*, GP VI, 544.
3. Sur la conception leibnizienne de l'organisme et la conception de la préformation qui s'y rattache, voir en particulier, outre le chapitre Ier p. 66-80, F. Duchesneau, *Leibniz. Le vivant et l'organisme*, Paris, Vrin, 2010, p. 249-294 ; J. Smith, *Divine Machines : Leibniz and the Sciences of Life*, Princeton, Princeton University Press, 2011, p. 165-196.

> fortuites ont formé toutes choses : une organisation accidentelle fait l'ame, qui est détruite dès que l'organisation cesse [1].
> Pour renverser un tel systême, il suffiroit de demander à ceux qui le soutiennent comment il seroit possible que des atomes sans intelligence produisissent une intelligence. [...] Car elle naîtroit du néant, si, sans qu'il y eût aucun être qui contînt rien de sa nature, elle se trouvoit tout-à-coup dans l'Univers [2].

La seconde thèse semble minimalement conforme à une position épigénétiste, mais elle comporte de fait les défauts rédhibitoires des théories préformationnistes : celles-ci dénient aux corps toute puissance organisatrice endogène en présumant que l'acte créateur divin a constitué *ab origine* les structures complexes intégrées de vivants emboîtés en séries germinales. L'hypothèse de substitution consisterait ici à postuler la création renouvelée des structures individuelles au fil des générations successives, soit par un acte transcendant, soit par une délégation du pouvoir créateur à des âmes ou esprits subalternes du type des natures plastiques. En fait, ce que Maupertuis rejette, c'est toute conception du développement organique supposant, en parallèle, un principe explicatif de l'organisation qui serait externe à l'ordre même des corps. Si une faculté intellective est requise comme raison suffisante de toute formation organique, elle doit nécessairement émaner de la puissance même des éléments corporels qui s'assemblent pour faire émerger, par structuration progressive, le corps animé et ses fonctions. Maupertuis fait ici indirectement appel à une argumentation leibnizienne relative à la préexistence des âmes dans les structures germinales emboîtées des corps organiques, qu'on trouvait notamment développée dans les *Essais de théodicée* et qu'il retourne dans le sens de son hypothèse monadologique [3]. Selon Maupertuis, le défaut principal de cette thèse

1. Maupertuis, SN, § 63, *Œuvres*, II, p. 182.
2. Maupertuis, SN, § 64, *Œuvres*, II, p. 182-183.
3. La référence pourrait être ici à Leibniz, *Essais de théodicée*, § 90-91 et 397, voir notamment§ 91, GP VI, 152-153 : « Ainsi je croirois, que les ames, qui seront un jour humaines, comme celles des autres especes, ont été dans les semences, et dans les ancetres jusqu'à Adam, et ont existé par consequent depuis le commencement des choses, tousjours dans une manière de corps organisé : en quoy il semble que M. Swammerdam, le R. P. Malebranche. M. Bayle, M. Pitcarne, M. Hartsoeker, et quantité d'autres personnes tres habiles, soyent de mon sentiment. Et cette doctrine est assés confirmée par les observations Microscopiques de M. Leeuwenhoek et d'autres bons observateurs. Mais il me paroit encor convenable pour plusieurs raisons, qu'elles n'existoient alors qu'en ames sensitives ou animales, douées de perception et de sentiment, et destituées de raison ; et qu'elles sont demeurées dans cet état jusqu'au temps de la generation de l'homme à qui elles devoient appartenir, mais qu'alors elles ont reçu la raison, soit qu'il y ait un moyen naturel d'elever une ame sensitive au degré

tient à une multiplication d'actes transcendants présumés dont les effets seraient miraculeusement différés dans le temps.

> Dans le systême du développement, l'animalcule qui doit former l'homme, ou plutôt qui est déjà l'homme tout formé a-t-il reçu ce don céleste qui doit conduire ses actions lorsqu'il vivra parmi nous ? S'il l'a déjà, chaque animalcule contenu à l'infini doit l'avoir aussi : & toutes ces ames contenues, pour ainsi dire, les unes dans les autres seront-elles plus faciles à concevoir, que la réunion des perceptions élémentaires ? Chaque ame, quoique toutes produites au moment de la création du premier homme, aura eu sa création particuliere : & n'aura-ce pas encore été de nouveaux miracles, que d'avoir suspendu pendant tant de siecles les opérations de tant d'ames, dont la nature est de se connoître et de penser ? [1]

Or, un autre défaut de ce système transparaît dans la critique : le refus par les tenants présumés de cette fausse épigenèse de reconnaître l'existence, dans les moindres éléments des corps, d'une perception, principe d'organisation et, à ce titre, raison suffisante de toutes les combinaisons qui se trouvent réalisées dans la nature. Notons ici la transposition positive d'un autre élément du dispositif monadologique : l'affirmation qu'il n'y a pas de substances composées qui ne constituent des vivants, des machines de la nature dotées de corps organiques à divers degrés [2]. La correction apportée sur ce point au modèle monadologique consiste à fusionner monades et éléments fondamentaux de la combinatoire organique et à faire de la perception une propriété physique et non plus métaphysique, en lui conservant néanmoins une compétence architectonique, celle de produire l'organisation des corps. Car cette propriété « suffira bien pour arranger & unir les parties de la matiere » [3]. Il s'agit bien là d'un principe immanent d'intelligence attribuable à toute forme d'organisation matérielle, mais dont Maupertuis situe la raison

d'ame raisonnable (ce que j'ay de la peine à concevoir) soit que Dieu ait donné la raison à cette ame par une operation particuliere, ou (si vous voulés) par une espece de transcreation ».

1. Maupertuis, SN, § 58, *Œuvres*, II, p. 177-178.

2. Voir par exemple, Leibniz, *Principes de la nature et de la grâce*, § 3, éd. A. Robinet, Paris, P.U.F., 1954, p. 31 : « Tout est plein dans la nature, il y a des substances simples partout, separées effectivement les unes des autres par des actions propres qui changent continuellement leurs rapports et chaque substance simple ou Monade distinguée qui fait le centre d'une substance composée (comme par exemple d'un animal) et le principe de son unicité, est environnée d'une Masse composée d'une infinité d'autres Monades qui constituent le corps propre de cette Monade suivant les affections duquel elle représente, comme une manière de centre, les choses qui sont hors d'elle. Et ce corps est organique, quand il forme une manière d'Automate ou de Machine de la Nature, qui est machine non seulement dans le tout, mais encore dans les plus petites parties, qui se peuvent faire remarquer ».

3. Maupertuis, SN, § 60, *Œuvres*, II, p. 179.

suffisante dans les éléments qui interagissent de façon à produire de tels arrangements. Or, ces éléments se trouvent nettement dissociés de toute représentation réductrice en termes d'atomes ou de corpuscules parcimonieusement dotés de propriétés géométriques et mécaniques.

L'analogie forte à laquelle Maupertuis adosse son hypothèse des éléments est également une analogie inspirée du dispositif monadologique et infléchie dans le sens d'une naturalisation du concept de monade. Témoin ce passage du *Système de la nature* : « Enfin, qu'on appelle encore, si l'on veut, les éléments des animaux, (car je ne sais plus ce qu'il faut pour faire un animal) & qu'on me laisse dire que tous ces petits animaux par leurs instincts particuliers s'assemblent & s'unissent pour former les corps » [1]. Il s'agit bien de la représentation leibnizienne des machines de la nature comme vivants s'analysant en une combinatoire de vivants, dont les éléments seraient de véritables vivants. La catégorie même d'animal se trouve dissoute dans l'idée d'une généralisation à tous les corps phénoménaux d'un principe d'organisation dépendant d'une perception ou d'une intellection analogue à une forme d'instinct. L'infléchissement que subit la notion de machine de la nature consiste dans la métamorphose de la monade en un véritable vivant élémentaire. La monade leibnizienne se trouve alors convertie en « monade physiologique » suivant la formule que j'ai naguère proposée [2].

3. Buffon et les molécules organiques vivantes [3]

J'aborderai ici deux questions. Dans quelle mesure et sous quelle forme Georges-Louis Leclerc de Buffon (1707-1788) soutenait-il l'épigenèse en matière de génération ? Le modèle monadologique des machines de la nature contribuait puissamment à façonner les théories de la vie et du vivant à l'époque où il entreprenait la rédaction de l'*Histoire naturelle générale et particulière*, comme en témoigne l'emprise de ces concepts chez Maupertuis : ne pourrait-on retracer, chez Buffon, le recours à une sorte d'hypothèse néo-leibnizienne, sous-tendant son interprétation des données d'expérience relatives à la génération – et cela malgré l'épistémologie newtonienne apparemment dominante ?

Il semble que deux concepts distincts se conjuguent dans la représentation que Buffon se fait du vivant et des animaux en particulier.

1. *Ibid.*
2. Voir notamment F. Duchesneau, *La Physiologie des Lumières*, p. 696.
3. Pour une version préliminaire de cette section, voir F. Duchesneau, « Buffon et l'épigenèse » *in* M.-O. Bernez (dir.), *L'Héritage de Buffon*, Dijon, Éditions Universitaires de Dijon, 2009, p. 273-293.

Le premier fait référence à la notion de « machine de la nature », qui avait été sans doute inspirée à Leibniz par le micro-structuralisme de Malpighi et sa conception des petites machines (*machinulæ*) composant les organes jusqu'au plan de l'inobservable. Cette notion avait subi des révisions significatives, en particulier à partir de l'usage que Leibniz en avait fait, et dont les traces sont, par exemple, notables chez Bourguet [1]. Les machines de la nature sont composées de parties qui forment elles-mêmes des machines de la nature. Ces machines sont mues par des forces obéissant aux lois générales de la nature. L'agencement de leurs structures et de leurs fonctions vise à préserver l'intégrité de l'individu vivant en tant que tout, ainsi que l'harmonie dynamique entre ses composantes et ses processus internes. Une analyse des conditions déterminantes prévalant dans ce type d'organisation semblait révéler des machines toujours plus élémentaires, formant des micro-parties constitutives. Les diverses combinaisons de celles-ci produiraient les effets, observables à l'échelle macroscopique, qui caractérisent le vivant empiriquement circonscrit. Buffon illustre ce concept au début de l'*Histoire générale des animaux* :

> En effet, que de ressorts, que de forces, que de machines, & de mouvemens sont renfermez dans cette petite partie de matière qui compose le corps d'un animal ! que de rapports, que d'harmonie, que de correspondance entre les parties ! combien de combinaisons, d'arrangemens, de causes, d'effets, de principes, qui tous concourent au même but, & que nous ne connoissons que par des résultats si difficiles à comprendre, qu'ils n'ont cessé d'être des merveilles que par l'habitude que nous avons prise de n'y point réfléchir ! [2]

Or, la référence concrète pour ce type de structure est fournie par des organismes végétaux ainsi que par les polypes (ou hydres d'eau douce), les vers et autres invertébrés, qui semblent se conformer à un mode de reproduction par bouture ou par gemmation. Buffon soutenait qu'en pareils cas, toutes les parties sont semblables au tout organisé et peuvent constituer les germes de petits individus capables de se développer de façon à reproduire le mode de composition du tout d'origine. Ce mode de composition se concevrait selon un processus indéfini de régression et de division débouchant sur des structures qui échappent à nos plus fins moyens d'observation. La raison permet alors de déterminer quelles peuvent être les conditions primaires de l'organisation et du développement, par analogie avec des données comparables, en l'occurrence les données

1. Concernant le modèle de Malpighi, voir F. Duchesneau, *Les Modèles du vivant de Descartes à Leibniz*, Paris, Vrin, 1998, p. 196-209 ; F. Duchesneau, *Leibniz. Le vivant et l'organisme*, p. 25-46.

2. Buffon, IR II, p. 2 ; OP, p. 233a-b.

sur les structures cristallines qui se décomposent en microstructures semblables, jusqu'à d'hypothétiques configurations moléculaires :

> Les animaux & les plantes qui peuvent se multiplier & se reproduire par toutes leurs parties, sont des corps organisez composez d'autres corps organiques semblables, dont les parties primitives & constituantes sont aussi organiques & semblables, & dont nous discernons à l'œil la quantité accumulée, mais dont nous ne pouvons apercevoir les parties primitives que par le raisonnement & par l'analogie que nous venons d'établir [analogie par rapport aux cristaux de sel] [1].

D'une part, il est fait appel à l'analogie pour représenter un mode de composition reposant sur d'hypothétiques êtres organiques élémentaires et débouchant sur les organismes supérieurs tels qu'observés. D'autre part, l'objectif est de justifier la généralité de ce modèle pour l'ensemble des formes de reproduction, s'agissant en particulier de reproduction sexuée des organismes les plus complexes.

Pour satisfaire à la première exigence, Buffon postule l'existence de « molécules organiques vivantes », qu'il appelle parfois « parties organiques vivantes ». Le propos s'appuie manifestement sur l'analogie : il consiste à présumer que, tout comme il existe une ressemblance structurale entre des corps inanimés et leurs parties constituantes, il en serait de même entre le tout organique et les moindres parties organiques qui le composent. Ce type de relation existerait entre des êtres organiques élémentaires extrêmement divers et les organismes qui en seraient issus par diverses combinaisons, tout en exprimant une unité constituante spécifique selon le type d'espèce considéré.

En l'occurrence, Buffon rejette l'alternative suivante : d'une part, la possibilité que ces molécules organiques vivantes soient en définitive réductibles à des combinaisons physiques brutes, issues de principes inorganiques ; la possibilité, d'autre part, que les lois régissant ces activités moléculaires soient intrinsèquement réductibles aux pouvoirs généraux de la matière inorganique. Dans le premier cas, l'argument consiste à écarter toute application de notions « géométriques », abstraites de ce qui est physiquement simple, le but étant de comprendre ce qui est organiquement simple. En effet, on ne peut appréhender ce qui est organiquement simple qu'en observant des organismes tels que le polype de Trembley, dont on peut montrer qu'ils se composent de parties structuralement et fonctionnellement semblables au tout intégré qu'ils forment. L'organiquement simple apparaît donc passablement complexe, car il est censé refléter les propriétés dynamiques émergentes

1. Buffon, IR II, p. 20 ; OP, p. 239a.

– ou du moins prises pour telles – chez les animaux et végétaux dont on tente d'expliquer la formation. Dans le deuxième cas, Buffon affirme le caractère fondamentalement irréductible et primitif des parties vivantes élémentaires : en d'autres termes, elles seraient inaltérables et indestructibles, même si elles s'unissent dans des combinaisons altérables et destructibles, qui sont, se forment, puis se corrompent.

> Il me paroît donc très-vrai-semblable [...] qu'il existe réellement dans la Nature une infinité de petits êtres organisez, semblables en tout aux grands êtres organisez qui figurent dans le monde, que ces petits êtres organisez sont composez de parties organiques vivantes qui sont communes aux animaux & aux végétaux, que ces parties organiques sont des parties primitives & incorruptibles, que l'assemblage de ces parties forme à nos yeux des êtres organisez, & que par conséquent la reproduction ou la génération n'est qu'un changement de forme qui se fait & s'opère par la seule addition de ces parties semblables, comme la destruction de l'être organisé se fait par la division de ces mêmes parties [1].

Pour satisfaire à la seconde exigence – justifier un système d'unités organiques aux pouvoirs excédant ceux de la matière inorganique – Buffon a cherché à s'appuyer sur une théorie des « forces vives ». Cette théorie prend corps pour autant qu'elle pose des effets généraux irréductibles aux propriétés des corps que modélisent des mécanismes purement géométriques. De la même manière, Buffon avait admis un effet général d'attraction dont les conditions structurales profondes apparaissaient inconnues – et le resteraient sans doute à jamais – mais qui, dès lors qu'on en tenait compte, permettait d'expliquer le ressort inhérent aux corps inanimés et, partant, les diverses propriétés dynamiques de ces corps. Ainsi Buffon invoque-t-il une version révisée de la théorie newtonienne des forces, suivant laquelle celle-ci pourrait être rapprochée d'une dynamique leibnizienne [2], mais il le fait principalement afin de pouvoir attribuer au développement et à la reproduction des êtres organisés un statut épistémique analogue en tant qu'effet général de la nature. Dès lors, il lui est possible d'identifier un principe ou une loi d'organisation, fondée sur une force générale qui serait spécifique à la matière vivante organisée. Occasionnellement, Buffon parle de « matière organique & productive » [3], de « matière organique toûjours active » [4]. Ce

1. Buffon, IR II, p. 24 ; OP, p. 240b.
2. Cette interprétation de la théorie newtonienne des forces pourrait avoir été influencée par les *Institutions de physique* (1740) d'Émilie du Châtelet.
3. Buffon, IR II, p. 422 ; OP, p. 287b.
4. Buffon, IR II, p. 426 ; OP, p. 289b.

qu'il imagine alors, c'est une propriété générale des êtres organisés qui consiste en une force organisatrice : cette force est comparable au ressort des corps physiques, qui est présumé être lié à un principe intrinsèque d'attraction. Dans l'un et l'autre cas, Buffon se détermine singulièrement par rapport à un modèle leibnizien révisé des corps organiques.

Suivant la logique interne de cette hypothèse, Buffon est confronté à la question du plan qui s'appliquerait à la multiplicité qualitative et quantitative des molécules organiques vivantes, car il faut pouvoir rendre compte de l'assemblage séquentiel des combinaisons organiques complexes qui constituent le vivant. Se pose également à lui la question de savoir comment ce plan différerait en fonction des différentes espèces auxquelles les vivants appartiennent. Ne devrait-il pas admettre la préexistence de germes emboîtés représentant autant d'individus potentiellement formés selon une notion de machine de la nature à la façon leibnizienne? Hormis cette option, à quel autre modèle pouvait-il se raccrocher pour justifier que de simples combinaisons d'êtres vivants élémentaires pussent entraîner la formation de formes vivantes extrêmement complexes, comme si celles-ci procédaient d'une représentation ou d'un ordonnancement préétabli spécifique? Or, Buffon rejetait précisément la thèse de la préformation qu'il aurait apparemment dû admettre. La difficulté ainsi diagnostiquée, il a cherché à la résoudre en faisant appel à un concept de moule intérieur[1] inspiré d'une des hypothèses évoquées par Bourguet dans ses *Lettres philosophiques sur la formation des sels et des crystaux et sur la génération et le méchanisme organique* (1729)[2].

Le principal reproche que Buffon adressait à la préformation, c'était précisément de reposer sur une hypothèse purement métaphysique. Bien que l'arbre fût déjà contenu dans le germe, et qu'il renfermât déjà une ébauche du germe qui produirait la génération suivante, une généralisation de la préexistence impliquant des germes « emboîtés à l'infini » ne reposerait pas sur des preuves empiriques convaincantes. Cette thèse impliquerait en outre une progression ou une régression séquentielle infinie, abstraction mathématique artificiellement forgée afin de représenter une propriété tangible et réelle de l'ordre du vivant. Or, cette propriété présumée se réduisait à une fiction embrouillée : en en faisant le fondement de toutes nos inférences en matière de génération, on risquait de tomber dans le piège du « labyrinthe de l'infini »[3]. Il

1. Ce concept a posé des problèmes à nombre de contemporains et de partisans de Buffon.
2. Sur la position de Bourguet, voir *supra* le chapitre III, p. 123-126.
3. Buffon, IR II, p. 26; OP, p. 241b.

s'agissait là d'une référence directe à un argument primordial de la métaphysique leibnizienne : la dénonciation du sophisme découlant d'une compréhension limitée et fictive du véritable infini. Buffon s'oppose en fait à toute réification de quantités infinitésimales : sa position dans les faits est loin de contredire à l'épistémologie leibnizienne, car Leibniz ne voyait dans l'application du calcul aux réalités physiques qu'un simple instrument de stratégie analytique.

En même temps, dans ses explications des phénomènes de la génération, Buffon rejette tout raisonnement basé sur les causes finales. Il précise en effet que de tels arguments débouchent sur des inférences tautologiques consistant à présumer comme raison causale suffisante l'ordre même des effets observés qu'il importe d'expliquer. Buffon signale cependant que le caractère métaphysique des explications préformationnistes pourrait paraître compatible avec une adhésion stricte à une méthodologie de « philosophie expérimentale », ou apparentée à celle-ci. Les descriptions relatant des observations extrêmement précises de la reproduction – telles celles de René-Antoine Ferchault de Réaumur dans ses *Mémoires pour servir à l'histoire des insectes* (1734-1742) – montrent des effets générateurs qui refléteraient une sagesse transcendante dans leur production originale, alors qu'elles passent sous silence leurs causes productives immédiates. Au mieux, les différentes modalités de la reproduction ainsi empiriquement décrites n'expliqueraient pas la production de l'effet général qui se manifeste dans la génération. Tout se passe comme si les moyens apparents, observés et consignés, mais interprétés selon un dessein téléologique relevant d'une subjectivité transcendantale, écartaient toute recherche causale sur les mécanismes naturels qui sous-tendent les différentes modalités de la reproduction vitale [1].

À mi-chemin entre la simple description de phénomènes et la projection spéculative de raisons abstraites – telles que le recours à une sorte de géométrie transcendante pour expliquer la préexistence et l'emboîtement de germes à l'infini – Buffon choisit d'énoncer une hypothèse sur le mécanisme naturel de la génération « plus vrai-semblable » [2] que les

1. Voir Buffon, IR II, p. 33 ; OP, p. 243a-b : « […] il faut aussi rejeter toutes les hypothèses qui auroient pour objet les causes finales, comme celles où l'on diroit que la reproduction se fait pour que le vivant remplace le mort, pour que la terre soit toûjours également couverte de végétaux & peuplée d'animaux, pour que l'homme trouve abondamment sa subsistance, &c. parce que ces hypothèses, au lieu de rouler sur les causes physiques de l'effet qu'on cherche à expliquer, ne portent que sur des rapports arbitraires & sur des convenances morales […] ».

2. Buffon, IR, II, p. 34 ; OP, p. 243b.

doctrines qui avaient cours jusqu'alors. Cette hypothèse doit définir un mécanisme susceptible de rendre compte de l'effet général d'organisation vitale ; il ne serait dès lors nullement nécessaire de soumettre des processus générateurs à des raisons spéculatives faisant fi des frontières de l'ordre naturel, pour en établir l'origine et les modalités. Buffon fait en effet sienne la maxime *Omnia fieri mechanice in natura* qui, selon lui, l'autorise à élaborer une théorie de la génération. La démarche adoptée par Buffon pour élaborer ses hypothèses repose donc sur deux principes : d'une part, la compatibilité avec les causes principales – à savoir les effets généraux qui déterminent l'ordre de la nature, en particulier l'effet général d'organisation qui sous-tend le processus reproducteur pour tous les êtres vivants organisés ; d'autre part, l'analogie la plus proche des principes explicatifs recherchés par rapport à ceux des autres phénomènes de la nature – la pesanteur, l'élasticité et l'attraction qui caractérisent les corps inorganiques dans leur dynamique spécifique. La distribution des forces vives entre les catégories de corps joue en effet un rôle déterminant sur la façon dont Buffon conçoit l'ordre de la nature et son mécanisme immanent. D'où son rejet de toute explication de la constitution et du fonctionnement des êtres vivants supérieurs qui s'avérerait trop étroitement mécaniste, pour autant qu'elle assimilerait les activités vitales à des systèmes inorganiques et ne suffirait pas à rendre compte des effets généraux correspondant aux divers processus physiologiques :

> Car vouloir […] expliquer l'œconomie animale & les différens mouvemens du corps humain, soit celui de la circulation du sang ou celui des muscles, &c. par les seuls principes méchaniques auxquels les modernes voudroient borner la philosophie, c'est précisément la même chose que si un homme, pour rendre compte d'un tableau, se faisait boucher les yeux et nous racontoit tout ce que le toucher lui feroit sentir sur la toile du tableau ; car il est évident que ni la circulation du sang, ni le mouvement des muscles, ni les fonctions animales ne peuvent s'expliquer par l'impulsion, ni par les autres loix de la méchanique ordinaire, il est tout aussi évident que la nutrition, le développement et la reproduction se font par d'autres loix […] [1].

Les lois régissant les formations organiques légitiment l'hypothèse de forces pénétrantes analogues aux forces de la pesanteur et de l'attraction, et même aux forces de l'affinité chimique, mais s'appliquant spécifiquement aux organisations vitales. En particulier, ces lois doivent fonder des relations constituantes entre molécules organiques : ces relations déclencheront la formation de corps organisés plus complexes dotés de fonctions que des expériences reposant sur de solides bases

1. Buffon, IR II, p. 61 ; OP, p. 252b.

mettront au jour. Se pose alors la question du lien à établir entre ces forces organisatrices spécifiques et le « moule intérieur », cette autre composante majeure de la théorie de la génération élaborée par Buffon.

4. Le moule intérieur

L'hypothèse traitant du mécanisme d'assemblage des molécules organiques est centrée sur la notion de moule intérieur et vise à rendre compte du plan de reproduction d'êtres organiques complexes à partir de parties élémentaires. Cette notion de moule intérieur n'est pas présentée comme assortie du même degré de certitude que celle de « molécule organique vivante ». Buffon la suggère vraiment par analogie et, à la limite, sans doute aurait-il dû par la suite l'intégrer à un concept plus adéquat et en opérer, si possible, la réduction théorique, à quelque stade plus avancé de l'analyse des mécanismes de la reproduction. D'ailleurs, lorsqu'il évoque l'hypothèse du moule intérieur pour la première fois, il le fait sur le mode interrogatif :

> De la même façon que nous pouvons faire des moules par lesquels nous donnons à l'extérieur des corps telle figure qu'il nous plaît, supposons que la Nature puisse faire des moules par lesquels elle donne non seulement la figure extérieure, mais aussi la forme intérieure, ne seroit-ce pas un moyen par lequel la reproduction pourroit être opérée ? [1]

La métaphore du moule intérieur comporte une sorte de contradiction que Buffon assume, sachant que technologiquement les moules ne concernent en principe que les surfaces [2] ; en revanche, l'action interne de corps vivants opérerait dans la masse et déterminerait un accroissement proportionnel du volume de ces corps, qui pourrait donc être assimilé à une croissance organique [3]. Buffon justifie son recours au concept de moule intérieur par référence au principe de la pesanteur, qui symbolise

1. Buffon, IR II, p. 34 ; OP, p. 243b.

2. C'est ce qui ressort, par exemple, de l'article « Moule » *in* Diderot et autres, *Encyclopédie*, X (1765), p. 787b. Voir sur cette question : A. Ibrahim, « La notion de moule intérieur dans la théorie de la génération au XVIIIe siècle », *Archives de philosophie*, 50 (1987), p. 555-580.

3. Buffon, *De la Figuration des minéraux*, IR XXV, p. 11 : « Tous [les moules des artisans] ne sont qu'extérieurs et ne peuvent que figurer des surfaces, c'est-à-dire opérer sur deux dimensions ; mais l'existence du moule intérieur et son extension, c'est-à-dire ce travail de la nature dans les trois dimensions à la fois, sont démontrées par le développement de tous les germes dans les végétaux, de tous les embryons dans les animaux, puisque toutes les parties, soit extérieures, soit intérieures, croissent proportionnellement, ce qui ne peut se faire que par l'augmentation du volume de leur corps dans les trois dimensions à la fois » (cité par T. Hoquet, *Buffon : histoire naturelle et philosophie*, Paris, Honoré Champion, 2005, p. 427).

les qualités ou forces actives capables d'opérer au plus profond des corps. Du fait de cette analogie avec la pesanteur, il suffit d'établir la spécificité et l'irréductibilité de l'effet produit pour cerner l'unicité du principe causal correspondant. Ainsi se trouverait écartée toute éventuelle confusion qu'induiraient des associations injustifiées avec des idées incompatibles caractérisant la raison déterminante des phénomènes inorganiques. Le moule intérieur relève de la catégorie des « puissances actives de la Nature »[1], plus précisément du mécanisme des forces pénétrantes, dont la pesanteur relève également, mais de façon intrinsèquement distincte. Il renvoie également à une caractéristique des machines de la nature qui les distingue radicalement des machines fabriquées par l'homme. D'où la formule bien connue : « ces moules intérieurs, que nous n'aurons jamais, la Nature peut les avoir, comme elle a les qualités de la pesanteur, qui en effet pénètrent à l'intérieur [...] »[2].

La force agissant au plus profond des corps organiques est décrite par son effet général, qui exprime la somme indéfinie de ses effets particuliers ; et cet effet général réside dans l'organisation de la matière, c'est-à-dire dans l'assemblage de corps organisés accompli soit par la nutrition et le développement, soit par la reproduction. Cette force est présentée comme une puissance active qui consiste à produire de l'organique par une disposition ordinaire de la nature que seule la résistance de la matière peut limiter. Cette résistance serait en effet due à des « molécules brutes » qui ne peuvent s'insérer dans des organisations propres aux vivants et doivent donc être rejetées en cours même d'organisation et de développement[3]. La tendance à l'auto-organisation croîtrait exponentiellement si les êtres organisés ne se détruisaient mutuellement ; or, cette destruction se rattache fonctionnellement à l'assimilation des parties des uns par le tout des autres en une séquence équilibrée de destructions et de reproductions organiques.

Le moule intérieur est identifié à l'individualité organique elle-même en raison de sa faculté d'assimiler des molécules organiques vivantes, c'est-à-dire des sortes d'êtres vivants élémentaires dont la composition et les propriétés sont analogues à celles des microstructures organiques de l'être vivant entier[4]. En ce sens, Buffon fait correspondre le moule intérieur à la forme interne des corps organisés, c'est-à-dire à la configuration particulière des micro-parties qui le composent et forment

1. Buffon, IR II, p. 38 ; OP, p. 245a.
2. Buffon, IR II, p. 35 ; OP, p. 244a.
3. Buffon, IR II, p. 37-40 ; OP, p. 244b-245b.
4. Voir Buffon, IR II, p. 41-42 ; OP, p. 246a.

différentes machines de la nature minuscules, juxtaposées les unes aux autres conformément à l'unité constitutive de l'être vivant. C'est dans le cadre de cette organisation structurale que s'inscrit l'assimilation des molécules organiques vivantes provenant de l'extérieur : l'action des forces pénétrantes de l'organisation, diversifiée qualitativement suivant les molécules concernées, est en quelque sorte contrainte par les dispositions corrélatives de la structure organique existante. L'image qui vient à l'esprit pour illustrer ces déterminations structurales est celle d'un réseau d'unités de matière qui, dans une interaction dynamique, sous-tendent une masse organique et agrègent de nouvelles particules d'une composition appropriée, sur la matrice formée par ses composantes élémentaires. La biologie moléculaire nous a appris à concevoir la réplication de structures stériques complexes au moyen de microstructures qui gèrent l'assemblage et l'appariement des composants chimiques, comme c'est par exemple le cas avec les matrices d'ADN pour les voies de la biosynthèse. Ce parallèle, certes sujet à caution, peut du moins éclairer le fait que l'hypothèse de Buffon ait semblé audacieuse à certains de ses contemporains, enclins à rejeter toute possibilité de formation de structures organiques complexes par des moyens relevant des simples pouvoirs actifs de la nature [1].

À un second stade de son analyse, Buffon accorde le statut de moule intérieur à toute partie de l'être organisé complet semblable au tout auquel elle appartient et de ce fait capable de se développer à un moment donné en un être vivant autonome conformément au type original. Le modèle auquel il est fait allusion en l'occurrence est encore le polype d'eau douce de Trembley, dont le mode de reproduction se rapproche de celui des organisations végétales, telles celles du saule et de l'orme; la séparation de certaines parties du corps organique par segmentation peut

1. Buffon se refuse à admettre (IR II, p. 50-52; OP, p. 249a-b) la limitation des principes mécaniques conformément à une philosophie naturelle d'inspiration cartésienne : extension de la matière, impénétrabilité, mouvement, figure externe, divisibilité, transmission du mouvement par impulsion, action de ressorts, etc. Il tient compte de l'adjonction, parmi les principes, d'effets généraux– la gravité (ou pesanteur) – pour se faire l'avocat d'une stratégie d'extension à d'autres principes mécaniques : il s'agirait d'augmenter le nombre d'effets généraux considérés en tant que causes, en partant d'effets particuliers. Buffon en déduit une justification de son recours à un pouvoir actif d'organisation. Voir Buffon, IR II, p. 52-53; OP, p. 249b-250a : « J'ai admis dans mon explication du développement & de la reproduction, d'abord les principes méchaniques reçus, ensuite celui de la force pénétrante de la pesanteur qu'on est obligé de recevoir, & par analogie j'ai cru pouvoir dire qu'il y avoit d'autres forces pénétrantes qui s'exerçoient dans les corps organisez, comme l'expérience nous en assure. J'ai prouvé par des faits que la matière tend à s'organiser, & qu'il existe un nombre infini de parties organiques, je n'ai donc fait que généraliser les observations, sans avoir rien avancé de contraire aux principes méchaniques, lorsqu'on entendra par ce mot ce que l'on doit entendre en effet, c'est-à-dire, les effets généraux de la Nature ».

en effet entraîner la production d'autres petits polypes qui, à leur tour, se développent et se reproduisent [1].

> & si dans ce corps organisé, qui se développe par ce moyen [l'assimilation de parties organiques par l'action de la force pénétrante, suivant la forme intérieure du vivant], il se trouve une ou plusieurs parties semblables au tout, cette partie ou ces parties, dont la forme intérieure & extérieure est semblable à celle du corps entier, seront celles qui opéreront la reproduction [2].

À un troisième stade, la question se pose de savoir s'il est possible d'étendre le même modèle à des êtres vivants plus complexes, dont les parties – « différemment organisées » [3] – ne présentent pas, contrairement au polype, une homogénéité structurale et fonctionnelle, ni la capacité à produire de nouvelles parties entières. Dans ce cas, le corps organisé est composé de parties structuralement et fonctionnellement hétérogènes, ce qui dénote un plus haut degré de perfection, mais également une certaine restriction du pouvoir d'autoreproduction. Buffon adapte son hypothèse en présumant que la disposition à l'organisation dans l'être organisé complet favorise un processus multiple d'assimilation différentielle de molécules organiques dans les divers organes : cette assimilation s'accomplit, lorsque des molécules organiques spécifiques sont intégrées et conservées en raison de leur degré de similitude avec les parties internes des différents organes ; corrélativement, les molécules brutes qui ont été absorbées lors de la nutrition sont excrétées. Buffon finira par appliquer la notion de moule intérieur à chacune des parties organiques spécialisées qui détiennent un certain pouvoir de morphogenèse

1. T. Hoquet développe une interprétation relativement similaire. Voir T. Hoquet, *Buffon : histoire naturelle et philosophie*, p. 413-414 : « La notion de moule est ambiguë dans la mesure où on la retrouve à plusieurs niveaux. D'une part, Buffon la décrit comme le corps de l'animal. Mais d'autre part, c'est chacune des parties de l'animal qui va se présenter "comme autant de moules intérieurs". Pour lever cette première difficulté, il faut prendre garde que le *moule intérieur* pense la génération à partir du bouturage : les exemples qui reviennent sans cesse lors de l'élaboration de ce modèle sont le polype, le ver, le saule et l'orme.[…] Il n'aborde la reproduction de l'homme qu'en dernier et c'est par l'étude de la nutrition que Buffon va tenter d'expliquer aussi bien les régénérations que le bouturage. Cette théorie du bouturage conditionne l'idée d'un individu organique comme "un tout composé de parties organiques semblables" : "un orme n'est qu'un composé d'autres petits ormes" aussi bien que nous supposons qu'"un cube est composé d'autres cubes". La permanence de ce modèle indique que Buffon croise la qualité newtonienne de la force d'attraction comme force pénétrante qui agit à l'intérieur et une détermination leibnizienne monadique de l'individu comme individu d'individus à l'infini ».

2. Buffon, IR II, p. 46 ; OP, p. 247b.

3. Buffon. IR II, p. 48 ; OP, p. 248a.

développementale[1]. En résumé, la forme intérieure complète de l'animal opère des assimilations sélectives selon le modèle de différenciation et de spécialisation présent dans les minuscules machines de la nature que cette forme complète agrège et intègre. Il s'agit alors de concevoir par quel mécanisme, caché aux observateurs, de minuscules corps organiques semblables au corps initial peuvent s'assembler. Dans ce but, Buffon adapte une variante de la théorie hippocratique du *defluxus* à sa stratégie d'analyse de l'organisation vitale en tant qu'effet général. Un surplus des petites parties organiques attirées sélectivement vers les différents organes est sécrété dans une proportion relativement constante et recueilli dans des réservoirs organiques spécifiques. Ce surplus s'y assemble et s'y combine en un corps organisé semblable au tout par l'action convergente des forces organisatrices que ces molécules possèdent du fait des actions morphogénétiques que le corps organique complet exerce au cours de son développement[2].

Le chapitre IV de l'*Histoire générale des animaux* applique ce schéma théorique général à l'explication des divers modes de reproduction parmi les types supérieurs de corps organisés, notamment chez l'homme. Buffon fait une distinction entre les cas de reproduction asexuée et ceux impliquant la participation des deux sexes. Dans la parthénogenèse des pucerons, révélée par Charles Bonnet dans son *Traité d'insectologie* (1745), le processus se limite à une dérivation des molécules en excès, entraînant l'assemblage et la régénération complète des parties qui aboutissent au germe d'un nouveau puceron. La manière dont ce processus est présumé se dérouler correspond précisément au modèle général de dérivation et de formation organique secondaire auquel Buffon s'est rallié, après avoir adapté l'hypothèse du *defluxus* aux exigences du mécanisme des modernes. Mais le problème se complexifie en présence de modes de reproduction impliquant l'intervention de la sexualité : un corps organique unique ne suffit pas à servir de moule pour former le germe d'un vivant de même espèce. Buffon critique néanmoins les tentatives antérieures d'explication de la génération, centrées sur le cas complexe de l'homme : dans celles-ci, on n'a pas su tirer avantage d'un modèle plus général et plus inductif de la reproduction. Ce modèle émergerait de la combinaison d'une multitude d'effets particuliers, en particulier de ceux que révèlent les modes de réplication plus élémentaires d'êtres vivants

1. Voir Buffon, IR II, p. 55; OP, p. 250b : « [...les molécules organiques] qui sont les plus analogues à chaque partie du puceron ou de l'oignon, pénètrent ces parties qui sont autant de moules intérieurs différens les uns des autres, & qui n'admettent par conséquent que les molécules organiques qui leur conviennent [...] ».

2. Voir Buffon, IR II, p. 48-50; OP, p. 248a-249a.

se reproduisant à partir de l'ensemble de leurs parties constituantes. En définitive, l'argument consiste à proposer une analyse de la reproduction chez l'espèce humaine et les espèces animales les plus complexes qui la traite à l'instar d'une instanciation du modèle général déduit des modes de génération les plus élémentaires, tel celui du type polype.

S'agissant de reproduction bisexuée, les testicules et les vésicules séminales sont considérés comme des réservoirs naturels pour les molécules résultant du surplus organique, celles-ci étant destinées à subir l'action de forces pénétrantes qui se combinent pour assurer la production d'une nouvelle individualité vivante[3]. Or, cette combinaison ne peut s'accomplir que si la semence issue du mâle se mélange à celle de la femelle. On doit donc supposer des organes sexuels femelles capables d'assembler des molécules formatrices analogues à celles des mâles, mais dotées des caractères spécifiques de leur sexe. Buffon présume que l'embryon du nouvel organisme résulte de l'intégration de particules issues des deux sexes; la prévalence, quantitativement, de l'un des deux sous-ensembles de particules déterminerait le sexe du nouvel organisme ainsi formé[4].

> [Après le dépôt des molécules analogues aux composantes des diverses parties dans les testicules] cet extrait du mâle, étant porté dans l'individu de l'autre sèxe, se mêle avec l'extrait de la femelle, & par une force semblable à la première [la force d'assimilation aux divers organes], les molécules qui se conviennent le mieux, se réunissent & forment par cette réunion un petit corps organisé semblable à l'un ou à l'autre de ces individus, auquel il ne manque que le développement qui se fait ensuite dans la matrice de la femelle[5].

Cette hypothèse conduit Buffon à une interprétation particulière des données recueillies ou à recueillir. Ainsi, conformément à la conception selon laquelle les deux fluides fécondants fournissent des particules pour l'organisation vitale, les spermatozoïdes sont considérés, non comme des animaux *sui generis* en miniature, mais comme de petits corps organisés – « tout au plus, ils ne sont que la première réunion de ces parties organiques »[6] – dotés d'une certaine vitalité et dont les molécules constitutives devront nécessairement être réduites et recomposées pour s'intégrer à l'embryon de la nouvelle individualité organique. De même

3. Buffon attribue par conséquent la formation des organes sexuels à des processus de nutrition et de développement qui semblent être communs à tous les organismes.

4. Voir Buffon, IR II, p. 57-58; OP, p. 251a-b.

5. Buffon, IR II, p. 64; OP, p. 253b.

6. Buffon, IR II, p. 60; OP, p. 252a.

Buffon présume-t-il – contrairement à nombre d'anatomistes de son époque – que les femelles possèdent véritablement une humeur séminale et les organes nécessaires pour la produire : il associe cette sécrétion et la structure organique dont elle est issue aux ovaires et aux follicules de De Graaf chez les vivipares.

Pour étayer les implications de sa théorie et les vérifier expérimentalement, Buffon s'efforça de rassembler des données empiriques pertinentes, et il entreprit une série d'observations microscopiques pour confirmer ses hypothèses : d'où la série de recherches expérimentales dont il fait état au chapitre VI de l'*Histoire générale des animaux* [1] et dont la plupart ont été réalisées avec l'assistance de John Turberville Needham. Comme Phillip Sloan l'a montré [2], les observations microscopiques ainsi réalisées étaient remarquables pour l'époque, notamment en raison des pouvoirs de grossissement et de résolution très élevés du microscope de Culp que Needham utilisait. Cet instrument était, par exemple, nettement supérieur à celui dont Lazzaro Spallanzani s'est servi pour réfuter les micro-formations organiques assimilées à tort à des générations spontanées. En 1765, ce microscopiste devait remettre en cause – par ses expérimentations avec des flacons scellés et chauffés – l'hypothèse de la génération apparemment équivoque qui aurait sous-tendu l'épigenèse présumée de nouvelles entités organiques vivantes à partir de molécules organiques libérées par des végétaux ou des tissus animaux en décomposition [3]. En réalité, confrontées aux découvertes ultérieures des naturalistes, les observations de Buffon et de Needham leur avaient, semble-t-il, permis de déceler des bactéries, des organites ou des fragments cellulaires suffisamment petits pour y discerner l'effet du mouvement brownien. D'où l'interprétation donnée par Sloan de la preuve expérimentale :

> Les données disponibles […] permettent de penser que Buffon et Needham étaient fondés à tenir tête face aux critiques de Spallanzani. Si nul ne saurait prétendre que leurs observations *impliquaient* la théorie de la molécule organique ou celle de la génération spontanée, du moins *cadraient-elles avec* l'interprétation que Buffon en avait fournie : des particules atomiques et moléculaires invisibles s'assemblaient pour former une minuscule cellule embryonnaire visible, capable de mouvements spontanés [4].

1. Voir Buffon, IR II, p. 168-230.
2. Voir P. A. Sloan, « Organic molecules revisited », *in* J. Gayon (dir.), *Buffon 88*, Paris, Vrin, 1992, p. 415-438.
3. Voir L. Spallanzani, *Nouvelles recherches sur les découvertes microscopiques et la génération des corps organisés*, Londres-Paris, Lacombe, 1769 (originellement : *Saggio di osservazioni microscopiche concernenti il sistema della generazione*, Modena, 1765).
4. P. A. Sloan, « *Organic molecules revisited* », p. 434.

En guise d'étape préliminaire dans cette collecte de données empiriques, Buffon chercha à prouver, dans le droit fil de la perspective théorique qu'il avait ébauchée en premier, que son système contribuait à combler les lacunes des autres systèmes de la génération, corrigeait leurs erreurs et rendait compte de faits avérés qui tendaient à faire obstacle à l'acceptation du préformationnisme – par exemple la ressemblance héritée des deux parents et autres phénomènes héréditaires que Maupertuis analysait déjà dans sa *Vénus physique*. L'exposé théorique de Buffon tend par conséquent à se centrer sur une chaîne continue d'analogies, garantes de l'intelligibilité et de la pertinence supérieure de son modèle. Tel est le cas, par exemple, des deux premières raisons invoquées à l'appui de l'hypothèse qu'il avance [1] : d'une part, l'analogie entre croissance et reproduction, les deux processus se fondant sur une assimilation similaire de molécules organiques constitutives ; d'autre part, l'analogie entre nutrition et reproduction, les molécules organiques étant, dans l'un et l'autre cas, sujettes à un assemblage semblable, conforme à la configuration interne – au moule intérieur – des organismes concernés. Ainsi le moule intérieur symbolise-t-il les pouvoirs actifs inhérents aux molécules organiques qui se réunissent dans des configurations distinctes selon les types d'êtres vivants.

Après avoir réalisé avec Needham ses observations cruciales sur les « animalcules des infusions », sur les « animalcules spermatiques » et sur les constituants de la semence femelle, Buffon reconsidéra les éléments de son système dans la *Récapitulation*, datée du 27 mai 1748, qui clôt le second volume de l'*Histoire naturelle* [2].

Dans la *Récapitulation*, l'opposition à la préformation et à la préexistence de germes emboîtés à l'infini repose sur le concept d'une « matière organique toûjours active, toûjours prête à se mouler, à s'assimiler & à produire des êtres semblables à ceux qui la reçoivent » [3]. Dans cette perspective, le moule intérieur se résume à la forme interne d'un être vivant constitué par l'intégration de ses parties organiques, lesquelles se forment par la combinaison d'éléments moléculaires originels. Le moule symbolise une machine de la nature qui est organique jusque dans ses moindres composantes, à défaut de l'être à l'infini conformément au modèle leibnizien sur ce point : cette machine possède le pouvoir de s'autoproduire au cours d'un développement qu'elle opère par ses propres

1. Voir Buffon, IR II, p. 66 ; OP, p. 254a.

2. Buffon devait se livrer à un exercice de synthèse similaire dans la *Première Vue* (1764) et la *Seconde Vue* (1765) ; il y développait certains aspects des polémiques majeures suscitées entre temps par son hypothèse.

3. Buffon, IR II, p. 426 ; OP, p. 289a-b.

forces, interagissant avec celles de molécules exogènes. Par la suite, la matrice organisatrice continuerait de fonctionner dans chaque être vivant organisé et dans l'interaction globale de ces êtres. Si des individualités organiques se créent et sont détruites en permanence, il y a du moins continuité dans la série germinale selon les formes d'organisation et de développement découlant de modes d'assimilation spécifiques à l'espèce. Par conséquent, l'ordre de la nature vivante demeure et se reproduit constamment, à l'instar des forces vives de la physique leibnizienne après l'invention de la dynamique, à la fin des années 1680, l'incarnation de celles-ci dans des corps organiques variant constamment et se maintenant en vertu d'un principe d'unité architectonique [1]. Selon la perspective ouverte par Leibniz, ce principe d'unité architectonique résiderait dans les monades dominantes, lesquelles exprimeraient l'ordre d'intégration de monades subordonnées ; et les relations systémiques qui en découleraient entre les unités monadiques seraient à leur tour reflétées dans l'économie des corps organiques vivants et dans l'intégration structurale et fonctionnelle de corps organiques encore plus élémentaires dont ces corps de niveau supérieur sont composés. Dans la théorie élaborée par Buffon, l'unique cause à considérer est d'emblée la « matière organique et productive » [2], mais cette matière organique et productive s'assemble de diverses manières selon les dispositions dynamiques réunies dans les êtres organiques déjà formés : ceux-ci servent alors de moules intérieurs de différents types suivant les différentes espèces d'animaux et de végétaux. Dans ce contexte, Buffon admet une multitude de formes d'organisation vitale, depuis les variétés infinies de molécules organiques vivantes simples qui échappent à l'observation microscopique, jusqu'aux formes supérieures d'organisation végétale et animale proprement dite, en passant par des agrégations vitales imparfaites qui manifestent une certaine vitalité, même si celle-ci ne se traduit pas en de véritables processus fonctionnels – dans ces cas intermédiaires, nous aurions affaire à des organisations vitales de type inférieur, à peine observables. C'est précisément dans le but d'identifier celles-ci et leurs modes de transformation que Buffon et Needham avaient entrepris les séries d'observations microscopiques que, par la suite, Needham devait poursuivre seul. D'où l'argument synthétique figurant dans la *Récapitulation* :

1. Les forces vives et le principe général de conservation de l'action formelle, qui étaient au cœur de la dynamique considérée en tant que science nouvelle de la puissance et de l'action, ont joué un rôle significatif dans l'évolution de la notion leibnizienne d'être vivants en tant que machines de la Nature pourvues de corps organiques. Voir F. Duchesneau, *Leibniz. Le vivant et l'organisme*, p. 92-97.

2. Buffon, IR II, p. 422 ; OP, p. 287a-b.

> Lorsque cette matière nutritive & productive, qui est universellement répandue, a passé par le moule intérieur de l'animal ou du végétal, & qu'elle trouve une matrice convenable, elle produit un animal ou un végétal de même espèce ; mais lorsqu'elle ne se trouve pas dans une matrice convenable, elle produit des êtres organisez différens des animaux & des végétaux, comme les corps mouvans & végétans que l'on voit dans les liqueurs séminales des animaux, dans les infusions des germes des plantes, &c. [1]

Dans la reproduction animale bisexuée, les fluides séminaux contiennent des « corps mouvants et végétants » qui se décomposent en libérant des molécules organiques : celles-ci peuvent alors donner lieu à certaines combinaisons vitales spécifiques qui nous mènent à des niveaux supérieurs d'organisation. La décomposition organique entraîne une dynamique vitale extrême des petites particules libérées, comme on peut l'observer lors de la décomposition de structures organiques dans les infusions de germes végétaux ou de tissus animaux. Il s'ensuit un potentiel considérable dans ces particules pour une restructuration vitale conformément à l'empreinte interne des organismes reproducteurs. Les conditions dans lesquelles les expériences sont réalisées – notamment les circonstances entourant le processus organisateur – peuvent par analogie révéler comment des effets structurants sont susceptibles de présenter un caractère accidentel ou pathologique, voire d'aboutir à des productions relativement spontanées de parasites et d'autres organismes de type microscopique [2]. En pareils cas, Buffon tendait à écarter l'hypothèse de générations équivoques au sens strict, sachant que des séries continues de moules sont censées intervenir aux différents paliers de l'organisation vitale, par une sorte de pré-ordonnancement contingent de forces organiques disponibles. On aurait donc effectivement affaire à une sorte de pré-délinéation ou de préformation, puisque les forces concernées enveloppent leurs effets avant que ceux-ci ne surviennent et que ces effets contribuent réciproquement à les entretenir en permanence. Mais il s'agirait d'un pré-ordonnancement contingent, car la diversification des effets produits procéderait de conjonctions variables de conditions affectant la

1. Buffon, IR II, p. 420-421 ; OP, p. 287a.

2. Voir Buffon, IR II, p. 423-424 ; OP, p. 288a : « Lorsque cette matière organique & productive se trouve rassemblée en grande quantité dans quelques parties de l'animal, où elle est obligée de séjourner, elle y forme des êtres vivans que nous avons toûjours regardez comme des animaux, le tænia, les ascarides, tous les vers qu'on trouve dans les veines, dans le foie, &c., tous ceux qu'on tire des plaies, la plûpart de ceux qui se forment dans les chairs corrompues, dans le pus, n'ont pas d'autre origine ; les anguilles de la colle de farine, celles du vinaigre, tous les prétendus animaux microscopiques ne sont que des formes différentes que prend d'elle-même, & suivant les circonstances, cette matière toûjours active & qui ne tend qu'à l'organisation ».

structuration organique : pour chaque génération, la morphogenèse serait de nouveau déclenchée en fonction des moules disponibles, ce qui à son tour pourrait susciter d'autres variations internes.

Lorsqu'en 1764 Buffon aborda de nouveau cette question dans la *Première Vue*, il situa évidemment ce pré-ordonnancement contingent dans l'interaction des forces vives sous-tendant les molécules organiques et déterminant les conditions de leur « animation ». Nous sommes alors derechef en présence d'un système théorique partiellement néo-leibnizien, même s'il intègre des éléments de physique newtonienne dans l'analyse des phénomènes :

> Les effets de cette puissance [de la nature] sont les phénomènes du monde ; les ressorts qu'elle emploie sont des forces vives, que l'espace et le temps ne peuvent que mesurer & limiter sans jamais les détruire ; des forces qui se balancent, qui se confondent, qui s'opposent sans pouvoir s'anéantir : les unes pénètrent & transportent les corps, les autres les échauffent & les animent ; l'attraction & l'impulsion sont les deux principaux instrumens de l'action de cette puissance sur les corps bruts ; la chaleur & les molécules organiques vivantes sont les principes actifs qu'elle met en œuvre pour la formation & le développement des êtres organisés [1].

Comme le suggère Shirley Roe [2], cet énoncé pourrait laisser croire à un renforcement de l'option matérialiste de la part de l'auteur, mais, en réalité, Buffon insiste sur la présence d'un niveau profond dans l'ordre de la nature qui correspond au système des forces vives : à l'évidence, cette formulation montre un certain ralliement à l'idée d'une dynamique spécifique dans l'ordre des corps impliquant un potentiel d'organisation, d'harmonie et d'intégration [3] : les forces vives responsables *sui generis* du système mécanique de la Nature rendraient compte de l'ordre des phénomènes vitaux par le biais de molécules organiques animées sous l'influence de la chaleur. Idée assez leibnizienne en vérité, quoique passablement modifiée et matériellement transposée !

Cette thèse devait évoluer sensiblement l'année suivante, dans la *Seconde Vue*. Cette fois, les molécules organiques sont présentées comme « relatives, & pour l'action & pour le nombre, aux molécules de la

1. Buffon, *Première Vue*, IR XII, p. III-IV ; OP, p. 31a.

2. Voir S. A. Roe, « Buffon and Needham : diverging view on life and matter », *in* J. Gayon (dir.), *Buffon 88*, p. 439-450.

3. T. Hoquet, *Buffon : histoire naturelle et philosophie*, p. 448, a tendance à se ranger à cet avis : « [...] Le système de Buffon suppose une matière active, disposant d'une puissance d'information des molécules (qui leur transmet l'habitude des corps) et d'auto-organisation, de forces d'affinité. Par là, Buffon propose une synthèse originale entre l'attraction newtonienne et le dynamisme leibnizien ».

lumière qui frappent toute matière & la pénètrent de leur chaleur »[1] Le texte implique un réexamen des principes qu'il convient d'admettre pour expliquer les phénomènes de la nature. Ces principes imposent d'élargir les catégories du mécanisme classique en vue d'identifier les « effets généraux » considérés comme des causes. Parmi ces effets généraux, Buffon se focalise sur la « mécanique du ressort », car il pense qu'elle peut permettre d'expliquer par un principe interne la dynamique inhérente aux corps. Il établit alors un lien entre ce principe interne et une modalité spécifique d'attraction opérant au sein des masses et déterminant la cohésion de leurs parties constituantes. Nul doute qu'il s'agisse là d'un sens plus empiriste, et plus newtonien, de la notion de « force vive », mais assorti d'un potentiel de généralisation dépendant d'un système métaphysique qui dépasse les contraintes méthodologiques imposées par une philosophie expérimentale de style newtonien. En témoigne la phrase finale, qui renvoie à une hypothèse susceptible de simplifier l'ordre présumé de la nature en le faisant dépendre d'un système unique de forces animant toutes les machines de la nature, incluant en premier lieu celles que nous identifions au vivant : « [...] une seule force est la cause de tous les phénomènes de la matière brute, & cette force réunie avec celle de la chaleur, produit les molécules vivantes desquelles dépendent tous les effets des substances organisées »[2].

Dans la série d'arguments que développe la *Seconde Vue* (1765), Buffon préfère mettre l'accent sur la spécificité de l'ordre organique, une fois les molécules organiques vivantes advenues à l'existence. La destruction incessante des vivants provoquerait une ré-assimilation des molécules organiques libérées au sein d'organismes assumant la fonction de moules intérieurs et aptes à produire des êtres organisés de même espèce. La formule choisie pour qualifier la permanence d'une quantité déterminée de matière organique renvoie aux particules élémentaires constantes dans lesquelles cette matière peut se décomposer ; dans le même temps, la variété des organisations complexes qui en sont issues est attribuée à certains « moules, capables de se l'assimiler, qui se détruisent

1. Buffon, *Seconde Vue*, IR XIII, p. VI ; p. OP, 37a-b. Curieusement, Buffon, lecteur attentif de l'*Istoria della generazione dell'uomo e degli animali* de Vallisneri (1721), semble faire sienne la doctrine du *lume naturale*, développée par Francesco Maria Nigrisoli dans ses *Considerazioni intorno alla generazione de' viventi* (1712) et qu'Antonio Conti avait mise en pièces au motif que la préformation et la préexistence de germes emboîtés seraient plus intelligibles. Voir F. Duchesneau, « Conti's conjectures in Vallisneri's *Istoria* », *in* D. Generali (a cura di), *Antonio Vallisneri. La figura, il contesto, le immagini storiografie*, Firenze, L. S. Olschki, 2008, p. 195-221.

2. Buffon, IR XIII, p. XX ; OP, p. 41b.

et se renouvellent à chaque instant »[1]. À cette proposition Buffon ajoute la précision suivante : « & ce nombre de moules ou d'individus, quoique variable dans chaque espèce, est au total toujours le même, toujours proportionné à cette quantité de matière vivante »[2]. Le principe vital permanent résiderait donc dans les éléments les plus indestructibles de l'ordre organique qui sont en même temps les ingrédients simples et les agents élémentaires de la vie. On pourrait voir là une sorte de transposition matérialiste de substances corporelles élémentaires de type monadique selon des notions inspirées de Leibniz, mais s'appliquant dans un contexte de transformations morphogénétiques constantes. Et cela fournirait un cadre théorique pour une interprétation épigénétique des processus causaux, tels qu'ils interviennent dans la reproduction des formes de vie.

En définitive, la critique de la notion de monade qu'opère Maupertuis rejoint l'analyse que Condillac en fournit dans le *Traité des systèmes*. Cette critique cible une aporie : la monade leibnizienne serait d'une part la composante élémentaire des corps, d'autre part le sujet dans lequel se produirait la représentation de ces corps comme phénomènes. Selon Condillac, les changements internes des monades ainsi conçues comporteraient un rapport déterminé aux changements affectant l'organisation et l'interaction des corps. Ainsi les monades, combinant leurs forces propres par agrégation, rendraient compte des rapports de force motrice et d'inertie entre les corps, voire entre les éléments de ceux-ci. Le lien de la monade dominante à son corps organique renverrait de fait à un corps organique minimal dont cette monade unifierait et coordonnerait les éléments monadiques constituants. L'attribution que l'on fait à la monade d'une propriété essentielle de perception résulterait de l'expérience subjective du pouvoir de représentation et l'on y associerait le déploiement de la force dans et par les corps organiques, comme ensembles ou agrégats de phénomènes. On étendrait par analogie la capacité perceptive et les effets qui s'y rattachent aux êtres phénoménaux qui nous ressemblent. Même si l'on présume d'une extension de la force à l'infinité des éléments de la nature, l'on ne saurait accorder pour autant à ces éléments une capacité effective de représentation qui s'étendît à l'infini. Nous assistons de fait à une « naturalisation » de la monade, comme principe de composition et d'effets moteurs au sein des corps

1. Buffon, IR XIII, p. IX ; OP, p. 38a.
2. Buffon, IR XIII, p. IX ; OP, p. 38a.

organiques ; la perception n'apparaît plus que comme une propriété émergeant de la combinaison de certains éléments. On ne peut au mieux que supposer dans ces éléments une raison suffisante inconnue de la perception ainsi comprise.

S'inspirant d'un modèle monadologique ainsi révisé, Maupertuis va progressivement l'appliquer à l'analyse de la formation et de la reproduction organique. Dans la *Vénus physique*, il restaure l'épigenèse et tente de fournir une explication de la structuration agrégative et de la réplication avec variation des corps organisés vivants. La raison suffisante avancée, la « mécanique intelligible » évoquée, tiendrait à une sorte d'instinct dont seraient dotées les particules séminales et qui en produirait l'assemblage et l'organisation. La place et le rôle de monade dominante seraient assumés par une partie indivisible du corps qui constituerait l'essence de l'animal et posséderait le potentiel d'en déterminer les structures et les fonctions en s'agrégeant d'autres parties de capacité analogue ou complémentaire. Le *Système de la nature* détaille les caractéristiques du modèle monadologique ainsi esquissé. Comme l'organisation vitale suppose une intelligence architectonique, le pouvoir d'épigenèse doit correspondre à l'analogue d'un pouvoir de perception et d'appétition dans les éléments physiques impliqués, pouvoir qui se déploie en désir, aversion et mémoire organiques. L'ordre des perceptions élémentaires fournit un principe de conservation sous-tendant l'ordre variable des composés. Ainsi l'émergence des fonctions physiologiques et psychiques serait-elle la résultante de combinaisons déterminées par l'interrelation des éléments et leur potentiel de perception. La sommation des perceptions élémentaires permettrait cette émergence de processus de degrés supérieurs en vertu de l'organisation architectonique des corps. Dans ce modèle, tout repose sur une équation entre monades et éléments de la combinatoire matérielle organique et sur une transformation de la perception en propriété physiologique [1].

Pour sa part, Buffon étaie sa théorie de la génération sur une représentation des corps organiques. Il analyse ces corps comme machines de la nature, formées de composantes elles-mêmes organiques.

1. Cette conclusion recoupe le propos d'Yvon Belaval, *Études leibniziennes*, Paris, Gallimard, 1976, dans le chapitre qu'il consacre à la perception (p. 142-171). Il s'y intéresse à la compréhension de la notion de monade qu'expose le *Système de la nature* de Maupertuis et à la transposition de cette lecture de Leibniz chez Diderot. Il écrit ainsi (p. 168), à propos du *Rêve de d'Alembert* : « En lui, par toutes sortes de détours, le "point animé" de Leibniz devient ce "point vivant" auquel s'appliquent d'autres points vivants pour constituer un organisme ; le point vivant est doué d'une "sensibilité pure et simple, un toucher" qui se diversifie en perceptions différentes ; cette sensibilité universelle est essentielle à la matière ».

Une régression analytique appliquée à ces composantes nous mène à des molécules spécifiques : éléments primordiaux des êtres vivants, ces molécules sont dotées de forces dont la combinaison est susceptible d'engendrer les corps organisés proprement dits et de causer l'émergence de leurs propriétés fonctionnelles. La nature nous fournit des modèles de ce type d'organisation chez les végétaux, mais aussi chez les invertébrés, tel le polype de Trembley. L'individualité totale de tels vivants semble constituée des germes d'une multitude d'individus capables de reproduire l'organisation du tout auquel ils appartiennent. Les molécules organiques ne sauraient résulter de principes inorganiques et sans doute peut-on considérer qu'elles impliquent en elles-mêmes la raison déterminante des organisations complexes qui en résultent. L'hypothèse des « moules intérieurs » en fonction desquels les molécules organiques s'associeraient par intégration de leurs forces et de leurs dispositions fonctionnelles respectives sert à construire divers modèles des processus générateurs suivant les espèces concernées. Le moule intérieur exprime l'ordre même régissant l'organisation structurale et fonctionnelle du vivant et corrélativement les pouvoirs actifs de la nature qui en déterminent la production. Il s'agit bien de postuler la formation des êtres vivants par épigenèse, mais par une épigenèse formellement orientée selon le plan architectonique correspondant aux types d'individualités à produire. Les divers modèles suivant lesquels se décline le pouvoir organisateur des molécules organiques réunies en moules permettraient ainsi de rendre compte des modes de reproduction des corps organisés les plus complexes. Buffon en infère un jeu d'analogies : celles-ci sous-tendent des concepts explicatifs qu'il confronte aux données empiriques disponibles, lesquelles constituaient, selon lui, des pierres d'achoppement pour les hypothèses adverses. Certes, les processus de formation et de fonctionnement des corps organisés dérivent des forces animant la matière organique depuis les molécules qui la constituent. À ce titre, ces processus sont soumis aux lois d'un mécanisme spécial immanent aux vivants dans leur constitution même. Plus fondamentalement, ces lois semblent impliquer l'animation des vivants par les forces vives de leurs molécules constituantes. Il y a là comme une transposition de notions leibniziennes, transposition aboutissant à l'idée d'un système d'agents élémentaires de la vie dont les multiples transformations et intégrations fourniraient la raison déterminante des phénomènes propres aux vivants.

CHAPITRE V

NEEDHAM. FORCES ET FORMES DE L'ORGANISATION VITALE

Observateur remarquable des zoophytes et des infusoires, collaborateur majeur de Buffon à l'époque où celui-ci développait sa théorie de la génération, promoteur de l'épigenèse contre le préformationnisme dominant, John Turberville Needham (1713-1781) mena une carrière de philosophe des Lumières. Suivant l'interprétation suggérée par Marta Stefani [1], sans doute faut-il tenir les recherches empiriques exemplaires réalisées par l'abbé Needham pour indissociables d'un cadre théorique qui sert à en justifier *a posteriori* les inférences et à en généraliser la portée. De fait, les inférences qu'il tire de ses observations déterminent l'orientation méthodologique et les schèmes de conceptualisation de son « système » – terme qu'il ne récuse aucunement. Certes, Needham, se référant surtout à ses premiers travaux, nous convie à une dissociation stricte des volets empirique et théorique de son œuvre. L'épistémologie qu'il professe justifie un programme de recherche sur les vivants élémentaires mené selon une méthode strictement inductive. Mais pouvons-nous prendre au pied de la lettre de telles professions d'empirisme scientifique ? Sa méthode pouvait-elle lui interdire tout recours à des hypothèses et à des modèles analogiques dans l'analyse des données d'observation ; pouvait-elle lui garantir un accès purement inductif aux lois régissant les phénomènes vitaux ? Sur cette base, aurait-il pu constituer un « système

1. M. Stefani, *Corruzione e generazione. John T. Needham e l'origine del vivente*, Firenze, L. S. Olschki, 2002, p. 14 : « Uno sguardo retrospettivo che si soffermi sul progressivo costituirsi delle riflessione del microscopista inglese permetterà, infatti, di cogliere, con maggior chiarezza di quanto non sia avvenuto in passato, come esperienze e osservazioni non abbiano semplicemente (parafrasando Spallanzani) "fiancheggiato" un sistema precedentemente architettato, ma profondamente determinato e orientato l'elaborazione e l'architettura del sistema stesso ».

de la nature » de valeur positive qui contrastât avec les constructions stériles et vaines d'une métaphysique périmée, celle à laquelle il rattache, par exemple, les thèses sur la préexistence de germes dûment constitués ? À l'évidence, l'œuvre de Needham est de structure plus complexe que ne peuvent le laisser supposer ses propres justifications et les distinctions tranchées entre conjectures et observations que les interprètes ont souvent tenu à y découvrir. On s'est ainsi parfois employé à départager les contributions positives aux sciences naturelles qu'on lui devrait par ses observations, des explications erronées dont il les aurait coiffées et que la postérité a souvent considérées comme de ténébreuses spéculations. Lazzaro Spallanzani et Charles Bonnet souligneront ainsi l'immense talent du naturaliste observateur, tout en déplorant son inadmissible système d'explications, axées sur l'épigenèse et susceptibles, à ce titre, de fournir des armes au matérialisme et à l'athéisme. Des critiques plus idéologues, tels Voltaire et Joseph-Adrien Lelarge de Lignac, n'hésitent pas pour leur part à tourner en ridicule ce qu'ils tiennent pour d'absurdes et confuses doctrines. Les contributions métaphysiques de Needham auraient ainsi visé à concilier l'inconciliable, à savoir l'émergence des formes vivantes à partir des puissances mêmes de la nature physique et un ordre téléologique de cette nature, incarné de façon particulière dans la sensibilité animale et l'intelligence humaine et répondant à un dessein transcendant d'harmonie. À la lumière des données empiriques qui les corroboraient, les concepts needhamiens n'ont-ils pas servi de prétexte aux schèmes explicatifs qu'en ont dérivés les matérialistes des Lumières, tels Diderot et d'Holbach ? Certes, de telles interprétations peuvent comporter une part de fondement. Needham a lui-même reconnu que son système, mal compris, pouvait rebuter des esprits peu enclins aux considérations abstraites de la métaphysique : aussi s'est-il vu contraint de contester l'utilisation biaisée de ses propres thèses philosophiques par les matérialistes, comme en témoignent ses échanges épistolaires, notamment avec Albrecht von Haller et Bonnet, et sa contribution critique et défensive à *La Vraie Philosophie*, ouvrage apologétique de l'abbé Blaise Monestier contre le matérialisme à la façon d'Holbach [1].

À mon avis, il vaut sans doute la peine de reconstituer, en sa teneur propre, à la fois empirique et théorique, le modèle significatif et original de l'être vivant selon Needham. Pour cela, surmontons la dichotomie épistémologique tranchée entre faits d'expérience et hypothèses interprétatives que les contemporains et la tradition ont surimposée à la lecture des

1. Voir B. Monestier, *La Vraie Philosophie*, Bruxelles, Valade, 1774 ; la Note de Needham y figure, p. 460-470.

œuvres de Needham. Si l'on accentuait cette dichotomie, les expériences de Spallanzani, par exemple, se substituant à celles de Needham, et visant à contrer tout soupçon de génération spontanée, apparaîtraient réfuter de façon définitive la théorie épigénétique avancée dans les *Nouvelles Observations microscopiques* (1750) et qui visait à expliquer la formation des « animalcules » des infusions. Une telle réfutation supposerait qu'il fût possible de transcrire les données d'observation en un système de propositions sans connotations analogiques et sans schèmes d'interprétation outrepassant les conditions de l'expérience. Cette lecture constituerait une forme de reconstruction basée sur des schèmes historiquement postérieurs référant à une hypothétique expérience cruciale.

Dans l'enquête constructive, nous verrons ce que le modèle de Needham, tout original qu'il est, doit à un système de la nature inspiré de Leibniz : ce système lui semblait fournir des concepts intégrables à sa nouvelle vision épigénétique. Il accorde donc un traitement spécifique à ces concepts qu'il croit pouvoir réviser, reconstruire et annexer pour partie. Ils servent à fonder son analyse des phénomènes de la végétation organique, car ils éclairent et justifient *a posteriori* la théorie des forces naturelle qui en est le fondement. Needham a aussi intégré à son hypothèse relative à la structuration et aux métamorphoses organiques des éléments de doctrine qui provenaient de Buffon, lui-même fortement marqué par des schèmes conceptuels néo-leibniziens. Or, se fondant sur les expériences réalisées en commun et celles poursuivies pour son propre compte, Needham a entrepris de corriger les équivoques qu'avaient pu susciter les concepts clés de la théorie de la génération exposée dans le tome II (1749) de l'*Histoire naturelle générale et particulière*. Il comptait ainsi s'élever à une plus grande généralité et à une plus grande systématicité dans l'explication de la génération : il envisageait une avancée théorique à réaliser par-delà l'hypothèse développée par Buffon pour expliquer causalement les phénomènes de la génération animale. Les concepts que Needham élabore pour représenter l'échelle des formes de vie ont ainsi pu influer sur le renversement de tendance au sein des théories de la génération auquel on assiste en ce milieu du XVIIIe siècle, et contribuer, de façon significative au remplacement de formes tardives du préformationnisme, présentes chez Haller et Bonnet, par des modalités d'épigenèse apparentées à celle que Caspar Friedrich Wolff promeut dans sa *Theoria generationis* (1759) et ses écrits subséquents. Or, il y a sans doute plus à découvrir dans la philosophie naturelle de Needham, car il s'y esquisse une conception originale des « lois » de l'organisation vitale en corrélation avec la quête d'un fondement théorique de l'épigenèse.

1. Le rapport déclaré à Leibniz [1]

Needham aurait écrit à Joseph Berington, le 12 février 1772, qu'il n'avait point lu Leibniz avant de procéder à la série d'expériences qu'il réalisa avec Buffon et avant de formuler son propre système [2]. Certes, cela ne saurait écarter l'hypothèse d'une connaissance indirecte. Cette allusion pourrait suggérer que Buffon lui-même aurait indiqué à Needham l'intérêt de certains concepts leibniziens, vu ses propres préoccupations théoriques et méthodologiques et l'influence des conceptions de Bourguet dans la genèse des idées exposées sur la génération dans l'*Histoire naturelle*. Comme Shirley Roe et Renato Mazzolini le soulignent, Needham a sans doute acquis une connaissance au moins générale de la pensée leibnizienne au fil de ses recherches et des échanges auxquels il a participé.

Dans cette perspective, il apparaît compréhensible que Needham ait revendiqué l'originalité et la spécificité de son propre « système », eu égard aux sources philosophiques auxquelles il aurait puisé. En témoignent les *Nouvelles Observations microscopiques* (1750) où il déclare :

> Ceux qui n'ont pas une connoissance exacte & distincte de ce que Platon, Cudworth, Grew, Mallebranche, Leibnitz, Berkeley & Pope ont écrit, particulierement sur cette partie de la philosophie, où les puissances physiques les plus élevées commencent à s'allier avec les dernieres causes métaphysiques, diront indifféremment, selon que les pensées de quelques-uns de ces sçavans seront alors présentes à leur esprit, que je n'ai fait que renouveller les idées de tel ou tel Philosophe, qui n'ont jamais été universellement reçues, & qui sont maintenant presque oubliées. […] Il est vrai que mon système paroît avoir & a en effet quelque chose de ceux de tous ces Philosophes, mais cependant il en est fort différent. Je l'ai formé d'après l'observation directement, sans aucune vuë particuliere, & j'ai été conduit à quelques vérités générales que tous ces Auteurs avoient apperçues [3].

Comparons cette déclaration aux thèses particulières que Needham intègre, dans le cadre même des *Nouvelles Observations*, à son système empiriquement fondé ou présumé tel. On peut alors y découvrir la prévalence d'analogies positives avec les lignes de force du système

1. Une partie de ce chapitre a fait l'objet de prépublication, voir F. Duchesneau, « L'ordre naturel selon Needham : métaphysique et philosophie expérimentale », *in* P. Girard, C. Leduc et M. Rioux-Beaulne (dir.), *Les Métaphysiques des Lumières*, Paris, Classiques Garnier, 2016, p. 155-170.

2. Voir S. Roe, R. Mazzolini, *Science against the Unbelievers : The Correspondence of Bonnet and Needham, 1760-1780*, Oxford, Voltaire Foundation, 1986, p. 59, n. 4.

3. J. T. Needham, *Nouvelles Observations microscopiques avec des découvertes intéressantes sur la composition & la décomposition des corps organisés*, Paris, Chez Louis-Étienne Ganeau, 1750 (cité NO), § 31, p. 261-263.

leibnizien de la nature, par contraste avec tout autre apparentement, y compris la théorie des natures plastiques et des principes de vie héritée des Néoplatoniciens de Cambridge, Henry More et Ralph Cudworth, remises en scène quelques décennies plus tôt par les soins de Jean Le Clerc, y compris celle de Nehemiah Grew exposée dans la *Cosmologia sacra* (1701), auxquelles Needham ne craint pas de se référer. Cette prévalence du modèle leibnizien se trouve confirmée par la reprise de l'argumentation dans les écrits postérieurs.

Un approfondissement important du lien au leibnizianisme se manifeste dans les Notes ajoutées aux *Nouvelles Recherches sur les découvertes microscopiques et la génération des corps organisés* de Spallanzani. En 1769 en effet, Needham n'hésite pas à lier son propre système aux thèses fondamentales de Leibniz sur le système de la nature, à savoir le modèle monadologique des substances actives, l'analyse des réalités phénoménales suivant nos capacités cognitives et la corrélation de celles-ci au mode d'organisation des corps organiques complexes. Ainsi professe-t-il au sujet de son système :

> Que l'on examine bien ce systême, on lui trouvera de la conformité avec la bonne métaphysique ; j'entends celle de *Leibnitz*, qui traite l'essence primitive de la matiere, & la nature de ses principes. Selon ce Philosophe, ces principes simples & inétendus, comme causes, sont actifs par essence, & produisent par leur action & réaction combinées, les phénomenes de l'étendue solide, du mouvement, de la figure & de la divisibilité ; phénomenes que nous n'appercevons que dans nous-mêmes par les effets qu'ils produisent intérieurement, & qui ne sont que relatifs à notre systême organisé & à la nature de nos connoissances [1].

C'est dans ce contexte que Needham fait spécifiquement référence aux *Institutions leibnitiennes, ou Précis de la monadologie* (1767) de Pierre Sigorgne [2] comme à un exposé exemplaire des thèses métaphysiques de Leibniz, susceptible notamment de contrer les arguments des sceptiques, tel Berkeley, concernant les fondements de la réalité matérielle et la constitution réelle des divers corps de la nature, suivant ce que peuvent nous en révéler nos pouvoirs de connaissance [3]. Or, l'on sait que cette

1. L. Spallanzani, J. T. Needham, *Nouvelles Recherches sur les découvertes microscopiques et la génération des corps organisés*, Londres-Paris, Chez Lacombe, 1769 (cité NR), I, p. 146.

2. P. Sigorgne, *Institutions Léibnitiennes ou Précis de la monadologie*, Lyon, Chez les Freres Perisse et à Paris, Chez Saillant, 1767.

3. Voir NR, I, p. 147 : « Ceux qui peut-être ne connoissent pas encore assez la Philosophie de Leibnitz peuvent jetter les yeux sur les *Institutions Leibnitiennes, ou Précis de la Monadologie*. C'est l'ouvrage d'un Philosophe célebre & profond, M. l'Abbé *Sigorne*. Je pense qu'il est impossible à celui qui aura la force d'esprit nécessaire pour saisir cette Métaphysique sublime,

publication avait précisément outré Bonnet qui avait cru y retrouver, non l'expression des thèses du Leibniz historique, mais les siennes propres relatives aux corps organisés. Retenons simplement, sous bénéfice d'inventaire plus précis, que les *Institutions leibnitiennes* représentent une version du leibnizianisme particulièrement propice aux rapprochements scientifiques auxquels des naturalistes comme Bonnet et Needham rattachent l'exposition de leurs vues sur le système de la nature.

Dans le même contexte, Needham confirme qu'une référence leibnizienne dominante contribue à fonder sa conception des agents réels à l'arrière-plan des réalités phénoménales. La monade leibnizienne, selon Needham, est un principe simple et inétendu, actif par essence et dont l'activité se déploie en action et réaction combinées. À ce titre, la monade apparaît apte à rendre compte causalement des propriétés phénoménales des corps : étendue, solidité, figure, mouvement et divisibilité. Ces propriétés phénoménales se présentent en effet comme des effets des principes actifs de l'ordre naturel, c'est-à-dire des éléments substantiels constitutifs de la nature et responsables de la formation de toutes les combinaisons corporelles. Ces combinaisons corporelles appréhendées comme phénomènes sont perçues suivant la réceptivité qui nous est propre, en raison de l'organisation physiologique de notre propre composé corporel. Il n'est pas jusqu'à la réserve qu'il formule concernant la différence des monades brutes par rapport aux sujets dotés de sensation et d'intellection qui n'implique une prise de position spécifique par rapport au modèle leibnizien :

> Si dans mon essai sur la génération, j'avance, en raisonnant d'après *Leibnitz* & bien d'autres Philosophes, que toute matiere quelconque, même la plus exaltée, est essentiellement composée, quoique les premiers principes qui la composent soient des êtres simples, je refuse en même-tems à ces mêmes principes toute sensation, & à plus forte raison toute intelligence ; & je la refuse avec d'autant plus de fondement que leur essence, comme principes de la matiere, est de se combiner toûjours pour produire par leur action multipliée & coordonnée les phénomènes de l'étendue, de la figure, du mouvement & de la solidité ; or on ne conçoit pas que la sensation puisse exister, sinon dans un être en quelque façon isolé, distingué du corps qu'il habite, & dont l'activité est comme concentrée en lui-même [1].

de refuser de s'y rendre : c'est la solution de toutes les difficultés épineuses du fameux Berkelay, contre l'existence de la matiere & toutes les contradictions apparentes qui naissent de la divisibilité ; enfin ce livre est de la plus grande utilité pour combattre le Scepticisme ».

1. NR, I, p. 232-233.

Il y a là confirmation de l'emprunt par Needham d'une thèse fondamentale relative à la composition du continu extensif : cette thèse rattache le fondement et l'unification des propriétés des corps aux monades correspondantes comme principes actifs ; mais la divergence s'affirme par la distinction tranchée entre le statut des monades physiques et celui d'agents simples capables d'une forme de conscience identifiable à la sensation et représentant la condition animale. On est alors dans l'ordre de ce que Leibniz identifiait au « sentiment » suivant le mode primaire des consécutions empiriques entre représentations sensibles. Selon Needham, ce qui caractérise l'activité animale, c'est précisément un pouvoir de synthèse du divers des représentations et des actions corrélatives : ce pouvoir nous ferait accéder à une unité supérieure des actes physiologiques par rapport à ce que l'on trouve dans les seuls corps des végétaux et des zoophytes. Il suffit, pour le constater, de comparer les processus caractéristiques de l'animalité véritable à ceux de corps dotés d'un simple pouvoir de végétation vitale.

Un statut analogue, mais supérieur à ceux des corps organiques animés de sensibilité et de motricité spontanée, peut et doit être revendiqué pour les sujets doués d'intellection. Le modèle monadologique leibnizien lui-même favorisait la conception de tels stades supérieurs d'intégration des actions propres à certaines machines de la nature. Le canevas de base que constituent les corps organiques unis à des monades se diversifie suivant que les propriétés fonctionnelles exprimées illustrent des degrés divers de synthèse.

Cette interprétation souligne un rapprochement analogique fort, dont on peut trouver d'autres justifications dans les textes de la seconde phase théorique, celle qui succède aux critiques formulées contre les *Nouvelles Observations*. Mentionnons notamment la reprise dans les *Nouvelles Recherches* d'un fragment du mémoire *Ideæ quædam generales de mundi systemate*, adressé par Needham à Haller à la fin de l'année 1759. Needham y ajoute en guise de conclusion une indication de son allégeance à un « système leibnizien » qui serait apte à conforter les principes qu'il a inférés de ses observations microscopiques en les intégrant à une théorie des fondements métaphysiques de l'ordre naturel :

> Dans le traité que j'ai publié il y a dix-huit ans [*Nouvelles Observations microscopiques*], j'ai estimé absolument nécessaire d'élever les principes physiques inférés des observations microscopiques jusqu'à la nature métaphysique de la matière, et d'embrasser le système leibnizien, comme le seul qui s'accordât avec la nature et la raison. De même, nous pourrons

en nous appuyant sur ces seuls principes assez adéquatement concevoir et semblablement expliquer beaucoup d'autres phénomènes pris des corps organiques, que les Philosophes aujourd'hui préfèrent simplement laisser de côté [1].

Toutefois, le système leibnizien dont il s'agit ne saurait être qu'un système remodelé pour servir de cadre à une philosophie expérimentale particulière en lui fournissant des raisons architectoniques. Le remodelage entraîne des révisions conceptuelles dont la teneur reste à préciser, mais il fonde une interprétation originale que Needham revendique comme sienne lorsqu'il évoque « les principes Métaphysiques que nous avons établis sur les premiers élémens de la matiere d'après Leibnitz » [2]. Bonnet témoigne à sa façon du type de révision auquel Needham a procédé en soulignant la contradiction apparente entre la thèse d'une « force végétatrice » qui organise et produit des organismes par épigenèse et l'adhésion présumée de Leibniz à une théorie des germes emboîtés. Le 8 avril 1769, il écrit à Needham : « Je ne sçaurois me faire aucune Idée d'une *Force végétatrice* qui *organise*. Vos *Feux d'artifice* m'amusent et ne m'éclairent pas. Leibnitz dont vous-vous étayés, posoit en Principe les Germes, et même l'Emboitement, Et vous traités de *monstrueuse* une telle Physique » [3]. Sans connaître la réponse de Needham sur ce point, puisqu'on n'en a pas trouvé trace, nous supposerons qu'il aurait dénoué le paradoxe en rattachant l'immanence des structures organiques, non à une préexistence d'organismes miniaturisés dans les germes, mais au potentiel d'effets embryonnés compris dans la *vis insita* qu'il attribue aux éléments monadiques sous-tendant les changements observables et les métamorphoses des corps organiques. Du moins serait-ce là une lecture de Leibniz plus ouverte à la réalisation des formes vitales suivant des modes épigénétiques que ne le laissent en général entendre des lectures plus traditionnelles. Après tout, le passage des notes de Needham intégrées aux *Nouvelles Recherches* qui avait suscité les commentaires critiques de Bonnet semblait reprendre métaphoriquement des expressions de style leibnizien sur les effets embryonnés des forces impliquées dans l'épigenèse :

1. MR, I, p. 290-291 : « Propterea in tractatu, quem dedi octodecim abhinc annis, necessarium omnino duxi principia Physica ex observationibus microscopicis eruta usque ad Metaphysicam materiæ naturam elevare, & leibnitianum systema amplecti, ut unice consonum naturæ & rationi. Alia multa similiter phenomena, quæ in corporibus organicis deprehenduntur, his solis principiis innixi satis pate concipere, & explicare similiter poterimus, quæ Philosophis pro præsenti derelinquere plane libet ».

2. MR, II, p. 35.

3. Lettre de Bonnet à Needham du 8 avril 1769, *in* S. Roe, R. Mazzolini, *Science against the Unbelievers*, p. 268-269 : L'allusion porte sur MR, I, p. 229.

> [...] & nous concevrons sans difficulté qu'une force végétatrice, exactement distribuée, intérieure & déterminée en elle-même spécifiquement, doit donner par ces moyens, quand elle pousse au déhors, une figure toûjours déterminée, comme une force projectile quelconque déterminée, & combinée avec la gravitation, décrit nécessairement une certaine portion parabolique d'une forme déterminée, & s'arrête à un point mathématiquement fixé, ou comme un feu d'artifice dont les forces sont combinées avant que l'on applique le feu, se répand au déhors, & produit une figure déterminée d'avance par la volonté de l'Artificier [1].

Suivant la ligne d'analyse précédemment tracée par Leibniz dans sa correspondance avec Louis Bourguet, soutenir la préexistence des germes reviendrait à postuler des formes antérieures d'organisation vitale dont le déploiement et le rehaussement puissent déterminer la séquence des générations successives d'organismes individuels. La génération dépendrait d'une loi de transformation de structures organiques antécédentes. Il y aurait là parenté de forme dynamique entre le point de vue de Needham et celui de Leibniz.

2. L'APPROCHE MÉTHODOLOGIQUE ISSUE DES PREMIÈRES RECHERCHES

Les *Nouvelles Observations microscopiques* de Needham prennent le relais de ses publications précédentes qui, depuis 1743, avaient établi sa réputation d'observateur méthodique d'organismes sujets à des micro-développements et à des restaurations de structures excisées analogues à ceux que révélait l'étude des polypes de Trembley. Ses recherches avaient porté sur d'autres vivants que les polypes : notamment, les anguillules du blé niellé, les calmars et les étoiles de mer. Ces organismes possédaient ou semblaient posséder des propriétés assimilables aux modes de reproduction et de régénération des polypes et ils paraissaient susceptibles de révéler en grand des mécanismes de génération dont l'essence consistât en une « véritable végétation » [2]. Une autre part importante des travaux antérieurs, dûment intégrés à l'ouvrage de synthèse de 1750, avaient porté sur l'observation de la « poussière qui féconde les plantes » [3], et sur celle des animalcules spermatiques et des animalcules issus de la décomposition d'organismes végétaux ou animaux dans les infusions. S'esquissent ensuite de nouveaux programmes d'observation notamment sur les animalcules des infusions, prolongeant les investigations microscopiques entreprises de concert avec Buffon. Comme Marta Stefani l'a justement souligné [4],

1. NR, I, p. 229.
2. NO, p. 7.
3. Voir le titre du chapitre VII, NO, p. 71.
4. Voir M. Stefani, *Corruzione e generazione*, p. 13-50.

toutes ces recherches s'accomplissent dans un contexte où les constats empiriques ne présupposent guère de postulation théorique contraignante. Needham en vient toutefois assez vite au constat méthodologique qu'une approche épigénétique se révèlerait plus conforme aux faits concernant la formation et le développement de ces corps organisés que toute forme de spéculation préformationniste. « Je voulois faire observer au Public, affirme Needham, que je n'ai pas dirigé mes expériences, suivant des principes conçus auparavant, mais que j'ai déduit les principes d'après des expériences faites dans un tems où je n'avois aucune théorie en vue » [1]. Même si ces principes n'étaient pas alors pleinement développés, ils n'en menaient pas moins à une reconnaissance de faits favorables à l'épigenèse.

Quelques éléments des observations initiales méritent d'être soulignés, car ils orientent précisément Needham vers ses hypothèses explicatives ultérieures. Sur les vaisseaux séminaux du calmar, les observations microscopiques réalisées font état de la constitution progressive du sac spermatique et des spermatophores. Ces sortes de petites machines, susceptibles d'une certaine mobilité, lorsqu'elles sont expulsées de l'organisme qui les a engendrées et viennent en contact avec les éléments du milieu externe, explosent et se déchargent des « globules » qu'elles contiennent. Or, ce sont des machines que l'on est en droit de comparer, à une échelle infiniment supérieure, aux animalcules spermatiques, notamment observés par Antoni van Leeuwenhoek, dont les mouvements et changements de figure dépendraient alors « d'un méchanisme intérieur et caché » [2]. De tels animalcules seraient alors assimilables à des machines organiques infiniment subtiles, progressivement constituées, plutôt qu'à des vivants animaux proprement dits, préformés et préexistants. D'où la déclaration significative : « Si j'avois vu les animalcules qu'on prétend être dans la sémence d'un animal vivant, peut-être serois-je en état de déterminer avec quelque certitude si ce sont réellement des créatures vivantes, ou simplement des machines prodigieusement petites, & qui sont en mignature, ce que les vaisseaux du Calmar sont en grand » [3].

Les considérations sur la « poussière » dispersée par les étamines des plantes présentent un intérêt du même ordre. Le point de départ de l'analogie est ici la transformation subie par les globules de cette poussière fécondante, comparée aux métamorphoses des vaisseaux spermatiques du calmar, sous l'effet de la moindre quantité d'eau. Par ailleurs, Needham analyse la structure fine des organes mâles et femelles de la plante afin

1. NO, p. 63 note.
2. NO, p. 72.
3. NO, p. 65.

d'établir les conditions particulières d'altération des globules et de communication d'effets chimiques consécutifs aux granules du pistil. L'eau dans les conditions de l'expérience, le suc exprimé par l'ovaire dans les cas de fécondation naturelle, agit en effet comme une « menstrue » sur la substance des globules de pollen dont la partie la plus subtile, dotée d'un pouvoir d'expansion filamentaire s'exhale pour rejoindre la semence non encore fécondée et y former la combinaison organique du germe. « Cette action, affirme-t-il, dépend d'un mécanisme caché, auquel il n'y a pas moyen de parvenir, même par conjectures, vu la petitesse des corps dont il s'agit »[1]. Or, comme le suggère la fin de ce chapitre dans les *Nouvelles Observations*, les phénomènes dynamiques que l'on rapporte ici à la végétation sont susceptibles d'éclairer l'ordre des changements affectant les animalcules présumés préformés et préexistants dans les semences animales et qui semblent dépendre d'un mécanisme analogue.

Un état d'esprit légèrement différent se manifeste surtout dans la mise en forme des données d'observation après 1748, donc après la poursuite de recherches conjointes avec Buffon, portant d'une part sur les animalcules spermatiques, d'autre part sur les animalcules se développant dans les infusions de matières végétales et animales diverses. Needham soutient alors l'utilité de formuler de « pures hypothèses ». Ainsi en est-il, par exemple, de sa conception des animalcules spermatiques comme de simples productions secondaires issues de la semence : celle-ci comporterait seule, dans sa constitution propre, indépendamment de telles productions dérivées et en quelque sorte accessoires, le pouvoir de déterminer la génération d'organismes conformes au type parental. Une telle hypothèse correspondrait strictement aux observations réalisées d'une part sur les « vaisseaux séminaux », ces micromachines contenant et transmettant la semence chez les calmars, d'autre part, sur les diverses populations d'animalcules spermatiques. « Une pure hypothèse, […] quelles que soient les apparences, peut mettre l'esprit en suspens, mais non pas emporter la balance »[2]. Une telle hypothèse n'apparaît que comme une construction auxiliaire susceptible d'être éliminée lorsque l'on parvient à un « système solide », c'est-à-dire à des inférences causales répondant à la fois aux exigences de la raison et aux relations analytiques en lesquelles se décomposent les phénomènes observés.

Les observations sur le blé niellé assurent en quelque sorte la transition vers le nouveau cadre théorique qui se met en place à l'époque de la collaboration avec Buffon et dont témoigne le texte de 1750. Les

1. NO, p. 96-97.
2. NO, p. 69 note.

grains de blé infectés par la nielle sur laquelle Needham a travaillé contenaient une matière blanche filamenteuse. Observée au microscope à l'état sec, celle-ci ne présentait aucune mobilité de ses composantes. Humectée d'une goutte d'eau, elle se manifeste sous forme de corps oblongs, éminemment mobiles. Leur forme et leur mode de déplacement justifient l'appellation qui leur est donnée d'« anguillules ». Et Needham de noter l'exceptionnelle capacité de ces animalcules de retrouver leur mobilité après de longues périodes de stase en état de dessiccation. Dans un premier temps, il ne remet pas en cause leur statut d'animaux, sujets à développement lorsque leurs œufs se sont trouvés insérés dans les grains de blé et que des conditions appropriées d'humidité les ont par la suite animés et réinscrits dans leur cycle spécifique de développement. *Post reformationem*, la situation illustrée par les métamorphoses de ces filaments est réinterprétée de façon à souligner que l'animation ou la réanimation apparente des anguillules ne caractérise plus un ordre de processus relevant de la vie animale, mais plutôt les effets d'un pouvoir de végétation, de niveau inférieur. Et à ce même pouvoir se trouve rattachée la capacité d'engendrer les structures organiques qui se révèlent par les changements de figure et les effets moteurs propres à un cycle spécifique de végétation. D'où la note d'ajustement que comporte le texte :

> Toute la difficulté est de concevoir comment ces filamens en mouvement, sont d'abord engendrés dans le grain, comment leur mouvement cesse entierement & se ranime ensuite en y appliquant de l'eau, après tant de mois, de saisons et d'années, comment ils peuvent se résoudre enfin en globules mouvans, [...] & il me paroit que tout cela ne peut être resolu autrement, que suivant les principes que j'établis ci-après, en sorte que ces corps singuliers s'engendrent comme les autres animaux microscopiques. Le principe de vie commence, croît & finit dans la végétation, tout corps organisé, même le plus composé est formé de cette maniére & par les mêmes principes [...] [1].

Là ne s'arrêtent pas les implications de cette relecture des phénomènes. Needham suppose en outre que, de la végétation à l'animalité, l'on s'élève graduellement d'une complexité moindre à une plus grande complexité structurale et fonctionnelle, et que tout ce qui relève de l'organisation vitale découle de la végétation comme principe de vie. Les mouvements dont les corps organisés de palier supérieur sont capables dépendent d'un ajustement de parties multiples, d'où un processus de formation plus long, qui ne peut être aisément reconstitué, et des opérations fonctionnelles qui ne peuvent se reproduire sans la mise en œuvre d'un mécanisme complexe.

1. NO, note, p. 108-109.

Les conditions d'exercice de la vitalisation, fort différentes entre les corps organisés les plus simples et les plus élaborés, peuvent être présumées prévaloir, de façon semblablement diversifiée, dans la première formation de ces corps. D'où la suite de la note :

> [Mais les corps organisés] les plus composés demandent toujours plus de temps, une action plus grande & plus long-temps continuée pour être formés ; par consequent, comme les opérations *vitales* dépendent d'un nombre infini de parties, lorsqu'une fois elles sont dérangées, elles ne peuvent être ranimées naturellement ; à plus forte raison ne peuvent-elles être de nouveau reproduites qu'avec beaucoup de dépense. Dans d'autres plus simples & dans la derniere classe des êtres organisés, leur simplicité est aussi grande que leur génération est prompte, non-seulement la végétation, *la vitalité & l'animation* se succedent rapidement l'une l'autre, mais une [fort] petite action ranime ce qui paroit pour ainsi dire, endormi, rétablit un ordre, qui à cause de sa simplicité primitive, ne peut dégénérer en une grande irrégularité, & répare avec une très-petite depense de force, ce qui dans sa premiere génération, n'en demandoit pas une grande, respectivement aux plus composés d'entre les corps organisés [1].

Dans ce schéma comparatiste et gradualiste, la montée fonctionnelle de la végétation à l'animation, c'est-à-dire à ce qui semble caractérisé par une motricité plus spontanée qu'automatique, plus adaptée que mécanique, dépend toujours des forces de structuration à l'œuvre dans la matière dont sont formés les corps organiques. Il convient ainsi de ne pas confondre l'animation qui prévaut dans ce cas avec l'exercice d'une capacité de sensation, voire d'intellection que Needham, comme nous le verrons, se garde toujours de faire dépendre du même principe de vie.

3. LES *NOUVELLES OBSERVATIONS MICROSCOPIQUES* : L'HYPOTHÈSE EN FORMATION

Dans le cadre des recherches qu'il entreprend après 1748 et dont les *Nouvelles Observations* rendent compte [2], Needham soutient certes encore la nécessité d'inférer tout principe des données d'expérience, mais il souligne l'intention théorique de tirer de ces principes empiriquement fondés des conséquences qui ne sauraient prétendre qu'à un certain degré de probabilité. Il faut alors s'assurer de la « connexion » de ce second ordre de principes, rationnellement dérivés, par rapport à des « vérités

1. NO, note, p. 109.
2. NO, p. 145 *sq*.

manifestes »[1] : comprenons par rapport aux principes que l'expérience corrobore de façon aussi régulière que possible.

Un tel système se constitue autour de la notion d'un « principe de vie » qui « commence, croît & finit dans la végétation »[2]. La thèse qui s'esquisse alors présume que ce principe de vie sous-tend la production et la transformation de tous les corps organisés, quels que soient leurs degrés de complexité. L'agent déterminant la génération et la croissance de ces corps est assimilé à celui qui cause la reproduction, les transformations structurales et les processus vitaux des organismes végétaux. Il est identifié au corps organisé, substrat de l'ensemble des propriétés morphogénétiques et dynamiques qui se traduisent en opérations vitales. De tels corps sont susceptibles de végétation, de vitalité et d'animation suivant une hiérarchie ascendante de complexité structurale et fonctionnelle. Tel est du moins le schème théorique que l'analyse des propriétés de l'anguillule du blé niellé a ultimement suggéré à Needham. La composition du corps organique peut être fort simple et se situer à la limite inférieure de l'animalité, ce qui signifie une genèse quasi instantanée, l'exercice de mouvements élémentaires et un cycle de transformation très rapide. À cela s'ajoute une capacité presque intégrale de reconstitution des parties amputées lorsque la structure est lésée. On ne saurait rencontrer cette capacité dans des organismes plus complexes : chez ceux-ci, la dépense considérable de force dans la formation originelle et la séquence ordonnée d'étapes nécessaires pour atteindre leur organisation globale caractéristique requerraient des capacités de reconstitution qui ne sauraient se réduire aux conditions normales de régénération simple des parties. Dans des cas analogues à celui de l'anguillule, à cause d'une relative simplicité structurale, le passage de la végétation à l'animation peut s'opérer très promptement. Les structures suffisamment simples et stables peuvent par ailleurs se replier en état de latence sans dégénérescence marquée, lorsque les conditions externes cessent d'être appropriées au maintien de la vitalité et de l'animation ; mais l'anguillule peut aisément retrouver ses dispositions dynamiques par un déploiement minimal de force, puisque le degré de force requis pour sa première formation était relativement faible. *A contrario*, les organismes les plus complexes, issus d'un long processus organogénétique, ne sont plus susceptibles d'une telle revitalisation spécifique lorsque leurs processus vitaux se trouvent affaiblis et entravés par suite de la détérioration ou de la destruction de leur organisation.

1. NO, p. 146.
2. NO, p. 109 note.

Le trait dominant de ce premier modèle hypothétique est la continuité entre les diverses organisations vitales, compte tenu d'une raison suffisante épigénétique résidant dans le pouvoir de végétation des parties élémentaires des corps considérés. De ce point de vue, il ne saurait y avoir de rupture totale, de discontinuité radicale de modes d'organisation entre les animalcules les plus élémentaires et l'organisation plus complexe des animaux aux divers degrés de perfection qu'ils comportent. L'animation se greffe sur les actes vitaux qui découlent de la simple végétation. Cela signifie-t-il cependant que les autres manifestations de la vie animale, ordonnées à la capacité de sensation, en dépendent ? Sur cette question, il semble que Needham reste d'abord assez imprécis, hormis sur le fait que, selon cette première formulation de l'hypothèse, les principes de vie apparaissent non seulement multiples, mais relativement hétérogènes en raison des modes de composition et d'intégration diversifiés des corps organiques qu'ils forment, vitalisent et animent.

Ce que Needham récuse nettement c'est une réduction pure et simple des organismes, complexes aussi bien qu'élémentaires, au statut d'animaux-machines à la façon des Cartésiens. Il considère que les propriétés spécifiques représentées par les principes de vie, même ceux de niveau inférieur, liés à la seule vitalité, se situent, sur le plan de l'explication causale, nettement au-delà du mécanisme, si l'on conçoit celui-ci suivant les seules catégories conceptuelles d'une physique de type cartésien. Il suggère en effet que même une propriété purement physique, telle l'élasticité, ne saurait s'expliquer sans recourir à un ordre de forces dites « métaphysiques »[1]. *A fortiori*, tel est le cas des principes de vitalité, que les observations réalisées sur des organismes, tels les polypes ou les anguillules du blé niellé, ne sauraient permettre de réduire au statut de « pures machines », si du moins l'on dépouillait les machines de la nature que sont les vivants des forces par lesquelles s'exprime le principe de vie. Certes, le modèle fait état de conditions mécaniques susceptibles de déterminer le cours des phénomènes vitaux, mais il s'agit, pour l'essentiel, du maintien d'une composition appropriée des parties corporelles pour qu'y subsiste et que s'y exerce le principe de vie, cause de végétation, de vitalisation, voire d'éventuelle revivification, comme c'est le cas chez les anguillules tirées de l'état de vie latente.

Si le réductionnisme mécaniste se trouve récusé, la même stratégie prévaut à l'opposé à l'encontre des théories de la préformation : celles-ci court-circuitent, en vertu d'un antiréductionnisme radical, toute procédure d'analyse qui porterait sur les conditions de production et d'émergence

1. NO, p. 110 note.

des structures organiques les plus complexes à partir de forces relevant de l'ordre naturel. La critique des théories de la préformation s'opère sur plusieurs fronts. Needham s'en prend, dans un premier temps, à la version animalculiste inspirée de Leeuwenhoek et de Nicolas Hartsoeker. Ce dernier est présenté comme l'auteur de spéculations peu ancrées dans l'observation ; le jugement porté sur l'œuvre de Leeuwenhoek est à la fois plus positif et plus mesuré. Le microscopiste de Delft n'avait-il pas observé les animalcules dans une multitude de semences diverses ? Comment alors pouvait-il ne pas être entraîné par une facile analogie à présumer qu'il s'agissait d'organismes animaux à l'état de germes préexistants, susceptibles de se développer dans le milieu que constituait l'œuf fourni par la femelle ?

Needham met particulièrement en cause, dans cette stratégie d'explication, le recours aux analogies non contrôlées. Analogie d'abord des types présumés de structures organiques compris dans une échelle des êtres que l'on tend à déterminer trop unilatéralement. Certes, Needham lui-même ne se fait pas faute d'admettre que « la nature [paroît] partout [être] d'accord avec elle-même et observer une gradation imperceptible »[1], mais c'est pour reconnaître du même coup que nous sommes profondément ignorants de l'« enchaînement entier des êtres »[2]. Deux raisons expliquent cet état de chose : 1) les lacunes dans notre inventaire comparatif des formes possibles ; et 2) l'exigence de prendre en compte le système total des conditions qui détermineraient l'émergence et le développement de ces formes. Or, nous ne pouvons qu'approcher d'un tel système intégral en procédant à des corrélations limitées et relatives entre de multiples termes de comparaison. Le recours à l'analogie n'est pas à rejeter catégoriquement ; il s'agit même d'un outil méthodologique indispensable, à condition que nous nous assurions que la progression analogique présumée soit systématique et reflète de façon aussi complète que possible la corrélation des facteurs sous-tendant la série entière des modes d'organisation et leurs différences essentielles. Ainsi Needham considère-t-il que toute hypothèse de philosophie expérimentale ne se justifie que pour autant qu'elle se trouve corroborée par les phénomènes auxquels elle s'applique : plus l'application et la corroboration en seront générales, plus elle pourra être tenue pour représentative du système même de la nature. Dans le même temps, Needham soutient volontiers que l'invention de telles hypothèses explicatives repose sur un ensemble

1. NO, § 5, p. 150.
2. *Ibid.*, p. 151.

de connaissances régi par la recherche d'analogies systématiques portant sur l'ordre hiérarchique présumé des formes naturelles, alors même que la raison suffisante de cet ordre considéré globalement nous échappe :

> Est-il donc surprenant, souligne-t-il, que tout le systême de nos connoissances ne consiste qu'à construire des échelles & à fixer des points de comparaison pour établir des différences relatives entre des objets ? différences qui sont à la vérité fondées sur la nature absolue des objets eux-mêmes & par là permanentes, mais cette nature absolue nous est entierement inconnue [1].

Or, les thèses préformationnistes de la génération lui semblent abuser d'analogies indues, outrepassant les limites des corroborations empiriques possibles. Ainsi a-t-on affaire à des hypothèses antagonistes extrêmement générales suivant lesquelles soit les animalcules spermatiques, soit les œufs présumés des vivipares et des ovipares, constitueraient autant de structures essentielles pour toute génération de formes vivantes. Autres analogies forcées : celle des animalcules comme animaux en miniature, comme séries d'embryons pleinement structurés et emboîtés à l'infini, et en parallèle, celle des germes préformés depuis l'origine dans les œufs comme organisations achevées, susceptibles d'un simple déploiement mécanique dans le temps. Surtout, selon Needham, les progressions analogiques impliquées dans les diverses hypothèses de préformation seraient fallacieuses, car elles ne permettraient de discriminer ni entre les principes constitutifs des diverses formes d'organisation constituant les degrés hétérogènes de la grande chaîne des êtres, ni entre les modes divers d'organisation correspondant aux phases distinctes de l'embryogenèse, voire du développement individuel.

Plusieurs des arguments évoqués contre la préformation portent sur l'impossibilité de rendre compte de l'hérédité biparentale et des monstruosités et formations anormales qui sembleraient contrevenir à l'autosuffisance et à l'inaltérabilité des séries de germes emboîtés. Dans un système d'épigenèse, ce sont là précisément des phénomènes qui s'expliquent si l'on tient compte de l'interaction entre les forces internes à la structure organique initiale et les forces externes issues des conditions matérielles ambiantes.

> Dans ce systême de corps organisés produits par une végétation continue, la force expansive peut non-seulement, mais même doit être conçue, comme produisant quelquefois ces irrégularités, qui cependant sont une partie du corps, vitale & organisée, autant qu'aucune autre ; ce qui prouve que

1. NO, § 49, p. 393.

l'organisation dépend de certaines forces naturelles génératrices, & qu'elle n'est pas préexistante [1].

Certains traits spécifiques de l'analyse méritent cependant d'être signalés. Ainsi, selon Needham, l'hypothèse de la préformation oviste ayant précédé celle de la préformation animalculiste, Leeuwenhoek et ses adeptes auraient transposé, sans autres considérations, aux spermatozoïdes les propriétés présumées des séries germinales enveloppées dans les œufs. D'où une combinaison indue des analogies. Cette dominance successive des systèmes contrastés aurait d'ailleurs abouti à l'ovovermisme comme à une synthèse analogique ultime des principes requis pour expliquer la génération de nouveaux organismes : selon George Garden, Hartsoeker, Nicolas Andry de Boisregard et nombre de physiologistes à leur suite, l'embryon serait fourni par l'animalcule spermatique ; celui-ci s'insinuerait dans l'œuf en provenance de l'ovaire où l'organisme préformé se développerait aux dépens de la matière contenue dans le réceptacle femelle. Mais l'ovovermisme souffre d'un vice rédhibitoire puisqu'il présume la préformation du nouvel organisme à apparaître dans l'une des séries germinales, tout en postulant qu'une combinaison d'éléments ou de parties organiques provient respectivement des deux organismes parents, l'animal spermatique, d'une part, et la structure germinale de l'œuf contenu dans les structures de la femelle, d'autre part. L'incompatibilité de l'hypothèse ovovermiste se trouve mise en relief par l'évocation de la continuité des membranes et vaisseaux de l'embryon par rapport aux structures enveloppantes de l'organisme femelle [2]. Dans l'esprit du préformationnisme, cette observation impliquerait de complexifier, en les rendant conformes à celles d'un organisme déjà complet, les structures minimales requises pour l'embryogenèse. Or, selon Needham, la formation de l'embryon se produit *in situ* dans le prolongement des organes séminaux et en fonction des opérations qui s'y accomplissent. Si la génération se réduisait au développement d'organismes intégraux compris dans des séries emboîtées à l'infini, la préexistence ne devrait

1. NO, § 14, note, p. 172.

2. Voir NO, § 6, p. 153. L'argument ressemble à celui que Haller développera par la suite en faveur de la préformation et qui se fonde sur la continuité des membranes intestinales de l'embryon par rapport à la membrane vitelline de l'œuf non fécond (voir Albrecht von Haller, *Sur la formation du cœur dans le poulet ; sur l'œil ; sur la structure du jaune*, Lausanne, M.-M. Bousquet, 1758). Sur les observations embryologiques de Haller et l'hypothèse préformationniste qui s'y greffait, voir M. T. Monti, *Congettura ed esperienza nella fisiologia di Haller. La riforma dell'anatomia animata e il sistema della generazione*, Firenze, L. S. Olschki, 1990, p. 145-216. Mais là où Needham insiste sur la capacité organogénétique des structures séminales, Haller souligne ce qui lui apparaît comme la simple préexistence de structures organiques.

pas seulement porter sur le germe lui-même, mais sur tous les systèmes connexes de l'embryogenèse[1].

Dans cette perspective, le « système des linéamens primitifs »[2] devient inconcevable, alors même que la supposition principale était celle d'un développement mécanique de la structure primordiale préformée. L'argument se fonde ici sur la notion de fibre, que la nouvelle physiologie, y compris celle qu'exposait Haller, conçoit comme une composante élémentaire de toutes les structures organiques. Or, la fibre embryonnaire primordiale serait de dimension infinitésimale par rapport aux fibrilles mêmes les plus simples en lesquelles se décomposeraient les fibres de l'embryon actualisé. Comment peut-on se représenter que cette fibre primordiale d'une infinie petitesse et dotée de propriétés dynamiques infimes puisse s'agréger quantité de matériaux d'un autre ordre de grandeur et les intégrer de façon à former « par apposition ou par incorporation »[3] une structure homologue incommensurable. L'une des métaphores qui servent à décrire cette expansion « transcendante » est celle de l'atome qui se dilaterait de façon à former le globe terrestre[4]. Mais, si tant de parties matérielles, impliquant un réel rapport d'incommensurabilité par rapport aux filaments primitifs hypothétiques qui leur serviraient de matrices, contribuent à former l'organisme actuel en vertu de lois spécifiques de structuration organique, pourquoi ne pas étendre l'action de telles lois à la formation intégrale des germes et des embryons? Dans le préformationnisme, le problème atteint une dimension critique lorsque l'on traite des régénérations de parties organiques, qu'il s'agisse de la végétation des plantes ou de la reconstitution de parties excisées d'organismes animaux : polypes, étoiles de mer, écrevisses, lézards et autres. Il faudrait alors supposer une dispersion des filaments primitifs dans toutes les parties de l'organisme, au risque qu'ils fussent éliminés par les divisions successives et dussent se reconstituer de nouveau. De fait, pour rendre compte de tous les phénomènes de génération et de régénération, un système de préformation doit se complexifier constamment par des suppositions additionnelles qui constituent, semble-t-il, autant d'hypothèses *ad hoc*. Pourquoi, dans ces conditions, ne pas supposer que, dans des matrices appropriées, les corps organiques se forment « continuellement par des loix invariables, dans des tems successifs, & suivant que l'occasion le demandera »[5]? Formule d'autant

1. Voir NO, § 14, p. 169-171.
2. NO, § 11, p. 165.
3. NO, § 11, p. 164.
4. NO, § 11, p. 163.
5. NO, § 12, p. 168.

plus acceptable qu'elle ouvre le champ aux multiples variantes et anomalies qui affectent, au fil du temps et des circonstances, les processus organogénétiques.

Cette critique à l'endroit du préformationnisme ne signifie pas que Needham conçoive les principes à l'œuvre dans la formation des corps organisés selon le mode des « formes plastiques »[1] de Cudworth, Nehemiah Grew ou Jean Le Clerc. Certes, ceux-ci admettaient « une force productrice dans la Nature, & des opérations bien supérieures à un simple dévelopement de parties »[2], mais ils les attribuaient à des agents immatériels intervenant de façon contingente dans l'ordre physique. Si les forces en jeu dans la constitution des corps organiques échappent à une pré-ordination stricte des structures et à un déploiement mécanique de celles-ci dans le temps, il ne saurait être question de supposer que des agents immatériels ordonneraient, selon des desseins contingents et arbitraires, le cours des phénomènes vitaux. Needham présume d'entrée de jeu que tous ces phénomènes, y compris ceux de la génération proprement dite, obéissent à des lois de type physique : ils relèveraient des principes constitutifs d'un système de la nature conforme à l'ordre et aux déterminations que révèle l'observation des phénomènes, sans que l'on doive postuler l'intervention de puissances transcendantes par rapport aux causes naturelles. Si ce n'est qu'il naturalise la formation même des corps organisés, plutôt que de suspendre cette formation à une « prédélinéation » divine, la critique par Needham de la doctrine des « formes plastiques » rappelle assez celle de Leibniz dans ses *Considérations sur les principes de vie et sur les natures plastiques* (1705)[3].

4. La force vitale de végétation

Remettant en cause le préformationnisme, Needham lui substitue une vision épigénétiste des phénomènes de la génération. La diversité des modes physiologiques de la génération, tels que les naturalistes les découvrent à cette époque, retiennent particulièrement son attention : reproduction et restauration des polypes amputés selon Trembley; hermaphroditisme des aphides selon Bonnet, et surtout formes multiples de réplication par division chez des animaux inférieurs, tels ceux que lui-même étudie. Parmi les observations réalisées par Needham, celles qui portent sur les corps organisés issus des infusions de substances végétales et animales ont joué un rôle déterminant dans la genèse de sa

1. NO, § 9, p. 158.
2. NO, § 9, p. 159.
3. Voir GP VI, 539-546.

théorie de la force vitale de végétation[1]. Les expériences décisives à cet égard eurent lieu dans la foulée de la connaissance que Needham prit des hypothèses de Buffon et du rejet par celui-ci, comme par Maupertuis, de la théorie des germes préexistants. En fait, quitte à s'en dissocier par la suite, Needham endosse, dans un premier temps, les concepts développés par Buffon, notamment celui de molécule organique, ainsi que le schème d'explication épigénétique que l'auteur de l'*Histoire naturelle* proposait à l'encontre de toute hypothèse préformationniste. Un cadre théorique suffisamment similaire pour englober à la fois les conceptions de Buffon et les vues de Needham s'impose donc au départ et balise en quelque sorte les expériences menées conjointement, puis celles que Needham mène seul avec, comme conséquence, une spécification de ses propres vues par rapport à celles de Buffon, ce dont témoignent pour partie les *Nouvelles Observations*. Ainsi en est-il du passage signalant le point de départ à la fois commun et particularisé des observations sur les infusoires :

> Quant à moi, je fus alors, comme j'avois été auparavant, si fort de son opinion [celle de Buffon], que je pensois qu'il y avoit des corps composés dans la Nature, qui ne s'élevoient pas au-dessus de la condition des machines, & qui cependant pourroient paroître vivans & spontanés dans leurs mouvemens ; tels que paroîtroient certainement les machines du Calmar, si elles étoient assez petites pour cacher leur méchanisme. Je conjecturois qu'il en pouvoit être de même des animaux spermatiques ; le mouvement en général n'étant qu'un argument équivoque, qui ne démontroit pas l'existence d'un principe de vie supérieur au méchanisme naturel. J'étois porté par plusieurs raisons à embrasser ce sentiment, mais sur-tout, parce que je pensois qu'il étoit très-raisonnable d'admettre une échelle qui s'étendroit sur toute la Nature. Les lignes d'intelligence, de sensation, de *vitalité*, de simple mouvement, se suivent l'une l'autre dans une gradation naturelle : car si on doit croire que l'organisation se termine en intelligence, en sensation, ou en *vitalité*, non-seulement prises génériquement, mais considérées dans toutes les différences les plus délicates ; ensorte, que chaque ligne séparée puisse être variée dans chaque partie insensible, autant qu'il est possible ; il suit évidemment, qu'il y a une ligne dans la Nature où la spontanéité abandonne l'organisation, & laisse une pure machine naturelle qui n'a aucune spontanéité. Dans cette vue donc, lorsque j'alléguai

1. NO, § 17, p. 182 et note, signale comme point de départ les observations menées par Needham sur une infusion de semences chez son ami John Hill. La première hypothèse interprétative qui se serait alors présentée à lui était liée au projet de ramener les animalcules spermatiques à diverses classes. Les corps organisés apparaissant dans l'infusion semblaient se situer sous le niveau d'animaux sujets à mouvements spontanés. Le fourmillement de ces corps et leur extrême mobilité auraient été dus à leur état de machines animées par quelque principe intérieur relevant proprement de l'ordre physique.

> pour plus grande preuve l'infusion de semence de M. Hill, où l'on voyoit plusieurs, qui se mouvoient d'une maniere fort différente des atômes d'une liqueur fermentante, & cependant qui n'étoient pas en apparence si spontanés que les animalcules microscopiques, M. de Buffon répondit qu'il en devoit être ainsi dans son système ; que c'étoient des parties organiques détachées, & que les sémences, & particuliérement les germes des sémences dans les plantes, en devoient nécessairement contenir une quantité beaucoup plus grande que toutes autres substances. Ainsi nos recherches commencérent sur les infusions de sémence, dans la vue qu'avoit M. de Buffon de trouver les parties organiques, & moi dans celle de découvrir, s'il étoit possible, ceux de ces corps mouvans qui devoient être regardés comme des animaux, & ceux qui n'étoient que de pures machines [1].

Suit alors le compte rendu des expériences menées en commun sur les animalcules des infusions, d'une part, et des expériences menées par Buffon en présence de Needham sur les animalcules spermatiques, d'autre part. Dans les premières infusions observées, notamment celles de germes d'amande, Needham observe la dissolution des matières végétales en infusion, puis après un délai d'une quinzaine de jours, l'apparition d'une multitude d'« atomes mouvans », fort actifs, provenant de l'intérieur des particules de germe, atomes actifs dont les mouvements, tout en ne résultant pas de la fermentation, semblent dénués de spontanéité [2]. Ce ne saurait non plus être des animalcules naissants provenant d'insectes, présume-t-il, puisque la communication du récipient avec l'air ambiant a été scellée – cet argument sera ultérieurement contesté par Spallanzani [3]. Ces expériences sont réitérées chez Buffon avec des infusions observées de façon régulière dans le cours du temps. Puis, Needham prend l'initiative de nouvelles séries d'observations minutieuses, visant à établir la provenance stricte de ces microstructures organiques de la substance infusée, sans que l'on puisse supposer leur génération à partir d'animalcules véritables, et donc leur rattachement aux formes et aux propriétés de l'animalité. L'autre finalité des expériences de Needham tient à la divergence même du type d'explication qu'il recherche par rapport à celui que favorise Buffon.

1. NO, § 19, p. 187-190. La note ajoutée à cette section n'est pas sans intérêt. Elle souligne qu'il ne saurait y avoir discontinuité radicale entre le mécanisme naturel et les principes de vitalité et d'animalité, voire d'intelligence, car la matière participe toujours de quelque degré de subtilité et d'exaltation et « le mécanisme naturel lui-même est un degré de vie & d'activité » (NO, § 19, note, p. 188). La vie est alors tenue pour le principe interne sous-jacent à des organisations et à des manifestations fonctionnelles de degrés supérieurs.

2. Voir NO, § 20, p. 193.

3. Voir L. Spallanzani, « Saggio di osservazioni microscopiche concernenti il sistema della generazione de' Signori di Needham e Buffon », in *Due dissertazioni*, Modena, B. Soliani, 1765, traduit en français dans NR.

Certes, ils font, l'un et l'autre, dériver la formation de ces microstructures des puissances de la matière indépendamment de tout principe d'animation vitale, mais Buffon envisage un processus de formation par « coalition de parties organiques », alors que Needham tient au concept d'« une végétation réelle intérieure »[1] : celle-ci constituerait un principe de vitalisation *sui generis* interne à toute partie de la structure matérielle et s'exerçant de façon différente suivant les dispositifs corporels dans lesquels il intervient. La capacité organogénétique est en quelque sorte dépendante de facteurs matériels externes agissant sur la combinaison des molécules organiques chez Buffon, alors qu'elle serait immanente à tout point de matière en vertu d'une disposition dynamique propre selon Needham, quitte à ce que ce pouvoir de végétation s'exerce différemment suivant les combinaisons de parties en interaction dans lesquelles il se manifeste.

En parallèle aux expériences sur les corps organiques des infusions réalisées en commun, Buffon a procédé, en présence de l'Abbé, à l'observation d'animalcules spermatiques dont il a cru déceler la genèse et les transformations suivant un schème de formation analogue à celui des animalcules des infusions. À cela se sont ajoutées des observations sur les semences femelles, visant à établir la stricte analogie des formations organiques qui s'y produisent par rapport à celles que recèlent les semences mâles. Les deux naturalistes se sont accordés pour soutenir l'assimilation des types de corps organiques impliqués dans ces semences aux productions organiques issues des infusions : « Je reconnus, affirme Needham, que tous les animalcules microscopiques communs, sans en excepter les spermatiques, devoient être rangés dans la même classe, & que leur génération étoit fort différente de celle de tous les autres Etres animés »[2]. En ce que concerne le mode d'opération des forces opérant dans les deux types d'organogenèse, la connexion du principe de végétation aux phases observables de transformation des divers types de corps organisés, et la raison suffisante des particularités affectant les processus de la génération organique, l'analyse produite par Needham et les expériences qu'il réalise seul se situent en dépassement de la théorie fort générale de Buffon, sans pour autant s'en démarquer par une nette rupture d'analogie :

> […] *Qu'il y a une force réelle productrice dans la Nature*. Nous nous sommes accordés tous les deux en cela, il y a fort long-tems, quoique nous

1. NO, § 24, p. 214.
2. NO, § 20, p. 196.

> paroissions avoir pris différentes méthodes pour expliquer cette action : car soit que la théorie de M. de Buffon soit suffisante ou non, sans aller plus loin, pour comprendre tous les phénomènes que différentes infusions m'ont présentés, il est certain du moins que personne ne peut avoir trouvé d'une maniere plus générale ni plus incontestable que M. de Buffon ne l'a fait, qu'il existe une telle force dans la Nature. C'est autre chose de détruire l'hypothèse régnante des germes préexistans dans la Nature, en établissant une force productrice, constante, & d'appliquer cette force à des observations particulieres, en expliquant exactement en quoi elle consiste ; c'est ce que j'ai entrepris de faire, & je laisse à juger si j'ai porté la théorie trop loin [;] au reste, comme le principe général d'où nous partons, & que je reconnois avoir reçu de lui avec beaucoup de satisfaction, est entiérement le même, il doit nécessairement conduire à plusieurs idées semblables [1].

De fait, Needham rapporte à son association avec Buffon le partage d'une distinction cruciale entre les corps animés et les corps organisés qui seraient de pures machines vitales. En 1748, les deux naturalistes distinguaient en effet d'une part les corpuscules du type des formations séminales qui émergeraient dans leurs fluides respectifs par coalescence de principes matériels actifs, d'autre part les animalcules microscopiques ordinaires qui seraient doués d'un véritable principe d'animation, exerceraient des mouvements spontanés et se reproduiraient à l'intérieur d'organismes de même espèce. En rédigeant les *Nouvelles Observations*, Needham revient sur cette distinction et l'altère sur deux points essentiels. En premier lieu, tous les animalcules ordinaires se trouvent désormais assimilés aux corps organisés élémentaires quant à leur mode de formation et aux propriétés dynamiques qui les caractérisent. Réalisant l'expérience des fioles fermées contenant du jus de viande, expérience dont Spallanzani contestera bientôt les conclusions, Needham rejette précisément le principe de la distinction de types parmi les animalcules microscopiques [2]. Par ailleurs, si les corps organisés considérés semblent privés de sensibilité, ils participent à des modes immanents de vitalité et d'animation : ceux-ci déterminent la formation et l'action de tous les corps organisés, à quelque degré de l'échelle de complexité fonctionnelle qu'ils se situent.

> Mais la force des machines naturelles, même des moins composées, qui vient d'une activité intime, qui pénétre leur propre substance, est bien supérieure au méchanisme commun : Et si on remonte à sa source, on trouvera qu'elle est indépendante de la configuration, ou de toutes autres

1. NO, § 25, p. 216-217 ; voir également NO, § 22, note, p. 202-203.
2. Voir NO, § 21, p. 196-200.

> causes matérielles, quoiqu'elles puissent l'exciter, la diriger, & la distribuer. Si donc nous voulons avoir une juste idée de ces Etres, nous devons considérer le principe qui leur donne l'activité, comme un principe vital, & un degré d'animation [...] [1].

L'inférence peut-être la plus importante qui se tire de cette généralisation du principe de vitalité à la base de toute organogenèse réside dans l'hypothèse selon laquelle le mode de formation de ces corps organisés sans génération véritable permettrait d'éclairer la formation des organismes plus complexes par génération reproductive [2]. On peut sans doute parler à ce propos d'un principe univoque de génération, quelles que soient les modalités particulières suivant lesquelles il s'exerce et quel que soit le degré de complexité des structures corporelles qu'il élabore et anime [3]. Il s'agit donc pour Needham d'établir que tous les corps organisés résultent du même principe d'organisation et de développement et que ce principe a droit de cité dans le système de la nature épistémologiquement le mieux justifié, c'est-à-dire le plus conforme aux inférences de l'*experimental philosophy*. « Car je n'ai, professe-t-il, que deux verités générales à établir dans cet essai d'après l'observation : la première est, qu'il y a une force productrice dans la Nature ; la seconde que tout corps organisé, depuis le plus composé jusqu'au plus simple, est formé par végétation » [4]. Outre le fait d'interpréter un grand nombre d'observations particulières à l'aide d'une telle notion de force productrice – par-delà l'hypothèse explicative schématique dont il attribue l'esquisse à Buffon – la tâche qu'il s'assigne est de déterminer les paramètres généraux identifiant cette force dans le système de la nature et décrivant son rôle dans la formation des divers corps organisés : cette formation est alors conçue comme une épigenèse et non plus comme un simple développement de structures préformées, puisque la raison déterminante des processus ne tient plus à une organisation de parties intégrantes, mais à l'action immanente d'un principe dynamique.

1. NO, § 20, note, p. 194.

2. Voir NO, § 21, p. 199 : « [...] une classe d'Etres qui, quoiqu'ils ne soient pas engendrés, & qu'ils n'engendrent pas à la maniere ordinaire, nous donnent cependant une clef pour conduire à la génération de tous les autres ».

3. Voir NO, § 27, note, p. 224 : « Je raisonnai ainsi en moi-même ; il paroît évident par toutes les observations que j'ai faites jusqu'ici, que dans l'échelle de la Nature il n'y a qu'un dégré de distance entre la derniere espece de *vitalité* animale & la premiere de vitalité végetale. Les mêmes, ou à peu près les mêmes principes différemment combinés, avec plus ou moins de liberté, & par conséquent quelque différence dans les puissances organiques, peuvent être ou le véhicule rapide d'une *vitalité* libre, ou les instrumens lents de la vegetation ordinaire des plantes ».

4. NO, § 22, note, p. 200.

La force productrice ou force de végétation responsable de toutes les formations organiques s'analyse suivant le degré d'exaltation ou d'activité qui l'exprime empiriquement, ce qu'illustre l'intensité variable des mouvements des globules des infusions selon leurs dimensions et leurs séquences de transformation. Tout se passe comme s'il fallait présumer une relation déterminée entre les types de microstructures et les actions que celles-ci exercent sans spontanéité assignable. Needham précise ainsi qu'il y aurait un rapport de proportion inverse entre la composition et la dimension des structures organiques d'une part, et l'intensité, la vitesse et l'immédiateté des effets dynamiques produits d'autre part. La décomposition des corps organisés peut ainsi libérer des structures plus élémentaires dont le dynamisme serait plus marqué. Pour comprendre le rapport des structures constituées à leur degré d'exaltation, représentons-nous que les processus de végétation et donc de formation organique sont régis par des relations entre forces expansives et forces résistantes : l'organisation des corps et leurs propriétés en dépendraient. « La force végétative, affirme Needham, est plus ou moins prompte, selon que varient les proportions entre les forces résistantes et expansives en lesquelles elles se résolvent, & par-là les effets sont différens, sans passer la ligne de végetation »[1]. L'exaltation apparaît essentiellement comme un effet endogène auquel s'oppose l'effet de résistance dû aux déterminations dynamiques exogènes provenant des corps constitués au moment considéré. De fait, l'analyse proposée souligne la corrélation étroite entre les effets antagonistes auxquels la force de végétation donne lieu et les processus de décomposition et de recomposition des corps considérés, comme le révèle notamment l'observation des animalcules des infusions. L'idée ici sous-jacente est celle de cycles de compositions et de décompositions organiques comportant des régularités assignables, objets possibles d'énoncés de lois. La végétation dans son expression dynamique semble se rattacher à des degrés plus ou moins élevés d'exaltation, et ceux-ci renvoyer à des proportions diverses de forces expansives et résistantes, sous-tendant la transformation des structures organiques : « et ainsi je suppose, ajoute Needham, la matiere continuellement susceptible d'exaltation, toujours dans le même ordre, tandis qu'elle tend à se décomposer. Ensorte que les proportions de résistance et d'expansion varient suivant que les corps organisés se composent ou se décomposent, & que l'une ou l'autre de ces forces prédomine »[2].

1. NO, § 23, note, p. 209.
2. NO, § 24, note, p. 210.

L'observation des animalcules des infusions semble justifier l'application d'un tel modèle. Ainsi Needham évoque-t-il par exemple l'infusion de blé broyé pour signaler l'apparition au deuxième ou troisième jour, après dissipation de parties volatiles, d'une multitude d'« atomes mouvants », issus de la végétation, particules très subtiles présupposant une organisation relativement rudimentaire. Après la disparition de ces corpuscules, et un temps de latence de quelque deux semaines, seraient apparus des corps plus irréguliers et de plus grande dimension : on assisterait alors à la coalescence de ces corps avec production de filaments ; ces filaments constitueraient autant de zoophytes, représentant un degré relativement élevé d'organisation et susceptibles, eux-mêmes, de division et de divers mouvements progressifs sans spontanéité identifiable. Le schéma qui se dégage de l'observation des infusions est *grosso modo* le suivant : les germes de plantes, les tissus animaux se décomposent dans l'infusion ; soit à froid, soit sous l'effet accélérateur de la chaleur, des globules ou des filaments possédant des caractéristiques spécifiques de dimension, de figure, de mobilité se détachent des structures végétatives qui se sont formées sous l'effet de la décomposition. Ces globules ou ces filaments se déplacent et évoluent suivant un cycle déterminé d'états dynamiques, puis s'épuisent et se décomposent. À cette phase peut alors succéder une autre phase, voire plusieurs autres phases de végétation où se forment des combinaisons organiques dotées de propriétés spécifiques et sujettes à des cycles d'exaltation et de décomposition. Sur le plan structural, tout se passe comme si l'on assistait à des séquences de décompositions et de compositions alternées, suivant un ordre déterminé par les combinaisons organiques en présence. Sur le plan dynamique, tout se passe comme si l'on assistait à des enchaînements d'effets moteurs au sein de corps organiques alternativement en expansion et en repliement. La comparaison de diverses infusions permet de décrire de considérables variétés de tels corps organisés, et celles-ci représenteraient, d'un point de vue typologique, des structures émergentes reflétant des stades et des degrés distincts dans l'antagonisme des forces expansives et résistantes au fondement de la végétation organisante. Une note cruciale ajoutée au texte développe le cadre théorique qui est alors corrélé à l'observation de ces micro-organismes. Elle éclaire tout particulièrement la stratégie explicative de Needham :

> Si nous concevons, comme il paroît par toutes ces observations, qu'une substance animale ou végétale en infusion, soit mise en action dans chaque point par une force intérieure expansive, il est en même-tems naturel de s'attendre qu'elle fera paroître toutes ces varietés, suivant que les principes

> contraires viendront à se combiner. La végetation est une opération de la Nature qui procede par décomposition d'anciennes formes à une composition & à une structure de formes nouvelles. Dans ce sens, qui même est le seul véritable, elle exige nécessairement une combinaison de deux forces antagonistes, en une certaine proportion ; & les mêmes observations qui nous démontrent que la matiere organisée est animée d'une force expansive intérieure, ne démontrent pas avec moins de certitude la présence constante d'une force résistante extérieure. […] Mais en admettant ces deux forces antagonistes comme réelles & existantes, nous aurons des combinaisons dans la Nature, d'un degré quelconque de résistance ou d'activité contraire entre les deux extrêmes, suivant que les proportions peuvent être supposées varier depuis la masse résistante la plus dense, jusqu'à l'elément expansif le plus mobile ; & toute la Nature sera combinée dans une gradation exacte sans impénétrabilité invincible, ou sans dissociation absolue quelque part que ce soit. […] D'une maniere générale […] c'est delà que dépend la facilité de concevoir la pénétration, dans chaque circonstance, l'intus-susception, l'accroissement & la puissance qu'a la Nature de fixer chaque corps organique dans son état parfait, lorsqu'il devient adulte [1].

Dans un contexte certes différent, les distinctions proposées par Needham évoquent un modèle néo-leibnizien de forces dérivatives actives et passives suivant lesquelles se coordonnerait l'expression phénoménale des forces vives rattachables aux éléments fondamentaux des corps organiques. Afin de rendre plus concrète cette représentation des principes antagonistes sous-tendant les divers degrés d'organisation, Needham suggère que certains corps chimiques – sels, esprits, etc. – serviraient à fixer dans une structure particulière la force de végétation dont l'action sans frein produirait une décomposition plus poussée des formes organiques. Il resterait certes à découvrir si, dans cette perspective, les relations phénoménales entre de telles forces dérivatives actives et passives requerraient que l'on eût recours à des raisons d'être métaphysiques analogues aux forces primitives actives et passives de la dynamique leibnizienne [2].

Needham rapporte volontiers les forces expansives et résistantes à l'ordre des composés corporels, dont il conçoit qu'ils peuvent s'analyser en structures de plus en plus élémentaires, mais toujours dotées de principes constituants antagonistes à la fois actifs et passifs. Ainsi peut-on tendre vers des parties intégrantes qui, de décomposition en

1. NO, § 27, note, p. 221-222.

2. Nous pensons ici à la typologie des forces primitives et dérivatives, actives et passives que développait le *Specimen dynamicum* (GM VI, 234-246). Voir à ce sujet F. Duchesneau, *La Dynamique de Leibniz*, Paris, Vrin, 1994, p. 211-244.

décomposition, se réduiraient en quelque sorte à des points dynamiques, animés d'activité motrice intense pour une résistance minimale. Dans le même temps toutefois, Needham reconnaît que les échelles inverses de degrés d'activité végétative et de résistance se trouvent distribuées sur des ordres différenciés de substances matérielles, impliquant toutes une certaine complexité interne : celle-ci correspondrait à la fois à la formation par combinaison de parties et par combinaison de combinaisons en une séquence qui se déploierait au-delà de toute limite empiriquement assignable. Dans certaines sections des *Nouvelles Observations*, les principes généraux du système needhamien se trouvent évoqués afin d'éclairer ce point. Selon Needham, tous les composés physiques se résolvent en combinaisons de principes expansifs et résistants; la nature des corps implique leur dépendance par rapport à des principes actifs de mouvement, et ces principes actifs, si peu considérables soient-ils, comme causes, peuvent combiner leurs effets par l'action des composés matériels résultants [1].

Nos pouvoirs d'intellection se limitent à saisir, suivant la constitution relative de notre propre corps, l'effet sensible des actions et réactions sous-tendant le rapport des diverses réalités physiques entre elles. Il s'agirait à partir de là d'analyser le système des relations entre corps de l'univers physiques par le moyen des correspondances qu'institue le système de nos connaissances sensibles. Dans cette perspective : « la nature de l'agent primitif & sa force innée telle qu'elle est en elle-même nous sont entièrement cachées, & les premieres causes physiques dont nous pouvons avoir quelqu'idée ne sont que les premiers effets des principes actifs sur nous » [2]. Certes, la raison pourrait s'exercer sur ces données relatives inférées de l'expérience pour en tirer une projection de raisons suffisantes « métaphysiques ». Or, Needham récuse la thèse d'une réalité matérielle qui se réduirait à un continu extensif composé de parties à l'infini, thèse qui, sur la base de ce seul contenu intelligible, viserait à rendre compte de l'impénétrabilité des corps et à fournir un principe fondateur de leur substantialité. Cette hypothèse interprétative comporte le paradoxe de postuler l'autosuffisance d'un « composé substantiel infiniment complexe, existant sans une seule substance individuelle » [3]. Par contraste, l'aporie peut se résoudre si l'on recourt de façon typique à un argument inspiré d'une approche monadologique dominante. Needham le développe ainsi :

1. Voir NO, § 37, p. 320-321.
2. NO, § 37, p. 322.
3. NO, § 38, p. 333.

> Je dis donc, si la matiére est essentiellement un composé, comme nous sçavons qu'elle l'est en effet, la seule maniere de nous exprimer intelligiblement & conformément à la vérité, est de la résoudre en principes simples : ces principes ne sont pas de la matiére, parce qu'ils ne sont pas eux-mêmes composés, ils ne sont pas non plus étendus ni divisibles, parce qu'ils n'ont point de parties ; ce sont des substances dans lesquelles l'essence, l'existence & l'action se terminent en derniere raison, par conséquent ils sont absolument individuels. Ils se combinent pour former des composés physiques, qui par leurs forces réunies produisent des impressions sensibles ; il y a donc une alternative continuelle d'action & de réaction ; l'étendue, l'impénétrabilité, la cohésion, &c. sont des idées conséquentes à des impressions physiques produites sur ce systême que nous appellons notre corps, & par conséquent rélatives à la quantité & à la qualité de l'action extérieure qui les engendre, aussi bien qu'aux forces du systême qui les reçoit. Tout composé physique est donc une combinaison d'agens simples d'une nature différente & même opposée [1].

En définitive, les effets que produisent les réalités corporelles externes suivant leurs compositions respectives et leurs interactions dynamiques, nous sont connus, de façon relative mais invariable, par les représentations issues de la constitution et du pouvoir de réactivité sensible de notre propre composé organique [2]. Ce caractère doublement relatif des notions en jeu et de leur pouvoir de représentation objective, s'il ne nous permet pas d'identifier les causes réelles des phénomènes observés et des relations constantes exprimées, nous autorise à poser des agents véritables de type monadique comme condition d'intelligibilité de l'ordre naturel réalisé. Comme le soulignent les dernières analyses figurant dans les *Nouvelles Observations* [3], derrière les agents physiques, moteurs et résistants dont l'identification ne repose que sur la comparaison et l'analyse des phénomènes, se profile l'exigence de substances simples, fondements premiers des forces en jeu dans la formation des corps et dans le déploiement des processus moteurs s'y déroulant.

À un degré plus élevé d'expression, ce sont des agents du même ordre auxquels il convient de rattacher les effets identifiés à la sensibilité et

1. NO, § 39, p. 334-335.

2. Voir NO, § 31, p. 265 : « Car quoique la connoissance des objets extérieurs soit entierement au-dedans de nous, qu'elle ne soit que relative, & un simple effet, elle est cependant l'effet inaltérable d'une certaine cause extérieure, & en atteste la présence indubitable. C'est un rapport qui ne dépend pas de nous, la mesure est au-dedans de nous & invariable, & on trouve qu'il est exactement commensurable avec l'action extérieure qui le produit, & avec cette puissance qu'a un objet extérieur d'exciter quelque idée particuliere dans un agent individuel ».

3. Voir notamment NO, § 61, p. 478-481.

à la pensée. Mais point essentiel : les actions attribuables à ces agents simples, par-delà leur expression phénoménale, supposent la combinaison organique, l'organisation des réalités corporelles correspondantes, ainsi que le concours et l'intégration des processus qui en découlent : ce que Needham désigne par le terme de « coefficience » – en anglais, *coagency* :

> Si toute combinaison physique peut se réduire en derniere raison, à un certain nombre d'agens simples, la différente causalité produit ces différens effets que nous appellons, *résistance*, *mouvement*, *sensation* ou *pensée*, suivant leurs différentes combinaisons ; […] la nature & les forces de ces agens simples sont essentiellement opposées l'une à l'autre, quoique par-là même elles concourent à s'unir intimement, & qu'elles deviennent causes productrices de l'action & réaction mutuelles, d'où résulte nécessairement l'union, la coefficience, la variété des combinaisons, ainsi qu'une alternation perpetuelle de causalité innée, qui seroit comme assoupie & tomberoit en quelque sorte dans l'inertie sans cette opposition naturelle […] [1].

Needham postule donc des « agents simples » sous-tendant, par leurs concours réciproques, les relations constitutives des corps organisés et leur dynamique de formation et de transformation à tous les paliers de complexité.

La preuve indirecte de cette hypothèse métaphysique réside dans la conjonction de deux propositions. Selon la première, il existerait une gradation continue des formes d'organisation, donnant lieu respectivement aux mouvements non spontanés de type vibratile de la végétation et aux mouvements spontanés, locomoteurs et fonctionnels, propres aux animalcules véritables :

> La *vitalité* animale […], quoiqu'elle soit dans le même ordre, est toujours supérieure d'un dégré à la végétale. Le plus bas point de la *vitalité* végétale est certainement à une distance immense du plus haut période de la vitalité animale, mais elles doivent être considérées comme s'approchant continuellement l'une de l'autre dans une gradation insensible […] [2].

Une gradation analogue s'élève en direction des corps organiques susceptibles d'une plus grande complexité intégrative ainsi que d'une activité fonctionnelle reliée à l'autonomie motrice, à la sensibilité, voire à l'activité intellective.

> Je raisonne ainsi sur ces phénomènes, poursuit l'auteur, il y a un degré d'organisation, ou des combinaisons si complexes, qu'il faut un agent spontané pour gouverner & diriger leurs mouvemens, & il y a des

1. NO, § 31, p. 267.
2. NO, § 46, p. 368-369.

> combinaisons beaucoup plus simples qui ne demandent pour leurs mouvemens que leurs propres principes vitaux combinés d'une maniere convenable [1].

Notons par ailleurs que les combinaisons de parties matérielles constitutives des corps organisés se situent sur une échelle constamment fluctuante de composition et de décomposition, de structuration et de vitalisation. Comme Needham le souligne, « la résistance & l'activité motrice l'emportent différemment dans diverses combinaisons & chaque partie dans la Nature est en fluctuation continuelle, descendant par la composition, ou s'élevant par la décomposition. Les combinaisons les plus exaltées descendent tandis que les moins exaltées s'élevent continuellement » [2]. Nul doute alors que la formation même des structures organiques les plus complexes résulte d'un rehaussement progressif des processus antagonistes de vitalisation et de consolidation intégrative des parties corporelles.

La gradation des combinaisons de principes dynamiques coordonnés commande la composition des microsystèmes organiques les uns par rapport aux autres dans la nature, et c'est à cette condition que les microcosmes ainsi constitués reflètent les principes actifs, ou les agents simples, qui leur correspondent. En fonction de la plus grande complexité intégrative qu'ils manifestent, les corps des animaux supérieurs requièrent d'être fondés sur une combinaison « coefficiente » d'agents simples dont le lien architectonique est assuré par une âme sensitive, voire intellective, démultipliant en quelque sorte le potentiel d'action imparti aux principes élémentaires d'organisation vitale.

> Il y a lieu de croire, affirme Needham, qu'il en est de même dans le microcosme, ou le corps animal, où cette gradation [des principes actifs] doit être nécessaire, pour qu'il puisse s'unir à cet agent parfaitement simple, le principe sensitif ou intelligent. Par-là l'agent simple qui gouverne le composé, non-seulement commande à chaque principe caché & à chaque puissance intime du composé qu'il anime, mais son action s'étend au total, à l'instant même de la volonté, parce que la combinaison n'est elle-même qu'un systéme continu d'activité, aussi soumis à l'ame que si les forces du corps étoient essentielles, & qu'elles ne fussent pas distinguées de celles de l'ame elle-même [3].

Corrélativement, les agents simples, sous-tendant l'organisation vitale, sont considérés comme des principes échappant à la mort qui affecte les corps correspondants, à cette différence près que la dissolution

1. NO, § 46, p. 370-371.
2. NO, § 43, p. 360-361
3. NO, § 35, p. 314-315.

des corps implique la réduction du potentiel dynamique des agents simples à la vitalité la plus élémentaire. À cette règle de réduction, les âmes spirituelles sont présumées faire exception, puisque leur destinée se poursuivrait à un autre niveau de réalité et d'accomplissement[1].

Dans ce contexte de continuité des formes d'activité vitale, la théorie des machines naturelles spécifie les liens entre corps et principes d'animation. Chez les organismes les plus simples, nutrition et végétation se produisent d'abord par la totalité de leur structure, puis tendent à se produire à la périphérie par des structures spécialisées en voie de consolidation progressive. En même temps, les organes internes, qui se forment peu à peu, opèrent une ségrégation des parties nutritives végétantes en fonction des processus fonctionnels désormais insérés aux diverses étapes du parcours qu'emprunte le flux des particules ingérées. Needham adopte une conception de la composition du corps organique héritée de l'anatomie subtile mécaniste que Hermann Boerhaave avait systématisée[2] : il soutient alors que ce corps organique « n'est qu'un tissu, une expansion continue de vaisseaux innombrables qui se subdivisent sans cesse, à mesure qu'ils s'éloignent de leur source »[3]. Il se représente que la vascularisation concerne aussi l'anatomie des organismes végétaux. Il suppose enfin que, par ce système vasculaire en expansion, se trouvent progressivement assimilées des particules analogues à celles des microstructures parcourues. Ces particules sont sujettes à des dissociations sélectives qui en provoquent l'exaltation à divers degrés, la distribution subséquente et l'intégration à de nouvelles structures en voie de formation – symbole de ce processus : la formation arborescente de bras intercalaires de plus en plus nombreux chez certaines étoiles de mer (*Stella arborescens*). Cette représentation de l'organisation

1. Voir par exemple NO, § 46, note, p. 375-376 : « Mais si nous […] accordons [aux animaux] un principe sensitif, quoique fort inférieur à la raison, ils [les Cartésiens] nous demanderont peut-être ce que devient ce principe après la mort ; ne seroit-il pas immortel comme notre ame ? Point du tout. Il est indestructible comme les parties & les principes de la matiere, jusqu'à ce qu'il plaise à Dieu de les anéantir, mais non pas immortel. L'immortalité à leur égard, suppose une continuation de la vie sensitive, & cette vie une connoissance sensitive ; mais une simple connoissance sensitive ne peut être supposée subsister après la mort & une totale destruction de *sensorium* ; tandis que l'ame intellectuelle acquiere des connoissances entiérement nouvelles, s'exerce sur des objets tout autres qu'auparavant, & procede dans ses opérations d'une maniere différente ».

2. À propos du modèle mécaniste de Boerhaave, voir F. Duchesneau, *La Physiologie des Lumières*, Paris, Classiques Garnier, 2012, p. 166-184.

3. NO, § 44, p. 362. À l'évidence, cette doctrine se modifiera par la suite à la lumière de conceptions anatomiques référant aux combinaisons et aux emboîtements de fibres. Needham tirera alors avantage de la physiologie de type hallérien et de la notion de propriétés dynamiques spécifiques découlant des structures fibrillaires.

vitale est stratégique : elle gouverne l'analyse et la compréhension des divers systèmes organiques propres aux vivants les plus complexes et elle servira de modèle aux schèmes de formation épigénétique, non seulement chez Needham, mais aussi chez certains de ses successeurs, par exemple Caspar Friedrich Wolff. Ainsi le *sensorium commune*, siège principal de la sensibilité et des fonctions intellective, dépend-il d'une spécialisation de structures vasculaires, formant des ramifications de grande subtilité : celles-ci permettent des opérations en rapport exact avec tous les autres processus de la combinaison corporelle sous-tendant les systèmes de l'animalité supérieure – l'être humain compris. Un tel rapport de correspondance suppose un pouvoir de centraliser et de coordonner les dispositions dynamiques correspondant aux diverses parties et fonctions de l'organisme, pouvoir s'exerçant dans une partie apte à susciter, à intégrer et à coordonner les processus physiologiques [1].

Soit donc une diversité graduée de formes organiques en état de transformation constante, bien que plus ou moins rapide et radicale. La vitalité qu'affichent ces formes organiques se diversifie suivant la complexité des combinaisons corporelles réalisées : celles-ci reflètent le degré de puissance des agents simples qui en sous-tendent l'accomplissement et qui peuvent conjuguer leurs actions de façon à produire, dans et par les composés, des effets fonctionnels spécifiques. Quel que soit le degré de vitalité déployé, l'essentiel est de noter que l'activité motrice est endogène : suivant la formule utilisée, elle apparaît « innée dans de certains principes ou agens simples, antérieurs à l'organisation, qui sont plus ou moins embarrassés par l'agent résistant, ou qui en sont plus ou moins dégagés » [2]. C'est là la clé du type d'épigenèse en jeu. Somme toute, ces agents simples façonnent les « machines organiques » en raison de leur puissance propre, corrélative de celle des autres agents simples concernés ; ils interviennent en fonction des conditions corporelles, lesquelles contraignent l'organogenèse à se canaliser suivant des formes et des processus spécifiques. Toute machine est un système de distribution des forces qui s'y appliquent. Mais les machines naturelles que constituent les corps organisés ont la caractéristique « leibnizienne » d'être organiques jusque dans leurs moindres parties :

1. Voir NO, § 45, p. 368 : « Si l'ame, comme un agent individuel entiérement distinct de la combinaison corporelle qui lui est unie, & qui apperçoit toutes ces différences idéales les plus délicates, doit nécessairement par la nature de la sensation, être la simplicité même ; le *sensorium* auquel elle est étroitement unie, & où elle régne avec un empire si absolu, doit être une partie de la combinaison corporelle qui soit dans un exact rapport avec tout le systême humain, & la plus vitale & la plus simple de toutes ».

2. NO, § 46, p. 371.

« le corps est en ce sens tout ressort, tout action »[1] ; « un corps organisé est un systême d'action & de réaction complet dans chaque partie, & [...] c'est delà que dépend sa vitalité parfaite »[2]. Or, ces combinaisons complexes requièrent la présence et la coordination d'agents simples dont les activités se déploient de façon intégrée, jusqu'au point d'admettre, aux plus hauts degrés d'intégration, la présence et le rôle hégémonique d'un principe sensitif ou intelligent. Les agents vitaux impliquent donc une hétérogénéité qualitative essentielle de leurs combinaisons ; cette complexité combinatoire donne lieu à l'intégration harmonique des effets émergents : et ceux-ci consistent en séquences d'actions et de réactions par lesquelles les vivants se forment et se transforment.

L'épigenèse needhamienne se distingue certes de la génération équivoque dans la mesure où il s'agit d'un « système invariable d'action complexe »[3]. Chaque corps organisé, chaque système organique est en effet spécifique dans ses modalités de formation et de fonctionnement, ce qui détermine par suite la spécificité des semences produites. Des « lois invariables »[4] de végétation sont présumées déployer, dans la matière organique, les effets structurants aboutissant à des tissus réguliers ; ceux-ci se vitalisent et acquièrent des propriétés dynamiques par l'effet d'une nutrition ordonnée. Il suffit de détenir « la base » du corps pour que « le cours ordinaire de la nutrition » réalise « les premiers linéamens du corps organisé »[5] : ce processus tend à s'accomplir par la composition d'une forme organique typique ; des altérations accidentelles dues aux conditions physiques particulières peuvent néanmoins en affecter le cours. Cette composition épouse la forme d'un schème universel de végétation pour l'ensemble des formations organiques, quelles que soient les fonctions émergentes qui pourront s'y adjoindre : des principes spécifiques de sensibilité ou d'intellection peuvent ainsi déterminer une intégration supérieure des activités organiques. Needham postule que, dans la semence des animaux suffisamment parfaits, « la première base » de l'embryon se forme d'un seul coup sous l'effet morphogénétique des principes de vitalisation inhérents aux corps organisés des parents, qui agiraient sur les liquides séminaux de façon spécifique. De façon fort significative, l'auteur des *Nouvelles Observations* évoque les découvertes de Marcello Malpighi consignées dans la *Dissertatio epistolica de formatione pulli in*

1. NO, § 46, p. 372.
2. NO, § 54, p. 421.
3. NO, § 54, p. 428.
4. NO, § 53, p. 420.
5. NO, § 53, p. 420-421.

ovo (1673) en en écartant toute hypothèse interprétative préformationniste. Le raisonnement est clair : l'activité spécifique s'exerçant dans l'individu organisé qui engendre son semblable résulte de principes dynamiques immanents, et non de quelque agent externe d'animation opérant sur une machine déjà constituée, en elle-même dénuée de tout pouvoir de vitalisation organique. Ce pouvoir endogène de structuration organique s'exerce de façon similaire dans la formation de l'embryon à l'intérieur de la sphère d'action du corps organique-source. Les principes spécifiques par lesquels l'embryon se forme et se développe sont certes similaires à ceux qui déterminent les modalités d'action vitale du corps organique dont il provient. En même temps toutefois, ces principes accomplissent d'abord des processus de végétation plus élémentaires : ceux-ci connaissent une expansion et une diversification fonctionnelle considérable dans les phases ultérieures de développement de l'organisme. On assiste donc alors à une complexification des combinaisons organiques et à l'émergence de fonctions particulières représentant le système organique plus intégré et plus diversifié du vivant adulte. Deux passages du texte résument parfaitement l'épigenèse initiale et l'organogenèse ampliative qui se trouve ainsi amorcée.

> [...] La première base, a non-seulement été formée tout à coup, mais spécifiquement déterminée, parce que l'action qui existoit antérieurement dans l'individu organisé qui produit son semblable, étoit spécifique, & les principes sur lesquels il agissoit, étoient analogues à tous égards, à ceux par lesquels il subsiste lui-même [1].
> Je regarde [...] le premier germe d'un corps organisé comme la partie la plus simple de tout le composé, respectivement au systême entier, qui doit s'en élever par dégrés, & je dis que l'action par laquelle ce germe est formé, est non-seulement moins complexe, mais qu'elle produit tout son effet dans un court espace de tems, qui est à tout le tems de la formation & de l'accroissement de l'animal ou du végétal, comme les dimensions & la simplicité de ce germe sont à tout le corps organisé. Il résulte par conséquent de toutes ces considérations, que la végétation est un principe qui n'est pas seulement universel, mais spécifique & déterminé à tous égards [2].

Les modes complexes de génération supposent la production de semences dans les organismes de provenance. Si l'on descend de ces modes à ceux qui caractérisent l'émergence des animalcules des infusions, plus généralement des zoophytes, le point central du modèle tient à la spécificité des combinaisons organiques constituant le milieu

1. NO, § 54, p. 426.
2. NO, § 56, p. 434.

de formation – ce que Needham assimile à une matrice où s'exercent des forces expansives et résistantes spécifiques, agents de vitalisation et de structuration pour le type d'organisme considéré. Dans le fond, il suffit qu'une combinaison organique appropriée soit présente dans un milieu propice à la vitalisation, pour que, par l'effet de lois inscrites dans l'ordre naturel, un animalcule de tel ou tel type se forme. À la limite, cette combinaison peut prendre la forme d'une véritable semence transmise par d'autres corps organiques de même espèce ou provenant d'une division de ceux-ci. Le propre de l'hypothèse de Needham est de présumer qu'il existerait un stade plus primitif d'épigenèse, dans lequel il y aurait une sorte d'émergence directe de la machine naturelle depuis les composantes organiques rassemblées. Celles-ci forment la matrice de combinaisons dont cette machine est la synthèse, pourvu que des forces de végétation au degré approprié d'intensité puissent s'y manifester. Après avoir rappelé que « le systême de chaque corps organisé doit être spécifique » [1], ce qui signifie que ce corps doit résulter d'une configuration spécifique des principes de vitalité et de résistance sous-tendant les combinaisons organiques dont il émane et qui en constituent en quelque sorte la semence, Needham souligne que ce système qui est un système d'équilibre dynamique inhérent aux divers types de corps organisés est susceptible de réplication sous forme de nouveaux corps organiques se développant conformément au type d'origine.

> De ces considérations il paroît résulter, non-seulement qu'il y a des forces spécifiques dans chaque corps organisé, par lesquelles il subsiste, mais aussi que ces forces spécifiques ont la faculté de produire dans quelques circonstances, une action similaire & sympathétique, dans des principes de même genre, vitaux & végétatifs, comme elles-mêmes, tels que la semence dans les animaux parfaits [2].

5. Principes du système de l'épigenèse

En 1759, Needham adresse à Haller un mémoire précisant les éléments essentiels de son système. Bien que l'échange direct de correspondance entre le naturaliste anglais et le physiologiste suisse n'ait pas été retrouvé à ce jour, des éléments de la correspondance entre Needham et Bonnet permettent de situer cette production savante. Quant au manuscrit même de ce mémoire anonyme, mais d'authenticité incontestable, intitulé *Ideæ quædam generales de mundi systemate*, il fut retrouvé dans le fonds Haller à la Biblioteca Nazionale Braidense de Milan et fit en 1985

1. NO, § 53, p. 419.
2. NO, § 54, p. 423.

l'objet d'une publication de la part de Maria Teresa Monti[1]. Ce texte est important à deux titres : d'une part, il offre une présentation synthétique et épistémologiquement mieux articulée des thèses avancées dans les *Nouvelles Observations*, il introduit d'autre part, sur quelques points, des nuances et des justifications inédites; et, comme M. T. Monti le signale à juste titre, il s'inscrit à mi-chemin temporel des deux ouvrages scientifiques importants de Needham, durant une période où diverses controverses idéologiques accaparent l'attention du naturaliste[2].

Voici en résumé les points essentiels de cette synthèse : Needham y propose un ordre métaphysique des êtres simples qui ne saurait être démontré *a priori*, mais inféré *a posteriori* par des raisonnements suivis, s'accordant avec les phénomènes et avec l'analyse de nos pouvoirs limités de connaissance[3]. Au point de départ figure une thèse « monadologique ». Pour que la matière puisse posséder des caractéristiques substantielles, il faut qu'elle soit composée à partir d'êtres simples qui en diffèrent. Il ne saurait être question, abandonnant ce principe, d'accorder à la réalité corporelle une existence purement relative, comme l'ont soutenu Malebranche et Berkeley. La divisibilité infinie de la matière ne permet pas de lui attribuer de statut substantiel, puisqu'il s'agirait alors d'« un monstre formé par la coalescence d'une infinité de substances »[4]. Il faut supposer des êtres simples qui, par leur action simultanée avec d'autres du même genre, engendrent l'idée d'étendue solide en nous. La notion de ces êtres simples est incontestable, puisque l'âme humaine apparaît telle, comme les partisans de l'immatérialisme eux-mêmes le reconnaissent. Ne nous est-il pas loisible, dans ces conditions, de nous figurer autant de purs esprits au-delà de la sphère de l'humanité que de simples agents, uniquement dotés de « quelque force vitale et motrice » sous le niveau des substances intelligentes[5]? Mais comment de tels principes inétendus peuvent-ils engendrer l'idée d'étendue en nous? Ici interviennent la combinaison des actions et réactions attribuables aux agents simples

1. M. T. Monti, « Un inedito di John Turberville Needham : Ideæ quædam generales de mundi systemate », *Rivista di storia della filosofia*, 40 (1985), p. 503-529; le texte annoté (cité *Ideæ*) figure aux pages p. 507-529.

2. M. T. Monti, « Un inedito di John Turberville Needham : Ideæ quædam generales de mundi systemate », art. cit., p. 506, n. 17.

3. Voir *Ideæ*, p. 512 : « His igitur positis admittamus necesse est et possibilitatem et realitatem entium simplicium eorumque ordinem metaphysicum; quæ quamvis nullo modo probari possint a priori et imperfecte admodum a nobis concipiantur, tamen ratiocinio satis justo, concatenate et cum phænomenis nexo probantur a posteriori, quod æquo philosopho, qui nostræ cognitionis naturam novit, plane sufficit ».

4. *Ideæ*, p. 507 : « [...] monstrum quoddam ex infinito substantiarum coalescens ».

5. *Ideæ*, p. 508 : « [...] vi quadam vitali et motrice ».

et l'interaction de telles combinaisons dynamiques avec notre propre activité et résistance, réverbérées dans la perception sensible consciente. Certes, l'occupation de l'espace par une entité simple et sa présence en raison de son action dépassent notre capacité d'intellection *a priori* : notre connaissance des réalités naturelles ne peut être que relative. Mais les effets que ces réalités produisent sur nous et en nous suivant leurs déterminations empiriques induisent des idées correspondantes en nos âmes. C'est par un travail d'inférence rationnellement fondée que nous attribuons la cause de ces effets à des êtres simples, tant ceux qui correspondent aux éléments des réalités corporelles que ceux auxquels on attribue la spiritualité et l'immortalité. Les actions concourantes et/ou antagonistes des êtres simples déterminent notre représentation sensible des parties combinées et séparables en lesquelles s'analysent les composés de l'ordre physique. Mais la relation spatiale ne saurait exprimer l'action dans sa substantialité même : c'est donc nécessairement à travers des représentations relatives aux conditions de l'expérience sensible que nous atteignons, non la chose même, mais les effets de son action. L'action ne nous est perceptible que revêtue de relations déterminées que nous substituons à la chose même. Ainsi la sphère d'action d'un agent véritable semblera remplir un espace défini que nous circonscrirons par des paramètres renvoyant à des relations extensives. Si cette délimitation d'un sujet d'action est relativement simple, lorsque l'on combinera les paramètres extensifs d'une pluralité de tels sujets, l'idée complexe s'engendrera d'une extension solide ou résistante de toutes parts, dotée de tous les degrés de cohésion possible. La présence et l'action des êtres simples – intelligences ou entités simplement vitales – dans le domaine des réalités corporelles extensives ne peut leur être assignées directement, comme s'il s'agissait de déterminations en soi extensives : elles ne s'y rapportent que de façon indirecte par des effets représentatifs et par les rapports symbolisant ceux-ci [1]. Il en est de même des relations de force qui déterminent les sphères d'action respectives des agents primordiaux : elles se trouvent rapportées à des parties corporelles et déterminées en fonction des interactions apparentes de celles-ci et des différences d'action et de passion qui les caractérisent. De ce point de vue, on pourra lier analogiquement la puissance attribuable à des sujets dotés d'intelligence et capables d'action volontaire à celle de sujets d'actions organiques non spontanées. En tout état de cause, qu'il s'agisse de substances au

1. Voir *Ideæ*, p. 511 : « vel potius nonne rationi magis consonum est dicere quod omnia entia simplicia sive intelligentia sint, sive mere vitalia, agant in loco definito et sint præsentia suo modo, quod intellectus noster imperfectus non directe, pæne ut a nativitate cæcus colores, attingit, sed indirecte effectibus utique repræsentatum et variis vestitum relationibus ».

sens strict ou de réalités corporelles, leur nature implique des principes intrinsèques d'activité sous-tendant les effets physiques attribuables aux corps en interaction.

S'intéressant à la réalité des microcosmes que sont les corps organiques, Needham annexe un certain nombre de développements provenant des *Institutiones pathologiæ medicinalis* (1758) de Hieronymus David Gaub (1705-1780). Dans le débat entre mécanistes et animistes en physiologie, Gaub tendait à accorder un avantage différentiel aux Anti-stahliens : ceux-ci reconnaissaient ce que Needham identifie comme une force motrice ou une vitalité propre des corps organisés qui échapperait à l'activité assignable à l'âme proprement dite. Beaucoup de mouvements se produisent en effet dans le corps à l'insu du sujet percevant, voire en opposition à son contrôle; mais Gaub insistait tout particulièrement sur les mouvements attribuables à une *vis vitalis* qui se manifesterait dans des parties détachées du corps vivant chez les polypes, les vers, les reptiles et autres, hors de toute division possible d'une âme sensitive ou rationnelle. Or, même dans l'exercice des fonctions dévolues à cette âme, un principe hétérogène d'ordre organique peut intervenir et perturber les opérations qui dépendent de la loi de corrélation prescrite entre les pensées de l'âme et les changements affectant le corps.

À ces raisons Needham annexe ses propres observations relatives aux phénomènes de régénération vitale dans des organismes tels que l'anguillule du blé niellé, mais surtout les démonstrations expérimentales de Haller portant sur l'irritabilité des fibres organiques, notamment musculaires, échappant à l'empire de la sensibilité et déterminant les pulsations du cœur et les mouvements péristaltiques des intestins. Dès que Needham se fut familiarisé avec l'irritabilité hallérienne, il considéra cette *vis insita* attribuée par Haller aux seules fibres musculaires pour une expression de la *vis vitalis*, définie de façon plus générale comme une puissance morphogénétique et fonctionnelle régissant l'ensemble des actions organiques infra-sensibles. Tel est le point de vue que Needham expose par la suite à Bonnet le 10 janvier 1761 :

> Et s'il y est une classe des êtres, comme j'ai lieu de croire par plusieurs observations, intermediaire entre le sensitive, et le vegetal, dont la constitution, et le temperament seroit purement irritable, sans être sensitive, en partant d'après les experiences de M^r. Haller, ne pourroit elle pas, la divinité, conduire par la pure physique tels êtres à leur destination, et les diriger par des regles mecaniques sans aucune puissance sensitive [...] [1].

1. Lettre de Needham à Bonnet du 10 janvier 1761, *in* S. Roe, R. Mazzolini, *Science against the Unbelievers*, *op. cit.*, p 195.

Il s'agit donc de postuler des « forces vitales » adéquates à la production et au maintien de tels processus qui se déroulent sous le niveau d'intervention d'une âme sensitive. Et Needham de citer longuement les articles des *Institutiones* de Gaub qui établissent la nécessité d'une activité vitale des organes pour que l'âme même puisse exercer son action sur le corps : autrement dit, la communication et l'interaction des pouvoirs spécifiques de l'âme avec la force vitale proprement dite s'impose comme condition nécessaire d'intégration des fonctions organiques sous un principe de sensibilité [1]. Il procède alors à une régression analogique : il présume que l'analyse ou décomposition de la *vitalitas* et la simplification corrélative de la fonction motrice nous mènent nécessairement à des agents responsables de ces dispositions dynamiques qui seraient des êtres simples dénués de véritable sensibilité et produisant des mouvements mécaniques, au sens de non spontanés. L'échelle des êtres simples implique certes, aux degrés supérieurs, les principes de sensibilité et d'intellection. Mais, alors que certaines imprécisions affectaient sur ce point la présentation monadologique des *Nouvelles Observations* et pouvaient suggérer une dichotomie assez tranchée entre êtres simples sous-tendant des effets purement matériels et êtres simples échappant à l'ordre de la matérialité, un long passage des *Ideæ* vise précisément à faire ressortir que l'intégration des fonctions corporelles, chez les vivants les plus complexes affichant des corrélations sensibles et intellectives, ne peut émaner des seuls agents subalternes, mais requiert l'intervention de principes supérieurs aptes à unifier l'ensemble des opérations subalternes; ces principes s'inséreraient toutefois dans des séries continues et harmonieuses comportant des degrés marqués d'émergence pour la sensibilité et pour l'intellection.

> L'être simple d'ordre supérieur, pour autant que le principe du composé est proportionné à ce à quoi se rapporte tout ce qui se produit dans le composé, pourra, par exemple, être conçu comme doté non seulement d'une intelligence qui pourra être soit pure, soit mixte, mais aussi de sensation et de force motrice, puisque l'intelligence prise en son entière extension est conçue comme contenant en soi éminemment la sensation qui est un genre de connaissance, et qu'il en est de même pour la sensation à l'égard de la vitalité, c'est-à-dire de la force motrice. Or, par contre, l'être purement vital, en tant que vital, n'aura pas ainsi la sensation, ni l'être purement sensitif ne sera capable d'intelligence, quel que soit le composé qu'il anime, parce que l'un, même du point de vue du principe, n'implique pas nécessairement l'autre et que tout se trouverait confondu, si des limites

1. Needham renvoie ici plus particulièrement à H. D. Gaub, *Institutiones pathologiæ medicinalis* (1758), editio altera, Lugduni Batavorum, Apud Samuelem & Johannem Luchtmans, 1775, § 523-524, p. 201-202.

déterminées n'avaient été posées dans l'échelle ascendante : Dieu qui dispose tout avec convenance et harmonie ne peut pas ne pas avoir égard à l'ordre des choses et ne pas imposer de limites à ne pas franchir [1].

De même, Needham développe la thèse que toute forme de cohésion des composés phénoménaux dépendrait d'un principe endogène de conjonction et d'intégration des parties. Derechef ici, les analyses de Gaub relatives à la conciliation physiologique des solides et des humeurs et à la diversification de leurs qualités cohésives conjuguées dans les états normaux et pathologiques [2] lui sert à étayer la notion d'une intégration fonctionnelle des structures par l'effet d'une hiérarchie de principes dynamiques : ceux-ci assureraient une « liaison d'action réciproque » [3]. Et cette liaison interactive des parties se trouve attestée, dans l'ordre même de la division analytique des corps organisés, par le fait que la décomposition de leurs éléments primordiaux jusqu'aux fibrilles imperceptibles implique corrélativement une dynamique d'intégration en réseaux tissulaires. La décomposition analytique des structures complexes nous rapproche de l'observation des corps organiques élémentaires, tels ceux des animalcules des infusions, où se révèle une vitalité plus intense des particules matérielles, susceptibles de servir de base ou d'instruments pour des fonctions plus élaborées, régies par les principes de sensibilité et d'intellection.

Le rôle spécifique de la force vitale dans les divers organismes considérés consiste à opérer l'assimilation des particules nutritives extraites des corps ambiants et, par le biais de la nutrition, à susciter un développement endogène des organes. Mais la *vis vitalis nutritiva* est corrélativement *generatrix* [4], puisqu'elle réalise dans une « matrice préexistante et spécifique » [5], fournie par un organisme de même espèce,

1. *Ideæ*, p. 517 : « Hinc ens simplex ordinis superioris, verbi gratia, (in quantum principium compositi est ad quod omnia, quæ in composito fiunt, referuntur) concipi poterit, non intelligentia solum, quæ vel pura esse poterit vel mixta, sed et sensatione et vi motrice præditum, quia intelligentia *in tota sua latitudine* concipitur in se eminenter continere sensationem, quæ cognitionis genus est, et sensatio vitalitatem, sive vim motricem ; non autem a contrario ens mere vitale, in quantum vitale, sensationem ideo habebit, nec mere sensitivum, intelligentiæ capax erit, qualecunque sit compositum quod animat, quia unum, etiam ex parte principii, non necessario implicat alterum et sine limitibus certis in scala ascensus positis omnia confunderentur : deus autem, qui omnia disponit *suaviter* et harmonice non potest non rerum ordini consulere et limites non transiliendos ponere ».

2. Voir H. D. Gaub, *Institutiones*, § 153-155, p. 48-49.

3. *Ideæ*, p. 520 : « […] vinculum actionis reciprocæ ».

4. *Ideæ*, p. 521.

5. *Ideæ*, p. 522 : « […] idem quippe regenerationis hujus principium est ac ipsius nutritionis, et si necesse est, ut existant in rerum natura vires corporeæ et leges constantes, per quas nutriuntur et reparantur partes animalium, sive vegetabilium, iisdem plane viribus iisdemque

la combinaison de particules requise pour produire l'embryogenèse. Les lois invariables par lesquelles s'opèrent la nutrition et la réparation des parties organiques des animaux et des végétaux figurent l'invariabilité des règles épigénétiques suivant lesquelles un nouvel organisme se forme et se développe et, dans une certaine mesure, peut reconstituer son intégrité par la régénération.

Une grande partie de l'analyse qui suit vise à rendre compte de la cohésion et de la vitalité contrastées des corps, non par recours à des forces physiques antagonistes d'attraction et de répulsion, conformément aux suggestions hypothétiques découlant du dernier Query de l'*Opticks* de Newton, mais en présumant un principe dynamique unique immanent aux êtres simples : le principe dynamique de tout être simple se conjugue à ceux d'une multiplicité d'autres êtres simples pour déterminer les rapports relatifs de cohésion et de vitalité caractéristiques des corps phénoménaux. Sur ce point, Needham souhaite corriger la thèse des *Nouvelles Observations* suivant laquelle, sur le plan le plus fondamental, des êtres simples de types différents représenteraient respectivement des forces de résistance et de motricité [1]. Ainsi s'exprime-t-il dans les *Ideæ* :

> Je ne voudrais plus admettre, comme naguère dans mon traité sur la génération, cette distinction purement métaphysique et superflue entre être simple résistant et être simple mouvant ou vital, ni user de même de la supposition superflue de nombreux genres de tels êtres matériels, comme si l'ordre s'établissait entre ceux possédant une plus grande et ceux possédant une moindre activité pour que nous en tirions les phénomènes de résistance et de vitalité qui parcourent la Nature entière [2].

La thèse substituée à cette première ligne d'analyse – ou, à mon avis, servant plutôt à la nuancer – situe dans la qualité dynamique des divers êtres simples la raison causale de la cohésion et de la vitalité relatives que traduisent les propriétés phénoménales des corps composés [3]. Or, cette

legibus ex *matrice præexistente et specifica*, regenerabuntur denuo, nec unum plus implicat difficultatis quam alterum ».

1. Voir NO, § 27, note, p. 221-222, mais surtout NO, § 40, p. 337-338.

2. *Ideæ*, p. 525-526 : « Nolim igitur, ut olim in tractatu meo de generatione, distinctionem mere metaphysicam et superfluam entis simplicis *resistentis* et *motivi* sive *vitalis* ulterius admittere, nec suppositione uti similiter superflua, plurimum generum horum entium *materialium*, quasi ordo esset inter illa majoris et minoris activitatis innatæ, ut inde phænomena resistentiæ et vitalitatis, quæ totam percurrunt naturam, eruamus ».

3. En fait, M. T. Monti, *Ideæ*, p. 526, n. 42, voit là une correction introduite en réponse aux critiques émises par Joseph-Adrien Lelarge de Lignac (voir *Lettres à un Amériquain sur l'Histoire naturelle, générale et particulière de M. de Buffon*, Hambourg, 1751, 12 [e] lettre, p. 84-85). Mais elle perçoit surtout dans la position de Needham une reprise de la thèse de Stephen Hales qui soutenait dans *Vegetable Staticks* (1727), à l'encontre de certains Newtoniens,

correction vise surtout à lever une ambiguïté possible dans l'exposé de 1750 : on n'y aurait pas distingué aussi nettement qu'il eût été souhaitable, la force qualitativement diversifiée, innée aux êtres simples, d'une part, et les forces relatives, traduisant le concours des puissances primitives et s'exprimant sur le plan phénoménal en modalités contrastées de résistance et de mobilité, d'autre part. Certes, dans les *Nouvelles Observations*, Needham semblait pratiquer un scepticisme plus marqué concernant le mode d'inhérence des forces contraires dans les agents simples :

> Des puissances, par exemple, aussi opposées que celles d'activité motrice & de résistance, soutenait-il, ne peuvent peut-être pas être imaginées subsister dans le même sujet, mais avons-nous pour cela pénétré intimement dans la nature absolue de ces agens naturels ? Rien moins que cela : Dans des connoissances qui ne sont engendrées que par comparaison, dont chaque idée est relative, tout est comparaison, tout est relatif, rien n'est absolu [...] [1].

Mais, par ailleurs, il adhérait à l'idée d'une gradation continue des rapports de vitalité et de résistance dans les diverses substances composées, et tout particulièrement dans les corps organisés : cela l'incitait à rejeter toute dichotomie tranchée des forces antagonistes au sein des substances simples : celles-ci afficheraient une infinité de degrés de vitalité immanente, degrés qui s'exprimeraient en rapports de forces antagonistes sur le plan des phénomènes, c'est-à-dire celui des « combinaisons naturelles » :

> [...] Enfin toute la Nature est variée, non-seulement dans une échelle d'agens simples ou de premiers principes, mais aussi dans une échelle de combinaisons, qui relatives l'une à l'autre, sont ou résistantes ou motrices, pénétrables ou pénétrantes, en toute proportion imaginable ou quantité de résistance, ou d'activité motrice, & passent successivement, d'un état à un autre : elles assimilent ou sont assimilées, elles sont attractives ou répulsives, & produisent les sympathies ou les antipathies physiques, selon que l'action ou constitution particuliere de chaque substance spécifique est plus ou moins semblable, plus ou moins analogue à celle d'un autre. C'est dans ces proportions que consistent les différentes puissances de chaque combinaison naturelle qui, simples & absolues dans les principes, sont combinées & rélatives dans les composés, & constituent les idiosyncrasies de chaque substance dans un

la coexistence de forces d'attraction et de répulsion dans le même type de matière. En définitive, Needham proposera assez constamment une solution où « vada persa quella dinamicità dialettica [celle des forces antagonistes de résistance et de mouvement], certo non minacciata da agenti resistenti altrettanto intrinsecamente attivi ».

1. NO, § 40, p. 338.

> enchaînement de rapport si continuel, que les idées que nous en avons sont nécessairement associées, & qu'une chose ne peut être conçue sans une autre ; en sorte que nos connoissances ne représentent qu'une vaste scène de rapports, d'harmonie, de mesure & de quantité [1].

Bref, sur ce point, les nuances apportées et l'élimination visée de tout prétexte à une interprétation biaisée corroborent l'exigence de fournir un fondement aux rapports diversifiés qui sous-tendent la dynamique constitutive des composés de la Nature. Les concours de forces antagonistes que révèlent l'observation des modes de formation et l'expérience des changements survenant dans ces composés, proviennent nécessairement des rapports de puissance des agents simples dans les systèmes dynamiques qu'ils forment et dont résultent la corrélation et l'harmonie des processus naturels.

Les propositions qui résument, en conclusion, le contenu des *Ideæ* dessinent dans cette perspective le profil structural d'une « monadologie » needhamienne. L'originalité de cette présentation tient à son orientation méthodologique : fondées sur l'observation des phénomènes, des propositions établissent les caractéristiques relationnelles générales propres aux composés corporels, notamment organiques. Ces relations requièrent que l'on s'élève à des raisons suffisantes métaphysiques pour en rendre compte. D'où l'obligation de postuler des entités simples, dotées de vitalité et d'activité intrinsèques. Celles-ci sont évoquées afin de rendre compte des propriétés dynamiques des composés. Quant aux propriétés phénoménales, elles s'analysent selon les relations que l'expérience en dévoile. Or, le dispositif méthodologique principal consiste ici à conjuguer, selon des échelles inversées, les forces de résistance et de motricité dans les composés et à expliquer, par des variations relationnelles le long de ces échelles, tous les processus d'organisation, c'est-à-dire de changement et d'intégration structurale survenant dans la Nature. La proposition la plus significative à cet égard est le neuvième :

> C'est par une atténuation continue et respective progressant par degrés que s'érige l'harmonie universelle des choses : cette atténuation nous rend intelligibles la nature de la régénération et de la nutrition, le changement substantiel des composés par lequel une chose en devient une autre substantiellement, la disposition régulière et harmonique de l'univers, et de même aussi l'idiosyncrasie des systèmes particuliers, et pour finir l'action

1. NO, § 40, p. 342-343.

> constante et réciproque de leurs parties : or, cette règle s'applique à la Nature tout entière, d'où les diverses combinaisons des choses, etc. [1]

Le recours aux simples pour fonder l'explication du système physique et des interactions dynamiques qui s'y produisent vise à représenter les raisons déterminantes architectoniques gouvernant le cours des phénomènes. Or, les simples interviennent comme des principes de vie justifiant un potentiel de transformation radicale et d'organisation vitale des corps organiques. Ce potentiel s'exerce selon des lois déterminées de vitalisation et de morphogenèse ; il peut donner lieu, par épigenèse, à des combinaisons propres à faire advenir processus intégrés et activités fonctionnelles. C'est par des combinaisons de ce type issues du concours d'agents simples que la sensibilité et l'intellection peuvent survenir comme dispositions dynamiques émergentes et s'exercer dans l'ordre naturel.

6. Approfondissements théoriques : en réplique à Spallanzani

Il n'y a guère d'intérêt à évoquer les premières critiques suscitées par les thèses de Needham exposées dans les *Nouvelles Observations* : elles ont été fort adéquatement retracées et analysées, notamment par Jacques Roger et Marta Stefani[2]. Elles sont souvent formulées pour contrer ce que certains, tel Lelarge de Lignac, détectent de pernicieux dans le système de Needham : la résurgence des générations équivoques, la mise en cause radicale des positions préformationnistes et l'assignation de la force vitale comme puissance intrinsèque aux éléments de la réalité corporelle. Certains, tel Pieter van Musschenbroek, mettent en doute que des corps organiques doués d'un certain degré de vitalité puissent être formés à partir de la décomposition des matières végétales et animales des infusions. Bonnet, pour sa part, rassemble un ensemble de doutes qui lui permettent d'écarter les propositions de Needham et de leur opposer les principes d'une théorie des corps organisés qui serait mieux justifiée.

La contestation la plus significative, parce qu'elle se situe dans un pur contexte de philosophie expérimentale, viendra de Lazzaro Spallanzani,

1. *Ideæ*, p. 529 : « Attenuatione continua et respectiva per gradus procedente erigitur harmonia rerum universalis et intelliguntur regenerationis et nutritionis natura, mutatio compositorum substantialis, qua una res devenit altera substantialiter, ipsa universi dispositio regularis et harmonica sicut et systematum particularium idio-syncrasis, actio denique partium constans et reciproca : haec autem regula totam afficit naturam, unde rerum temperamenta varia &c. ».

2. Voir J. Roger, *Les Sciences de la vie dans la pensée française du* XVIIIe *siècle*, 2e éd., Paris, Armand Colin, 1971, p. 691-704 ; M. Stefani, *Corruzione e generazione*, p. 141-152.

au point de départ désireux de vérifier les observations de Needham et par principe nullement réfractaire à une conception épigénétique de la génération. Needham avait d'ailleurs d'abord escompté que, par voie de confirmations expérimentales, le naturaliste italien soutiendrait son hypothèse. La parution en 1765 du *Saggio di osservazioni microscopiche concernenti il sistema della generazione de' Signori di Needham, e Buffon* révèle un véritable retournement de situation et la mise en cause scientifiquement la plus radicale de l'interprétation que Needham avait donnée de ses observations sur les micro-formations vitales apparemment générées dans les matières organiques en décomposition. La réplique de Needham aux critiques de Spallanzani paraît en 1769 sous la forme de notes accompagnant la traduction française du *Saggio*, le tout publié sous le titre *Nouvelles Recherches sur les découvertes microscopiques, et la génération des corps organisés*. Or, de 1765 à 1769, sous l'impulsion de Spallanzani et de ses critiques, le cours des réflexions de Needham aura connu une significative réorientation [1].

Les critiques et les preuves expérimentales apportées par Spallanzani devaient provoquer à terme une révision majeure de la doctrine needhamienne [2]. En tout premier lieu, Spallanzani relève que les nouvelles hypothèses proposées par Buffon et Needham pour expliquer la génération tendent à une restauration habile de la doctrine des *forces plastiques* que les meilleurs savants du siècle ont à juste titre récusée au profit du préformationnisme oviste. Sans doute, Spallanzani s'appuie-t-il ici sur le type de mise en cause des natures plastiques et des théories épigénétiques de la génération que l'on trouvait par exemple dans la *Risposta* d'Antonio Conti à l'encontre des *Considerazioni intorno alla generazione de' viventi* de Francesco Maria Nigrisoli et dans l'*Istoria della generazione* d'Antonio Vallisneri [3] et sans doute se réfère-t-il aussi indirectement aux *Considérations sur les corps organisés* de Bonnet, parues en 1762. En

1. La polémique se poursuivra au-delà de 1769, car Spallanzani répliquera aux notes de Needham, voir à ce sujet L. Spallanzani, « Observations et expériences sur les animalcules des infusions », in *Opuscules de physique animale et végétale*, trad. de l'italien par J. Senebier, Pavie et Paris, 1787, I, p. 1-255.

2. Nous laisserons volontairement de côté toute discussion de la thèse historiquement consacrée, mais pour une part fallacieuse, d'une révocation par Spallanzani de l'hypothèse des générations spontanées sous couvert de la critique des explications que Needham aurait fournies sur la formation des « animalcules » des infusions et autres zoophytes. Un siècle avant la controverse Pasteur-Pouget, la controverse Spallanzani-Needham aurait-elle pu préfigurer le même débat méthodologique et théorique?

3. Voir F. Duchesneau, « Conti's conjectures in Vallisneri's *Istoria* », *in* D. Generali (a cura di), *Antonio Vallisneri. La figura, il contesto, le immagini storiografiche*, Firenze, L. S. Olschki, 2008, p. 195-221.

fait, la présentation que Spallanzani donne de la théorie de Needham ne saurait en permettre l'assimilation à une théorie des natures plastiques, du moins selon les formes originales de cette théorie, puisque, selon Needham, la force végétative, responsable de toute formation organique, ressortirait directement à l'ordre des forces physiques : « M. de Needham attribue donc tout le méchanisme de la génération des êtres vivans à une force végétatrice qu'il dit exister vraiment dans la nature, & qu'il présente comme toujours prête à former, dans les circonstances, le tissu des corps organisés [...] »[1]. La démonstration des effets de cette force repose essentiellement, chez Needham, sur l'observation des formations organiques qui se produisent dans les infusions de substances végétales et animales et donnent lieu dans certains cas, semble-t-il, à l'émergence de véritables animalcules dotés d'une vitalité manifeste. Spallanzani reconnaît par ailleurs que la théorie needhamienne de la génération implique que, chez les animaux supérieurs, les liqueurs séminales se mêlent dans une matrice et que l'action de la « force végétatrice » s'y exprime en déterminant la production d'un vivant conforme au type d'organisme de provenance[2]. Needham a réalisé un certain nombre d'expériences sur les formations organiques qui surviennent dans les infusions, lorsque celles-ci sont contenues dans des vases présumés hermétiquement clos et soumis à des chaleurs élevées pendant des durées suffisamment longues : il y a observé subséquemment de nouvelles formations organiques que l'on ne saurait attribuer, suppose-t-il, à des œufs contenant sous forme de germes les vivants préformés et préexistants.

C'est précisément sur ce point que Spallanzani fait porter sa critique expérimentale. Il avait précédemment pratiqué quelques observations qui paraissaient corroborer les constats de Needham[3]. Mais les expériences dont fait état le *Saggio* remettent radicalement en cause ces constats et les hypothèses qu'ils contribuaient à étayer. Spallanzani récuse, dans un premier temps, la thèse selon laquelle les infusions contiendraient des corps organiques élémentaires dotés de pouvoirs de vitalisation, dont le statut serait inférieur à celui des vivants animaux qui en résulteraient par épigenèse. Les animalcules des infusions seraient des animaux de

1. NR, I, chap. Ier, p. 6.

2. *Ibid*, p. 5-6.

3. Voir lettre de Needham à Bonnet du 13 février 1762, *in* S. Roe, R. Mazzolini, *Science against the Unbelievers*, p. 214 : « Je n'ai pas trouvé encore aucune raison de changer mes sentimens sur l'origine des animalcules en question ; j'ai souvent depuis repeté les memes experiences toujours avec le meme succès, et encore depuis peu un professeur de Reggio [Spallanzani] me vient d'ecrire, qu'il a fait precisement les memes observations à lesquelles il a ajouté plusieures autres pour confirmer mes sentimens la dessus ».

plein droit, dotés d'organisation fonctionnelle et aptes au mouvement spontané [1]. La provenance et le mode de formation de ces animalcules constituent le nœud de l'affaire. Spallanzani entreprend de dissocier la relation causale établie par Needham entre la germination des graines mises à infuser et l'apparition des animalcules, comme si ceux-ci étaient le produit de l'activité végétative des particules organiques détachées. Selon le naturaliste italien, la décomposition des matières germinales et les conditions du fluide ambiant apparaîtraient uniquement comme des facteurs déclencheurs du développement des œufs déjà présents dans l'infusion. Ces œufs correspondraient aux germes des animalcules et possèderaient préalablement à leur développement l'organisation structuro-fonctionnelle latente du type d'organisme concerné. Comme le peuplement d'animalcules s'opère dans les liqueurs soumises à l'ébullition comme dans les liqueurs non bouillies, Spallanzani présume que les œufs peuvent provenir de l'air et s'y développer, même lorsque celui-ci a été dans une certaine mesure raréfié par l'effet de la chaleur. Il institue alors ses expériences avec des vases (parfaitement) scellées contenant les infusions, en considérant aussi les cas tant soit peu différents où l'air intérieur est soumis lui aussi à des degrés élevés de chaleur et pour des durées plus ou moins longues. Le constat auquel il parvient est que dans le milieu stérile ainsi réalisé où aucun œuf ne subsiste ni n'est provenu de l'extérieur, aucun développement d'organisme vivant ne peut se produire, ou plus exactement, comme Spallanzani le soutient en conclusion, c'est le développement observable de tels œufs, à supposer qu'ils aient néanmoins subsisté, qui a été rendu impossible par l'« épreuve du feu ». Somme toute, pour un partisan du préformationnisme oviste, il y a lieu d'écarter, comme sans fondement, l'hypothèse que des substances végétales, en se décomposant, libèrent des combinaisons moléculaires aptes à se restructurer sous la forme de ces corps organisés dotés de mouvements spontanés que sont les animalcules des infusions.

> […] Concluons qu'en fermant hermétiquement les vases, on n'est pas toûjours sûr d'empêcher la naissance des animaux dans les infusions bouillies, ou faites à froid, pourvu que l'air intérieur n'ait point senti les ravages du feu. Si au contraire cet air a été fortement échauffé, jamais il ne permettra aux animaux de naître, à moins qu'un nouvel air ne pénetre du dehors dans les vases. C'est-à-dire qu'il est indispensable pour la production des animaux, de leur donner un air qui n'ait point senti l'action du feu. Et comme il ne seroit point aisé de prouver qu'il n'y a pas eu de petits œufs disséminés & flottans dans le volume de l'air que contiennent

1. Voir NR, chap. III, p. 42.

> les vases, il me semble que le soupçon subsiste toûjours, & que l'épreuve du feu n'a pas entiérement détruit les craintes de leur existence dans les infusions. Les Partisans du systême des ovaires les auront toûjours, ces craintes, & ne souffriront pas aisément que l'on entreprenne de les détruire [1].

Remarquable conclusion d'une non remarquable série d'expériences. Retenons-en que Spallanzani considère réfutée l'hypothèse de la génération d'êtres vivants par végétation des particules organiques disséminées dans l'infusion. La « force végétative » se trouve exclue comme agent suffisant d'organogenèse vitale, au profit de l'insertion dans la liqueur prolifique d'œufs préformés suivant les types spécifiques des organismes de provenance. Reprenant le flambeau de Francesco Redi dans la lutte contre les générations équivoques et appliquant ses contre-arguments à la formation des animalcules des infusions, Spallanzani tend à assimiler l'épigenèse needhamienne à une forme de génération équivoque qu'opérerait une force de végétation émergeant de la simple mixtion de particules organiques hors de toute matrice spécifique. Or, le constat expérimental pourrait ne signifier que l'impossibilité qu'une telle force se manifeste dans les conditions de stérilisation réalisées. Dans ces conditions, l'hypothèse de Needham apparaît, pourrait-on dire, comme non corroborée, mais serait-elle théoriquement ruinée ? En contrepartie, l'explication plus vraisemblable que retient Spallanzani, celle de l'apparition d'animalcules issus d'œufs des espèces considérées, semble posséder un plus haut degré de confirmation, si ce n'est que la préformation organique intégrale impliquée dans ces germes reste de l'ordre de l'hypothèse, en particulier si l'on ne saurait absolument exclure leur présence latente dans les fluides stériles sur lesquels l'investigation expérimentale a porté. Cette hypothèse vaudrait-elle mieux alors que celle d'une force de végétation rendue inopérante par les altérations que l'expérience a fait subir aux constituants physiques et chimiques et aux facteurs matriciels organiques de leur agrégation vitale ?

Dans un premier temps, Needham semble accréditer, pour une part, les inférences de Spallanzani contredisant ses propres observations. Comme Marta Stefani le montre en s'appuyant sur le témoignage des correspondances [2], Needham reconnaît « une façon de philosopher, et de raisonner sur les memes phenomenes [qui] differe beaucoup de celle, que j'ai donné au public dans mes observations microscopiques » [3].

1. NR, chap. X, I, p. 134-135.
2. M. Stefani, *Corruzione e generazione*, p. 164-167.
3. Lettre à Bonnet du 3 août 1765, *in* S. Roe, R. Mazzolini, *Science against the Unbelievers*, p. 221.

Malgré les concessions que Needham fait à l'interprétation du naturaliste italien [1], il n'ira jamais jusqu'à renoncer à sa conception épigénétiste de base au profit d'une thèse préformationniste analogue à celle que soutient Bonnet. Que déclare-t-il, en effet, dans sa lettre du 24 septembre 1765 à Spallanzani ? Il semble alors accorder à son critique une restriction importante de portée de l'hypothèse relative à la vitalisation des éléments matériels et à la possibilité de formation organique par simple agrégation de tels éléments. Pour la formation de tout être organisé il semble prêt à supposer nécessaire qu'un être organisé de même espèce préexiste, dont la structure et les pouvoirs organogénétique suffiront à produire les germes correspondants. Dans le même temps toutefois, il réitère son adhésion à l'épigenèse dans un cadre plus restreint que celui du pouvoir générateur et combinatoire précédemment attribué aux éléments les plus dynamiques de la matière.

> Pour avoir abandonné la puissance generatrice de la matiere dans certaines occasions, et pour avoir admis comme indispensablement necessaire la preexistence d'un être pareil je n'abandonne pas pour cela le système de l'épigenese : je ne crois nullement ni embrions, ni œufs, ni germes, ni parties prolifiques tellement formées et preexistantes depuis le commencement du monde, emboitées les unes dans les autres, & se developpant ensuite ; mais au contraire il me semble très demontré par tous les phenomenes, que tous les germes en general se forment actuellement dans les corps organisés des parens par une espece de prolongation, et concentration en meme tems de toutes les parties organiques du parent prolifique [2].

À certains égards, Needham reconnaît la difficulté d'obtenir une démonstration expérimentale directe de la génération des animalcules des infusions depuis des structures plus élémentaires que les matrices – embryons, œufs, germes, parties prolifiques – provenant de corps organiques de même espèce. La production directe de ces animalcules depuis des graines végétales en décomposition a été mise en cause. Soit ! Il pourrait même se faire que des germes assurent le point de départ d'un développement épigénétique pour de telles entités vitales. Mais, en vertu de l'application du principe de continuité, l'hypothèse tiendrait toujours,

1. Dans cette même lettre, il concède de fait plus à Spallanzani qu'il ne sera disposé à lui accorder par la suite, voir *ibid.*, p. 221 : « Ses observations m'ont données des lumieres nouvelles, et je commence à croire que j'ai trop étendu mes idées, en donnant des puissances à la matiere, qui ne sont pas necessaires pour expliquer les Phenomenes du monde microscopique ».

2. Lettre de Needham à Spallanzani du 24 septembre 1765, *in* L. Spallanzani, *Cartegi*, Modena, Mucchi, 1984-1990, VI, p. 191, cité par M. Stefani, *Corruzione e generazione*, *op. cit.*, p. 166-167.

selon laquelle des combinaisons de corps organiques seraient possibles par l'effet de la force végétative des seules parties organiques en jeu : celles-ci constitueraient conjointement l'équivalent d'une matrice pour le type d'entité à produire. Dans cette régression des conditions dynamiques de l'organogenèse vers ce qui apparaît comme une génération par combinaisons émergentes, prévaut un réquisit métaphysique de continuité graduée dans l'exercice des forces de végétation au sein des combinaisons matérielles. Le recours à cette notion d'émergence d'organisation s'impose, selon Needham, à partir du moment où la préformation stricte, autre hypothèse métaphysique, se trouve écartée comme raison suffisante des processus de formation organique : par contraste, ceux-ci se trouvent alors rapportés à des lois de la nature régissant l'exercice des forces organogénétiques au sein de matrices que l'on peut concevoir selon une échelle différenciée de complexité structurale. Somme toute, il faut que de tels processus soient concevables pour que la théorie épigénétique soit fondée dans un système de la nature impliquant une chaîne de transitions continues entre modes de combinaison organique.

Par suite, la reconsidération attentive des arguments expérimentaux avancés par Spallanzani incite Needham à réitérer ses convictions théoriques relatives au potentiel morphogénétique des parties organiques les plus élémentaires. L'une des caractéristiques des notes en réplique à Spallanzani publiées en 1769 est de se présenter comme l'expression d'une théorie constituée, que les données d'expérience ayant d'abord servi à la construire doivent venir confirmer, ou du moins en fonction de laquelle celles-ci pourront le plus avantageusement s'interpréter. Ainsi Needham considère-t-il qu'une théorie générale se trouve établie que corrobore l'induction de faits significatifs, faits désignés comme « les plus marqués et les moins équivoques »[1]. Les faits évoqués se sont structurés en chaînes de relations analogiques et celles-ci se sont transposées en une forme de métaphysique explicative de l'ordre physique, ainsi que de l'organisation vitale qui s'y déploie comme par émergence. Outre sa capacité d'unification explicative des phénomènes, cette métaphysique vaudrait en sa qualité d'hypothèse spéculative fournissant la raison suffisante la plus adéquate des processus naturels considérés. La nouvelle ligne de force méthodologique se trouve ainsi traduite :

> Cette chaîne de raisonnement est plus qu'analogue ; elle s'appuie sur une induction qui me paroît démontrée physiquement autant que la nature de la chose peut le comporter ; [… elle] portera sur des faits physiques en

1. NR, Remarques sur le 7e chapitre, I, p. 195.

assez grand nombre, conformes à la nouvelle métaphysique que nous avons établie, & qu'il est impossible d'expliquer dans tout autre système [1].

Les faits dominants sur lesquels se construit l'hypothèse et le système qui s'y greffe, ont certes trait à la production d'êtres du type des infusoires que Needham rattache à la décomposition de matières organiques de provenance végétale ou animale, mais s'y ajoutent d'autres faits relatifs à la reproduction par division des polypes et autres zoophytes. Needham appuie en outre sa projection de modèle théorique sur les faits observés en embryologie : ceux-ci lui semblent directement évoquer une formation successive des parties du fœtus, même lorsque Haller et Bonnet les interprètent au contraire comme démontrant le déploiement progressif d'un corps organique préformé et préexistant dans ses structures essentielles.

Ces célébres & sçavans Naturalistes concluent que le germe peut avoir vraiment préexisté depuis la création, & que la génération, dans la suite du tems, n'en est que le développement, quoique les parties paroissent à l'Observateur vraiment sortir l'une de l'autre par une nouvelle production, & que le développement positif ne soit pas toûjours visible. Mais outre que le développement des parties visibles ne fait rien en faveur des germes préexistans, puisque les Défenseurs de l'épigenese peuvent & doivent l'admettre après la premiere formation du germe qui est probablement comme instantanée au moment de la conception, on s'apperçoit aisément que la force plastique, selon des loix établies, peut opérer à part sur différentes parties du corps qui se réunissent après par leurs anastomoses ; & quant à une partie subitement visible sous un volume considérable, on peut la représenter comme une toile d'araignée qui est fabriquée d'un nombre de fils invisibles. Elle ne se montrera jamais qu'en tissu, & quand les différens fils seront unis ensemble pour former une seule texture visible ; or cette idée est maintenant conforme à la nature de la végétation & d'une membrane organique [2].

Enfin, une considération théorique majeure provient de l'annexion à la théorie de la force vitale de végétation, de l'irritabilité hallérienne, conçue comme expression d'une vitalité proprement organique, indépendante de

1. NR, Notes sur le 2 e chapitre, I, p. 160. La systématisation théorique envisagée par Needham paraît comporter une capacité d'harmonisation s'étendant à d'autres sphères de la philosophie, voire de la théologie, comme le suggère NR, Notes sur le 1 er chapitre, I, p. 144 : « […] qu'enfin cette hypothèse d'une vie vitale, distinguée de la vie sensitive, & subordonnée à elle, est plus conforme, non-seulement à la raison, à l'expérience & à la vraie métaphysique, mais encore aux idées physiques et morales de tous les Philosophes, & aux dogmes de la religion révelée, en même-temps qu'elle ne déroge en rien aux droits de la Divinité ».

2. NR, Remarques sur les 8 e, 9 e et 10 e chapitres, p. 219-220.

toute intervention causale d'un principe de sensibilité, et responsable à ce titre de phénomènes inférieurs à ceux qui caractérisent généralement l'animalité [1]. Tenant l'irritabilité pour « un vrai principe interne et essentiel aux corps organisés », Needham soutient « que le même principe pervade tout le système organique » [2].

L'explication de ces divers arguments factuels relève d'un principe d'action et d'organisation, susceptible de division et structurant les corps par un mécanisme propre. Cette divisibilité qui donne lieu à la réplication des formes vivantes est comprise comme liée à la propriété de la force végétante de s'incarner en chaque point de la matière organique et d'agir en provoquant l'expansion des structures corporelles à partir des combinaisons de points physiques affectés. Needham souligne ainsi que « [...] chaque point sensible de la matiere organique est doué d'une force végétante, autrement dit *expansive* » [3]. Et il soutient que « [...] la force végétatrice varie toûjours selon la matiere qu'elle informe [...] » [4]. Cette force est en outre assimilée à une cause matérielle, puisqu'elle correspond par ses effets à une modalité de structuration autonome des corps organisés, conçus comme machines *sui generis*.

À l'évidence, Needham s'emploie à une révision théorique qui assimile les principes de vie à des forces s'exerçant au moyen de processus physiques spéciaux. En même temps, cette révision autonomise les sphères de la vie sensitive et de la vie intellective en les rattachant à des principes distincts. Ces principes spécifiques de sensibilité et d'apperception dépendent toutefois, pour le déploiement de leurs actions, d'une structuration organique issue de la force vitale de végétation. Finalement, tout dans le système explicatif mis en place relève de l'interaction des machines organiques de la nature, si ce n'est qu'il convient de supposer des principes dynamiques qui puissent rendre compte de la structuration même des machines et des ensembles intégrés d'activités qui s'y déploient.

Certains de ces ensembles sont présumés requérir l'intervention de principes distincts et hétérogènes par rapport à la seule capacité d'organisation végétative et de fonctionnement vital. Ainsi certains types d'intégration fonctionnelle particularisent la vie animale et la vie intellective par contraste à la vie organique, assimilée pour sa part

1. Voir NR, Notes sur le 1er chapitre, I, p. 144-145.

2. NR, Notes sur le 1er chapitre, I, p. 144.

3. Voir NR, Notes sur le 4e chapitre, I, p. 174 : « [...] que chaque point sensible de la matiere organique est doué d'une force végétante, autrement dite *expansive* ».

4. NR, Remarques sur le 7e chapitre, I, p. 200.

aux principes dynamiques sous-tendant l'ordre matériel vital. Or, quel degré d'analogie permettrait-il de concevoir le lien essentiel entre ces divers agents, par-delà la diversité des modes d'organisation et de fonctionnement? La présentation que Needham fait du « système de l'épigenèse » tend à souligner la distinction des ordres en question, sans expliquer la transition analogique de la vitalité vers les principes actifs de niveau supérieur :

> [Le système de l'épigenèse] suppose une vie subordonnée au principe sensitif & intellectuel, qui, sans être ni l'un ni l'autre, est un vrai accroissement vital & productif, susceptible enfin par son action vitale & son organisation, de toutes les perceptions objectives, qui nous appartiennent comme animaux, en tant qu'objectives, & en tant que matériellement représentatives des causes extérieures. Voilà tout ce qu'exige cette classe inférieure des êtres pour leur conservation, & cette cause matérielle agissant sur toute la machine organique suffit à l'économie loco-motive, dont ils ont besoin pour se nourrir & propager, sans aucun principe sensitif intermédiaire, ou pour les attirer, & les déterminer à tout ce qui leur convient. Par-là ils se trouvent liés parfaitement d'un côté avec les plantes, & de l'autre avec les animaux, pour former l'échelle que nous observons à leur égard dans la nature ; c'est ce même principe de deux forces antagonistes combinées, qui végete dans les plantes & les zoophytes, qui façonne les corps organiques, qui excite & donne matiere au sentiment dans les êtres sensitifs, & au raisonnement dans les êtres intellectuels incarnés, & qui tient par une résistance & une expansion universellement répandue, au grand systême de l'univers. C'est ainsi qu'il devient la vie matérielle de la nature prise dans sa totalité, & en le regardant comme un effet qui part immédiatement de la Divinité, il répond parfaitement à la vertu toute-puissante qui le renouvelle à chaque instant comme un effet digne de sa cause, *attingens à fine ad finem fortiter, & disponens omnia suaviter* [1].

La stratégie à laquelle Needham recourt dans les notes aux *Recherches nouvelles* consiste précisément à rabattre toute forme d'organogenèse et tout principe d'activation vitale sur des pouvoirs inhérents à la nature physique. Il s'agit alors corrélativement de préserver le rattachement de la sensibilité animale, mais surtout celui des fonctions cognitives et volitives, à des principes supérieurs à l'ordre des processus strictement physiologiques. Pour contrer l'objection de Spallanzani selon laquelle le mouvement des infusoires relèverait d'animaux microscopiques doués d'un certain principe de sensibilité, Needham soutient que ce mouvement

1. NR, Notes sur le 1 er chapitre, I, p. 148-149. La citation est tirée d'un hymne de l'*Antiphonaire de l'Avent*, renvoyant lui-même au *Livre de la sagesse*, 8.1: « Elle déploie sa force d'un bout du monde à l'autre et d'une manière bienfaisante régit l'univers ».

par lequel l'infusoire, par exemple, assimile des éléments nutritifs ou évite des obstacles à ses déplacements, se produit sans spontanéité, comme par un mécanisme spécial. Il souligne la « petite économie si peu variée »[1] des corps simples organiques, économie qu'il rapproche de celle des formations cristallines. Il ajoute que les actions vitales peuvent être rapportées à une organisation matérielle, parce qu'elles ont la capacité spécifique de pouvoir se concentrer sur un point physique ou de se diffuser au contraire à un nombre croissant de parties corporelles – celles-ci reproduisant alors les propriétés structurales et dynamiques des parties originelles :

> Toutes ces actions unies dans un même sujet, ou séparées dans plusieurs, peuvent être des effets vraiment mécaniques d'une organisation très-délicate, affectée & déterminée par des impulsions extérieures, dont la raison suffisante, & la cause finale sont dans la sagesse divine, qui les a combinés ainsi pour perfectionner dans toutes ses parties la grande chaîne de l'existence[2].

Dans la même ligne argumentative, Needham rattache à la « matière vitale organifique »[3] la production de structures organiques telles qu'elles paraissent jusqu'à un certain point se rapprocher des structures complexes sous-tendant l'exercice des fonctions sensitivo-motrices des animaux. Il suffit d'admettre à cette fin qu'« un principe d'animation au-dessous de la vie sensitive »[4] détermine cette vitalité organogénétique dont les modalités varient suivant les formes d'organisation matérielle plus ou moins développées où elles s'exercent.

L'indice principal permettant de différencier la vitalité organique des principes supérieurs d'animation réside dans la propriété, empiriquement attestée, de la reproduction par division. « Le caractere le plus positif, & la barriere la plus inébranlable entre le vital le plus exalté & l'être purement sensitif, se trouveront dans la divisibilité, dont le premier, en se multipliant, est susceptible sans détruire l'individu »[5]. Quand Spallanzani établit expérimentalement que certains des micro-organismes émergeant dans les infusions sont de fait des animaux microscopiques dont les modes de reproduction peuvent être assimilées à la génération des animaux tant ovipares que vivipares, Needham réplique que les infusions peuvent de fait contenir de tels animaux issus de germes de provenance externe, mais

1. NR, Notes sur le 2 e chapitre, I, p. 151.
2. *Ibid.*
3. *Ibid.*, p. 160.
4. *Ibid.*
5. NR Notes sur le 2 e chapitre, I, p. 151-152.

sans que pour autant soit exclue une production endogène « de purs êtres vitaux & organiques, privés de toute sensation & de spontanéité »[1] et se multipliant par division. Une grande partie des êtres organisés répond à cette caractérisation, s'agissant notamment des êtres microscopiques qu'à l'époque on désignait sous l'appellation d'« insectes ». En prenant comme modèle initial le mode de reproduction du polype d'eau douce et en observant l'extension de ce mode à d'autres types de vivants analogues, force est de constater que nombre de corps organiques impliquent des mécanismes de réplication obéissant à un principe d'expansion matérielle et d'autonomisation vitale des individualités résultantes. Se référant à la fois à sa propre théorie et à celle des molécules organiques de Buffon, Needham voit aussi, dans ces corps organiques vitaux, des composantes divisibles et combinables, susceptibles de s'intégrer à des architectures organiques plus vastes, comme de s'en dissocier : « & il y en a bien d'autres [des êtres vitaux distincts des animaux] qui ne sont que les parties organiques & vitales des autres corps organisés, qui se décomposent & se composent de nouveau avec harmonie, par des loix préétablies »[2].

Un principe d'organisation et de vitalisation de type physique spécial suffit, sous des influences externes propices, à produire des structures composées dont les parties intégrées et fonctionnellement activées forment des individus. Ainsi un principe purement naturel – du moins lui accorde-t-on ce statut – déterminerait la formation et le fonctionnement d'un être organisé par transformation d'un substrat matériel présentant les conditions requises pour une organisation vitale intégrative. De ce point de vue, l'ordre vital apparaît comme une configuration de la réalité physique qui assure la division du même afin de produire le même par réplication des structures intégrées et des dispositions dynamiques qui le définissent. Si la force de végétation vitale peut à la limite se concevoir comme une disposition monadique, elle apparaît ordonnée de telle sorte que ses effets puissent se diffuser de parties corporelles en parties corporelles. De configuration initiale en configuration émergente, cette force, présume-t-on, déploie des processus organogénétiques aptes à constituer ou à reconstituer des individualités organiques selon des types déterminés. Autre aspect du même principe : il s'exerce dans et sur des structures organiques qui se décomposent en microstructures organiques à l'infini : nous retrouvons de ce fait ici une vision quasi leibnizienne des machines de la nature emboîtées à l'infini.

1. *Ibid.*, p. 161.
2. *Ibid.*, p. 162.

Corrélativement, les organismes de type supérieur, ceux auxquels s'attache un principe de sensibilité ou d'intellection, peuvent comporter une structuration organique répondant au modèle précédent, rehaussée à un degré de complexité combinatoire qui correspond à une activité fonctionnelle raffinée, mais, en contrepartie, ces organismes ne peuvent subir de métamorphoses considérables, notamment par voie de division réplicative, sous peine de perdre l'unité fonctionnelle que leur procure leur principe d'animation sensible, et donc de s'anéantir comme vivants animaux. Quelle que soit sa provenance, le principe d'animation sensible ou intellective se manifeste par émergence dans une structure organique qu'il ne saurait avoir initialement produite et dont la dissolution anéantit l'activité que ce principe d'animation y déploie. « Je dis donc, assure Needham, [...] que selon les idées de la saine métaphysique, le vital, qui est matériel & composé, se divise naturellement, & se répare par la force végétative, mais que le sensitif, qui est essentiellement simple, ne sçauroit se partager » [1]. La preuve que Needham apporte de cette unité indécomposable du principe sensitif provient de la capacité de perception unique et unifiée des diverses sensations en lesquelles se décomposerait la représentation de l'objet perçu si l'on prenait en compte la multiplicité des processus physiques et physiologiques impliqués. Si l'on s'arrête par contre à la mécanique organique des impressions sensibles et de leur transmission, l'unité de l'acte de perception sensible se décompose ou, pourrait-on dire, s'analyse en une multitude de déterminations élémentaires et de déterminations de déterminations à l'infini qui, toutes, reflètent l'intégration globale des micro-modifications organiques impliquées. Needham traduit ce mécanisme corrélatif de l'impression sensible aperçue en utilisant des analogies renvoyant au calcul infinitésimal :

> Toutes les actions si différentes de nos sens, sur lesquels le même objet peut agir, se réunissent pour frapper ensemble le même principe sensitif; or si ce principe étoit matériel & composé, la perception d'une seule de ces impressions, ou ce qui est encore plus fort, de toutes ces impressions ensemble, devroit pour produire l'unité qui la constitue essentiellement, *être toute en tout, & toute en chaque partie* ; c'est-à-dire, pour développer l'idée, *une en même-tems, & multiple à l'infini* ; car l'être matériel, selon le sentiment commun, qu'on prétend même porter jusqu'à la démonstration, est non-seulement composé des infiniment petits, en quelque sens par une gradation non interrompue, mais d'une infinité d'infiniment petits [2].

1. NR, Notes sur le 2 e chapitre, I, p. 156.
2. NR, Notes sur le 2 e chapitre, I, p. 156.

L'ambiguïté de la position needhamienne tient pour une bonne part à l'impossibilité de départager de façon stricte les animaux véritables chez lesquels se manifeste le principe sensitif, des êtres organiques chez lesquels ne s'accomplissent que les effets du principe vital de végétation. La difficulté est certes empirique : Needham concède à Spallanzani, par exemple, que la ligne de démarcation des uns aux autres, pour être présumée, apparaît difficile à établir dans les faits, puisque, sur la seule base de l'observation, des cas-limites semblent avoisiner la ligne de partage postulée. À cet égard, la tendance que favorise Needham consiste à accorder à l'organisation strictement vitale la capacité de rendre compte, par mécanisme spécial, du maximum d'effets que l'on tendrait à attribuer à quelque principe d'action spontanée. C'est là la position suggérée par ce passage des notes :

> Au reste, tous les phénomenes cités par notre Auteur [Spallanzani], si on les pése bien, ne sont peut-être pas des marques certaines & sans équivoque de vraie spontanéité avec sensation, & ne demandent pas nécessairement, pour les produire, la présence d'une ame sensitive. Les êtres vitaux peuvent être organisés avec tant de délicatesse, qu'affectés physiquement & matériellement par les causes extérieures, ils paroissent jouir de la spontanéité, & sentir, sans cependant avoir une véritable sensation. L'éléphant & certains animaux supérieurs, paroissent raisonner; mais raisonnent-ils en effet? Telle est la gradation établie par la Divinité d'une maniere qui est insensible pour nous dans l'échelle de la vie organique [1].

Toutefois, une ambiguïté plus fondamentale tient aux composantes conceptuelles du système. Elle se manifeste, pourrait-on dire, sur deux tableaux : celui des forces ou des principes d'action en jeu et celui de l'échelle graduée des corps organisés. Comment départager en effet de façon essentielle le « principe de vitalité matérielle » du « principe sensitif, seul constitutif de la stricte animalité » [2] ? Le principe de vitalité est certes présenté comme subordonné aux lois générales que Dieu a imposées à la nature. Cela signifie que ce principe incarne non seulement l'ordre des causes efficientes et matérielles requises pour produire les organisations vitales, mais encore les éléments de dessein architectonique que ces organisations doivent réaliser et suivant lequel elles se structurent. Le principe incarne donc ce que l'on peut tenir pour des dispositions fonctionnelles. Il apparaît par ailleurs comme la raison suffisante de l'activité végétative provoquant l'organisation des corps auxquels on

1. *Ibid.*, p. 164-165.
2. NR, Notes sur le 3e chapitre, I, p. 166.

attribue la vie : dans cette perspective, le principe sert à rendre compte de l'édification des machines organiques complexes requises pour l'exercice des fonctions animales. Le dessein architectonique de l'animalité est en quelque sorte compris dans l'économie virtuelle inhérente à ce principe. Needham reconnaît en effet qu'il forme les corps animaux « en les animant à sa façon ordinaire »[1]. Par ailleurs, l'application du principe de la chaîne des êtres entraîne comme conséquence une progressivité certaine dans le développement d'organisations vitales tendant vers l'animalité : comment ne pas concevoir, dans ces conditions, le principe de sensibilité comme la forme exaltée du principe de vitalité[2] ?

On connaît la thèse fondamentale de Needham sur la formation des corps organiques des infusions : il y voit une résultante de la décomposition des matières végétales ou animales. Par l'effet du principe de vitalité, de la « force végétatrice », cette matière « se sublimerait » et se structurerait par portions plus ou moins exaltées de façon à donner des sortes de corpuscules organiques. Ceux-ci à leur tour, soumis à l'effet de cette même force, donneraient lieu, par division réplicative, à des formations organiques plus petites, plus vives, plus exaltées. Celles-ci se métamorphoseraient à leur tour, la subtilité et l'exaltation croissant de façon inversement proportionnelle à la complexité et à l'ampleur dimensionnelle des structures organiques[3]. Or, Needham transpose cette loi de développement des corps purement organiques aux structures des organismes complexes en spécifiant que « la force végétatrice varie toûjours selon la matiere qu'elle informe »[4]. Ainsi peut-on comparer la formation d'un polype ou d'une étoile de mer à partir d'une partie de polype ou d'étoile de mer à la vitalisation spécifique d'un germe qui, en se développant, produirait toutes les autres parties du corps organisé. Dans l'état initial de germe, l'organisme tient plus du végétal que dans son état achevé, où il se rapproche davantage de la constitution et du fonctionnement animal[5]. Or, toute cette transition s'accomplit sous l'égide du principe de vitalité : celui-ci, par conséquent, oriente de façon

1. NR, Notes sur le 3e chapitre, I, p. 166.

2. Voir NR, Notes sur le 5e chapitre, I, p. 182 : « Cette proportion plus ou moins abondante [de la partie gélatineuse et vitale] dans les différens êtres organiques, selon leurs genres & leurs especes, est nécessaire pour former tous les différens tempéramens, & cette grande chaîne de vitalité qui monte à mesure que la matiere s'exalte vers le principe sensitif, & qui descend vers la matiere morte, ou résistante avec toutes les nuances les plus délicates dont le systême est susceptible ».

3. Voir à ce sujet, par exemple, NR, Remarques sur le 7e chapitre, I, p. 195-200.

4. *Ibid.*, p. 200.

5. *Ibid.*, p. 194.

virtuelle la reconstitution des composantes organiques vers la production d'une structure intégrée, dotée de propriétés de type animal. On présume alors que cette structure permettra des fonctionnements correspondant à l'activation d'un principe d'irritabilité et, ultimement, de quasi-sensibilité. Needham souligne volontiers la généralité du type d'action que l'on peut et que l'on doit attribuer à ce principe ou à cette force : « Cette puissance végétatrice, vitale, irritable, générative qui se trouve dans toute matiere animale ou végétale, s'étend, & appartient comme une propriété naturelle à toutes les formes sous lesquelles elle existe »[1]. Parmi ces formes, il faut inscrire les formes organiques de l'animalité supérieure.

Pour expliquer la genèse de ces formes complexes, Needham évoque précisément l'activation de certaines parties de l'être vivant géniteur par les parties organiques des semences impliquées, la corrélation des forces organogénétiques de part et d'autre et la production d'un germe parfait et spécifique par division et concentration des parties subtiles corrélées[2]. Or, les forces végétatrices qui animent subséquemment ce germe pour en faire la base d'un développement épigénétique complet, possèdent implicitement le potentiel d'accomplissement des fonctions non seulement vitales, mais animales, de l'organisme résultant. L'analogie des configurations organiques, tant simples que complexes, et la continuité des principes servant d'agents d'organogenèse dessinent un enchaînement graduel menant des formes purement vitales aux constitutions proprement animales. Cet enchaînement implique à la fois l'absence de solution réelle de continuité entre les principes sous-tendant la production et l'activation des formes vitales et animales, et la correspondance expressive entre les principes sous-jacents aux effets observés et les modalités d'organisation matérielle qui en traduisent l'action aux divers paliers d'intégration et de complexité fonctionnelle. Certes, il n'y a pas lieu de mettre en doute la distinction tranchée que Needham établit entre le vital et le sensitif, comme entre celui-ci et l'intellectuel ou le spirituel. Mais sans doute

1. *Ibid.*, p. 203.

2. Voir *ibid.*, p. 204-205 : « Enfin, sans entrer dans un long détail qui ne finiroit pas si je poursuivois tout ce qui arrive aux corps organiques dans tous leurs états, soit de santé, soit de maladie, & qui s'explique heureusement par le systême que nous établissons, on conçoit, sans beaucoup de difficulté, que la force végétatrice d'un être vital, tel que nous le représentons, étant excitée par l'activité des principes de la même espece, que ceux dont elle est composée, mais plus exaltés, & déterminée par leur action dans les vaisseaux qui sont les plus vitaux & les plus sensibles, se porte à façonner, par une espece de prolongation de ses parties les plus subtiles, ou concentration instantanée, sous la forme peut-être d'un feu élastique, un germe parfait & spécifique qui se nourrit ensuite, se développe, & paroît sous la même figure du pere ou de la mere ».

faut-il voir cette distinction comme reflétant des configurations typiques d'activités. Celles-ci renvoient à des formes d'organisation représentant des modalités d'intégration et d'unification en net décalage les unes par rapport aux autres. Sur le plan métaphysique, Needham en vient donc à opposer les forces vitales de végétation qui lui semblent intrinsèquement liées aux puissances de la réalité matérielle et les principes causaux de la sensibilité et de l'activité intellective qu'il situe hors de l'ordre matériel en raison de l'unité d'appréhension du divers sensible ou intellectuel qu'ils lui semblent impliquer. Ainsi affirmera-t-il, dans la note jointe à *La Vraie Philosophie* (1774) de l'abbé Blaise Monestier, en réaction aux assimilations matérialistes du *Système de la nature* du baron d'Holbach :

> La matiere est [...] active à sa façon par des forces intrinsèques, mais son activité ne peut jamais la porter jusqu'à devenir sensitive, encore moins intellectuelle; parce que ces deux qualités, par la nature même de leurs effets, doivent nécessairement se concentrer dans un être simple. Or la matiere, même la plus vitale, est un sujet qui par sa nature est essentiellement composé »[1].

Mais une chose est l'ordre métaphysique des raisons suffisantes présumées; autre chose la série graduée des formes d'intégration organique. En ce qui concerne l'enchaînement sériel des formes d'organisation, Needham naturaliste fait intervenir le potentiel d'organogenèse d'une force spécifique de végétation qui se déploie à tous les degrés de complexité et d'intégration vitale. Cette force conditionne à ce titre l'émergence des phénomènes attribuables à la sensibilité et à l'intellection et elle renvoie à la constitution ultime des éléments composant le système de la nature. Si le principe de vitalité intervient dans l'ordre des corps, c'est-à-dire des substances composées et donc divisibles, est-ce à dire qu'en son fondement métaphysique il ne renverrait pas lui aussi à l'ordre des simples? La monade physique que l'hypothèse épigénétique de Needham semble présupposer ne serait-elle pas l'expression phénoménale ultime d'une monade comme principe formel élémentaire? En tout état de cause, il faut sans doute présumer que les corps organiques sont des machines autosuffisantes, y compris dans leur mode de formation et dans leur organisation, ce qui constitue une extension du principe leibnizien *Omnia fieri mechanice in Natura* en direction de forces spécifiques, telle la force de végétation ou force génératrice, responsables non seulement de l'organisation structuro-fonctionnelle actualisée, mais aussi de sa constitution originelle suivant les lois de la nature. Mais ces machines

1. B. Monestier, *La Vraie Philosophie*, Note de Needham, p. 462.

autosuffisantes ne sauraient se concevoir sans des principes simples sous-tendant les forces à l'œuvre dans la production et le fonctionnement des êtres organisés, qu'il s'agisse de la force génératrice ou des principes ou puissances régissant la sensibilité et l'intellection. Ces deux ordres de principes renvoient respectivement à des sortes de monades, se déployant des principes simples de vitalité, aux sujets sensibles et de ceux-ci aux agents d'intellection. Ainsi retrouvons-nous une figure leibnizienne déviante dans ce modèle, tant du côté de la conception des corps organiques que de celui des éléments de la nature en lesquels se concentrent les puissances actives responsables des processus vitaux suivant une échelle de complexité organisationnelle croissante.

Au sens que lui confère Needham, l'épigenèse apparaît comme une sorte de pré-délinéation dynamique qui développe ses effets en structurant des corps organiques à partir d'une matière organique. Réitérant plusieurs observations majeures réalisées par les naturalistes de son temps, incluant les siennes propres, Needham a tiré de ces arguments, valides comme non valides, en faveur de l'épigenèse, une doctrine originale. Sans craindre le paradoxe, il a rattaché cette théorie à une philosophie naturelle inspirée de la doctrine leibnizienne des monades et des corps organiques, en dépit de la connexion bien attestée de celle-ci à la préformation. Or, Needham l'a fait en fondant sa conception de la force vitale de végétation sur une théorie quasi leibnizienne des entités physiques comme machines organiques et du développement comme l'effet potentiellement prédéterminé d'un système de forces immanentes (*vires insitæ*). Corrélativement toutefois, cette déformation marquée du patron monadique illustrait le potentiel d'adaptation des notions leibniziennes et le rôle qu'elles pouvaient jouer en suscitant de nouvelles conceptions en philosophie naturelle. Reste que des apories majeures affectent les hypothèses métaphysiques de Needham. *Grosso modo*, les corps organiques se forment, selon lui, par l'interaction de certains éléments ultimes de l'univers matériels. Ces éléments sont des sortes de monades physiques, dotées d'un potentiel déterminé de forces actives, elles-mêmes affectées d'une limitation intrinsèque qui se traduit en passivité et en résistance. De ces éléments, interagissant en vertu de lois de combinaison harmonique, naissent les corps organiques les plus élémentaires et origine leur disposition essentielle à la végétation organisatrice. La mise en œuvre de cette disposition fournit le ressort causal de l'épigenèse dont sont issus tous les êtres vivants, des plus simples, tels les végétaux et les zoophytes, aux plus complexes, les animaux supérieurs et l'homme physique. En définitive, toute formation organique est régie par une loi de développement ; celle-ci englobe des processus spécifiques de composition et de décomposition, conformes aux types particuliers de vivants dont les corpuscules proviennent et qu'ils tendent à reconstituer suivant des phases de transformation, véritables cycles de vie. En dépit des critiques dont elle a fait l'objet et de la réfutation expérimentale entreprise par Spallanzani, cette hypothèse ne laisse aucune place aux générations équivoques proprement dites. Mais l'aporie principale qui l'affecte tient à la nécessité de lui adjoindre une hypothèse de monades physiques, voire non physiques, susceptibles d'engendrer les processus de la cognition sensible et de l'intellection dans des corps complexes issus de la simple épigenèse organique. Needham n'a eu de cesse d'osciller entre une conception dualiste et une conception moniste du fondement ontologique de l'organisation vitale : soit toutes les fonctions physiologiques, y compris celles qui sous-tendent l'intellection et la volition, relèvent des dispositifs dynamiques inhérents aux corpuscules organiques et ceux-ci détiennent, en vertu de leurs interrelations harmonique, le potentiel architectonique de développer les structures anatomiques les plus composées et les plus autonomes ; soit des principes animiques distincts déterminent, au sein de ces organisations complexes, des opérations spécifiques irréductibles à l'ordre des processus que l'épigenèse sert à interpréter. Il m'apparaît que Needham a tenté de lier analogiquement ces deux conceptions ontologiques de l'organisation vitale, en faisant jouer un principe de continuité harmonique entre les modes de combinaison de structures de l'une à l'autre, d'une part, et entre les lois régissant les processus fonctionnels, physiologiques et psychiques, d'autre part. D'où le besoin de plus en plus pressant qu'il éprouvait de se référer à des principes métaphysiques leibniziens qu'il interprétait librement au profit d'une théorie originale.

CHAPITRE VI

HALLER ET BONNET. CORPS SUBTILS ET PROPRIÉTÉS PHYSIOLOGIQUES

Un moment crucial survient dans la transformation des notions d'organisme et de corps organique, lorsque, au milieu du XVIIIe siècle, Albrecht von Haller (1708-1777) expose sa théorie physiologique et particulièrement les concepts d'irritabilité et de sensibilité fibrillaires qui s'y rattachent. Certes, Haller conçoit la physiologie comme une science d'observation et d'expérience dont il convient d'exclure toute spéculation de type métaphysique. Néanmoins, la construction théorique qu'il entreprend comme synthèse de données empiriques dans le style de l'*experimental philosophy* ne saurait exclure la prise en compte des concepts antérieurs relatifs aux machines de la nature et aux forces qui s'y exercent, non plus que la référence aux principes architectoniques sous-tendant l'énoncé possible de lois de l'organisation vitale. Ce qui fascine dans les éléments de modélisation conceptuelle que l'on peut inférer de l'œuvre hallérienne, c'est qu'on les retrouve souvent annexés par ses contemporains et ses successeurs à des exposés de philosophie naturelle ayant pour objets le système même de la nature et les lois de l'organisation vitale. À cet égard, une théorie en particulier s'est profilée dans le sillage des expériences et hypothèses hallériennes, celle que Charles Bonnet (1720-1793) consacra aux corps organisés et en fonction de laquelle il entreprit une révision des concepts leibniziens dont il s'était par ailleurs inspiré. Je m'attacherai ici à une reconstitution du modèle du corps organique selon Haller et à l'utilisation de principes leibniziens dans un système de la nature ordonné à l'économie des formes de vie selon Bonnet.

1. Composition organique et mouvements vitaux selon Haller [1]

Aucune découverte n'a exercé plus d'influence sur la conception de l'être vivant dans la seconde moitié du XVIIIe siècle que l'identification, opérée par Haller, de l'irritabilité et de la sensibilité comme propriétés physiologiques distinctes et comme déterminants essentiels de l'organicité des corps organisés. Certes, l'irritabilité – du moins, une certaine notion d'irritabilité – avait fait l'objet de considérations de la part de chercheurs des générations précédentes, en particulier Francis Glisson et Giorgio Baglivi [2]. Et plusieurs disciples d'Herman Boerhaave et de Bernard Albinus, formés à Leyde, en avaient eu l'intuition. On trouve par ailleurs trace de la notion et de formes d'interprétation pertinentes dans les œuvres antérieures de Haller, par exemple dans les *Prælectiones academicæ in proprias institutiones rei medicæ* (1739-1744) et dans l'édition originale des *Primæ lineæ physiologiæ* (1747), mais c'est sur la base des expériences qu'il mena avec ses étudiants à Göttingen durant la période 1750-1752 que Haller rassembla suffisamment d'arguments pour étayer et justifier cette distinction cruciale. C'est alors qu'il prononça, les 22 avril et 6 mai 1752, devant la Société royale des sciences de Göttingen, deux communications qu'il publia dans les *Commentarii* de la Société, l'année suivante [3]. En 1755, le docteur Pierre-Simon Tissot de Lausanne traduisit les deux textes en français et les fit paraître sous le titre *Dissertation sur les parties irritables et sensibles des animaux*. Enfin, de 1756 à 1760, parurent les *Mémoires sur la nature sensible et irritable des parties du corps animal* [4] où se trouvaient rassemblés la *Dissertation*, les éclaircissements, ainsi que les textes de divers auteurs sur les phénomènes étudiés (Zinn, Œder, Castell, Tosetti, Housset, Caldani, Fontana, Cigna, pour ne citer que les plus importants), de même que les répliques de

1. Pour une version préliminaire de cette section et de la suivante, voir F. Duchesneau, « Degrees and forms of sensibility in Haller's physiology », *in* S. Buchenau, R. Lo Presti (eds.), *Human and Animal Cognition in Early Modern Philosophy and Medicine*, Pittsburgh, University of Pittsburgh Press, 2017, p. 201-220 (Used by permission of the University of Pittsburgh Press). Pour une analyse détaillée de la théorie physiologique de Haller, voir F. Duchesneau, *La Physiologie des Lumières*, Paris, Classiques Garnier, 2012, p. 198-257.

2. Voir à ce sujet G. Giglione, « What ever happened to Francis Glisson ? Albrecht von Haller and the fate of eighteenth century irritability », *Science in Context*, 21 (2008), p. 465–493 ; M. D. Grmek, « La notion de fibre vivante chez les médecins de l'école iatrophysique », *Clio Medica*, 5 (1970), p. 297–318.

3. Albrecht von Haller, « De partibus corporis humani sentientibus et irritabilibus », *Commentarii Societatis Regiæ Scientiarum Gottingensis*, 2 (1753), 114-158.

4. Albrecht von Haller, *Mémoires sur les parties sensibles et irritables du corps animal*, Lausanne, M.M. Bousquet (- S. d'Arnay), 1756-1760 (cité *Mémoires*).

Haller à des objections qui lui avaient été adressées, notamment celles de Robert Whytt. Par l'effet d'une très large diffusion, les nouvelles propriétés physiologiques devinrent un objet général d'étude et de discussion dans toute l'Europe. Jusqu'à la fin de sa vie, Haller tenta de répondre aux critiques sur sa distinction et de résoudre les points estimés méthodologiquement et épistémologiquement contestables de ses analyses. Un défi à relever consistait à développer une approche théorique intégrée au sujet d'un être vivant doté de propriétés physiologiques distinctes. Haller ne pouvait éluder la question de l'unité organique et fonctionnelle d'une telle entité naturelle, objet d'analyse expérimentale. Au moins deux difficultés à résoudre affectaient d'entrée de jeu l'interprétation de la sensibilité et de l'irritabilité selon Haller. Il s'agissait, d'une part, de leur statut de forces vitales spécifiques dans l'économie interne de l'animal et de l'homme; il s'agissait, d'autre part, des critères empiriques et théoriques permettant de les identifier comme propriétés distinctes et hétérogènes, mais combinant leurs effets dynamiques afin d'assurer les diverses fonctions vitales et animales. Maintes analyses figurant dans l'œuvre magistrale de Haller, les *Elementa physiologiæ corporis humani* (1757-1766)[1] et dans ses publications savantes ultérieures, par exemple, dans ses articles rédigés pour les *Suppléments à l'Encyclopédie* (1776-1777), ont visé directement ou indirectement à résoudre de telles apories appréhendées. Ces difficultés méritent considération, car elles éclairent à la fois les ambivalences théoriques que l'on découvre au cœur de la physiologie suivant le modèle de Haller et le potentiel de variation, voire d'évolution, que recélaient sa doctrine des propriétés physiologiques et sa conception du corps organique. De fait, la théorie de l'irritabilité et de la sensibilité selon Haller, révisée, réinterprétée, critiquée, a occasionné des clivages majeurs dans la conception de l'homme et du vivant animal, clivages que l'on pourrait sommairement rattacher à une antinomie entre une physique spéciale d'allégeance mécaniste et une physiologie vitaliste, toutes deux appliquées à cet objet d'étude.

Dans les *Elementa physiologiæ corporis humani*, Haller assigne comme objet à la physiologie, l'analyse et l'explication des mouvements vitaux, ce qui implique, pour le physiologiste, d'étudier les effets de ces mouvements dans le fonctionnement organique, et leurs causes phénoménales identifiées à des forces spécifiques.

1. Albrecht von Haller, *Elementa physiologiæ corporis humani*, Lausannæ, Sumptibus M. M. Bousquet; Bernæ, Sumptibus Societatis Typographicæ, 1757-1766, 8 vol. (cité *Elementa*).

> Celui qui rédige la physiologie, écrit-il, entreprend d'exposer les mouvements internes du corps animal, les fonctions des viscères, les changements dans les humeurs et les forces (*vires*) par lesquelles : la vie se maintient ; les espèces sensibles se donnent en représentation à l'âme ; les muscles soumis à l'autorité de l'esprit agissent en retour ; les aliments se convertissent en sucs organiques si variés ; de ces sucs nos corps tirent leur conservation et de nouveaux enfantements compensent les pertes du genre humain [1].

Dans cette tâche descriptive, l'attention doit se concentrer sur la séquence analytique menant des mouvements organiques internes aux processus spécifiques que traduit l'altération des organes et des humeurs, et au-delà, de ceux-ci aux forces inhérentes aux parties dont résulte toute fonction, que celle-ci dépende de l'âme par la médiation de la sensation et de la volonté, ou qu'elle n'en dépende pas.

Cette science s'appuie sur l'anatomie, car les mouvements vitaux sont présumés découler des structures et de la composition des parties du corps organisé – structures et composition qui font l'objet d'observations et de descriptions suivant les normes méthodologiques de la philosophie expérimentale. Sur ce point, l'entreprise de Haller se rattache à la méthodologie que professait à Leyde son maître Herman Boerhaave : celle-ci conjuguait l'observation et la modélisation mécaniste – en fait essentiellement physico-chimique – des structures et des processus en vue de produire des hypothèses explicatives sur les fonctions vitales. Or, d'entrée de jeu, cette approche empirique-analytique et mécaniste se heurte à des difficultés. Alors qu'en principe le physiologiste devrait pouvoir déduire les processus vitaux de la structure et de la composition des parties – suivant le principe de la déduction anatomique [2] – l'opération semble vouée à l'échec pour deux raisons : 1) nous ne parvenons jamais à atteindre les éléments organiques ultimes ; à quelque stade que ce soit, ce que nous tenons pour des unités de structure organique implique une complexité particulière d'organisation qu'on ne peut jamais déployer analytiquement jusqu'à leur fondement ultime. 2) Les effets observables découlant de ces unités structurales complexes semblent déjouer tout effort pour les rattacher à des modèles mécanistes qui puissent en figurer adéquatement les processus inhérents.

1. *Elementa*, I, p. I : « Qui physiologiam scribit, corporis animalis internos motus, viscerumque munera, & humorum mutationes, & vires exponendas sumit, quibus vita sustentatur ; quibus rerum species, per sensus acceptæ, animæ repræsentantur ; quibus vicissim lacerti valent, qui mentis reguntur imperio ; quibus alimenta in succos nostros, adeo varios, convertuntur ; quibus demum ex iis succis, & nostra corpora conservantur, & humani generis jactura novis partubus reparatur ».

2. Sur la déduction anatomique, voir R. Andrault, *La Raison des corps*, Paris, Vrin, 2016, p. 94-103.

> Dans la machine animale, de nombreuses [propriétés] sont tout à fait étrangères aux lois mécaniques communes; de petites causes provoquent de grands mouvements; la vitesse des humeurs est peu diminuée par des causes qui, suivant les lois reçues, devraient la rompre; des mouvements s'insinuent par des causes profondément inconnues; de faibles fibres produisent des mouvements violents; des raccourcissements de fibres se produisent, dépassant tout calcul, etc. [1]

Confronté à ces constats d'apparente irréductibilité des processus aux structures ultimes, des fonctions vitales aux micro-mécanismes inobservables, Haller aurait pu être tenté de recourir à des hypothèses intégrant des raisons explicatives d'ordre proprement vital ou psychique du type des archées, des natures plastiques, ou de l'âme physiologique à la façon de Stahl. Sa stratégie est autre : il vise à rester dans les limites d'inférence que lui suggère sa méthodologie empiriste et expérimentale. Il s'agira donc, selon lui, de décomposer les structures organiques en structures élémentaires susceptibles d'observation microscopique, sans présumer qu'il soit possible d'atteindre les unités ultimes de ces micro-composés organiques. Il n'a d'autre choix que d'étudier les variations du rapport structure-fonction à partir de cette identification de structures et combinaisons organiques élémentaires, ce qui impliquera de recourir, par-delà l'anatomie microscopique, à l'anatomie pathologique et à l'anatomie comparée, afin d'adjoindre des analogies explicatives aux phénomènes étudiés. L'un des principes de la méthodologie hallérienne consiste à multiplier les observations de façon à circonvenir la variabilité inhérente aux processus organiques et à atteindre ce que l'on peut définir comme la structure formelle d'une séquence d'effets. Mais un réquisit plus fondamental est que les processus ou séquences de changements qui surviennent et découlent des micro-composés organiques fassent l'objet d'expérimentation *in vivo*. Ainsi conçue, l'expérimentation animale fournirait le meilleur moyen pour dévoiler la dynamique interne des fonctions par l'analyse empirique et l'examen expérimental des effets pertinents. Alors même que la variabilité des processus apparaît comme un effet naturel de la vie, il conviendra, grâce à des analyses sélectives et répétitives, d'identifier les séquences constantes de phénomènes qui peuvent servir d'assises à des lois empiriques relatives aux propriétés

1. *Elementa*, I, p. V-VI : « Multa enim sunt in animali machina, quæ a communibus legibus mechanicis valde aliena sunt : motus magni a parvis causis excitati : celeritates humorum per eas causas parum diminutæ, a quibus per receptas leges eas frangi oportuerat : motus a causis penitus incognitis irrepentes : motus vehementes, a debilibus fibris producti : decurtationes fibrarum omni calculo majores, & quæ alia ».

vitales des parties organiques. Ainsi résorbera-t-on au maximum la variation inhérente aux phénomènes vitaux :

> Aucune expérience, aucune manipulation ne doit être instituée une seule fois ; et le vrai ne se fait connaître que par le résultat constant d'expériences réitérées. Nombreux sont les facteurs étrangers qui s'immiscent dans les expériences : ces facteurs s'éliminent par la répétition, parce qu'ils sont étrangers, et les phénomènes à l'état pur restent, qui surviennent perpétuellement de la même manière, parce qu'ils découlent de la nature même. Mais la nature aussi est variable, et c'est par la seule répétition que son sens et son intention deviennent manifestes. Cette loi, peu considérée dans les temps antérieurs, s'est imposée pour la première fois à l'anatomie avec Morgagni [1].

De ce cadre de méthodologie empiriste, les hypothèses ne sont pas exclues. Elles s'y intègrent sous la forme de corrélations utiles entre vérités empiriques partielles, c'est-à-dire sous la forme de propositions identifiant des phénomènes plus généraux qui représenteraient la raison suffisante des faits observés. Ainsi structurée, l'hypothèse peut jouer un rôle heuristique et théorique dans la mesure où elle assure le raccordement de vraisemblances partielles les unes aux autres et où elle est assujettie à une corroboration empirique rigoureuse qui en garantit l'adéquation aux phénomènes analysés ou en droit susceptibles de l'être – puisque, s'agissant des unités ultimes du vivant, leurs propriétés ne peuvent être inférées qu'analogiquement.

C'est le repérage des mouvements fonctionnels liés aux diverses parties et micro-parties organiques qui confère sens à l'analyse physiologique. Suivant l'aphorisme des *Primæ lineæ physiologiæ*, la physiologie est en effet une « anatomie animée » (*anatome animata*). Or, cette formule ne doit pas être interprétée suivant l'approche iatromécaniste classique, celle qui avait régné *grosso modo* de Giovanni Alfonso Borelli à Boerhaave et qui consistait à décrire les structures fines des organes, objets de l'*anatomia subtilis*, en en analysant les propriétés vitales à l'aide de divers modèles mécanistes ou physico-chimiques. Selon Haller, l'ordre régissant les phénomènes ne peut être géométrique en physiologie, parce que les éléments sur lesquels porte l'analyse ne sauraient offrir

1. *Elementa*, I, p. V : « Nullum unquam experimentum, administratio nulla, semel debet institui ; neque verum innotescit, nisi ex constante repetitorum periculorum eventu. Plurima sunt aliena, quæ se in experimenta immiscent : discedunt ea in repetendo, ideoque quia aliena sunt, & pura supersunt, quæ ideo perpetuo similiter eveniunt, quod ex ipsa rei natura fluant. Sed & natura variabilis est, & sola repetitione ejus quasi sensus & voluntas dispalescit. Hæc lex, prioribus temporibus parum perspecta, Morgagno inprimis auctore in anatomen illata est ».

les caractéristiques de simplicité appropriées aux objets qui répondent à l'intelligibilité mathématique. Le géomètre fait porter son analyse « sur des corps simples et faciles à définir. De ce double point de vue, le physiologiste diffère du géomètre qui tire les principes de son art de cet art même et ne rencontre donc que lignes, points et autres éléments d'une étonnante simplicité à traiter »[1]. Certes, on peut ici évoquer la définition de la fibre comme structure organique élémentaire, définition qui s'appuie manifestement sur une analogie géométrique : « La fibre est pour le physiologiste ce qu'est la ligne pour le géomètre, savoir ce dont naissent toutes les figures »[2]. Par la comparaison avec la ligne et les figures, Haller a moins en vue le concept d'un élément simple indécomposable, sorte d'atome d'intelligibilité, que l'idée d'une structure organique élémentaire pour un ordre donné de processus, ceux des fonctions vitales. Dans le cas des vivants, les objets qu'il vise à cerner sont les mouvements vitaux sous-tendant les divers processus fonctionnels ; et les fibres représentent le type d'éléments qui semble le plus approprié, lorsqu'il s'agit de rendre compte du mode d'intégration des structures auxquelles se rattachent les processus fonctionnels observés. Comme Haller le précise, la fibre est un genre multiple et diversifié d'éléments susceptibles de variations indéfinies, mais aussi un matériau qui recèle des propriétés-sources pour que nous en dérivions les propriétés spécifiques des totalités organiques que sont les vivants complexes[3]. Si l'on se réfère à la physiologie mécaniste antérieure, notamment celle de Boerhaave, c'est encore, peut-on dire, le modèle des machines de la nature, composées de micromachines de la nature, qui s'impose chez Haller, mais fortement altéré, car la détermination des propriétés de l'élément, celles de la micromachine, dépend des propriétés physiologiques émergentes des systèmes complexes qu'il s'agit d'expliquer. Il s'agit d'établir, par l'analyse, de quelles propriétés doivent être dotées les fibres, structures organiques

1. Albrecht von Haller, *Primæ lineæ physiologiæ*, Hildesheim, G. Olms, 1974, p. 1 : « […] circa simplicia corpora, quæ facillimæ definitionis sint, unice versari, ut utroque modo a Geometra differat, qui suæ artis principia ab ipsa arte sumat, lineas punctaque, aliaque miræ simplicitatis elementa tractanda nactus sit ».

2. *Elementa*, I, p. 2 : « Fibra enim physiologo id est, quod linea geometræ, ex qua nempe figuræ omnes oriuntur ».

3. *Elementa*, I, p. 2 : « Fibra, quo nomine multiplex genus elementorum comprehendimus, & cujus discrimina continuo exponemus, communis toti humano corpori materies est, etiam, ut alibi ostendemus, cerebro et medullæ spinali ». Suit l'énumération des modalités et des variétés de la structuration fibrillaire : « Fragilis aut mollis, elastica, aut penitus pultacea, longa absque fere latitudine, vellata, ut longitudine par fere latitudo sit, ossa, cartilagines, membranas, vasa, ligamenta, tendines, musculos, nervos, cellulosum textum, viscerum parenchymata, pilos et ungues sola constituit ».

élémentaires sous-microscopiques par-delà le plan de l'observable, pour que l'on puisse rendre compte, par voie de combinaisons présumées, des propriétés fonctionnelles émergentes, celles des tissus, organes, appareils et systèmes :

> De ces éléments réunis : terre, eau, huile, fer et air, naît la fibre, élément corporel invisible pour autant qu'il est simple, considérablement plus ténu que tout ce que la force d'agrandissement des microscopes peut placer sous notre regard. Car les animaux les plus petits qu'il soit possible de rendre visibles par l'agrandissement maximum obtenu au moyen de lentilles et de verres convexes, sont pourtant eux-mêmes constitués de fibres d'une grandeur certes bien moindre que celle de l'animal entier [1].

L'observation microscopique nous montre des structures fibrillaires emboîtées les unes dans les autres jusqu'à un ordre de grandeur infinitésimal par rapport aux structures organiques de niveau macroscopique : d'où l'inférence parallèle suivant laquelle des propriétés physiologiques élémentaires se combineraient par complexifications et intégrations successives et produiraient ainsi l'émergence des processus fonctionnels dans le vivant complexe résultant de structures fibrillaires intégrées.

Suivant cette approche analytique des processus vitaux, Haller conçoit la physiologie comme une science des mouvements vitaux en leur réalité propre. L'adéquation des structures organiques intégrées aux fonctions qui s'y exercent lui apparaît si complexe à démêler qu'il propose de déterminer strictement par l'observation et l'expérience les propriétés dynamiques (forces) et les constantes fonctionnelles (processus) propres aux divers éléments structuraux qui se combinent pour former les organes et les systèmes. Sa méthode d'observation et d'expérimentation autorise néanmoins des hypothèses inférées des données empiriques et contrôlées par elles, et ces hypothèses font appel à des transferts d'analogies d'un champ de l'expérience à l'autre. Ainsi seraient jetées les bases indéfiniment perfectibles des seules théories physiologiques légitimes.

Élément d'organisation vitale, la fibre entre dans la composition des diverses structures organiques; cet élément d'organisation vitale se différencie suivant les propriétés dynamiques s'y rattachant qui expriment la vitalité et déterminent les processus fonctionnels de niveau

1. *Elementa*, I, p. 7 : « Ex his nunc elementis, terra, aqua, oleo, ferro & aere conjunctis *fibra* nascitur, elementum corporis animalis, invisibile ubi simplex, multo minus, quam quod microscopiorum vi augente adhibita oculis nostris subjici queat, cum minima animalia, quæ ipsa vehementissima lentium & sphærarum vitrearum vi aucta demum oculis nostris conspicua fiunt, tamen ipsa perinde fibris fiant, multo certe mole totius animalis minoribus ».

supérieur. Haller se refuse à réduire les propriétés fonctionnelles de la fibre élémentaire aux seules propriétés physico-chimiques des parties matérielles qui la constituent. Partant des données fournies par l'analyse des structures organiques et des processus qui s'y déroulent, il préfère supposer que ces unités de structure vitale possèdent des propriétés spécifiques susceptibles de rendre compte des opérations vitales plus globales, comme les propriétés d'une unité de figure géométrique, en se combinant aux propriétés d'autres unités de figure, peuvent rendre compte des fonctions mécaniques des structures complexes qui les intègrent. Dans le corps organique, c'est à cet élément, à cette unité, que se rattache la compréhension du rapport entre les fonctions organiques émergentes d'une part et les structures internes les plus infimes d'autre part. Chez Haller, les paliers d'intégration du corps organique ne correspondent plus strictement à l'ordre des petites machines juxtaposées et emboîtées, mais, compte tenu des micro-dispositifs fibrillaires et des propriétés fonctionnelles spécifiques qui s'y rattachent, le physiologiste vise à établir comment les membranes qui intègrent de tels dispositifs se composent et se combinent entre elles pour produire l'agencement et les mouvements fonctionnels attribuables aux organes et aux systèmes organiques.

2. Le statut des propriétés physiologiques

Propriétés d'organes composés de fibres, l'irritabilité et la sensibilité se trouvent définies par Haller conformément aux critères de l'expérience qui permettent de les identifier et de les distinguer. Ainsi précise-t-il au début de la *Dissertation* dans l'édition des *Mémoires* par Tissot :

> J'appelle partie irritable du corps humain, celle qui devient plus courte, quand quelque corps étranger la touche un peu fortement. En supposant le tact externe égal, l'irritabilité de la fibre est d'autant plus grande, qu'elle se raccourcit davantage. Celle qui se raccourcit beaucoup par un léger contact, est très irritable ; celle sur laquelle un contact violent ne produit qu'un léger changement, l'est très peu.
>
> J'appelle fibre sensible dans l'homme, celle qui étant touchée, transmet à l'âme l'impression de ce contact : dans les animaux, sur l'âme desquels nous n'avons point de certitude, l'on appellera fibre sensible, celle dont l'irritabilité occasionne chez eux des signes évidens de douleur et d'incommodité. J'apelle insensible, au contraire, celle qui étant brulée, coupée, piquée, meurtrie jusques à une entière destruction, n'occasionne aucune marque de douleur, aucun changement dans la situation du corps. Cette définition est fondée, sur ce que nous savons qu'un animal qui souffre,

> cherche à soustraire la partie lésée à la cause offensante ; il retire sa jambe blessée, il se secoue la peau si on la pique, et donne d'autres marques qui nous prouvent qu'il soufre [1].

Les séries exemplaires d'expériences que Haller a réalisées avant de produire ces définitions visaient essentiellement une systématisation des mouvements vitaux en relation aux structures organiques élémentaires et aux types de dispositifs dynamiques inhérents aux fibres qui les composent. La fibre irritable est celle qui se contracte par un mouvement spontané, non réductible à la contractilité élastique, lorsqu'elle est physiquement ou chimiquement stimulée. La fibre sensible est celle qui, stimulée, transmet l'impression de cette stimulation aux organes centraux de la sensibilité en y déterminant des effets physiologiques qui se traduisent, à leur tour, par des signes de douleur ou d'incommodité. Sur ces propriétés fonctionnelles des structures organiques de base, Haller a systématiquement expérimenté en vue d'établir la typologie des parties respectivement dotées de ces dispositions dynamiques distinctes, d'une part, et l'échelle d'intensité qui s'y rattache, d'autre part. L'objectif qu'il poursuit est de trouver suffisamment de données empiriques permettant d'attester que les organes dotés d'irritabilité manifestent les effets correspondant à cette propriété, indépendamment de toute intervention du réseau nerveux. Certes, certaines terminaisons nerveuses se trouvent normalement connectées aux fibres musculaires, comme c'est le cas pour le parenchyme cardiaque, mais, si ces nerfs sont empêchés, par excision ou ligature, d'exercer quelque stimulation que ce soit sur les tissus de l'organe, les contractions vives qui peuvent néanmoins les affecter, si on leur applique des stimuli physiques ou chimiques, sont présumées ne pas résulter de l'action de la sensibilité comme condition nécessaire. Par ailleurs, Haller en appelle à l'expérience pour établir que les tissus nerveux ne sauraient, par eux-mêmes, montrer d'activité, lorsqu'ils sont stimulés : leur action propre ne consisterait que dans la transmission au cerveau d'impressions qui occasionneraient sensations et signes de sensation. Réciproquement, les mouvements engendrés dans le réseau nerveux par des organes sensitifs centraux peuvent causer des altérations aux divers tissus musculaires en intensifiant l'action contractile autonome qui résulte normalement de l'irritabilité qui s'y trouve inhérente. La typologie empirique des parties s'achève avec l'identification des organes et tissus qui seraient dépourvus d'irritabilité comme de sensibilité, tels les os, les tendons, les membranes du cerveau – par exemple la dure-mère

1. *Mémoires*, I, p. 7-8.

et le tissu dit cellulaire (*tela cellulosa*) qui correspond au parenchyme interstitiel ou conjonctif. D'un point de vue histologique, par ces nouvelles distinctions entre types de fibres et propriétés corrélatives, Haller rejette de fait la théorie fibrillaire unitaire de son maître Boerhaave : celui-ci considérait que toutes les fibres sur le plan sous-microscopique étaient composées de petits vaisseaux, sans différences significatives à cet égard entre les éléments du réseau nerveux et ceux des autres systèmes et sans différences significatives entre les mouvements vitaux qu'il présumait survenir dans les diverses structures organiques. Avant Haller, Baglivi avait identifié deux systèmes distincts assurant la coordination des mouvements vitaux dans le corps animé, l'un vasculaire, l'autre fibreux et doté d'irritabilité dans ses diverses composantes, les membranes du cerveau agissant comme initiatrices de mouvement, communiquant leurs contractions oscillatoires présumées aux parties le long du réseau nerveux [1]. L'identification par Haller de parties non irritables et non sensibles, incluant la dure-mère, et la stricte réduction de l'irritabilité à n'être qu'une propriété spécifique des fibres musculaires individuelles ne pouvait que perturber le cadre anatomique unitaire que présupposaient les diverses traditions mécanistes.

En même temps qu'il a accumulé des données empiriques discriminantes sur les types de constitutions organiques ou de combinaisons de structures et sur les processus fonctionnels qui s'y déploient, Haller s'est attaché, en continuité de sa méthodologie empiriste, à dégager la portée théorique de l'analyse de l'irritabilité et de la sensibilité comme propriétés vitales. Le concept d'irritabilité fibrillaire sert alors à fixer le caractère différentiel des structures de la vie organique, à commencer par les muscles et, au premier chef, le muscle cardiaque, par rapport aux organes de la vie animale, qui, selon lui, répondent surtout pour leur part aux stimulations affectant le réseau des fibres nerveuses. En dernier ressort, Haller est en mesure d'établir une loi de corrélation entre structure et fonction : « La sensibilité est en même raison, que le nombre de nerfs & leur nudité : au lieu que l'irritabilité est en général en raison du nombre des fibres exposées à la cause irritante » [2]. Or, cette double loi dépend non seulement des données d'expérience rassemblées et de leur classification, mais aussi de la distinction fonctionnelle de l'agent de la sensibilité, responsable de l'excitation des fibres nerveuses en réseau intégré, par rapport aux agents plus décentralisés des autres mouvements vitaux, intervenant isolément au sein des fibres de type musculaire.

1. Voir sur ce point F. Duchesneau, *La Physiologie des Lumières*, p. 184-197.
2. *Mémoires*, IV, p. 92.

Comme j'ai pu l'établir en analysant la controverse entre Haller et Robert Whytt sur la sensibilité [1], si l'irritabilité apparaît comme une propriété de fibres individuelles, voire de microfibres sujettes à la contractilité vive, la sensibilité est, selon Haller, une propriété qui dépend d'une architecture réticulaire de fibres nerveuses raccordées à l'organe cérébral. La sensibilité renvoie à une manifestation consciente, celle de l'impression sensible éprouvée comme sensation. Bien que nous n'ayons accès à aucune perception consciente telle qu'elle surviendrait dans les animaux sujets à l'expérimentation, il n'y a aucune adhésion de la part de Haller à une notion cartésienne d'animal-machine qui exclurait l'existence de quelque âme sensitive chez les bêtes. Car, alors, l'analogie tirée des signes corporels de souffrance et de malaise chez les animaux, pour fin d'admettre la sensibilité comme propriété spécifique des composantes intégrées du système nerveux chez l'homme, serait sans fondement. Je ne m'étendrai pas au sujet de cet argument, mais je présume que Haller admettrait quelque chose de tel que la notion leibnizienne d'âme animale, âme dont les opérations ne différeraient guère des nôtres aussi longtemps que nous nous limitons à ce que l'on peut qualifier de perception non réflexive et d'inférence empirique. L'analogie sous-jacente pourrait ainsi se trouver légitimée d'un point de vue ontologique, mais Haller évite généralement de se livrer aux spéculations métaphysiques ; il se contente plutôt de se servir de cette analogie comme d'une inférence hypothétique admissible au vu des similarités de réaction corporelle aux stimulations nerveuses chez l'homme et chez les animaux de laboratoire. Toutefois, l'argument spécifique qui lui sert à orienter l'interprétation vers l'inhérence causale de la sensibilité dans le réseau intégré des fibres nerveuses et cérébrales tient au fait que cette propriété requiert d'être rattachée à un pouvoir de percevoir les sensations qui se trouve normalement corrélé aux opérations du cerveau.

Une sensibilité infra-consciente, s'exerçant de façon indépendante dans les fibres périphériques du réseau, comme la supposait Whytt dans son *Essay on the Vital and Other Involuntary Motions of Animals* (1751) [2], aurait, selon Haller, le statut d'une qualité occulte. L'expérience de la sensibilité, comme propriété physiologique, peut à la rigueur renvoyer à l'hypothèse métaphysique d'une âme dotée de perception et agissant dans l'ordre physiologique, comme si elle se situait au centre du réseau des fibres nerveuses, mais elle ne peut en aucun cas justifier l'hypothèse selon

1. Voir F. Duchesneau, *La Physiologie des Lumières*, p. 259-344.

2. R. Whytt, *Essay on the Vital and Other Involuntary Motions of Animals* (1751), Edinburgh, Hamilton, Balfour and Neill, 1751.

laquelle une âme physiologique, conçue à la façon de l'âme stahlienne, pourrait intervenir de façon rationnelle inconsciente dans des éléments fibrillaires désagrégés du réseau. Mais alors quelle serait la nature de l'activité nerveuse, considérée sur le plan des composantes élémentaires du réseau ? Haller lui-même ne pourrait totalement écarter l'hypothèse de dispositions dynamiques spécifiques aux fibres élémentaires conditionnant, par voie d'intégration, l'activité plus globale par laquelle se traduit, au centre du réseau nerveux, la sensibilité-propriété physiologique.

Haller ouvre ainsi la porte à la distinction des diverses forces en jeu dans l'activité de l'organisme, et à l'interrogation sur le rapport de ces forces comme propriétés à la typologie des structures élémentaires formant la combinatoire organique. Dans la représentation physiologique de l'homme, il brise de fait l'idée de l'hégémonie qu'exercerait un système structuro-fonctionnel unitaire, reposant soit sur l'uniformité des processus attribuables à toute mécanique vitale, comme chez Boerhaave et Hoffmann, soit sur la régulation intégrale de la machine organique par un unique principe de type psychique, comme chez Stahl. Si l'on m'autorise cette catégorisation quelque peu arbitraire, la physiologie mécaniste d'un côté, la physiologie animiste de l'autre, présumaient une ontologie de type unitaire au fondement de l'explication des processus vitaux. Par contraste, les concepts théoriques sous-tendant la conception du vivant animal et humain selon Haller semblent illustrer une propension plus marquée au pluralisme des agents ou des forces en jeu dans de tels processus. Ou du moins telle pourrait être la teneur de la théorie si elle s'énonçait explicitement. Or, ce n'est pas franchement le cas.

Hubert Steinke a fourni une analyse appropriée des vues changeantes de Haller sur la distinction des propriétés physiologiques après ses premières démonstrations expérimentales, celles qu'il avait exposées dans les allocutions de 1752 et dans les publications en découlant [1]. Il note que, dans les *Elementa*, Haller entendait intégrer ses idées relatives à l'irritabilité et à la sensibilité à une théorie plus complète sur la sensation et le mouvement animal [2]. Mais la séparation analytique des matières dans ce traité n'était certes pas favorable à l'intégration de ces concepts aux fins d'évaluation systématique des pouvoirs et fonctions organiques. À l'évidence, Haller indique des distinctions marquées entre l'élasticité, en tant que propriété de toute fibre du corps, l'irritabilité qui appartient aux fibres musculaires et se révèle apte à contracter ces fibres même détachées

1. Voir H. Steinke, *Irritating Experiments. Haller's Concept and the European Controversy on Irritability and Sensibility, 1750-90*, Amsterdam-New York, Rodopi, 2005, p. 93-124.

2. *Ibid.*, p. 109.

du corps, et la *vis nervosa* activée par la stimulation des nerfs ou par un acte de volition, mais dont l'action peut intensifier, atténuer et réguler les contractions musculaires. Comme Steinke le montre, dans l'édition de 1765 des *Primæ lineæ*, Haller parle d'une « triple force » (*triplex vis*) opérant dans les muscles et, dans le tome VII des *Elementa*, il introduit la notion d'une« échelle du mouvement animal » (*scala motus animalis*) qui s'élève hiérarchiquement d'un palier à l'autre de la structure organique. Whytt avait accusé Haller d'assimiler l'irritabilité à une simple propriété physique d'élasticité au lieu de la considérer comme une extension de la sensibilité à tous les systèmes organiques qui alors seraient régis par un agent de type animique. La réponse de Haller consiste à traiter la force de niveau inférieur comme une condition matérielle pour l'exercice de la force de niveau immédiatement supérieur, toutes les forces se trouvant substantiellement fondées en tant que pouvoirs inhérents, issus d'organisations plus complexes les unes que les autres.

> Les conditions de base (*rudimenta*) de la nature contractile se trouvent dans le gluten : de la nature contractile, l'échelle du mouvement animal s'élève à la force inhérente (*ad vim insitam*), et de celle-ci à la force nerveuse (*ad nerveam*). J'ai très exactement défini les limites de ces forces motrices. Mon opposant [Whytt] les a confondues autant qu'il se peut, lorsqu'il a rehaussé la force irritable au rang de la force nerveuse et il a rompu la chaîne qui relie la force animale à la force végétative. Or, à coup sûr, cette dernière force agit hors commandement de l'âme [1].

Steinke joint à ce commentaire une citation ultérieure qui développe le même type d'argument : « Il y a dans les fibres animales trois forces contractiles, ou, si l'on veut, *trois dégrés, mais très-distincts, de la même* force, la force morte, l'*irritabilité* & le mouvement nerveux » [2]. Suit une explication significative au sujet du mouvement nerveux : on peut hypothétiquement présumer que la fibre nerveuse sécrète un fluide stimulant qui excite la fibre musculaire à se contracter. Dans les muscles involontaires, une telle stimulation provenant de la sensibilité qui active la force nerveuse sert à maintenir l'économie fonctionnelle des mouvements vitaux. Tel n'est pas cependant le cas des muscles eux-mêmes qui peuvent fonctionner sans cette détermination additionnelle.

1. *Elementa*, VII, p. XI : « Contractilis naturæ in glutine sunt *rudimenta* : a contractili natura scala motus animalis ad vim insitam ascendit, ab ea ad nerveam. Harum virium motricium limites accuratissime definivi, confudit, quantum potest, adversarius, dum irritabilem vim ad nervosam evehit, catenamque divellit, qua vis animalis cum vegetabili conjungitur. Et ea certe vis absque animæ est imperio ».

2. Albrecht von Haller, « Irritabilité », *Supplément à l'Encyclopédie* (Amsterdam : Rey, 1776-1777), III, 663, cité par H. Steinke, *Irritating Experiments*, p. 122, n. 88.

Si Haller adopte une conception décentralisée du fonctionnement organique qui repose sur les propriétés fonctionnelles de structures élémentaires diverses, plus ou moins intégrées à des structures organiques complexes, il est néanmoins embarrassé lorsqu'il s'agit de fixer le statut théorique de ces propriétés fonctionnelles. Il les identifie certes, en leur appliquant l'analogie de la force newtonienne d'attraction, par les effets observables qui en traduisent la présence et la spécificité ; mais, alors même qu'il les présente comme des forces inhérentes (*vires insitæ*) aux unités vivantes élémentaires que sont les fibres, il laisse en suspens leur statut de forces vitales, en laissant en quelque sorte flotter une présomption invérifiable de réduction possible à des dispositions internes particulières qui représenteraient une sorte de mécanisme organique : « Un mouvement ne peut naitre dans le corps humain, sans qu'il y ait des causes suffisantes dans la structure de la partie, & l'effet ne sauroit se déduire sans la cause » [1]. Les phénomènes que désignent l'irritabilité et la sensibilité pourraient-ils donc n'être que les résultantes d'agencements mécaniques spéciaux, mais inatteignables, internes aux unités de la combinatoire organique ? Haller soutient, d'une part, l'irréductibilité à l'ordre inorganique des propriétés fonctionnelles du vivant comme autant de pouvoirs vitaux inhérents aux structures élémentaires de l'organisme ; il suppose, par ailleurs, que la dérivation éventuelle de ces propriétés à partir de leurs causes organiques donnerait lieu à une « hypothèse mécaniste spéciale » [2]. Confronté à ce dilemme théorique qu'il estime ne pouvoir trancher par recours à la seule expérience, Haller se maintient ultimement en suspens entre des options que l'on pourrait rétrospectivement rattacher à une antinomie entre mécanisme et vitalisme dans l'explication des phénomènes vitaux.

Pratiquée par Haller, l'explication fonctionnelle reposant sur l'identification de propriétés physiologiques présente donc une relative ambiguïté. Expliquer les fonctions des organes et surtout des appareils et des systèmes regroupant fonctionnellement les organes revient en effet à en décomposer les structures suivant leurs composantes morphologiques, à cerner les actions et les pouvoirs spécifiques des dispositifs structuraux élémentaires, puis à présumer que la combinaison des processus élémentaires suivant la combinaison des microstructures impliquées peut fournir un équivalent des processus globaux que représentent les fonctions proprement dites. Cette dernière partie, conjecturale ou hypothétique, de la démarche, incite à projeter, sur les éléments morphologiques et sur leurs propriétés proprement organiques, le pouvoir, la force de faire

1. *Mémoires*, I, p. 297.
2. F. Duchesneau, *La Physiologie des Lumières*, p. 238.

émerger les combinaisons de parties organiques de complexité supérieure. Corrélativement, les fonctions qu'accomplit la machine de la nature en raison de sa composition organique sont appelées à rendre compte du rôle causal des propriétés physiologiques élémentaires dans l'ensemble intégré que constitue le corps organique. Cette fois, l'explication des fonctions par les fonctions prend la forme d'un recours à des forces ou principes vitaux que symbolisent les propriétés physiologiques, mais qui les dépassent par la figuration virtuelle des fonctions émergentes.

Au sujet de la sensibilité, outre l'obligation de répliquer à Whytt qui avait restauré l'hégémonie d'un principe animique sur un réseau complètement décentralisé de parties sensibles, Haller devait affronter diverses complexités analytiques. Georges Canguilhem avait coutume de souligner que Haller ne pouvait développer une notion de réflexe nerveux, parce qu'il adhérait à une différence radicale entre « mouvement automatique, c'est-à-dire [...] mouvement qu'aucune sensibilité ne rapporte à l'âme et qu'aucune décision volontaire ne commande »[1] et mouvement véritablement excité, déterminé par la structure encéphalique qui sert de « siège central anatomique de l'âme »[2]. Et il est vrai que la position de Haller découle d'un principe de ce genre :

> Les nerfs sont des continuations du cerveau et de l'épine [dorsale], et ils sont entièrement sensibles (*sensiles*); la sensation (*sensus*) se rend du membre à la tête et au cerveau; et le fait demeure que même la moelle du cerveau est sensible (*sentiat*), et en elle des impressions sont représentées à l'âme, impressions que les nerfs, mus à leur extrémité, apportent au cerveau[3].

Mais, en réalité, la distinction n'est pas si tranchée. Haller accumule les observations au sujet des affections du cerveau qui entraînent une sorte de réduction de la sensibilité à des portions moindres du réseau nerveux, sans apparence de détermination centrale encéphalique. Et il entend résorber certaines difficultés que l'on peut objecter à son principe explicatif. Il doit d'abord tenir compte du fait que les nerfs n'exercent pas seulement une fonction de sensibilité, mais aussi de motilité. Les mouvements de stimulation dans la fibre nerveuse suscitent des mouvements dans les muscles auxquels les ramifications nerveuses aboutissent. La section ou

1. G. Canguilhem, La *Formation du concept de réflexe aux* XVIIe *et* XVIIIe *siècles*, Paris, P.U.F., 1955, p. 94.

2. *Ibid.*, p. 98.

3. *Elementa*, IV, p. 298 : « Nervi ex medulla cerebri, & dorsi continuantur; & toti sunt sensiles; & sensus ab artu ad caput eunt & cerebrum; superest ut etiam cerebri medulla sentiat, inque ea porro animæ impressiones repræsententur, quas nervi, in suis extremis sinibus emoti, ad cerebrum deferent ».

la ligature des nerfs peut causer des paralysies locales. La physiologie de Haller ne comporte pas de véritable distinction entre nerfs sensitifs et nerfs moteurs. C'est donc à la même structure que sensibilité et pouvoir moteur peuvent être rattachés. Haller définit son modèle explicatif en conséquence : « Toutes les données rassemblées montrent qu'une irritation suffisamment grave des nerfs détermine d'abord le cerveau à se mouvoir corrélativement, puis à exciter une convulsion généralisée des muscles »[1]. Or, les nerfs excités peuvent produit la convulsion des muscles, même s'ils ont été coupés de toute communication avec le cerveau. L'hypothèse principale selon laquelle l'origine nerveuse du mouvement animal dépend d'un fluide interne qui ne recevrait d'impulsion que du cerveau doit être révisée. Autrement, comment saurait-on expliquer qu'en-dessous de la ligature, le nerf excité puisse exciter le muscle à se convulser? Certes, suivant l'analogie du fluide électrique[2], on pourrait imaginer que le fluide nerveux n'est pas arrêté par la ligature et achève son parcours du cerveau au muscle sans interruption. Mais, alors, il faut expliquer comment il se fait que le phénomène se produit lorsque le nerf a été sectionné ou que le cerveau et la moelle épinière ont été détruits. Il ne saurait dépendre strictement de l'irritabilité, puisqu'il survient par la médiation de parties du système nerveux qui ne sont pas irritables. L'exposé de Haller au sujet de la structure élémentaire des nerfs et de sa *vis motrix* s'achève par un énoncé quelque peu ambigu. Après avoir distingué ce déclenchement sensible du mouvement convulsif d'un simple effet d'irritabilité, il déclare : « Il apparaît que la cause du mouvement est transmise par les nerfs : d'ailleurs quelle que soit cette cause, il appert qu'elle subsiste cependant intacte et efficace un certain temps, même si le nerf, séparé du cerveau, n'a pas reçu cette cause récemment »[3]. Cela signifie que le nerf peut exercer pour un temps un succédané ou un reste de fonction cérébrale dont la nature exacte échappe aux tentatives d'en fournir une analyse précise.

1. *Elementa*, IV, p. 337 : « Collecta hæc omnia evincunt, graviorem in nervis irritationem cerebrum primum in consensum ciere, deinde in universis musculis convulsionem excitare ».

2. Haller était informé des expériences menées par Stephen Gray sur la conduction électrique à travers le corps; il fait par ailleurs référence aux expériences de Felice Fontana et de Leopoldo Marco Caldani sur l'effet de l'excitation électrique des diverses parties sensibles et irritables. Sa conviction est que le fluide nerveux ne peut se concevoir comme réductible au fluide électrique, malgré certains rapports analogiques présumés. Voir *Elementa*, IV, p. 380 : « Idem [le fluide électrique] a nullo vinculo coercetur, & ne a dissectione quidem, dum inferior pars nervi non longe a superiori removeatur. Nunc elementum nerveum & per vincula coercetur, & dissecto nervo omnis sensus aut motus continuitas abrumpitur ».

3. *Elementa*, IV, p. 338 : « Adparet causam motus equidem per nervos demitti, cæterum quæcunque ea causa sit, aliquamdiu tamen in nervo integram & efficacem superesse, etsi nervus a cerebro separatus eam causam nuper non accepit ».

Nous pouvons ici renvoyer à ce que Haller déclare au sujet des monstres que caractérise une anencéphalie fonctionnelle. Haller commence par affirmer que le système nerveux central implique une possible suppléance entre parties, lorsqu'il s'agit de rendre compte d'effets liés au réseau : « Quand la moelle épinière est détruite, on peut compter jusqu'à un certain point sur les racines cérébrales du nerf sympathique ; et quand le cervelet est lésé, la force vitale (*vis vitalis*) peut être fournie en quantité suffisante par le cerveau intact, ou vice versa par le cervelet qui subsiste, lorsque le cerveau est détruit »[1]. C'est en fonction de ce cadre de référence que Haller examine les cas de destruction pathologique ou expérimentale du cerveau avec survie relative chez les animaux à sang froid et les fœtus anencéphales. Il interprète de même les observations d'insectes survivant et manifestant quelque sensibilité après décapitation, et il soutient que le siège de la sensibilité et l'origine des mouvements nerveux peut s'étendre au-delà du seul cerveau. Il conçoit que le centre sensible et moteur serait une sorte d'entité composite dans laquelle les proportions entre les diverses parties et leurs rôles respectifs pourraient varier. Une relative autonomie du système spinal peut résulter d'une distribution particulière de structures et de fonctions au sein du réseau nerveux considéré globalement. Certes, chez l'homme, le rapport entre le cerveau et les structures périphériques est inversé en comparaison de ce qu'il est, par exemple, chez les invertébrés. Mais, pour autant que, chez l'homme, des cas de sensibilité-motricité réduite au système spinal peuvent se produire, il y a lieu de prendre en compte une possible gradation indéfinie de dégénérescences structurales et fonctionnelles. Il y aurait une transition dans les modalités des processus, puisque ceux-ci peuvent se trouver dégradés jusqu'à une forme d'intégration que représenterait la « grenouille spinale » dans les expériences de Whytt. Dans le cas de fœtus anencéphales qui survivent un certain laps de temps, il conviendrait de reconnaître qu'une structure spinale ou cérébro-spinale rudimentaire peut suffire à dispenser un degré réduit de vie. Surtout, Haller postule l'autosuffisance opérationnelle d'un réseau sensitif et moteur centralement déterminé qui, à son plus haut degré, est censé assurer une corrélation systématique avec la perception comme conscience des sensations chez l'homme, ou avec des effets physiologiques équivalents chez les animaux. Or, cette représentation théorique peut faire place à toute une série de formes d'intégration

1. *Elementa*, IV, p. 352 : « Potest, quando medulla spinalis periit, aliquid a nervi sympathici radicibus sperari : & quando cerebellum violatur, a cerebri integritate vis vitalis suppeditari, aut vicissim, quando cerebrum destruitur, a superstite cerebello ».

dégradées jusqu'à aboutir à des cas de sensibilité animale minimale qui ne seraient pas si éloignés d'une simple irritabilité.

Nous pouvons chercher confirmation de ce schème analogique dans les passages qui traitent de « sympathies » nerveuses, c'est-à-dire de corrélations d'effets moteurs entre nerfs adjacents qui se produiraient sans activation de connexions centrales et de sensations concomitantes. Haller ne saurait admettre l'hypothèse de Whytt selon laquelle l'activité d'une âme sous-tendrait la sensibilité spécifique des réseaux nerveux périphériques. Au contraire, on doit toujours supposer qu'une sensation survient comme perception consciente d'une impression que la force motrice nerveuse (*vis motrix nervea*) achemine au cerveau. En raison de circonstances spécifiques de perturbation, le mécanisme régulier de la communication nerveuse peut se dégrader sous la forme d'un consensus sensible direct entre nerfs qui se trouvent fonctionnellement détachés de la régulation cérébrale. Ainsi les glandes lacrymales sécrètent des larmes, quand la conjonctive est irritée. De la même façon, douleur et inflammation pourraient se transmettre d'un œil à l'autre, comme par l'effet d'une jonction accidentelle de leurs nerfs respectifs. À cela s'ajouteraient tous les cas de douleur radiante par l'effet d'une sorte de cohésion entre les nerfs des organes sujets à inflammation. En ce qui concerne l'éternuement et autres tels effets présumés d'interaction locale des nerfs, Haller déclare : « les médecins ont coutume d'expliquer les symptômes de la sorte par des communications entre nerfs »[1]. Mais il émet des réserves sur le fait que cela se produirait par stimulations inter-fibrillaires directes. Le plus souvent, il est d'avis qu'il faut faire intervenir la corrélation par un centre analogue au cerveau afin de produire de tels effets. Et tel est en particulier le cas quand une sensation émerge de l'activité sympathique. Même pour des formes dégradées d'activité nerveuse, il faut se représenter que la sensibilité opère en conjonction avec des processus qui impliqueraient normalement que des sensations surgissent centralement.

> Les expériences que nous avons rapportées démontrent qu'il y a un certain consensus (*consensum*) entre nerfs voisins et qu'il y a propagation de la douleur d'un nerf lésé à un autre nerf déterminé, quel que soit le mécanisme dont dépendent ces phénomènes. Nous avons constamment observé un consensus d'une sorte telle que c'est d'un nerf à un autre nerf déterminé, et non à d'autres que passent la sensation et la cause de convulsion. Mais on peut conjecturer que cette conjonction se produirait plutôt dans le cerveau

1. *Elementa*, IV, p. 321 : « Hujusmodi symptomata, medici per nervorum communicationes solent explicare ».

> que dans les nerfs, en raison de la sensation même (*ex ipso sensu*) que l'âme perçoit et qui serait nulle, si quelque impression engendrant de la douleur n'atteignait le cerveau [1].

Il faut ici ajouter que, selon les vues tardives de Haller, le concept de cerveau tend à signifier de façon plus générale un réseau nerveux contrôlé centralement par lequel la sensibilité peut coordonner et réguler la plupart des opérations vitales. Si l'on suit la lecture que Steinke donne des contributions de Haller aux *Suppléments à l'Encyclopédie* publiés dans la décennie 1770 : « les nerfs assumeraient alors une troisième fonction qui ne serait ni la perception consciente (sensibilité), ni la contraction volontaire des muscles (*vis nervosa*), mais une sorte de rôle modulatoire inconscient et involontaire » [2]. Tel semble être le cas, si l'on note en particulier que Haller a fini par adopter la notion avancée par Johann August Unzer selon laquelle une action nerveuse de stimulation-réaction serait réfléchie et contrôlée par les ganglions, comme si ceux-ci constituaient des réseaux centralisés de niveau inférieur [3]. Remarquons toutefois que, déjà dans les *Elementa*, la force nerveuse selon Haller ne se limitait pas à agir sur les muscles volontaires, mais qu'elle intervenait pour intensifier et réguler les mouvements vitaux dans les muscles involontaires et, par extension, dans maints tissus dotés d'irritabilité et assumant de ce fait les processus de la vie organique.

Mais alors où trouverons-nous la clé du principe ontologique justifiant l'intégration théorique des propriétés physiologiques? Sur ce type de problématique, Haller nous est généralement de peu d'aide, en raison de son scepticisme méthodologique à l'égard des questions métaphysiques. Quelques remarques des *Elementa* pourraient néanmoins nous mettre sur la piste de certains présupposés de sa part. L'interrogation surgit par exemple concernant la force nerveuse qui déclenche les contractions musculaires. Haller se demande quelle est la cause de ce pouvoir; quelle

1. *Elementa*, IV, p. 321-322 : « Consensum aliquem nervorum vicinorum dolorisque propagationes a nervo læso in alium peculiarem definitum omnino experimenta demonstrant, quæ recensuimus, cuicumque demum mechanismo ea phænomena debeantur. Ejusmodi autem consensum utique reperimus, ut ex uno nervo in unum definitum nervum, non in alios & sensus transeat, & causa convulsionis. In cerebro tamen eam conjunctionem potius, quam in nervis locum habere, vel, ex ipso sensu conjicias, quem anima percipit, & qui nullus esset, nisi ad cerebrum impressio illa quæcumque dolorifica perveniret ».

2. H. Steinke, *Irritating Experiments*, p. 111 : « The nerves assumed a third function which was neither conscious perception (sensibility) nor the voluntary contraction of the muscles (*vis nervosa*), but a kind of unconscious, involuntary, modulatory role ».

3. *Ibid.*, p. 112; Albrecht von Haller, « Fluide nerveux », *Supplément à l'Encyclopédie*, III, p. 58.

« entéléchie » (*entelechia*) en serait responsable[1]. Après avoir écarté la notion stahlienne d'une âme physiologique qui exercerait une influence physique directe sur les organes, après avoir rejeté une position apparentée à l'occasionnalisme de certains Cartésiens qui situaient en Dieu la seule cause des séquences de pensées et de mouvements corporels, Haller rappelle que son maître Boerhaave était favorable à l'harmonie préétablie selon Leibniz, doctrine selon laquelle une loi de correspondance était présupposée entre les perceptions et appétitions survenant dans l'âme et les mouvements fonctionnels produits dans et par la machine organique. Si je veux lever le bras, les mouvements requis pour que le muscle deltoïde se contracte et que le bras se meuve de façon appropriée ne sont pas engendrés par l'âme, mais par les dispositifs internes au corps qui déterminent des séquences légales de processus corporels. Selon Haller, l'âme est capable de certaines représentations distinctes et ce n'est qu'à ce titre qu'elle peut accomplir des actes de connaissance ; mais, contrairement à ce que Stahl et ses disciples supposaient, elle ne pourrait à aucun moment exercer un pouvoir d'intuition, d'action et de régulation sur les structures et processus complexes du mécanisme vital. Elle peut se représenter à soi-même et concevoir un objet à la fois, comme si, en lisant, elle épelait chaque lettre séparément.

> Elle peut cependant percevoir quelque chose obscurément, être affectée par la douleur ou le plaisir, sans pouvoir rien se représenter distinctement. Lorsqu'elle voit, elle ne voit distinctement qu'un point à la fois : cela est manifeste, car lorsqu'elle lit, elle prononce lettre après lettre et n'en voit qu'une distinctement, mais elle parcourt successivement toutes les autres par l'œil et le cerveau[2].

Dans le cas de l'action de sauter, par exemple, il n'y a absolument aucune conscience dans l'âme des moyens corporels requis pour accomplir la fin que la volonté s'est fixée : « [L'âme] n'a aucune idée de l'*équation* extrêmement complexe suivant laquelle l'oscillation des muscles du corps tout entier et la flexion ou l'extension de tant d'articulations ont été

1. Voir *Elementa*, IV, p. 557 : « Voluntatem impellere in nervos, inque musculos adeo, elementum subtile, vulgo recipitur. Sed ut impellatur, vis requiritur, & *Entelechia*, cujus effectus est motus in fluido nerveo nuper enatus, quo id fluidum præter priorem modum potentius in musculos irrumpit. Nunc potest quæri, quænam ejus potentiæ causa sit ».

2. *Elementa*, IV, p. 558 : « Potest præterea obscure percipere aliquid, dolore, voluptate adfici, distincte sibi repræsentare nihil potest. Dum videt, unicum simul punctum distincte vidit, manifesto, dum enim legit, literam post literam pronunciat, & distincte videt unicam : reliquas oculo & capite persequitur ex ordine ».

ajustées pour la fin visée »[1]. Haller ajoute que, tout comme Boerhaave, il soutient une position de type leibnizien qui implique, outre l'harmonie préétablie et une stricte correspondance entre les processus de l'âme et ceux du corps, un concept de petites perceptions-appétitions sous-tendant les représentations conscientes, ainsi qu'une notion selon laquelle le corps organique serait doté de pouvoirs de mouvement autosuffisants. La démonstration du fait que cette thèse serait bien fondée peut en outre s'appuyer sur des observations relatives aux mécanismes complexes requis pour les mouvements organiques involontaires, car, pour expliquer de tels mouvements, nous n'aurions aucune justification de recourir à une action et une régulation directe par des représentations mentales.

Stephanie Eichberg a récemment soulevé la question des justifications permettant à Haller d'interpréter ses expériences sur les animaux comme si elles fournissaient des raisons probantes de reconnaître la sensibilité comme la plus fondamentale propriété des vivants de ce type[2]. La question finale qu'elle formule concerne la façon dont Haller a pris en compte les différences existant entre humains et animaux dans le cadre de ses recherches. Elle formule ce problème en présupposant que la perspective cartésienne serait ici dominante, et, de ce fait, elle infère que Haller serait confronté à un problème méthodologique insoluble. Ainsi conclut-elle :

> Bien que Haller n'eût jamais ouvertement affirmé d'analogie entre l'esprit humain et l'esprit animal, son insistance sur la perception consciente de la sensation ne permettait nulle autre conjecture. [...] Pourtant, le recours à des modèles animaux mettait en évidence le fait problématique que des doutes subsisteraient toujours quant à la connaissance positive de l'existence ou de la non-existence d'âmes (c'est-à-dire de fonctions psychiques).[3].

Or, la véritable position de Haller sur ce point est quelque peu différente de celle qui lui est ainsi imputée. Et elle apparaît moins problématique, pour peu que l'on admette à titre de principe méthodologique qu'il y a lieu d'inférer une telle analogie entre animaux et humains. Car les uns et les autres manifestent le même type d'« organisme », avec gradation

1. *Elementa*, IV, p. 558 : « Nulla animæ [...] difficillimæ *æquationis* idea, qua musculorum universi corporis libratio, & tot artuum vel flexio vel extensio, ad destinatum finem contemperatur ».

2. S. Eichberg, « Constituting the Human via the Animal in Eighteenth-Century Experimental Neurophysiology : Albrecht von Haller's Sensibility Trials », *Medizinhistorisches Journal* 44 (2009), p. 274-295.

3. *Ibid.*, p. 295 : « Although Haller never openly affirmed an analogy of human and animal minds, his insistence on the conscious perception of sensation left no other conjecture. [...] Yet, the crux of using animal models was precisely that doubts would always remain regarding a positive knowledge of the existence or non-existence of a soul (i.e. psychic functions) in animals ».

de capacités perceptives présumées, tout comme de pouvoirs corporels conçus en termes de structures et de propriétés physiologiques. De tels présupposés néo-leibniziens peuvent de fait fournir la raison suffisante de deux propositions hautement significatives : 1) selon Haller, l'irritabilité et la sensibilité doivent être considérées comme des pouvoirs découlant de structures organiques élémentaires, bien que très complexes : en tant que propriétés découlant de mécanismes vitaux, ces pouvoirs devraient être traités comme des objets de recherche relevant d'une physique (mécaniste) spéciale – conformément au statut que Leibniz reconnaissait à la physiologie. 2) Bien qu'elles soient définies comme distinctes l'une de l'autre, du point de vue structural comme du point de vue fonctionnel, ces propriétés doivent toutes deux être conçues dans un cadre théorique qui implique la notion d'une machine naturelle intégrée, ou, si l'on préfère, celle de systèmes plus ou moins décentralisés constituant cette machine ; et cette proposition peut nous inciter à admettre divers niveaux de sensibilité, plus ou moins reliés à la perception sensible.

L'explication physiologique hallérienne tendra de fait à se transformer en donnant lieu à des théories vitalistes qui substantialiseront en quelque sorte ces forces immanentes aux corps organisés vivants, comme autant de principes autonomes régissant les fonctions du vivant animal et humain. Ces forces seront alors vues comme des forces irréductibles à la fois à l'ordre physique et à l'ordre psychologique, comme des forces à la fois responsables de l'organogenèse et des fonctions vitales de l'organisme actualisé. Il s'agira plus précisément de leur attribuer des propriétés physiologiques *sui generis*, incarnant la finalité des processus à réaliser, tant dans le fonctionnement que dans la formation du vivant animal et humain. Tissot, l'éditeur des *Mémoires sur la nature sensible et irritable des parties du corps animal*, annonçait déjà en quelque sorte cette métamorphose de l'approche hallérienne en évoquant, au fondement des processus vitaux, une nouvelle conception de la nature définie comme « la somme des forces du principe vital »[4]. Et il aurait pu ajouter que l'analyse de l'irritabilité et de la sensibilité ouvrait la voie à une théorie de la vie animale qui se grefferait sur la vie organique par l'intégration de telles forces et de leurs bases structurales. C'est une idée similaire qui occupera le cœur de la physiologie de Xavier Bichat un demi-siècle plus tard, comme en témoigneront les *Recherches physiologiques sur la vie et la mort* (an VIII-1800)[5].

4. *Mémoires*, p. xx.

5. X. Bichat, *Recherches physiologiques sur la vie et la mort*, Paris, Brosson, Gabon et Cie, an VIII.

Or, les métamorphoses que subira la théorie de Haller et qui conditionneront l'avènement des doctrines dites vitalistes, interviendront de deux façons distinctes que je ne ferai qu'indiquer ici [1]. Il pourra s'agir d'une part, comme le suggérait d'ailleurs Tissot, de concevoir l'irritabilité hallérienne comme la base de tous les phénomènes reflétant l'économie du vivant animal et humain, base sur laquelle se grefferait un système neuro-cérébral de la sensibilité. Ce sera à mon sens la position de Bonnet, de Spallanzani et de la plupart des disciples immédiats de Haller. Il pourra s'agir, suivant un mouvement inverse, de décomposer la sensibilité pour en faire la propriété physiologique élémentaire, en la rattachant aux moindres parties du réseau nerveux, voire, par progression analogique, aux moindres fibres et aux moindres molécules organiques, résorbant ainsi l'irritabilité même au sein d'un unique système de forces vitales. Telles me semblent être pour l'essentiel les positions soutenues dans des contextes théoriques très différents, par exemple, par Whytt, Diderot ou Johann August Unzer. Mais deux autres positions sont également concevables à titre de variantes théoriques : celle d'une synthèse des deux propriétés dans l'exercice d'un principe vital intégré (position, entre autres, de Paul Joseph Barthez); et celle d'une intégration hiérarchique de forces vitales, comprenant l'irritabilité et la sensibilité, sous l'égide d'un principe *sui generis* d'organisation vitale et d'épigenèse (solution avancée de façon distincte par Johann Friedrich Blumenbach et par Bichat). Et nous ne saurions négliger les contaminations réciproques survenant entre ces diverses options, non plus que les généalogies suscitées *a posteriori* concernant le lien à établir entre ces conjectures foncièrement analogiques et des théories antérieures annonciatrices de la nouvelle physiologie comme science des fonctions organiques. D'entrée de jeu, cette nouvelle physiologie qui accordera un rôle théorique essentiel aux propriétés vitales tentera de formuler une doctrine scientifiquement fondée de la sensibilité et de l'irritabilité. Faute d'y parvenir réellement, elle se traduira en significatives divergences conceptuelles sur la nature causale et le fondement ontologique de ces propriétés.

1. Voir pour de plus amples développements, R. Rey, *Naissance et développement du vitalisme en France de la deuxième moitié du 18ᵉ siècle à la fin du Premier Empire*, Oxford, Voltaire Foundation, 2000; T. Cheung, *Res vivens. Agentenmodelle organischer Ordnung 1600-1800*, Freiburg i. Br., Rombach Verlag, 2008; F. Duchesneau, *La Physiologie des Lumières*, p. 453-683.

3. LE MODÈLE THÉORIQUE DES CORPS ORGANISÉS SELON BONNET

Charles Bonnet occupe une place importante dans l'histoire des théories biologiques. Dans ses *Considérations sur les corps organisés* (1762), comme dans ses œuvres ultérieures, il s'est employé à hausser au plus haut point de cohérence et de corroboration empirique une théorie de la génération qui pût renverser les hypothèses épigénétistes issues des philosophies naturelles de Maupertuis, Buffon et Needham. Dans cette entreprise, il tirait profit de découvertes expérimentales, notamment de celles sur l'irritabilité et la sensibilité, et des arguments de son ami et correspondant, Albrecht von Haller, sur les hypothèses structurales et fonctionnelles en physiologie. Concernant la génération, après maintes tergiversations sur la position à adopter, Haller s'était fermement engagé en faveur d'un préformationnisme oviste qui pût rendre compte de tous les phénomènes caractéristiques de la fécondation et du développement de l'embryon [1]. Il était particulièrement soucieux de disqualifier les explications épigénétistes qui semblaient découler d'arguments empiriques, tels ceux qu'avait exposés Caspar Friedrich Wolff (1733-1794) dans sa *Theoria generationis* (1759) et sa *Theorie von der Generation* (1764) [2] Or, partisan d'une méthodologie empiriste, Haller hésitait à étendre ses recherches au point de façonner un système théorique qui pût guider l'interprétation des processus en jeu au-delà du champ des apparences sensibles. Telle était précisément la tâche que Bonnet s'était fixée, tâche de l'« *esprit philosophique* [consistant] principalement dans l'*analyse* des faits, dans le discernement de ces faits, dans leurs comparaisons, dans l'art d'en tirer des conséquences, de les enchainer les unes aux autres, & de s'élever ainsi à des principes qui ne soient que des résultats naturels des faits les mieux observés » [3].

Un trait significatif de la démarche de Bonnet réside dans le recours à un modèle du corps organique qu'il rattache aux inventions conceptuelles de Leibniz relatives à la représentation des êtres vivants. Mon objectif

1. Voir Albrecht von Haller, *Commentarius de formatione cordis in ovo incubato*, Basel, Schwabe, 2000 ; M. T. Monti, *Congettura ed esperienza nella fisiologia di Haller. La riforma dell'anatomia animata e il sistema della generazione*, Firenze, L. S. Olschki, 1990 ; A. Cherni, *Épistémologie de la transparence. Sur l'embryologie de A. von Haller*, Paris, Vrin, 1998.

2. Voir S. A. Roe, *Matter, Life and Generation : Eighteenth-Century Embryology and the Haller-Wolff Debate*, Cambridge, Cambridge University Press, 1981.

3. C. Bonnet, *La Palingénésie philosophique*, II, chap. III, *in* C. Bonnet, *Œuvres d'histoire naturelle et de philosophie*, Neuchâtel, Chez Samuel Fauche, 1779-1783 (cité OHNP), XV, p. 203.

est ici de repérer et de décrire l'évolution particulière qui incita Bonnet à intégrer des concepts et des modèles explicatifs leibniziens à une approche des sciences du vivant significativement différente. Dans ses travaux postérieurs aux *Considérations sur les corps organisés* (1762), Bonnet multiplie en effet les références aux similarités et aux différences entre ses propres vues et celles de Leibniz. Tel est, par exemple, le cas lorsqu'il traite de la représentation sérielle de la chaîne des êtres dans la *Contemplation de la nature* (1765-1766), ou lorsqu'il théorise, dans *La Palingénésie philosophique* (1769-1770), sur la transformation des organismes à leur naissance et à leur mort et sur la destinée des êtres corpusculaires mixtes après la terminaison des processus physiologiques. J'entends mettre en valeur les concepts spécifiques de la théorie par laquelle Bonnet rend compte de la génération et des métamorphoses des êtres vivants, d'abord dans les *Considérations*, puis dans la *Palingénésie*. Une telle construction théorique offre une représentation paradigmatique de l'ordre organique qu'il lui importait de reconstituer et d'analyser.

On peut se demander ce que Charles Bonnet a connu, compris, annexé et rejeté de ce modèle leibnizien de l'organisme[1]. Bonnet ne pouvait accéder qu'à une partie des écrits leibniziens qui nous sont aujourd'hui connus. De son propre aveu, sa source principale d'information sur la philosophie de Leibniz et celle qui l'a le plus inspiré est constituée des *Essais de théodicée* (1710), où d'ailleurs la théorie de l'organisme n'est traitée que de façon incidente. Bonnet se réfère aussi volontiers à la lettre présumée de Leibniz à Hermann datée du 16 octobre 1707, dont Samuel Koenig avait produit une copie en 1751, suscitant ainsi la querelle du principe de la moindre action à l'Académie de Berlin[2]. Il est incontestable qu'après la publication des *Considérations sur les corps organisés* et de la *Contemplation de la nature*, Bonnet a approfondi sa connaissance de l'œuvre de Leibniz. L'année 1765 marque en effet la publication par

1. Voir O. Rieppel, « The reception of Leibniz's philosophy in the writings of Charles Bonnet (1720-1793) », *Journal of the History of Biology* 21 (1988), p. 119-145.

2. Rendant compte de l'*Essai de cosmologie* (1750) de Maupertuis, Koenig avait attribué l'invention du principe de la moindre action à Leibniz selon le contenu de cette lettre. L'Académie de Berlin avait réclamé des preuves et l'original de la lettre n'avait pu être produit. Euler avait émis en 1752 un jugement sur l'affaire au nom de l'Académie : il déclarait l'inauthenticité de la lettre, ce qui avait entraîné la démission de Koenig. Celui-ci avait répliqué au jugement par un célèbre *Appel au public* (1752). Si la querelle avait alors fait rage sur le terrain scientifique, la question de l'authenticité de la lettre reste d'actualité. Voir H. Breger, *Kontinuum, Analysis, Informales. Beiträge zur Mathematik und Philosophie von Leibniz*, Berlin, Springer Spektrum, 2016, p. 43-55 ; U. Goldenbaum, *Ein gefälschter Leibnizbrief? Plädoyer für seine Authentizität*, Hannover, Wehrhahn Verlag, 2016.

Rudolph Eric Raspe des *Nouveaux Essais sur l'entendement humain*; et Louis Dutens fait paraître son édition des *Opera omnia* à Genève en 1768. Bonnet pourrait aussi s'être intéressé, dès avant 1765, à certains autres textes de Leibniz, dont le *Système de la nature et de la communication des substances* (1695), les *Principes de la philosophie ou Monadologie* (1714) et les *Principes de la nature et de la grâce* (1714), mais les traces de ces lectures, particulièrement en ce qui concerne la notion de monade, si elles existent, restent certes légères et ne sauraient nous convaincre que Bonnet ait initialement acquis une compréhension telle de la théorie leibnizienne de l'organisme qu'il n'aurait fait par la suite que la reproduire. C'est essentiellement avec *La Palingénésie philosophique* (1769-1770) que le leibnizianisme de Bonnet s'affirme avec ampleur. Or, même alors, Bonnet revendique l'originalité de ses thèses et leur autonomie par rapport à celles de Leibniz et des principaux Néo-leibniziens. En témoigne la polémique qui l'oppose à l'abbé Pierre Sigorgne après la publication anonyme des *Institutions leibnitiennes* de ce dernier en 1767 [1], alors qu'il travaille lui-même à *La Palingénésie.* En témoigne aussi, par la suite, l'échange épistolaire entre Johann Caspar Lavater (1741-1801) et Moses Mendelssohn (1729-1786) auquel il participe en tiers. Tout nous incite à avaliser le jugement que profère ultimement Mendelssohn en mars 1770 :

> Je n'ai jamais voulu contester [le] mérite [de l'invention] à M. Bonnet. Je voulais simplement (et la liaison le prouvera à tout lecteur intelligent) faire entendre à M. Lavater que les principes philosophiques d'où part M. Bonnet ne sont plus nouveaux pour les Allemands; que, depuis Leibniz, tous les monadistes, et surtout Hansch, Bilfinger, Cantz, Baumgarten sont arrivés par des spéculations subtiles au point où le palingénésiste a été conduit par la voie de l'observation. On ne saurait faire un reproche à un homme tel que M. Bonnet de n'avoir jamais lu ces métaphysiciens allemands. Le seul Leibniz devait lui être connu, et le palingénésiste rend toute la justice possible à cet homme, qui fait la gloire de l'Allemagne [2].

La relation Bonnet-Leibniz, qui, partie d'une connaissance sommaire des écrits leibniziens, se développe et s'amplifie dans le temps, se rapporte à certains thèmes d'intérêt biologique : la définition du corps organique, l'hypothèse de la préexistence et de la préformation des germes, le schéma théorique de la chaîne des êtres (*scala naturæ*), la conception

1. Voir P. Sigorgne, *Les Monades, ou Introduction à la philosophie de Léibnitz*, Lyon, Chez les Frères Perisse, 1767.

2. R. Savioz, *Mémoires autographes de Charles Bonnet de Genève*, Paris, Vrin, 1948, p. 281-282.

du rapport âme-corps dans l'être mixte[1]. À ce réseau de thèmes se rattachent des spéculations d'ordre métaphysique qui comportent de nettes extrapolations par rapport à ce que l'on peut tenir pour une théorie de l'organisation vitale *stricto sensu*. Considérons d'abord le volet positif de la théorie, avant de nous tourner vers le volet spéculatif. Limitons-nous d'ailleurs aux thèmes de l'organisation individuelle et de la genèse des corps organiques, objets principaux des *Considérations sur les corps organisés*.

Les *Considérations sur les corps organisés* se veulent une « espèce de logique » qui développerait analytiquement les hypothèses dans la seule mesure où elles peuvent s'inférer des faits et leur servir de principes explicatifs[2]. La problématique est celle de l'origine, du développement et de la génération des corps organisés. Indiscutablement, la méthode d'analyse se veut empiriste : nulle part n'est-il question de coiffer les concepts issus d'analogies observationnelles par un réseau de principes rationnels et de notions abstraites. Un tel schéma intervient sans doute, mais de façon implicite et partielle. Quelques postulats relèvent d'une veine que l'on peut à juste titre qualifier de « leibnizienne ». Ainsi peut-on mentionner le recours au principe architectonique de continuité, sans doute assimilé depuis la lecture des *Essais de théodicée* et dont l'emprise croîtra dans l'œuvre ultérieure de Bonnet, mais aussi à deux autres présupposés épistémologiques que l'on peut tenir pour primordiaux : l'un a trait à l'ordre complexe des corps organiques, ordre que l'on ne saurait résorber par aucune analyse mécaniste ; l'autre concerne la combinatoire infinie, ou du moins indéfinie, des conditions de l'organicité dans la nature. Le premier postulat donne lieu à une reprise de la distinction leibnizienne entre machine de la nature et machine de l'art qui sous-tendait la définition même de l'organisme chez Leibniz. Le second donne lieu à la thèse de l'emboîtement des structures organiques les unes dans les autres en une régression analytique qui concerne à la fois la préexistence des germes et la décomposition des structures de l'organisme individuel. Ce postulat n'est pas sans affinité avec la définition leibnizienne des corps organiques

1. Sur le rapport de Bonnet à Leibniz, voir O. Rieppel, « The reception of Leibniz's philosophy in the writings of Charles Bonnet (1720-1793) » ; F. Duchesneau, « Charles Bonnet's neo-Leibnizian theory of organic bodies », *in* J. E. H. Smith (ed.), *The Problem of Animal Generation in Early Modern Philosophy*, Cambridge, Cambridge University Press, 2006, p. 285-314 (version préliminaire de la présente section).

2. C. Bonnet, *Considérations sur les corps organisés* (1762), Paris, Fayard, 1985, préface, p. 19.

et avec l'adhésion de Leibniz à une approche préformationniste des phénomènes de la génération.

Or, ces trois présupposés de l'analyse chez Bonnet, par-delà les convergences manifestes, témoignent de divergences profondes qui suggèrent une assimilation sélective et inventive, voire déviante, de la théorie leibnizienne de la part du naturaliste genevois. Celui-ci ne saisit guère l'articulation d'ensemble de la théorie et il ne fait qu'en soupçonner le raffinement méthodologique. Bonnet a d'ailleurs lui-même avoué que, si la lecture des *Essais de théodicée* en 1748 l'avait amené à esquisser le programme de toutes ses recherches théoriques ultérieures, la conception monadologique le rebutait si profondément qu'il n'en intégra des éléments à sa philosophie que sur le tard, et, peut-on ajouter, hors contexte de l'investigation biologique proprement dite ?[1] Or les continuités/divergences sont ici fort instructives. Tournons-nous donc vers les trois présupposés qui rattachent les *Considérations* à l'héritage leibnizien.

Bonnet évoque longuement le principe leibnizien de continuité dans le cadre d'une réflexion sur les modes de reproduction de type végétal caractéristiques du polype[2]. Il insiste à ce propos sur le caractère non analogique de la reproduction du polype, si l'on se réfère à la représentation normative suivant laquelle tout système organique animal se reproduirait à partir d'un état suffisamment intégral et intégré de son organisation d'origine. Suivant les observations d'Abraham Trembley, la reproduction constatée du polype à partir d'une portion incomplète de ce corps suggère un système d'ordre interne du vivant animal qui se situerait à la frontière de l'état végétal[3]. D'où l'exigence d'une extension gradualiste de la notion de système organique, de telle sorte que cette notion puisse signifier des formes qui se complexifient et se différencient par transition continue. La loi générale de la vie organique, pourrait-on estimer, doit prendre en compte la série continue des modes de reproduction que l'expérience des capacités de métamorphose et de régénération permet de retracer. En formulant son principe *Natura non facit saltus*, Leibniz aurait anticipé cette idée de l'enchaînement sériel des formes vivantes en progression hiérarchique. La lettre présumée de Leibniz, révélée au monde savant par

1. R. Savioz, *Mémoires autographes de Charles Bonnet de Genève*, p. 100-101.

2. C. Bonnet, *Considérations sur les corps organisés*, § 209, p. 177-179.

3. Voir A. Trembley, *Mémoires pour servir à l'histoire d'un genre de polypes d'eau douce, en bras en forme de cornes*, Leyde, Jean & Herman Verbeek, 1744 ; V. P. Dawson, *Nature's Enigma. The Problem of the Polyp in the Letters of Bonnet, Trembley and Réaumur*, Philadelphia, American Philosophical Society, 1987.

König, en porterait témoignage [1]. L'auteur y présentait ainsi l'usage du principe de continuité dans la détermination des classes naturelles :

> Je pense donc avoir de bonnes raisons pour croire que toutes les différentes classes des êtres, dont l'assemblage forme l'univers, ne sont dans les idées de Dieu, qui connaît distinctement leurs gradations essentielles, que comme autant d'ordonnées d'une même courbe, dont l'union ne souffre pas qu'on en place d'autres entre deux, à cause que cela marquerait du désordre et de l'imperfection. Les hommes tiennent donc aux animaux, ceux-ci aux plantes et celles-ci derechef aux fossiles, qui se lieront à leur tour aux corps que les sens et l'imagination nous représentent comme parfaitement morts et informes. Or, puisque la loi de continuité exige que, *quand les déterminations essentielles d'un être se rapprochent de celles d'un autre,* [...] *aussi en conséquence toutes les propriétés du premier doivent s'approcher graduellement de celles du dernier*, il est nécessaire que tous les ordres des êtres naturels ne forment qu'une seule chaîne, dans laquelle les différentes classes, comme autant d'anneaux, tiennent si étroitement les unes aux autres qu'il est impossible aux sens et à l'imagination de fixer précisément le point où quelqu'une commence, ou finit : toutes les espèces qui bordent, ou qui occupent pour ainsi dire les régions d'inflexion et de rebroussement, devaient être équivoques et douées de caractères qui peuvent se rapporter aux espèces voisines également... [D'où le renversement] des règles communes, bâties sur la supposition d'une séparation parfaite et absolue des différents ordres des êtres simultanés qui remplissent l'univers [2].

Or, quelle interprétation ce texte problématique, surgi au cœur de la controverse sur la priorité de découverte du principe de la moindre action, suggère-t-il à Bonnet? Essentiellement, la thèse d'un ordre continu des formes vivantes spécifiques se hiérarchisant en complexité et en perfection. Nous sommes appelés à concevoir empiriquement cet ordre, pourvu que nous parvenions à répertorier les diverses formes intermédiaires entre les règnes. Les polypes établissent cette transition qui correspond à l'échelon naturel des zoophytes. Mais le problème est relancé concernant les transitions du minéral au végétal. À ce propos, les analyses

1. Certains spécialistes parmi les plus autorisés tendent aujourd'hui à donner cette lettre pour inauthentique ; d'autres sont plus réservés dans leur diagnostic. Selon moi, faux ou non, ce texte recèle l'expression de thèses leibniziennes assez classiques. Lors de la controverse sur l'invention du principe de la moindre action, elle avait été dénoncée comme un faux à l'instigation de Leonhard Euler. Voir Lettre de Mr. Leibniz, dont Mr. Koenig a cité le fragment (d'après les *Maupertuisiana* publiés à Hambourg en 1753) *in* L. Euler, *Opera omnia*, II-5, Lausanne, 1957, p. 265-266 ; P. Costabel, « L'Affaire Maupertuis-Koenig et les "questions de fait" », *in* K. Figala, E. Berninger (eds.), *Arithmos-Arrythmos. Skizzen aus der Wissenschaftsgeschichte*. München, Minerva Publikation, 1979, p. 29-48.

2. L. Euler, *Opera omnia*, II-5, Lausanne, 1957, p. 265-266.

de Louis Bourguet sur les structures cristallines considérées comme organisées auxquelles Bonnet réfère[1], se révèleraient en défaut, car les cristaux élémentaires ne sauraient correspondre aux germes végétaux et animaux qui impliquent par contraste un corps organique préformé sujet à développement par intussusception[2]. En tout état de cause, soutient Bonnet, les formes organiques différenciées des diverses espèces, selon les limites de notre compréhension des rapports essentiels entre individus ressemblants, se présentent ou du moins peuvent se présenter en un tableau sensible et gradué des structures vivantes. Ce tableau est d'autant plus exact que l'on parvient à retracer les caractéristiques des corps organisés à l'état de germes et les modes de composition et de développement de ceux-ci. Bref, le principe de continuité selon Bonnet doit servir de postulat d'ordre pour l'analyse des apparences sensibles : il n'est pas appelé à servir d'instrument de passage à un ordre rationnel symbolique par-delà le plan estimé confus de l'observation sensible. Il ne saurait surtout servir à dévoiler les conditions d'intelligibilité d'organisations complexes présentant des discontinuités apparentes impossibles à résorber sur le plan même de l'analyse empirique. Or, tel était précisément le rôle du principe dans la science leibnizienne.

Selon Leibniz, comme il apparaît clairement dans les *Nouveaux Essais sur l'entendement humain*, la compréhension intégrale des espèces, si elle était possible, se ferait en termes de coordonnées représentant toutes les propriétés d'un type d'organisme[3]. Cette conjonction de propriétés serait différentiellement distincte de la conjonction de propriétés exprimant l'espèce la plus voisine. D'une certaine manière, la seconde conjonction se comprendrait comme la limite de détermination de la première ; mais, en même temps, elle constituerait une détermination hétérogène par rapport à la première. Tous les types organiques effectivement réalisés exprimeraient donc une même similitude de base du point de vue des structures et des fonctions du vivant, mais cette similitude admettrait des degrés, et ces degrés correspondraient aux points caractéristiques voisins, mais distincts, de la courbe, donc à des formes d'organisation, à des modes d'intégration des propriétés différentiellement distincts les uns des autres. Le passage à l'ordre des phénomènes nous limite à la construction de modèles hypothétiques : ceux-ci se fondent sur le choix de

1. Voir L. Bourguet, *Lettres philosophiques sur la formation des sels et des crystaux, et sur la génération et le mechanisme organique des plantes et des animaux*, Amsterdam, François l'Honoré, 1729.

2. C. Bonnet, *Considérations sur les corps organisés*, § 210, p. 181.

3. Voir F. Duchesneau, *Leibniz et la méthode de la science*, Paris, P.U.F., 1993, p. 272-274.

caractéristiques qui permettent de constituer des séries graduées possibles de déterminations structurales et fonctionnelles. Mais les différences entre espèces ne peuvent dépendre que d'une intégration totale impliquant une pluralité infinie de telles propriétés. C'est pourquoi il faut concevoir la constitution interne spécifique des types d'organisme comme une sorte de matrice permettant de combiner diverses séries de déterminations structurales et fonctionnelles. La chaîne des classes d'êtres apparaît alors comme la courbe d'intégration de ces déterminations combinatoires formant des matrices pour le développement apparent des structures et des fonctions organiques. Mais ce point de vue métaphysique outrepasse les strictes limites de l'hypothèse de la chaîne des êtres, réduite, chez Bonnet, à ses seules corrélations empiriques et analogiques.

Le second postulat leibnizien des *Considérations* concerne l'ordre complexe des organismes, dont l'analyse strictement mécaniste serait impuissante à rendre compte. À diverses reprises dans le texte, Bonnet reprend la distinction leibnizienne des machines de la nature et des machines de l'art pour souligner que l'organisation même du vivant primordial échappe à toute possibilité de conceptualisation épigénétique. Certes, on doit pouvoir expliquer mécaniquement les processus de transformation des germes, voire l'ensemble des processus caractéristiques du développement des structures organiques, mais ce qui échappe à toute forme d'analyse mécaniste reste l'organisation vitale elle-même, à la fois pour la combinaison structurale harmonieuse qu'elle implique et pour les fonctions diverses qu'elle est destinée à accomplir. Or, la thèse de Bonnet se réduit à présumer qu'une action extra-mécanique initiale a inscrit un dessein immanent de fonctionnalité dans des machines hyper-subtiles. D'où la nécessité de se donner la représentation d'une organisation intégrée et fonctionnelle des structures minimales qu'il faudra concilier avec l'analyse des mécanismes par lesquels cette structure se déploie et s'actualise. Le premier chapitre des *Considérations* est consacré aux « germes, principes des corps organisés » et pose l'alternative de deux hypothèses préformationnistes, celle de l'emboîtement et celle de la dissémination : l'exposition y est commandée par le postulat suivant lequel il apparaît impossible d'« expliquer mécaniquement la formation des êtres organisés » [1]. La seule issue est alors de poser la préexistence d'un germe ou corpuscule organisé. La description des germes, particulièrement selon l'hypothèse de l'emboîtement, paraît dépendre conceptuellement du leibnizianisme à trois titres : le recours analogique aux infinitésimales, l'appel à un dépassement de l'imagination par l'intellection *a priori*,

1. C. Bonnet, *Considérations sur les corps organisés*, § 1, p. 21.

la représentation ou le schématisme d'un monde d'êtres organisés en emboîtement sériel ou en enveloppement dans le moindre germe. L'hypothèse de la dissémination, dont l'inspiration moderne provient sans doute de Claude Perrault (1608-1680) [1], mais pourrait aussi trouver sa source plus immédiate chez Nicolas Hartsoeker, ne comporte pas pour sa part de traits leibniziens spécifiques, sauf qu'à l'occasion de cette hypothèse, Bonnet souligne le caractère de totalité organique du germe et fournit une raison empirique d'indestructibilité en sa faveur, puisque la petitesse du germe lui permettrait d'éviter la dissolution affectant les mixtes.

Le principe de continuité enveloppant celui de raison suffisante – « La nature ne va point par sauts. Tout a sa raison suffisante ou sa cause prochaine et immédiate » [2] – sert à justifier une double démarche analytique que l'on peut présumer d'allégeance leibnizienne. Le problème est d'abord celui du développement, c'est-à-dire du processus de croissance affectant la structure minimale de l'organisme et produisant les transformations observables de celui-ci. Bonnet présume que la mécanique de l'accroissement est proprement inaccessible. À cette explication causale inatteignable, il convient donc de substituer une description de phases d'évolution que l'on tiendra pour les degrés d'un enchaînement sériel continu. La stratégie d'analyse concerne le lien à établir entre le germe comme ébauche ou esquisse du corps organisé, et la description empirique de l'organisme résultant. Si l'on présumait que l'ébauche est fort dissimilaire et d'ordre nettement inférieur à l'organisme qui en émerge, on se trouverait obligé de recourir à des modèles mécanistes d'épigenèse partielle qui ne sauraient rendre compte de l'organisation émergente. L'explication mécaniste se révèle en effet inadéquate à rendre compte des caractéristiques d'intégration et de fonctionnalité organique. D'où la solution consistant à attribuer au germe l'organisation essentielle de l'être vivant résultant :

> On dit que le germe est une ébauche ou une esquisse du Corps organisé. Cette notion peut n'être pas assez précise. Ou il faut entreprendre d'expliquer méchaniquement la formation des organes, ce que la bonne philosophie reconnoît être au-dessus de ses forces : ou il faut admettre que le germe contient actuellement en raccourci toutes les parties essentielles à la plante ou à l'animal qu'il représente [3].

1. Voir J. Roger, *Les Sciences de la vie dans la pensée française du XVIIIe siècle*, 2e éd., Paris, A. Colin, 1971, p. 339-344 ; F. Duchesneau, *Les Modèles du vivant de Descartes à Leibniz*, Paris, Vrin, 1998, p. 265-295.

2. C. Bonnet, *Considérations sur les corps organisés*, § 6, p. 23

3. *Ibid.*, § 35, p. 33.

À l'évidence, Leibniz soutenait une version plus forte de la maxime méthodologique *Omnia fieri mechanice in natura*. Chez lui, aucune limitation ne devait affecter en principe la formulation d'explications mécanistes des phénomènes vitaux. Il présupposait en outre l'intégrale correspondance des raisons téléologiques et des explications causales dans l'analyse des processus physiologiques. Certes, la voie de la description fonctionnelle est plus immédiate et moins profonde, mais elle ne saurait que provisoirement se substituer à un dévoilement des micro-mécanismes enveloppés. Comme la correspondance entre Leibniz et Bourguet l'illustre abondamment, Leibniz était en outre porté à concevoir une considérable disparité d'ordre entre les corps organiques séminaux et les organismes que ces corps séminaux deviennent par transformation radicale. Certes, la continuité des formes du simple au complexe, de l'embryonné au développé, est la règle absolue, mais la courbe qui symboliserait la transformation du germe en organisme complexe ne saurait résulter d'une simple progression linéaire de l'imperceptible au perceptible ; il faut au contraire supposer qu'elle impliquerait des inflexions majeures, des passages à la limite par intégration et autres telles transformations remarquables. D'où la possibilité d'admettre des modèles d'épigenèse partielle, sous forme de transformations programmées par le biais de lois spécifiques, dans le cadre d'une théorie qui présuppose par ailleurs un déploiement d'organisation à l'infini dans la production des corps animés. Selon Bonnet, du moins dans la période précédant la *Palingénésie philosophique*, le schème continuiste implique la préexistence extensive de l'organisme dans le corpuscule ; selon Leibniz, il se serait plutôt agi d'une préexistence dynamique à titre de lois d'organisation, de dispositions structurantes, de tendances à l'organisation et à la complexification, bref de la préexistence d'un dessein reflété dans des microsystèmes de points de force corrélés et interagissant sous forme de corps organiques.

Le troisième présupposé d'allégeance leibnizienne dans les *Considérations* concerne la combinatoire infinie des conditions de l'organicité. En présentant l'hypothèse de l'emboîtement des germes qu'il retiendra comme l'explication la plus vraisemblable de la génération, Bonnet accrédite la notion d'un « enveloppement » à l'infini des structures organiques :

> Les différens ordres d'*infiniment petits* abîmés les uns dans les autres, que cette hypothèse admet, accablent l'imagination sans effrayer la raison. Accoutumée à distinguer ce qui est du ressort de l'entendement, de ce qui n'est que du ressort des sens, la raison envisage avec plaisir la graine d'une

> plante ou l'œuf d'un animal, comme un petit monde peuplé d'une multitude d'Etres organisés, appelés à se succéder dans toute la durée des siecles [1].

D'apparence typiquement leibnizienne, cette représentation se renforce de la double thèse d'une division actuelle à l'infini des systèmes de corps et de l'intégration en tout animalcule appartenant à un tel système d'un monde d'autres corps et donc de vivants encore plus élémentaires : « Un animal, affirme Bonnet, est un monde habité par d'autres animaux ; ceux-ci sont des mondes à leur tour, et nous ne savons point où cela finit » [2]. « Je me plais, ajoute-t-il ailleurs, à considérer cette magnifique suite d'Êtres organisés, renfermés comme autant de petits mondes les uns dans les autres » [3]. Or, des limitations sont immédiatement assignées à l'hypothèse pour l'infléchir en un sens moins leibnizien. Soit pour un passage graduel des formes les plus embryonnées du vivant individuel à ses formes développées ! Mais à condition que ce soit suivant une transition qui ne se réduise pas à une série de transformations mécaniques, transformations dont un physiologiste leibnizien aurait précisément entrepris de saisir la loi par diverses techniques d'approximation – comme le traduisent excellemment les modèles développés par Pietro Antonio Michelotti, l'un des correspondants de Leibniz, dans le *De separatione fluidorum in corpore animali* (1721) [4]. Bonnet opte plutôt pour une hypothèse de structure minimale, pré-ordonnée pour ce qu'il appelle la « méchanique secrette de l'accroissement » [5]. Influencée par la physiologie de Haller, cette hypothèse est celle d'un ensemble de fibres simples, capables d'intégrer, suivant leurs dispositifs matériels spéciaux formant autant d'« espèce[s] d'ouvrage[s] *à réseau* » [6], les particules véhiculées par les fluides vitaux. Les processus d'assimilation/désassimilation des réseaux fibrillaires sont ainsi appelés à permettre la croissance, la conservation et le fonctionnement diversifié de la structure végétale ou animale. Selon Bonnet, les réalités de l'univers physique résultent de combinaisons diverses d'éléments dotés de propriétés essentielles ou primordiales (étendue, solidité, force d'inertie) et de propriétés modales qui impliquent des variations de figure, de proportion

1. *Ibid.*, § 3, p. 21.
2. *Ibid.*, § 72, p. 54.
3. *Ibid.*, § 128, p. 88.
4. P. A. Michelotti, *De separatione fluidorum in corpore animali dissertatio physico-mechanico-medica*, Venitiis, Pinellorum ære, 1721.
5. C. Bonnet, *Considérations sur les corps organisés*, § 15, note 1, p. 25.
6. *Ibid.*, § 14, p. 25.

et de qualité[1]. Les éléments premiers ou inorganiques de type atomique se combinent pour former des éléments seconds or organiques qui représentent des combinaisons invariables et impérissables : tels sont les corpuscules organiques ou germes dont le développement, inanalysable mécaniquement, produit les organismes perceptibles. C'est l'organisation du germe comme texture fibrillaire de base qui détermine la nutrition, la croissance et la reproduction caractéristiques des touts organiques. De ce point de vue, il n'y a pas de régression analytique indéfinie des conditions de l'organicité dans la composition de l'être individuel, mais plutôt une réduction concevable de l'organisation complexe au stade primordial du germe qui représenterait la combinaison organique minimale. Dans ces conditions, les machines individuelles de la nature, en raison de la combinaison corpusculaire dont elles seraient issues, ne pourraient guère déployer l'organisation à l'infini que requerrait la perspective leibnizienne. La notion de corps organisé que Bonnet adopte contrevient au modèle leibnizien, même si par ailleurs l'auteur des *Considérations* se rapproche de ce modèle par la façon dont il conçoit l'enveloppement sériel des germes ou corpuscules organiques, tout finis qu'ils lui apparaissent dans leurs compositions respectives. Mais, selon lui, la combinatoire apparemment infinie des processus de la génération repose de fait sur une organisation des vivants individuels que l'on devrait pouvoir analyser en structures fibrillaires, elles-mêmes dépendantes de structures corpusculaires en réseau. C'est là, parmi d'autres, un indice probant du fait que Bonnet inscrit les principes néo-leibniziens de son analyse dans un cadre empiriste général conforme à une physique d'inspiration newtonienne et qu'il remodèle ainsi significativement les concepts leibniziens d'organisme et de corps organique. Ce remodelage atteint son terme avec la *Palingénésie philosophique* dans laquelle Bonnet développe *in extenso* son modèle « néo-leibnizien » du vivant.

4. L'ORDRE ORGANIQUE SELON LA *PALINGÉNÉSIE PHILOSOPHIQUE*

La thèse principale de la *Palingénésie philosophique*, exposée dès la première partie de l'ouvrage, tient à la supposition que la raison suffisante des phénomènes vitaux ne s'arrête pas au corps organique grossier constitutif de l'animal[2]. Certes, ce corps grossier dont l'observation

1. C. Bonnet, *Considérations sur les corps organisés*, § 130-132, p. 61-63.

2. Cette section et les suivantes comportent des éléments provenant de F. Duchesneau, « Charles Bonnet et l'immortalité des vivants selon les *Essais de théodicée* », *in* W. Li, W. Schmidt-Biggemann (Hrsg.), *300 Jahre Essais de Théodicée. Rezeption und Transformation*, *Studia Leibnitiana*, Supplementa 36, Stuttgart, Franz Steiner Verlag, 2013, p. 299-320.

nous dévoile l'existence, les structures et les propriétés fonctionnelles dépend des transformations que subit le germe qui en constitue la préformation organique. Au germe doit correspondre un petit corps organique indestructible, siège d'une âme capable d'opérations sensitives et volitives de degrés divers et fondement de tous les développements ultérieurs de l'animal vivant. Le mixte substantiel que forment l'âme et son petit corps organique constitue le moi ou la personne de l'animal. Cette personne est apte à subsister au-delà de l'état présent et à conserver les propriétés organiques et psychiques qui s'y rattachent. Bonnet va même jusqu'à présumer qu'un rehaussement de ces propriétés est possible dans un état futur du monde comportant la résurrection des corps animés. Somme toute, les petits corps indestructibles se conçoivent comme des « points organiques », jouant le rôle de « germes de restitution » : ceux-ci produisent des composés organiques dotés de membres et d'organes des sens relativement plus parfaits dans l'état futur[1], mais suivant des métamorphoses qui s'inscrivent en continuité de l'organisation essentielle sous-tendant leur état actuel. La perfectibilité dont il s'agit serait donc inscrite *ab origine* dans le composé substantiel d'âme et de petit corps indestructible, qui se dévoile sur un mode transitoire par l'évolution du germe en corps organisé accompli, et qui pourrait se dévoiler sur un mode plus permanent dans un monde futur. Dans l'état présent, le corps organique est susceptible de reproduction dans la mesure où la finalité du germe est la conservation de l'espèce. On peut imaginer un état de perfection accrue où les vivants, porteurs de personnalités individuelles, ne seraient plus soumis aux avatars de la reproduction et persisteraient au-delà des bornes actuelles de la génération et de la mort.

La thématique leibnizienne de l'harmonie préétablie est certes évoquée pour fonder cette hypothèse par-delà les enseignements pouvant découler de la théologie révélée. Bonnet tire de cette thématique une vision cosmogonique sur laquelle je ne m'attarderai pas, sauf pour signaler qu'elle suppose un enchaînement sériel des transformations globales ou des révolutions affectant la composition de notre monde en ses états successifs : l'idée suggérée est que la loi d'harmonie implique la correspondance la plus intégrale des états concomitants et successifs des êtres qui composent le monde créé.

> L'existence & les déterminations particulieres de chaque Être sont toujours en rapport à l'existence & aux déterminations des Êtres correspondans ou voisins. Le présent a été déterminé par le passé ; le subséquent par l'antécédent.

1. C. Bonnet, *La Palingénésie philosophique*, I, chap. IV, OHNP, XV, p. 186.

> Le présent détermine l'avenir. L'Harmonie universelle est ainsi le résultat de toutes les Harmonies *particulieres* des Êtres coexistans et des Êtres successifs [1].

Quant à ces harmonies particulières, elles s'insèrent dans une double échelle de perfections, à la fois corporelles et intellectuelles, et se déclinent suivant des degrés et des nuances qui se déploient à l'infini. Si l'on suppose donc des révolutions affectant l'économie du globe terrestre, il faut imaginer que le règne organique a subi des mutations correspondant à celles de son *Umwelt*. D'où sans doute des changements de formes et de structures des êtres organisés qui les font diverger par rapport à leur état premier, mais, quelles qu'elles soient, les révolutions du monde organique ne sauraient entamer l'unité de celui-ci et ses combinaisons harmoniques d'états : « Le Régne organique pourroit donc […] avoir conservé constamment cette sorte d'unité qui fait de chaque Espèce un Tout unique, et toujours subsistant; mais appelé à revêtir de périodes en périodes de nouvelles formes et de nouvelles modalités » [2]. Bonnet infère de cette hypothèse harmonique, relative tant aux mixtes substantiels qu'aux corps organiques qui les expriment dans l'ordre des phénomènes de la nature, une véritable architectonique des germes primordiaux, appelés à se déployer dans le temps en germes actualisés, qui, eux, se développeront en êtres vivants accomplis. « Qui pourroit nier, soutient Bonnet, que la Puissance Absolue ait pu renfermer dans le premier Germe de chaque Etre organisé la suite des Germes correspondans aux diverses révolutions que notre Planete était appelée à subir ? » [3] Encore s'agit-il là d'une vision contingente de l'expression sérielle des germes dans leur développement successif. Plus profondément, c'est une combinatoire de tous les germes existants et pouvant s'actualiser dans des circonstances données qui est posée *ab origine* suivant le schème de l'harmonie. « Je conçois donc, affirme ainsi Bonnet, que les Germes de tous les Etres organisés ont été originairement construits ou calculés sur des rapports déterminés aux diverses révolutions que notre Planete devoit subir » [4].

Dans l'esprit de la *Contemplation de la nature*, Bonnet insiste sur la différenciation scalaire des espèces d'êtres vivants et sur la perfection relative du système organique qui caractérise les individus appartenant à chacune de ces espèces. La complexité de l'organisation et du fonctionnement cérébral est sans doute l'indice le plus probant du

1. C. Bonnet, *La Palingénésie philosophique*, VI, chap. II, OHNP, XV, p. 262.
2. *Ibid.*, VI, chap. V, OHNP, XV, p. 277-278.
3. *Ibid.*, VI, chap. VI, OHNP, XV, p. 283.
4. *Ibid.*, VI, chap. IV, OHNP, XV, p. 272-273.

degré qu'occupent les divers composés substantiels d'âme et de points organiques dans l'ordre naturel. Mais encore faut-il concevoir qu'une intégration organique complexe sous-tend les propriétés intellectives des types d'animaux : un animal quelconque est en effet « un système particulier, dont toutes les Parties sont en rapport ou harmoniques entr'elles »[1]. Dans ces conditions, le petit corps paraît renfermer « l'abrégé d'un Système organique très-composé »[2], analogue à celui que représente le corps organique développé dans son état actuel. En ce qui regarde la chaîne des êtres, Bonnet nous rappelle que la détermination des espèces se fonde sur le repérage des caractères propres qui définissent des « essences nominales » suffisamment constantes suivant la terminologie de Locke. Les espèces ainsi fixées servent à concevoir des taxonomies de plus grande généralité que la simple hiérarchie des espèces. La confrontation des résultats de cet exercice intellectuel avec les divisions plus fluentes de la nature incite à concevoir la possibilité d'espèces mitoyennes qui relativisent les classifications méthodiques. Le recours au principe architectonique de continuité suggère l'hypothèse d'un ordre de différenciation graduée des systèmes organiques possibles. Par une démarche *a posteriori* fondée sur l'observation des faits et l'inférence empirique, le naturaliste est ainsi amené à conforter une représentation en quelque sorte métaphysique de l'ordre de la nature, telle celle qui se situait au cœur de l'analyse leibnizienne. Si l'on conçoit par extrapolation métaphysique que les petits corps animés puissent susciter, dans quelque phase ultérieure de notre monde, par expression modulée des germes impérissables, le développement de vivants organiques aux propriétés rehaussées, les systèmes organiques particuliers et plus parfaits devront refléter la même loi de gradation continue par des correspondances termes à termes : « ensorte que tous les degrés de l'échelle seront continuellement variables dans un rapport déterminé & constant : je veux dire que la mutabilité de chaque degré aura toujours sa raison dans le degré qui aura précédé immédiatement »[3]. Dans le même ordre d'idées, Bonnet prend en considération les germes qui, dans le monde présent, resteront inemployés et ne connaîtront donc pas d'expression organique pleine et entière, mais dont les petits corps indestructibles sont appelés à subsister indéfiniment et à contribuer par quelque forme d'expression ultérieure à un système organique général suivant l'analogie du système actuel, mais présume-t-il, avec une plus grande plénitude : « Rien ne se

1. *Ibid.*, II, chap. IV, OHNP, XV, p. 209-210.
2. *Ibid.*, III, chap. I, OHNP, XV, p. 213.
3. *Ibid.*, III, chap. III, OHNP, XV, p. 220.

perd dans les immenses magasins de la Nature ; tout y a son emploi, sa fin & la meilleure fin possible » [1].

Dans le cadre théorique que fournit l'hypothèse de la chaîne des êtres, s'inscrit un rapport d'analogie des animaux aux végétaux, rapport qu'il convient toutefois d'expliciter en prenant en compte les différences génériques que révèle l'expérience. Ces différences témoignent de la complexité des faits en même temps qu'elles révèlent leur insertion sous une même grille d'analyse. Bonnet fait ainsi valoir la possibilité qu'il y ait de la sensibilité chez les plantes, outre les similarités structurales et fonctionnelles qui les lient aux systèmes organiques reflétant l'animalité. Or, le sentiment ne saurait dépendre de la seule organisation matérielle : il semble impliquer la dépendance par rapport à une âme. La plante, dans son essence, ne peut donc se concevoir que comme un être mixte, au même titre que l'animal. Toutefois, ce lien analogique, fondé sur des similarités de propriétés fonctionnelles, ne doit pas occulter les différences des systèmes organiques en jeu. Au nombre de ces différences, figure le fait que l'animal se définit comme un tout individuel, alors que la plante apparaît plus facilement comme une somme de touts individuels, comme une « société organique » [2]. Cette condition d'état signifie une économie particulière des configurations de germes représentant la capacité de reproduction de ces ensembles d'individualités, et donc des mixtes substantiels qui les sous-tendent. Dans ces conditions, l'unité du système général englobant des systèmes particuliers aussi diversifiés ne peut reposer que sur l'identité d'une loi de développement à partir des germes : il s'agit d'une loi d'« évolution » et donc de déploiement de toute structure préformée, loi telle qu'elle puisse correspondre à un modèle de germe apte à soutenir l'analogie des divers systèmes organiques qu'il implique.

Bonnet se sert à cette fin de l'observation des êtres vivants figurant dans la classe des zoophytes. Tel est le cas paradigmatique des polypes ; tel est celui tout aussi paradigmatique des animalcules des infusions. Pour ces animaux à la frontière de l'animalité, le développement semble résulter d'une force végétative spécifique s'exerçant dans et sur une matière organique relativement peu structurée, ce qui a pu donner prise aux hypothèses de ceux que Bonnet désigne comme des « épigénésistes », tels Buffon et Needham. L'analyse proposée pour contrer ces hypothèses repose sur une interprétation des expériences de Trembley et de ses émules selon laquelle les germes sont identifiés, non à des formes emboîtées d'animaux structuralement et fonctionnellement complexes, mais à de

1. C. Bonnet, *La Palingénésie philosophique*, II, chap. IV, OHNP, XV, p. 223.
2. *Ibid.*, IV, chap. III, OHNP, XV, p. 241.

simples « préformations organiques » : « J'ai pris le mot de *Germe* dans un Sens beaucoup plus étendu, pour toute préformation organique dont un Polype peut résulter comme de son principe immédiat »[1]. À cette signification structuralement simplifiée de germe par rapport aux normes habituelles de l'animalité complexe, se joint l'assignation d'une propriété fonctionnelle d'irritabilité, susceptible de rendre compte des phénomènes attribuables à la force végétative en jeu. Par-delà le complexe structural et fonctionnel du germe ainsi conçu, qui sert de garant à l'intégration des zoophytes à l'échelle des êtres, le modèle métaphysique des petits corps indestructibles s'applique aux « insectes » du type du polype, tout comme l'attribution d'un organe de sensibilité qui puisse être le siège d'une âme et aussi l'instrument de quelque régénération future. Dans la foulée des expériences de Lazzaro Spallanzani sur les animalcules des infusions, l'idée d'un mode d'organisation et de reproduction analogue à celui du polype se transpose, à un degré inférieur de l'échelle, à des corpuscules organiques dont les tenants de l'épigenèse, tel Needham, concevaient qu'ils devaient se former et se formaient effectivement par voie de structuration végétative à partir de simples corpuscules organiques.

5. La reconfiguration des machines de la nature

Bonnet construit sa théorie des corps organisés suivant un modèle assez voisin de celui que Leibniz avait dessiné, mais il y intègre des considérations issues d'observations et d'expériences récentes auxquelles les naturalistes contemporains ont eu accès. Il y intègre aussi des propositions théoriques provenant notamment des *Elementa physiologiæ corporis humani* (1757-1766) de Haller. Il s'agissait pour lui d'assurer la compatibilité et la cohérence respective de ces divers apports. Spéculant sur la connaissance rehaussée à laquelle pourraient prétendre des intelligences transcendantes, Bonnet se sert d'une comparaison qui renvoie *a contrario* aux deux sources les plus essentielles de la science des phénomènes vitaux que peuvent construire, selon lui, des entendements finis : « Tandis qu'un Leibnitz tente de deviner l'Harmonie universelle ou qu'un Haller essaie de pénétrer les mysteres de l'organisation, ces intelligences [supra-mondaines] sourient, & ne voient dans ces grands Philosophes que des Hottentots doués de quelques talens qui tentent de découvrir le secret d'une Montre »[2]. Retenons de cette analogie que la théorie des corps organisés à laquelle Bonnet peut aspirer, comme esprit

1. *Ibid.*, V, chap. II, OHNP, XV, p. 249.
2. *Ibid.*, XII, chap. VIII, OHNP, XVI, p. 29.

fini, combine des éléments de physiologie hallérienne à des principes de type leibnizien.

Bonnet soutient que les êtres vivants sont des « machines organiques » qu'il représente en se servant du contraste que Leibniz avait dessiné entre les machines de la nature et les machines de l'art [1]. Les corps organisés sont en effet des machines formées d'un nombre prodigieux de « machinules » dont toutes les actions sont conspirantes, le modèle de ces machinules étant fourni par la fibre, « petit tout organique très composé » [2]. La fibre est elle-même composée de fibrilles, qui sont des machines infiniment petites, douées de leurs fonctions propres [3]. Un trait distinctif de ces machines intégrées de la nature est leur capacité à compenser l'usure découlant des mouvements qu'elles opèrent par l'assimilation de nouvelles molécules aptes à s'intégrer au tout organique. Mais ce trait se trouve associé à un trait encore plus discriminant : la capacité au développement :

> Le *développement* suppose dans le Tout organique une certaine méchanique secrete et fort savante. En s'étendant graduellement en tout sens, chaque piece demeure essentiellement en grand ce qu'elle étoit auparavant très-en petit. Il faut donc que ses parties intégrantes soient façonnées & disposées les unes à l'égard des autres avec un tel art, qu'elles conservent constamment entr'elles les mêmes rapports, les mêmes proportions, le même jeu, en même tems que de nouvelles particules *intégrantes* sont associées aux anciennes [4].

Bonnet renvoie à la physiologie contemporaine, dominée par l'œuvre hallérienne, pour expliciter la composition des machines organiques ainsi intégrées et susceptibles d'assimilation et de croissance. Il repère dans la structure des organes sécrétoires un exemple classique de machine ordonnée à l'assimilation et au développement dans un corps au fonctionnement intégré et assurant la préservation de l'ensemble. L'insistance va toutefois aux fibres dotées de la propriété fonctionnelle d'irritabilité, ainsi qu'aux fibres par lesquelles s'exerce la sensibilité – l'irritabilité et la sensibilité étant les deux propriétés fondamentales des éléments ou des systèmes d'éléments organiques selon Haller. Ces propriétés qui surviennent dans les *machinulæ* de la machine organique ne sauraient être réduites aux propriétés des composés inorganiques. Dans la physiologie hallérienne,

1. Voir C. Bonnet, *La Palingénésie philosophique*, IX, chap. II, OHNP, XV, p. 351-352.
2. Voir, *ibid.*, p. 354-355.
3. *Ibid.*, p. 350.
4. *Ibid.*, IX, chap. II, OHNP, XV, p. 352.

elles représentaient en effet des effets fonctionnels strictement liés à des combinaisons de micro-parties vivantes.

Dans la ligne de cette propriété essentielle de la fibre vivante qu'est la capacité de préservation dynamique et de développement, s'inscrit l'aptitude des machines organiques à se reproduire, en perpétuant le modèle de configuration spécifique qu'elles représentent[1]. Retrouvant le concept de « mécanisme organique » élaboré par Louis Bourguet suivant une inspiration leibnizienne[2], Bonnet semble même un instant transcender les limites du préformationnisme en délimitant la perspective de la réplication spécifique des systèmes organiques individuels :

> Quelle que soit la maniere dont s'opere cette reproduction des Etres vivans, quelque système qu'on embrasse pour tâcher de l'expliquer, elle n'en paroitra pas moins admirable à ceux qui entrevoient au moins l'Art prodigieux qu'elle suppose dans l'organisation, & dans les divers moyens qui l'exécutent dans le Végétal & chez l'Animal & dans les différentes Especes de l'une & de l'autre. Ainsi, soit que cette reproduction dépende de Germes préexistans, soit qu'on veuille qu'il se forme journellement dans l'Individu procréateur de petits Touts semblables à lui, la conservation de l'Espece dans l'une & l'autre hypothese n'en sera pas moins un des plus beaux traits de la perfection du méchanisme organique. Et s'il étoit possible que les seules lois de ce Méchanisme pussent suffire à former de nouveaux Touts individuels, il n'en paroîtroit que plus admirable encore[3].

Sur ce point, il convient de rappeler la ferme allégeance de Bonnet à la thèse de la préformation des organismes sous forme de germes et à celle de la préexistence des germes depuis la création initiale : des deux modalités de préexistence concevables dont il partait dans les premiers chapitres des *Considérations sur les corps organisés*, la dissémination et l'emboîtement, c'est à cette dernière qu'il accorde la préférence, notamment dans l'analyse de la génération chez les organismes complexes formés de multiples parties dissimilaires. À l'évidence, la considération des zoophytes dont les modes de reproduction se rapprochent de ceux des végétaux l'incite progressivement, notamment à la suite des observations de Trembley sur les polypes et de Spallanzani sur les spermatozoïdes et les animalcules des infusions, à concevoir une préformation d'un autre type : celle-ci implique l'autonomisation et le développement de nouveaux animaux à partir de parties similaires intégrées dans des

1. Voir *Ibid.*, IX, chap. III, OHPN, XV, p. 56.
2. Voir *supra*, chapitre III, p. 132-142.
3. C. Bonnet, *La Palingénésie philosophique*, IX, chap. III, OHPN, XV, p. 356-357.

systèmes organiques qui, à l'instar des polypes, apparaissent être « tout ovaires »[1].

Le type de machine organique qu'est tout être vivant requiert la préformation, car, suivant la thèse des *Considérations*, nul mode de construction mécanique concevable ne peut suffire à rendre compte de la genèse de systèmes aussi complexes, harmoniques et fonctionnellement intégrés : « [...] dans l'ordre actuel de nos Connoissances physiques, nous ne découvrons aucun moyen raisonnable d'expliquer méchaniquement la formation d'un animal, ni même celle du moindre organe »[2]. D'où la déclaration cruciale selon laquelle « les Touts organiques ont été originairement préformés, & [...] ceux d'une même Espece ont été renfermés les uns dans les autres, pour se développer les uns par les autres ; le petit par le grand ; l'invisible par le visible »[3]. Il s'en faut de beaucoup cependant que ce principe doive se décliner de façon univoque : « Je n'ai point prétendu, affirme Bonnet, que cette préformation fût semblable dans toutes les Especes »[4]. Bonnet rejoint Leibniz qui, dans sa correspondance avec Bourguet, spécifiait que du chaos, c'est-à-dire d'un état inorganisé des réalités matérielles ne pouvait advenir la formation de quelque corps organique que ce fût : il faut toujours présupposer au départ quelque chose de déjà organisé qui puisse en se développant et en se transformant donner lieu à la délinéation structurale et fonctionnelle de l'organisme résultant sous forme de germe : « Ainsi ce mot [de germe] ne désignera pas seulement un corps organisé *réduit en petit* ; il désignera encore toute espece de *préformation originelle dont un Tout organique peut résulter comme de son principe immédiat* »[5]. Cette formule est susceptible d'englober une pluralité de modes de reproduction sous l'idée de l'émergence par simple développement de quelque système organique préalablement donné : ainsi en sera-t-il pour les régénérations dans des corps organiques constitués qu'il convient de rattacher au principe de la préformation, et l'on peut ici se référer aux observations de Spallanzani sur la reproduction de la tête amputée du limaçon ou des pattes de la salamandre segmentées à divers niveaux. D'où la postulation de « germes qu'on pourroit nommer *réparateurs*, & qui ne contiennent précisément que ce qu'il s'agit de remplacer »[6]. D'où également l'hypothèse d'une dissémination de ces dispositifs latents dans la substance des organes

1. C. Bonnet, *Considérations sur les corps organisés*, § 319, p. 347.
2. C. Bonnet, *La Palingénésie philosophique*, X, chap. I, OHPN, XV, p. 386.
3. *Ibid.*
4. *Ibid.*
5. *Ibid.*, X, chap. II, OHPN, XV, p. 391.
6. *Ibid.*, p. 390.

suivant une pré-ordination générique répondant aux accidents susceptibles d'affecter l'organisme en question – thèse que l'on trouvait par exemple chez Bourguet. Ces germes réparateurs sont des dispositifs de moindre capacité que les germes de vivants entiers. D'où l'idée d'une hiérarchie de tels dispositifs qui, dûment analysée, nous révélerait l'éventail des modalités et variantes possibles comprises sous la loi générale de développement ou d'« évolution » – ce terme signifiant, au sens de l'époque, un déploiement de structures et de propriétés fonctionnelles embryonnées dans les touts organiques de départ.

Pour un partisan de la physiologie hallérienne, le point de départ le plus naturel pour établir cette hiérarchie réside dans la fibre. Bonnet s'intéresse donc à la régénération de la fibre, qu'il tient pour « un Tout organique, qui se nourrit, croît, végète »[1], pour « un petit tout très-organisé [… et] bien plus composé qu'on ne l'imagine »[2]. Si l'on sectionne l'extrémité de la fibre, on occasionne une dérivation des sucs nourriciers vers les points organiques qui en constituent les éléments. Ces points organiques peuvent être identifiés aux fibrilles, celles-ci étant elles-mêmes des éléments secondaires formés d'une multitude de molécules ou d'éléments premiers organiquement liés. En vertu de leur pouvoir d'assimilation, ces éléments ainsi configurés en réseau connaissent alors une « évolution » qui restitue la forme complète de la fibre comme tout organique sans qu'il soit requis de rattacher un tel processus de développement à des germes proprement dits. La croissance des fibrilles destinées à redonner à la fibre sa structure intégrale « paroît devoir dépendre en dernier ressort de la nature, du nombre & de l'arrangement respectif des élémens, et du rapport secret de tout cela à la *force* qui tend à chasser les sucs nourriciers dans les mailles de la fibre & à écarter les élémens »[3]. Selon Bonnet, cette force propre à la fibre est assimilable à l'irritabilité hallérienne, du moins pour ce qui est des organes où elle se manifeste ; on peut imaginer qu'à d'autres paliers d'organisation ou dans d'autres systèmes organiques, elle soit conçue suivant l'analogie de l'irritabilité, mais qu'elle soit diversement identifiée et définie suivant les effets fonctionnels qui en traduisent l'action. « Il est prouvé que l'*Irritabilité* est le principe vital dans l'animal. C'est l'Irritabilité qui est la véritable cause des mouvemens du cœur. Nous ignorons encore le principe vital de la Plante : peut-être y en a-t-il

1. *Ibid.*, X, chap. III, OHPN, XV, p. 392.
2. *Ibid.*, p. 395.
3. *Ibid.*, p. 394-395.

plusieurs subordonnés les uns aux autres »[1]. Corrélativement, un système se met en place suivant lequel des touts organiques de divers ordres s'intègrent les uns aux autres pour former des réseaux de plus en plus complexes, susceptibles de reproduction à la fois selon l'incidence d'une pluralité de facteurs physiques et suivant le dessein de leur « préordination organique » immanente[2]. Du moins, cette vision des choses prévaut-elle dans le cas des reproductions de touts organiques similaires : Bonnet maintient en effet que la reproduction de touts organiques dissimilaires ne peut se concevoir sans l'intervention de « germe[s] proprement dit[s] »[3], comportant la configuration embryonnée de tout l'organisme résultant.

Fidèle à son approche de gradation continue et de différenciation progressive, Bonnet distingue quatre genres principaux de préformation organique. Le premier concerne la régénération de composés similaires suivant une structuration qui prend appui sur les « points organiques » des structures fibrillaires et vise à assurer l'expansion de celles-ci. Bonnet considère que certains organes des animaux de classe inférieure, du type des polypes, pourraient se former de la sorte, sans préexistence véritable, sauf celle des « élémens organiques dont ils devoient résulter »[4] : ces éléments, base d'une véritable construction organique seraient toutefois pré-ordonnés à produire l'émergence des propriétés spécifiques que possèdent les composés fibrillaires.

Le second genre de préformation organique se manifeste par la régénération de parties intégrantes – têtes, queues, pattes, etc. – combinant des parties dissimilaires. Il suppose la préexistence latente des parties complexes susceptibles de remplacer en se développant celles qui ont été excisées. Il est inconcevable que les processus en jeu dans ce cas se réduisent à la seule apposition mécanique de corpuscules suivant l'analogie de la cristallisation.

Le troisième genre de préformation correspond à la reproduction simultanée d'ensembles complexes de parties organiques. Bonnet illustre ce genre par la reproduction de parties végétales qui comprennent, à l'état d'enveloppement, l'ensemble des parties d'un végétal autonome. Des cas analogues chez les animaux se rencontrent, par exemple, chez les vers de terre que l'on sectionne en deux et dont les segments antérieurs et postérieurs développent les parties organiques qui leur manquent à partir de micro-dispositifs comportant la structure complète à développer.

1. C. Bonnet, *La Palingénésie philosophique*, X, chap. VII, OHPN, XV, p. 408-409 ; Bonnet renvoie ici aux *Considérations sur les corps organisés*, § 168, p. 136-137.

2. *Ibid.*, X, chap. III, OHPN, XV, p. 396.

3. *Ibid.*, X, chap. IV, OHPN, XV, p. 397.

4. *Ibid.*, p. 399.

Le quatrième genre de préformation est celui du germe auquel « le Corps organisé entier doit son origine »[5] et qui est plus directement ordonné à la conservation de l'espèce. Le modèle dominant est celui d'une production à partir d'œufs et de graines, mais ce modèle est mis en défaut dans de nombreux cas où le rejeton émerge plus directement de l'organisme parental, comme c'est le cas chez le polype. Font aussi exception à ce modèle les animalcules des infusions et sans doute maints autres êtres microscopiques dont nous ne parvenons pas à saisir les lois de développement. « Je fais profession, soutient Bonnet, d'ignorer les loix qui déterminent les évolutions de cette foule d'Etres microscopiques dont les meilleurs verres ne nous apprennent guere que l'existence, & qui appartiennent à un autre Monde, que je nommerois le Monde des *Invisibles* »[6]. Ces modes mystérieux de reproduction pourraient, semble-t-il, relever analogiquement des genres inférieurs de préformation. Une corroboration indirecte de cette hypothèse s'infèrerait d'une part de ce que les divers modes de développement semblent opérer à la fois dans les organismes les plus complexes, d'autre part de ce que le recours aux germes requiert un élargissement de la définition de ceux-ci pour en permettre l'application aux organismes de classe inférieure, élargissement qui se base sur les modalités subalternes de préformation. D'où, par réduction analytique, l'inférence de modes fibrillaires et quasi moléculaires de génération reproductive : ces modes s'inscriraient à la limite d'un préformationnisme strict qui, lui, constituerait un réquisit plus essentiel, s'agissant de la génération des organismes les plus complexes.

6. L'IMMORTALITÉ DES VIVANTS

Si Bonnet se donne un cadre leibnizien d'analyse par l'importation de thèses métaphysiques et de principes architectoniques, il entend préciser les points de divergence par rapport à ce qu'il considère comme le système le plus voisin de sa propre philosophie de la nature. Dans la *Palingénésie philosophique*, l'écart se signale surtout par rapport aux thèses que Leibniz exposait dans les articles 89 et 90 des *Essais de théodicée* et dans certains passages des *Nouveaux Essais sur l'entendement humain* portant sur la relation essentielle des âmes aux corps organiques, la préformation des vivants à l'état de germes, l'enveloppement de l'organisme et la survivance des états psychiques des animaux après la mort.

Bonnet crédite Leibniz d'avoir soutenu d'une part l'indestructibilité de toutes les âmes ou formes substantielles, bref de toutes les monades –

5. *Ibid.*, X, chap. VII, OHPN, XV, p. 404.
6. *Ibid.*, p. 407.

terme qu'il n'hésite pas à s'approprier –, d'autre part l'union perpétuelle de tout principe formel du type de l'âme à un corps organique. C'est cette double thèse qu'il repère dans les œuvres de Leibniz qui lui étaient connues et qu'il retient comme un acquis permanent de la philosophie leibnizienne. Dans le même temps, il relève cependant chez Leibniz une représentation à son avis trop sommaire, voire fondamentalement inadéquate, de la persistance des organismes animaux après dissolution du corps grossier. Cette représentation serait inadéquate parce qu'elle impliquerait un parallélisme purement analogique et donc fictif entre la formation des corps organisés par évolution ou développement et leur rétrogradation à un stade ultime d'enveloppement. Bonnet rejette en effet l'hypothèse de l'enveloppement consécutif au développement vital dont il constituerait la stricte contrepartie.

Leibniz ne pouvait que poser comme indestructibles l'âme des bêtes et les autres entéléchies, en tant qu'immatérielles et indivisibles, mais il réservait, dans le même temps, l'immortalité aux esprits, en tant qu'âmes douées de conscience ou du sentiment réflexif de ce qu'elles sont, ce qui en faisait des sujets moraux impérissables et susceptibles de récompense et de châtiment. Sur ce point, Bonnet se croit autorisé à attribuer à l'âme des bêtes une forme de personnalité dont le fondement serait la consécution empirique des sensations, ce que Leibniz, pour sa part, considérait au mieux comme une capacité de perception sensible et non réflexive, et de ce fait inapte à concevoir des rapports abstraits et à accéder à la raison des consécutions. L'argumentation leibnizienne se limitait à poser que les âmes, comme toutes les substances simples, ne sauraient commencer que par création et finir que par annihilation : d'où la nécessité de les concevoir comme impérissables. Parallèlement, l'organisme des corps animés ne peut surgir que d'« une *preformation* déjà organique » [1] : toute génération de ces corps ne suppose que la transformation et l'accroissement de la structure minimale qui en constitue le germe et à laquelle était déjà assignée l'âme qui éprouvera les séquences de perceptions corrélatives au développement du germe. Ce développement implique donc les mutations sérielles de l'organisme primitif jusqu'à son terme, la mort apparente, c'est-à-dire jusqu'à la dissolution des structures intégrées de la grande machine qui ne laisse plus en place qu'un corps organique minime correspondant au repliement extrême de la structure animée. La conception leibnizienne des corps organiques implique par ailleurs que la totalité des phénomènes affectant l'organisme dans ses phases de développement et d'enveloppement puisse s'expliquer mécaniquement,

1. Leibniz, *Essais de théodicée* § 90, GP VI, p. 152.

mais le mécanisme en question est subordonné à un principe transcendant d'intégration fonctionnelle des parties qui exprime la loi d'enchaînement des états de l'âme à travers les phases de transformation du composé substantiel. C'est ce que traduisait excellemment le passage de la Préface des *Essais de théodicée* que cite Bonnet :

> Le Mechanisme suffit pour produire les corps organiques, [...] pourveu qu'on y ajoute la *preformation* déja toute organique dans les semences des corps qui naissent, contenues dans celles des corps dont ils sont nés, jusqu'aux semences premieres; ce qui ne pouvoit venir que de l'Auteur des choses, infiniment puissant et infiniment sage, lequel faisant tout d'abord avec ordre, y avoit *préétabli* tout ordre et tout artifice futur [1].

Dès la première mouture des *Considérations sur les corps organisés*, Bonnet avait tenté de produire une représentation physique aussi rigoureuse que possible du développement et de l'enveloppement des structures organiques. Cette représentation prenait appui à la fois sur la préexistence des corps organiques dans les germes emboîtés, sur une conception de ces corps conforme à la théorie fibrillaire dont Haller avait fourni le modèle, sur une théorie de l'assimilation/désassimilation des éléments nutritifs et stimulateurs, y compris ceux de la semence, et sur une interprétation mécaniste de la mort apparente. Selon cette transposition, l'enveloppement leibnizien n'apparaît plus que comme une réduction de la structure globale du corps telle qu'elle a été transformée et altérée par les diverses phases de la vie organique. Comme Bonnet le note dans la *Palingénésie philosophique* :

> [Leibniz] pensoit que toutes les Ames avoient toujours préexisté *dans une maniere de Corps organisé*; & son grand principe de la *raison suffisante* lui persuadoit qu'elles demeureroient unies après la mort à un Tout organique : *n'y ayant point d'apparence*, disoit-il, *que dans l'ordre de la Nature il y ait des Ames entièrement séparées de tout Corps*. Mais, il ne s'étoit pas expliqué sur la nature de ce Corps futur, sur son lieu, sur ses rapports avec l'ancien Corps, &c. On voit même [...] qu'il paroissait croire que ce seroit le même Corps, mais *concentré* ou *enveloppé*. *Ce que nous appelons génération*, avait-il dit, *n'est qu'une augmentation ; la mort apparente n'est qu'un enveloppement* [2].

Bonnet prend prétexte de la Préface des *Nouveaux Essais sur l'entendement humain* pour étayer plus fermement la doctrine leibnizienne de l'union des âmes aux corps organiques, union qu'il

1. GP VI, p. 40.
2. C. Bonnet, *La Palingénésie philosophique*, VII, chap. v, OHPN, XV, p. 310.

convient d'interpréter à la lumière de l'hypothèse métaphysique de l'harmonie préétablie. Il insiste particulièrement sur le recours à la loi de continuité pour garantir le lien d'enchaînement des séries d'états à rapporter respectivement à l'âme et au corps organique, les deux séries devant strictement s'exprimer l'une l'autre. Il trouve confirmation dans ce texte du fait que c'est « l'animal réduit en petit » [1] que Leibniz tient pour se conserver après la mort et il cite deux passages cruciaux qui corroborent son interprétation. Ainsi Leibniz soutenait-il : « [qu'] en general aucun dérangement des organes visibles n'est capable de porter les choses à une entière confusion dans l'animal, ou de detruire tous les organes, et de priver l'ame de tout son corps organique, et des restes ineffaçables de toutes les traces précedentes » [2]. De même, s'opposant à toute conception de l'âme séparée et sujette à métempsychose, l'auteur des *Nouveaux Essais* professait-il :

> [L'âme] garde tousjours, même dans la mort, un corps organique, partie du precedent, quoyque ce qu'elle garde soit tousjours sujet à se dissiper insensiblement et à se reparer et même à souffrir en certain temps un grand changement. Ainsi, au lieu d'une transmigration de l'ame, il y a transformation, enveloppement ou developpement et enfin fluxion du corps de cette ame [3].

Or, cette réduction ne saurait aboutir à des germes de restitution susceptibles de permettre la régénération du corps organique de départ, voire sa transformation en une entité vivante plus parfaite selon l'ordre naturel. D'où le constat d'échec que Bonnet associe à la doctrine leibnizienne du développement/enveloppement et le rappel des lignes de force de sa propre doctrine : « Ces expressions *réduit en petit* ne sont plus équivoques, & j'avois bien raisonné sur l'*enveloppement* de mon Auteur. Il n'avoit donc point imaginé un Germe indestructible logé dès le commencement dans le Cerveau visible; il n'avoit points considéré ce Germe comme le véritable Siege de l'Ame; il n'y avoit point fait résider la Personnalité » [4]. Selon l'interprétation qu'en donne Bonnet, la thèse leibnizienne de l'enveloppement du corps organique après la mort équivaut à admettre une irrémédiable dissolution de celui-ci. Par ailleurs, présumer que Leibniz aurait reconnu une personnalité de l'animal, n'apparaît guère évident, puisque la personnalité, liée à la conscience de soi, requerrait l'accès à une aperception de notions et de principes abstraits, condition d'exercice de la véritable capacité réflexive : à la

1. Leibniz, *Nouveaux Essais sur l'entendement humain*, Préface, A VI vi, p. 67.
2. *Ibid.*, A VI vi, p. 58.
3. Leibniz, NE 2.27.6, A VI vi, p. 233.
4. C. Bonnet, *La Palingénésie philosophique*, VII, chap. vii, OHPN, XV, p. 326.

différence de l'être humain, l'animal ne pourrait se caractériser comme personne, puisque l'intellection dans son cas se trouverait au mieux limitée à la simple consécution empirique des représentations sensibles, sans pouvoir se rehausser même partiellement au stade de l'argumentation rationnelle. Bonnet détecte un double risque dans la position consistant à réserver l'immortalité personnelle aux seuls esprits, donc au type de monades associées aux corps enveloppés correspondants. Ce risque est d'abord celui de réduire l'immortalité des bêtes à une simple persistance de composés organiques minimaux : cette position qui avoisine le matérialisme rend suspecte la postulation d'une origine non matérielle des organismes, ainsi que la supposition de processus psychiques se situant à la source du fonctionnement organique et fournissant la raison déterminante globale des effets intégrés que l'on rattache au mécanisme organique. De façon parallèle, le risque pointe de considérer l'âme rationnelle et la personnalité qui en découle comme des rehaussements contingents du principe psychique au sein de mixtes organiques par l'effet d'une volition particulière de Dieu, ce statut impliquant une précarité dans la durée qui menacerait la persistance même du moi à un stade postérieur à la mort. De nouveau, ce risque implique une discrimination insuffisante de la position leibnizienne par rapport à une interprétation du mécanisme organique qui tendrait au matérialisme. Ce ne pourrait être là l'orientation fondamentale de la métaphysique leibnizienne : il est donc préférable de soutenir que Leibniz n'a pas assez considéré les implications de sa théorie de l'enveloppement et qu'il aurait pu la corriger à la lumière d'une analyse plus poussée des réquisits empiriques de la préformation organique telle que les ont dévoilés les naturalistes qui ont étudié les métamorphoses des insectes.

Bonnet révise la thèse leibnizienne de l'enveloppement. Il présume que l'âme des êtres sensibles est constamment liée à un petit corps indestructible et forme avec lui un mixte substantiel. Celui-ci constitue en quelque sorte le germe essentiel dont résultent tous les développements aboutissant au corps grossier et aux séquences d'états qui le caractérisent. Par ailleurs, les opérations intellectives des âmes sensibles impliquent un continuum d'expressions phénoménales et par suite une gradation des formes de la personnalité qui englobe jusqu'aux degrés inférieurs de l'animalité. Les opérations intellectives et les actes de la conscience de soi sous-tendant l'attribution de la personnalité requièrent constamment la présence d'un réseau intégré et fonctionnel de fibres nerveuses, que l'on peut qualifier de « cerveau ». La préexistence d'une telle structure enveloppée constitue une condition essentielle d'émergence des organismes vivants à partir de leur délinéation germinale, mais, par-delà celle-ci, cette structure doit trouver sa raison suffisante dans le substrat intemporel que constitue le mixte d'âme animale et de petit corps indestructible. L'immortalité des êtres vivants tient à ce mixte substantiel qui traverse des métamorphoses séquentielles, reliées aux divers stades d'expression phénoménale du corps organique impliqué, y compris au-delà de la mort et de la dissolution du corps grossier.

Bonnet s'insurge, à la fin de la VIIe Partie de la *Palingénésie*, contre l'attribution à Leibniz de sa propre doctrine sur ce point, attribution que l'abbé Pierre Sigorgne avait opérée dans ses *Institutions leibnitiennes ou Précis de la monadologie* (1767), privant l'auteur de la *Contemplation de la nature* de la reconnaissance pour ses propres thèses de philosophie naturelle.

Parmi les divergences notables du modèle de Bonnet par rapport au modèle leibnizien de l'organisme, notons le présupposé selon lequel il existerait un terme à l'analyse de l'organisation matérielle. Certes, Bonnet ne se fait pas faute de souligner le perfectionnement des moyens d'analyse qui, dès son époque, et encore plus à l'avenir, permettront d'accéder à des dimensions microstructurales et micro-fonctionnelles de l'être vivant actuellement inconnues, que ces moyens soient ceux de la mécanique, de la chimie ou de l'observation microscopique [1]. La décomposition en parties des corps suppose une pluralité de niveaux de composition et, dans le cas des corps organisés, une pluralité de paliers d'intégration. Leibniz supposait la progression infinie d'une telle décomposition analytique des parties matérielles et la nécessité de postuler la raison suffisante des composés sous forme de monades. Accordant en quelque sorte un statut réel à des quantités infinitésimales que Leibniz pour sa part n'aurait considérées que comme de simples limites présumées et donc comme des fictions utiles, Bonnet suppose que si la progression actuelle comporte un terme atteignable : ce terme serait constitué d'« éléments » qui figureraient des « substances absolument simples » [2]. Il ne saurait évidemment s'agir d'atomes, puisque ceux-ci comporteraient de l'étendue matérielle et que cette dernière serait de l'ordre d'un phénomène requérant lui-même une raison suffisante de sa composition en parties. Bonnet prend appui sur Leibniz pour exorciser le paradoxe du continu qui semble affecter la réduction ultime des parties matérielles : « Si on prend la peine, affirme-t-il, d'approfondir ces principes généraux, on reconnaîtra avec l'inventeur des fameuses *monades* que l'étendue *matérielle* n'est qu'un pur phénomène,

1. C. Bonnet, *La Palingénésie philosophique*, XIII, chap. I, OHPN, XVI, p. 31-32.
2. *Ibid.*, XIII, chap. II, OHPN, XVI, p. 34.

une simple apparence relative à notre manière d'apercevoir » [1]. La monade devient ainsi de fait le véritable élément dans l'ordre de la décomposition, par-delà tous les jeux d'apparences dont l'analyse se sert pour caractériser empiriquement les composantes ultimes des composés de type organique. Bonnet est cependant suffisamment leibnizien pour souligner que le monde des phénomènes, par-delà la relativité des apparences, renvoie à des lois constitutives qui nous font accéder à l'ordre sous-jacent aux phénomènes mêmes. Ainsi la nature serait-elle un « Système régulier d'apparences; car ces apparences seroient déterminées par les Loix les plus sages, & ce seroient uniquement ces Loix qu'il nous seroit donné de connoître, & sur lesquelles nous formerions ces belles Théories, qui constituent le fond le plus précieux de nos Connoissances naturelles » [2]. Pour Bonnet toutefois c'est *a posteriori*, par la seule connaissance empirique des effets, que les entendements finis peuvent s'élever à la connaissance des lois de la nature, fondement des explications probables que nous pouvons formuler sur l'ordre systémique régissant les phénomènes [3]. Dans le même temps, selon Bonnet, la nature intime des principes actifs sous-tendant les propriétés auxquelles nous relions la production causale des effets observables, nous reste inconnaissable au-delà de toute formulation d'hypothèse. Sur ce point, le modèle méthodologique hérité de Newton et impliquant le recours à des inconnues explicatives, telles que des forces d'attraction ou d'irritabilité, pour symboliser les causes latentes des phénomènes nous écarte quelque peu du modèle leibnizien de construction d'hypothèses par schématisation mécaniste sous l'égide des principes architectoniques.

Ainsi l'analogie des phénomènes observables garantit-elle la représentation d'une échelle indéfiniment graduée des espèces d'êtres vivants sans postulation de mécanisme sous-jacent susceptible de rendre compte d'une telle disposition scalaire des formes. De même, l'analogie des phénomènes nous guiderait vers la représentation d'un mode de composition des corps organisés qui refléterait leur intégration fonctionnelle et leur rapport intime aux phénomènes de la sensibilité. Nous accéderions également par cette voie à des lois de développement et de reproduction des corps organisés qui découleraient du constat qu'un dessein organisationnel primordial tisse la continuité des générations successives. Dans cet esprit précisément, le « fond préordonné d'organisation » [4] dont les caractéristiques essentielles se révèlent progressivement à l'expérience,

1. *Ibid.*, p. 35.
2. *Ibid.*
3. Voir *Ibid.*, XIII, chap. VIII, OHPN, XVI, p. 59-60.
4. *Ibid.*, XIV, chap. III, OHPN, XVI, p. 70.

sans que nous puissions en découvrir le mécanisme même de production, sert à garantir l'enchaînement sériel des systèmes organiques particuliers que forment tant les espèces que les individus. Si une configuration future de l'organisme doit voir le jour, elle est déjà impliquée dans ce fond initial d'organisation : « La Constitution actuelle de l'Animal, je dis sa Constitution organique & psychologique, renferme donc des particularités secretes qui sont le fondement de la liaison de cette Constitution avec celle qui doit lui succéder »[1]. Articulée au principe de continuité, cette proposition atteste le lien qui unit la structure préformée du germe à la structure développée de l'organisme, mais, dans l'esprit de Bonnet, elle assume une portée plus métaphysique : au-delà de l'« enveloppe » du « masque » ou de l'« écorce », que constitue tant le germe phénoménal que son expansion organique, il s'agit d'affirmer, par hypothèse, l'existence du « Germe impérissable » qui forme avec l'âme la « véritable *Personne* de l'Animal »[2]. Par-delà les apparences sensibles, cette personnalité s'inscrirait en continuité du micro-organisme germinal et de son expression sous forme de corps organisé de plus grande ampleur : elle assumerait même la continuité analogique des phases de transformation de la même constitution organique de base, mais avec un rehaussement et un perfectionnement tels que cette constitution se révélerait le noyau substantiel de l'être vivant dépouillé de ses enveloppes phénoménales.

Avec cette assimilation de la monade à un germe immortel, source de personnalité pour l'organisme vivant et responsable de la restitution ultime des corps organiques à l'état de perfection, s'estompe la distinction cruciale selon Leibniz entre l'ordre phénoménal où se déploient les mécanismes des corps organisés et l'ordre substantiel, celui des monades, principes formels d'intégration des processus fonctionnels propres aux machines de la nature. La science leibnizienne n'entendait pas dépasser l'analyse des mécanismes organiques en lui substituant une représentation spéculative de petits corps inaltérables et impérissables associés à autant de principes animiques. Dans sa représentation du vivant, Bonnet en est venu à fusionner les considérations monadologiques et physiques. Dans sa conception de la science physiologique, Leibniz distinguait soigneusement les considérations mécaniques liées aux corps organisés et les considérations fonctionnelles liées aux monades en tant que principes formels, tout en supposant la correspondance harmonique des unes et des autres dans l'analyse des phénomènes bien fondés. Bonnet, pour sa part,

1. C. Bonnet, *La Palingénésie philosophique*, XIV, chap. I, OHPN, XVI, p. 65.
2. *Ibid.*, XII, chap. I, OHPN, XVI, p. 2-3.

situe ces deux ordres de considérations sur le même plan et les résorbe analytiquement dans l'organisation même du germe impérissable et de son corps minimal essentiel dont tous les phénomènes organiques ne seraient que des modalités variables.

En son temps, Haller réforma profondément la physiologie en lui imposant une méthodologie d'*experimental philosophy*, mais les données qu'il avait recueillies sur les structures et les processus vitaux devaient donner lieu à une mise en forme théorique. Pour cette opération, il révise le modèle des machines de la nature que la tradition micro-structuraliste lui avait légué et pour lequel Leibniz avait fourni des éléments d'analyse originaux. Haller conçoit que les structures organiques observables doivent être décomposées, sur le plan microscopique, en des éléments organiques intégraux de type fibrillaire, mais il présume corrélativement que l'analyse de ces micro-composantes pourrait donner lieu à une régression sans terme empiriquement assignable. Suspendant la recherche de raisons suffisantes de l'organisation vitale en termes de propriétés inorganiques, il propose que l'analyse physiologique se concentre sur les mouvements vitaux au sein des diverses structures des corps organisés. Il s'agit donc pour lui de déterminer, suivant l'expérience, les forces et les processus inhérents aux divers éléments structuraux qui se combinent pour former organes et systèmes. C'est dans cet esprit qu'il identifie l'irritabilité et la sensibilité comme dispositions dynamiques inhérentes à des fibres élémentaires, responsables de l'émergence d'effets fonctionnels plus globaux. L'irritabilité apparaît comme la propriété vitale de microfibres sujettes à contractilité ; par contre, la sensibilité s'avère dépendre d'un réseau de fibres nerveuses raccordées à l'organe cérébral, dont l'activité est coordonnée à la perception des sensations. La modélisation théorique de tels processus incite Haller, malgré ses réserves à l'endroit des conjectures métaphysiques, à admettre une sorte de pouvoir architectonique inhérent aux germes préformés des corps organiques et se déployant dans la combinaison subséquente des éléments organiques et de leurs opérations. Il n'est pas sans intérêt qu'en ce qui concerne le lien entre sensibilité physiologique et perception, il ait ainsi retrouvé des schèmes caractéristiques de l'harmonie préétablie.

C'est dans la continuité de l'œuvre scientifique de Haller que Bonnet a voulu inscrire la sienne, même si celle-ci a surtout concerné des thèmes différents et qu'elle a été plus directement marquée d'une empreinte leibnizienne au sujet de l'organisme. Les continuités/divergences par rapport au modèle leibnizien de l'organisme que j'ai d'abord relevées dans les *Considérations sur les corps organisés* de Bonnet déterminent pour une bonne part, chez celui-ci, la poursuite d'une trajectoire intellectuelle tangentielle par rapport à la conception leibnizienne de l'organisme. Ces continuités et ces divergences portent sur le recours au principe de continuité afin de concevoir la liaison des états structuraux et fonctionnels propres à l'organisme individuel et déterminant plus globalement la transition graduée des espèces; elles portent aussi sur l'ordre complexe des corps organisés, machines de la nature irréductibles dans leur formation originelle à l'analyse mécaniste, et sur la représentation de l'emboîtement de germes sous-tendant l'émergence des corps organisés. Par la suite, l'assimilation/différenciation des thèses leibniziennes ne fera que s'accentuer. Ainsi la représentation sérielle de la chaîne des êtres dans la *Contemplation de la nature* offre-t-elle un indice de différence sensible par rapport aux thèses que Bonnet a pu découvrir dans la lettre de Leibniz recopiée par König, et par rapport aux analyses que Leibniz avait lui-même développées dans les *Nouveaux Essais sur l'entendement humain*. Malgré les insinuations de plagiat imputé à Sigorgne et la référence de Mendelssohn aux conclusions similaires formulées par les Leibniziens-Wolffiens allemands, la différence dans la continuité par rapport au modèle leibnizien se marque de façon encore plus tranchée dans les développements de la *Palingénésie philosophique* relatifs à l'état de survie des organismes animaux et à la destinée des êtres mixtes corpusculaires après la mort physiologique. Si Bonnet se sert de l'harmonie préétablie pour représenter la pré-délinéation de tous les êtres organisés dans des germes originels, il conçoit, au fondement de ces germes, des âmes dotées de personnalité et de petits corps organiques impérissables, dont les corps soumis aux vicissitudes de la génération et de la mort ne seraient que des réalisations contingentes. De ce fait, il s'éloigne du rapport des monades dominantes aux corps phénoménaux selon Leibniz. Par ailleurs, s'inspirant non seulement des expériences de Trembley relatives à la régénération et à la reproduction des polypes, mais aussi de celles de Spallanzani sur les animalcules des infusions, Bonnet en vient à relativiser le concept de « germe » jusqu'à le réduire à représenter l'élément préformé des structures organiques sous-tendant l'ontogenèse d'organismes constitués essentiellement de « parties similaires ». Il s'écarte d'autant de la notion de structures organiques intégrées à l'infini qui constituait le cœur de la représentation leibnizienne des « machines de la nature ». Le modèle auquel se rallie Bonnet est plus conforme à la théorie des architectures fibrillaires et des propriétés fonctionnelles émergentes selon Haller. Reprochant à Leibniz sa conception trop relativiste de la persistance des organismes animaux après la mort, Bonnet substitue à la notion leibnizienne de l'« enveloppement » organique sa propre vision de la dissolution des corps grossiers. À travers cette dissolution, se maintiennent les « mixtes substantiels que constituent les petits corps impérissables animés : ce seraient de véritables « germes de restitution », aptes à produire les organismes composant un système de la nature plus parfait et plus achevé que le nôtre. Du point de vue épistémologique, Bonnet tend à « réduire » l'analyse infinie des conditions déterminant la composition et l'ordre des processus organiques selon Leibniz. Il suppose une fin de l'analyse appliquée à l'organisation matérielle des vivants : celle-ci atteindrait ainsi le « fond pré-ordonné de l'organisation ». Il en vient surtout à situer sur le même plan les monades et les éléments ultimes des corps organisés que constituent les germes primordiaux. C'est cette réinterprétation originale que refléteront avec lucidité, au-delà même des développements de la *Palingénésie*, plusieurs des écrits figurant au dernier tome, publié en 1783, des *Œuvres d'histoire naturelle et de philosophie* (1779-1783). Dans le temps même où Bonnet accentue la métamorphose du cadre de référence que constitue pour lui la philosophie du vivant de Leibniz, il ne cesse d'approfondir sa connaissance des textes leibniziens et néo-leibniziens. Avec de considérables réserves, liées à la cristallisation de plus en plus dense de ses propres vues philosophiques, il participe alors à la redécouverte des modèles leibniziens les plus susceptibles d'éclairer la compréhension de l'organisme et des corps organisés dans leur individualité et leur interrelation complexe.

CHAPITRE VII

HANOV. ÉPIGENÈSE ET CAUSALITÉ MONADIQUE

Pourquoi nous intéresser ici à Michael Christoph Hanov (1695-1773), un représentant parmi d'autres de la tradition leibnizienne-wolffienne en philosophie naturelle. Certains historiens érudits des sciences de la vie nous ont, à l'occasion, rappelé que ce philosophe, professant à Dantzig, avait forgé le concept de « biologie » près d'un demi-siècle avant qu'il ne fût officiellement inventé par Lamarck et Treviranus [1]. Toutefois, ils ont eu tendance à disqualifier sa théorie comme non biologique vu le peu d'attention portée par Hanov à la question du transformisme. Cet argument est contestable, mais je m'abstiendrai d'en traiter en profondeur. Les lecteurs de la *Critique de la faculté de juger* (1790) de Kant savent par ailleurs que le philosophe de Königsberg a adhéré, dès la période précritique, à une version originale de l'épigenèse en matière de théorie de la génération. Cette version était originale d'un double point de vue. Elle correspondait d'une part à un rejet précis de la préformation, qui représentait encore la position standard des épigones de la métaphysique leibnizienne et wolffienne en Allemagne et au-delà. Or, ce rejet, d'autre part, ne signifiait pas que Kant acceptât l'épigenèse au sens où l'entendaient Maupertuis, Buffon et plus tardivement Herder. Certains interprètes de Kant, tels Philippe Huneman, ont souligné une parenté possible de la conception kantienne avec celle que Caspar Friedrich Wolff avait exposée dans sa *Theoria generationis* (1759) et dans sa *Theorie von der Generation* (1764) [2]. Mais on ne trouve aucune référence à ce sujet dans l'œuvre de Kant. Pour ma part, je serais porté à écarter ce rapprochement, car la *vis essentialis* de Wolff ne se présentait

1. Voir, sur cette question, P. McLaughlin, « Naming Biology », *Journal of the History of Biology*, 35 (2002), p. 1-4.

2. Voir en particulier les analyses sur ce point figurant dans P. Huneman, *Métaphysique et biologie. Kant et la constitution du concept d'organisme*, Paris, Éditions Kimé, 2008.

pas comme une « force vitale », mais comme une force physique spéciale et le concept en était très voisin de ce que l'on trouvait chez Buffon La seule référence kantienne est au *Bildungstrieb* de Johann Friedrich Blumenbach. Or, Kant a forgé son concept d'épigenèse avant de connaître la théorie du physiologiste de Göttingen. L'argument que j'avance est que, dans la tradition néo-leibnizienne des décennies 1750 et 1760, une forme d'épigenèse avait déjà remplacé la préformation standard comme mode d'explication de la génération et que la notion d'une détermination téléologique s'était amalgamée à la représentation de la force architectonique responsable des fonctions vitales et animales. Cela se manifeste dans l'hypothèse épigénétique de Needham, mais aussi bien dans la *biologia* de Hanov, sur un mode assez différent. Théoricien néo-leibnizien, Hanov peut avoir préparé le terrain pour une approche telle que celle de Kant, à l'égard de l'organisation vitale et de la génération. Mais il ne s'agirait là ni d'influence directe, ni de similarité de doctrine, mais plutôt d'un développement-cadre d'idées biologiques en philosophie naturelle auxquelles l'analyse kantienne s'appliquera réflexivement dans une phase ultérieure. Mon ambition est ici de retracer les modifications de la représentation de l'organisme que Hanov a décrites et entérinées.

1. Formation organique et force perceptive

Michael Christoph Hanov présente son œuvre comme une continuation du système philosophique de Christian Wolff. Il y traite plus précisément des sujets de philosophie expérimentale dont Wolff n'avait pu compléter l'étude. Hanov entendait aussi intégrer au cadre théorique de la philosophie naturelle wolffienne des éléments de connaissance issus de recherches plus récentes, quitte à s'éloigner, ce faisant, des implications formelles du système. La *Philosophia naturalis sive Physica dogmatica* paraît à Halle de 1762 à 1768 [1]. Elle se présente comme une compilation encyclopédique des principes, raisons et causes régissant les divers ordres de phénomènes : ceux-ci sont répertoriés et analysés suivant le mode de composition et les propriétés des diverses classes d'entités naturelles. Ainsi tous les êtres doués de vie, comme d'une propriété générale exclusive dont il s'agit de déterminer la nature et les traits caractéristiques, forment l'objet de la « biologie » (*biologia*) [2].

D'entrée de jeu, au degré infime, la vie est définie comme « végétation » (*vegetatio*). Les conditions d'existence de la végétation tiennent à la

1. M. C. Hanov, *Philosophiæ naturalis sive Physicæ dogmaticæ Tomus I-IV* [1762-1768], Hildesheim, Georg Olms, 1997 (cité PN).

2. PN, III, p. V : « Iam a rebus vita proprie dicta destitutis pergendum erat […] in Biologia ad res vita donatas, propria vitæ natura & indole […] evoluta ».

structure organique des corps et à une force vitale qui se manifeste dans la formation et la nutrition des vivants et, par la suite, dans leur reproduction. Les fonctions exercées par les corps « végétants » dépendent de cette force, décrite comme analogue à une perception dénuée de conscience; cette force perceptive agirait, dans les cas de reproduction, suivant un ordre spécifique, correspondant à une loi naturelle de déploiement d'effets; et il est nettement suggéré que l'exercice de cette loi s'opérerait de façon déterminée, à moins d'empêchements circonstanciels [1]. Par ailleurs, la section de l'œuvre consacrée à la biologie, en tant que théorie des corps organiques doués de vie, s'emploie à formuler des « lois générales des êtres vivants » (*leges viventium generales*), présentées comme inédites [2]. Du point de vue de la méthode, la démarche de Hanov se construit comme un cheminement du général au particulier dans l'analyse de la relation structure-fonction appliquée d'une part aux êtres purement végétants que sont les plantes, d'autre part aux êtres végétants animés que sont les animaux, pour aboutir ultimement à l'anthropologie, lorsque des organes et des fonctions intellectives viennent spécifier les caractéristiques de la vie animale.

Parmi les principes d'ontologie sur lesquels repose l'analyse des vivants, il faut compter la correspondance (*nexus*) des causes efficientes et finales dans l'ordre de la nature [3], et la complémentarité de la forme et de la matière dans la constitution des êtres, et plus spécifiquement des êtres vivants [4]. De ce point de vue, les vivants ne peuvent se concevoir à partir des seuls éléments matériels dont ils sont composés : le recours à un élément formel est requis pour rendre compte de leur nature propre et de leurs opérations. Cela vaut certes pour l'ensemble des entités naturelles, vivantes et non vivantes, mais ce réquisit s'impose éminemment dans le cas des êtres végétants. La forme dont découle la nature de ces êtres doit être assimilée à une force (*vis*) qui en détermine la nature individuelle et les dispositions actives et passives [5].

1. PN, III, p. V-VI : « Quæ [vita] quando in gradu infimo, quem vegetationem dicimus, subsistit, organicam requirit corporis structuram & vim vitalem se formandi & nutriendi, sensui quodammodo in obscura perceptione principii vegetantis analogam, regulam sui generis observantem, quatenus nihil obstat. E qua vi in statu maturo sequitur propagatio sobolis, legi naturali subolescendi sibi convenientissimæ conformis, quando non impeditur ».

2. PN, III, p. VI.

3. PN, III, § 431, p. 466-467.

4. PN, III, § 432, p. 467-468.

5. PN, III, § 432, p. 468 : « Sic *omnis essentia corporum viventium ex materia & forma constans, præbet illis propriam essentiam & naturam*, quæ actu sunt quidquid sunt, differunt & discernuntur a se invicem, & operantur, seu patiuntur & agunt quidquid valent ».

Le présupposé métaphysique qu'il convient de faire intervenir au fondement de l'explication causale des vivants implique la production originelle d'éléments doués de forces nécessaires et suffisantes pour les produire et pour produire par extension leurs semences en vue de la reproduction d'individualités semblables. L'hypothèse dont il s'agit est celle d'une prédétermination suivant les dispositions dynamiques internes des éléments représentant les composantes formelles élémentaires des corps. L'ordre naturel, du point de vue de son origine, tient à la création d'éléments dotés de pouvoirs organogénétiques, mais la formation et le fonctionnement des vivants dans le temps relève de dispositifs de production immanents à la force-forme des éléments : ceux-ci déterminent des combinaisons organiques conformes à la similarité des types de vivants. Ainsi Hanov déclare-t-il : « Il est sans exception qu'une fois la création accomplie, rien d'autre de ce qui relève des vivants originels ne s'est produit naturellement, si ce n'est par succession temporelle, dans la mesure où des éléments doués de la force appropriée ont été contraints de s'associer en leur sein de façon similaire »[1]. La succession causale des processus de formation organique est liée à l'ordre institué au départ et incarné dans les dispositions formelles et dynamiques inhérentes aux éléments. Les propriétés des éléments déterminent de même le mode de coalescence des parties des corps non vivants, à tel point d'ailleurs qu'on attribue par analogie des semences à certains minéraux qui croîtraient et se reproduiraient par une sorte d'organogenèse. Du moins sur ce point, nous ne sommes guère éloignés d'une monadologie physique du type de celle de Maupertuis dans le *Système de la nature*.

Le corps des vivants est constitué matériellement d'éléments et de mixtes similaires à ceux des corps non vivants, mais ceux-ci s'associent pour engendrer des composés répondant au modèle du tissu (*textura*, *Gewebe*) : les tissus produits, d'une considérable subtilité de composition, semblent dépendre d'un artifice, qualifié de « divin »[2], que l'on ne retrouve pas dans la composition, si complexe soit-elle, des corps non vivants. C'est en ce sens que Hanov reprend et renouvelle la métaphore des machines de la nature pour l'aspect matériel des entités concernées. On assiste similairement à une forme de « naturalisation » de la notion leibnizienne de corps organique, suivant la seule dimension de la composition matérielle. Hanov part en effet de la notion d'organe comme instrument et, dans le

1. PN, III, § 434, p. 470 : « Peracta creatione omnia reliqua in primævis viventibus non nisi successu temporis naturaliter evenisse, omni majus est exceptione, quia idonea vi prædita elementa in illis simili modo consociari jussa sunt ».

2. PN, III, § 439, p. 473.

cas des vivants, comme instrument naturel[1]. Se référant à l'article 274 de la *Cosmologia* de Christian Wolff[2], il définit ainsi le corps organique : « Les corps sont appelés organiques dans la mesure où ils sont disposés par essence et nature à accomplir des actions spécifiques »[3]. Les corps organiques se partagent en simples et en composés. Les corps organiques simples sont destinés à une seule action et se composent non d'organes possédant à leur tour des fonctions propres, mais de corpuscules sans fonctions vitales. Les corps organiques composés sont ceux « dont la plupart des parties, en tant qu'individuellement diverses, sont organiques, c'est-à-dire organes vivants, destinés à des fonctions particulières »[4]. Une note souligne ici l'implication hiérarchique de la notion qui semble renvoyer à des degrés d'agencement fonctionnel se développant de façon ascendante et dépassant manifestement tout artifice humain, notamment dans les corps organiques les plus complexes.

Le rapport structure-fonction repose sur le mode de composition et l'agencement intégré des parties. Tout défaut survenant dans la structure du corps organique risque de rompre les conditions requises pour un fonctionnement adéquat. Même si l'organisation structurale peut se manifester dans des corps non vivants – minéraux et cristaux par exemple – elle n'y est pas aussi directement observable et ne semble pas traduire d'intervention architectonique dépassant de la même façon nos capacités technologiques. Il y a, eu égard à la solution de continuité entre corps vivants et non vivants, une seconde étape dans la naturalisation du contraste entre machine de la nature et machine de fabrication humaine. Ce que nous percevons de façon confuse du rapport structural à la fonction dans le cas des simples mixtes se révélerait de façon suffisamment distincte dans le seul cas des vivants observables. Les organes simples des corps vivants, en se combinant, forment des instruments complexes : caractérisés à la fois par leur matière et par leur forme ou force intrinsèque, ces organes font advenir et déterminent, par leur composition, une unité structurale

1. PN, III, § 440, p. 474.

2. C. Wolff, *Cosmologia generalis, methodo scientifica pertractata*, Francofurti & Lipsiæ, Prostat in officina libraria rengeriana, 1731, § 274, p. 209 : « Organicum dicitur corpus, quod vi compositionis suæ ad particularem quandam actionem aptum est. Dividitur in organicum simplex, quod ex nullis aliis partibus organicis componitur, & in organicum compositum, cujus partes sunt organicæ. Subinde organicum compositum per excellentiam organicum appellari solet, & organicum etiam organon appellatur ».

3. PN, III, § 440, p. 474 : « *Corpora* vero *organica* dicuntur, quæ sua essentia & natura ad peculiares actiones apta sunt ».

4. PN, III, § 440, p. 474 : « [...] quorum pleræque partes, vel singulæ differentes sunt organicæ, h. e. organa viva, peculiaribus functionibus destinata ».

et fonctionnelle supérieure[1]. Et la raison de l'organisation complexe se révèle par l'analyse de ses composantes et de leur mode d'organisation, en tant qu'instruments simples[2]. Ceci implique que les machines de la nature répondent à un modèle combinatoire dont il s'agit de justifier l'application aux phénomènes représentatifs des fonctions qu'elles accomplissent.

Or, l'application de ce modèle combinatoire aux corps vivants soulève des difficultés qui nécessitent une résolution analytique particulière des conditions déterminant l'organisation vitale. Se référant à l'article 241 de la *Cosmologia* de Wolff[3], Hanov rappelle la distinction à établir entre raisons physiques et raisons mécaniques dans l'explication des phénomènes. Les premières consistent dans des propriétés générales représentant des constantes parmi les facteurs en lesquels se décomposent les phénomènes observables ; les secondes relèvent des propriétés géométriques et mécaniques – figure, masse, *situs* et mouvements – des corpuscules ultimes, eux-mêmes inobservables, dont l'assemblage est censé produire les phénomènes observables à quelque palier d'expérience que ce soit. Or, si les propriétés mécaniques peuvent rejoindre l'ordre des phénomènes sur un plan superficiel, celui de phénomènes qui se révèlent *prima facie* comme mécaniques, ce ne peut être le cas de quelque tentative que ce soit pour rendre compte mécaniquement de propriétés physiques, notamment si celles-ci relèvent de la physique spéciale des corps vivants. « Les phénomènes sont [ici] des effets manifestes, mais issus d'une force occulte, c'est-à-dire inconnue : ainsi réfèrent-ils à une essence dont relève cette nature et qui est encore profondément inobservable »[4]. D'où l'impossibilité d'expliquer les machines de la nature par strict recours à une analyse mécaniste, puisque l'on n'en peut même atteindre les réquisits de structure en termes de grandeur, de masse, de figure et de mouvement ou de force mouvante[5]. Sur le plan de la matérialité des corps organiques, nous nous trouvons donc contraints de recourir à de simples constantes empiriques comme raisons physiques des phénomènes. C'est donc sur ces constantes empiriques que doit se fonder l'explication causale des effets corporels produits. Mais il reste qu'une analyse par modèles physiques ne peut suffire à rendre compte des dispositions fonctionnelles intégrées des

1. PN, III, § 442-443, p. 476-477.

2. PN, III, § 444, p. 477.

3. C. Wolff, *Cosmologia generalis*, § 241, p. 183 : « In philosophia corpusculari rationes petendæ sunt non modo a principiis mechanicis, verum etiam physicis &, ubi rationes proximæ tantummodo quæruntur, in physicis subsistendum ».

4. PN, III, § 445 note, p. 477-478 : « Sunt autem phænomena effectus manifesti, e vi occulta seu ignota profecti, ideoque ad essentiam, cujus est illa natura, nondum penitius inspecta, redeunt ».

5. PN, III, § 446, p. 478.

corps complexes vivants, voire de certains corps situés sous le seuil de la vie, comme c'est le cas de structures minérales et cristallines [1].

Or, la difficulté à rendre compte causalement des processus vitaux se situe à un degré supérieur, car l'explication mécanique des arrangements organiques et des mouvements qui en découlent, à supposer qu'elle fût accessible, ne suffirait pas à fournir la raison suffisante des processus de la génération et de la reproduction. Les corps organiques sont par eux-mêmes des « machines mondaines (*machinæ mundanæ*), dotées d'un pouvoir de se mouvoir d'une certaine façon, mais nullement aptes à s'engendrer et à se reproduire » [2]. L'organisation en elle-même, si complexe fût-elle, ne saurait conférer à quelque corps que ce soit la propriété d'être vivant. Entre corps vivants et non vivants, la différence ne tient pas seulement à la présence d'une structure organique, que l'on peut certes contraster à de simples textures et mixtures d'éléments matériels : cette différence resterait simplement apparente, si l'on ne faisait intervenir une raison déterminante de l'organisation, et donc de la structure organique, qui tînt à l'action d'un principe de vie engendrant la structure et en assurant la préservation. Lorsque Hanov, par exemple, identifie la mort à une inversion de sens dans l'exercice des fonctions vitales, il soutient de fait que la différence entre corps vivants et non vivants dépasse la simple diversité des structures et leur différence de complexité [3].

Hanov reprend donc la thèse leibnizienne selon laquelle la vie serait assimilable au pouvoir de percevoir : celui-ci s'exercerait de façon architectonique dans la formation même du corps organique, à savoir dans le rassemblement des éléments dont se composent les organes et dans la coordination des forces vives inhérentes à ces éléments. Il ressort en effet de l'analyse des conditions d'existence des organes dits vivants que leurs éléments constitutifs seraient dotés de *vis insita* constante et que l'union de ces forces inhérentes assurerait la corrélation des fonctions et donc un fonctionnement intégré de l'ensemble organique [4]. Il est manifeste que, sur le plan matériel, l'assimilation d'éléments divers suivant leurs affinités respectives évoque un modèle de formation organique par épigenèse. L'influence de la monadologie physiologique de Maupertuis se fait d'ailleurs ici sentir par un rappel de l'analogie avec les formations cristallines : « Ainsi conçoit-on que des éléments s'attirent et

1. PN, III, § 447, p. 478-479.

2. PN, III, § 448, p. 480.

3. Voir PN, III, § 464, note, p. 497 : « Ita nunc [après rattachement de la mort au principe de vie] corporea viventium, & non viventium, sive organica gaudeant stuctura, sive minus, & textura tantum vel mixtione constituantur, satis dilucidata apparebit differentia naturalis ».

4. PN, III, § 449, p. 480-481.

s'assemblent par une force inhérente qui les rend aptes à constituer de tels organes [vivants] et à contribuer au fonctionnement de ceux-ci »[1]. Mais, par ailleurs, ces éléments ne peuvent être assimilés à des corpuscules inaltérables et indivisibles, car ce serait là recourir à une fiction, à une pure abstraction, incompatible avec la notion d'un composé qui comporte une unité d'organisation sur fond de divisibilité à l'infini.

Il convient donc de concevoir que les éléments appelés à constituer les corps organiques vivants sont dotés *ab origine* d'une force : celle-ci est apte à unir des éléments possédant des propriétés similaires et dont la combinaison aboutira à un corps organique doté des multiples fonctions que l'on identifie à la vie. La force inhérente à de tels éléments est « organopoïétique », puisqu'elle produit, en association avec d'autres forces élémentaires et similaires, l'arrangement structural du vivant et qu'elle vaut comme raison déterminante des fonctions constituant la végétation. Parmi ces fonctions, il faut faire droit aux processus de croissance et d'assimilation / désassimilation qui affectent les parties organiques. Tous ces processus doivent être rattachés aux effets de la force vitale inhérente aux éléments.

> Cette force vitale des corps, considérée de façon générale, suivant ses propres fins organopoïétique et nutritive, constitue la vie corporelle et accomplit par suite la végétation par des fonctions multiples et constantes et une activité d'une extrême rigueur. C'est par conséquent dans la vie végétative et dans la végétation où elle s'inscrit que consiste la vie corporelle, même à son moindre degré, et non dans un pur et simple mécanisme[2].

Si les actes vitaux ne peuvent découler d'une structure complexe par le simple jeu des propriétés mécaniques attribuables à ses composantes, il ne saurait être question d'une hypothèse selon laquelle un arrangement structural originel suffirait à produire le corps vivant dans ses diverses phases de développement. Un préformationnisme structural est à exclure au profit de dispositions dynamiques inhérentes aux éléments qui en s'agrégeant produiront ce corps. D'où, en matière de génération, la propension, manifeste dans la biologie de Hanov, à se satisfaire d'une sorte de prédétermination dynamique au fondement des processus multiples caractéristiques d'une véritable construction organique.

1. PN, III, § 449, note, p. 481 : « Sic & elementa se mutuo petere & congregare intelliguntur vi insita, qua apta sunt ad talia organa constituenda eorumque functionem præstandam ».

2. PN, III, § 450, p. 482 : « Conjunctim sumta hæc vis corporum vitalis pro scopo suo, organopoæa nutrixque vitam constituit corpoream, multiplici, perpetua functione, negotiosissimaque occupatione ultro vegetationem perficiens, proinde in vi vegeta (vegetante) continentique vegetatione consistit vita corporea omniumque infima, non vero in nudo mechanismo ».

Le point essentiel de l'hypothèse avancée consiste à attribuer aux éléments susceptibles de former les corps vivants un *nisus* plus relevé que celui qui prévaudrait chez les éléments minéraux et cristallins. Dans ce dernier cas, il s'agirait de perception très obscure ; dans le cas des éléments végétants, on doit avoir affaire à un stade supérieur de capacité perceptive ; et ce stade sera mesuré à l'aune des raisons requises pour rendre compte des fonctions émergeant de la structuration organique. D'où l'analogie avec une forme de perception sensible (*sensus*) ou de perception claire suivant des degrés éminemment variables en conformité de la loi de continuité. Similairement, le *nisus* de cet élément tendra à s'associer d'autres éléments possédant un tel degré de perception. Le consensus des éléments à la fin visée par la structure à produire est ce qui justifie d'y situer le principe de perfection à l'œuvre dans la production des vivants, ce dont rendrait compte l'appellation d'« entéléchie » dont Leibniz les a qualifiés à la suite d'Aristote [1].

Suit dans l'exposé de Hanov, un argument dont l'interprétation pose problème. Se référant en particulier à l'article 18 de la *Monadologie* [2], Hanov soutient qu'un seul principe d'unité prévaut dans la formation de tous les organes du vivant, principe auquel se trouvent subordonnées toutes les autres composantes et qui constitue l'entéléchie du vivant, « unique monade végétante, régissant la vie corporelle et s'efforçant sans discontinuer d'actualiser la fin voulue par la divinité, si quelque force plus grande ne l'en empêche » [3]. Il faut sans doute comprendre ici que ce principe d'unité de la vie corporelle est la perception, propriété d'un élément architectonique correspondant à la monade dominante selon Leibniz dans son rapport au corps organique ; et cet élément requiert, pour sa constitution formelle, une pluralité de monades subordonnées. Il faut donc supposer un rapport de domination-subordination analogue dans la relation réciproque des éléments composant la structure organique. Le modèle physique requis pour en rendre compte peut apparaître problématique, car il implique à la fois l'intégration unitaire des éléments et la prévalence causale, voire l'autonomie maintenue de l'élément agissant comme principe d'intégration. Ce problème avait été soulevé par Maupertuis à la fin du *Système de la nature* comme une aporie de ce que

1. Voir PN, III, § 451, p. 483.

2. G. W. Leibniz, *Monadologie*, § 18, éd. Robinet, Paris, P.U.F., 1954, p. 81 : « On pourroit donner le nom d'Entelechies à toutes les substances simples, ou Monades creées, car elles ont en elles une certaine perfection (ἔχουσι τὸ ἐντελές), il y a une suffisance (αὐτάρχεια) qui les rend sources de leurs actions internes et pour ainsi dire, des Automates incorporels ».

3. PN, III, § 451, p. 484 : « […] entelechia, unica monas vegeta, vitam corpoream regens & indesinenter ad scopum a numine destinatum enitens, nisi majori vi impediatur ».

j'ai désigné comme une « monadologie physiologique ». Pour l'heure, Hanov se contente de supposer une capacité perceptive, comme sensibilité obscure propre au corps organique végétant, ordonnée aux fonctions vitales qui lui sont propres et qu'il rattache aux entéléchies brutes, donc inférieures à l'âme qui compose le vivant animal. L'hypothèse que Hanov privilégie se fonde sur le fait, présumé reconnu, de la constitution des corps vivants par voie agrégative et sur la subordination de la structure réalisée aux lois du mouvement. Reste alors qu'il faut présumer l'action d'un principe assurant l'agencement de la structure, la régulation des opérations et la finalité qui s'y rattache. D'où le recours à une force végétante ou principe vital qui opère, à cette fin, la discrimination des composantes matérielles utiles ou nuisibles. S'il convient de rejeter toute idée de causalité externe de type mécanique dans l'instauration et le maintien du corps organique vivant, le seul moyen d'assurer l'intégration requise des parties matérielles est de présumer qu'une « loi interne » aux éléments concernés fonde les opérations architectoniques d'où émerge la structure vivante. Dans cette perspective, Hanov récuse l'hypothèse de moules intérieurs de Buffon comme aporétique, puisqu'elle suppose, dans un dispositif matériel, un pouvoir architectonique qui ne saurait s'y trouver et dont il n'existe aucune preuve empirique [1].

> La structure même [des organes vivants] ne peut dériver si ce n'est d'un principe ou d'une substance qui soit essentielle à cette structure et qui soit une nature ordonnée à réaliser sa finalité, suivant la loi de laquelle elle agit constamment, loi que l'on peut qualifier de loi de végétation au même titre que [les termes] que l'usage a accrédités : loi du mouvement, de la sensation, de l'imagination, etc. [2]

Sur la base de ces considérations sur la vie végétante, Hanov entreprend de caractériser de façon générale les processus de végétation, au premier rang desquels figurent la nutrition et la capacité reproductive. Toute l'analyse à ce sujet se fonde sur la « force de la structure et de

1. Voir PN, III, § 454, note, p. 488-489.

2. PN, III, § 452, note, p. 485 : « Ipsa igitur eorum structura non nisi a tali principio s. substantia derivari potest, quæ sit ipsi essentialis & natura ad scopum suum sortiendum ordinata, ad cujus legem constanter agat, quam legem vegetationis dicere libet, eodem jure, quo legem motus, sensionis, imaginationis &c. usus recepit ». Dans une note de cet article, Hanov conteste la thèse exposée dans les articles 615 et suivants de la *Psychologia rationalis* de Wolff, suivant laquelle il est suggéré que les corps organiques pourraient être formés et activés de façon purement mécanique, indépendamment de l'action concomitante d'un principe animique. Somme toute, Hanov critique la distinction ontologique des âmes douées de perception et des éléments qui ne le seraient pas selon Wolff.

la nature » (*vi structuræ & naturæ*)[1]. Entendons par là que la force-perception dont sont dotés les éléments de l'organisation vitale agrège les composantes matérielles au corps en formation ou dûment formé : elle le fait en vue de la structure à réaliser et à maintenir et suivant les dispositifs actualisés en celle-ci. De ce point de vue, le concept d'organisme renvoie nécessairement à la totalité de la structure, objet d'analyse anatomique, mais la structure, dans toutes ses parties, considérées individuellement et respectivement, ne peut se comprendre indépendamment du rapport téléologique qui y est inscrit et qu'exprime la loi de développement des monades correspondantes : « À mon avis, se rapporte à l'organisme toute la structure organique et donc tous ses [éléments] qui relèvent de l'anatomie, non seulement en tant que composantes considérées en soi et individuellement, mais dans leur connexion et leur fonction en vue d'une fin »[2]. La spécificité de l'organisation se rattache aux propriétés essentielles des éléments qui fondent la capacité de reproduction des corps vivants. On ne saurait en effet admettre l'hypothèse de ceux qui, constatant l'universalité de la reproduction vitale, présument que tout élément est indifféremment apte à développer quelque type d'organisation que ce soit, suivant les seules circonstances ambiantes, c'est-à-dire suivant des conditions externes de temps et de lieu[3]. Hanov s'en prend ici de nouveau à la génération selon Buffon, mais sous l'angle du concept de molécule organique, comme corpuscule élémentaire sujet à structuration suivant l'empreinte formelle des moules intérieurs, sans être pour autant agent et vecteur d'une loi immanente de développement. C'est parce que l'élément monadique possède, selon Hanov, une telle loi interne qu'il peut donner lieu à des structurations intrinsèquement distinctes et que la reproduction des corps vivants peut se produire selon des modes variés, ce qu'illustre par exemple la reproduction par division qui s'opère chez le polype : la structuration n'y implique qu'une conjonction d'éléments fournis par le polype d'origine. Dans les cas de la reproduction bisexuée, cette conjonction est présumée s'opérer depuis des ensembles d'éléments provenant des corps organiques mâle et femelle, mais la détermination des éléments mâles serait vitale, alors que celle des éléments femelles serait nutritive[4].

1. PN, III, § 453, p. 487.

2. PN, III, § 456, note p. 490 : « Meo qualicunque judicio ad organismum pertinet universa structura organica ideoque & cuncta ad anatomiam […] relata, nec seorsim singulatimque tantum ; sed in omni nexu & usu suo ad finem obtinendum spectata ».

3. Voir PN, III, § 458, note, p. 492.

4. Voir PN, III, § 459, p. 493.

En tout état de cause, les modalités diverses de la génération et celles, subséquentes, de la croissance, voire de la décroissance et de la mort, ne peuvent être attribuées qu'à l'interaction des forces propres aux éléments végétants avec les structures organiques que ceux-ci construisent et dans lesquelles ils opèrent. Il est aisé de constater que Hanov rattache par exemple la maladie à un affaiblissement des processus d'interaction entre force et structure, que cet affaiblissement soit suscité par des causes externes ou qu'il soit le fait des implications de la loi même de développement organique[1]. Significative est la doctrine de la mort qui amplifie à l'extrême les effets de cette altération, en quelque sorte programmée, des fonctions organiques. De ce point de vue, la mort est soit de provenance externe par violence destructrice des structures et des fonctions, soit de provenance interne par exténuation de l'organogenèse. Mais, que ceci se produise de l'une ou de l'autre manière, « la mort est naturellement inhérente aux corps vivants, comme la divisibilité l'est à tout composé »[2]. Les organes des vivants servent à diverses fonctions qui se trouvent génériquement comprises sous les processus d'agrégation vitale et de croissance, de désagrégation vitale – sécrétion, excrétion et respiration – et d'élaboration de sucs vitaux et de semences. Dans la mort, toutes ces fonctions cessent d'opérer, corrélativement à la dissolution des organes impliqués, avec comme conséquence la subordination à des déterminations finales inverses de celles du fonctionnement positif[3]. Concevons par conséquent ces processus de dissolution fonctionnelle et structurale comme découlant des lois de végétation inhérentes aux éléments vitaux qui réalisent l'architectonique des corps vivants. D'où la proposition suivant laquelle « une fois morts, [les corps vivants], conformément au cours ordinaire de la nature, se dissolvent insensiblement en leurs principes, dont ils découlaient »[4]. Cette proposition fait ressortir l'idée d'une sorte de programmation inhérente aux divers corps vivants qui les détermine à cesser d'exister en tant que composés organiques, et cette programmation interviendrait même lorsque les processus de mort sont apparemment liés à des circonstances externes. Si ce point demeure peu explicité dans l'exposé physiologique, il semble rattachable d'une part au principe métaphysique d'une prédétermination des événements

1. Voir PN, III, § 462, p. 495.

2. PN, III, § 463, p. 496 : « *Mortalitas* igitur ita corporibus viventibus naturaliter inest, ut divisibilitas compositis quibusque ».

3. Voir PN, III, § 463, note, p. 496 : « Omnes igitur vitæ functiones abolet mors, omnium finem & contrarium inducit […] ».

4. PN, III, § 464, p. 496 : « *Mortua ordinario naturæ cursu sensim dissolvuntur in sua principia, unde erant orta* ».

par Dieu, d'autre part, suivant les principes de cette philosophie naturelle, à la loi de déploiement des forces inhérentes aux éléments. C'est ce que l'on peut inférer de cette assertion :

> Lorsque [les corps vivants] meurent, suivant le décret ordinaire de Dieu, la raison cesse d'agir par laquelle les parties, associées aux fins de la vie, restaient conjointes ; ainsi des causes et raisons sont naturellement présentes pour lesquelles ces parties se séparent peu à peu les unes des autres, se dissipent et se dissolvent en profondeur en celles dont elles étaient issues [1].

Le passage des corps vivants aux corps animés correspond à un rehaussement de la force inhérente aux monades (dominantes) correspondantes. Celles qui sont responsables de la végétation sont dotées de perceptions obscures, lesquelles n'ont qu'un rapport d'analogie avec la sensibilité : avec les monades caractérisant les vivants animés, l'on accède au palier de la perception sensible (*sensus*), lequel correspond à une modalité spécifique de contrôle des perceptions et de direction des impulsions. La doctrine sur ce point est assez leibnizienne. En témoigne cette assertion :

> La perception claire [celles des êtres animés] se perçoit soi-même et les autres choses confusément, et discerne l'utile du nuisible, l'agréable et le plaisant du néfaste et du désagréable, pas aussi obscurément toutefois que le font les corps vivants, mais plus lucidement et avec une clarté d'impression qui lui est propre et dont l'obscurité ne peut se rendre maître, même si elle jouit de toute l'intensité possible [2].

La distinction entre êtres vivants et êtres animés, fondée sur des degrés de perception, se traduit corrélativement en une différence de capacité motrice des corps organiques, ceux des vivants animaux étant seuls dotés d'un pouvoir d'autodétermination au mouvement local. Ce pouvoir moteur suffit à permettre le déplacement de leur être total dans l'espace, alors qu'un mouvement interne des parties, lié à l'assimilation-désassimilation et à la croissance, peut se rencontrer dans tout corps vivant. Réinterprétant les *Meditationes de cognitione, veritate et ideis* (1684) de

1. PN, III, § 464, p. 497 : « Quum vero mortua sunt, ordinario Dei instituto cessat ratio, cur partes, vitæ causa conjunctæ, maneant in conjunctione, ideo causæ & rationes præsto sunt naturales, quibus a se invicem paulatim sejungantur, dissipentur penitusque dissolvantur in illa, e quibus orta erant ».

2. PN, III, § 465, p. 498 : « Clara perceptio & se & alia confuse percipit, discernitque profutura ab obfuturis, grata & jucunda ab adversis & ingratis, non ita obscure, ut corpus vivens, sed lucidius & propria sibi notitiæ claritate. Cujus obscuritas compos fieri nequit, etiamsi gaudet, omni, qua potest, præstantia ». Cette perception de soi des êtres animés est ici essentiellement celle de leur propre corps organique en relation aux corps organiques et inorganiques ambiants.

Leibniz, Hanov conçoit qu'il existe des limites formelles entre modes de perception : perception distincte, perception claire ou perception obscure. Il s'agirait, suivant son expression, de « degrés essentiels » (*gradus essentiales*) dans la typologie des êtres vivants [1]. Dans cette typologie, le degré inférieur est celui des êtres dont Aristote disait qu'ils se nourrissent, croissent et décroissent, et auxquels il attribuait la capacité d'engendrer leur semblable. [2] Suivant une classification inspirée de Wolff, la distinction des êtres vivants et animés donne lieu à l'identification de la phytologie et de la zoologie comme disciplines biologiques dédiées respectivement à l'une et à l'autre catégorie de relation entre monade et corps organique [3].

Selon Hanov, une condition essentielle pour comprendre la nature des animaux est de se représenter qu'ils partagent avec les simples vivants les propriétés fonctionnelles caractérisant la formation, la nutrition et la reproduction. Ces propriétés impliquent que les éléments originaux opérant la génération et le fonctionnement des corps organiques soient doués de forces suffisantes à cette fin : ces forces sont analogues aux pouvoirs de perception sensible et d'appétition, sans pour autant être identifiables comme tels, et aptes à déployer des actes qui correspondraient formellement à de telles dispositions [4]. Suivant une formule inspirée de Leibniz, il est question ici de formation organique sous la dépendance non d'une connaissance claire et distincte, mais d'une « perception instantanée » (*perceptio momentanea*) et d'une tendance à l'action qui y correspondrait. Hanov se refuse cependant à voir dans la formation organique des simples vivants l'effet d'éléments corporels (corpuscules), voire d'agrégats de ces éléments, que l'on supposerait tous posséder un principe d'animation apte à se traduire en perception et appétit sensibles. Il s'agit là d'une référence critique à l'hypothèse d'inspiration monadologique émise par Maupertuis dans son *Système de la nature*.

Pour l'explication des phénomènes corporels non vitaux, il suffit certes de présumer que les éléments, simples monades physiques, possèdent intrinsèquement le pouvoir de motricité (*vis movendi*) [5]. Mais les phénomènes vitaux, quant à eux, découlent d'un principe formel présent dans une catégorie donnée d'éléments ou de « substances élémentaires préexistantes ». Ce principe se caractérise comme une

1. PN, III, § 467, p. 499.

2. Hanov se réfère ici à Aristote, *De anima*, II, chap. 2 et 4.

3. Voir PN, III, § 469-471, p. 501-503.

4. Voir PN, IV, § 142, p. 148 : « Vegetatio quidem assumtionem & segregationem nutrimenti aliquam infert, unde ad summum quidquam sensui & appetitui simile concludi potest, non tamen ipse sensus, appetitus, & affectus lætitiæ, amicitiæ mutuæ &c. ».

5. Voir *Ibid.*, p. 148-149.

« force organopoïétique » (*vis organopœa*), car, précise Hanov, il fabrique progressivement la structure du corps organique par conjonction d'éléments corporels idoines. Cette épigenèse, programmée en quelque sorte dans le principe vital en tant que dessein architectonique à accomplir, peut être altérée, voire empêchée par des forces incidentes finies issues d'autres éléments ou agrégats d'éléments, que ceux-ci soient aptes à la végétation ou non ; elle peut par conséquent dévier par rapport à la forme optimale du type qu'elle devrait réaliser. De toute manière, le mode de la construction vitale se distingue de ceux, d'ordre mécanique, que l'artisan humain met en œuvre en créant des automates : même si ceux-ci peuvent produire des mouvements réglés en raison de l'arrangement de leurs parties composantes, ils ne peuvent, à l'instar des vivants, s'organiser eux-mêmes, croître et se nourrir en vertu des dispositions inhérentes à leurs éléments-principes.

2. Le corps organique chez l'animal et l'être humain

Le palier supérieur, celui de l'animalité, dépend formellement de la présence d'une âme. Comme la plante est régie par un principe de végétation (*monas vegetatura*), l'animal dont l'essence est la « copulation actuelle de l'âme avec un corps vivant qui lui correspond » [1] est gouverné par un principe d'animation (*monas sentiens*) [2].

L'âme se distingue de l'élément nu simplement doué de force motrice, ainsi que de l'élément doté de principe vital et apte à l'organogenèse : l'âme, quant à elle, est agent de sensibilité et de motricité locale. Dans la mesure où elle constitue le principe formel d'un corps organique vivant particulier, elle définit l'animal comme « substance ou vivant sensible » (*substantia seu vivum sentiens*) [3]. Compte tenu du lien substantiel existant entre une telle âme et son corps organique, il s'ensuit que ce corps déploie des organes adaptés aux fonctions sensori-motrices. Suivant le réquisit de raison suffisante, l'âme assume, chez l'animal, les fonctions organogénétiques générales, celles de la vie végétative, et des fonctions spécifiques qui régissent le substrat organique de la sensibilité et de la motricité fonctionnelle externe. Autrement dit, le principe générateur des structures et des opérations du corps organique animal, incluant les organes et processus de la vie animale, réside dans la monade dominante qui impose sa forme au vivant. Celui-ci serait en formation progressive

1. PN, IV, § 143, p. 150 : « […] ideoque essentia animalis est copulatio actualis animæ cum conveniente sibi corpore vivo ».

2. Voir PN, IV, § 143-144, p. 150-151.

3. PN, IV, § 144, p. 151.

de type épigénétique, une fois posé le dessein potentiel d'organogenèse et de fonctionnement organique inhérent à la monade dominante, principe de vie et d'animation.

Dans la section du traité consacrée à l'anthropologie comme « science de la nature physique de l'homme » [1], Hanov ajoute à ces considérations l'analyse de ce que représente la monade ou l'élément comme *mens* dans l'économie du corps organique. Une fois admis un ordre général de la nature et une ordination particulière des substances de la nature suivant le décret de création, toute l'explication de la genèse des êtres humains vivants repose sur le jeu des forces immanentes à leurs éléments monadiques sous l'égide d'une monade dominante qui enveloppe la qualité d'esprit et donc la capacité mentale correspondante [2]. La force inhérente à ces éléments est la cause formelle de structuration des organes suivant les déterminations fonctionnelles qui leur sont propres. « Ainsi l'esprit (*mens*), par sa force rectrice particulière, s'efforce et s'emploie à obtenir et à conformer des organes adéquats à ses fonctions sous l'emprise éminente d'une perception formatrice obscure dont il est doté à cette fin, lui qui s'associe les éléments les plus appropriés » [3]. Il doit y avoir consensus ou conspiration de tous les éléments requis pour la construction et la conformation du corps organique qui héberge l'âme et pour son fonctionnement par la suite, mais il n'est point nécessaire que cela se fasse intégralement sur le mode de la perception consciente et de la détermination volontaire, puisque seules sont requises les déterminations dynamiques des éléments concernés, agissant selon les fins de la monade dominante. Par ailleurs, Hanov prend prétexte d'une affirmation de Haller selon laquelle aucune âme finie ne serait à la hauteur de la tâche consistant à construire un être vivant dans sa complexité et sa variété interne [4], pour affirmer que, suivant le plan général de la création voulu par Dieu et la dépendance initiale de toute force naturelle à l'égard d'une

1. Voir PN, IV, p. 484 où le premier chapitre de la section intitulée « Anthropologica » porte le titre : « De anthropologia, sistens scientiam humanæ naturæ physicam ».

2. Voir PN, IV, § 507, p. 502 : « Genesis autem & ortus hominum naturalis præstatur a Deo ordinaria providentia per vires naturæ monadum, præsertim mentis ».

3. *Ibid.*, p. 502 : « […] ita mens præcipua vi sua rectrice connititur contenditque ad obtinenda & conformanda organa usibus suis idonea, duce eminenti perceptione obscura formatrice, qua ad hos fines est prædita, inter elementa habitans sibi convenientissima ».

4. Voir PN, IV, § 507, p. 504, qui renvoie à Albrecht von Haller, *Primæ lineæ physiologiæ*, § 884. Voir A. von Haller, *Élémens de physiologie*, Paris, Chez Guillyn, 1769, § 869, p. 302 : « Quelle est la cause de la structure du fœtus ? Est-ce son ame ? Elle est trop ignorante sur sa nature, & elle ne prévoit point les fins & les fonctions auxquelles les membres du fœtus sont préparés ». Ce dernier article des *Primæ lineæ* expose une thèse de type épigénétiste sur la génération que Haller a récusée par la suite et qui est assez analogue à celle que développe Hanov.

cause transcendante, les forces constructrices à l'œuvre dans la nature, par exemple celle de l'âme construisant son propre corps, sont finies par nature et proprement physiques, à défaut d'être mécaniques, et qu'elles ont été accordées à cette fin à des substances finies autonomes. L'âme détient ce pouvoir qu'elle ne saurait toutefois exercer de façon purement contingente, comme s'il s'agissait d'un pouvoir sans détermination immanente. Tout revient donc à une loi de développement naturel, inscrite dans les dispositifs dynamiques propres aux éléments organiques vitaux et animaux. Toutefois, dans les cas de reproduction bisexuelle, un seul élément, présent dans la semence mâle possèderait la capacité organogénétique de l'âme animale ou humaine, mais la mise en œuvre de cette faculté sensitive est présumée dépendre de la copulation avec un élément présent dans l'ovule ou semence femelle [1]. La *mens* se substitue à l'âme animale dans ce rôle, lorsqu'il s'agit de former le corps organique humain suivant une loi de développement séquentiel d'institution divine. Matériellement, la conjonction d'éléments provenant des semences mâle et femelle produit une masse de chair relativement informe : c'est là l'ébauche d'un petit corps propre (*primordium sui corpusculi*) sur lequel opère l'âme directrice (*anima directrix*). Unie à la matière organique, celle-ci régit les mouvements internes du corpuscule de façon à structurer les organes premiers de l'animalcule qui le rendent apte à vivre et à percevoir. Une telle structuration produit des organes éminemment subtils dans le cas de l'embryon humain [2].

3. Une épigenèse programmée

Soutenant comme hypothèse adéquate l'idée d'une épigenèse programmée dans la forme-force essentielle de la monade dominante, Hanov rejette donc toute préformation structurale du vivant à actualiser, sous forme de germe préexistant. D'où la critique qu'il opère de la théorie de la génération exposée par Charles Bonnet dans ses *Considérations sur les corps organisés* (1762). Il conteste ainsi le préformationnisme oviste que le naturaliste genevois justifiait en particulier en se référant aux observations embryologiques de Haller, rapportées dans le mémoire *Sur la Formation du cœur dans le poulet ; sur l'œil ; sur la structure du jaune &c* (1758). Haller y soutenait la continuité des structures de l'embryon de poulet par rapport à celles du vitellin dans l'œuf non fécondé. Selon cette hypothèse, il y aurait donc préformation du corps organique complet en mode invisible dans le germe auquel il ne manquerait que la

1. Voir PN, IV, § 509-511, p. 507-509.
2. Voir PN, IV, § 511, note (1), p. 509.

force nécessaire pour se développer, force que lui fournirait la semence mâle [1]. Cette force se traduirait en impulsion et expansion des structures internes de l'embryon avec assimilation de particules externes, sécrétion et excrétion consécutives à l'instauration de processus circulatoires. Le mouvement du cœur serait stimulé par la force séminale induite, amorçant l'irritabilité des fibres de cet organe dont l'action se poursuivrait de façon autonome par la suite. Haller présumait en outre que la semence ne se contentait pas de déclencher des dispositions dynamiques inhérentes aux particules élémentaires du germe, mais leur imprimait des formes constantes, contribuant ainsi à la reproduction héréditaire des traits parentaux de façon diversifiée, ce que confirmerait l'observation des hybrides. Hanov tient l'hypothèse hallérienne pour équivoque dans la mesure où elle impliquerait à la fois qu'aucun organe original ne pourrait être produit dans une structure déjà préformée et que, par contre, la force inhérente aux éléments séminaux détiendrait un pouvoir d'imposition de forme à la structure qu'elle animerait. D'autres arguments dévalueraient de même cette hypothèse. L'évocation de la division infinie de l'étendue afin de soutenir l'emboîtement des germes à l'infini est révoquée en doute, puisqu'il ne saurait y avoir résolution de quelque réalité finie que ce fût en infinis actuels de même nature. En définitive, l'hypothèse ne serait étayée par aucune raison suffisante répondant aux réquisits de l'ordre naturel, puisqu'on ne saurait concevoir de puissance immanente qui pût rendre compte causalement de la préformation du germe dans l'œuf. D'où la très intéressante inférence suivant laquelle la seule argumentation recevable concernant la génération des vivants doit rapporter les phénomènes vitaux à un système de déterminations relevant de causes naturelles aptes à produire les corps organiques dans leur ordre : cela suppose certes de postuler l'existence de monades comme principes de vie, dont la raison suffisante relève du dessein de création, mais dont les effets s'accomplissent suivant des lois naturelles conformes au principe de l'harmonie universelle. C'est du moins ce que l'on peut inférer à la lumière de déclarations telles que celle-ci : « En ce qui concerne la nature des monades une puissance infinie est requise pour la créer, conserver et régir, mais, en ce qui concerne les événements naturels, un savant concours suffit à rendre compte des mutations et destinations ordonnées et ordinaires des choses » [2].

1. Voir M. T. Monti, *Congettura ed esperienza nella fisiologia di Haller. La riforma dell'anatomia animata e il sistema della generazione*, Firenze, Leo S. Olschki, 1990.
2. PN, IV, § 511, note (2), p. 510.

Hanov classe les théories de la génération sous trois chefs : 1) la dissémination ; 2) la transformation ou l'évolution ; 3) l'épigenèse. La première catégorie recoupe l'hypothèse qu'il privilégie. Celle-ci peut se résumer en la création initiale de monades, réparties à la dimension de l'univers physique et constituant des principes de vie ou d'animation : ceux-ci, à des moments et dans des circonstances appropriées, s'associent à d'autres formes-forces naturelles élémentaires et créent, par leur union, les corps organiques vivants. La loi de construction et de développement de ces corps exprime les dispositions dynamiques internes des monades dominantes en interrelation avec celles des autres éléments impliqués. Dans la seconde catégorie, la transformation signifie la préformation animalculiste ; l'évolution désigne pour sa part la préformation oviste.

La prise de position à l'égard de l'épigenèse est significative. Celle-ci correspondrait à l'explication de néoformations vivantes par agrégation de molécules organiques semblables à celles dont seraient constitués les divers membres du vivant. Se désagrégeant, ces molécules conserveraient leur vitalité propre et seraient aptes à s'agréger pour reformer des ensembles similaires à ceux dont elles proviennent. Or, si l'on considère la structure première des embryons, par exemple dans l'œuf de poulet aux premiers stades de développement, il ne semble pas qu'on puisse y observer l'extrême variété de molécules qui serait requise pour donner lieu, par agrégation, aux diverses structures organiques spécialisées. Mais, à supposer que, contre toute apparence, ce fût néanmoins le cas, il n'existerait, dans ces molécules, aucun principe directeur pour les orienter vers leur destination finale selon les structures et fonctions du tout à réaliser. Cette difficulté s'estompe pour peu que l'on admette que « [...] dans chaque vivant se trouve un principe régissant toutes les composantes selon la fin particulière qui lui est propre et à laquelle sa force et sa nature inhérente l'ont destiné »[1]. Pour étayer ce point, Hanov se réfère aux *Lettres philosophiques sur la formation des sels et des crystaux, et sur la génération et le mechanisme organique des plantes et des animaux* (1729) de Louis Bourguet. Selon son interprétation, même si celui-ci, à la suite l'*Istoria de la generazione dell'uomo e degli animali* (1721) d'Antonio Vallisneri, favorisait le recours à une hypothèse de préformation, il se serait vu contraint, selon les déterminations de la raison suffisante, d'admettre « en toute génération une monade dominante particulière à l'activité de laquelle tous les autres éléments seraient subordonnés »[2].

1. PN, IV, § 511, note (6), p. 513 : « [...] si cuique viventi inest principium regendi omnia ad suum finem singularem, cui vis & natura insita est destinata ».

2. *Ibid.*, p. 513.

Hanov inscrit la formation de l'embryon en continuité de l'hypothèse qu'il accrédite concernant la génération. L'embryon humain se constitue progressivement depuis la confluence initiale de la *mens* et des autres éléments provenant des semences mâle et femelle. Certes, le mode de combinaison initial du corps organique se révèle inobservable au microscope : on ne peut que spéculer sur la façon dont ces éléments primordiaux s'agrègent à d'autres éléments de même nature de façon à former les structures qui, par la suite, s'accroîtront, se métamorphoseront et fourniront au vivant ses divers organes vitaux et animaux. L'analogie sert ici de moyen privilégié d'extension des processus observables aux modes présumés d'élaboration primordiale. La *mens* serait ainsi l'artisan d'un petit cerveau primitif d'où prendraient naissance quantité de fibrilles nerveuses, d'artérioles et de veinules. Avec celles-ci commencerait le mouvement des fluides nerveux et nutritifs, qui, par retour à leurs points sources, constitueraient les circuits et les processus de flux et de reflux dont dépendrait la continuité vitale d'un corps organique en perpétuelle transformation.

> Il y a lieu de croire, et les plus sagaces physiciens le reconnaissent, que l'âme est présente dans l'animalcule qui vient d'être conçu et qu'elle opère d'abord là où est l'origine de tous les nerfs et de la moelle vitale organique. De là la formation se poursuit par les organes de la nutrition et du mouvement vital, sans lesquels la fabrication de l'animal ou de l'embryon ne saurait s'accomplir [1].

Par analogie, l'observation des phases de l'embryogenèse suggère qu'au stade primordial inobservable, la formation du vivant requiert la constitution de fibrilles et la production de mouvements contractiles que Hanov n'hésitera pas par ailleurs à attribuer à une forme d'irritabilité [2].

En matière d'observations embryologiques, Hanov se réfère principalement à Harvey, Haller et Bonnet. Il note en particulier que la manifestation primordiale de la vie chez l'embryon est l'apparition d'un *punctum saliens* dans ce qui semble être l'amorce d'un vaisseau sanguin. Selon le plan de développement inhérent à l'âme, mais par des

1. PN, IV, § 512, note (3), p. 517 : « Animam in animalculis conceptis ibi præsentem esse, & primum operari, ubi est principium omnium nervorum & medullæ vitalis organicæ. Inde formatio procedit ad organa nutritionis, motusque vitalis, sine quibus ulterior efformatio animalis vel embryonis succedere nequit ».

2. Voir en particulier PN, IV, § 12, p. 515 : « Continentis enim vitalis motus fluidorum ratio a vitæ primordio usque ad ejus interitum constans esse debet & perpetua vis insita & a mente regenda. Prima igitur constructio homunculi embryonis jam fieri sic debet, uti deinde est continuanda, ideoque cum fibrillis, fluidorum fluxum & refluxum tantillum opus est, ut complectatur jam tum, eumque indesinentem ».

processus qui ne relèvent que de l'enchaînement des causes naturelles, l'action organogénétique se forme et s'exerce. L'apport de suc nutritif détermine alors la production d'humeurs vitales et la genèse de fibrilles, fibres, vaisseaux, membranes, organes, ce que révèlent les observations des naturalistes [1]. Le schème que Hanov propose pour rendre compte de ce processus est celui d'une formation ou d'une construction actualisée de l'intérieur, par production endogène de structures émergentes, comme si le corps organique ne faisait que déployer des dispositifs latents. D'où la tendance assez naturelle à assimiler cette néoformation à une forme de déploiement (*evolutio*) de structures préexistantes selon les hypothèses préformationnistes :

> Au stade antérieur, les formations résultant de l'union des éléments se conçoivent en une très ténue et invisible structure primordiale déjà intrinsèquement façonnée ; de même, par la suite, en période de maturation, elles acquièrent leur accroissement de l'intérieur à partir du sang ou de façon générale à partir du suc nutritif, et ce jusqu'à la mort, et non pas de l'extérieur, par juxtaposition de molécules que l'on dit vivantes [telles les molécules organiques de Buffon]. La formation d'un nouvel animalcule a donc plus d'affinité avec une évolution qu'avec une apposition ; elle n'est pas cependant une simple expansion de ce qu'on imagine déjà antérieurement formé on ne sait où, pour ainsi dire dans la création première, mais une nouvelle formation et une construction intime [opérée de l'intérieur], relativement plus semblable à certains égards à la composition grossière d'objets de l'art à partir de parties préformées, qu'à une composition par laquelle apparaît quelque chose de nouveau qui n'était pas antérieurement présent. Il faut admettre que tous les simples ont existé depuis la création, dotés de leur force propre qui leur suffit pour constituer en temps voulu animaux et vivants par conjonction avec un principe naturel de vie ; mais il ne sera jamais prouvé que des composés ont été inclus les uns dans les autres à l'infini ; la génération ne doit pas être non plus conçue comme une création [2].

1. Voir PN, IV, § 513, p. 517.

2. PN, IV, § 512, note (3), p. 516-517 : « Ideo ante jam per elementorum unionem efformata intelliguntur in tenuissimo & invisibili exordio suo intrinsecus jam tum sic facto, uti deinde adolescente ætate intus e sanguine vel generatim succo nutritio acquirunt sua incrementa, usque ad mortem, non extus per juxta positionem molecularum, quæ dicuntur, vivarum. Evolutioni igitur affinior est formatio animalculi novi, quam appositioni nec tamen nuda expansio ejus, quod jam ante formatum fingitur, nescitur ubi, in prima creatione quasi, sed *formatio nova* & constructio intima, quadamtenus compositioni arte factorum crassæ, ex præformatis partibus sat magis, similis, qua, novum oritur, quod ante non aderat usquam. Simplicia quidem omnia extitisse inde a creatione, vi sibi propria donata, qua ad constituenda suo tempore animalia & viventia, conjunctione cum principio vitæ naturali facta sufficiunt, concedendum est ; at composita in se invicem facta divisione in infinitum, inclusa fuisse, ut non sint nisi evolvenda amplius nunquam evincetur ; nec generatio ut creatio est concipienda ».

Cette conception de la génération rattachant l'épigenèse des formations organiques à la préexistence des principes vitaux monadiques suscite une conception originale du rapport structure-fonction au cœur d'une physiologie notamment inspirée des œuvres récentes de Haller. Hanov recense volontiers les diverses définitions de la physiologie comme science du corps humain dans son fonctionnement normal, identifié à l'état de santé [1]. Il est intéressant de constater qu'en ce qui concerne la notion de santé, il dispose en une série des définitions empruntées à Christian Wolff, Herman Boerhaave, Haller, Daniel Sennert, Friedrich Hoffmann et Michael Ettmüller. Selon Wolff, la santé serait un état du corps dans lequel les parties seraient aptes à accomplir les fonctions auxquelles elles sont destinées. À Boerhaave est attribuée l'idée d'une aptitude du corps à l'accomplissement parfait de ses actions ; à Haller l'idée d'un corps possédant les conditions requises pour l'exercice de ses actions ; à Sennert, l'idée d'un pouvoir du corps découlant de la constitution de ses parties et de la nature de l'âme et se traduisant en actions conformes à la nature. Hoffmann pour sa part est présumé avoir rattaché la santé à la dynamique circulatoire, à la composition des humeurs et à la convenance des sécrétions et excrétions. Ettmüller aurait insisté, quant à lui, sur le maintien de la vie en son intégrité. Hanov semble accréditer toutes ces connotations. Mais il semble qu'il en dégage primordialement une idée, à savoir que les dispositifs organiques constituent le siège de forces dont l'exercice corrélé, répondant à une finalité immanente, assure le maintien et le développement du corps vivant et sensible. D'où les implications de la notion telle qu'il la synthétise : « Tout organe de notre corps est sain quand, en vertu de sa structure et de la force motrice qui lui est inhérente, il est apte et suffit à accomplir les processus de sa fonction ; il agit par un exercice approprié de ses facultés, qui s'accorde avec la fin de l'ensemble » [2].

De façon apparemment très classique, Hanov présente la physiologie comme une connaissance *de usu partium*. Mais, à l'instar des physiologistes de tradition micro-structuraliste, tels Marcello Malpighi, Boerhaave, Giorgio Baglivi ou Hoffmann, il considère que la détermination des fonctions doit primordialement reposer sur l'observation des structures et microstructures du corps organique, donc sur l'anatomie fine, mais aussi sur l'analyse chimique des mixtes qui composent les solides et les fluides

1. Voir PN, IV, § 584-585, p. 602-605.

2. PN, IV, § 586, p. 605 : « Unumquodque organum corporis nostri est sanum, quando ope structuræ suæ & vis movendi insitæ aptum est & sufficit ad suæ functionis usus praestandos, expedito pollet ejus facultatum exercitio, cum fine totius congruente ».

vitaux, dans la mesure où cette analyse peut être pratiquée. Le cœur de l'analyse physiologique, pour autant que celle-ci relève de la physiologie expérimentale, doit porter sur les mouvements découlant des structures et de leur composition. Ces mouvements sont l'effet des forces inhérentes aux composantes du corps organique, mais ils ne sauraient se déduire simplement des structures impliquées et de leur composition matérielle. La nature des forces vitales, celles qui s'expriment dans les processus dont les organes sont le siège, n'est accessible que par le biais de la prise en compte de causes finales. Celles-ci concernent le *nexus* des parties entre elles et avec le tout qu'elles contribuent à former. Somme toute, les organes agissent les uns pour les autres et tous pour le corps organique dans son ensemble, afin d'en maintenir l'intégrité et le fonctionnement à l'encontre des causes altérantes provenant du milieu ambiant. Cette action réciproque et harmonique requiert un principe recteur qui est identifié au principe vital dans le cas des corps organiques végétants, à l'âme dans le cas des animaux, ou à la *mens* dans le cas des humains. Par suite, l'analyse des processus vitaux devra être ordonnée d'une part à l'idée de la constitution des corps du point de vue de leur structure et de leur composition, d'autre part à l'idée des fonctions qu'ils accomplissent. Indissociablement, cette analyse combinera donc l'anatomie, comprise au sens large comme une analytique des structures et des composés organiques, et la téléologie, comme une analytique des fonctions et fins (*usus & fines*) du corps organique. Selon Hanov, la science des fonctions organiques, au cœur de la biologie telle qu'il la conçoit, requiert donc que des réquisits téléologiques soient intégrés à l'édifice des connaissances anatomiques afin d'en compléter l'achèvement. Tout se présente donc comme si les principes explicatifs de la physiologie devaient associer deux registres d'éléments propositionnels, relevant respectivement des causes efficientes et matérielles, et des causes finales et formelles[1]. En guise d'illustration de cette pratique, nous sommes renvoyés d'une part aux *Vernünfftige Gedancken von den Absichten der natürlichen Dinge* [*Deutsche Teleologie*] de Wolff[2], d'autre part à la physiologie de Haller, en l'occurrence ses *Prælectiones* aux *Institutiones medicæ* de Boerhaave et ses *Elementa physiologiæ corporis humani*. Dans les faits, l'analyse des fonctions partira de l'observation de tout mouvement vital, que l'on rattachera à un pouvoir moteur spécifique. Ce pouvoir accomplit son effet

1. Voir PN, IV, § 589, p. 608 : « […] patescit, eam [scientiam usus partium corporis nostri] itidem requirere perspectam Teleologiam, anatomiæ superstructam ».

2. Voir C. Wolff, *Vernünfftige Gedancken von den Absichten der natürlichen Dinge* (1724) [Deutsche Teleologie], Hildesheim, Georg Olms Verlag, 1980.

au moyen de dispositifs structuraux intégrés à des *nexus* organiques et dépendant du corps vivant en son ensemble. Le processus fonctionnel ainsi caractérisé semble dépendre d'un principe régulateur : ce principe déploierait ses effets dans tout le corps organique vivant en un continuum d'actions et de réactions et il promouvrait l'interaction des fibres et des fluides organiques, interaction par laquelle se constitueraient et se reconstitueraient les diverses structures spécialisées. Ces constats et les analogies causales qu'ils suggèrent nous mènent à l'hypothèse selon laquelle des monades dominantes fonderaient et régiraient les processus vitaux et animaux. Ce schéma explicatif donne lieu à une note significative :

> Les organes de notre corps nous manifestent leur fonction par le mouvement même qui découle de la force motrice au moyen de la structure de chaque organe et de sa connexion à tous les autres, ainsi qu'avec le corps en sa totalité, sous l'égide de l'esprit régissant son corps par délégation divine. Il est donc requis que les organes soient entiers, intacts et végétants, à savoir qu'ils soient dotés d'une énergie suffisante pour exercer leur fonction. Il importe donc de connaître la raison des structures organiques, de leurs fonctions, de ce qui les entrave, des moyens de promouvoir leurs fonctions et d'éviter ou de repousser ce qui les empêche, qu'il s'agisse de parties solides ou de parties fluides. Les parties solides sont des fibres qui contiennent en soi des fluides, à savoir ces fluides dont proviennent des fibres formant os, cartilages, tendons, peau, nerfs, etc. [1]

À partir de là, Hanov procède à une classification des structures organiques, identifiées, spécifiquement, selon les fonctions qu'elles accomplissent et, génériquement, selon leur appartenance aux organes vitaux ou aux organes animaux et, par extension de ce dernier type, aux organes proprement humains. Dans tous les cas, la discrimination des structures et des mouvements, indices des fonctions, repose sur le type d'actions – perceptions et appétitions – attribuables aux principes monadiques requis pour la production et la mise en œuvre des opérations vitales, animales, mentales. Il reste cependant entendu que la *mens* intègre les pouvoirs associés aux principes d'ordre inférieur, de même

1. PN, IV, § 590, note, p. 609 : « Partes corporis nostri usum suum nobis præbent ipso motu, a vi movendi proficiscente, ope suæ structuræ nexusque cum cæteris partibus, nec non cum toto corpore, duce mente corpus suum divino beneficio regente. Necesse igitur est, ut partes sint integræ & illæsæ vegetæque, seu vigore ad suas functiones sufficiente instructæ. Noscenda igitur est ratio partium structuræ, earum functionum, impedimentorum, modorumque functiones promovendi, impedimenta vero vitandi aut avertendi, sive partes sint solidæ, sive fluidæ. Solidæ sunt fibræ in se fluida continentes seu liquida, e quibus nascuntur, ut ossa, cartilagines, tendines, cutis, nervi, & c. »

que le principe opérant la sensibilité-motricité animale enveloppe à son tour les pouvoirs fonctionnels liés à l'activité végétante du corps vivant. Ce schème typologique se retrouvera dans des doctrines ultérieures selon lesquelles des forces vitales distinctes, mais issues d'un même principe, régiraient les phénomènes de la vie organique et de la vie animale. Nous pouvons référer ici, par exemple, à la théorie du *Bildungstrieb* et des forces vitales selon Blumenbach.

Or, ce qui semble justifier empiriquement cette distribution des forces vitales chez Hanov, c'est pour une bonne part la reprise de la distinction entre irritabilité et sensibilité, telle que Haller l'avait développée dans ses deux mémoires de 1752. Dans la section de son traité consacrée à la zoologie générale, Hanov souligne que certains organes chez les animaux exercent des fonctions spécifiques correspondant à la perception sensible et à la régulation des mouvements qui découlent de cette perception. Il ne se produit aucune sensibilité analogue chez les plantes, non plus que dans les composantes de la vie organique chez les animaux. Certes, il se produit, dans ces vivants, une perception suffisante pour réaliser les fonctions et les fins du corps organique vivant, mais cette perception opère sans *sensus*, c'est-à-dire sans produire de sensation proprement dite [1]. Par contraste, les organes liés à l'action de l'âme sont « sensifères » et moteurs par intervention du principe sensitif [2]. Hanov rattache à la vie organique et à son principe perceptif non sensible une forme d'*incitatio* qui préside aux fonctions de reproduction, nutrition, croissance, sécrétion et excrétion. Cette « incitation » que les modernes, écrit-il, désignent par les vocables d'*irritatio* ou de *Reiz* – allusion à l'irritabilité hallerienne – se rencontre à l'état pur chez les végétaux ; chez les animaux, elle se trouve subordonnée à l'exercice des fonctions animales, qu'elle sous-tend en produisant les mouvements subtils de la vie organique, indépendamment de l'action directe de l'âme comme principe de sensibilité. D'où l'assertion : « Pour autant que l'irritation est une production corporelle de mouvement, elle ne dépend pas de l'âme, et elle n'est ni volontaire, ni spontanée, mais il s'agit d'un ébranlement naturel de l'organe de l'animal, opéré par une force motrice inhérente » [3]. La démonstration de l'irritabilité en tant que distincte de la sensibilité nous est offerte par les cas où, par excision,

1. Voir PN, IV, § 147, note (2), p. 154.

2. Voir PN, IV, § 148 : « Organa animæ sensionibus ministrantia & respondentia sunt animalia partim & commotiva seu moventia, partim & præcipue sensifera ».

3. PN, IV, § 151, p. 157 : « Quatenus irritatio est corporea motus præstatio, eatenus non ab anima pendet, nec ultronea & spontanea, sed naturalis est commotio partis animalis movendi vi insita facta ».

les organes centraux de la sensibilité ont été détruits et où subsiste une réactivité motrice dans les muscles, ainsi que par les cas où les mouvements contractiles perdurent dans le cœur ou les intestins excisés. Il apparaît ainsi que l'irritabilité n'implique aucune *facultas sentiendi*, aucune *sensio*, et qu'elle se produit dans des états de non-conscience, indépendamment de l'activité fonctionnelle des nerfs et du cerveau, lesquels représentent des agrégats et assemblages de fibres sensitives, vecteurs de motricité centralement régie. Dans ce contexte, Hanov cite la distinction typologique des parties sensibles et irritables établie par Haller et mentionne que la discussion se poursuit depuis lors sur les propriétés à attribuer à certaines parties[1]. Mais l'annexion qu'il fait des notions hallériennes ne laisse aucun doute sur son acceptation de la distinction. Non plus que sur son allégeance à une théorie fibrillaire des composantes structurales du corps vivant, également inspirée de Haller. Or, alors que Haller procédait à une discrimination stricte des fibres sensibles et irritables sur le plan microstructural et fonctionnel, Hanov tend à considérer que les fibres animales sont d'emblée sensitives-motrices, puisque toutes les composantes de l'organisme sont assujetties à l'âme et à son degré de perception sensible, mais qu'elles sont corrélativement dotées du pouvoir végétatif caractéristique de la vie organique. « En raison d'une conformation plus noble, la plupart des fibres végétales chez les animaux s'avèrent en même temps savamment animales : en tant qu'animales, elles ne peuvent pas ne pas être en même temps végétales »[2]. Ces fibres sont en effet intrinsèquement dotées des propriétés fonctionnelles de formation, de croissance et d'assimilation-désassimilation des organismes végétants, en même temps qu'elles déploient les effets physiologiques de la sensibilité. On peut donc présumer qu'elles seraient, de façon sous-jacente, imperceptiblement irritables, lorsqu'elles exercent les fonctions découlant du réseau intégré des composantes sensibles. Certaines fibres seraient, quant à elles, exclusivement irritables, car non intrinsèquement déterminées par la sensibilité : elles formeraient un réseau organique subordonné dans une organisation dominée et régie par l'agent-principe de la sensibilité. L'intégration des réseaux fibrillaires chez l'animal exprime et reflète le rôle hégémonique de l'âme, comme principe supérieur de vie, apte à réguler les fonctions vitales sous-jacentes et subordonnées aux fonctions animales.

1. Voir PN, IV, § 153, note, p. 159.
2. PN, IV, § 158, p. 162.

Dans sa *Philosophia naturalis* (1762-1768), Hanov lance le concept de biologie : il désigne ainsi la science qui est appelée à fournir une théorie et à formuler des lois générales sur l'organisation et les propriétés des diverses classes d'êtres vivants. Pour rendre compte des phénomènes vitaux, on ne peut se limiter à l'analyse des structures matérielles dans lesquelles ils s'accomplissent : il faut faire appel à des éléments formels, identifiables à des monades douées de perception, mais dénuées de conscience, du moins aux stades inférieurs de l'animation. À ces éléments se rattache la force de végétation, responsable des fonctions vitales, et notamment de l'organisation structurale et des processus intégrés du développement. Tout dépend à cet égard des dispositions formelles et dynamiques inhérentes aux éléments : le pouvoir de percevoir s'exercerait de façon architectonique dans le rassemblement des éléments et la coordination de leurs forces inhérentes. S'il y a prédétermination de l'organisation dans les pouvoirs inhérents aux monades concernées, elle y figure sous forme de loi et les effets qui en résultent consistent en une construction réelle des machines organiques par agrégation de leurs composantes matérielles. De même, cette loi rendrait compte des processus de dissolution et de mort des systèmes organiques. Le passage des corps organiques végétants aux corps animaux s'interprète à la lumière de la correspondance établie entre des degrés rehaussés de perception et des dispositifs fonctionnels sous-tendant des processus sensitifs et moteurs autonomes. Le corps du vivant animal est régi, dans sa formation comme dans son fonctionnement, par une monade, agent de sensibilité et principe de motricité locale. Chez l'homme, la monade dominante, assumant toutes les fonctions physiologiques du vivant et de l'animal, se caractérise comme *mens* et corrélativement comme principe régissant la formation et l'économie du corps organique. Partisan de ce que je qualifie d'épigenèse programmée, Hanov s'inscrit en faux contre le préformationnisme tel qu'il avait été soutenu par Haller dans la phase ultime de ses réflexions sur la génération et subséquemment par Bonnet dans ses *Considérations sur les corps organisés*. Hanov conteste de même toute conception épigénétiste qui réduirait la génération à de simples coalescences de molécules organiques. Si la conformation des corps résulte d'une épigenèse, celle-ci est nécessairement régie par une loi de structuration que l'on doit supposer inhérente aux monades dominantes. L'activité de celles-ci est supposée architectonique et régulatrice par rapport à celle des multiples éléments organiques qui leur sont subordonnés dans l'exécution des processus vitaux. Hanov infère de sa conception de la génération un modèle théorique du corps animé comme ensemble intégré de dispositifs, structures et forces corrélés, dont les opérations répondent à une finalité immanente de préservation du tout ainsi formé à travers d'innombrables et incessantes transformations. D'où l'interprétation qu'il donne du système des forces spécifiques attribuables aux structures fibrillaires du corps organique – notamment l'irritabilité et la sensibilité hallériennes – ce système reflétant une organisation régie par des monades percevantes, agents d'organisation et de fonctionnement vital.

CHAPITRE VIII

DIDEROT ET LA MÉTHERIE. SENSIBILITÉ ET PRINCIPE DE FORMATION DES CORPS

À la suite des avancées de l'*Encyclopédie* et dans le prolongement de la théorie de l'organisation vitale que l'*Histoire naturelle générale et particulière* de Buffon avait esquissée, certains exposés de philosophie naturelle reprennent le modèle leibnizien en l'insérant dans une approche réductionniste et moniste matérialiste. Telle est la façon dont Denis Diderot traite le couple conceptuel que forment la monade et son corps organique selon Leibniz. Diderot s'est par ailleurs intéressé, comme Leibniz en son temps, aux méthodes et aux principes de la physiologie, de l'histoire naturelle et de la médecine. L'analyse que je projette concernera de ce fait la réduction au physique du concept de monade et la réinterprétation corrélative du modèle leibnizien de l'organisme. Ces points requièrent que l'on retrace les métamorphoses que Diderot a fait subir aux concepts néo-leibniziens qu'il intègre à sa conception des êtres vivants. La contribution de Diderot s'inscrit à la fois dans les deux tableaux, méthodologique et théorique : l'auteur des *Pensées sur l'interprétation de la nature* (1754) adopte ainsi une posture critique et réflexive vis-à-vis des naturalistes, médecins et philosophes qui le précèdent ou lui sont contemporains et dont il s'approprie l'héritage en tentant d'en extraire une synthèse relative au vivant. D'où un rapport à Leibniz qui apparaît souvent de seconde instance, puisqu'il passe surtout par diverses médiations scientifiques et philosophiques, elles-mêmes plus ou moins directement rattachables à des traditions leibniziennes ou anti-leibniziennes [1].

1. Pour une première version de la partie de ce chapitre consacrée à Diderot, voir F. Duchesneau, « Diderot et le couple leibnizien monade et corps organique », *in* C. Leduc, F. Pépin, A.-L. Rey, M. Rioux-Beaulne (dir.), *Leibniz et Diderot. Rencontres et transformations*, Montréal-Paris, Presses de l'Université de Montréal-Vrin, 2015, 193-209.

Une démarche parallèle à celle de Diderot, avec laquelle elle apparaît relativement consonante, se dévoile dans les écrits de Jean-Claude de La Métherie (1743-1817). Ce médecin, naturaliste et philosophe a gravité en marge des grandes institutions académiques, mais, s'il n'a réussi qu'à occuper un poste d'Adjoint à la Chaire d'histoire naturelle du Collège de France, il a détenu une fonction pivot dans les développements scientifiques de l'époque par le *Journal de physique* qu'il dirige et édite de 1785 à sa mort, mais aussi par l'influence non négligeable de ses publications. Ses *Vues physiologiques sur l'organisation animale et végétale* (1780) et ses *Principes de la philosophie naturelle* (1787) doivent ici retenir plus particulièrement l'attention. Mon objectif sera de faire ressortir les modèles que La Métherie assemble et intègre de façon à en inférer une théorie des êtres organisés à la fois embryonnaire et typique. Cette théorie se situe dans une certaine filiation du leibnizianisme, mais elle apparaît aussi représentative d'une réorientation majeure dans la conception de l'organisation vitale. Les modèles que La Métherie développe concernent d'une part les éléments de la réalité physique et les principes de l'ordre vital, d'autre part la formation des corps organisés.

1. Les corps organisés comme matière sensible et vivante selon Diderot

Diderot est familier de la doctrine monadologique dont il a opéré une réduction critique dans l'article « Leibnitzianisme » de l'*Encyclopédie*[1]. Mais cela ne l'empêche nullement de reprendre à son compte le schéma du rapport entre le simple et le composé qui sous-tend la relation entre monades et corps organiques, entre agents de force et effets phénoménaux liés à l'organisation des structures matérielles. Une représentation se dégage avec netteté des divers exposés physiologiques de Diderot, celle de l'unité de l'animal, unité dynamique liée à l'exercice des fonctions, unité qui intègre aux opérations physiologiques l'ensemble des opérations psychiques, sans qu'il soit nécessaire de supposer l'intervention d'un « petit harpeur inintelligible »[2]. Cette unité peut impliquer un ordre complexe de structures – et Diderot évoque notamment des effets associés à des réseaux de fibres à divers degrés d'intégration. Mais l'important est que l'unité complexe et changeante de l'animal repose sur des « points vivants » qui s'agrègent et fusionnent de façon à produire une entité

1. Voir C. Duflo, *Diderot philosophe*, Paris, Honoré Champion, 2003 ; C. Fauvergue, *Diderot, lecteur et interprète de Leibniz*, Paris, Honoré Champion, 2006.

2. D. Diderot, *Éléments de physiologie*, éd. J. Mayer, Paris, Marcel Didier, 1964 (cité EL), p. 305.

phénoménale continue sur base d'unités composantes originellement discrètes. Ainsi « tout concourt à produire une sorte d'unité qui n'existe que dans l'animal », affirme-t-il dans le *Rêve de d'Alembert*[1]. L'engendrement de cette unité complexe émergente est conçu sur le mode d'un développement par épigenèse : des synthèses organiques successives se produisent, marquées à chaque étape par l'émergence de propriétés fonctionnelles formant autant de systèmes : « Je vois bien un agrégat, un tissu de petits êtres sensibles, mais un animal ! … un tout ! un système un, lui, ayant conscience de son unité »[2]. La métaphore de la grappe d'abeilles, empruntée à Maupertuis et à Bordeu, intervient ici en guise d'illustration de la transformation d'un assemblage d'animaux plus élémentaires en un seul animal de calibre supérieur, avec transition assumée de la contiguïté des parties originelles à la continuité de la structure intégrative[3]. Il est clair qu'il y a processus de passage à la limite lorsque des éléments discrets et contigus se fondent pour donner naissance à une individualité intégrée. Ce passage n'est concevable qu'en vertu d'une force vitale, identifiable à une forme de sensibilité, qui assure l'intégration et l'union fonctionnelle des unités composantes du vivant. Le modèle de ce processus échappe à toute représentation à l'aide d'analogies géométriques ou mécaniques. Une opération analytique inverse est imaginée grâce aux ciseaux de Mademoiselle de L'Espinasse intervenant sur les extrémités fusionnées des abeilles en grappe pour les dissocier et reconstituer des éléments discrets depuis une structure organique continue[4]. Les ciseaux diviseraient en quelque sorte mécaniquement les parties virtuelles de l'individualité vivante intégrée. La démarche ne serait réalisable que dans la mesure où la découpe ne priverait pas les éléments séparés de la persistance d'une force ou d'une sensibilité suffisante, condition *sine qua non* d'intégration vitale et d'autonomie fonctionnelle. Cette fiction nous renvoie conceptuellement à une décomposition des animaux complexes en animaux plus simples du type du polype, avec extension analogique par

1. D. Diderot, *Œuvres philosophiques*, éd. P. Vernière, Paris, Garnier, 1964 (cité OP), p. 290.

2. OP, p. 288.

3. Voir OP, p. 291.

4. Selon Diderot, les éléments discrets présumés constituer par addition une matière essentiellement homogène sont en définitive des entités fictives, de même que toute notion d'état de repos (absolu) applicable à ces éléments. Tout continu est en tant que tel indécomposable en une somme d'éléments discrets. Par contre, des unités organiques, sortes de vivants élémentaires, pourraient fusionner par le biais des mouvements découlant de leur force inhérente de façon à produire des totalités vivantes plus complexes, alternativement sujettes à désintégration. C'est ici ce que l'analogie avec les abeilles fusionnées en grappe et formant une sorte d'individualité supérieure semble impliquer.

décomposition à des vivants encore plus élémentaires, sortes d'abeilles imperceptibles désagrégées [1].

Ce schéma de représentation des unités et des composés organiques s'appuie sur une forme de monadologie particulière selon laquelle les corps organiques pourraient résulter d'« amas [...] de points sensibles et vivants » [2] et se résorber ultimement dans le même type de composantes. L'adoption de ce concept d'élément physiologique justifie l'évocation d'un double champ d'application : « Vous avez, soutient Diderot, deux grands phénomènes, le passage de l'état d'inertie à l'état de sensibilité, et les générations spontanées » [3]. Sur le premier phénomène, la référence à la philosophie leibnizienne de la nature ressurgit avec évidence. L'attribution de la sensibilité comme « qualité générale et essentielle de la matière » dans l'*Entretien entre d'Alembert et Diderot* [4] s'accompagne d'une justification du passage de l'être inerte à l'être vivant tirée du rapport entre force morte et force vive. Certes, l'attribution de la sensibilité à la matière accompagne le rejet du recours à toute forme d'âme comme substance séparée. Mais, pour concevoir la sensibilité dans sa relation au corps, il faut la rapporter à une forme de *nisus* qui s'exprime de façon latente et sans effet apparent dans toute partie élémentaire ou tout composé de telles parties, et dont des circonstances liées à l'organisation des structures matérielles peuvent déterminer la sommation et donc l'expression dynamique : dans ce cas-ci, la sensibilité s'exprime comme puissance motrice en acte; dans l'autre, comme simple manifestation instantanée d'une force en puissance sous-tendant un état d'équilibre sans déplacement effectif.

> Serait-ce par hasard, s'interroge Diderot par le truchement de d'Alembert, que vous reconnaîtriez une sensibilité active et une sensibilité inerte, comme il y a une force vive et une force morte? Une force vive qui se manifeste par la translation, une force morte qui se manifeste par la pression; une sensibilité active qui se caractérise par certaines actions remarquables dans l'animal et peut-être dans la plante; et une sensibilité inerte dont on serait assuré par le passage à l'état de sensibilité active [5].

Cela nous renvoie au « corps plein d'action et de force » des *Principes philosophiques sur la matière et le mouvement* (1770) [6]. Les éléments conceptuels en jeu ici comprennent l'hétérogénéité fondamentale de toute

1. Voir OP, p. 294.
2. OP, p. 302.
3. OP, p. 303.
4. OP, p. 258.
5. OP, p. 260.
6. Voir OP, p. 394.

partie matérielle, l'inhérence réelle du principe de mouvement dans ces parties à l'exclusion de tout état abstrait de repos et d'inertie, l'admission d'une force immuable, d'un *nisus* propre aux divers types de molécules et se combinant dans son expression avec les forces relatives, liées à la gravité et à l'interaction des molécules.

> D'où je conclus, écrit Diderot, qu'elle [la matière] est hétérogène ; qu'il existe une infinité d'éléments divers dans la nature ; que chacun de ces éléments, par sa diversité, a sa force particulière, innée, immuable, éternelle, indestructible ; et que ces forces intimes au corps ont leurs actions hors du corps ; d'où naît le mouvement ou plutôt la fermentation générale dans l'univers [1].

On peut de ce fait soutenir l'intérêt d'une application de la chimie à l'analyse des processus de transformation matérielle se déroulant dans les corps animés, ainsi que la continuité du champ d'application des lois de la chimie des corps inorganiques aux corps organiques [2]. Cela rejoint la thèse méthodologique que Leibniz avait opposée à Stahl sur l'utilité des considérations chimiques dans l'explication des fonctions vitales [3]. Et cela rejoint l'adhésion leibnizienne à l'application de la théorie chimique des fermentations à la dynamique causale du mouvement musculaire, telle que Johann Bernoulli l'avait professée dans sa thèse de doctorat de médecine *De motu musculorum* (1694) [4].

Dans le même esprit, l'article LVIII des *Pensées sur l'interprétation de la nature* qui énumère des questions à résoudre suivant le modèle des *queries* de l'*Opticks* de Newton, comporte une majorité d'interrogations sur le rapport de la matière inerte à la matière vivante et notamment sur le passage de l'une à l'autre. En dépit du mode interrogatif, Diderot y penche sans doute davantage pour l'hypothèse d'une transition continue fondée sur la dynamique intrinsèque de toute partie élémentaire, comme si toute molécule, sans distinction d'organique ou d'inorganique, était dotée de puissance motrice et donc de spontanéité et de vie. La mort dans ces conditions apparaît essentiellement comme un état abstrait correspondant à une représentation figée de la dynamique de transformation constamment à l'œuvre dans l'économie des corps. Diderot évoque à ce propos le rapport analogique d'une quantité imaginaire à une quantité réelle en

1. OP, p. 398.

2. Sur la conception de la chimie selon Diderot, voir F. Pépin, *La Philosophie expérimentale de Diderot et la chimie. Philosophie, science et arts*, Paris, Classiques Garnier, 2012.

3. Voir Dutens II-2, p. 139, p. 148-149 ; F. Duchesneau, J. E. H. Smith (eds.), *The Leibniz-Stahl Controversy*, New Haven, Yale University Press, 2016, p. LXIV-LXX.

4. Voir la lettre de Leibniz à Johann Bernoulli du 6 juin 1704, GM III-2, p. 752.

mathématiques et pose la question du résultat d'une combinaison des deux types de quantité[1]. L'autre suggestion, indirectement proférée, consiste à supposer un rapport de la matière vivante à l'organisation, et donc à la combinaison structurale des corps composés, combinaison dont on peut croire qu'elle permet l'exercice effectif de la force latente des composantes, mais aussi son exténuation progressive au fur et à mesure de la densification des masses impliquées. On se souviendra ici de la célèbre formule du *Rêve de d'Alembert* : « Vivant, j'agis et je réagis en masse… mort, j'agis et je réagis en molécules »[2]. Ce schéma est particulièrement manifeste dans les explications épigénétistes relatives à la formation des animalcules des infusions selon Needham[3] et Diderot en tire avantage notamment dans le *Rêve* et dans les *Éléments de physiologie* pour illustrer l'organisation émergente de vivants issus des éléments organiques libérés par la décomposition de matières organiques. Le schème évoqué au début des *Éléments* spécifie ainsi la nature foncièrement dynamique des êtres élémentaires individualisés, véritables monades physiques sans le nom, et le fait que ces êtres recèlent en puissance les propriétés qui en émergeront dans les phases subséquentes de structuration organique par le seul effet des combinaisons. « Qu'est-ce qu'une plante? Qu'est-ce qu'un animal? Une coordination de molécules infiniment actives, un enchaînement de petites forces, que tout concourt à séparer »[4].

Nous assistons, par conséquent, à une transposition originale de la chaîne des êtres – thème que Leibniz avait précédemment évoqué et dont il avait donné une version caractéristique. La classification des êtres à laquelle Diderot se rallie implique deux caractéristiques fondamentales : d'une part, le passage continu y est celui d'une coalescence progressive des éléments formant des combinaisons de plus en plus complexes; d'autre part, la chaîne ne s'y réduit pas aux seules analogies structurales. Le véritable fil conducteur de l'analogie est celui des opérations que les êtres accomplissent et qui correspondent à des sommations successives de processus émergents. « La végétation, la vie ou la sensibilité et l'animalisation sont trois opérations successives. Le regne vegetal pourrait bien être, et avoir été la source premiere du regne animal, et avoir pris la sienne dans le regne mineral, et celui-ci émaner de la matiere

1. Voir OP, p. 242-243 : « 8. En géométrie, une quantité réelle jointe à une quantité imaginaire donne un tout imaginaire; dans la nature, si une molécule de matière vivante s'applique à une molécule de matière morte, le tout sera-t-il vivant, ou sera-t-il mort? »

2. OP, p. 313.

3. Voir J. T. Needham, *Nouvelles Observations microscopiques*, Paris, Chez Louis-Étienne Ganeau, 1750, ainsi que *supra*, chapitre v, p. 201-208.

4. EL, p. 8.

universelle hétérogène »[1]. La chaleur et la fermentation sont tenues pour des facteurs suscitant la végétalisation; et, sous certaines conditions, la matière végétale est susceptible d'animalisation et donc apte à traduire en processus fonctionnels de sensibilité et de motricité des propriétés immanentes de force. Celles-ci sont responsables de formes infiniment variées d'organisation au sein de la matière.

L'élément de base dans la constitution de tous les vivants implique, selon Diderot, une forme d'organisation immanente, imitant à certains égards la variété interne aux monades leibniziennes, leur rapport d'harmonie entre elles et avec l'ordre des phénomènes physiques et, par voie de conséquence, leur rapport de corrélation dynamique avec leurs corps propres. Déjà, dans les *Pensées sur l'interprétation de la nature*, critiquant l'hypothèse épigénétiste de Maupertuis, Diderot rejetait l'attribution nécessaire du désir, de l'aversion, du sentiment et de la pensée aux éléments ultimes du vivant, figurés comme « molécules organiques ». Il suffit, professait-il, de conférer à ces éléments une sensibilité telle que celle que l'on trouve chez les vivants animaux les plus voisins de corps inertes[2]. Il y aurait dans cette propriété une raison suffisante, pourrait-on dire, de la production de certains effets déterminés en interaction avec d'autres éléments; la combinaison de ces éléments engendrerait l'organisation structurale et fonctionnelle d'individualités réelles. Suivant ce schéma d'interprétation et usant d'un concept de Buffon, il propose à Maupertuis une redéfinition de l'animal comme « un système de différentes molécules organiques qui, par l'impulsion d'une sensation semblable à un toucher obtus et sourd que celui qui a créé la matière en général leur a donné, se sont combinées jusqu'à ce que chacune ait rencontré la place la plus convenable à sa figure et à son repos »[3]. Ici, l'équivalent d'une perception monadique, justifiée par ailleurs chez Diderot par une reprise de la théorie leibnizienne des petites perceptions, fournit un principe d'organisation; et celui-ci produit son effet en interrelation avec une pluralité d'autres semblables agents élémentaires. Comme il est spécifié dans l'*Entretien entre d'Alembert et Diderot*, le statut de cette sensibilité élémentaire est celui d'« une propriété générale de la matière ou produit de l'organisation »[4]. Qu'est-ce à dire, sinon que la sensibilité, manifestée par ses effets perceptibles, est postulée comme une qualité irréductible à

1. EL, p. 7.
2. Voir F. Duchesneau, « Diderot et la physiologie de la sensibilité », *Dix-huitième Siècle*, 31 (1999), p. 195-216.
3. *Pensées sur l'interprétation de la nature*, § LI, OP, p. 231.
4. OP, p. 276.

toute autre propriété des corps et associée à quelque forme d'organisation que ce soit dans le règne animal, voire dans le règne végétal ? Il s'agit d'une force capable d'orchestrer la structuration organique et l'émergence des processus vitaux et qui se trouverait inhérente à la monade physique ou à son équivalent. Certes, dans ce contexte, à l'encontre de Leibniz, l'immatérialité des unités primordiales n'est plus présumée et la prédélinéation de structures organiques concomitantes à l'actualisation des pouvoirs formels de ces unités n'est plus postulée, mais, conformément à la tradition leibnizienne, le schématisme d'un pouvoir originel de structuration organique et de détermination fonctionnelle demeure.

Qu'en est-il, dans ces conditions, des vues de Diderot sur la génération et sur le modèle explicatif applicable à la formation des corps organiques ? Selon Diderot, l'organicité est une caractéristique universelle, puisque toute partie de matière, si élémentaire soit-elle, détient de façon au moins latente la sensibilité et la vie. Et tous les corps organiques sont issus de la combinaison et de l'intégration de tels éléments, entraînant l'actualisation et la fusion des sensibilités élémentaires, ainsi que la formation des structures correspondantes. De cette épigenèse des corps organisés, Diderot fournit une illustration schématique dans le *Rêve de d'Alembert*, lorsque Bordeu, porte-parole du philosophe, renverse la thèse de la préformation radicale en lui opposant le développement ampliatif séquentiel d'un édifice fibrillaire complexe, au fonctionnement intégré :

> D'abord vous n'étiez rien. Vous fûtes, en commençant, un point imperceptible, formé de molécules plus petites, éparses dans le sang, la lymphe de votre père ou de votre mère ; ce point devint un fil délié, puis un faisceau de fils. Jusque-là pas le moindre vestige de cette forme agréable que vous avez : vos yeux, ces beaux yeux, ne ressemblaient non plus à des yeux que l'extrémité d'une griffe d'anémone ne ressemble à une anémone. Chacun des brins du faisceau de fils se transforma, par la seule nutrition et par sa conformation, en un organe particulier : abstraction faite des organes dans lesquels les brins du faisceau se métamorphosent, et auxquels ils donnent naissance. Le faisceau est un système purement sensible ; s'il persistait sous cette forme, il serait susceptible de toutes les impressions relatives à la sensibilité pure, comme le froid, le chaud, le doux, le rude. Ces impressions successives, variées entre elles, et variées chacune dans leur intensité, y produiraient peut-être la mémoire, la conscience de soi, une raison très bornée. Mais cette sensibilité pure et simple, ce toucher, se diversifie par les organes émanés de chacun des brins ; un brin formant une oreille, donne naissance à une espèce de toucher que nous appelons bruit ou son ; un autre formant le palais, donne naissance à une seconde espèce de toucher que nous appelons saveur ; un troisième formant le nez et le tapissant, donne

naissance à une troisième espèce de toucher que nous appelons odeur ; un quatrième formant un œil, donne naissance à une quatrième espèce de toucher que nous appelons couleur [1].

Or, cette séquence développementale analogique n'est qu'illustrative et ne saurait constituer l'équivalent d'une hypothèse explicative. Diderot découvre cet équivalent dans des vues inspirées de Buffon, mais surtout de Needham, et évoquées de façon parcellaire en diverses occasions. Notons cette déclaration significative des *Éléments de physiologie* :

> J'admets les germes preexistans, mais n'ayant rien de commun avec les êtres. C'est une production consequente au developpement. Production qui n'existait pas et qui commence à exister et dont l'expansion successive forme un nouvel être semblable au premier. Un œil se fait comme une anemone ; qu'est-ce qu'il y a de commun entre la griffe et la fleur ? Un homme se fait comme un œil. Qu'est-ce qu'il y a de commun entre la molecule de l'ecorce de saule et le saule ? Rien. Cependant cette molecule donne un saule. Comment le donne-t-elle ? Par une disposition premiere, qui ne peut avec la matiere nutritive amener un autre effet [2].

Cette thèse devient intelligible par référence à la théorie que Needham a tirée de ses observations et de ses expériences sur les animalcules des infusions et qu'il a exposée dans ses *Nouvelles Observations microscopiques*. Certes, une partie de l'interprétation philosophique de Needham faisait précisément référence au caractère non matériel des éléments ultimes dont se composent toutes les réalités physiques. Mais, à cela près, son modèle de complexification intégrative des corps organisés par épigenèse, dérivant les fonctions vitales et animales de la végétation ou sensibilité des composantes organiques, se trouve assez directement transposé dans le programme matérialiste de Diderot. Là où la divergence s'inscrit, c'est dans la conception même de la monade comme principe d'intégration fonctionnelle du corps organique. Needham prenait au pied de la lettre l'hétérogénéité radicale des propriétés monadiques – sensibilité, vie, pouvoir d'animation – par rapport aux propriétés physiques des corps organisés en découlant ; tout se passait, selon lui, comme si les forces actives et passives relevaient d'instances ontologiquement distinctes, bien qu'elles soient aptes à interagir. L'ontologie plurielle de Diderot n'exclut pas l'intervention de forces antagonistes, mais celles-ci proviendraient toutes d'une seule et même source, la matière comme principe, sous la figuration métaphorique d'une fusion extensive de points de force. D'où,

1. OP, p. 320-321.
2. EL, p. 193.

par-delà l'adhésion à un schème commun associant monades et corps organiques, le clivage, souvent évoqué sans explicitation, entre deux conceptions contrastées de la vie et du vivant, toutes deux prolongeant l'héritage leibnizien, mais l'une, celle de Diderot, tournée vers le matérialisme vital, l'autre, celle de Needham, orientée vers l'hétérogénéité des principes de vie par rapport aux phénomènes physiques qu'ils déterminent en leur imposant une finalité physiologique. En définitive, la divergence s'inscrit ici dans des conjectures à la limite des inférences analogiques que la philosophie expérimentale pourrait tenter de valider.

2. Éléments de la réalité physique et ordre vital selon La Métherie

Selon Jean-Claude de La Métherie, la nature, telle que l'expérience nous la révèle, comprend des êtres sensibles et des êtres étendus. Les uns comme les autres comportent de multiples variétés. Une propension naturelle nous incite à nous représenter ces variétés comme formant des séries; ces séries sont relatives aux points de vue que nous sommes en mesure d'adopter, d'où la notion de séries manifestant des perfections relatives et susceptibles de révision par l'approfondissement des connaissances et le perfectionnement de l'ordre qui en traduit la mise en forme [1]. Deux considérations épistémologiques interviennent d'entrée de jeu dans l'établissement de ce schème de représentation. Il s'agit d'une part d'identifier l'analogie comme ressort principal et essentiel de l'extension des connaissances au-delà des rapports immédiats ou remémorés, objets d'évidence de « sentiment » [2]. L'analogie fournit des degrés variables de probabilité en faveur des explications conjecturales que nous formulons au sujet des phénomènes. Le degré de crédibilité à accorder à ces hypothèses outrepassant le champ des connaissances empiriquement fondées ne peut découler que d'une évaluation de la force des analogies, celles-ci constituant les enchaînements moteurs de l'intellection [3]. Il s'agit d'autre part de l'admission de deux principes régulateurs de provenance

1. J.-C. de La Métherie, *Principes de la philosophie naturelle*, Genève, 1787, I, Discours préliminaire, p. XVI : « J'ai d'abord recherché la nature de l'être; nous en connoissons de deux especes, les êtres sensibles & les corps inanimés; j'ai cru qu'on en pouvoit assigner les variétés, qu'on exprimeroit par des séries. Ces suites n'ont peut-être pas toutes les perfections dont elles sont susceptibles, & qu'elles pourront acquérir ».

2. *Ibid.*, II, chap. IV, De l'Analogie, p. 33-34 : « [...] ce que nous avons dit suffit pour faire voir que je n'ai d'autres moyens pour acquérir des connoissances, que le sentiment & les conséquences que j'en tire par analogie; celle-ci sera ma seule règle de conduite ».

3. *Ibid.*, II, chap. IV, p. 25 : « L'analogie anime par conséquent le monde intellectuel, & le régit d'une manière aussi uniforme que l'est le monde matériel; effectivement c'est la même cause, le mouvement qu'ont tous les êtres existants ».

leibnizienne : le principe de l'identité des indiscernables et le principe de continuité. Le premier est évoqué pour justifier la différence intrinsèque de tous les êtres phénoménaux, que La Métherie désigne comme des « sentiments étendus », et la différence intrinsèque des éléments de la nature, qui sont présumés sous-tendre tant les êtres organisés que les corps inanimés : proprement imperceptibles, ces éléments sont désignés comme des « êtres *uns* ». Du même souffle, l'auteur postule une gradation insensible dans les propriétés dont l'ensemble individualise chaque être organisé ou inorganique, donc un ordre sériel qui les engloberait en totalité et qui se refléterait dans le rapport des éléments de la nature les uns aux autres :

> Tous mes sentiments étendus different les uns des autres. Il n'y a pas un animal, pas une plante, pas un grain de sable qui ressemblent à un autre animal, à une autre plante, à un autre grain de sable : c'est ce que Léibnitz appelloit le principe *des indiscernables*. L'analogie me fait donc conclure qu'également aucun de ces êtres *uns* ne ressemble aux autres ; mais qu'ils different tous quant à leurs figures, quant à leurs forces, quant à leurs sentiments. Mais quoique tous les êtres different entr'eux, c'est toujours par des nuances insensibles. On apperçoit des gradations des uns aux autres ; ce que le même Léibnitz appelloit *loi de continuité*, & que nous démontrerons ailleurs. Les êtres *uns* ne différeront donc également entre eux que par des nuances insensibles, comme nous l'avons vu dans les grandes séries des êtres ; & peut-être ces grandes séries existent-elles en totalité, au moins nous le pouvons conclure de la quantité étonnante d'êtres existants [1].

Ainsi épistémologiquement déterminée, la théorie des éléments affiche des traits particuliers. Les « êtres uns » sont d'abord considérés comme les termes de l'analyse des corps en tant que phénomènes étendus. Premières parties ou éléments de la matière, ils composent les corps et en déterminent les effets sur le plan de l'expérience sensible. Ils possèdent un mouvement propre qui subsiste en eux à l'état de force : ce *nisus* constitue une détermination au mouvement qui persiste inaltérable dans les éléments, quels que soient les changements dynamiques affectant les corps composés de l'expérience. Par exemple, les composés chimiques se modifient d'une réaction à l'autre, mais les éléments sous-jacents conservent leur puissance particulière, susceptible de retrouver son autonomie d'exercice dans des processus subséquents. Il convient donc de distinguer entre des mouvements phénoménaux qui se perdent dans des changements d'état des composés et des mouvements intrinsèques des éléments qui se conservent, l'impulsion qui détermine ceux-là tirant

1. *Ibid.*, II, chap. VI. De l'Essences des Êtres, p. 50-51.

son origine de la force première s'actualisant en ceux-ci. À des paliers différents de la réalité, l'un observable, l'autre postulé, ces types de mouvement « sont l'un & l'autre effet de la force propre des premiers éléments des êtres *uns*; force dont la nature nous est parfaitement inconnue, aussi inconnue que celles des êtres eux-mêmes : mais nous savons quels en sont les effets »[1].

Les travaux initiaux de La Métherie qui aboutirent à l'*Essai sur les principes de la philosophie naturelle* (1778), premier état des *Principes de la philosophie naturelle*, avaient été marqués par l'empreinte qu'avait laissée en lui la lecture des *Institutions de physique* d'Émilie du Châtelet[2]. L'héritage de la dynamique leibnizienne ainsi recueilli se conjugue avec une théorie déviante de la monade. Rejetant l'hypothèse d'une divisibilité de la matière étendue à l'infini, La Métherie adopte l'atomisme comme conception des éléments de l'ordre naturel. Il s'inscrit alors dans la tradition démocritéenne reprise par les tenants modernes de l'hypothèse corpusculaire, mais en situant Leibniz au point d'aboutissement de cette lignée :

> En dernier lieu *Leibnitz*, esprit vaste qui embrassoit tout, l'a placée [cette doctrine] sous le plus beau jour : il changea le nom, & apella monade, de *monos*, un, ce qu'ils entendoient par atomes. La monade, suivant lui, forme le premier élément de la matiere, & l'étendue, quoique sans étendue elle-même : il reconnoît encore d'autres qualités à la monade. Ces dernieres parties de l'hypothese de Leibnitz ne sont pas également prouvées[3].

Retenons de cette déclaration l'assimilation des premiers éléments corpusculaires à des principes d'unité pour lesquels Leibniz aurait fourni une caractérisation incontournable, malgré des implications métaphysiques auxquelles La Métherie se refuse à souscrire. Il s'agit en l'occurrence de refuser d'identifier les monades à des substances simples dénuées de toute immanence corporelle, figurant alors comme des équivalents d'esprits suivant le concept de la *mens* cartésienne. Par extension, La Métherie rejette l'hypothèse de l'harmonie préétablie, pour autant que celle-ci paraît impliquer un ordre transcendant à la Nature et s'incarnant dans et par des substances incorporelles. Cela ne signifie pas toutefois que l'on ne puisse retrouver une certaine version naturalisée de l'harmonie dans l'organisation des réalités phénoménales telle qu'il la

1. J.-C. de La Métherie, *Principes de la philosophie naturelle*, II, chap. VII. Du Mouvement et de la Sensibilité, p. 63.

2. C'est probablement là l'une de sources de son inspiration leibnizienne, notamment en ce qui a trait aux principes de la physique.

3. *Ibid.*, I, chap. II. De l'être étendu, p. 5.

conçoit alors. Ce que La Métherie retient dans sa théorie des éléments, c'est « que les éléments de la matiere sont insécables, sont *uns* & different tous les uns des autres : ils ont encore une force propre qui leur essentielle »[1]. Certes, l'auteur tendra à attribuer à l'être-un une étendue minimale, plutôt qu'une inextensibilité actuelle à la façon de Leibniz, mais l'atome lui apparaît primordialement comme principe d'unité et sujet d'inhérence de la force, en tant que puissance intrinsèque sous-tendant des manifestations phénoménales variant indéfiniment. Ce que recèle encore cet atomisme monadologique, c'est que les monades, éléments de l'ordre des corps, enveloppent les combinaisons en ordre croissant d'où sortiront les corps composés que l'expérience nous montre. C'est dans ce contexte de combinaison des éléments monadiques comme source de coordination des effets résultants, que ressurgit un certain concept non métaphysique d'harmonie. De l'ordre immanent des éléments découle leur coordination effective sous forme de composés matériels, mais, d'un tel ordre, découlent conjointement les lois gouvernant le système formé par ces corps :

> Tous ces êtres étendus peuvent se combiner ; leurs différentes combinaisons donneront tous les mondes possibles. On appelle *monde*, dans l'acception ordinaire, un certain assemblage d'êtres qu'on suppose coexister. On peut supposer deux, trois, quatre, cinq, enfin toute la série des êtres exister. Le degré de force dont chacun sera animé, & la position premiere qu'ils auront reçu[e] respectivement donneront les différentes loix du mouvement qu'ils suivront : & ce sera en conséquence de ces loix qu'ils se coordonneront, s'uniront, se combineront, & que se formeront les différents composés dont la réunion fera tel monde[2].

Il est remarquable que la conception de ces lois dans leur application phénoménale renvoie nécessairement à l'ordre immanent des monades. Cet ordre immanent doit déterminer en quelque sorte l'ordre de distribution des réalités corporelles telles qu'elles se révèlent dans leurs relations spatiales et temporelles. La Métherie rejette en effet la conception réaliste et absolue de l'espace et du temps selon l'esprit de la philosophie naturelle des Newtoniens. Il endosse en contrepartie une conception très voisine des thèses leibniziennes à ce sujet. L'espace en effet « n'est rien, que la correspondance des êtres étendus qui coexistent », voire « le rapport de correspondance des êtres qui coexistent »[3]. Il ne saurait être indépendant des êtres dont il permet la corrélation simultanée. Certes, il s'agit d'une

1. *Ibid.*, I, chap. II, p. 6.
2. *Ibid.*, I, chap. II, p. 9.
3. *Ibid.*, II, chap. VI, p. 56.

vue analogique, mais fondée, de notre esprit, issue de la représentation des êtres sensibles : par analogie, nous projetons des relations de permutation possible à l'intérieur du système de rapports de position que nous dégageons par abstraction de cette représentation. La conception du temps répond au même modèle. Le fondement en est l'expérience de la durée dans la variation des mouvements et des sentiments, d'où se dégage une analogie abstraite d'ordre successif, par laquelle nous mesurons en retour les changements affectant les êtres concrets de la nature [1]. La conclusion de cette section est de consonance leibnizienne : « Il n'y avoit donc ni espace, ni durée avant cette existence des êtres : mais dès que ceux-ci ont commencé d'être, on a pu concevoir l'espace & la durée, qui par conséquent n'ont aucune existence réelle, & ne sont que des abstractions de notre esprit » [2].

Dans ce système renvoyant à la combinaison d'« êtres-*uns* » pour rendre compte non seulement de la réalité des êtres matériels, mais aussi des lois qui les régissent, s'insère la problématique de l'émergence du sentiment. De façon marquée, Le Métherie récuse la thèse matérialiste classique faisant de la sensibilité une simple résultante de l'organisation des parties matérielles :

> D'autres philosophes [...] ne reconnoissent point la sensibilité dans les parties premieres de la matiere ; ils croient que la sensibilité dépend de l'Organisation. Toute matiere, disent-ils, organisée comme elle l'est dans l'animal, sur-tout dans son cerveau, acquiert de la sensibilité, & la perd lorsque l'organisation est détruite, que la machine animale cesse d'avoir le principe du mouvement [3].

Les parties du corps organiques interagissent par le mouvement, mais il est impossible de saisir le rapport d'identification du sentiment au mouvement. Qui plus est, l'unité d'action de l'animal, son principe d'intégration fonctionnelle, ne saurait se concevoir comme appartenant à quelqu'une de ses parties, voire à la somme de celles-ci. Certes, l'action totale d'un corps organisé vivant s'exerce par des mouvements impliquant l'ensemble de ces parties, mais alors chacune d'elles assume une quantité

1. Voir J.-C. de La Métherie, *Principes de la philosophie naturelle*, II, chap. VI, p. 58 : « Les êtres existants changent sans cesse : leurs mouvements, leurs sentiments varient à chaque instant ; ils se succedent continuellement les uns aux autres ; c'est ce qu'on appelle l'existence successive ou la durée, par conséquent elle se doit mesurer par les changements qu'éprouvent ces êtres ».

2. *Ibid.*, II, chap. VI, p. 58.

3. *Ibid.*, II, chap. VII, Du Mouvement et de la sensibilité, p. 74. Voir aussi *Ibid.*, I, chap. III, De l'Être sensible, p. 12 : « [les atomistes ont cru] que la sensibilité résultoit des corps organisés ; lors de la destruction de la machine, ces parties subtiles qui avoient été douées de sentiment alloient se rejoindre à la grande masse dont elles avoient été tirées pour animer le corps ».

partielle de mouvement. Pour utiliser l'analogie mécanique, le mouvement d'une machine de fabrication humaine se décompose en toutes ses parties fonctionnelles, dont aucune n'est toutefois animée par l'action totale, mais cette action peut se concevoir comme la simple agrégation des mouvements élémentaires en question. Jusqu'à un certain point, le vivant peut se comparer à un automate où chaque partie accomplit une partie des mouvements entrant dans la composition de l'action totale : cela est même vrai si l'on considère l'activité sensible de ce vivant sous le seul angle des processus physiologiques concomitants aux sensations. Mais l'animal doué de sensibilité est une machine organisée dont l'activité représente une unité intégrative inassignable par réduction aux parties matérielles qui la composent, voire à leur simple somme. Il est donc requis de rattacher l'unité fonctionnelle globale d'un tel vivant, symbolisée par une capacité d'agir sous l'effet de la sensibilité, à un « principe sentant » propre aux « êtres-*uns* » composant les corps.

L'hypothèse avancée pour satisfaire à cette condition d'unité intégrative de l'être vivant doué de sensibilité consiste en effet à rattacher le principe sentant à une monade. Le point de départ est ici l'expérience du « moi sentant » qui se perçoit *un* et qui se découvre dans la conscience réflexive du fait de sentir qu'il sent. Un sujet de perception sensible doit nécessairement constituer le principe d'unité intégrant la variété interne de ses états. Comme il ne peut y avoir d'être non corporel, c'est-à-dire immatériel en tant que tel, comme c'était le cas de la *mens* cartésienne, ce sont à des atomes d'étendue minimale, à des monades physiques douées de force, comme principe d'action essentielle, que revient l'attribution de la sensibilité comme pouvoir de perception : « « Plusieurs philosophes regardent la sensibilité comme ne pouvant convenir qu'à un être organisé ; mais cette démonstration de l'unité de l'être sentant détruit leur opinion ; c'est la mémoire qui ne peut convenir qu'à un être organisé : elle réside toujours dans le sens interne ; mais la sensibilité appartient à l'être *un*, à la *monade*, à l'*atome* » [1]. Nous reviendrons sur la mémoire conçue comme processus physiologique et attribuable au sens interne, siège cérébral de la monade sensible. À ce stade, il importe surtout de retracer la configuration des arguments à l'appui de cette hypothèse de monadologie psycho-physiologique. Un lien analogique fort rattache la composition des corps à des principes uns et indivisibles ; quant au « moi sentant », il représente d'emblée, un tel principe un et indivisible. D'où l'assimilation des principes de sensibilité aux atomes de force se combinant pour former les phénomènes étendus :

1. *Ibid.*, II, chap. VI, p. 45, note a.

> Ces êtres *uns* composant l'être étendu, seront-ils semblables au moi sentant, qui est aussi *un*, indivisible, quoiqu'étendu ? L'analogie me le fait croire ; car l'uniformité qu'on observe parmi les êtres existants, ne permet pas de penser qu'il se trouve de la différence dans ces êtres *uns*. Ainsi il est donc très-conforme à l'analogie, que tous les êtres *uns* se ressemblent [1].

La conséquence immédiate de l'inférence analogique est double : d'une part, le moi sentant de quelque animal que ce soit sera conçu comme une monade physique, figurée, mobile, insécable, minimalement extensive, mais surtout détentrice d'une force intrinsèque correspondant à un pouvoir particulier de perception sensible. D'autre part, le principe de continuité et la correspondance des propriétés respectives permet d'étendre l'activité perceptive et l'unité des processus qui s'y rattachent à toute monade suivant une immense série de gradations. Se dessine alors le schème d'une composition des êtres ou des phénomènes étendus, par la collection de telles unités : « L'être étendu sera donc une collection, un aggrégat de pareils êtres uns, étendus eux-mêmes, très-petits, néanmoins figurés, mobiles, se mouvant toujours, ayant chacun une force propre, & pouvant recevoir toutes sortes de mouvements & de sentiments » [2]. Dans ces conditions, l'être organisé dans sa forme la plus accomplie se concevra matériellement comme une combinaison de telles unités, combinaison susceptible de s'agréger et de se désagréger dans des processus alternés de morphogenèse et de décomposition. Dans ce schème, figure également une reprise du rapport des monades dominantes et subordonnées, puisque le moi percevant dans l'animal représente l'exercice d'une fonction hégémonique par rapport aux actions subordonnées de toutes les autres unités intégrées à l'organisation vitale. Ce rapport est corrélatif à la localisation du sens interne au centre du réseau nerveux, principe actif et régulateur des opérations dévolues aux divers organes. La Métherie conçoit donc que les animaux possèdent des moi(s) équivalents au mien, suivant une échelle de degrés se développant de façon indéfinie et suivant le rapport de ces atomes sentants à autant de sens internes configurés de façon analogique à travers les séries d'êtres organisés. Tous ces êtres organisés, par ailleurs, résultent de la combinaison d'atomes dotés de sensibilité plus ou moins obscure, à défaut d'en être totalement dépourvus [3]. Comme il ressort des sections les plus générales de l'ouvrage,

1. J.-C. de La Métherie, *Principes de la philosophie naturelle*, II, chap. VI, p. 48.

2. *Ibid.*, p. 48-49.

3. L'argument développé ici est le suivant : les premières parties de la matière devant être unes, doivent être capables d'éprouver des sentiments, mêmes à des degrés infimes, voir *Ibid.*, II, chap. VI, p. 79 : « Ainsi les premieres parties de la matiere ne pouvant être divisibles à l'infini, mais devant être *unes*, *insécables*, enfin des atomes, il faut que nos adversaires

toutes les modifications de l'être ne sont pour nous que diverses manières relatives de considérer les êtres étendus et les êtres sensibles [1]. En dernier ressort, ces modes ou qualités se correspondent lorsqu'on les rapporte à leur inhérence dans les éléments ultimes – atomes ou monades – de toute réalité, objet d'expérience. Enfin, le principe de continuité nous impose de concevoir que tous ces modes, analysables en termes d'étendue et de sensibilité, ont des degrés d'intensité différents les uns par rapport aux autres, mais s'inscrivant tous dans des ordres de développement graduel.

L'expérience de la sensibilité et de la conscience de l'état sensible en nous nous révèle l'unité du moi, et donc sa caractéristique d'inhérence dans un être *un*. « L'être sensible est essentiellement *un* & sans parties ; car cet être, non-seulement éprouve différents sentiments, mais il sent encore qu'il les éprouve. Il a un sentiment unique d'être affecté d'un certain nombre d'Idées : or, ce sentiment secondaire ne peut se trouver que dans un être *un* » [2]. Par contraste, le vivant est un agrégat composé d'une multitude de parties. Certes, la vie se caractérise comme une somme de mouvements formant une action unique, mais ces mouvements sont analytiquement attribuables aux parties de la machine organisée [3]. En tant qu'action unique, résultant de l'unité intégrative des fonctions, elle requiert qu'on la rattache aux êtres uns formant la machine organisée. Or, dans ces conditions, l'action totale du vivant nous renvoie par analogie à un fondement qui correspond aux propriétés de l'être sentant. La relation paradoxale de la machine organisée à un principe doué de sensibilité s'affiche dans le passage suivant :

> L'animal est mu [...] par les sensations [en tant que processus physiologiques], & tout son corps exerce une action unique ; mais la quantité de ce mouvement est partagée entre chaque partie de cette machine organisée, & aucune ne peut être supposée avoir cette action totale. Ce qui se passe dans l'être

conviennent que ces atomes sont capables d'éprouver des sentiments chacun en particulier : ils n'ont point de raison pour dire que le *moi sentant* soit composé de plusieurs atomes ; tandis que tout ce que nous avons dit prouve qu'il doit l'être d'un seul. On peut donc regarder comme bien prouvé que les atomes sont capables d'éprouver des sentiments, & que le moi sentant est *unique* est un seul atome ».

1. *Ibid.*, I, chap. I. De l'Être, p. 3 : « Ces différentes modifications de l'être, ont toutes un rapport nécessaire avec l'étendue & la sensibilité ; ou, pour parler plus exactement, elles ne sont que diverses manieres de considérer les êtres étendus & les êtres sensibles ».

2. *Ibid.*, I, chap, III. De l'Être sensible, p. 12-13.

3. C. Leduc m'a fait remarquer que cette caractérisation de la vie par l'identité d'un type d'action ou ensemble de mouvements lié à un mode d'organisation n'est pas sans affinité avec celle que l'on trouve dans Locke, *Essay concerning Human &Understanding*, 2.27. 3-6, ed. P. H. Nidditch, Oxford, Clarendon Press, 1975, p. 330-332.

> sentant est bien différent de ceci : le moi éprouve la totalité du sentiment, & en a la conscience [1].

Si aucune des parties du vivant en tant qu'étendue n'est animée par l'action totale, celle-ci résulte néanmoins des dispositions dynamiques des êtres-uns qui le composent, et à ces forces élémentaires correspondent des sentiments élémentaires. Ces sentiments reflètent les rapports interactifs des divers éléments regroupés dans l'agrégat organique; ils reflètent donc la corrélation d'ensemble des forces essentielles attribuables aux monades associées au fondement de cet agrégat et dont dépend son action totale. Mais se dessine en outre, dans le vivant animal, une différenciation prononcée entre d'une part une monade détentrice de sensibilité perceptive ou consciente et douée d'une force propre se traduisant en effets moteurs coordonnés et d'autre part des monades aux capacités infiniment moindres, mais composant la structure fonctionnelle de l'organisme. Et voici le passage éclairant à cet égard :

> Tous les êtres *uns* qui composent les corps, ou les premiers éléments de la matiere, ne different point de celui qui constitue le principe sentant des animaux, ainsi que nous l'avons prouvé. Ces êtres sont dans une agitation continuelle; ils ont une force propre qui les meut sans cesse, & ils reçoivent également des impressions des autres corps. Ils auront donc également des sentiments non-interrompus; la même cause subsiste pour les uns & pour les autres; mais la situation où se trouve le principe sentant des animaux au centre d'une machine bien organisée, & pourvue de différents sens, lui fait éprouver une variété de sentiments, que ne peuvent recevoir ceux qui n'occupent pas une place aussi avantageuse : lui seul peut aussi avoir de la mémoire qui réside entiérement dans le sens interne; ce sont ces causes qui constituent les différences qui subsistent entre les êtres sensibles. Les hommes & les animaux ont d'autant plus de perfections que leurs machines sont mieux organisées [2].

De façon générale, cette vision monadologique naturalisée se conjugue avec quelques schèmes spécifiques concernant l'ordre de la nature vivante. Il s'agit d'abord d'une application de la loi de continuité à l'analyse comparée de la configuration des êtres organisés. Si l'on utilise comparativement les organisations intérieures de ces êtres, on doit pouvoir y saisir des variantes d'un même plan d'intégration fonctionnelle des parties. Comprenons ici que les parties des machines vivantes, plus ou moins complexes et plus ou moins modifiées, se trouvent agencées de façon à réaliser une action totale similaire d'un type de corps

1. J.-C. de La Métherie, *Principes de la philosophie naturelle*, II, chap. VI, p. 76-77.
2. *Ibid.*, II, chap. VI, p. 71-72.

organisé à l'autre et de façon à la réaliser par des moyens, structures et opérations, analogues : « Des vues sur l'organisation animale & végétale comparées, découvrent les mêmes nuances dans la structure intérieure des corps organisés : on trouve le même plan que la nature a varié prodigieusement »[1]. *Grosso modo*, il y a analogie de vitalité entre les êtres organisés : cette analogie porte sur des fonctions, c'est-à-dire sur des ensembles d'opérations et de processus issus de la disposition des parties – une structure plus simple chez les végétaux ; un mécanisme plus composé chez les animaux. L'idée d'action totale se reflète dans le rejet de toute démarche classificatoire à la façon des botanistes méthodiques et de Linné qui privilégiaient la comparaison des types spécifiques d'après les caractéristiques d'un seul système, pris comme terme de référence. La classification dont la portée ne peut être que relative a intérêt à se fonder sur l'ensemble des caractères fonctionnels issus de l'intégration des structures. Cette position de principe n'est pas sans rappeler les positions méthodologiques adoptées par Buffon contre la classification linnéenne, jugée trop arbitraire et artificielle, et par-delà Buffon, on pourrait y retrouver l'écho des réflexions de Leibniz dans sa lettre *De methodo botanica* à Gackenholtz[2].

Comme l'illustre le Discours préliminaire des *Vues physiologiques sur l'organisation animale et végétale*, l'étude comparative des vivants, suivant ce modèle, se fixe l'objectif de partir du degré le plus complexe d'intégration structuro-fonctionnelle, celui que semble représenter l'être humain, pour descendre par étapes vers des formes plus élémentaires, à travers diverses simplifications régressives. Les *Vues* s'achèvent d'ailleurs par un chapitre « Des Végétaux » dont le principe de rédaction se base sur l'analyse régressive : « Nous retrouverons dans les végétaux ce que nous avons vu dans les animaux, excepté que tout y est plus simple : & nous en pourrons tirer de nouvelles lumières par les analogies »[3]. Trois thèses commandent, pourrait-on dire, ce type d'analyse. En premier lieu, figure le constat ou l'inférence d'une richesse quasi inépuisable des types d'êtres organisés dans le monde, suivant des échelles de dimension extensive allant de l'infiniment petit à l'infiniment grand, en même temps que de complexité structurale et fonctionnelle croissante aux divers paliers de

1. *Ibid.*, II, chap. VIII. Des Êtres existants, p. 92.

2. Tout nous porte à croire que La Métherie a tiré parti de l'édition Dutens des *Opera omnia* (1768) de Leibniz, dans laquelle la lettre du 23 avril 1701 à August Christian Gackenholtz était accessible : voir Dutens II-2, p. 169-174 ; voir F. Duchesneau, *Leibniz. Le vivant et l'organisme*, Paris, Vrin, 2010, p. 107-111.

3. J.-C. de La Métherie, *Vues physiologiques sur l'organisation animale et végétale*, Amsterdam-Paris, Chez P. F. Didot, 1780, p. 344.

l'observation sensible et instrumentée. En deuxième lieu, on a affaire à une thèse de métamorphose constante. Les êtres sont présumés se former par des cristallisations particulières, donc par une forme d'épigenèse, apte à construire des machines parfois très complexes à partir de matériaux d'ordre organique plus élémentaires : c'est là l'évocation de formations à partir de molécules organiques, et ultimement de combinaisons de monades. Ces organisations sont à leur tour vouées à la décomposition, libérant derechef des éléments pour de nouvelles combinaisons organiques. Cette thèse du changement constant des structures se trouve néanmoins compensée par un facteur de limitation de la contingence : celui-ci réside dans une sorte de pré-ordination de l'ordre naturel à émerger dans les dispositifs élémentaires que constituent les êtres-uns, lesquels ne naissent, ni ne périssent. Ces deux thèses se trouvent liées dans le passage suivant :

> L'ordre présent qui subsiste dans la nature sera la suite de l'existence des êtres *uns* ou des éléments de la matiere, de leurs figures, de leurs forces & de leurs positions respectives dans les premiers moments. Essayons de pénétrer la manière dont l'analogie nous dira qu'ils ont formé l'univers, & dont tous les jours ils forment de nouveaux corps de la décomposition des anciens; car la nature, toujours active, détruit sans cesse ses premieres combinaisons, & en dégage les éléments pour les faire passer dans de nouvelles. Les animaux, les végétaux, les minéraux se décomposent journellement (peut-être aussi les planetes & les soleils), & de leurs débris naissent de nouveaux composés [1].

En fait, comme nous l'avons vu, la composition des mondes possibles est régie par des lois de séries commandant la coordination du développement des êtres et la compatibilité des phénomènes qui en résultent. Tenons compte également, en guise de troisième thèse, de la constance des forces essentielles caractérisant les éléments de la réalité matérielle : la persistance de ces forces sous-tend l'expression réglée des mouvements par lesquels surviennent les changements de forme et donc les variations et les différenciations structuro-fonctionnelles. Ainsi se réalise un plan de la nature qui implique des cristallisations spécifiques, des épigenèses pré-ordonnées, et selon lequel les variations possibles ne sauraient déroger aux règles de construction les plus probables à partir des « premières combinaisons ». Quant à celles-ci, elles impliquent des principes conjointement étendus et sentants. S'il récuse l'existence de substances purement spirituelles, La Métherie n'adhère pas pour autant à la position des matérialistes suivant laquelle la sensibilité ne serait

1. J.-C. de La Métherie, *Vues physiologiques sur l'organisation animale et végétale*, II, chap. VIII, p. 158-159.

qu'un phénomène apparaissant dans des organisations complexes et disparaissant avec la dissolution de cette organisation [1].

Il soutient l'existence d'une propriété de sensibilité indissolublement liée aux éléments ultimes de la réalité corporelle et qui exercerait ses effets en stricte corrélation avec les mouvements animant la machine organique. Mais cette propriété serait première, non émergente, impérissable, et elle ne saurait être réduite aux mouvements qui résultent de la force conjuguée des éléments entrant dans la composition de l'organisme, même si ces mouvements expriment, par leur coordination et leur unité, l'ordre des états du moi sentant. On retrouve donc pour ces raisons, chez La Métherie, une certaine propension à avaliser un lien de concomitance réglée entre les états de la sensibilité et les mouvements de l'organisme. S'il écarte une harmonie préétablie qui impliquerait l'existence de pures monades sans influence directe sur l'automate corporel, c'est pour reconnaître la conjonction harmonique d'un principe sentant et d'une machine organique où domine un appareil sensori-moteur centralisé, siège du sens interne. À travers cette correspondance réglée, la sensibilité attribuable au moi s'exprime par les corrélations dynamiques entre sensations et effets moteurs dans un organisme où prévaut l'autonomie de fonctionnement. Tout se passe comme si l'on rejoignait ainsi le rapport entre monade dominante et corps organique dans la substance composée ou corporelle. Le traitement du corps organisé vivant comme machine auto-suffisante s'impose, mais en y reconnaissant l'apport d'un principe sentant, par une doctrine de l'harmonie interne à l'ordre physique. C'est ce que traduit sans doute ce passage :

> Mais un des effets des sensations, des plus précieux pour l'animal, est de mouvoir son corps. Descartes avoit bien senti cette vérité, déjà apperçue par les anciens. Il avança que les animaux étoient de pures machines, mues uniquement par les objets extérieurs. Il est vrai qu'il fut trop loin, en leur refusant la sensibilité. L'harmonie préétablie de Leibnitz supposoit également que le corps n'étoit animé que par les sensations, sans que le principe sentant y influât. Effectivement ce sont les muscles qui operent tous ces mouvements par le moyen des nerfs, chaque muscle est pourvu d'une quantité de nerfs proportionnée à l'effort dont il est capable. Tous ces nerfs partent du sens

1. Voir *ibid.*, p. 151 : « ils [les matérialistes] ne reconnoissent que la matiere, & veulent qu'elle ait toujours existé ; ils soutiennent qu'organisée comme elle l'est chez les animaux, elle peut devenir pensante & sensible ; mais que l'organisation détruite, il n'y a plus de sensibilité : d'ailleurs ils avouent de bonne foi leur ignorance sur ce qu'ils ne peuvent expliquer […] ».

interne, d'où ils reçoivent la puissance motrice ; & cette puissance n'est mise en action que par les impressions extérieures, par les sensations [1].

Considérée sous un autre angle, la thèse de La Métherie consiste à assimiler les vivants à des machines et leurs opérations à des processus mécaniques, mais à la condition expresse que le mécanisme en question corresponde à une interprétation des phénomènes qui fasse droit aux déterminations issues d'un principe sensible : tout se passerait comme si le montage des mécanismes physiologiques permettait au vivant d'agir de façon constante en se conformant aux impressions affectant sa sensibilité – ajoutons : tant au niveau conscient qu'au niveau infra-conscient [2].

3. Formation des corps organisés et morphogenèse organique

Les principes d'un tel ordre étant admis, qu'en découle-t-il pour la doctrine physiologique qui viserait à s'y conformer ? La question se ramène à concevoir les modèles appropriés pour rendre compte de l'organisation vitale en fonction de la doctrine unitaire des éléments physiques, atomes dotés à la fois de force propre et de sensibilité, et en fonction d'une théorie de la composition des corps organisés. Cette démarche est plus précisément celle que La Métherie met en œuvre dans ses *Vues physiologiques sur l'organisation animale et végétale* (1780). Le rapport aux concepts leibniziens est ici plus indirect, puisque la référence naturelle n'est plus aux théories micro-mécanistes de la fin du XVIIe siècle, mais à un état plus tardif des hypothèses physiologiques, en grande partie tributaire de la réforme opérée par Haller dans sa grande synthèse des *Elementa physiologiæ corporis humani* (1757-1766). Cette médiation doctrinale apparaît évidente, même si La Métherie prend quelque distance par rapport aux principes de la « physique spéciale » du vivant que Haller mettait en scène.

Dans l'hypothèse retenue, la fibre apparaît comme « l'élément dont sont composés les solides des animaux, & des végétaux » [3] ; « La fibre simple […] est la matière première que la nature emploie dans la

1. J.-C. de La Métherie, *Vues physiologiques sur l'organisation animale et végétale*, I, chap. IV. De l'intelligence et du raisonnement, p. 34.
2. Voir *ibid.*, p. 35 : « Quand les animaux seroient de simples automates, ils exécuteroient donc les mêmes mouvements, qu'en étant des êtres sensibles. Les sensations les meuvent toutes les fois qu'elles ont assez d'énergie pour ébranler les nerfs. L'organisation de ces belles machines est si parfaite, que l'impression seule des objets extérieurs, qui lui est communiquée par les sens, peut en faire agir les ressorts, dont l'action ne cessera que lorsqu'elles seront décomposées ».
3. *ibid.*, De la Fibre, p. 48.

confection des êtres organisés »[1]. Une analyse physico-chimique nous est proposée des principes entrant en combinaison dans cette structure élémentaire : principe huileux, principe salin et air fixe (CO_2), sans omettre le phlogistique ou feu fixe qui constitue l'un des principes les plus actifs de la nature[2]. La synthèse en est opérée par les forces de la nature. Celles-ci, nous le savons, sont attribuables aux êtres-uns constitutifs des corps. Dans le cas présent, ces atomes ou monades physiques sont précisément de l'ordre de ceux qui composent les fluides les plus subtils des corps organisés : l'esprit nerveux et l'esprit séminal. Une analogie commande ce rapprochement concernant les êtres-uns, postulés de part et d'autre. Cette analogie s'appuie sur l'action de l'esprit nerveux et de l'esprit séminal sur l'ensemble des fibres des divers organes. « L'esprit vital ou animal [= autres appellations pour l'esprit nerveux] coopère pour le moins autant que le séminal à donner de l'énergie à la fibre »[3]. L'argument ici tient au fait que les dysfonctionnements du système cérébral, et notamment la paralysie des nerfs, entraînent une perte de « ton » (= tonus) des fibres musculaires et autres, leur atrophie, voire leur dissolution. Le « ton de la fibre » est assimilé à son élasticité et à sa capacité de contraction ; il est présumé dépendre à la fois de la combinaison des éléments physico-chimiques constitutifs de cette structure de base et de l'apport en force qui lui vient des esprits, ingrédients organiques intégrés. Le tonus fibrillaire variera selon les corps organisés individuels, selon les âges de la vie et selon la composition spécifique des divers types de fibres. D'où une sorte de loi empirique de tonicité : « Le ton de la fibre sera donc en raison composée de sa masse & de sa tension : & sa tension dépendra de la nature de ses principes constituans […] »[4]. Quant à l'effet moteur attribuable à cette propriété dynamique, il est compris en termes de mobilité, et les facteurs qui le déterminent sont à la fois intrinsèques (composition et tonus) et extrinsèques à la fibre (action des esprits agissant sur cet élément de structure). D'où un autre énoncé de généralisation empirique : « Cette mobilité sera donc en raison composée du ton & du volume de la fibre, de la quantité & subtilité de l'esprit moteur »[5].

1. *Ibid.*, Du Tissu cellulaire, p. 61.

2. Voir *ibid.*, Du Feu fixe ou phlogistique, p. 4 : « Le phlogistique ou feu fixe entre comme principe dans la composition des corps organisés comme dans tous les autres corps ; c'en est sans doute un des principes les plus actifs : il paroît y être en très-grande quantité ; il y est même surabondant ». Il est notable que La Métherie opposa une certaine résistance à l'implantation institutionnelle de la chimie lavoisienne, ce dont témoigne le lexique chimique dont il se sert.

3. *Ibid.*, De la Fibre, p. 54.

4. *Ibid.*, De l'Élasticité de la Fibre, p. 57.

5. *Ibid.*, De la Mobilité de la Fibre, p. 59.

La fibre simple est l'élément organique premier : c'est par combinaison de fibres simples que se forment les divers tissus de l'organisme, à commencer par le tissu cellulaire (*tela cellulosa*, parenchyme interstitiel). Dans celui-ci s'opèrent divers types de cristallisation à partir de fluides organiques : glutineux, muqueux, cartilagineux, osseux, etc., de telle sorte que toutes les parties de l'organisme peuvent être tenues pour les éléments d'une charpente commune, le tissu cellulaire différemment modifié et servant de ce fait à des usages diversifiés [1]. En définitive, l'organisme apparaît comme une vaste machine hydraulique, pneumatique et chimique dont le montage s'opère étape par étape par combinaison de parties matérielles et de forces élémentaires et par complexification et différenciation de structures fibrillaires. Sans doute peut-on faire l'économie d'une analyse plus détaillée de cette conception en citant ce passage :

> Tous les solides des animaux & des végétaux sont composés de fibres, lesquelles fibres forment toutes du tissu cellulaire : ce tissu cellulaire, ou s'épanouira en membranes, ou il sera contourné en rond, pour former des vaisseaux ; ensorte que tout dans les corps organisés paroît être du tissu cellulaire plein de différens liquides. Effectivement, prenez une fibre musculaire, divisez-la ; vous trouverez les dernières divisions composées de vaisseaux sanguins, soit artériels, soit veineux, de vaisseaux lymphatiques, & de nerfs ; tous ces vaisseaux sont unis par du tissu cellulaire extrêmement délicat. Décomposez ces vaisseaux eux-mêmes, vous les trouverez également formés d'un vrai tissu cellulaire. Les gros troncs ont des vaisseaux plus petits pour les nourrir eux-mêmes, qui dans leurs dernières divisions ne sont que des lames très-fines de ce tissu cellulaire. Les os ne sont également que du tissu cellulaire, entre les lames duquel sont déposées les parties calcaires avec une partie lymphatique gélatineuse : faites dissoudre ces parties calcaires dans un acide, il ne reste que du tissu cellulaire, & la partie gélatineuse, que vous extrairez dans le digesteur de Papin. Prenez les viscères, vous ne les trouverez également composés que du tissu cellulaire ; telle est la membrane de Glisson dans le foie, soutenant différens vaisseaux sanguins, lymphatiques, nerveux, & les vaisseaux propres du viscère. Entre les lames de ce tissu cellulaire sont déposées des parties constituantes, telle qu'une lymphe gélatineuse chargée de beaucoup de parties calcaires dans les os, une simple lymphe gélatineuse dans les muscles : dans les viscères, il y a très-peu de cette lymphe ; ils ne paroissent composés que de vaisseaux [2].

1. Voir J.-C. de La Métherie, *Vues physiologiquessur l'organisation animale et végétale*, Du Tissu cellulaire, p. 67 : « Le tissu cellulaire est donc la base dont se sert la nature pour sa charpente ; mais elle l'emploie différemment dans chaque partie, ce qui fait que l'une ne ressemble pas à l'autre ».

2. *Ibid.*, De la Composition des Parties, p. 63-64.

La représentation de la structure organique complexe qui se dessine alors n'est pas sans rappeler la conception des machines de la nature, composées de micro-organes emboîtées, que l'analyse leibnizienne avait avalisée à la suite de Marcello Malpighi et de son école. Ce modèle avait été modifié, mais non strictement écarté dans la théorie hallérienne, sinon par la prise en compte de propriétés physiologiques empiriquement assignables, bien que non mécaniquement dérivables. Ces propriétés seront certes prises en compte dans la synthèse réalisée par La Métherie. Toutefois, le modèle originel a laissé une autre empreinte majeure dans les schèmes de représentation théorique retenus : il s'agit de l'idée de réseau vasculaire généralisé. Les systèmes sanguin, lymphatique et nerveux sont conçus comme des réseaux vasculaires se déployant du plan macroscopique au plan microscopique, mais ces réseaux se situent en continuité les uns des autres et forment une structure organique unifiée et intégrée [1] : celle-ci se traduit en processus physiologiques homologues entre les divers appareils. Le schème dominant à cet égard est celui d'une machine sécrétoire à la fois ténue, subtile et complexe, dont les effets sont repérables dans les actions spécifiques attribuables aux divers organes. La conception de cette mécanique spéciale reste de l'ordre de la spéculation, si ce n'est en ce qui concerne son intervention reconnue dans les dernières ramifications des vaisseaux. La Métherie évoque à ce propos les modèles antagonistes de la sécrétion, respectivement proposés par Malpighi et par Frederik Ruysch, mais en estimant que la question n'a pu être encore résolue [2]. Dans le *De structura glandularum conglobatarum consimiliumque partium* (1689), Malpighi tenait la glande élémentaire pour un follicule se prolongeant en un tube excréteur. Les parois du follicule étaient censées contenir les ultimes ramifications des réseaux artériels, veineux et nerveux; la séparation différentielle de particules à sécréter s'opérerait dans les micropores du parenchyme folliculaire. Selon Ruysch, la machine sécrétoire consisterait dans la bifurcation des artérioles se prolongeant en veinules d'une part, en vaisseaux sécréteurs de l'autre [3]. La Métherie insiste pour sa part sur l'interconnexion des réseaux nerveux, lymphatique, artériel et veineux, ce qui lui permet de concevoir l'interaction des fluides subtils dans les ultimes ramifications

1. *Ibid.*, p. 65 : « Je crois que dans leurs dernières divisions tous les vaisseaux du corps humain se communiquent ».

2. Voir à ce sujet, D. Bertoloni Meli, *Mechanism, Experiment, Disease. Marcello Malpighi and Seventeenth-Century Anatomy*, Baltimore, Johns Hopkins University Press, 2011, p. 296-306.

3. Voir à ce sujet l'*Opusculum anatomicum de fabrica glandularum in corpore humano* (1722), rédigé par Ruysch en collaboration avec Boerhaave.

des vaisseaux et dans les plus fines mailles du tissu cellulaire, processus aboutissant à des combinaisons organiques que l'on peut identifier à des fibres complexes, dérivées ou transformées. Ces combinaisons se réalisent en vertu d'affinités chimiques entre les particules véhiculées par les fluides organiques et celles qui se trouvent intégrées aux divers organes sécrétoires : « Le mécanisme qui opère la séparation des différentes sécrétions de la masse totale, a toujours été enveloppé de beaucoup d'obscurité : on a inventé bien de systêmes pour l'expliquer; pour moi je crois que c'est par la loi des affinités chimiques, *simile simili gaudet* » [1]. Ces affinités chimiques organiques se manifestent par des cristallisations spécifiques, donnant lieu non seulement aux morphogenèses correspondantes, mais aussi aux diverses opérations vitales. En ce qui a trait aux processus circulatoires, l'analyse relève tout particulièrement la structure fonctionnelle des valvules qui, dans les circuits veineux, lymphatiques et nerveux, voire dans l'organisation interne des viscères, assure la régulation des processus sans rétrogradation de flux. Ce serait là l'illustration d'un plan uniforme de la nature qui implique des variantes appropriées suivant les circonstances particulières de l'organisation concernée. L'évidence d'un tel plan uniforme nous serait fournie par la présence d'une structure vasculaire chez les végétaux et par l'observation des processus sécrétoires qui sont corrélatifs de ce dispositif organique [2].

Or, ce plan d'organisation qui se révèle à travers la variété des combinaisons structurales et des processus fonctionnels caractérisant les séries animales et végétales, se déploie suivant des schèmes morphogénétiques déterminant la formation initiale et subséquente des organismes : « C'est la même cause qui forme le fœtus; la même le nourrit, & la même opère les différentes sécrétions » [3].

À cet égard, nul doute que La Métherie ne tourne le dos à la préformation de l'organisme achevé dans l'embryon et à la préexistence des germes emboîtés. Sa conception de l'épigenèse doit beaucoup à Buffon et à Needham. Le trait dominant en est une analogie qui tend à rabattre la formation organique sur l'intervention de lois relevant d'une physique spéciale. Il conçoit la formation des corps organisés comme une cristallisation de type particulier, obéissant somme toute à des contraintes spécifiques. La principale différence affectant ce type de formation cristalline provient de ce qu'il se réaliserait, non par simple juxtaposition

1. J.-C. de La Métherie, *Vues physiologiques*, Des Sécrétions, p. 222.

2. Voir *ibid.*, De la Composition des Parties, p. 68 : « Ici comme ailleurs, la nature n'a qu'un plan qu'elle varie infiniment. Elle l'a suivi dans l'organisation des végétaux ».

3. *Ibid.*, Des Sécrétions, p. 222-223.

de molécules, mais par intussusception, c'est-à-dire par pénétration de ces molécules à l'intérieur d'agrégats déjà constitués auxquels celles-ci s'intègreraient en les structurant en des touts organisés. Les mêmes causes semblent intervenir dans les formations cristallines et organiques, mais des facteurs distincts liés aux modes d'organisation intérieure et donc aux parties constitutives des agrégats impliqués modifient l'opération de ces causes et provoquent des structurations divergentes :

> C'est bien la même cause, que nous avons vu former, nourrir & accroître ceux-ci [les végétaux et les animaux], qui forme & donne de l'accroissement à ceux-là [les cristaux métalliques] ; ils cristallisent les uns & les autres ; mais la cristallisation agit différemment ; elle se fait par *juxta-position* chez les uns ; les autres ont des vaisseaux, dans lesquels circulent des liqueurs, qui les nourrissent par *intus-susception* [1].

En ce qui concerne la formation de l'embryon, La Métherie se la représente comme une cristallisation de la lymphe animale donnant lieu à la formation de tissu cellulaire [2] ; un processus analogue aboutit à la structuration initiale des végétaux depuis une lymphe muqueuse qui se solidifie sous l'effet d'un principe actif provenant des semences, pour former le tissu cellulaire végétal [3].

Deux considérations théoriques se joignent à ce stade pour établir les conditions de morphogenèse aboutissant à des vivants complexes aux composantes organiques nettement différenciées. En premier lieu, il s'agit d'une ouverture à la pluralité des modes de reproduction, suivant une séquence de complexifications croissantes. Si l'on doit admettre la possibilité de générations spontanées, tout au moins dans la toute première formation des êtres, les modalités subséquentes de génération font appel à une pré-ordination des éléments dans les fluides séminaux, voire dans le mélange des fluides séminaux du mâle et de la femelle,

1. J.-C. de la Métherie, *Principes de la philosophie naturelle*, II, chap. VIII, p. 99-100. Les modes de cristallisation distincts des composés inorganiques et des corps organisés est un thème récurrent des théories épigénétiques au XVIII e siècle : c'était notamment le cas chez Maupertuis. La même thématique ressurgira dans la dernière partie, spéculative, des *Mikroskopische Untersuchungen* (1839) de Theodor Schwann, lorsque celui-ci assimilera la formation cytoblastémique des cellules à une forme de cristallisation par dépôt successif de membranes s'accroissant par imbibition. Voir à ce sujet F. Duchesneau, *Genèse de la théorie cellulaire*, Paris-Montréal, Vrin-Bellarmin, 1987.

2. Voir J.-C. de la Métherie, *Vues physiologiques*, De la Formation des êtres organisés, p. 69 : « La formation du fœtus ne me paroît être qu'une cristallisation de la lymphe animale qui a formé le tissu cellulaire ».

3. Voir *Ibid.*, p. 70 : « La même chose se passe chez les végétaux : l'esprit prolifique est une lymphe végétale, un corps muqueux subtil très-huileux, qui cristallise & forme tout le tissu de la plante avec du tissu cellulaire ».

et à une transmission de principes actifs provenant des géniteurs. En définitive, sous une apparence informe, des combinaisons de composantes se trouvent rassemblées : celles-ci dessinent de façon potentielle – au sens d'une puissance en acte – la structure de l'organisme résultant. La pré-délinéation de ses fonctions ou plutôt des propriétés fonctionnelles que détiendront ses organes constitués, tient au fait que les structures embryonnaires contiennent déjà des composés fluides correspondant aux humeurs qui seront par la suite sécrétées, voire correspondant aux principes subtils qui formeront par exemple l'esprit nerveux (vital ou animal). Traitant des structures embryonnaires, l'auteur des *Vues physiologiques* reconstitue une thèse de la machine organique à développer comprise dans ses propres rudiments dont l'ensemble figure déjà l'intégration structurale et fonctionnelle à venir :

> [La cristallisation de la lymphe animale] a imbu en même temps chaque viscère du petit embryon, de la liqueur qu'il doit filtrer. Le cerveau contient de l'esprit animal, le foie de la bile, &c. : il y a déjà de la matière calcaire dans les réseaux du tissu cellulaire des os; ils ne seroient pas os, s'il n'y avoit que du tissu cellulaire; le foie ne seroit pas foie, si les pores biliaires n'étoient formés, & par conséquent ne contenoient de la bile; enfin, il doit y avoir de l'esprit animal dans le cerveau, soit pour donner la vie à toute la machine, soit pour en entretenir tous les mouvemens. Chaque glande doit avoir son humeur particulière; non-seulement tous les viscères doivent être ainsi constitués, mais chaque partie doit contenir dans son tissu cellulaire ses parties propres, ainsi que les os contiennent des parties calcaires & gélatineuses [1].

Dans cette amorce d'explication théorique, La Métherie prend en compte la contingence d'organisations vitales qui sont issues de combinaisons diverses entre parties matérielles, originellement rassemblées de façon aléatoire; mais, en même temps, il souligne qu'un ordre fonctionnel est déjà compris dans la correspondance harmonique des êtres-uns au sein des agrégats organiques dont résultent l'embryon, puis le vivant accompli. La Métherie, qui a admis la génération spontanée comme l'un des fondements possibles de sa théorie, conçoit également que les espèces puissent être sujettes à des variations et que celles-ci puissent aboutir à la formation de nouvelles espèces, notamment par voie d'hybridation [2]. Mais, du même souffle, il identifie la forme prégnante

1. J.-C. de la Métherie, *Vues physiologiques*, p. 69-70. La même argumentation vaut, mutatis mutandis, pour la pré-ordination structurale et fonctionnelle dans le germe du végétal.
2. Ces questions sont notamment développées dans les *Principes de la philosophie naturelle*, II, chap. XI. De la Formation des êtres organisés, p. 292-325.

d'un plan uniforme de la Nature : celui-ci transcende les variations accidentelles et tend, par la réitération de combinaisons ordonnées, à préserver des modes stables d'organisation caractéristiques de types ou d'espèces naturelles. Dans cet ordre, la contingence peut de nouveau s'inscrire par la variation intergénérationnelle des types sous l'effet des conditions ambiantes. À la façon de Buffon, La Métherie considère que ces variations représentent alors un ordre de dégénérations sérielles, ce qu'illustre en particulier la transformation des espèces naturelles par l'homme. Comme tout organisme consiste en complexes de fibres transformées et combinées, de telles variations ne peuvent que résulter d'altérations dans l'économie fibrillaire et tissulaire des organismes ; à leur tour, ces altérations provoquent des modifications des propriétés physiologiques des parties concernées.

En définitive, le schème suivant lequel La Métherie conçoit la génération comprend les éléments suivants : une composante active des semences animales et végétales provoque, dans les fluides séminaux, des cristallisations spécifiques ; celles-ci se matérialisent sous la forme de tissus cellulaires ; des molécules de différents types provenant de la semence, voire résultant d'apports externes suscités par les composantes de la semence, se localisent aux diverses parties du corps organique rudimentaire. Suivant les affinités chimiques entre ces molécules et les composantes des micro-organes, ceux-ci acquièrent des capacités sécrétoires spécifiques, en même temps qu'ils connaissent divers accroissements et changements morphologiques. Il s'ensuit que l'accroissement et la nutrition ne font que réitérer les mêmes processus au sein de corps organisés de plus en plus complexes et structurés en organes et en appareils en plus en plus spécialisés. La Méthérie affirme donc : « La cause première qui fait déposer ainsi chacune des parties aux lieux que leur marque la nature, ne me paroît autre que la force qui fait cristalliser toute la matière »[1]. Il faut toutefois nuancer cette affirmation générale, car d'une part la tendance à la cristallisation se trouve dans une certaine mesure contrebalancée par l'impulsion circulatoire imposée aux fluides organiques dans le vivant constitué. Cette impulsion est aussi désignée comme l'effet des « forces vitales ». Tout se passe comme si l'on avait affaire à deux types de forces qui s'opposent : celles qui font tendre les matières constitutives à l'organisation et celles qui déterminent les mouvements fonctionnels à l'intérieur de l'organisme. Nous pourrions considérer les unes comme des forces agrégatives et les autres comme des forces opératives, à condition toutefois d'y voir les effets émergents d'un

1. J.-C. de La Métherie, *Vues physiologiques*, De l'accroissement et de la nutrition, p. 80.

ordre dynamique plus fondamental, celui des forces propres aux êtres-uns ou monades formant le substrat des réalités corporelles[1]. En définitive, le corps organisé apparaît comme le lieu d'un jeu changeant, mais équilibré des forces attribuables aux composantes élémentaires et aux structures dérivées.

Sur le plan des phénomènes, l'harmonie de composition et d'action qui se manifeste est celle des solides et des fluides de l'organisme. Ceux-ci interagissent en vertu d'affinités chimiques entre les composants de part et d'autre, mais, dans les structures organiques complexes et dérivées, les processus s'accomplissent en vertu des propriétés physiologiques caractérisant les complexes fibrillaires des divers organes, notamment ceux des organes qui exercent une fonction directrice et régulatrice à l'égard du tout. Le court chapitre « Des Viscères » nous présente l'animal comme un automate certes, en raison de sa structure et de ses mouvements, mais cet automate possède des fonctions d'ordre supérieur qu'il convient sans doute d'attribuer à une âme, à condition toutefois de se représenter celle-ci à travers les opérations d'organes ou de viscères spécialisés, investis d'un pouvoir d'activation et de régulation des processus physiologiques. « Les animaux ne sont pas faits, soutient La Métherie, pour être de purs automates qui se meuvent : il est des fonctions plus nobles en eux ; ce sont les facultés de l'ame, qui les élèvent au-dessus de l'état de simples machines. Chaque animal a une ame relative à sa nature. Toutes ces fonctions se font par le moyen de viscères »[2]. Parmi ces viscères, le rôle dominant est dévolu à l'organe central de la sensibilité : « […] le cerveau est le Principe de vie de cette belle machine »[3].

Ceci nous amène au point sans doute le plus central de cette physiologie : le modèle de l'automate sensible. Le premier élément en est la conception anatomique des nerfs. Deux modèles principaux s'affrontaient alors, comme ils le faisaient déjà à la fin du siècle précédent : ils répondaient respectivement à l'analogie des vaisseaux sécrétoires et à celle des cordes tendues vibrantes. La Métherie opte d'entrée de jeu pour le premier modèle : « Le cerveau est un viscère fait comme les autres pour filtrer une humeur sécrétoire ; les nerfs partant de ce viscère paroissent devoir être les vaisseaux destinés à la circulation de ce fluide : ils sont en même temps

1. Ces désignations sont nôtres : elles n'apparaissent pas comme telles dans les textes de La Métherie ; mais la notion de « force vitale » telle qu'il l'utilise semble désigner des forces génériques d'organisation se révélant dans la formation des structures et aussi des forces productrices d'opérations fonctionnelles.

2. J.-C. de La Métherie, *Vues physiologiques*, Des viscères, p. 101.

3. *Ibid.*, p. 102.

les organes du mouvement & du sentiment »[1]. Même si le mécanisme par lequel le fluide nerveux agit reste mystérieux, l'appareil des fonctions sensitives et motrices peut se concevoir comme formé de petites vésicules formées de fibrilles, interconnectées et disposées en série : ce dispositif permettrait d'expliquer un grand nombre d'effets, notamment en ce qui a trait à la capacité du « principe sentant », intervenant par le sens interne comme siège organique de la sensibilité, de transmettre des impulsions au fluide nerveux en vue d'opérer des contractions musculaires. Il convient ici de se rappeler les analogies relatives à ce principe que développent les *Principes de la philosophie naturelle*. Il s'agit d'une partie une et indivisible de matière, d'un atome ou d'une monade, à l'instar des autres êtres en lesquels se décomposent ultimement tous les corps phénoménaux[2], à cette différence près qu'il s'agit d'une monade percevante, d'un « principe sentant », opérant la synthèse de multiples impressions sensibles et doté d'une force essentielle susceptible de se déployer en effets dynamiques sur le plan des phénomènes : il est affecté par les mouvements du cerveau et détermine en retour des changements dans les processus nerveux, le tout donnant lieu à des rapports de corrélation des actions et réactions au niveau du *sensorium* ou sens interne.

> Le sens interne n'est donc que le sensorium. Nous l'avons supposé composé de différentes vésicules où se dépose l'esprit animal, lesquelles ont chacune un sphincter, & se communiquent toutes. Les fibres qui composent ces vésicules aboutissent à un centre commun, ensorte qu'aucune ne peut être ébranlée que le centre ne le soit, ainsi que, dans la toile de l'araignée, les fils en sont attachés avec tant d'art, qu'ils correspondent tous à un seul point où va se placer l'animal, & il ne se passe aucun mouvement dans ses filets qu'il n'en soit aussitôt averti. Le principe sentant au centre du sensorium, ressent également tous les mouvemens qui y sont transmis, & tous se rapportent au sensorium : il n'en est aucun qu'il ne sente, & dont il ne soit affecté[3].

Seules des différences sensibles survenant dans les mouvements affectant le *sensorium* se répercutent sous forme d'impressions sensibles pour le sujet percevant. La Métherie souligne que nombre de mouvements vitaux s'opèrent sans que le principe sentant n'en soit affecté, en raison de la spontanéité et de la relative facilité des processus en cause. La

1. *Ibid.*, Des Nerfs, p. 114; voir aussi, De l'Esprit nerveux, p. 227.
2. J.-C. de La Métherie, *Principes de la philosophie naturelle*, II, chap. VIII, p. 153 : « L'analogie dit que ce principe sentant est *un*; qu'il est un atome, & non une collection d'atomes, & qu'il est affecté par les différents mouvemens qui se passent dans le cerveau ».
3. *Ibid.*, Du Sens interne, p. 333-334.

corrélation est néanmoins générale entre les états internes sensibles ou infra-sensibles du principe sentant et les phénomènes se déroulant dans le réseau nerveux et, par l'intermédiaire de celui-ci, dans la totalité du corps organisé vivant.

La structure de l'appareil nerveux et cérébral constitue un facteur déterminant dans l'explication des propriétés physiologiques que sont l'irritabilité, la contractilité et la sensibilité. La fibre simple est considérée comme ne possédant pas d'autre propriété analogue aux propriétés physiologiques que l'élasticité : cette caractéristique repose certes sur les propriétés dynamiques des atomes et des composants qui forment la fibre en s'agrégeant et en suscitant le tonus fibrillaire. La Métherie rattache les propriétés physiologiques proprement dites à la fibre composée : entendons par là les structures organiques de type membranaire qui forment les divers organes. Surtout, ce que nous pouvons tenir pour des propriétés physiologiques ou fonctionnelles résulte de l'interaction des fluides vitaux avec les fibres composées : ainsi en est-il de la chaleur vitale, due à l'irrigation sanguine, de l'accroissement et de la nutrition, occasionnés par les fluides de type lymphatique, mais c'est au fluide nerveux qu'il faut attribuer l'émergence de propriétés telles que l'irritabilité, la contractilité et la sensibilité [1].

Ces trois propriétés sont définies comme des « phénomènes de la vitalité » [2]. Comprenons qu'elles déterminent des processus d'animation vitale des organes, et par suite du corps organisé tout entier. Cela revient à présumer que les diverses fonctions attribuables aux organes et aux appareils de la machine organique sont en principe décomposables en mouvements relevant des propriétés de leurs composantes organiques. La Métherie reprend certes la distinction hallérienne de l'irritabilité et de la sensibilité. Il identifie en effet des parties qui se contractent sous l'effet de stimuli et il assimile cette action à un effet de l'irritabilité ; il identifie de même la sensibilité à l'excitation d'une impression sensible véhiculée des sens externes au sensorium sous l'effet de stimuli appropriés. Mais l'hypothèse qu'il soutient se démarque de la ségrégation hallérienne entre des structures fibrillaires distinctes, sous-tendant respectivement les deux *vires insitæ*. Il rapporte en effet l'irritabilité et la sensibilité à la présence

1. Voir J.-C. de La Métherie, *Vues physiologiques*, De l'Irritabilité, contractilité et sensibilité, p. 126 : « Les vaisseaux sanguins lui donnent [à la fibre composée] de la chaleur : les lymphatiques la nourrissent, & y ajoutent chaque jour de la masse, par le dépôt de nouvelles parties ; & les nerfs lui donnent la vie & la constituent vraiment animale, en lui donnant l'irritabilité, la contractilité & la sensibilité ».

2. *Ibid.*, p. 126.

et à l'activité des nerfs, ou plus exactement de l'« esprit nerveux ». « Tout nerf est irritable & sensible, affirme-t-il, & toutes les parties ont des nerfs » [1]. La seule exception apparente serait le tissu cellulaire qui ne serait doté que de contractilité sous l'effet direct des fluides vitaux. Pour toutes les parties, l'investigation de leurs dispositions fonctionnelles devrait reposer sur le repérage des fibres nerveuses et des qualités particulières aux fibres de l'organe considéré, ainsi que sur la mesure d'intensité de l'irritabilité déployée. Suivant la formule retenue :

> L'irritabilité étant produite par les nerfs, sera d'autant plus grande, que ceux-ci seront plus sensibles, plus à découvert, & en plus grande quantité dans la partie ; la ténuité, la mobilité de la fibre augmentera également cette irritabilité. [...] L'irritabilité de la fibre sera donc en raison de la quantité de ses nerfs & de leur sensibilité, de l'abondance & de la subtilité de l'esprit nerveux, & de la ténuité de cette même fibre [2].

Pour ce qui est de la sensibilité, elle se mesurera, suivant la méthode hallérienne, à l'intensité des impressions sensibles, notamment celles de plaisir et de douleur, déclenchées par la stimulation des parties sensibles externes ; elle apparaît également tributaire de la structure et de l'intégrité des fibres nerveuses assurant le raccordement de ces parties au sensorium. Cette propriété physiologique se décline de façon distincte suivant les nerfs affectés, voire se traduit en variations indéfinies de sensation pour chaque nerf donné en raison des facteurs multiples impliqués et de la structure en réseau des dispositifs nerveux [3].

Or, une propriété émergente supplémentaire se manifeste sur la base des machines fonctionnelles réalisées dans l'organisme animal. Les nerfs assurent en effet par leur structure systémique et par les actions vitales qu'ils suscitent une intégration d'ensemble des fonctions organiques particulières. Se dégage de l'analyse consacrée à ce point le schéma d'une machine de la nature où les parties se trouvent intégrées et où les processus se déterminent les uns les autres, comme s'ils étaient tout à la fois fins et moyens :

> Ainsi toutes les fonctions se rapportent, toutes les parties ont une influence mutuelle les unes sur les autres. Ce sont les nerfs qui établissent cette correspondance intime : ils animent chaque organe particulier, & le font communiquer à tous les autres, parce qu'eux-mêmes ils ne font qu'un seul système [4].

1. *Ibid.*, p. 130.
2. *Ibid.*, p. 128.
3. Voir à ce sujet, *ibid.*, p. 144-145.
4. *Ibid.*, p. 137.

Dans ce contexte, les réflexions sur l'esprit ou fluide nerveux portent à conséquence. Conformément à la tradition malpighienne, La Métherie conçoit le fluide nerveux, comme une humeur subtile sécrétée par le cortex cérébral et véhiculée par le réseau vasculaire que constituent les fibres nerveuses : elle se rassemblerait dans le réservoir approprié que constitue le sensorium, d'où elle serait diffusée par voie circulatoire à tous les organes du corps : l'esprit est l'agent physique et chimique responsable de l'activation et du maintien des fonctions du cœur et des divers viscères, y compris de ceux qui assurent la nutrition, la croissance et la reproduction des structures organiques ; il est également responsable des diverses sécrétions. Enfin, ce qui n'en a pas été absorbé à travers l'ensemble des processus organiques, se trouve de nouveau ramené au cerveau par le flux circulatoire sanguin, et sert de base à de nouvelles sécrétions. Agent de sentiment et de mouvement dans le corps organisé animal, il est, par le cycle fonctionnel qu'il opère, la source principale d'activité vitale dans l'agrégat organisé que forme la machine de la nature [1]. Parmi ses parties constituantes, se trouve, peut-on présumer, « un principe huileux éthéré très-actif » [2] ; celui-ci serait joint à un principe salin ou alkali volatil chez les animaux et à un principe acide chez les végétaux. La Métherie présume, que des conditions équivalentes, *mutatis mutandis*, garantissent la persistance des processus physiologiques au sein des végétaux, à quelques degrés de perfection moindres : il soutiendra ainsi qu'à l'esprit nerveux des animaux, correspond dans une certaine mesure l'esprit recteur des végétaux, qui se traduit non seulement en principes odoriférants, mais aussi en processus de végétation. Il soutiendra enfin que la même affinité profonde entre esprit nerveux et esprit séminal chez les animaux se retrouve chez les plantes entre esprit recteur et liqueur séminale [3]. Dans le cas de l'animal, ces fluides provenant de la masse des humeurs se perfectionnent dans les ramifications les plus fines des vaisseaux, dans le cerveau, comme dans les testicules et les vésicules séminales : elles s'y affinent par une forme de fermentation. On peut même envisager l'hypothèse que l'esprit nerveux, comme la liqueur

1. J.-C. de La Métherie, *Vues physiologiques*, De l'esprit nerveux, p. 252 : « Les nerfs sont la source de la vie, du sentiment & du mouvement ».

2. *Ibid.*, p. 250.

3. Voir à ce sujet, *ibid.*, Des Végétaux, p. 354-355 : « L'esprit recteur & l'huile essentielle, sont la quatrième liqueur qu'on rencontre chez les végétaux : tous en ont. […] Cet esprit recteur paroît une huile très-subtile unie à un acide : elle se filtre principalement dans les feuilles & les fleurs : la nature la dépose dans des vésicules : c'est-là où elle la reprend pour la mêler avec la sève. Cette huile lui donne de l'énergie, ainsi que l'esprit vital en donne aux liqueurs animales. Enfin la dernière liqueur du végétal, est la séminale. [..] la liqueur séminale est repompée pour vivifier la lymphe nourricière, ainsi que l'esprit recteur ».

séminale, possède un double principe huileux, l'un d'une subtilité moindre fournissant la base à l'autre, infiniment plus subtil, et constituant à ce titre ce que l'on peut considérer comme *aura seminalis* d'une part et comme *aura animalis* de l'autre.

Une grande partie de l'argumentation déployée vise à établir que le principe de vie réside dans la dynamique propre du système nerveux. D'où des déclarations réitérées en ce sens, telles celles-ci : « La vie consistera donc uniquement dans le systême nerveux, & la libre circulation du fluide vital »[1]. « C'est donc dans le cerveau & ses différentes ramifications que consiste la vie »[2]. La vie est prise ici dans le sens d'un ensemble d'activités susceptibles de susciter et de maintenir l'ordre fonctionnel et intégré des corps organisés :

> La vitalité résidera donc dans le systême nerveux. Est-il sain en toutes ses parties ? les esprits coulent-ils facilement ? il y a plénitude de vie, si on peut se servir de ce terme. Souffre-t-il ? la vie est altérée. Elle le sera peu, si la lésion est petite, & qu'elle n'attaque que quelques nerfs éloignés ; mais elle le sera beaucoup si les nerfs qui se distribuent aux parties vitales sont affectés. Enfin le désordre est-il plus grand ? la machine ne pourra plus exercer ses fonctions, le mouvement y cessera, & la mort arrivera[3].

Par suite des connotations phénoménistes de son concept de vie, La Métherie exclut toute explication causale rattachant de telles manifestations fonctionnelles à un principe animique interne à l'ordre naturel, du type de l'âme végétative, de l'archée, voire de l'âme exerçant son *logos* dans le fonctionnement et la préservation de l'organisme à la façon de Stahl. On ne peut admettre de tels agents dont la détermination échapperait à toute analogie empirique, d'autant que ces analogies requièrent un fondement tel dans l'ordre physique qu'on puisse l'inférer de l'observation ; à plus forte raison, cette restriction s'appliquerait-elle à une activité de raisonnement qui s'opérerait à l'insu du sujet connaissant et échapperait donc à toute forme de perception du moi sentant[4]. Tout

1. *Ibid.*, De la Vie et de la mort, p. 261.
2. *Ibid.*, p. 260.
3. *Ibid.*, p. 266.
4. Voir *ibid.*, p. 267 : « Comment a-t-on pu faire consister la vitalité du corps dans une ame végétative, un archée, même l'ame raisonnable, comme l'a dit Stahl ? Le corps humain est une machine composée de différens solides & de différens liquides qui agissent & réagissent les uns sur les autres, en suivant les lois ordinaires du mouvement. Il ne diffère des autres animaux, & même des végétaux, que par une organisation plus parfaite ; &, comme on n'admettra pas chez les végétaux & les autres animaux une ame raisonnable qui en opère toutes les fonctions physiques, on ne doit pas l'admettre davantage pour celles de l'homme. L'ame chez lui a des fonctions plus nobles, la pensée ; & parce qu'on ne peut encore tout expliquer suivant les lois du mouvement que nous connoissons, irons-nous admettre des agens

dans le vivant doit s'expliquer pour des mouvements s'actualisant dans une structure organisée. Et si, à la suite de l'expérience réflexive du moi sentant, l'on doit présumer que tout ne saurait s'expliquer par les lois du mouvement, telles que nous les connaissons à partir des effets empiriques corrélés, force est d'attribuer à tous les principes d'unité dans la nature, une propriété de force essentielle, dont le moi percevant et réfléchissant serait l'une des expressions, quitte à reconnaître, par analogie, à tout atome ou monade une sensibilité latente et une capacité de développement sériel et intégré de ses états. Mais, pour interpréter les phénomènes particuliers de l'ordre physique, le recours aux principes atomiques ou monadiques n'est pas requis, puisque tous les phénomènes, sans restriction, sont interprétables en termes de parties matérielles en mouvement. De même, lorsqu'il s'agit de phénomènes impliquant des êtres vivants, il doit suffire de démonter des mécanismes par l'analyse de façon à en rendre compte ; du moins l'explication doit-elle viser à former les modèles mécanistes les plus adéquats possibles afin de rendre compte de la complexité des phénomènes. La philosophie naturelle ne saurait fournir d'explications objectives de ces phénomènes autrement. Tout se passerait donc comme si, par hypothèse, nous avions effectivement affaire à des machines de la nature concevables à l'instar d'automates. Traitant du système nerveux au fondement et au centre des fonctions coordonnées de l'organisme, La Méthérie fait allusion à ces modèles de l'automate sous la double modalité de l'animal-machine et de l'harmonie préétablie : « De cette structure du sensorium & des nerfs, il s'ensuit que quand les animaux seroient de pures machines, comme l'a dit Descartes, ou qu'on admettroit l'harmonie préétablie de Leibnitz, ils exécuteroient les mêmes mouvements que nous leur voyons faire »[1]. Et néanmoins, le système organique ne peut se concevoir, ni dans sa structuration, ni dans son fonctionnement, sans l'idée d'une unité intégrative des mécanismes, sans l'idée d'un ordre fonctionnel global. Pour en rendre compte, à la limite des hypothèses de philosophie naturelle, ne faut-il pas recourir au principe de continuité et au principe des indiscernables et se représenter des rapports sériels et ordonnés entre dispositifs monadiques, qui se refléteraient en quelque sorte dans l'organisation vitale des corps ? Telle semble être l'orientation des spéculations analogiques par lesquelles La Métherie vise à fournir un cadre théorique aux lois de l'organisation vitales.

dont on n'a nulle idée, tels qu'une ame végétative & une archée ? ou donnerons-nous à l'ame raisonnable le détail de tous les organes de la machine dont elle n'a nulle connoissance ? Ce seroient des opérations qu'elle feroit pour ainsi dire à son insçu ; & n'est-ce pas elle qui constitue le moi ? »

1. J.-C. de La Métherie, *Vues physiologiques*, Du Sentiment, p. 314.

Nul doute que Diderot, à l'instar de plusieurs de ses contemporains, notamment Maupertuis, Buffon et Needham, n'ait ouvert la voie à cette nouvelle conception de la formation organique en intégrant à ses hypothèses philosophiques une relation d'origine leibnizienne entre monade et corps organique. Cette relation liait originellement l'intégration structurale et fonctionnelle des « machines de la nature » à la dynamique interne et à l'interaction harmonique de principes immatériels de perception et d'appétition. Dans le même temps, sous la notion d'organisme, Leibniz avait décrit le champ d'application de lois de l'organisation vitale. D'après ces lois relevant d'une physique spéciale à constituer, les vivants, seules véritables substances de l'ordre phénoménal, déploieraient les modalités multiples de leur intégration structurale et fonctionnelle. D'où la représentation de vivants complexes résultant de combinaisons infiniment variées de vivants élémentaires suivant une forme de pré-ordination inscrite dans les principes monadiques sous-jacents. De profondes métamorphoses affectent cette relation entre monade et corps organique lorsqu'elle est reprise par Diderot à la suite d'une importante série de décalages conceptuels. Ceux-ci résultaient en partie d'inventions théoriques constitutives de la physiologie des Lumières : hypothèses épigénétistes sur la génération et la régénération d'organismes inférieurs, tel le polype de Trembley, discrimination de propriétés fonctionnelles, telles la sensibilité et l'irritabilité hallérienne, expansion du modèle de la composition fibrillaire, etc. Une autre partie des décalages affectant le schème leibnizien d'origine résultait de tentatives diverses visant à redéfinir la monade comme entité physiologique élémentaire, relevant intégralement de l'ordre phénoménal pour ce qui est de ses propriétés essentielles, à la fois dynamiques et morphogénétiques. C'est en s'appuyant sur ces transformations du modèle, déjà réalisées ou en cours, notamment chez Needham, que Diderot construit sa propre représentation néo-leibnizienne du vivant : y dominent la conception d'une intégration fonctionnelle et structurale d'atomes vivants, dotés de sensibilité et de puissance motrice spontanée, le schème analogique d'individualités complexes issues de la fusion de vivants élémentaires et l'explication par épigenèse de la formation infiniment diversifiée de telles individualités.

De façon analogue, La Métherie entendait développer une conception de l'organisation vitale en prolongement des avancées empiriques de la physiologie de son temps. L'hypothèse à construire en la matière devait se fonder sur l'analogie et recourir aux principes régulateurs – identité des indiscernables et continuité. D'où l'individualité supposée des « êtres-uns » dont les combinaisons, infiniment graduées, engendreraient l'économie interne des corps organiques. Suivant un schéma emprunté à la dynamique leibnizienne, les êtres-uns seraient dotés d'un *nisus* intrinsèque dont les mouvements phénoménaux exprimeraient l'effet. La monade-atome que La Métherie conçoit fournirait un principe d'unité à l'égard des effets qu'elle recèlerait potentiellement : associée à d'autres monades, elle engendrerait la combinatoire d'effets correspondant aux corps organiques et aux processus qui en découlent. Les monades ainsi interreliées fourniraient les composantes de ces corps, en même temps que la loi interne de leur développement. Pour rendre compte de l'unité des fonctions de l'être vivant, force est d'attribuer aux monades qui le composent un « principe sentant », qui se décline comme pouvoir de perception. L'unité intégrative du vivant résulterait de l'intégration hiérarchique des monades en dominantes et en subordonnées. Cela se traduirait sur le plan anatomique et physiologique par la localisation du sens interne au centre d'un réseau de fibres nerveuses qu'il animerait et régulerait. Le propre de l'analyse qu'en opère La Métherie est de répartir pouvoirs de perception et principes d'unité suivant une distribution sérielle des organisations, et de poursuivre ce schème d'analyse, de la série des êtres à la série des dispositifs intégrés à l'intérieur de chaque être. Dans ce dernier cas, le repère essentiel de l'analyse est constitué par la gradation des modes de la sensibilité de l'infra-conscient au conscient. À cela se greffe la thèse d'une concomitance réglée entre les états de sensibilité au sein des monades et les mouvements fonctionnels du corps organisé vivant qu'il est permis de concevoir comme un automate sensible. En ce qui concerne la formation des corps organiques, La Mettrie tire avantage de l'hypothèse d'une composition fibrillaire des corps animés. Haller lui sert de mentor en la matière. Le tonus des fibres est réputé découler des propriétés des monades sous-tendant leur constitution. Une chimie particulière, analogue à celle qui explique la cristallisation, est présumée à l'œuvre dans l'interaction des tissus et des fluides. Les machines de la nature apparaissent de ce fait comme des mécaniques chimiques complexes, particulièrement représentées par les appareils organiques de la sécrétion ; mais les propriétés phénoménales des composantes fibrillaires incluent des dispositions spécifiques, irréductibles aux seules caractéristiques physiques et chimiques des structures. Le tout organique, résultant des structures et des fonctions intégrées, renvoie ultimement à un plan d'organisation qui commande l'intégration par intussusception des composantes au corps organique constitué ou en voie de constitution. D'où une conception de la morphogenèse qui tend à s'appliquer à toute génération, une fois posée l'existence préalable de matière organique, qui pourrait avoir été le produit initial de générations spontanées. Même si l'assemblage des corps organisés implique l'interaction contingente des éléments, ceux-ci déploient des dispositions immanentes qui sous-tendent leur corrélation harmonique dans et pour la production des corps organiques. D'où la réitération de modes stables d'organisation et de développement d'une génération à l'autre pour les espèces considérées. Le corps organisé apparaît donc comme le siège d'interactions constamment variées entre des forces attribuables aux composantes élémentaires et aux structures dérivées du corps vivant, mais régulées suivant un dessein immanent de production et de fonctionnement harmonieux. Sur le plan phénoménal, ce dessein morphogénétique et physiologique se traduit par la constitution d'un automate, régi par l'intégration centrale des fibres irritables et sensibles, sous la forme d'un sens interne auquel se rattachent tous les « phénomènes de la vitalité ». Mais en fournir l'interprétation théorique ne peut se faire qu'en recourant à une hypothèse de dispositifs monadiques dont relèveraient les lois individualisées de l'organisation des corps.

CHAPITRE IX

BLUMENBACH ET KIELMEYER. ÉPIGENÈSE ET ORGANISATION VITALE

Johann Friedrich Blumenbach (1752-1840) a souvent été considéré comme l'initiateur du vitalisme en Allemagne à la fin du XVIIIe siècle. Cette interprétation repose pour l'essentiel sur le fait que le célèbre professeur de médecine à l'Université de Göttingen, formé dans la physiologie hallérienne, fut réputé avoir subverti les vues de Haller sur les propriétés physiologiques inhérentes aux structures et aux microstructures organiques, en les greffant à une hypothèse de formation de l'organisme par épigenèse et à une théorie des forces vitales. Le *Bildungstrieb*, le *nisus formativus* – principal concept inventé par Blumenbach – désigne non seulement un principe vital d'auto-construction organique, mais fournit aussi la raison suffisante des forces vitales qui en découlent et qui exercent leur action dans les divers organes : par ce biais, le *Bildungstrieb* fournirait la clé explicative des diverses fonctions de l'organisme vivant [1]. Le recours à ce principe vital hégémonique et aux forces vitales qui en découlent signifie-t-il l'impossibilité d'expliquer mécaniquement les processus par lesquels les corps organiques se forment, se conservent, se réparent et se reproduisent? Traduit-il la nécessité de construire l'explication des êtres vivants, de leur organisation et de leurs opérations en faisant appel à des concepts téléologiques? Ou bien, les concepts de force vitale servent-ils une simple fonction de suppléance par rapport à des mécanismes présumés? Évoquent-ils des principes d'organisation vitale qui, en principe, se

1. Voir F. Duchesneau, *La Physiologie des Lumières. Empirisme, modèles et théories*, Paris, Classiques Garnier, 2012, p. 402-520; F. Duchesneau, « Vitalism in late eighteenth century physiology : the cases of Barthez, Blumenbach, and J. Hunter », *in* W. B. Bynum, R. S. Porter (eds.), *William Hunter and the Eighteenth Century Medical World*, Cambridge, Cambridge University Press, 1985, p. 259-295.

réduiraient à des séquences causalement ordonnées de mécanismes ? Ces questions pointent en direction de la détermination d'une réforme vitaliste du modèle des corps organiques d'inspiration néo-leibnizienne. La visée théorique du vitalisme implique ici une méthodologie particulière de recherche et d'explication scientifique. Pour en traiter, le retour s'impose à la théorie de l'épigenèse que Blumenbach a développée dans *Ueber den Bildungstrieb* (première édition en 1781 ; seconde et troisième éditions en 1789 et 1791) et dans des écrits connexes, tels que le *De nisu formativo et generationis negotio nuperæ observationes* (1787). Cette doctrine ne saurait toutefois se comprendre sans qu'on la resitue dans le cadre de la théorie des forces vitales qu'illustrent les *Institutiones physiologicæ* (première édition en 1787) et les versions postérieures du *Handbuch der Naturgeschichte* (première édition en 1779-1780). En outre, dans les versions postérieures du mémoire *De generis humani varietate nativa* (première édition en 1776), Blumenbach a transposé le *Bildungstrieb* et les forces vitales, du devenir des organismes individuels à celui des espèces, comme phylums d'organismes apparentés, aptes à la variation. Ainsi s'élargit le contexte théorique où se profile ce que l'on peut tenir pour une version majeure du modèle de l'organisme dans sa confluence avec le vitalisme. Et ce modèle aura des incidences sur la façon dont, dans la même lignée, Carl Friedrich Kielmeyer (1765-1844) va bientôt repenser les lois de l'organisation vitale s'appliquant corrélativement aux individus et aux espèces dans ce qui peut apparaître comme une ultime ou quasi ultime transformation de l'hypothèse analogique des machines de la nature en contexte vitaliste.

1. *Bildungstrieb* et forces vitales

Causa latet, vis est notissima (« La cause est celée, mais l'effet est manifeste »)[1]. Paraphrasant Ovide, c'est par cette formule que Blumenbach rattache sa conception du *Bildungstrieb* au modèle des inconnues explicatives newtoniennes dans la postérité des *queries* de l'*Opticks*[2]. Comme l'attraction, le *nisus formativus* désignerait un pouvoir naturel, une force dont la détermination résiderait dans les effets empiriques constants qui s'y rattachent, alors même que la cause en reste cachée, à l'instar des « qualités occultes » de la scolastique[3]. Ce qui délimite le

1. Ovide, *Métamorphoses*, IV, v. 287.
2. Pour une première version de la présente analyse de la physiologie selon Blumenbach, voir F. Duchesneau, « Blumenbach on teleology and the laws of vital organization », *Verifiche*, 43 (2014), p. 113-135.
3. J. F. Blumenbach, *Über den Bildungstrieb*, Göttingen, bey Johann Christian Dieterich, 1791, p. 33.

champ de processus dont le *nisus* fournirait la raison suffisante, c'est une séquence des phénomènes épigénétiques entre l'amorphisme de la matière organique de départ et l'architecture fonctionnelle du corps organisé résultant. Au *nisus* se trouvent rattachés les phénomènes de la génération proprement dite, mais aussi ceux de la croissance, de la nutrition et de la reproduction [1]. Cette force vitale exprime la constance et la généralité des processus de structuration organique tels que l'expérience les révèle.

> [Depuis mon adhésion première à la position de Haller], explique Blumenbach, je me suis chaque jour de plus en plus convaincu qu'il est dans tous les corps organiques une force particulière aussi ancienne et aussi durable qu'eux, en vertu de laquelle ils revêtent par la *Génération*, la forme qui leur convient, la conservent par la *Nutrition*, et si elle est altérée, la réparent autant que possible par la *Reproduction*. Pour la distinguer des autres forces vitales, je l'ai appelée force de *Formation*. J'ai ainsi désigné d'une manière abstraite, non la cause des phénomènes dont je voulois donner une idée, mais l'effet soutenu de leur durée et de leur universalité. Nous employons à peu près de la même manière les termes d'*attraction* ou de *gravitation*, pour exprimer des forces dont les causes sont encore ensévelies dans les plus profondes ténèbres [2].

Pour établir l'ordre spécifique des phénomènes génératifs, Blumenbach suit deux voies. L'une consiste à repérer la séquence des phénomènes résultant du mélange des liqueurs séminales : à savoir l'accession de leurs composantes organiques à un degré de maturité permettant l'émergence du *Bildungstrieb*, puis la formation d'embryons et d'enveloppes soumis à une structuration progressive. Suivant l'autre voie, plus analogique, Blumenbach entend montrer que la force génératrice et formatrice se situe dans le prolongement de dispositions à l'organisation propres aux êtres inanimés de la nature et que l'on explique sans recourir à la préexistence de germes. Blumenbach mentionne, par exemple, les formes déterminées des nuages (étudiés par Jacob Heinrich Meister) et celles des phénomènes induits par la polarité du fluide électrique (selon les observations de Georg Christoph Lichtenberg) ; il mentionne plus particulièrement l'arbre de Diane, formation cristalline que Maupertuis

1. *Ibid.*, p. 32 : « Ein Trieb, der folglich zu den Lebenskräften gehört, der aber eben so deutlich von den übrigen Arten der Lebenskraft der organisirten Körper (der Contractilität, Irritabilität, Sensilität etc.) als von den allgemeinen physischen Kräften der Körper überhaupt, verschieden ist ; der die erste wichtigste Kraft zu aller Zeugung, Ernährung, und Reproduction zu seyn scheint, und den man um ihn von andern Lebenskräften zu unterscheiden, mit dem Namen des *Bildungstriebes* (*nisus formativus*) bezeichnen kan ».

2. J. F. Blumenbach, *Institutions physiologiques*, trad. du latin et augmentées de notes par J. Fr. Pugnet, Lyon, chez J. T. Reymann et Cie, 1797. Section 45 e. De la Force de formation, § 591, p. 299-300.

avait comparée aux structures organiques, ainsi que d'autres processus analogues de cristallisation métallique. Ces exemples indiquent que la tendance à la structuration harmonique est inscrite dans l'ordre naturel. Si le *nisus* appartient en propre à des configurations organiques, il prolonge une propension à l'organisation qui s'affiche dans toute l'étendue des phénomènes « physiques »[1]. Toutefois, les phénomènes de la nutrition tissulaire, s'ils manifestent l'intervention d'une telle propension, prouveraient de fait la spécificité de l'ordre génératif par rapport à tout mode de formation inorganique[2].

Les thèses de Blumenbach sur la nutrition sont celles qu'exposent par exemple les *Institutiones physiologicæ*. Blumenbach y avance l'idée que les parties solides de l'organisme qui ont la nutrition en partage, ont toutes, corrélativement et à des degrés divers, la faculté de se reproduire. Au degré le plus bas, il s'agit du simple maintien de l'intégrité organique à travers le changement continu et imperceptible des parties intégrantes; au degré le plus élevé, il s'agit de la reconstitution des parties lésées ou détruites en leur structure même : ce qu'illustre par exemple la régénération des os suivant diverses modalités[3]. Partant du principe que la lymphe est la matière nutritive dont se forment ou se reforment les structures organiques, dans les organismes adultes comme dans les organismes en état de croissance, Blumenbach distingue deux types de forces produisant l'épanchement des fluides dans les tissus et leur assimilation aux diverses formes de parenchymes : d'une part, « les

1. Voir J. F. Blumenbach, *De nisu formativo et generationis negotio nuperæ observationes*, Gottingæ, apud J.C. Dieterich, 1787, p. XI-XII : « Etiamsi enim facile largiamur ingens adhuc intercedere discrimen haecce inter mineralia et organica e contrario corpora : ex eo tamen capite ad nostram quam agimus disquisitionem utilia esse possunt, quod determinatarum formarum exempla exhibent, in quibus de germinibus eiusdem formae præexistentibus, neminem serio res agentem cogitare quidem licet; idque eo minus cum idem aurichalcum, ex iisdem quibus constat metallis, pro diverso parandi modo diversas quoque et toto cœlo ab se invicem differentes crystallorum formas exhibeat; id quod primo statim intuitu comparando eam quam diximus speciem cum altera quam Stück-Messing vocant, apparet ». Voir aussi, J. F. Blumenbach, *Über den Bildungstrieb*, 3. Abschnitt. Erfahrungen zum Erweis des Bildungstriebes, p. 81-82 : cas de l'argent natif dans une matrice de quartz (*Farnkrautsilber*); cas de la texture du bronze brisé après une première fusion. Blumenbach indique clairement des traces d'un pouvoir formateur dans les corps inorganiques, « bey weiten nicht vom Bildungstriebe (*nisus formativus*) in dem Sinne den dieses Wort in der gegenwärtigen Untersuchung bezeichnet, denn der ist eine Lebenskraft und folglich als solche in der unbelebten Schöpfung nicht denkbar [...] » (p. 80).

2. Caspar Friedrich Wolff avait entraîné la discussion avec Blumenbach sur ce terrain : d'où l'essai de Blumenbach, *Ueber die Nutritionskraft* (1789) pour le concours de l'Académie de Saint-Pétersbourg.

3. Voir J. F. Blumenbach, *Institutions physiologiques*, Section Trente-sixième. De la Nutrition, § 459, p. 232.

lois de l'affinité, qui rapprochent des parties similaires les éléments de même nature »; d'autre part, « cet effort de formation, qui, en faisant à nos parties une juste application de la matière élémentaire dont elles ont besoin, arrête la configuration précise que les molécules de cette matière doivent prendre » [1]. Cette confluence de forces s'explique ainsi : une disposition architectonique fondamentale détermine la structuration ou la restructuration organique; à partir de cette structure déterminée, s'exercent des forces d'assimilation qui relèvent proprement d'une mécanique vitale complexe – et tel est, par exemple, le statut dérivé que Blumenbach reconnaît à la *vis essentialis* par laquelle Caspar Friedrich Wolff expliquait l'épigenèse dans sa *Theoria generationis* (1759) et dans sa *Theorie von der Generation* (1764) [2]. L'acte architectonique est celui qui détermine l'avènement de tel ou tel parenchyme spécifique, sorte de base constante pour l'opération ultérieure de nutrition; et celle-ci s'accomplit en fonction des interstices du tissu cellulaire et des forces d'affinité qui s'y manifestent [3]. Lorsqu'on a affaire à des parenchymes constitués, complexes et spécialisés, la tendance à la reproduction s'y atténue, au point qu'ils tendent à n'être plus régénérables.

> Je pense aussi, nous dit Blumenbach, et je le conclus de différentes expériences faites à ce sujet, que chez l'homme et les autres animaux à sang chaud, cette *force reproductrice* n'existe dans presqu'aucune des parties solides et similaires, *qui jouissent de la contractilité et d'une autre espèce de force vitale; c'est-à-dire, ou de l'irritabilité, ou de la sensibilité, ou de la vie propre* [4].

Autrement dit, à partir du moment où l'activité du *nisus* a produit une structuration donnant lieu à l'activité de propriétés fonctionnelles spécifiques, le *nisus* lui-même disparaît ou se résorbe sous forme latente et cède le pas dans l'architectonique du corps organisé à des modalités de

1. Voir *ibid.*, § 463, p. 234.

2. Voir F. Duchesneau, « "Essential force" and "formative force" : models for epigenesis in the 18 th century », *in* B. Feltz, M. Crommelinck et P. Goujon (eds.), *Self-Organization and Emergence in Life Sciences*, Dordrecht, Springer, 2006, p. 171-186.

3. Voir J. F. Blumenbach, *Institutions physiologiques*, § 461, p. 233 : « Quelles que soient ces parties, elles ont pour base constante, un parenchyme toujours le même. La seule modification qu'elles éprouvent, leur vient pendant que la nutrition se fait, de la turgescence de leurs interstices celluleux, que pénètre la lymphe plastique du sang; ou si la nutrition se fait mal ces mêmes interstices ne recevant pas une assez grande quantité de cette humeur, s'affaissent sur eux-mêmes, et mentent [*sic*] l'amaigrissement de la partie qu'ils concourent à former ».

4. Voir *ibid.*, § 460, p. 232; voir également J. F. Blumenbach, *Manuel d'histoire naturelle*, trad. de l'allemand par Soulange Artaud, Metz, Chez Collignon, An XI – 1803, § 19, I, p. 35-36.

conservation et d'activation des structures acquises. Cette situation est corrélative de l'intégration fonctionnelle des structures dans l'organisme complexe. C'est ce concept de l'unité architectonique des structures-fonctions intégrantes que Blumenbach fait intervenir dans *Über den Bildungstrieb* pour justifier l'atténuation de la fonction reproductive dans les structures spécialisées :

> Chez l'homme et d'autres animaux à sang chaud, le pouvoir de reproduction est beaucoup plus restreint, par suite de la grande diversité de matériaux entrant dans la composition de leur corps, de la diversité des forces vitales par lesquelles les diverses parties de leur substance sont animées et de l'influence réciproque par laquelle ces parties dépendent les unes des autres ; le pouvoir de reproduction y est assurément beaucoup plus restreint que chez le polype à cornes [1].

Par contraste, le *Bildungstrieb* tendra à se manifester plus intensément dans les organisations relativement indifférenciées, ainsi que dans les phases premières de l'embryogenèse, phases aboutissant à des modalités de plus en plus complexes de combinaison des tissus cellulaire, fibreux et autres.

En guise d'expérience directe attestant les effets du *nisus*, Blumenbach se réfère au développement et à la reproduction de la *conferva fontinalis* et du polype à cornes d'eau douce (polype de Trembley). Ce sont des structures translucides dont la croissance est suffisamment rapide pour qu'on en suive les phases morphogénétiques de façon continue. Les états observables dans la formation de telles structures ne permettent en rien de valider une supposition quelconque de formes préexistantes et sujettes à un simple déploiement mécanique. Aussi semble-t-il naturel de reconnaître que les corps organisés de ce type se forment par épigenèse :

> Quand cet animal [le polype] est sur le point d'avoir ses petits, une petite tuméfaction se produit sur un seul point de son corps de substance si simple, et de cette petite enflure informe mais translucide, vont se former sous nos yeux d'abord le corps cylindrique du jeune polype, puis ses cornes, modelés comme par des mains invisibles de la gelée transparente granuleuse, mais au demeurant informe. Tout cela de grandeur assez considérable pour être observé à l'œil nu ; ce fait associé à toutes les autres circonstances déjà

1. J. F. Blumenbach, *Über den Bildungstrieb*. p. 98 : « Beym Menschen und andern warmblütigen Thieren, ist zwar die Reproductionskraft bey der grössern Mannigfaltigkeit des Stoffes woraus ihr Körper gebaut ist, und bey der Verschiedenheit der Lebenskräfte womit die verschieden Arten von jenem Stoff belebt sind, und bey der Einwürkung worin sie aufeinander stehen, ungleich eigeschränkter, als freylich bey den Armpolypen ».

mentionnées, il ne semble pas subsister la moindre raison de supposer qu'un germe organisé préexistait là, qui se développerait maintenant[1].

Cette conviction se trouve renforcée lorsqu'on examine les mutilations avec reconstitution de la structure individuelle type. Selon Blumenbach, ces phénomènes de reproduction représentent la répétition partielle du processus générateur même. La meilleure preuve de l'existence et de l'activité du *nisus* est en effet offerte par les cas où des segments reconstituent les membres qui ont été séparés des parties concernées, où l'on peut reconstituer un polype entier en accolant l'une à l'autre deux moitiés d'organismes différents, respectivement vert et brun, et où l'on assiste, dans la rédintégration structurale, à une pure et simple réutilisation des matériaux disponibles en fonction de la structure à réaliser qui, elle, n'est en rien réductible à ces matériaux. Blumenbach infère de ses expériences que les organes régénérés sont généralement de taille plus restreinte que les originaux perdus. Il note aussi l'atténuation, voire la cessation, du pouvoir régénérateur dans le temps. Ces constats lui suggèrent fortement que l'exercice de la force régénératrice dépend de la matière organique rassemblée et disponible. Force propre à la matière organique, le *Bildungstrieb* est sujet à exténuation partielle ou totale suivant les conditions matérielles de son exercice. On peut certes supposer, à la façon de Charles Bonnet, une pluralité de germes dispersés dans les parties de l'organisme mutilé, mais cette hypothèse semble tout au moins inadéquate à expliquer d'une part la fusion de polypes, d'autre part la recomposition fonctionnelle d'organismes suivant des lacunes précises à combler après leur mutilation. Il s'agit de concilier à la fois l'idée d'une détermination finale de la formation par modelage suivant la structure intégrée à accomplir et les faits d'observation qui semblent suggérer que le processus est une épigenèse résultant de forces immanentes à la matière organisée. Dans ces conditions, la démonstration tend à insérer le projet même de structuration organique dans la force responsable de l'épigenèse. Ce projet constitue la détermination essentielle de la force, sa « forme » en un sens plutôt leibnizien. D'où la différence fondamentale

1. *Ibid.*, p. 88-89 : « Nun und wenn denn diese Thiere lebendige Junge austreiben wollen, so schwillt blos eine Stelle dieses ihres aus so einfachen Stoffe gebauten Körpers ein wenig an, und aus dieser ungeformten, aber durchsichtigen kleinen Geschwulst wird gleichsam under unsern Augen zuerst der cylindrische Leib des jungen Polypen und dann auch seine Arme ausgebildet, wie von unsichtbaren Händen aus der durchsichtigen körnichten, aber übrigens ungeformten Gallerte modelirt ; und das alles gleich in einer so ansehnlichen, schon dem blossen Auge so deutlich erkennbaren Grösse, die, in Verbindung mit allen den angeführten Umständen, doch auch kleinen Schatten von wahrscheinlicher Vermuthung eines präformirten Keims gestattet der da verräthig gelegen habe und sich nun entwickele etc. ».

par rapport à la *vis essentialis* de C. F. Wolff. Le *Bildungstrieb* est une force irréductible aux éléments qui composent matériellement le corps organisé, et cette force exerce un pouvoir d'organisation *sui generis*.

Reste qu'il s'agit d'une conjecture dont la seule validité provient des données d'observation auxquelles elle s'ajuste et auxquelles elle fournit une raison suffisante aussi adéquate que possible dans le cadre des hypothèses disponibles :

> À cause de la faiblesse humaine qui nous afflige tous, il arrive facilement que nous apportions une opinion toute faite à une recherche particulière de ce type, où la première et toute petite erreur commise peut nous écarter de plus en plus du chemin de la vérité par progression constante, comme s'il s'agissait de lignes divergentes. J'estimai que je me prémunirais assez sûrement contre ce genre d'erreur, pourvu que, faisant de nombreuses observations de divers genres, je les rapportasse à cette question de la génération et que j'examinasse attentivement si toutes et chacune conspiraient de façon à correspondre à l'une ou l'autre des théories explicatives de la génération [1].

Il est aisé de cerner les phénomènes conspirants auxquels Blumenbach réfère la démonstration du *Bildungstrieb*. Outre les observations directes sur le processus épigénétique chez les conferves et les polypes, il s'agit d'observations sur la production de membranes, os et vaisseaux anormaux, que l'on ne peut par conséquent attribuer à des germes préexistants et qui cependant manifestent une activité de combinaison organique de parties intégrées. En plus du cas mentionné des os wormiens qui remplissent l'écartement des fontanelles dans les affections d'hydrocéphalie interne chez le fœtus, les exemples les plus significatifs, selon Blumenbach, sont les développements de structures typiques dans des parties de l'organisme qui en sont normalement dépourvues – cas par exemple de l'ongle qui se développe sur le moignon d'un doigt [2] – ou ceux de pseudo-membranes dans des cas pathologiques, y compris les membranes de fœtus extra-utérins. Dans les ossifications contre nature qui servent de modèles à l'explication, on ne peut supposer qu'il y ait prédétermination structurale d'un développement qui est strictement contingent, mais il faut admettre

1. J. F. Blumenbach, *De nisu formativo*, p. IX : « Humana porro qua omnes premimur imbecillitate facile contingit ut præiudicatam opinionem ad singularem huiusmodi disquisitionem afferamus, ubi primus vel levidensis commissus error ulteriore progressu magis magisque fere ut in divergentibus lineis a veritatis tramite seducat. Tutius ab eiusmodi errore caveri putavi si multifarias et diversi generis observationes ad id de quo agimus generationis negotium facientes compararem, et attentus invigilarem, num omnes ac singulæ adeo conspirarent, ut vel uni vel alteri ad generationem explicandam theoriæ responderent ».

2. Voir J. F. Blumenbach, *Über den Bildungstrieb*, p. 99.

l'équivalent d'un dessein de conservation fonctionnelle dans la structure issue du développement accidentel et anormal : ces phénomènes requièrent une force de formation *sui generis*, correspondant à une sorte de dessein de compensation fonctionnelle [1].

Un autre ordre de faits évoqués peut servir à étayer des vues similaires : il s'agit de la formation des monstres (*partus monstruosi*) et des divers phénomènes d'hybridation. Lorsqu'il traite de la formation de monstres, Blumenbach exploite l'exemple des porcs domestiques par contraste aux espèces sauvages analogues (sangliers notamment). Il remarque l'aptitude à l'anomalie, infiniment plus répandue dans les contextes de domestication. Selon l'argument préformationniste, il apparaît incompréhensible que des germes aient été prédéterminés à l'anomalie de façon à se manifester dans les circonstances contingentes de la domestication. Mais, à côté de cet argument, il y a celui plus intéressant selon lequel des principes de formation et de détermination fonctionnelle d'organismes vivants sont susceptibles de s'exercer différemment, dans des circonstances changeantes, en produisant des structures plus ou moins adaptées. Cette forme d'adaptation – en un sens évidemment non darwinien – suggère le bien-fondé d'un pouvoir de production archétypale, modifiable dans ses effets suivant les circonstances : « Combien facilement le *nisus formativus*, comme d'autres forces de l'économie animale, peut également être modifié par une modification du genre de vie telle que l'état domestique le suppose, cela ne semble rien impliquer d'improbable ni de difficile » [2]. Blumenbach suppose volontiers la réitération avec variation des processus générateurs dans une série donnée et la mutation plus grande des forces architectoniques garantes du type dans telles ou telles circonstances déterminées. La limite de cette mutabilité des principes est attestée par la relative impossibilité d'obtenir des hybrides féconds et reproducteurs, mais surtout par le principe d'une économie interne, d'une harmonie relative des composantes formant les types : « À l'examen, on constate facilement que la figure organique impartie à n'importe quel

1. Voir J. F. Blumenbach, *De nisu formativo*, p. XVIII : « Ni graviter enim fallor, in iis calvariis eiusmodi ossicula et maxima et numerosissima deprehendere mihi videor, quæ hydrocephalo interno, vulgatiore sane morbo infantili ac vulgo creditur, obnoxia fuerunt; quod quidem hydropis genus ut in universum vehementia valde discrepat, ita maxime mitiores et leviores eius gradus multimode variare videntur : et sæpe quidem sanabiles naturæ medicatricis ope, quæ huic malo, ossiculorum de quibus iam sermo est, generatione occurrere, et ita calvariæ distentæ turpitur hiantia interstitia explere et claudere nititur ».

2. *Ibid.*, p. XXII : « Quam facile vero nisus formativus, ut aliæ œconomiæ animalis vires, vitæ generis tanta mutatione qualem domesticus horum animantium status infert, idem quoque mutari possit, nihil sane improbabilis aut difficilis involvere videtur ».

genre de corps organiques, particulièrement les corps animés, est celle qui répond avec précision à son genre de vie, aux fonctions qui dépendent de cette figure et aux actions qu'elle aura à subir »[1].

D'où une conservation relativement stricte de la structure des espèces, que l'on doit concevoir comme inscrite dans le *Bildungstrieb* comme raison suffisante adéquate de la reproduction typique au fil des générations. Lorsque le mélange des deux semences provient d'individus d'espèces différentes, le *Bildungstrieb* émergent produit un hybride, avec toutes les caractéristiques fonctionnelles d'un tel organisme. La force formatrice incarne, dans ces conditions, un projet de structuration à la fois déterminé suivant l'ordre naturel, et contingent en raison des facteurs de variation ou d'altération qui prévalent dans la production des effets organiques. Par ailleurs, comme concept explicatif, le *Bildungstrieb* reflète à la fois l'ordre séquentiel des développements épigénétiques et l'ordre fonctionnel des dispositifs organiques une fois réalisés.

La théorie physiologique selon Blumenbach présente deux caractéristiques significatives. Elle tient d'une part au modèle de la physiologie hallérienne et, par suite, une grande partie des analyses que réalise Blumenbach semble s'inscrire dans une perspective de stricte corrélation entre les propriétés physiologiques et les structures organiques où celles-ci se manifestent. Par ailleurs, cette physiologie met en avant une pluralité de forces vitales particulières, formant par leur corrélation un système dynamique, hiérarchiquement ordonné et fonctionnellement intégré.

Comme on a pu le noter dans le cas de la physiologie hallérienne, l'explication fonctionnelle reposant sur l'identification de propriétés physiologiques peut présenter une certaine ambiguïté. Expliquer les fonctions des organes et surtout des appareils regroupant fonctionnellement les organes revient en effet à en décomposer les structures suivant leurs éléments morphologiques, à cerner les actions et les pouvoirs spécifiques à ces dispositifs élémentaires, puis à présumer que la combinaison des processus élémentaires suivant la combinaison des microstructures impliquées peut fournir un équivalent des processus globaux que représentent les fonctions proprement dites. Cette partie conjecturale ou hypothétique de la démarche incite à projeter, sur les éléments morphologiques et sur leurs propriétés proprement organiques, le pouvoir, la force de faire émerger les combinaisons de parties

1. J. F. Blumenbach, *De nisu formativo*, p. XXX : « Facile enim patet consideranti, corporis figuram cuivis organicorum corporum et maxime animantium generi *eam* impertitam esse, quæ vitæ generi eiusdem et inde pendentibus functionibus et negotiis ipsi subeundis ad amussim respondet ».

organiques de complexité supérieure; corrélativement, les fonctions qu'accomplit la machine de la nature en raison de sa composition organique, seront appelées à rendre compte du rôle causal des propriétés physiologiques dans l'ensemble intégré que constitue l'organisme. Dans cette perspective, l'explication des fonctions pourra aisément prendre la forme d'un recours à des forces ou à des principes vitaux que symbolisent les propriétés physiologiques, mais qui les dépassent par la figuration virtuelle des fonctions émergentes.

De fait, si ses conceptions se rattachent à celles de Haller, Blumenbach tente néanmoins d'élaborer un nouveau modèle de l'économie particulière des forces vitales dans leur ordre [1]. Le décalage des deux types d'approche méthodologique et théorique s'avère. D'entrée de jeu, les forces vitales se trouvent caractérisées par les effets dynamiques qui surviennent dans les dispositifs organiques impliquant solides et fluides. Les forces vitales sont de ce fait corrélatives des « propriétés physiologiques » du corps organique et représentent les divers agents présumés des modifications et processus affectant ses structures et ses microstructures; mais, dans le même temps, les forces vitales en interrelation les unes avec les autres sont comprises comme formant un ensemble fonctionnel intégré. C'est ce que traduit la déclaration principielle des *Institutiones physiologicæ* :

> Dans le corps humain vivant, dont les fonctions sont l'objet de la physiologie, il est trois choses à considérer : les *solides* ou les parties contenantes, les *fluides* ou les humeurs qui y sont contenues; &, ce qui est beaucoup plus important, les *forces vitales*. Les forces vitales disposent les solides à recevoir les fluides, à les chasser loin d'eux, & à exécuter plusieurs autres mouvemens. On les retrouve dans les fluides eux-mêmes, au moins dans certains; & si elles ne constituent pas l'essence des corps organisés elles en sont l'âme. Quoique nous considérions séparément ces trois choses, & qu'elles soient réellement distinctes entr'elles; le corps vivant les réunit d'une manière si intime, qu'il n'est pas possible de les abstraire. [...] Enfin,

1. Dans l'analyse qu'il proposait il y a quelques décennies du vitalisme de Blumenbach, Thomas S. Hall soulignait certains traits majeurs de la doctrine des forces vitales chez ce physiologiste. Voir T. S. Hall, *Ideas of Life and Matter*, Chicago, University of Chicago Press, 1969, II, p. 100-101 : « Our prime concern with Blumenbach is centered in his concept of *vitality* and of what he terms vital powers. He considered vitality "more easily known than defined, [...] its effects [...] ascribable to peculiar *powers* only". He considered these powers (*vires*) not referable to physical, chemical, or mechanical properties, however important these properties may be to the economy of the body. Nor did he acknowledge them to be in any sense mental, although he saw them as interacting with mental faculties. On the issue of numbers – whether vital powers are one or many – Blumenbach preferred the latter alternative ».

> il n'est pas une seule fibre dans le corps vivant, quelque déliée qu'on la suppose, qui soit totalement dépourvue de force vitale [1].

Dans cette perspective, Blumenbach nous fournit une théorie des forces vitales distinguées suivant les actes fonctionnels qui leur correspondent : cette théorie comporte des déterminations qui outrepassent les limites de la stricte corrélation structure-fonction, telle qu'elle apparaissait au fondement de la physiologie de Haller. De cette théorie se trouvent exclues les propriétés relevant de la nature inorganique, même si elles sont appelées à jouer un rôle considérable dans le fonctionnement organique – telle l'élasticité, qui constitue par ailleurs « l'une des grandes propriétés de l'économie animale » [2]. Mais l'on doit aussi en exclure les propriétés de l'âme, alors même qu'elles semblent contribuer à produire certains mouvements dans le corps. Les forces vitales sont celles « qui appartiennent exclusivement à la matière organique dont nous sommes composés » [3]. Il s'agit là d'une restriction fondamentale et, en même temps, d'une affirmation de portée théorique, car les forces, tant vitales que mécaniques ou physico-mécaniques, se trouvent assignées comme propriétés à la seule sphère matérielle : il ne saurait être question d'attribuer quelque statut non matériel que ce soit aux forces de l'ordre naturel.

À partir de là, on peut procéder à une différenciation en quelque sorte empirique des pouvoirs vitaux spécifiques : le premier est la « contractilité » ou « force cellulaire » qui « résidant dans le tissu cellulaire, [...] se déploie dans son domaine entier, et commande à presque tout le corps » [4]. Le tissu dit cellulaire est ici le tissu conjonctif composant un grand nombre de parenchymes organiques : c'est en quelque sorte, pour les physiologistes des Lumières même avant le *Traité des membranes* (1800) et l'*Anatomie générale* (1801) de Xavier Bichat, la matrice par excellence des formations membranaires. Dans l'ordre physiologique normal, ce principe de force contractile suscite les phénomènes que Stahl rapportait au *motus tonicus* : par exemple, les phénomènes d'absorption par les tissus, notamment celle de la lymphe comme élément nourricier, restaurateur et formateur des

1. J. F. Blumenbach, *Institutions physiologiques*. Section Première. Du Corps humain vivant, en général, § 1-2, p. 1-2.

2. *Ibid.*, Section Quatrième. Des Forces vitales en général, § 42, p. 24.

3. *Ibid.*, § 42, p. 24.

4. *Ibid.*, § 43, p. 24 ; voir aussi § 50, p. 26-27 : « Déjà nous avons observé que, résidente dans le tissu cellulaire, elle [la contractilité] étend son empire dans presque tout le corps humain », à savoir dans tout ce qui tire sa formation de ce tissu : membranes, viscères et os mêmes.

tissus[1]. Le deuxième pouvoir est l'« irritabilité » au sens de Haller ou « force musculaire » : elle appartient en propre aux fibres musculaires et se caractérise par un mouvement d'oscillation et de tremblement particulier sous l'effet de stimuli spécifiques. Puis, vient la « sensibilité » ou « force nerveuse » : « ses effets sont, de rapporter au sensorium les impressions dont sont affectés les organes dans lesquels elle existe »[2]; son siège est la moelle des nerfs. Blumenbach qualifie de « forces communes », ces trois pouvoirs puisqu'on les retrouve dans toutes les parties qui présentent la structure typique dont ils semblent dépendre. Mais là ne s'arrête pas la typologie. Sous le nom de « vie propre », Blumenbach identifie « les forces en vertu desquelles seules certaines parties de notre corps remplissent les fonctions spéciales dont la nature les a chargées »[3]. Il ne faut pas confondre cette notion de « vie propre » avec celle que Théophile Bordeu avait forgée pour caractériser le degré spécifique de sensibilité dévolu à chaque organe[4]. La « vie propre » signifie ici la raison d'être dynamique – principe ou force – capable de rendre compte du rapport existant entre une opération fonctionnelle déterminée et une structure organique spécialisée. L'opération dont il s'agit paraît correspondre à l'intégration ou concertation de divers actes fonctionnels. L'identification de telles forces se fait par différenciation des caractéristiques formelles des parties concernées, tant en termes de structures que de fonctions :

> Il ne répugne certainement pas à la saine raison d'admettre que des parties dont la structure, l'organisation & les usages forment une classe à part, aient reçu des forces particulières. D'un autre côté, des observations exactes nous ont fait apercevoir dans les viscères surtout, des forces qu'on ne peut attribuer, sous aucun rapport, à l'influence des forces communes[5].

Les exemples fournis concernent les mouvements de l'iris, ceux des trompes de Fallope, ceux du placenta et de l'utérus dans l'accouchement, etc., mais aussi les séquences de mouvements dans les cas de sécrétion.

À propos des sécrétions, Blumenbach éclaire la signification du terme « vie propre » en montrant dans le cas des diverses glandes que le « mécanisme » des sécrétions combine des séries complexes de conditions structuro-fonctionnelles de façon telle que le processus résultant semble répondre à un dessein d'adaptation régulatrice. Ainsi doit-on situer dans

1. *Ibid.*, § 51, p. 28.
2. *Ibid.*, § 45, p. 25.
3. *Ibid.*, § 47, p. 25.
4. Voir à ce sujet F. Duchesneau, *La Physiologie des Lumières*, p. 362-384. Sur ce point, la thèse de Bordeu serait reprise et considérablement développée par Paul Joseph Barthez.
5. J. F. Blumenbach, *Institutions physiologiques*, § 47, p. 25.

la « construction profonde » des organes sécréteurs, c'est-à-dire dans la dynamique de leur formation, les facteurs déterminants des processus de sécrétion, soit qu'il s'agisse de la « distribution » et de la « direction » des vaisseaux sanguins, soit qu'il s'agisse de structures spécifiques des parenchymes qui en découlent. À ces facteurs d'organisation intégrée se conjuguent des facteurs de type fonctionnel. Ainsi les processus se caractérisent-ils par une absorption réglée et circulaire des liqueurs sécrétées :

> Il faut encore admettre que le système absorbant contribue beaucoup au mécanisme des sécrétions. C'est lui qui aspire dans chaque viscère, et fait rentrer dans le torrent de la circulation l'espèce de liqueur analogue à l'humeur que tel organe doit secréter : ainsi il absorbe la bile dans le foie, et le sperme dans les testicules. De là résulte, pour chaque sécrétion, un cercle perpétuel de l'humeur qui en est la matière : ses éléments puisés dans les organes où elle se dépose, sont portés à la masse du sang ; et le sang, en circulant, les reporte à ces mêmes organes, qui en vertu des lois de l'affinité, s'unissant avec ce qui leur est homogène, se les approprient de nouveau [1].

Dans certains cas, s'ajoutent d'autres facteurs d'intégration des processus : ainsi en est-il de la régulation des flux sanguins parvenant aux organes sécrétoires, par exemple celle du sang supposément chargé de phlogistique fourni par la veine-porte et conditionnant les modalités de sécrétion de la bile. Selon l'interprétation de Blumenbach, le processus de ces diverses fonctions renvoie, par-delà les séquences causales impliquées, à un principe capable d'intégrer les opérations organiques de niveau inférieur en vue de l'effet à produire ; ou plutôt, les séquences causales impliquées, que l'on peut analyser en termes de microstructures et de mouvements organiques, forment un système intégré tant du point de vue de l'organisation que de celui des opérations : d'où l'hypothèse d'une force vitale opérant dans et par l'ensemble des composantes du dispositif et constituant l'expression formelle des mécanismes organiques corrélés [2]. Ainsi à un parenchyme organique particulier correspond une force spécifique relevant d'un ordre distinct de celui qui prévaut dans les éléments de cette structure, distinct aussi des opérations vitales que

1. J. F. Blumenbach, *Institutions physiologiques*, Section Trente-septième. Des Sécrétions, § 476, p. 240-241.

2. *Ibid.*, § 475, p. 240 : « Il est au moins vraisemblable, et nous avons essayé de l'établir ailleurs, que de même que chaque organe a un *parenchyme particulier*, de même il a une *vie propre* ou une force vitale distincte de toutes les autres forces communes, de la contractilité, de l'irritabilité, et de la sensibilité ».

l'on peut rattacher à ces éléments et qui s'expliquent respectivement par référence à la contractilité, à l'irritabilité et à la sensibilité, elles-mêmes propriétés vitales irréductibles à la seule analyse structurale.

Le cinquième et dernier type de force est le *Bildungstrieb* :

> [Cette force de formation] est la cause efficiente de tout acte conservateur et reproducteur. C'est par elle que les matières génératives et nutritives sont introduites dans des réservoirs favorables, qu'elles y sont convenablement élaborées, qu'elles y subissent les changements de forme nécessaires ; enfin, qu'elles y sont commuées en parties susceptibles ou de contractilité, ou d'irritabilité ou de sensibilité, ou de vie propre [1].

Pouvoir de façonnement de matières organiques préexistantes, émergeant en quelque sorte de combinaisons appropriées de ces matières, manifestant, dans l'organogenèse résultante, l'ordre d'un type donné d'organisme, cette force organisatrice détermine à son tour l'émergence des forces vitales plus spécialisées.

La divergence par rapport à la typologie des forces immanentes (*vires insitæ*) de Haller est considérable. La force cellulaire n'a pas d'équivalent chez celui-ci, car elle concerne un tissu élémentaire, alors que les propriétés physiologiques hallériennes découlaient de structures complexes agrégeant ou combinant des dispositifs fibrillaires de types distincts. On aurait donc affaire à une propriété fonctionnelle irréductible à une combinatoire de structures. Or, la force cellulaire exerce son emprise sur les processus génériques de l'organogenèse [2]. Cette force élémentaire accomplit dans l'organisme une fonction régulatrice générale sans laquelle l'exercice de fonctions plus spécialisées ne saurait avoir lieu. Par ailleurs, la contractilité vitale fournit le prototype des forces vitales qui exercent leur fonction intégrative et préservatrice par-delà les structures dans lesquelles elles émergent et se manifestent, pourvu que la composition organique des parties soit maintenue. Cela vaut, semble-t-il, pour la réinterprétation des propriétés hallériennes comme forces vitales. Prenons le cas de la sensibilité. Selon Haller, cette propriété était structuralement déterminée par le réseau des fibres nerveuses aboutissant au cerveau, instrument du *sensorium commune*, et elle était fonctionnellement identifiée par l'impression sensible perçue, concomitante de la stimulation physique ou chimique de ces fibres ; la stimulation des fibres nerveuses donnait alors lieu à des effets moteurs délibérés et ceux-ci pouvaient par

1. *Ibid.*, § 48, p. 26.

2. *Ibid.*, § 43 : « La première, celle dont les effets sont plus étendus, et sur laquelle reposent en quelque sorte toutes les autres, est la *contractilité* ».

la suite s'opérer mécaniquement et inconsciemment en vertu d'une forme d'accoutumance. Chez Blumenbach, la sensibilité devient une propriété s'inscrivant dans l'ordre des processus physiologiques intégrés en tant que tels. Le rapport au *sensorium* est encore tenu pour fondamental, car le système nerveux dans son ensemble remplit deux fonctions corrélatives : transmettre le mouvement aux diverses parties du corps, et « distribuer le sentiment, c'est-à-dire, [...] transmettre au sensorium les impressions sensibles dont les corps sont affectés, pour y exciter une perception »[1]. Mais le concept de sensibilité implique des connotations distinctes de celles que l'on trouvait chez Haller. Blumenbach accrédite en effet la thèse selon laquelle une activité fonctionnelle de sensibilité peut s'exercer indépendamment de l'ensemble des parties constituant le cerveau : certains mouvements peuvent en effet s'engendrer et s'inscrire dans une activité intégrative, régie et régulée au seul niveau de la moelle épinière, voire à celui de nerfs isolés. Si Blumenbach a recueilli la leçon de Robert Whytt sur les régulations spinales de la sensibilité et de la motricité[2], il a par contre réduit l'animisme de ce dernier à une thèse organiciste, selon laquelle le fonctionnement de la sensibilité est strictement corrélatif de l'état des forces s'exerçant dans et par le dispositif nerveux. L'intégration du système nerveux est certes corrélative de la complexité et du type de combinaison que réalisent les structures organiques : ainsi observe-t-on une hégémonie fonctionnelle différente des parties du système nerveux suivant qu'il s'agit d'animaux à sang chaud ou à sang froid[3]. Mais l'essentiel de la nouvelle notion de sensibilité tient à ce qu'elle implique une fonction de réactivité proprement organique suivant les niveaux d'intégration des parties auxquels on a affaire : « Le sensorium ne reçoit pas seulement [les] impressions, explique Blumenbach : il réagit et sur les nerfs qui les lui ont communiquées, et sur plusieurs autres avec lesquels

1. J. F. Blumenbach, *Institutions physiologiques*, Section Seizième. Des fonctions du système nerveux en général § 214, p. 118.

2. Sur la théorie de Whytt, voir G. Canguilhem, *La Formation du concept de réflexe aux* XVII*e et* XVIII*e siècles*, Paris, P.U.F., 1955, p. 101-107 ; R. K. French, *Robert Whytt : The Soul and Medicine*, London, Wellcome Institute of the History of Medicine, 1969 ; F. Duchesneau, *La Physiologie des Lumières*, p. 192-201.

3. Voir J. F. Blumenbach, *Institutions physiologiques*, § 213, p. 117-118 : « Pour nous, nous ne croyons même pas que toute l'énergie du système nerveux appartienne uniquement à l'ensemble des parties qui constituent le cerveau ; nous sommes persuadés qu'elle dépend aussi de la moelle épinière, que chaque nerf a son état de forces propres, à l'aide desquelles il peut mouvoir les masses charnues qu'il pénètre, et que l'un des usages de la gaine vasculeuse dont il est revêtu, est d'entretenir cet état de forces. Nous avouerons cependant qu'il est une différence à cet égard, surtout entre l'homme et les animaux à sang froid, et que chez lui c'est le cerveau qui a la principale influence ».

il se met aussitôt en rapport »[1]. Il donne des exemples significatifs : la contraction ou la dilatation de l'iris suivant les stimuli lumineux affectant la rétine, les effets des émotions ou de l'imagination sur les fonctions organiques, les « sympathies » entre organes suivant la configuration du réseau des nerfs, et surtout la régulation observable de toutes les fonctions de l'économie animale. Conformément à la notion de réactivité nerveuse intégrée à plusieurs niveaux, Blumenbach semble prêt à endosser la thèse de Johann Gottfried Zinn selon laquelle les ganglions et les plexus exerceraient vraisemblablement des fonctions de coordination et de corrélation entre les séquences d'actions et de réactions attribuables à la sensibilité[2]. Même si la thèse reste ici imprécise et ne semble pas tenir compte des analyses de Johann August Unzer sur l'activité réflexe ganglionnaire, historiquement antérieures d'une quinzaine d'années[3], l'idée d'une sensibilité, fonction intégrative, se dégage nettement de l'exposé des *Institutiones physiologicæ*. C'est en raison de cette fonction d'intégration des processus nerveux que Blumenbach a précisément recours à un principe vital spécifique : la propriété de sensibilité a alors perdu son statut de simple *vis insita* que l'on pourrait en principe dériver du mode même de composition des dispositifs organiques.

L'analyse de l'irritabilité comme force vitale, et non plus comme propriété déterminée et spécifique d'une structure, aboutirait à des résultats analogues. Signalons seulement que la section des *Institutiones physiologicæ* consacrée aux « Forces qui déterminent la circulation du sang » développe l'idée d'une complémentarité des effets dynamiques dus à l'irritabilité dans les diverses parties du système vasculaire. Les phénomènes d'irritabilité prennent alors l'allure de séquences d'effets traduisant des enchaînements fonctionnels, ce que Blumenbach rend par l'idée de forces vitales spécifiques que l'on suppose dévolues aux parties des systèmes circulatoire et lymphatique et dont les effets se conjugueraient. D'où le caractère intégrateur de la fonction d'irritabilité, reportée sur le principe, irréductible aux conditions structurales, qui en serait la raison suffisante[4].

Muni de cette théorie des forces vitales, Blumenbach envisage d'étendre son modèle de l'ordre et de l'intégration des individualités organiques, de la physiologie à la théorie des espèces et de leurs variations.

1. *Ibid.*, § 215, p. 118.
2. *Ibid.*, § 207-208, p. 115-116.
3. Voir J. A. Unzer, *Erste Gründe einer Physiologie der eigentlichen thierischen Natur thierischer Körper*, Leipzig, Weidmanns, Erben und Reich, 1771 ; G. Canguilhem, *La Formation du concept de réflexe aux XVIIe et XVIIIe siècles*, p. 108-131.
4. Voir J. F. Blumenbach, *Institutions physiologiques*, Section Dixième, p. 62 *sq*.

2. Types spécifiques et variations

Dans son analyse du *Handbuch der Naturgeschichte* et des mémoires de Blumenbach relatifs à la variété de l'espèce humaine, Phillip Sloan souligne à juste titre que l'auteur du *De generis humani varietate nativa* (1re édition : 1776) a adopté et soutenu la thèse monogénétique[1]. Blumenbach présume que le type spécifique subit divers processus de dégénérescence et d'altération suivant l'incidence de facteurs externes. Mais, s'il admet que le critère d'interfécondité est susceptible d'assigner les limites de transformation du type ou des types originels, son critère d'identification des diverses structures susceptibles de reproduction repose sur une caractérisation morphologique, plutôt que génétique : loin d'adopter un principe de descendance pour reconnaître la continuité des types à travers la variation, c'est la similarité d'*habitus* morphologique et physiologique qui joue le rôle discriminant à cet égard[2]. Pour l'heure, Blumenbach fonde sa notion d'espèce vivante, non directement sur l'interfécondité, mais sur la similarité morphologique et fonctionnelle et sur le recours à l'analogie entre degrés de variation affectant les divers types : ainsi la constitution de variétés (*Varietäten*) menant du sanglier au porc domestique permet de supposer un schéma de dégénérescence à partir d'une race-souche (*Stammrasse*). Ce schéma de dégénérescence définit les limites du pouvoir de transformation de l'espèce (*Gattung*) qui s'exerce à travers les variantes proprement individuelles et contingentes (*Spielarten*), et il permet de se figurer analogiquement le degré de variation qui a pu affecter l'espèce humaine[3]. C'est donc apparemment par recours au seul principe de l'analogie morphologique-physiologique que doit se résoudre la question de l'unicité ou de la diversité d'espèce. Selon le *De generis humani varietate nativa* :

> Nous disons que des êtres animés appartiennent à une seule et même espèce, si et seulement si leur forme et leur *habitus* conviennent de telle sorte que les traits par lesquels ils diffèrent ne peuvent être apparus que par dégénérescence; nous qualifions par contre de diverses des espèces dont

1. P. R. Sloan, « Buffon, German Biology, and the historical interpretation of biological species », *British Journal for the History of Science*, 12 (1979), p. 109-153.

2. Selon cette position, Blumenbach récuse les méthodes dites artificielles, telle celle de Linné, mais il développe sa propre méthode naturelle sans lien, du moins sans lien immédiat avec la thèse de la filiation par croisement et reproduction du type. Or, cette thèse qui constituait l'héritage méthodologique de Buffon est précisément celle que Kant et les Naturphilosophen intégreront à leur conception du système de la nature vivante.

3. *Ibid.*, p. 136, cite à ce propos J. F. Blumenbach, « Ueber Menschen-Rassen und Schweine-Rassen », *Voigts Magasin für das Neueste aus der Physik und Naturgeschichte*, 6 (1789), p. 6-7.

la différence est si essentielle qu'elle ne pourrait s'expliquer par des sources connues de dégénérescence [1].

Comme Peter McLaughlin l'a souligné [2], l'ordonnancement de la nature qui détermine l'appartenance spécifique et ses variations repose sur les paramètres de l'*habitus*. Celui-ci se décline certes suivant la similarité des traits structuraux et fonctionnels des organismes concernés, mais, à un niveau plus profond, cette similarité phénoménale résulte de similarités causales, qui tiennent à l'économie des forces particulières sous-tendant la formation et le fonctionnement des individualités organiques. Au début de son *Handbuch der Naturgeschichte*, Blumenbach distingue en effet, parmi les corps naturels, ceux dont la formation résulte d'une « chaîne continue d'existences successives d'individus semblables à eux », dont la croissance s'opère intérieurement par intussusception et dont la structure est organisée de façon à permettre la nutrition et la reproduction de l'espèce. Il conclut alors qu'il faut que les organes requis à cette fin « soient pour cet effet animés par ce qu'on nomme *les forces vitales* » [3]. Il s'agit, dans ces conditions, de se représenter l'ordre naturel comme l'expression de similarités et de différences dans la dynamique propre des unités d'organisation que constituent les corps organisés originels, en tenant compte du fait que de nouvelles séries génératives peuvent se former dans le temps [4]. Cette expression se trouve par ailleurs modulée suivant les facteurs du milieu externe qui interviennent aux diverses phases de l'épigenèse et du développement.

Les causes d'altération de l'*habitus* originel se rattachent à la dynamique vitale selon laquelle tout corps vivant se définit par le jeu de forces corrélatives de sensibilité aux stimuli et de réactivité. La dégénérescence provient donc nécessairement d'une modification de cette dynamique vitale répondant à des déterminations diverses, tant exogènes qu'endogènes. L'économie physiologique est régie par les forces vitales spécifiques – contractilité, irritabilité, sensibilité, vie propre – actualisant

1. J. F. Blumenbach, *De generis humani varietate nativa*, edition tertia, Gottingæ, Apud Vandenhoek & Ruprecht, 1795, § 23, p. 66 : « Ad unam eandemque speciem pertinere dicimus animantia quodsi forma et habitu ita conveniunt ut ea in quibus differunt, degenerando solum ortum duxisse potuerint. Diversas contra species vocamus quarum differentia tam essentialis est ut ex notis fontibus degenerationis (sit venia verbo) explicari nequeat ».

2. P. McLaughlin, « Blumenbach und der Bildungstrieb », *Medizinhistorisches Journal*, 17 (1982), p. 357-372.

3. J. F. Blumenbach, , *Manuel d'histoire naturelle*, § 2, I, p. 4.

4. *Ibid.*, I, p. 3 note : « [...] car, dans la première partie de mes observations pour servir à l'histoire naturelle (*Beyträge zur Naturgeschichte*), j'ai avancé des faits qui rendent plus que vraisemblable que, même dans la création actuelle, il naît de nouvelles espèces de corps organisés qui sont, pour ainsi dire, *créés après-coup* ».

les mouvements particuliers aux diverses structures, mais elle dépend, dans sa constitution même, du *Bildungstrieb* : celui-ci développe le corps vivant et impartit à l'embryon sa forme spécifique, immédiatement ou successivement, sous l'effet de stimuli aptes à provoquer la métamorphose programmée, mais dans une certaine mesure variable, des composés organiques originels.

Blumenbach identifie trois modes d'inflexion possible de la structure en devenir émergeant de la puissance active et réactive du *Bildungstrieb* : la production d'anomalies monstrueuses, la génération d'hybrides provenant du mélange de semences d'espèces différentes, et la production de variétés par dégénérescence. Le premier mode lui paraît être le fait d'une perturbation du *Bildungstrieb* par des causes fortuites et adventices : cette perturbation induit, comme par erreur, une structure difforme et contre nature dans le corps organique. Il n'y a là aucune tendance à la mutation qui soit immanente à l'ordre organique. Le deuxième mode se situe en marge des dispositions constitutives de l'ordre organique et résulte le plus souvent d'une contrainte arbitraire exercée par l'homme à l'égard des espèces naturelles. Or, éclairé par les expériences de Joseph Gottlieb Kölreuter (1733-1806) sur la création artificielle d'espèces de *nicotiana* [1], Blumenbach reconnaît la possible persistance des formes ainsi produites qui ne sauraient être toutes stériles – argument majeur contre toute thèse préformationniste. Mais le processus est tenu pour marginal, car l'hétérogénéité des combinaisons organiques produites tend à empêcher et à ruiner la disposition organisatrice des semences ; et ce qui subsiste de cette disposition détermine une direction singulière et anormale du développement. La troisième modalité d'altération se caractérise par une « déflexion » de l'action organisatrice sous l'effet de stimuli récurrents s'exerçant au fil de plusieurs générations et produisant de ce fait des variations adaptatives :

> […] ainsi l'action constante et durable de certains stimuli particuliers sur les corps organiques au fil de longues séries de générations compte de même pour beaucoup dans la déflexion progressive du *nisus formativus* par rapport à son cours habituel ; cette déflexion est d'ailleurs la source la plus considérable de dégénérescence et elle est la mère de toutes les variétés proprement dites [2].

1. J. G. Kölreuter, *Vorläufige Nachricht von einigen das Geschlecht der Pflanzen betreffenden Versuchen und Beobachtungen, nebst Fortsetzungen 1, 2 und 3* (1761-1766), hrsg. von W. Pfeffer, Leipzig, W. Engelmann, 1893.

2. J. F. Blumenbach, *De generationis humani varietate nativa*, § 33, p. 87-88 : « […] ita et perennis et æviterna per longas generationum series continuata pecularium quorundam stimulorum in corpora organica actio, itidem multum valet ad nisum formativum sensim a

Blumenbach examine ainsi l'action de stimuli rattachables aux conditions climatiques, alimentaires, éthologiques s'exerçant sur les générations successives de représentants ou spécimens d'une espèce donnée. Il s'agit, somme toute, de facteurs d'altération graduelle et progressive des caractères et des *habitus* représentatifs du type. Sur les variétés ainsi produites, peut se greffer un mode de variation plus soudain, lorsque se croisent et se reproduisent des représentants de variétés distinctes : le schème génétique auquel Blumenbach se réfère alors est celui d'un mélange des caractères issus de ressemblances propres aux variétés de géniteurs concernées. Il s'agit, dans ce cas, de *generatio hybrida* se produisant dans un même cadre spécifique d'origine [1].

Selon Blumenbach, les variations principales de caractère adaptatif affectant les types d'organismes consistent en altérations des effets en quelque sorte programmés du *Bildungstrieb* pour les types considérés. Il faut toutefois s'entendre ici sur le sens à donner à une telle programmation des effets fonctionnels de la force formatrice. Cette pré-ordination est celle d'un pouvoir ordonné à produire un type donné d'organisation des opérations vitales, mais cette organisation n'est nullement préexistante au sein des structures organiques d'origine; elle advient par suite de la transformation vitale de ces structures; cela présume qu'un pouvoir architectonique est à l'œuvre, qui provoque l'intégration et l'ajustement dynamique des structures aux conditions d'actualisation du *nisus*. Il est somme toute impossible de déterminer *a priori* quelles structures le processus fera advenir, voire de présumer qu'elles soient prédéterminées; on ne peut que constater *a posteriori* que le pouvoir d'invention des formes vivantes semble normé selon des projets ou des plans d'organisation caractéristiques de types donnés : ces projets ou ces plans n'admettraient que certaines altérations structurales et fonctionnelles limitées de l'organisation vitale, sous peine d'extinction des types.

Le pouvoir d'ordination fonctionnelle qui s'exprime ainsi dans la constance comme dans la variation des types spécifiques dépend des déterminations du *Bildungstrieb*, et celles-ci consistent en un pouvoir immanent de réaliser un plan d'organisation fonctionnelle des structures et des processus, tant dans la reproduction avec variation des individus que dans la conservation relative des types spécifiques. Or, le *Bildungstrieb* est un pouvoir s'exerçant dans et par l'organisation de la matière, suivant des lois d'efficience causale. Comment l'interprétation

sueto tramite deflectendam; qui quidem deflexus uberrimus *degenerationis* fons, et varietatum proprie sic dictarum, mater est »..

1. Voir *Ibid.*, § 37, p. 99.

téléologique de l'activité fonctionnelle des organismes, au fondement de la conception de l'ordre biologique selon Blumenbach, se conjugue-t-elle dans ces conditions avec une explication causale des processus conforme au modèle des forces physico-mécaniques ?

3. Téléologie et explication causale

Le mémoire *Ueber die Nutritionskraft* présente une illustration révélatrice de l'accord entre téléologie et mécanisme que permet le recours aux forces vitales selon Blumenbach. Ce mémoire fut couronné par l'Académie impériale des sciences de Saint-Pétersbourg à la suite d'un concours lancé à l'instigation de Caspar Friedrich Wolff. Il fit alors l'objet d'une publication assortie d'explications additionnelles de la part de Wolff[1]. La question posée portait sur la nature de la force de nutrition : celle-ci se réduisait-elle à la force commune d'attraction ou s'en distinguait-elle comme propre à la substance vivante ; et, dans ce cas, par quelles propriétés exprimerait-elle cette nature singulière irréductible à la force commune d'attraction ?

L'explication que formule Blumenbach repose sur deux prémisses. Selon la première, dans les animaux possédant un réseau sanguin, les vaisseaux se prolongeraient en artérioles séreuses suivant les observations de l'anatomiste Jan Bleuland, ce que confirment des expériences d'injection pratiquées dans divers organes et diverses membranes : cornée de l'œil, substance corticale des reins. De ces artérioles séreuses ou, comme le suggérait Alexander II Monro, de vaisseaux encore plus fins prolongeant ces artérioles, s'opéreraient diverses sécrétions d'humeurs. Ces vaisseaux fourniraient la matière nutritive requise pour la formation et la conservation du corps organique. L'exemple des animaux à sang froid, voire des animaux dépourvus de sang, suggère la relative indépendance des fluides nutritifs par rapport à la masse sanguine elle-même.

La deuxième prémisse concerne l'extension du concept de vaisseau pour inclure toute cavité des tissus où peuvent circuler des fluides, telles les présumées cellules du tissu cellulaire, c'est-à-dire les méats internes des tissus conjonctifs. La comparaison est ici appropriée avec les pores des tissus végétaux qui se structurent progressivement en canaux de forme cylindrique. Mais, plus fondamentalement, il convient de remonter à des

1. Voir J. F. Blumenbach, C. F. Born, *Zwo Abhandlungen über die Nutritionskraft welche von der Kayserlichen Academie der Wissenschaften in St. Petersburg den Preis getheilt erhalten haben. Die erste von Herrn Hofrath Blumenbach, die zwote von Herrn Prof. Born. Nebst einer fernern Erläuterung eben derselben Materie, von C. F. Wolff*, St. Petersburg, gedruckt bey die Kayserl. Akademie der Wissenschaften, 1789.

corps organiques qui ne présentent plus aucune forme, même primordiale, de vaisseau : tels seraient, parmi les végétaux, le cas des trémelles, des conferves et de certaines algues, et, parmi les animaux, celui des polypes à cornes dont toute la substance ne serait qu'une matière gélatineuse, absorbant les éléments nutritifs et produisant des sécrétions internes à la substance organique.

Toutes ces structures vasculaires au sens large comme au sens étroit sont animées de forces vitales (*Lebenskräfte*) dont la fonction est de recevoir et de contenir des humeurs particulières. Lorsque celles-ci s'y accumulent en excès ou subissent des changements qualitatifs anormaux, les forces vitales tendent à les expulser[1]. Il s'ensuit que les vaisseaux en question affichent une première propriété : celle de retenir sélectivement les humeurs appropriées à l'exclusion de toute autre[2]. Ainsi les vaisseaux lactés des mammifères n'absorbent que certaines matières sélectivement, ce qu'illustrent les expériences réalisées avec l'indigo. De même, l'observation des polypes à cornes révèle que ceux-ci s'assimilent des daphnies, voire, en cas de besoin, des fibres de poisson cuit, mais qu'ils rejettent les matières végétales. Le cœur des animaux à sang chaud présente la même sélectivité positive pour le sang à l'état sain, mais négative, et se manifestant par des contractions vives, pour le sang fortement altéré, et surtout pour des fluides hétérogènes qui s'y mêlent.

La seconde propriété des vaisseaux au sens large se caractérise par la faculté d'évacuation des humeurs contenues[3]. Celle-ci se révèle particulièrement dans la capacité des « cellules » du tissu cellulaire de produire une exsudation de matières originairement extraites du sang et d'en provoquer l'émission dans les ramifications premières des vaisseaux lymphatiques. Considérant les espèces animales pourvues de cœur, les physiologistes sont naturellement enclins à se représenter que la poussée exercée par l'organe cardiaque sur le fluide sanguin provoque la séparation de fluides plus subtils dans les vaisseaux pellucides et détermine par la suite des dépôts de matière organique dans le tissu cellulaire, comme si le mouvement de ces humeurs était primordialement promu et conservé par la dynamique cardiaque. Contre la prévalence de cette interprétation, Blumenbach fait ici intervenir la considération de phénomènes analogues, tant dans le règne végétal que chez les classes d'animaux dépourvus de cœur véritable. On en est alors réduit à observer des mouvements humoraux dans des vaisseaux pour lesquels l'action

1. J. F. Blumenbach, *Erste Abhandlung über die Nutritionskraft*, § 3, p. 10.
2. *Ibid.*, § 4, p. 10.
3. *Ibid.*, § 5, p. 10.

dynamique d'un cœur ne peut être invoquée. Telle est l'absorption qui s'opère dans les vaisseaux lymphatiques qui avoisinent l'épiderme ou encore la plèvre ou le péritoine, comme le révèlent les observations réalisées à l'aide de colorants. Il faut donc récuser la thèse de Haller qui rattachait tous ces phénomènes à la seule irritabilité du cœur régissant le système vasculaire [1]. Chez nombre de plantes et d'animaux, voire chez les animaux pourvus de cœur, eu égard aux processus proprement nutritifs, vivre et croître renvoient à des forces vitales d'un autre ordre, aptes à promouvoir et à accomplir de telles pulsions [2]. D'où une interprétation de la nutrition tissulaire qui recourt à la conjonction de deux forces : 1) dans les vaisseaux appropriés, une force capable de diriger les fluides qu'ils contiennent vers leur émission ; 2) dans les tissus qui s'en nourrissent, une réceptivité particulière à l'égard de ces fluides et une forme particulière d'attraction et de capacité assimilatrice pour les composantes qui leur sont homogènes [3]. L'essence et le mode d'action de ces forces s'inféreraient par analogie des données disponibles.

Concernant la première force en jeu dans la nutrition, celle de direction des fluides internes, on peut évoquer l'analogie du mouvement péristaltique des diverses parties du tube digestif, comme aussi le pouvoir déployé dans les ramifications de la veine porte ou du système veineux placentaire [4]. Mais le principal argument proviendrait du prolongement des vaisseaux par la matière sécrétée qui prendrait, en se solidifiant, la forme de fibres orientées de façon similaire à celles des canaux de provenance [5]. Les exemples évoqués rappellent ici la formation des cils et des sourcils, ainsi que la formation distincte de la partie osseuse et de l'émail des dents par des sécrétions diversement orientées. De la formation de l'émail, se rapproche celle de l'épiderme. Une ressemblance de fonctions se trouve associée à une ressemblance de modes de génération des structures organiques. L'analogie porte donc en particulier sur l'organisation qui s'assimile et se différencie suivant la spécialisation des microstructures émettrices. Mais les considérations analogiques prennent toute leur force lorsqu'on rapproche les séquences de la nutrition de celles de la

1. J. F. Blumenbach, *Erste Abhandlung über die Nutritionskraft*, § 6, p. 10-11.

2. Voir *Ibid.*, § 7, p. 11 : « Also giebt es unzählige organisirte Geschöpfe die ohne alles Herz leben und wachsen : und bey den mit einem Herzen versehenen Thieren wieder unzählige Gefäße die außerhalb des Würkungskreises jener Triebfeder liegen, und folglich so wie alle Gefäße der weißblütigen Thiere und des Pfanzenreichs durch andre Lebenskräfte in den stand gesetzt seyn müssen, ihre forttreibenden und änlichen Geschäfte zu vollziehen ».

3. *Ibid.*, § 8, p. 11-12.

4. *Ibid.*, § 9, p. 12.

5. *Ibid.*, § 10, p. 12-13.

reproduction[1]. Les processus de la nutrition associent l'orientation des processus sécréteurs dans les vaisseaux nourriciers et l'organisation correspondante des parties issues de la nutrition par solidification des humeurs sécrétées. Ainsi observe-t-on que l'épiderme se reconstitue de façon différente suivant que les structures vasculaires du derme sont intactes, ou qu'elles sont lésées ou détruites. Dans ce dernier cas, la cicatrisation traduit des pertes d'adhérence et la formation de cals qui divergent d'une reconstitution des organisations normales préalables. Blumenbach y voit la preuve qu'une force vitale propre aux vaisseaux nourriciers oriente et ordonne les processus de nutrition dans le sens d'une organisation structurale et fonctionnelle particulière : celle-ci refléterait la convergence requise des principes d'efficience physico-mécanique pour l'obtention d'un tel résultat.

La seconde force en jeu dans la nutrition est celle qui structure les tissus de l'organe par « attraction » ou « affinité » de parties homogènes à la forme particulière d'organisation de ces tissus. Ici les termes d'attraction et d'affinité n'explicitent pas le système causal sous-jacent, mais signifient seulement une classe de faits avérés. « Qu'on appelle [cette force] un pouvoir d'attraction, une sorte d'affinité, ou de quelque autre façon qu'on l'entende, il suffit que la chose apparaisse incontestable »[2]. Certains phénomènes se prêtent à cette interprétation : par exemple, les exsudations séreuses dans la coagulation sanguine et surtout les sécrétions de lymphe plastique dans les inflammations. L'exsudation de texture gélatineuse peut alors prendre peu à peu la consistance et l'organisation d'un tissu cellulaire et, dans celui-ci, peuvent se former de nouveaux vaisseaux sanguins et leurs structures connexes, comme cela se produit dans certains cas de fœtus (*conceptus*) abdominal. Se rattache aussi à la même force la capacité des tissus solidifiés d'absorber des substances hétérogènes véhiculées par le flux sanguin : le cas évoqué est celui de la teinture de la moelle osseuse par la garance.

Blumenbach tire occasion de cette analyse des phénomènes de nutrition tissulaire pour aborder la question de la pluralité des forces vitales selon le modèle qu'il propose. S'agit-il d'autant de forces vitales intrinsèquement distinctes ou plutôt de diverses modifications d'une

1. Voir *Ibid.*, § 11 p. 13 : « Was hier von der bestimmten Richtung der Endungen an den ernährenden Gefaßen und der davon abhängenden Regelmäßigkeit in der Textur des nachher aus dem ergoßnen Safte verhärtenden Theils gesagt worden, erhält durch die Vergleichung mit Reproductions-Phänomene ein merkliches Gewicht ».

2. Voir *Ibid.*, § 12, p. 14 : « Nenne man das ein Anziehungsvermögen, eine Art Affinität, oder wie man sonst will, genug die Sache scheint unleugbar ».

même force ?[1] Sa préférence va à la reconnaissance de la pluralité, voire de la multiplicité des principes dynamiques. À l'encontre d'une tendance spéculative à la simplification artificielle, il semble favoriser l'admission d'unités de force vitale dispersées dans la matière organique et susceptibles d'intégrer leurs actions suivant un dessein fonctionnel plus global. Il se contente alors de présenter ces forces particulières comme des moyens au service de la véritable « force essentielle » (*vis essentialis*), non plus celle que concevait Caspar Friedrich Wolff, mais celle que constitue le *Bildungstrieb* rattaché à ses effets fonctionnels constants[2]. Ce statut épistémique est celui qui s'applique à toute force vitale, y compris à celle dont dépend la sécrétion des humeurs au-delà du réseau vasculaire, processus de base de la nutrition des tissus. Ce même statut s'appliquerait, dans leur ordre, aux forces générales de la matière non vivante. Ce qui se situe au-delà de toute explication possible, c'est la nature des diverses forces comme causes des lois qui en expriment l'efficace, notamment lorsque cette efficace englobe des projets d'organisation fonctionnelle : ces projets concernent les diverses parties et opérations du vivant dans leurs rapports mutuels, depuis la première formation des organismes, jusqu'à l'accomplissement final de leurs structures et de leurs fonctions spécialisées. La « force essentielle » peut représenter de façon générique les effets d'assimilation et de sécrétion de substances organiques dans le cadre d'une construction progressive des organismes vivants ; elle désigne surtout, selon Blumenbach, la forme de processus physicochimiques spéciaux, propres à la matière organisée, qui constituent des conditions nécessaires, mais non suffisantes de la formation et de la conservation de l'organisme. Le physiologiste doit recourir en sus à l'hypothèse d'une disposition dynamique apte à représenter les effets de *Bildung* que les

1. Voir J. F. Blumenbach, *Erste Abhandlung über die Nutritionskraft*, § 13, p. 14 : « Ob diese verschiednen Kräfte deren ich bisher gedacht habe für eben so viele besondere eigne Gattungen – oder aber blos für Modificationen einer und eben derselben Lebenskraft genommen werden müßen, will ich zwar nicht zuentscheiden mir anmaßen ».

2. P. McLaughlin, « Blumenbach und der Bildungstrieb », p. 364-366, nous rappelle que la *vis essentialis* de Wolff se présentait comme une force appartenant à l'ordre mécanique général de la Nature et susceptible de former des structures organiques à partir de matières inorganiques ; l'action de cette force s'analyserait ultimement en processus physicochimiques dus à des affinités spécifiques. Par contraste, le *Bildungstrieb* apparaîtrait comme une force exclusivement vitale, qui ne se déploierait que dans une matière elle-même dotée de propriétés organiques. Si tel pourrait être le fondement ontologique réductionniste de la *vis essentialis* wolffienne, assimilée à une propriété mécanique spéciale de la matière en général, il n'est pas sûr, à notre avis, que l'analyse des séquences d'effets résultant de l'action de cette force ne caractériserait pas un ordre spécifique de fonctionnement vital, ce qui donnerait quelque crédit à la réinterprétation non réductionniste que Blumenbach tend à en donner dans le mémoire *Ueber die Nutritionskraft*.

modalités diverses d'assimilation-désassimilation organiques contribuent à réaliser. Tout se passe comme si de tels effets fonctionnels dépendaient d'une orientation programmée des mouvements en lesquels se traduit la *vis essentialis* présumée et, par voie de conséquence, de ceux qui résultent des forces vitales particulières, elles-mêmes émanant de cette *vis essentialis* blumenbachienne. Cette orientation programmée est celle que signifie le pouvoir organogénétique du *Bildungstrieb*, lui-même source des forces vitales qui assurent, à leur tour, des fonctions organiques spécifiques. Comme le révèle le traité *Ueber den Bildungstrieb*, la *force essentielle* comme agent des processus d'assimilation-désassimilation spécifiques à la matière vivante est subordonné au système des forces vitales qui assurent la coordination, l'intégration et le déploiement fonctionnel de tous les processus organiques suivant la forme du type d'organisme à réaliser. Dans ces conditions, la *vis essentialis*, à l'instar de toutes les forces se déployant dans le corps organisé et servant de causes efficientes des opérations du vivant, se présente comme un « réquisit » du *Bildungstrieb* et du système de forces vitales qui en découle :

> Selon lui [Wolff], sa *vis essentialis* n'est que cette force par laquelle la substance nutritive est impulsée dans la plante ou dans le jeune animal. Elle n'est donc par conséquent qu'un réquisit *pour le Bildungstrieb*, mais certes non le *Bildungstrieb* même. Car cette *vis essentialis* par laquelle les humeurs nutritives sont fournies à la plante, se manifeste tout aussi bien par la croissance des difformités les moins organisées, les plus contre nature chez les plantes (sur les troncs d'arbre, etc.) là où aucun *Bildungstrieb* n'impose sa détermination. Et tel le cas chez les avortons, etc. Réciproquement, la *vis essentialis* peut être très faible dans des corps organisés mal nourris sans porter préjudice pour autant à l'action propre du *Bildungstrieb*, etc. [1]

Si la théorie de l'organisation vitale, chez Blumenbach, donne lieu à une conception des variations de types spécifiques articulée à la notion de *Bildungstrieb*, il faut se représenter que la source profonde de cette théorie réside dans le modèle des forces vitales qu'elle implique. Et, rejoignant sur ce point une caractéristique de la conception leibnizienne de l'organisme,

1. J. F. Blumenbach, *Ueber den Bildungstrieb*, p. 40-41 : « Ihm ist seine *vis essentialis* blos diejenige Kraft, wodurch der Nahrungsstoff in die Pflanze oder in das junge Thier getrieben wird. Dieß ist folglich zwar ein Requisit *zum* Bildungstrieb – aber bey weitem nicht der Bildungstrieb selbst. Denn jene *vis essentialis* wodurch die Nahrungssäfte in die Pflanze gebracht werden, zeigt sich auch bey den unförmlichsten, widernatürlischsten, wuchernden Auswüchsen der Gewächse, (an Baumstämmen, etc.) wo gar kein bestimmter Bildungstrieb statt hat. Eben so bey Mondkälbern etc. Umgekehrt kan die *vis essentialis* bey schlecht ernährten organischen Körpern sehr schwach seyn, dem eigentlichen Bildungstrieb übrigens unbeschadet u. s. w. »

ce modèle conjugue, comme à notre avis Kant l'a compris, « le principe physicomécanique et le mode purement téléologique d'expliquer la Nature organisée » [1].

L'explication causale des phénomènes physiologiques se construit en effet, dans le cadre d'une « physique spéciale », en présumant qu'une sorte d'« idée régulatrice » préside à la compréhension des dispositifs et des processus, comme totalité de séquences causales élémentaires. Cette « idée régulatrice » est celle de l'agencement intégré des parties (structures et opérations) en vue d'assurer et de maintenir les fonctions de l'ensemble, à commencer par les fonctions primordiales de formation et de conservation de l'unité vivante. Cette idée sous-tend la « conjecture rationnelle » sans laquelle, selon Blumenbach, il ne saurait y avoir de théorie physiologique. Comme le suggère le *De vi vitali sanguinis*, on ne saurait postuler de force vitale là où l'on ne peut établir la fonctionnalité de l'effet par rapport à la production et au maintien d'un ordre organique opératoire. Les effets résultant des forces vitales – contractilité, irritabilité, sensibilité, vie propre, *nisus formativus* – traduisent précisément ce caractère fonctionnel.

> À quoi servent les divers ordres de forces vitales dans les parties solides de notre corps, une considération attentive le rend aisément évident. Assurément la contractilité sert au tissu cellulaire à pousser les fluides inhérents aux cellules qui le composent, etc. ; l'irritabilité sert à la fibre musculaire afin que les muscles puissent accomplir de loin la vaste majorité des mouvements, surtout volontaires ; la sensibilité de la moelle des nerfs sert à communiquer au sensorium les impressions des stimuli ; la vie propre sert à l'utérus, à l'iris et aux autres parties de ce genre à exécuter des fonctions particulières. Or le sang en tant que tel ne semble pas avoir besoin de force [vitale], et de façon générale aucune humeur de l'animal ne doit se changer en parties solides, si ce n'est le *nisus formativus* : ce qui [suivant notre démonstration] vaut uniquement pour le fluide génital et la lymphe plastique [2].

1. Voir *infra*, note 4, p. 426.

2. J. F. Blumenbach, *Commentatio de vi vitali sanguinis*, Gottingae, J. C. Dieterich, 1788, p. 7 : « Cui porro bono virium vitalium diversi ordines in *solidis* corporis nostri partibus inserviant, attente rem perpendenti facile patet. Cellulosæ sc. telæ in universum contractilitas ad pellenda fluida cellulis eius inhærentia etc. ; musculari fibræ irritabilitas ut longe plurimi motus, maxime voluntarii, musculorum ope peragi possint ; nervosæ medulæ sensilitas ad stimulorum impressiones sensorio communicandas ; utero, iridi, aliisque id genus partibus vita propria ad peculiares functiones subeundas. Sanguis vero qua talis nulli vi egere videtur, et in universum nullus humor animalis, nisi nisu formativo in solida vertendus : quod unice de genitali latice æque plastica lympha valere infra dicetur ».

Ce caractère formel de fonctionnalité se trouve de plus attesté lorsqu'on confronte les effets spécifiques des processus vitaux aux phénomènes pathologiques correspondants : les forces manifestées par les divers dispositifs se voient alors corroborées par les altérations affectant les opérations organiques [1].

Ceci dit, toute analyse des fonctions vitales ne peut être que relative, car l'ordre des phénomènes résulte d'une multiplicité de conditions fonctionnelles et structurales emboîtées par paliers d'intégration :

> De l'accord, affirme Blumenbach, qui règne entre les solides, les fluides et les forces vitales ; de la sympathie qui rapproche les nombreuses divisions dont nous sommes composés ; enfin, de l'union étroite du corps avec l'âme, résultent la *vie* et la santé, deux attributs dont les degrés de latitude sont multipliés et diversifiés à l'infini [2].

Par contre, la position d'équilibre réalisée par cette convergence harmonieuse des dispositifs matériels et des forces en jeu est précise et déterminée suivant le type d'organisme. Les forces interviennent dans les processus par des phénomènes typiques d'action et de réaction : ces phénomènes expriment les effets des forces en jeu et ces effets, s'ils sont multiples et variés, se révèlent constants lorsqu'on les rapporte aux fonctions à assurer [3].

Ce qu'il y a d'épistémologiquement remarquable dans ce type de modèle, c'est le statut des principes vitaux comme raison suffisante des opérations organiques, par-delà structures et mouvements. Tout se passe comme si l'ordre fonctionnel des effets se trouvait projeté en des principes *sui generis* par-delà les dispositifs et les activités physiologiques de l'organisme. Tout se passe comme s'il y avait surdétermination de l'ordre par rapport aux éléments, aux structures et aux facteurs mécaniques et physiques impliqués. Il semble que Blumenbach envisage de projeter sur les moyens de l'activité organique une raison déterminante fonctionnelle, ou plus exactement une série, voire une hiérarchie de raisons fonctionnelles. Cette démarche aboutit à affirmer l'existence d'un principe architectonique (le *Bildungstrieb*) et de principes dérivés

1. *Ibid.*, p. 7.

2. J. F. Blumenbach, *Institutions physiologiques*, Section Cinquième. De la Santé et de la Nature humaine, § 56, p. 34.

3. Voir *ibid.* § 53, p. 31 : « Les solides, les fluides et les forces vitales *agissent* et *réagissent* perpétuellement les uns contre les autres dans le corps humain vivant. Les fluides agissent en stimulant les solides, ceux-ci, en vertu de la force vitale dont ils sont doués, ressentent cette action, et réagissent contre elle. Ces alternatives d'actions et de réactions, ces mouvements opposés se balancent dans un homme sain, et se maintiennent dans un état d'équilibre précis ».

(les pouvoirs vitaux communs ou propres aux structures organiques élémentaires ou composées).

Rien ne plus significatif à cet égard que les « axiomes » du *Handbuch der Naturgeschichte*, qu'il suffit de prendre dans leur ordre. 1) Les forces vitales de l'organisme constitué sont intimement liées à l'organisation des parties et du tout où elles se déploient.

> La nature, en imposant aux corps organisés ces grandes opérations [conservation, croissance par intussusception, reproduction], les a mis en état de les exécuter par le moyen de leur *organisation* et des *forces vitales* attachées à cette organisation. En effet, ce sont ces forces qui donnent aux organes leur irritabilité et leurs principes de mouvement, sans lesquels on ne peut concevoir ni nutrition, ni accroissement, ni action réciproque des parties sur le tout, ou du tout sur les parties, pour la conservation de l'être organisé [et sa reproduction] [1].

2) La formation initiale de l'organisme, suivant la description des phases observables d'épigenèse, requiert toutefois une force formatrice impliquant en elle-même le projet architectonique typique des représentants de l'espèce ; ce projet est appelé à se traduire par l'intégration des parties et du tout, et cette intégration est représentée, quant à elle, par la corrélation des forces vitales et par l'organisation fonctionnelle des structures. 3) D'où la nécessité de dissocier le *Bildungstrieb*, agissant sur une matière *à organiser*, de toute *Bildungskraft*, analogue aux forces de formation dans la nature inorganique, même si l'on suppose une plasticité spécifique de la matière « organisable » ou « apte à la vitalisation », bref une disposition particulière de la matière organique à ce que s'y exercent la force végétante et par suite les forces spéciales du type de l'irritabilité et de la sensibilité [2]. 4) Parce que « l'idée de corps organisé, idée qui emporte avec elle nécessairement celle *d'une fin, d'un but*, rend absolument irrecevables (*unstatthafte*) toutes les explications *purement mécaniques* de la formation successive des corps organisés » [3], le statut épistémologique du *Bildungstrieb* est celui d'une force spécifique, ordonnée à l'intégration structuro-fonctionnelle du vivant suivant l'idée

1. Voir J. F. Blumenbach, *Manuel d'histoire naturelle*, § 6, p. 15. Voir au sujet de la reproduction les § 5 et 20.

2. Une note du traducteur du *Handbuch* explicite clairement ce point, voir J. F. Blumenbach, *Manuel d'histoire naturelle*, I, p. 21 : « M. Blumenbach, sous les yeux duquel je travaille, m'a fait observer qu'il distinguait *Bildungskraft* (*vis formativa.* force formative ou de formation) du *Bildungstrieb. nisus formativus.* Il emploie le premier dans le sens qu'on donne au mot *force cristallisante*, et il se sert de l'autre, au contraire, pour expliquer la génération des animaux et des végétaux ».

3. *Ibid.*, § 8, note, p. 20 (traduction révisée).

qu'on peut légitimement s'en donner, en même temps qu'elle sert d'agent naturel de la formation organique : « [Le mot *Bildungstrieb*] doit seulement désigner cette force particulière qui réunit en soi le principe mécanique avec celui susceptible de modification, conformément à une fin »[1]. 5) Réalisant ce projet architectonique, le *Bildungstrieb* enveloppe les divers pouvoirs fonctionnels qui, par la suite, s'accompliront dans et par les opérations imparties aux organes. En définitive, les concepts représentant le *Bildungstrieb* ou *nisus formativus*, ainsi que les forces vitales qui en découlent, tendent à rendre compte des phénomènes en subsumant sous une fin d'organisation vitale les moyens mécaniques et physico-chimiques que le vivant déploie en soi-même et dans ses rapports aux causalités externes : ces concepts gouvernent, par le fait même, notre compréhension des phénomènes physiologiques en rattachant les séquences causales qui s'y manifestent aux fonctions intégrées de la génération et du fonctionnement organique.

En abordant la question du vitalisme de Blumenbach, nous nous demandions entre autres si le recours au *Bildungstrieb* et aux forces vitales dérivées du *Bildungstrieb* sanctionnait l'impossibilité d'expliquer mécaniquement les processus par lesquels le vivant se forme, se conserve, se répare et se reproduit? Dans l'impossibilité de les réduire à des séquences causales ordonnées de mécanismes, pouvait-on envisager de construire l'explication des organismes vivants et de leurs opérations à l'aide de concepts téléologiques? La question est d'importance pour le philosophe qui ne peut écarter la représentation d'un lien existant entre la théorie physiologique de Blumenbach et ce que nous pouvons tenir, à la suite de Peter McLaughlin[2], pour une théorie de l'explication biologique découlant de la *Kritik der Urteilskraft*. Comme nous le savons, Kant y postule précisément un tel lien à la fin de l'article 81.

> En ce qui concerne cette théorie de l'épigenèse, personne n'a plus fait que M. le conseiller aulique Blumenbach, aussi bien pour ce qui est des preuves de celle-ci que pour la fondation des principes authentiques de son application,

1. *Ibid.*, § 9, 2e remarque, p. 23. Voir J. F. Blumenbach, *Handbuch der Naturgeschichte*. 6. Auflage, Gottingen, bey Johann Christian Dieterich, 1799, p. 18 : « [...] sondern bloß eine besondre (das Mechanische mit dem zweckmässig Modificirbaren in sich vereinende) Kraft unterscheidend bezeichnen soll ».

2. Voir P. McLaughlin, *Kant's Critique of Teleology in Biological Explanation. Antinomy and Teleology*, Lewiston, Edwin Mellen Press, 1990, p. 3-4 : « This book represents an attempt to learn something from Kant about the structure of biological explanation. The "Critique of Teleological Judgment", [...] is almost exclusively concerned with the use of teleological principles in biological explanation. [...] Kant's "Critique" is concerned with determining the boundaries of the necessity and legitimacy of this kind of teleology in biology ».

> et cela en partie par la limitation d'un usage trop téméraire de ceux-ci. Il fait débuter à la matière organisée tout mode d'explication physique de ces formations. Car il déclare, à juste titre, absurde que la matière brute se soit formée d'elle-même originairement selon des lois mécaniques, absurde que la vie ait jailli de la nature de ce qui est sans vie, et que la matière ait pu d'elle-même se soumettre à la forme d'une finalité qui se conserve d'elle-même ; cependant, sous ce *principe* insondable pour nous d'une *organisation* originaire, il laisse au mécanisme de la nature une part indéterminable, mais qu'en même temps on ne peut pas méconnaître et ce pouvoir de la matière dans un corps organisé (à la différence de la force de formation purement mécanique qui lui appartient en général) est nommée par lui *pulsion de formation* (se tenant en quelque sorte sous la direction supérieure de la première et recevant d'elle ses instructions) [1].

À partir de ce passage, l'histoire récente des sciences biologiques a connu l'affrontement de deux conceptions fort divergentes des affinités entre physiologie blumenbachienne et théorie kantienne de l'explication fonctionnelle appliquée aux vivants comme fins de la nature. *Grosso modo*, suivant Timothy Lenoir [2], la critique kantienne se révèle en harmonie avec la méthodologie associant téléologie et explication mécaniste que Blumenbach appliquait aux phénomènes organiques et vitaux : d'où une discipline d'école que l'on pourrait dire d'allégeance kantienne, le « téléomécanisme » ou « mécanisme vital » ; ce téléomécanisme aurait profondément marqué la biologie et la médecine allemande en marge de la *Naturphilosophie* proprement dite. En antithèse, Robert Richards signale l'incompréhension mutuelle qui aurait caractérisé l'échange de vues entre Blumenbach et Kant [3] : il tente surtout de montrer l'incompatibilité des thèses positives de Blumenbach, supposant des forces vitales, agents de processus téléologiques se réalisant dans l'ordre physique même, par rapport à la réduction kantienne des concepts téléologiques, simples productions du jugement réfléchissant, incapables à ce titre de représenter quelque cause déterminante effective que ce soit des phénomènes qu'il resterait toujours à expliquer mécaniquement. *A priori*, l'argument du *misunderstanding* nous semble fragile, tout particulièrement lorsqu'il s'agit de présumer que Kant n'aurait pas su comprendre la portée méthodologique des hypothèses que Blumenbach formulait dans le

1. I. Kant, *Critique de la faculté de juger*, § 81 (Ak, V, 424), in *Œuvres philosophiques*, Paris, Gallimard, 1985, II, p. 1226.

2. Voir T. Lenoir, *The Strategy of Life : Teleology and Mechanics in Nineteenth Century German Biology*, Dordrecht, D. Reidel, 1982.

3. R. J. Richards, « Kant and Blumenbach on the *Bildungstrieb* : A historical misunderstanding », *Studies in History and Philosophy of Biological and Biomedical Sciences*, 31 (2000), p. 11-32.

cadre de recherches empiriques visant les lois de la génération et des opérations fonctionnelles de l'organisme. Dans l'autre sens, même si l'on présumait d'une relative incompréhension par le physiologiste des inférences fondant l'analytique et surtout la dialectique du jugement téléologique, Blumenbach pouvait-il s'inscrire en faux contre la disparité de niveaux théoriques entre les principes supposés de l'organisation et la représentation analytique des mécanismes subordonnés, incarnés dans des forces spécifiques ?

Or, la disparité de niveaux théoriques – ou de rapports des concepts explicatifs à leur fondement – entre éléments de conceptualisation téléologique des phénomènes, d'une part, et éléments de représentation des séquences causales impliquées, d'autre part, nous oblige tout aussi bien à mettre en doute la réalité du mécanisme vital et la cohérence du programme de recherche téléomécaniste que Lenoir reconstitue arbitrairement comme l'illustration d'une méthodologie de type kantien chez Blumenbach et ses disciples.

Si l'on décode dans ses grandes lignes l'allusion et la référence officielle de Kant à Blumenbach, qu'y trouve-t-on ? Kant crédite ce dernier d'une théorie relative à la formation par épigenèse qui vaut en premier lieu par les preuves qu'elle fournit. Celles-ci sont *de facto* de deux sortes : elles consistent 1) dans des données empiriques non résorbables sous les hypothèses de la préformation et 2) dans les arguments empiriques susceptibles d'étayer le recours explicatif à une forme d'épigenèse. Kant souligne en outre que les fondements de la théorie chez Blumenbach fixent des principes à son application : ainsi un usage non balisé, indéterminé, du concept d'épigenèse se trouverait écarté. On aurait toute raison de voir là une mise en contraste de l'épigenèse selon Blumenbach et de l'épigenèse selon Maupertuis, Buffon ou Needham, et même sans doute selon Caspar Friedrich Wolff. En tout état de cause, de sa théorie de l'épigenèse, Blumenbach aurait tiré des principes d'application qui ont une consonance certaine avec des concepts originellement leibniziens. L'explication physique de la génération présume que la matière organisée ne saurait provenir causalement de la matière brute par l'effet de simples lois mécaniques. La forme de finalité que réalise le vivant exerçant son pouvoir d'autoconstitution doit figurer comme principe immanent au sein de l'organisation originaire : ce n'est que d'une telle organisation originaire que peut résulter la synthèse organique vitale et par suite le vivant dans son activité *sui generis* de conservation de soi et dans toutes les opérations fonctionnelles s'y rattachant. Mais les moyens de produire et d'opérer les organismes vivants, conçus comme de véritables desseins de la nature (*Naturzwecke*), se rattachent à des forces. Le recours causal aux forces est certes l'axe central de toutes les explications physiques, puisque tous les phénomènes y sont présumés découler des interactions mécaniques affectant les éléments structuraux que constituent les corpuscules de matière. Toutefois, dans le cas d'explications portant sur les phénomènes propres aux vivants, le recours aux forces comme agents de production et de modification d'effets physiologiques y apparaît en quelque sorte subordonné à la présupposition que la forme du tout à accomplir, en termes d'organisation et de fonctions, conditionne la mise en œuvre des forces.

Mais la spécificité de Blumenbach tient aux conditions de construction qu'il fixe à l'hypothèse, vu les moyens d'expérience et d'analyse rationnelle à sa disposition pour rendre compte de cet ordre de phénomènes. Dans la formation d'un corps organisé, la force en jeu est un pouvoir spécifique de la matière, désigné par le terme de *Bildungstrieb*. Cette force se différencie en effet d'un pouvoir général de formation mécanique : celui-ci caractérise l'ensemble des corps tant organiques qu'inorganiques, et ses effets, par exemple, se manifestent dans les formations cristallines et dans nombre de réactions chimiques. Si le *Bildungstrieb* se différencie de cette force de formation mécanique, c'est essentiellement parce qu'il produit des effets en vertu d'un mécanisme spécial ordonné à la réalisation d'une forme de finalité, à savoir l'intégration et la conservation des structures et des fonctions de l'organisme. Dans le fond, Blumenbach s'écarte d'une conception forte de l'épigenèse dans la mesure où le *Bildungstrieb* comme pouvoir de la matière ne saurait découler d'aucune force s'exerçant dans la nature par pure sommation mécanique d'effets – et cela, même si l'on étend le sens à donner à « mécanique », pour dénoter les affinités chimiques s'exerçant au sein des diverses combinaisons de parties matérielles. Une conception forte de l'épigenèse pourrait donner lieu à une hypothèse de génération équivoque. Et ce risque devait apparaître imminent dans le cas des théories avancées par Maupertuis, Buffon et Needham, voire par Caspar Friedrich Wolff. Blumenbach évite ce piège en vertu de deux présupposés de son hypothèse : 1) les forces d'organisation et de fonctionnement vital ne se manifestent que dans le cadre d'une matière déjà organiquement ordonnée et pour ainsi dire disposée à l'organisation ; 2) l'action de ces forces ne se conçoit que par référence à une sorte d'idée directrice, à savoir la finalité présumée d'une intégration structurale et fonctionnelle à accomplir et à préserver dans la durée. Le *Bildungstrieb*, force matérielle architectonique, incarnerait ainsi un dessein d'organisation vitale, assurant la synthèse des processus tant organiques qu'inorganiques mis en œuvre, et imposant un ordre téléologique aux séquences de phénomènes corrélés et intégrés dans le corps organique suivant son type. Le *Handbuch der Naturgeschichte* résume bien cette conciliation des voies efficiente et finale dans la conception des forces vitales issues du *Bildungstrieb* :

> Il me semble que cet objet est rempli [déterminer l'épigenèse des organismes conformément d'une part à l'idée des corps organisés, d'autre part aux phénomènes séquentiels de la génération], en admettant que la substance séminale brute auparavant, mais organisable lorsqu'elle est parvenue à un degré suffisant d'élaboration et qu'elle arrive en son temps et en certaines circonstances au lieu de sa destination, devient alors susceptible de recevoir *une force vitale* qui y agit conformément à une fin ; j'appelle cette force *force génératrice* (*nisus formativus*) ; elle se distingue de toutes les *forces formatives* purement mécaniques (telle que celle par exemple qui produit des cristallisations dans le règne minéral), en ce que les corps organisés et leurs parties étant destinées à tant de différentes fonctions, elle peut donner à la substance séminale susceptible de diverses organisations des formes tout aussi variées que ces fonctions ; seulement ces formes sont toujours modifiées conformément à une fin ; ainsi cette force (par la réunion de principes purement mécaniques avec ceux qui sont susceptibles de modification conformément à une fin) opère d'abord lors de la *conception* la formation successive ; elle conserve ensuite par le moyen de la *nutrition* cet être organisé pendant tout le cours de sa vie, et lorsque ce corps a par hasard fait quelques pertes, elles les répare autant que possible par la reproduction [1].

Au total, rien ne nous permet de contester la validité de l'interprétation épistémologique que Kant donne de l'épigenèse selon Blumenbach dans sa lettre du 5 août 1790, lorsqu'il remercie le physiologiste de lui avoir fait parvenir *Ueber den Bildungstrieb* dans l'édition de 1789 :

> Vos écrits m'ont beaucoup instruit. De fait, dans votre nouvel ouvrage, en unissant deux principes – le principe physicomécanique et le mode purement téléologique d'expliquer la Nature organisée – que l'on avait cru inaptes à

1. J. F. Blumenbach, *Manuel d'histoire naturelle*, § 9, I, p. 21-22. Remarquable est la note du traducteur accompagnant cette section. Pugnet, traduisant les *Institutiones physiologicæ* avait utilisé le vocable *force de formation*. Artaud, préparant sa traduction du *Handbuch* auprès de Blumenbach note que celui-ci insiste pour distinguer le *Bildungstrieb* de toute *Bildungskraft*, telle que la force responsable des formations cristallines. Pour éviter l'équivoque possible, Artaud emprunte alors à La Métherie le terme de *force génératrice*. Ce qui peut laisser entendre une certaine parenté de vues entre Blumenbach et l'éditeur du *Journal de physique, de chimie, d'histoire naturelle et des arts*, auteur par ailleurs des *Vues physiologiques sur l'organisation animale et végétale* (1780) et des *Principes de la philosophie naturelle* (1787).

être unis, vous vous rapprochez des idées dont je me suis principalement occupé, lesquelles requièrent justement une telle confirmation par les faits [1].

Le point saillant est ici la référence au double mode d'explication par les voies respectives des causes efficientes et des causes finales, ou plus exactement des causes finales formelles. L'intervention de la téléologie dans l'interprétation des phénomènes vitaux tient en effet à l'identification d'un ordre interne des corps vivants qui en détermine le mode d'organisation et de fonctionnement et qu'il convient de présupposer comme principe déterminant la forme à advenir par l'embryogenèse. Mais celle-ci se réalisera tout entière par des processus d'ordre physicomécanique : entendons par là non des processus purement mécaniques, mais des séquences de processus physiques analysables comme autant d'enchaînements de causes et d'effets phénoménaux propres aux corps organisés vivants. De même que les propriétés mécaniques essentielles – étendue, masse, inertie, force attractive des particules – se déploient en effets généraux des corps tant inorganiques qu'organiques, de même certaines propriétés physiologiques se traduisent en effets dynamiques spécifiques et relativement constants : ceux-ci donneraient alors lieu à des lois empiriques de l'organisation vitale. Ainsi jetterait-on les bases d'une physiologie conçue comme *physica specialis*. La téléologie y fournirait un cadre général d'intelligibilité de l'organisation vitale. À l'intérieur de ce cadre, se développerait, sous l'idée d'un pouvoir architectonique d'intégration et de synergie fonctionnelle, l'analyse des mécanismes spéciaux que représentent les agencements anatomiques et les processus physicochimiques découlant des microstructures ou s'y accomplissant.

Selon Blumenbach, l'analyse des processus vitaux requiert une approche spécifique, qui justifie par ailleurs le type de concept auquel le physiologiste recourt. Cette approche doit nécessairement conjuguer jugements de causalité et représentations téléologiques, s'agissant de construire des hypothèses explicatives et de formuler des lois empiriques relatives aux corps organisés vivants. Ainsi le *Bildungstrieb* apparaît-il comme un pouvoir qui se rattache au fonctionnement général de la nature par son mode d'opération, mais l'émergence de ce pouvoir ne

1. Lettre de Kant à J. F. Blumenbach du 5 août 1790, Ak, XI, p. 185 : « Ihre Schriften haben mich vielfältig belehrt; doch hat das Neue in der Vereinigung zweyer Principien, der physisch-mechanischen und der blos teleologischen Erklärungsart der organisirten Natur, welche man sonst geglaubt hat unvereinbar zu seyn, eine nähere Beziehung auf die Ideen, mit denen ich mich vorzüglich beschäftige, die eben einer solchen Bestätigung durch Facta bedürfen ».

peut se concevoir qu'en fonction d'un présupposé d'ordre téléologique, celui d'une finalité formelle à accomplir, comme si son action était subordonnée à une régulation supérieure. Cela revient à reconnaître que le *Bildungstrieb* ne surgit que de la matière organisée, et qu'il incarne par suite le pouvoir qu'aurait la matière organisée d'engendrer à son tour quelque organisation similaire. L'effet formel serait impliqué dans la force comme cause efficiente, même si, du point de vue de la connaissance, il ne s'agirait que de la représentation subjective d'un dessein organisateur projeté sur la force comme disposition naturelle immanente. D'un point de vue blumenbachien, la justification objective de cette projection ne peut consister que dans l'expérience des phénomènes résultants. Ceux-ci, dans leur ordre, requièrent une telle raison suffisante que ne sauraient par ailleurs fournir les propriétés attribuables aux éléments inorganiques de la Nature.

4. KIELMEYER ET L'ESQUISSE D'UNE LOI BIOGÉNÉTIQUE

Si l'on part de l'épigenèse vitaliste de Blumenbach et de son intégration à un modèle *sui generis* d'évolution des formes vivantes dont Kant se fera l'écho, la question se pose des premières formulations possibles d'une loi englobant à la fois la formation des organismes individuels et la transformation sérielle des formes spécifiques. Je m'arrêterai ici brièvement à celle que nous propose, dans le droit fil des approches blumenbachienne, celui qui a été le mentor de Georges Cuvier à Stuttgart, le naturaliste Carl Friedrich Kielmeyer (1762-1844). Dans son mémoire de 1793, *Ueber die Verhältnisse der organischen Kräfte unter einander in der Reihe der verschiedenen Organisationen* (*Sur les relations réciproques des forces organiques dans la série des différentes organisations*)[1], Kielmeyer soutient la thèse du parallélisme entre la série des types structuraux d'organisme et la série des stades dans le développement des embryons. Ces deux séries analogiquement parallèles doivent se concevoir en fonction de cadres de développement respectivement plus large et plus étroit : le cadre plus large concerne les étapes mêmes de transformation de la surface de la terre ; le cadre plus étroit concerne le cycle d'évolution fonctionnelle de l'organisme

1. K. F. Kielmeyer, « Ueber die Verhältniße der organischen Kräfte untereinander in der Reihe der verschiedenen Organisationen, die Geseze und Folgen dieser Verhältniße » (1793), *Sudhoffs Archiv für Geschichte des Medizin und der Naturwissenschaften*, 23 (1930), p. 247-267. Pour une traduction en français, voir S. Schmitt, *Les Forces vitales et leur distribution dans la nature. Un essai de « systématique physiologique »*, Turnhout, Brepols, 2006, p. 87-128.

individuel même[1]. Le parallélisme central, celui qui concerne les espèces et les stades de développement embryologique, doit cependant être conçu comme un postulat spéculatif, servant de cadre à la compréhension des séries distinctes. Celles-ci, faute d'un inventaire complet des faits requis, font l'objet de constructions théoriques sans détermination de lois de génération véritables. L'inaccessibilité factuelle de ces lois ne permet pas d'unifier les séries parallèles sous un seul mode d'explication causale à l'aide de comparaisons opérant termes à termes.

L'analyse que propose Kielmeyer se concentre sur les classes d'effets physiologiques et sur les forces correspondantes, que l'on identifie aux processus vitaux fondamentaux des divers types d'organismes vivants. L'idée de séries fonctionnelles de types d'organes et de types d'organismes, séries analogiquement liées et se déployant des plus simples aux plus complexes, se fait jour ici, mais, dans le même temps, Kielmeyer suggère de prendre en compte une pluralité de critères de simplicité et de complexité suivant les caractéristiques dynamiques que révèle l'exercice de chaque force vitale : sensibilité, irritabilité, force reproductrice (*Reproductionskraft*), force de sécrétion et force de propulsion. Il suggère en outre de corréler les effets fonctionnels respectifs de ces forces de façon à identifier les variétés de processus qu'exemplifient tant les organismes individuels que les espèces d'organismes. Se dessine enfin, à l'horizon de cette théorie, l'idée d'une mutabilité des formes vitales : accidentellement provoqué par des destructions naturelles ou résultant de l'intervention humaine, le changement des formes vivantes serait régi par des rapports de compensation dans l'interaction des processus déployés par les diverses forces vitales au sein d'une même économie d'organisation, que celle-ci fût individuelle ou qu'elle relevât de l'espèce.

Dans son discours de 1793, Kielmeyer concentre l'analyse sur les « lois » (*Gesetze*) de variation de la sensibilité, de l'irritabilité et de la force reproductrice. Il soutient, par exemple, que, dans l'évolution des organismes individuels comme dans la série des organisations, la variété du pouvoir d'impression sensible diminue pour autant que la sensibilité s'affine et qu'elle s'intensifie pour une zone plus restreinte d'impressions, définie organiquement et fonctionnellement[2]. De la même manière, on peut estimer que les effets de l'irritabilité se révèlent d'autant plus

1. Voir à ce sujet l'analyse par William Coleman du manuscrit de Kielmeyer, *Ideen an Windischmann* de 1804 : W. Coleman, « Limits of the recapitulation theory. Carl Friedrich Kielmeyer's critique of the presumed parallelism of earth history, ontogeny, and the present order of organisms », *Isis*, 64 (1973), p. 341-350.

2. K. F. Kielmeyer, « Ueber die Verhältniße der organischen Kräfte », p. 254.

rémanents que diminuent la rapidité, l'intensité ou la diversité de tels effets, comme aussi de ceux qui résultent d'une sensibilité fortement diversifiée. Une telle loi s'applique aux formes vivantes considérées dans leur individualité comme dans leurs types génériques [1]. Mais surtout, les lois de la sensibilité et de l'irritabilité impliquent un rapport de coexistence et de corrélation divergentes par rapport à celles qui nous servent à traduire l'ordre des phénomènes caractéristiques de la force reproductrice. À ce chapitre, Kielmeyer souligne la diversité des effets de cette force qui s'expriment en processus hétérogènes et contrastés suivant le type d'organisme considéré : ainsi le nombre d'organismes produits tend à varier inversement à la durée de gestation ou à la taille des organismes à la naissance, voire à la différenciation et à la complexité des structures produites [2]. Se rattachent en outre à cette loi d'évolution divergente les phénomènes de variation anormale, que ceux-ci impliquent des monstruosités, des hybridations artificielles, voire ces deux types de processus à la fois, des développements accidentels ou des déviances majeures de structuration [3]. Dans le même ordre d'idées, sans doute faut-il souligner que le pouvoir de se reproduire ou de se régénérer, plus universellement répandu dans les parties de certains organismes, entraîne, par compensation, la conséquence que la sensibilité s'en trouve restreinte et l'irritabilité plus diffuse [4].

La thèse principale de Kielmeyer veut que l'on puisse étendre analogiquement l'empire de ces lois d'inspiration blumenbachienne de façon à rendre compte des phénomènes mêmes de transformation des séries d'organisations : « Ainsi seraient obtenues les lois suivant lesquelles les forces particulières se modifient dans la série des organisations » [5]. L'approche analogique qui sous-tend ce modèle d'évolution privilégie une théorie suivant laquelle l'intégration organique reposerait sur les effets de forces physiologiques corrélées. C'est à ce point et dans les limites de ce modèle que Kielmeyer inscrit ce que l'on a pu tenir pour une formulation initiale de la loi biogénétique. Cette formulation se résume aux propositions suivantes :

> […] Les lois de distribution des forces dans les diverses organisations sont précisément les mêmes suivant lesquelles se produit cette distribution dans les divers individus d'une espèce donnée, et même chez un même individu

1. *Ibid.*, p. 256.
2. *Ibid.*, p. 258-259.
3. *Ibid.*, p. 260.
4. *Ibid.*, p. 261.
5. *Ibid.*, p. 261.

> dans ses diverses phases de développement (*Entwicklungsperioden*) : ainsi l'homme et l'oiseau sont de type végétal dans leur condition première, alors que la force reproductrice s'active en eux ; par la suite, dans l'élément liquide où ils vivent, l'irritabilité surgit et rien n'empêche alors que leur cœur ne soit irritable ; puis, les uns après les autres, les sens éclosent dans l'ordre même où ils surgissent et apparaissent par émergence dans la série des organisations ; ce qui n'était d'abord qu'irritabilité, se développe (*entwickelt sich*) à la fin en capacité perceptive ou du moins en l'organe matériel invisible sous-tendant immédiatement cette capacité »[1].

Dans la foulée de cet argument analogique, Kielmeyer n'hésite d'ailleurs pas à étendre le même schéma de transformation par compensation des rapports entre forces vitales aux processus spécifiques des divers organes. Ainsi explique-t-il par exemple les alternances de forces propres à la matrice.

Se produit alors dans son argument une extrapolation analogique non dénuée d'importance. Après avoir constaté que l'atténuation d'une fonction, donc d'une force sous-tendante, précède nécessairement l'expression dynamique d'une autre fonction, il présume d'un lien causal immanent liant les forces qui s'expriment en alternance. Mais, faute de connaître les conditions matérielles précises prévalant dans l'un et l'autre état, l'état antécédent et l'état conséquent, ce lien causal se résume à une idée régulatrice pour l'entendement qui tente de se représenter l'ordre de transformation des processus au fondement du devenir organique. C'est cette même idée régulatrice qui permet d'étendre le cercle des inférences analogiques des phases d'évolution de l'organisme individuel à celles des espèces, et ultimement au cadre plus large des transformations de la terre susceptibles de rendre compte des formes organiques émergentes et de leur évolution typique.

1. K. F. Kielmeyer, « Ueber die Verhältniße der organischen Kräfte », p. 261 : « […] daß eben diese Geseze, nach welchen die Kräfte an die verschiedenen Organisationen vertheilt sind, gerade auch die sind, nach denen die Vertheilung der Kräfte an die verschiedene Individuen der nehmlichen Gattung, ja auch an eine und dasselbe Individuum in seinen verschiedenen Entwicklungsperioden geschah : auch der Mensch und Vogel sind in ihrem ersten Zustande pflanzenartig, rege ist die Reproductionskraft in ihnen, späterhin hebt sich in dem feuchten Elemente, in dem sie dann leben, ihre Irritabilität, auch das Herz dieser Thiere ist unzerstöhrlich reizbar, und erst späterhin schließt sich ein Sinn nach dem andern beinahe in eben der Ordnung, wie sie in der Reihe der Organisationen von unten auf zum Vorschein kommen, in ihm auf, und was zuvor Irritabilität war, entwickelt sich am Ende zur Vorstellungsfähigkeit, oder wenigstens ihrem unsichtbaren unmittelbarsten materiellen Organ ». Voir à ce sujet B. Balan, *L'Ordre et le temps. L'anatomie comparée et l'histoire des vivants au XIX*e *siècle*, Paris, Vrin, 1979, p. 55-57.

En vérité, établir des séries représentant la continuité des phases de développement, tant pour les types d'organismes que pour les séquences de phases embryologiques, ne saurait consister à décrire et à classer les formes suivant les seules apparences structurales aux divers moments des processus. Au cœur des processus physiologiques qui sous-tendent les changements structuraux, Kielmeyer place le jeu de forces autosuffisantes dont les corrélations diverses, dans des circonstances environnementales variées de conservation et de destruction, déterminent les mutations organiques. Le postulat spéculatif de l'unité présumée des séries évolutives repose sur le rôle architectonique dévolu à ce jeu corrélé de forces d'organisation depuis son surgissement originaire dans l'ordre naturel – surgissement compris comme l'effet d'un magnétisme primordial. Il s'agit sans doute là d'un schème de développement inspiré par le modèle de lois d'organisation conçues comme inhérentes aux corps organiques individuels dont elles déterminent les phases de transformation :

> La raison pour laquelle je tiens cette idée pour valide, professe Kielmeyer, c'est que je crois que la *force* par laquelle la *séquence* des corps organiques est originellement apparue sur terre, est, pour l'essentiel de son être et des lois qui régissent son action, la *même* force qui mène tout organisme *individuel* à travers ses phases de développement suivant une séquence *similaire* à celle de la *série des organisations* [1].

Comprenons ce recours à des rapports entre forces spécifiques du type de l'irritabilité, de la sensibilité et de la force formatrice, comme attesté par la récurrence des effets observables assignables à ce système de raisons suffisantes dynamiques ; mais, dans le même temps, ce système de forces comme principe régulateur de toute compréhension possible des processus évolutifs se pose comme un réquisit de représentation des corps organiques pour notre entendement à la recherche d'une unité de détermination causale régissant l'ensemble des séries de phénomènes vitaux. Par rapport à ce schème idéal, les séries effectives se présentent comme des séquences de métamorphoses contingentes, fruits de conditions ambiantes changeantes suscitant des ajustements spontanés des structures organiques sous l'effet d'une détermination formelle des forces en jeu. D'où une pluralité indéfinie de variantes d'organisation produites au gré des transformations du milieu externe, qui toutes reflètent *proprio*

1. C. F. Kielmeyer, « Ideen einer Entwicklungsgeschichte der Erde und ihrer Organisation. Schreiben an Windischmann », in *Gesammelte Schriften*, Berlin, F. Keiper, 1938, p. 205, cité par W. Coleman, « Limits of the recapitulation theory. Carl Friedrich Kielmeyer's critique of the presumed parallelism of earth history, ontogeny, and the present order of organisms », p. 347.

modo l'ordre architectonique des rapports de forces sous-tendant toute organisation vitale. Ainsi se justifie le parallélisme des séries embryologiques et morphologiques-organisationnelles fragmentairement observables, en même temps que se relativise toute interprétation causale du schème d'évolution de chaque série : les variations sur le thème idéal que constitue le type ou les types originels d'intégration dynamique de processus vitaux résultent en effet d'altérations adaptatives spontanées des dispositifs organiques de base, et ces adaptations traduisent une spontanéité vitale irréductible, du moins pour nos entendements, à une stricte loi de détermination causale en raison de l'ordination téléologique des dispositifs inhérents aux corps organiques.

Quel rôle l'interprétation vitaliste de l'épigènese, celle qu'illustre principalement l'œuvre de Blumenbach et de ses disciples, a-t-elle joué dans la transformation du concept d'organisme ? Dans un cadre général de physiologie hallérienne, Blumenbach infère que la formation organique requiert une force capable de réaliser le plan immanent du corps organique par une séquence de processus à partir du mélange relativement amorphe des semences. Le *Bildungstrieb* incarne un projet architectonique qui se déploie en structures subordonnées, sièges des forces vitales spécifiques, telles l'irritabilité et la sensibilité; la dynamique du *Bildungstrieb* s'atténue graduellement dans ces organisations dérivées. C'est ce cadre théorique d'épigenèse que Blumenbach applique au devenir des espèces. Ce devenir ne saurait se concevoir que comme un processus de dégénérescence consistant en une « déflexion » de l'action organisatrice typique sous l'effet de stimuli récurrents : cette déflexion produirait, au fil des générations, des variations adaptatives dans l'exercice des forces vitales, à commencer par la force formatrice même. Elle se combinerait avec la génération d'hybrides pour faire évoluer, dans ses effets, le pouvoir de produire les formes vivantes typiques, pouvoir qu'incarne le *Bildungstrieb* pour chaque espèce considérée. Le dessein organisateur sans lequel on ne peut concevoir la génération et le fonctionnement des corps organiques englobe la possibilité de variations individuelles : certains facteurs externes peuvent en effet jouer un rôle incident dans la production de totalités organiques qui comportent une intégration causale réciproque de leurs parties. Le *Bildungstrieb* fait alors figure à la fois d'agent naturel de production du vivant et de principe régulateur assurant le maintien d'une harmonie interne relative de ses structures et de ses opérations, par-delà l'action de facteurs de perturbation déclenchant le processus de variation adaptative à l'intérieur du cadre spécifique. L'évolution signifie à la fois la spécialisation des structures et des processus dérivés et leur dégénérescence, si l'on se réfère au pouvoir architectonique et régulateur corrélatif des formes originelles.

Comment l'épigenèse selon Blumenbach intégrée à une hypothèse de forces vitales inhérentes aux corps organisés et s'exprimant en lois d'organisation structural et fonctionnelle débouche-t-elle sur un schème de loi biogénétique impliquant l'analogie d'évolution entre structures organiques individuelles et séries de formes spécifiques? Kielmeyer fournit une référence sans doute incontournable concernant ce moment de transition théorique. Le schème de loi dont il s'agit est un postulat spéculatif. Concentrant son analyse sur les lois de variation des forces physiologiques qui s'appliqueraient tant aux formes vivantes individuelles qu'aux types génériques, il projette une loi plus englobante de divergence dans l'expression progressive des effets rattachables à ces diverses forces : cette loi caractériserait alors les transformations mêmes des séries d'organisation. S'il présume qu'un lien unit les forces qui s'expriment de façon séquentielle, Kielmeyer le conçoit comme une idée régulatrice susceptible de justifier que l'on étende analogiquement les processus de transformation individuelle au devenir même des espèces. Dans des circonstances variées de conservation et de destruction, le jeu corrélé des forces d'organisation suscite, aux niveaux individuel et spécifique, des adaptations diverses des types originels d'intégration organique et vitale.

CHAPITRE X

KANT. TÉLÉOLOGIE ET CAUSALITÉ ORGANISATRICE

La réflexion kantienne sur l'ordre des phénomènes organiques se développe de façon relativement centrale dans l'élaboration d'une philosophie marquée au sceau de l'idéalisme transcendantal. Cette réflexion dont Kant semble traduire l'aboutissement dans la *Critique de la faculté de juger* (1790) avait été amorcée bien avant, dès la phase dite précritique de sa philosophie : il prenait alors position sur les modèles théoriques de la génération et optait pour une version particulière d'épigenèse, à la fois contre les doctrines de la préformation et contre celle de l'émergence des formes organiques depuis les pouvoirs ordinaires de la matière dans les corps non vivants, et il s'interrogeait sur le mode d'explication le plus adéquat à rendre compte des variétés de l'espèce humaine dans le cadre d'une conception générale de la reproduction de formes vitales spécifiques. On peut juger les concepts kantiens relatifs aux vivants incontournables à plus d'un titre. Une tendance fortement représentée parmi les spécialistes du kantisme est de concevoir le développement de cette philosophie comme un exercice de refondation des principes de la pensée rationnelle, opérant en deçà de la constitution de toute métaphysique dogmatique et rejetant, par le biais de la critique, des modes révolus de philosopher. Or, toutes les spéculations antérieures sur les formes de vie avaient eu partie liée avec des conceptions du système de la nature au sein desquelles les principes épistémologiques et les notions métaphysiques apparaissaient indissociables. Faut-il s'étonner dans ces conditions qu'en vertu d'un présupposé d'innovation véritable – *prolem sine matre creatam* – l'on ait eu tendance à concevoir que Kant avait supplanté plutôt que prolongé, éradiqué plutôt que complété, les modèles de l'organisation vitale que ses prédécesseurs avaient pu lui léguer ? D'où une négligence chronique d'analyse des sources dans certains secteurs des études kantiens que compense un regain d'intérêt à cet égard dans les travaux contemporains [1] – notamment sur le thème des conceptions pré-biologiques de Kant. Dans le même temps, l'exercice de refondation des principes de la philosophie qu'on attribue volontiers à Kant a suscité une mise en relief de la conception normative qui en découlerait pour la constitution de toute science de la nature. L'entreprise kantienne n'a-t-elle pas légitimé un modèle des seuls fondements possibles pour la science de la nature, modèle basé en grande partie sur une systématisation des principes de la mécanique newtonienne ? [2] Or, un tel modèle aurait requis des ajustements significatifs pour peu que l'on eût voulu honorer le projet de constituer une science des vivants qui répondît au même profil. Curieusement, tout porterait à croire qu'une véritable science des vivants apparaissait impossible en raison même des exigences que l'analyse kantienne imposait à toute science de la nature, voire à tout segment de celle-ci, pour peu qu'il s'agît de rendre compte de phénomènes irréductibles à des lois empiriques respectant les prescriptions de la causalité efficiente et de la formalisation mathématique. Mais un paradoxe historique surgit aussitôt, qui tient à la postérité des analyses kantiennes sur la question du vivant, notamment de celles que contient la seconde partie de la *Critique de la faculté de juger*. Il est en effet manifeste qu'à la suite des thèses développées dans la « Critique de la faculté de juger téléologique », Kant a lui-même rendu possible la constitution sinon d'une science du vivant au sens strict, du moins d'un savoir théorique empiriquement fondé des corps organisés exerçant des fonctions vitales. Les évolutions majeures qui ont mené de la première édition de la *Critique de la raison pure* (1781) aux écrits qui ont sanctionné cette reconnaissance ont été clairement mises en lumière dans la littérature récente [3]. Il s'agissait notamment de souligner par l'analyse la fonction dévolue par Kant au jugement réfléchissant dans la fondation d'un tel savoir, appelé à dépasser les bornes d'une simple histoire naturelle. Et il est certain que, du point de vue méthodologique aussi bien que théorique, les analyses kantiennes orchestrées dans la *Critique de la faculté de juger* ont inspiré maintes constructions

1. Voir en particulier les travaux de Peter McLaughlin, Marcel Quarfood, Philippe Huneman et Ina Goy ultérieurement cités dans ce chapitre.

2. Voir, au sujet des *Metaphysische Anfangsgründe der Naturwissenschaft* (*Premiers principes métaphysiques de la science de la nature*) (1786) de Kant, le commentaire développé par Michael Friedman, *Kant's Construction of Nature : A Reading of the Metaphysical Foundations of Natural Science*, Cambridge, Cambridge University Press, 2013.

3. Voir en particulier J. H. Zammito, *The Genesis of Kant's Critique of Judgment*, Chicago, University of Chicago Press, 1992 ; P. Huneman, *Métaphysique et biologie. Kant et la constitution du concept d'organisme*, Paris, Éditions Kimé, 2008.

conceptuelles de la biologie naissante, certes en partie par la médiation de la *Naturphilosophie* qui les a récupérées, annexées et transformées, mais aussi par leur intégration à des conceptions proprement scientifiques de l'analyse fonctionnelle appliquée aux vivants, à mi-chemin entre mécanisme et téléologie, pourrait-on dire[1]. Ces filiations présumées, tout autant que les préfigurations antécédentes en fonction desquelles il importe de situer la doctrine kantienne sur ce point, justifient sans doute que l'on traite celle-ci non seulement comme un *terminus ad quem* – parmi d'autres possibles – d'une évolution conceptuelle marquée d'étape en étape par des figurations de l'organisation vitale plus ou moins conformes à l'inspiration leibnizienne, mais comme un tournant significatif dans les considérations menant au concept moderne d'organisme.

1. Le modèle kantien de la force formatrice

C'est précisément une sorte particulière de conception épigénétique que Kant annexe à la réflexion épistémologique sur le devenir des corps organisés et sur la constitution des modèles requis pour en rendre compte.

Plusieurs études remarquables ont visé à fournir une juste appréciation des concepts biologiques que Kant emprunte aux sciences contemporaines du vivant et dont il se sert pour fournir une évaluation critique des doctrines que ces concepts servent à articuler. Je renvoie volontiers à celles qui me semblent les plus pertinentes, en mentionnant, outre les contributions de John Zammito et de Philippe Huneman, plus spécifiquement celles de Reinhard Löw[2], de Peter McLaughlin[3] et de Marcel Quarfood[4]. Certaines données stratégiques s'infèrent aisément de tels travaux. Kant adopte tôt une position critique à l'égard des théories contemporaines de la génération : déjà dans *Der einzig mögliche Beweisgrund zu einer Demonstration des Daseins Gottes* (*L'Unique Fondement possible d'une démonstration de l'existence de Dieu*) (1763), il se déclare volontiers contre le préformationnisme et en faveur de l'épigenèse. Assez tôt également, lorsque se formulent certaines thèses caractéristiques de la perspective critique dans la foulée de la *Dissertation* de 1770 et de la

1. Sur ce point, voir T. Lenoir, *The Strategy of Life. Teleology and Mechanics in Nineteenth Century German Biology*, Dordrecht, Reidel, 1982.

2. R. Löw, *Philosophie des Lebendigen. Der Begriff des Organischen bei Kant, sein Grund und seine Aktualität*, Frankfurt am Main, Suhrkamp Verlag, 1980.

3. P. McLaughlin, *Kant's Critique of Teleology in Biological Explanation. Antinomy and Teleology*, Lewiston, Edwin Mellen Press, 1990.

4. M. Quarfood, *Trascendental Idealism and the Organism. Essays on Kant*, Stockholm, Almqvist & Wiksell International, 2004.

lettre à Markus Herz de 1772, surgit, de façon subsidiaire, la thématique comparative des thèses génétiques sur l'origine et le fondement des connaissances et des hypothèses explicatives relatives à la formation du vivant [1]. Les termes principaux de la référence épigénétique dont on tend le plus naturellement à rapprocher la position kantienne nous sont fournis par les théories de Caspar Friedrich Wolff et de Johann Friedrich Blumenbach. Il peut paraître vraisemblable que jusqu'à ce que Kant ait découvert la théorie du *Bildungstrieb* de ce dernier, sans doute dans la phase menant de la seconde édition (1787) de la *Critique de la raison pure* à la *Critique de la faculté de juger* (1790), une conception comme celle de Wolff ait pu servir de caution au rejet kantien du préformationnisme [2]; mais sans doute la *Theoria generationis* (1759) de Wolff n'aurait-elle alors fourni des arguments à Kant sur ce point que comme une théorie parmi d'autres, et avec d'importantes réserves. La différence des doctrines de l'épigenèse entre les décennies 1760 et 1780 nous incline à penser que l'adhésion de Kant à l'épigenèse des physiologistes a connu une certaine évolution et que les conceptions de l'organisme auxquelles il s'est successivement référé, n'impliquent qu'assez tardivement la référence à un principe vital *sui generis*, caractérisé comme *nisus formativus* ou *Bildungstrieb* [3]. Une préoccupation épistémologique majeure de Kant, qui le porte à s'intéresser aux théories de la génération dès le milieu de la décennie 1770, concerne la variabilité de l'espèce humaine, à propos de laquelle il développe une thèse de préformation générique conciliable avec les implications d'une certaine épigenèse. Enfin, on ne saurait trop insister sur l'intégration finale par Kant des principes de la physiologie de Blumenbach, dont témoignent les développements de la *Critique de la faculté de juger* [4]. Fixons ces divers points d'ancrage de l'analyse.

1. Voir à ce sujet l'analyse fort pertinente de C. Piché, « The precritical use of the metaphor of epigenesis », *in* T. Rockmore (ed.), *New Essays on the Precritical Kant*, Amherst NY, Humanity Books, 2001, p. 182-200.

2. Cette thèse est notamment soutenue par P. Huneman, *Métaphysique et biologie*, p. 126-141 et passim.

3. Pour une analyse distinctive des théories épigénétiques de Wolff et de Blumenbach, voir F. Duchesneau, « "Essential force" and "formative force" : models for epigenesis in the 18th century », *in* B. Feltz, M. Crommelinck et P. Goujon (eds.), *Self-Organization and Emergence in Life Sciences*, Dordrecht, Springer, 2006, p. 171-186; F. Duchesneau, *La Physiologie des Lumières*, Paris, Classiques Garnier, 2012, p. 453-520.

4. Voir aussi la lettre à J. F. Blumenbach du 5 août 1790, *in* I. Kant, *Kants Werke. Akademie-Textausgabe*, Berlin, Walter de Gruyter, 1968 (cité Ak), XI, p. 185 : « Ihre Schriften haben mich vielfältig belehrt; doch hat das Neue in der Vereinigung zweyer Principien, dem der physisch-mechanischen und der blos teleologischen Erklärungsart der organisirten Natur,

Un exposé primordial des vues kantiennes sur la génération dans la période précritique se trouve dans *L'Unique Fondement possible d'une démonstration de l'existence de Dieu* (1763). Dans le contexte d'une évaluation de la preuve cosmologique (2 e partie, 4 e considération, article second) [1], Kant soutient la valeur du principe de l'unité dans l'investigation des déterminations nécessaires de l'ordre naturel. L'intelligibilité des phénomènes pour nous dépend de notre capacité de les expliquer comme suites nécessaires de lois générales. Certes, nous avons une propension naturelle à reconnaître une forme de dessein artistique au fondement de certaines productions inorganiques, mais nous parvenons à surmonter ce penchant en leur assignant des causes conformes aux lois générales de l'ordre physique. De façon significative, Kant prend ici exemple des cristaux qu'on tend à expliquer sans recourir à des semences spécifiques en dépit de leurs effets caractéristiques qui figurent une forme d'ordre téléologique. Malgré les effets d'organisation fonctionnelle qui semblent en découler, les moisissures sont assimilées aux cristallisations métalliques du type de l'arbre de Diane, donc à des productions de type non biologique [2]. Toutefois, lorsqu'on aborde les phénomènes vitaux, il semble qu'il faille renoncer à une première production subordonnée aux seules lois générales de l'ordre physique : cette production semble dépendre d'un dessein contingent d'instituer un ordre *sui generis* impliquant l'autonomie et la spontanéité des phénomènes qui en découlent. Les phénomènes vitaux, s'ils ne constituent pas, dans leur génération première, « un effet secondaire produit mécaniquement en vertu des lois générales de la nature » [3], semblent néanmoins répondre à une forme de loi naturelle issue d'un projet intentionnel. Kant évoque alors les deux types d'hypothèses relatives à ce fondement de la génération des individualités vivantes. La première hypothèse implique la formation directe par Dieu de tous les individus en leur apparition successive. Il s'agirait en quelque

welche man sonst geglaubt hat unvereinbar zu seyn, eine nähere Beziehung auf die Ideen, mit denen ich mich vorzüglich beschäftige, die eben einer solchen Bestätigung durch Facta bedürfen ».

1. Ak, II, p. 113-115 ; I. Kant, *Œuvres philosophiques*, Paris, Gallimard, 1985-1986 (cité OP), I, p. 376-379.

2. L'analogie cristalline est précisément celle que Maupertuis développe dans le *Système de la nature* (§ 47) pour justifier la formation épigénétique des organismes vivants (voir P. L. Moreau de Maupertuis, *Œuvres*, Hildesheim, G. Olms, 1965, II, p. 166-167). On peut trouver chez la plupart des partisans de l'épigenèse au milieu du XVIII e siècle, à l'instar de Maupertuis, un intérêt notable pour le rapprochement des structures organiques et cristallines en formation.

3. OP, I, p. 377-378 ; AK, II, p. 114.

sorte d'une forme de préformationnisme constamment réitéré, puisqu'une intervention causale d'ordre surnaturel surviendrait à l'occasion de chaque formation organique comprise dans la séquence. Si l'on admettait en effet que la génération consiste dans le simple développement temporel (évolution au sens de simple déploiement) de germes emboîtés à l'infini dans la semence originelle sous l'effet contingent de la copulation, les structurations organiques résultantes reposeraient causalement sur l'acte transcendant et surnaturel qui en aurait institué la série. Par contraste, la deuxième hypothèse implique la formation originelle par le pouvoir transcendant d'individualités organiques capables de procréer de nouveaux organismes par des processus conformes au cours ordinaire de la nature. Cette variante d'épigenèse suppose une formation transcendante originelle des organismes archétypes et une production naturelle, à partir de ces organismes primordiaux, de générations successives d'organismes génériquement conformes au type originel.

Le choix kantien entre les deux hypothèses ne se fonde pas sur leur valeur scientifique respective, mais sur une évaluation métaphysique des arguments en présence. Dans cette perspective, Kant semble favoriser plutôt une forme d'épigenèse, même s'il se déclare sceptique devant les hypothèses du type de celles de Buffon ou de Maupertuis : il souligne qu'il convient de privilégier la plus grande autonomie des choses de la nature dans la production réelle d'effets conformes aux lois générales – ce qui est un principe leibnizien soutenu contre l'occasionnalisme. De fait, le préformationnisme apparaît alors comme le refus d'attribuer aux vivants tout pouvoir causal effectif dans la structuration organique qui les caractérise.

Dans l'argumentation qu'il développe à l'appui de la meilleure hypothèse, Kant signale des difficultés d'ordre scientifique affectant les deux branches de l'alternative. Le procès du préformationnisme est à cet égard assez expéditif, puisqu'il se contente d'évoquer le caractère non explicatif du recours plus ou moins explicite au surnaturel dans ce cas. Kant est par contre plus soucieux d'éluder les objections scientifiques à l'encontre de l'épigenèse. Il s'intéresse, en premier lieu, à la reproduction des végétaux par bourgeonnement et rappelle alors les principes généraux d'une théorie épigénétique : 1) l'intervention d'une organisation interne spécifique de l'organisme souche – par extension, cela s'applique au mélange des semences dans les cas de reproduction sexuée ; 2) le pouvoir de composer et d'élaborer les sucs nourriciers de façon à réaliser une structuration organique conforme au modèle spécifique. Même sans référence explicite, ce pouvoir a pu être rapproché de la *vis essentialis* selon Caspar Friedrich Wolff, raison suffisante unique et générale de la reproduction, de la nutrition et du développement[1]. Or, à mon sens, il y aurait tout autant lieu de repérer une communauté de vues entre Kant à cette période et Michael Christoph Hanov, lui-même sans doute influencé par Wolff, mais réformant l'hypothèse leibnizienne de la prédélinéation des corps organisés dans le sens d'une épigenèse s'exerçant depuis et par les forces de dispositifs organiques originels[2]. Or, le *modus operandi* de telles forces, souligne Kant, s'il peut être constaté et si l'on peut décrire, ajouterai-je, l'ordre d'enchaînement des phénomènes qui s'y manifeste, ne saurait être compris suivant un système de connaissances proprement scientifiques. À cet égard, tout comme le faisaient Wolff et Hanov eux-mêmes, Kant met en cause les hypothèses spéculatives du type de celles de Buffon et de Maupertuis sur le mécanisme causal sous-jacent à l'épigenèse : par exemple, l'attraction des molécules organiques par un présumé moule intérieur représentant la disposition structurale virtuelle de l'organisme à produire, ou la mémoire et l'appétence d'une organisation structurale présupposées dans les monades physiques constitutives des semences, qui, par le jeu d'une attraction particulière, susciteraient la formation d'un organisme conforme au modèle héréditaire. Ces hypothèses doivent être estimées de « pures chimères » (*ganz willkürlich erdacht*), ou du moins, ne feraient-elles que réitérer le caractère proprement « incompréhensible » (*unverständlich*) de l'ordre causal sous-tendant l'existence et la production de tout être vivant[3]. Du point de vue scientifique, dans le cadre de l'hypothèse privilégiée, celle de l'épigenèse, reconnaissons les limites de notre pouvoir d'intellection

1. Voir I. Goy, « Epigenetic theories : Caspar Friedrich Wolff and Immanuel Kant », *in* I. Goy, E. Watkins (eds.), *Kant's Theory of Biology*, Berlin, Walter de Gruyter, 2014, p. 43-60. Ina Goy me semble avoir à juste titre souligné la « proximité systématique » des vues exposées par Kant et par C. F. Wolff, tout en repérant des facteurs de discordance dans les positions théoriques soutenues de part et d'autre, voir notamment, p. 58 : « Whereas the systematic proximity between Wolff and Kant regarding their conceptions of epigenetic powers is questionable, it is important that Wolff, before Kant, uses a part-whole model to explain the generation of an organism, and in this way, anticipates one of the most central ideas in Kant's theory of biology. However, Wolff's and Kant's positions are also opposed to each other on this front. Kant does not divide the process of production into an inorganic and an organic phase. For Kant production is *always* an organizing formation of the parts, for it occurs with regard to the whole. Furthermore, according to Kant, the organized whole or part is not only caused by a mechanical aggregation of materials, but by the purpose of the organized whole and also by the more specific purposes of the parts that are causally prior to the materials and mechanisms of parts ».

2. Voir notre analyse dans le chap. VII, p. 327-336.

3. OP I, p. 378 ; Ak, II, p. 115.

lorsqu'il s'agit d'appliquer à « l'ordre artistique de la nature » (*künstliche Ordnung der Natur*) nos schèmes mécanistes d'interprétation des lois générales de la nature [1].

Les développements principaux de Kant sur l'épigenèse biologique en marge de l'élaboration d'une philosophie de la connaissance se trouvent dans les trois écrits relatifs aux variétés de l'espèce humaine et aux traits héréditairement transmissibles qui les caractérisent [2]. Le premier de ces textes est de 1775 et ne peut par conséquent traduire l'influence de Blumenbach qui n'a pas encore publié sur la question. Or, on y trouve pour l'essentiel définies des positions que reprendront les écrits de 1785 et de 1788, voire, avec modifications, certains passages de la *Critique de la faculté de juger*, où s'exprimera par contre une référence explicite aux thèses de Blumenbach.

Kant propose de relier le développement des corps organisés à des « germes » (*Keime*) et à des « dispositions » (*Anlagen*) qui s'actualisent dans la combinaison organique des semences mâles et femelles. Les germes sont plus explicitement responsables du développement des parties, alors que les dispositions affectent par exemple la taille et l'interrelation des organes [3]. À l'évidence, les germes et dispositions relevant d'une espèce donnée produisent des spécimens qui se trouvent tant soit peu différenciés suivant l'influence des conditions ambiantes sur l'organisme en développement. Or, Kant distingue, parmi les facteurs de différenciation, ceux qui n'impliquent qu'une altération contingente du corps organisé, altération non héréditairement transmissible, et ceux qui proviennent d'un potentiel de variété inhérent aux germes et aux dispositions d'une espèce donnée. Sous l'effet de conditions externes déterminées, certaines modalités des pouvoirs essentiels de formation et de développement d'un type donné d'organisme peuvent s'exercer : certaines variantes raciales en résulteront alors et se reproduiront suivant les configurations de caractères empiriques – couleur de peau, taille, poils, etc. – qui les différencient. Kant tend à concevoir que la différenciation entraîne une spécialisation des caractères suivant les variétés et par suite une perte de potentiel de changement dans les types subalternes par rapport aux archétypes représentant le potentiel originel. Dans la mesure où subsiste néanmoins une communauté fondamentale de germes

1. OP I, p. 377 ; Ak, II, p. 114.

2. Voir *Von den verschiedenen Racen der Menschen*, Ak, II, p. 427-443 ; *Bestimmung des Begriffs einer Menschenrace*, Ak, VIII, p. 89-106 ; et *Über den Gebrauch teleologischer Principien in der Philosophie*, Ak, VIII, p. 157-184.

3. Ak, II, 434 ; I. Kant, *Opuscules sur l'histoire*, trad. S. Piobetta, Paris, GF-Flammarion, 1990 (cité Opusc.), p. 54.

et de dispositions chez les organismes parents, des hybrides féconds peuvent résulter du croisement d'individus appartenant à des variétés de la même espèce; et ces hybrides sont susceptibles de présenter, au fil des générations, des caractères mixtes relativement stables. Dans une note de l'écrit de 1775[1], Kant assigne à la *Naturgeschichte*, par opposition à la *Naturbeschreibung* qui n'est qu'une description des variétés observables, l'objectif de déterminer les processus d'altération et de différenciation des archétypes de corps organisés qui aboutissent à la production des variétés organiques à l'intérieur d'une espèce donnée[2]. Tout se passe en effet comme si la nature avait inclus, dans les archétypes d'organisations vivantes selon les espèces, une variété de dispositifs de développement pré-adaptés aux conditions externes de vie dans lesquelles les individus de ces espèces sont appelés à se reproduire. L'épigenèse signifie, dans ce contexte, le déploiement spontané de forces d'organisation de l'entité vivante à produire. Ces forces sont étrangères à tout système concevable de déterminations mécaniques, mais elles sont corrélativement pré-ordonnées à produire certaines combinaisons adaptées de caractéristiques structurales et fonctionnelles à l'exclusion d'autres et à susciter la reproduction de telles combinaisons au fil des générations. D'où une discrimination nette par rapport aux versions de l'épigenèse du style de celles de Buffon, de Maupertuis ou, dans une certaine mesure, de Needham, qui tentaient d'établir les mécanismes causaux déterminant la production même des organisations vivantes et de leurs variétés. L'épigenèse kantienne exclut que les formes différenciées de l'organisme résultent du hasard ou d'un ordre mécanique fondé sur des lois dans l'analogie de celles qui s'appliqueraient à tout l'univers physique. Les développements contingents qu'impliquent les variétés organiques doivent répondre à une forme de pré-ordination; du moins sommes-nous amenés à les tenir pour tels : « Le hasard ou des lois mécaniques universelles ne peuvent pas produire de telles adaptations. Aussi devons-nous considérer de tels événements occasionnels comme le fruit de prédéterminations (*vorgebildet*) »[3]. Même là où la finalité d'une adaptation des structures résultantes aux conditions occasionnelles issues du milieu ne nous apparaît pas, il convient de présumer qu'une telle pré-

1. Ak, II, 434 note *; Opusc., p. 5, note *.

2. Ce point est bien mis en valeur par P. McLaughlin, *Kant's Critique of Teleology in Biological Explanation*, p. 32. Voir également, en réponse aux critiques formulées par Johann Georg Forster, Ak, VIII, 161-162; Opusc., p. 167-170.

3. Opusc., p. 55; Ak, II, 435 : « Der Zufall, oder allgemeine mechanische Gesetze können solche Zusammenpassungen nicht hervorbringen. Daher müssen wir dergleichen gelegentliche Auswickelungen also *vorgebildet* ansehn ».

ordination des forces organiques en jeu s'exerce du seul fait que la variété d'organisation dont il s'agit se reproduit au fil des générations. Tout en rejetant sa conception de l'épigenèse, Kant adhère en effet au critère proposé par Buffon en vue de reconnaître l'appartenance spécifique et la délimitation des espèces, celui de l'inter-fécondation possible des individus concernés et de la viabilité des reproducteurs potentiels issus du croisement [1]. Mais la production initiale d'un corps organique ne peut dépendre d'un concours fortuit de circonstances, non plus que de causes d'ordre strictement physique ; au même titre, toute altération fonctionnelle du pouvoir générateur aboutissant à une variété d'organisation vitale susceptible de reproduction doit sa raison d'être à une pré-ordination des forces caractéristiques d'un type de semences et de dispositions.

> Ce qui doit se développer, professe Kant, doit déjà se trouver comme disposition inhérente à la force génératrice (*Zeugungskraft*), comme prédétermination à un développement occasionnel conformément aux circonstances dans lesquelles la créature peut se trouver engagée, et au milieu desquelles elle doit se maintenir et se conserver [2].

Dans les textes ultérieurs sur le même sujet, Kant donne encore plus d'ampleur à la pré-ordination fonctionnelle des germes et des dispositions suivant le type spécifique concerné et il tend, par la même occasion, à la détacher aussi nettement que possible d'une forme de prédétermination causale d'ordre physico-mécanique. Ceci est nettement sensible dans le mémoire *Über den Gebrauch teleologischer Principien in der Philosophie* (*Sur l'Emploi des principes téléologiques dans la philosophie*) (1788), qui annonce les thèses de la *Critique de la faculté de juger*. Kant y part de la reconnaissance factuelle du statut de l'être organisé comme réalité matérielle au sein de laquelle tout est à la fois fin et moyen et qui ne peut se comprendre que comme un système de causes finales. Mais un tel système naturel échappe nécessairement à une analyse en termes physico-mécaniques, du moins pour un entendement fini tel que le nôtre. Notre pouvoir d'intellection analytique par raisons déterminantes s'arrête en effet en deçà d'une compréhension des corps organiques qui reposerait

1. Opusc., p. 47 ; Ak, II, 429 : « Daher muß die Buffonsche Regel, daß Thiere, die mit einander fruchtbare Jungen erzeugen, (von welcher Verschiedenheit der Gestalt sie auch sein mögen) doch zu einer und derselben physischen Gattung gehören, eigentlich nur als die Definition einer Naturgattung der Thiere überhaupt zum Unterschiede von allen Schulgattungen derselben angesehen werden ».

2. Opusc., p. 56 (traduction modifiée) ; Ak, II, 435 : « […] sondern was sich fortpflanzen soll, muß in der Zeugungskraft schon vorher gelegen haben, als vorher bestimmt zu einer gelegentlichen Auswickelung den Umständen gemäß, darein das Geschöpf gerathen kann, und in welchen es sich beständig erhalten soll ».

sur quelque modèle mécaniste de production que ce soit : la possibilité ne peut en être comprise que par recours à la téléologie. Il ne saurait donc être question de fournir une réponse de physicien à la question de la provenance des organisations vitales. Une telle recherche nous renvoie plutôt à la métaphysique, hors du champ de la science mécaniste proprement dite, dans les limites toutefois où cette voie métaphysique de recherche nous est accessible.

C'est dans ce contexte qu'il convient d'identifier les présupposés d'une analyse épigénétique valide des corps organisés. Ces présupposés consistent à présumer une pré-ordination fonctionnelle des pouvoirs épigénétiques inhérents aux semences (germes et dispositions), pré-ordination correspondant aux types d'organisation que ces pouvoirs sont susceptibles de produire. Toute organisation provient d'une structure organique préalable suivant un processus autonome de production, mais ce processus se déploie conformément à l'ordre inhérent au type d'organisation concerné.

> Pour ma part, affirme Kant, je fais dériver toute organisation des êtres organiques (par génération) et je fais procéder leurs formes ultérieures (choses naturelles de cette sorte), des dispositions originaires [...] qui obéissent à des lois de développement insensible et qu'on pourrait déceler dans l'organisation de leur souche. Pour ce qui est de rechercher comment cette souche elle-même a vu le jour, c'est là une tâche qui échappe totalement au domaine de toute physique humainement accessible, domaine à l'intérieur duquel je croyais devoir me tenir [1].

On doit sans doute en conclure que la compréhension de l'ordre des déterminations prévalant dans la genèse des êtres organisés échappe aux prises de l'entendement lorsque celui-ci tente d'expliquer les phénomènes selon des lois générales conformes aux principes de l'ordre physique. Cette genèse ne peut se comprendre que si l'on présuppose, à la source des processus de formation, un principe ordonnateur capable d'intégrer une multitude de mécanismes de la nature sous un plan de structuration organique et fonctionnel qui produise des effets finalisés.

À l'évidence, l'adhésion de Kant à l'épigenèse implique de plus en plus nettement une version de la théorie qui subordonne les processus

1. Opusc., p. 193-194; Ak, VIII, p. 179 : « Ich meinerseits leite alle Organisation von organischen Wesen (durch Zeugung) ab und spätere Formen (dieser Art Naturdinge) nach Gesetzen der allmähligen Entwickelung von ursprünglichen Anlagen [...], die in der Organisation ihres Stammes anzutreffen waren. Wie dieser Stamm selbst entstanden sei, diese Aufgabe liegt gänzlich über die Grenzen aller dem Menschen möglichen Physik hinaus, innerhalb denen ich doch glaubte mich halten zu müssen ».

de formation à une pré-ordination tendancielle de l'ordre structural et fonctionnel intégré constitutif de chaque type d'être vivant. De ce point de vue, la théorie épigénétique à laquelle le philosophe peut s'accorder, doit nécessairement comporter une figuration analogique des agents susceptibles d'accomplir une telle construction, et surtout une figuration analogique du « projet organisateur » immanent à de tels agents. C'est d'ailleurs là l'un des points qui le distancient de la conception de l'épigenèse selon Wolff, dans la mesure où la *vis essentialis* de celui-ci, analogue aux forces attractives de l'ordre physique et apte à structurer les éléments de la combinatoire organique, donc à construire le tout depuis ses parties, ne semblait pas comporter de façon immanente le schème prédéterminant du tout en tant que projet organisateur [1]. Si ce projet doit correspondre anticipativement à l'ordre déployé par les phénomènes résultant du processus formateur et doit donc se révéler conforme aux données d'expérience, il ne peut être représenté que selon des modèles téléologiques, mais cette interprétation des réquisits de la formation organique n'est plus significativement wolffienne, si tant est que Kant ait jamais vraiment adhéré à l'épigenèse wolffienne au sens strict.

La conception de la génération la plus adéquate à cette vision méthodologique et théorique est celle que développe la *Critique de la faculté de juger* et pour laquelle Kant renvoie, en guise d'application, aux analyses physiologiques de Blumenbach. Il suffit de référer ici aux articles relatifs à la détermination des êtres organisés comme fins de la nature : il y est précisé que, si une chose se produit elle-même naturellement, il faut que « [ses] parties se lient dans l'unité du tout, en étant réciproquement les unes par rapport aux autres causes et effets de leur forme » [2]. Cela implique en retour que l'idée du tout ainsi figuré détermine les jugements par lesquels un entendement comme le nôtre conçoit la liaison des

1. Au terme de mon analyse de la théorie de la génération selon C. F. Wolff, j'en suis venu à exclure qu'il ait pu adhérer à un « préformationnisme de la virtualité » et donc à une interprétation de la « force essentielle » comme porteuse d'une détermination téléologique ordonnée à la production de l'organisme accompli. Voir F. Duchesneau, *La Physiologie des Lumières*, p. 491 : « [...] Wolff n'admet point ce préformationnisme de la virtualité. La *vis essentialis* s'inscrit dans l'ordre général des forces de la nature physique. L'audace de son analyse consiste dans la conception d'un ordre nécessaire du développement épigénétique en fonction d'une opération de base, l'assimilation nutritive, et des effets corrélatifs [de celle-ci]. Cet ordre nécessaire, il le conçoit aussi comme fournissant l'intelligibilité des structures complexes et des appareils fonctionnels spécialisés dont l'organisme adulte est doté ».

2. *Critique de la faculté de juger* (CFJ), trad. A. Philonenko, Paris, Vrin, 1965, p. 192; *Kritik der Urteilskraft* [KU], § 65, Ak, V, p. 373 : « [...] daß die Theile desselben sich dadurch zur Einheit eines Ganzes verbinden, daß sie von einander wechseitig Ursache und Wirkung ihrer Form sind ».

parties de l'organisme, c'est-à-dire son mode d'intégration structurale et fonctionnelle. Cette idée du tout est corrélativement assimilable à un principe d'autoproduction du vivant : comme fin naturelle, l'être organisé s'organise lui-même. Le pouvoir d'auto-organisation dépasse les propriétés d'une force motrice aux effets strictement interprétables en termes de déterminations physico-mécaniques ; il faut nécessairement recourir à un concept de force formatrice qui actualise son propre modèle (*sich bildende Kraft*) par la réalisation, la conservation et la reproduction d'une structure organique intégrée.

> Ainsi un être organisé n'est pas simplement machine, car la machine possède uniquement *une force motrice* ; mais l'être organisé possède en soi une *force formatrice* (*bildende Kraft*) qu'il communique aux matériaux, qui ne la possèdent pas (il les organise) : il s'agit ainsi d'une force formatrice qui se propage et qui ne peut pas être expliquée par la seule faculté de mouvoir (le mécanisme) [1].

Il s'agit là d'une exigence *a priori* du jugement réfléchissant pour un entendement qui appréhende comme de l'intérieur, c'est-à-dire en leur principe d'intégration, les fins de la nature que constituent les êtres organisés. Ce principe s'énonce : « Un produit organisé de la nature est celui en lequel tout est fin et réciproquement moyen » [2]. Or ce principe doit à la fois traduire les données d'expérience relatives aux êtres organisés et fournir un fondement universel et nécessaire à la représentation de l'ordre (*nexus finalis*) des déterminations structurales et fonctionnelles qui s'y réalisent. Ce fondement ne peut être toutefois qu'un principe régulateur et nullement déterminant pour la mise en forme des jugements articulant la liaison des phénomènes concernés. Le *Bildungstrieb* blumenbachien et son rôle dans l'explication des phénomènes de la génération et du fonctionnement organique sont réinterprétés par Kant comme s'ils correspondaient au principe selon lequel il faut écarter de la compréhension des êtres organisés à la fois tout trait purement accidentel et tout processus purement mécanique qui n'entrerait pas sous le dessein immanent de la force formatrice. Comme modèle théorique, l'incarnation envisagée de cette disposition à l'organisation et au fonctionnement intégré permet, somme toute, d'appliquer le principe régulateur de finalité interne

1. CFJ, § 65, p. 193 ; Ak, V, p. 374 : « Ein organisirtes Wesen ist also nicht bloß Maschine : denn die hat lediglich bewegende Kraft, sondern es besitzt in sich bildende Kraft, und zwar eine solche, die es den Materien mittheilt, welche sie nicht haben (sie organisirt), also eine sich fortpflanzende bildende Kraft, welche durch das Bewegungsvermögen allein (den Mechanism) nicht erklärt werden kann ».

2. CFJ, § 66, p. 195 ; Ak, V, p. 376 : « Ein organisiertes Product der Natur ist das, in welchem alles Zweck und wechselseitig auch Mittel ist ».

à l'analyse des fonctions vitales, depuis leur origine dans le processus de formation initiale du corps organisé jusqu'à leur actualisation pleine dans l'organisme achevé.

Méthodologiquement, Kant professe l'intérêt de poursuivre aussi loin que possible l'explication mécanique des processus naturels, y compris ceux qui caractérisent le vivant, mais cette voie requiert d'être combinée avec le recours à des principes de type téléologique dans tous les cas où il s'agit de concevoir l'ordre spécifique d'intégration des phénomènes vitaux.

> Afin que le savant ne travaille pas en pure perte, souligne-t-il, il doit dans le jugement des choses dont le concept comme fins naturelles est indubitablement fondé (les êtres organisés), mettre toujours au principe une organisation originaire, qui utilise ce mécanisme même pour produire d'autres formes organisées ou pour développer la sienne propre en de nouvelles formes (qui résultent cependant toujours de cette fin et conformément à elle) [1].

D'où la nécessaire combinaison des enchaînements mécaniques et d'un projet originaire d'ordination fonctionnelle dans la conception même des êtres organisés et, par conséquent, dans l'analyse de leurs phénomènes caractéristiques. La raison suffisante de l'organisation et de l'intégration spéciale des déterminations physico-mécaniques qu'elle provoque, ne saurait être toutefois que présupposée au fondement de toute analyse sous forme de principe régulateur de l'explication. Admettons donc cette anticipation causale d'ordre téléologique au fondement de tout phénomène de formation organique : comment peut-on alors se représenter les options de base en matière de théorie de la génération ?

La typologie que propose Kant peut être reconstituée de la manière suivante. En premier lieu, se présente la dichotomie entre *generatio equivoca* et *generatio univoca*. Le premier type de génération présuppose une production de forme organique à partir du seul jeu des déterminations causales de la matière inorganique. Cette option est écartée comme absurde. La génération univoque présume une production de l'organique à partir de l'organique, mais elle peut être *generatio heteronyma*, si elle déploie un potentiel de transformation initial tel que puissent en résulter des organismes de types très divers. Une partie de l'article 80 est de fait

1. CFJ, § 80, p. 230-231 ; Ak, V, p. 418 : « Damit also der Naturforscher nicht auf reinen Verlust arbeite, so muß er in Beurtheilung der Dinge, deren Begriff als Naturzwecke unbezweifelt gegründet ist (organisirter Wesen), immer irgend eine ursprüngliche Organisation zum Grunde legen, welche jenen Mechanism selbst benutzt, um andere organisirte Formen hervorzubringen, oder die seinige zu neuen Gestalten (die doch aber immer aus jenem Zwecke und ihm gemäß erfolgen) zu entwickeln ».

consacré à imaginer un tel modèle organique unique (*Urbild*) à l'origine des formes vivantes les plus diverses, lesquelles répondraient à des spécifications diverses du potentiel d'une *sichbildende Kraft* originelle incarnant ce dessein organique multiple. Mais l'expérience nous incite à suspendre notre adhésion à une telle hypothèse, en privilégiant plutôt une thèse de *generatio homonyma* qui réalise des productions suffisamment similaires dans le cadre des archétypes potentiels des diverses espèces. C'est donc suivant l'option de la génération univoque homonyme qu'il convient de situer les hypothèses pouvant rendre compte de la pré-ordination potentielle des formations organiques. Kant distingue alors les formes génériques de l'« occasionnalisme » et du « préstabilisme » [1]. L'occasionnalisme présume qu'une intervention divine survient à chaque accouplement pour produire de nouveaux organismes : il s'agit du refus de tout ordre causal autonome dans la nature et du déni de tout exercice possible du jugement téléologique. Au sein du préstabilisme, Kant distingue le « système de la préformation individuelle » ou « théorie de l'évolution » et le « système de la préformation générique » ou « épigenèse ». Contre le préformationnisme, qu'il interprète suivant le modèle de l'emboîtement des germes, il fait jouer les difficultés empiriques liées aux monstruosités et à l'hybridation, mais il fait surtout intervenir l'argument spéculatif du recours indu à une détermination supra-physique de l'organisation dans le dessein originel du Créateur, dessein que relaieraient dans le temps de simples déterminations mécaniques déclenchant l'émergence successive des organismes. En y repérant une « involution », un repliement des processus de formation organique, vers leur unique source transcendante, Kant tend à rabattre ce style d'hypothèse sur les déficiences de l'occasionnalisme.

Il reste alors à confirmer la valeur théorique de l'épigenèse. Celle-ci s'accorde avec les faits qui contredisent l'hypothèse de la préformation ; mais elle présente surtout l'avantage de postuler comme inexplicable la seule émergence originelle d'ordre organique et de faire reposer sur des processus naturels l'ensemble des opérations liées à la reproduction des formes et suscitant les fonctions intégrées des organismes résultants. S'ajoute à cette évaluation positive le rattachement à l'ordre organique originel d'un potentiel de développement caractéristique de chaque espèce donnée et permettant d'en concevoir des adaptations variées aux changements ambiants : « On peut aussi appeler ce dernier le système de la *préformation générique*, parce que la faculté productrice des êtres qui engendrent, donc leur forme spécifique, était préformée

1. Voir CFJ, § 81, p. 234 ; Ak, V, p. 422.

virtualiter d'après les dispositions internes finales, qui étaient échues à leur race »[1]. À Blumenbach Kant reconnaît le mérite d'avoir fourni des preuves « scientifiques » à l'appui de ce cadre théorique, mais aussi d'avoir contribué à le préciser en récusant les doctrines épigénétiques qui présumaient que les forces en jeu (analogues à des forces physiques spéciales) pouvaient faire émerger l'organique d'un état proprement inorganique de la matière. Certes, ce n'était pas là au sens strict la position wolffienne, car Wolff avait soutenu l'analogie de la *vis essentialis* à une force d'attraction spécifique responsable de fonctions assimilatrices pouvant englober la reproduction. Et il en était de même à plusieurs titres concernant les théories épigénétiques de Maupertuis, de Buffon et de Needham. De façon désormais explicite, Kant loue par contre Blumenbach d'avoir construit son modèle d'épigenèse en dissociant le *Bildungstrieb* d'une force de formation simplement mécanique (*Bildungskraft*), qui certes doit être par ailleurs admise, mais qui ne saurait s'inscrire « sous le principe insondable pour nous d'une organisation originaire »[2]. Or, c'est ce principe de préformation générique qui détermine potentiellement l'activité formatrice du *Bildungstrieb* et qui en justifie la fonction régulatrice à l'égard des processus subordonnés dévolus au jeu intégré des forces matérielles spécifiques, y compris quant à la dégénérescence évolutive et à la production de variétés dans l'organisation.

Du point de vue épistémologique, le recours à ce type de raison suffisante des processus de la génération et des fonctions vitales soulève la question de la compatibilité, voire de l'harmonie possible, entre les schèmes de la détermination téléologique et ceux de l'explication causale, dans leur application aux êtres organisés comme fins de la nature. Cette question épistémologique retient nécessairement l'attention dans le cadre d'une analyse du système de la raison lorsqu'il s'agit d'établir à quelles conditions l'on peut accéder à la représentation objective des réalités de la nature au nombre desquelles figurent les organisations vivantes. Dans la perspective de développement de la philosophie kantienne, il s'agissait certes de déduire l'articulation des modes de connaissance impliqués dans la conception de tels objets, mais ultimement sans doute de préciser les implications méthodologiques de l'analyse ainsi réalisée pour l'explication scientifique par lois de cet ordre de phénomènes. À cette

1. CFJ, § 81, p. 234; Ak, V, p. 423 : « Dieses letztere kann auch System der generischen Präformation genannt werden, weil das produktive Vermögen der Zeugenden doch nach den inneren zweckmäßigen Anlagen, die ihrem Stamme zu Theil wurden, also die spezifische Form *virtualiter* präformirt war ».

2. CFJ, § 81, p. 236; Ak V, p. 424 : « […] unter diesem unerforschlichen Princip einer ursprünglichen Organisation […] ».

démarche est consacrée pour l'essentiel la seconde partie de la *Critique de la faculté de juger*. Or, dans la phase menant à la rédaction de cette œuvre, Kant, révisant la *Critique de la raison pure* (édition de 1787), a eu recours à un usage analogique du concept même d'épigenèse pour caractériser ce que l'on pourrait tenir pour une loi interne régissant l'activité de la raison dans son rapport à l'expérience possible.

2. La signification épistémique du concept d'épigenèse

Il faut sans doute voir dans les analogies de l'article 27 de la Déduction transcendantale dans la seconde édition de la *Critique de la raison pure* (B167), qui impliquent notamment le concept d'épigenèse, des schèmes d'illustration du rapport de représentation objective des concepts de l'entendement. De ce point de vue, H.W. Ingensiep semble justifié de s'être opposé à certaines analyses qui tendaient à accorder aux analogies biologiques une signification métathéorique susceptible de contribuer à fonder l'architectonique des pouvoirs mêmes de connaissance[1]. On ne saurait accorder en particulier au concept d'épigenèse un sens ontologique indu dans un tel contexte. Il y a lieu en effet de dissocier les processus organiques de formation et de développement qui se réalisent dans l'espace et le temps et sont susceptibles de représentation comme effets de lois empiriques, et les rapports transcendantaux de détermination conceptuelle qui renvoient à la structuration par l'entendement de ses objets de pensée dans les limites de l'expérience possible[2]. Mais il faut en même temps retenir que ces analogies fournissaient un mode de présentation des résultats de la déduction transcendantale qui devait permettre au lecteur instruit des théories physiologiques contemporaines

1. H. W. Ingensiep, « Die biologische Analogien und die erkenntnistheoretischen Alternativen in Kants Kritik der reinen Vernunft B § 27 », *Kant-Studien*, 85 (1994), p. 381-393, met à juste titre en cause pour cette raison des interprétations comme celles de Wubnig et de Genova. Voir P. Wubnig, « The epigenesis of pure reason », *Kant-Studien*, 60 (1969), p. 147-152; A.C. Genova, « Kant's epigenesis of pure reason », *Kant-Studien*, 65 (1974), p. 259-273.

2. La dissociation des points de vue est nettement soutenue par M. Quarfood, *Transcendental Idealism and the Organism*, p. 89-115, ici p. 101-102 : « « In the biological concept of epigenesis as Kant delineates it in CJ § 81, the feature that makes it possible to call it "generic" preformation, namely that it involves a formative drive with predispositions which are "preformed *virtualiter*", closely parallels the peculiarity of the *acquisitio originaria* theme : that spontaneity is viewed as "innate" ground (corresponding to the formative drive) but no innate representations (and correspondingly, no preformed germs) are admitted. In view of these similarities between the biological and the epistemological cases, it is not hard to appreciate that Kant found the analogy to be of some use. It must be stressed, though, that the comparison of transcendental philosophy and biological epigenesis is an analogy. That is, in no way does it imply that the epistemological elements are to be explained biologically ».

de se représenter le rôle fonctionnel et formateur de l'entendement dans la détermination d'objets d'expérience perçus selon les formes générales du temps et de l'espace[1]. Cette détermination s'opère au moyen des concepts purs de l'entendement qui se tirent de l'unité synthétique originaire de l'aperception. Incarnant la spontanéité déterminante du moi transcendantal, ces concepts produisent une mise en forme intégrée, une « organisation » des phénomènes appréhendés sous les conditions générales de la sensibilité et ils fondent ainsi la représentation objective des choses de la nature. De façon plus générale, à défaut de se rapporter à des intuitions sensibles, voire aux formes *a priori* de la sensibilité, ces concepts serviraient à penser des objets, mais sans qu'il soit alors possible de leur assigner de référence objective, puisque celle-ci est nécessairement tributaire des conditions de l'intuition sensible et de l'intellection catégoriale pour nous.

Dans ce contexte, sans doute convient-il d'abord de tenter d'éclairer la signification des analogies en maintenant la distinction des registres conceptuels de part et d'autre de la comparaison, respectivement ceux de la théorie de la connaissance (*Erkenntnistheorie*) et ceux de l'histoire naturelle (*Naturgeschichte*)[2]. La question que la déduction transcendantale vise à traiter est celle du bien-fondé de la relation unissant des déterminations *a priori* issues du sujet connaissant et des déterminations sensibles *a posteriori* qui s'imposent à lui comme de l'extérieur et lui désignent les phénomènes de la nature. Ce lien constitue le rapport d'objectivité dans la connaissance, rapport qui associe des éléments empruntés de l'expérience et des éléments que le sujet tire *a priori* de lui-même. Il s'agit d'assigner la loi qui gouverne ce rapport et qui implique donc un lien nécessaire entre les termes du rapport. Or, cette implication nécessaire ne peut être conçue que suivant l'alternative : ou l'expérience rend possible la dérivation des concepts qui permettent de représenter ses objets, ou l'entendement produit les concepts qui rendent possible la représentation des objets de l'expérience. Kant rejette la première branche du dilemme, qui correspond à une hypothèse empiriste impliquant la dérivation du rapport d'objectivité des concepts depuis la seule possession de leur contenu sensible, et il évoque, pour ce faire, l'irréductibilité des éléments *a priori* dans la connaissance, formes

1. H. W. Ingensiep, « Die biologischen Analogien und die erkenntnistheoretischen Alternativen in Kants Kritik der reinen Vernunft § 27 », p. 387-388.

2. Pour une analyse plus détaillée du recours au concept d'épigenèse à des fins épistémologiques, voir F. Duchesneau, « Épigenèse de la raison pure et analogies biologiques », *in* F. Duchesneau, G. Lafrance, C. Piché (dir.), *Kant actuel*, Paris-Montréal, Vrin-Bellarmin, 2000, p. 233-256.

de la sensibilité et catégories, par rapport à tout élément de provenance empirique. Il adopte par contre la seconde branche de l'alternative, pour autant que ces éléments *a priori* « renferment les principes de la possibilité de toute expérience en général » [1]. C'est alors qu'il introduit l'analogie d'une alternative comparable en histoire naturelle, celle de la génération équivoque et de l'épigenèse [2], en présentant la thèse de l'origine empirique comme « une espèce de *generatio æquivoca* », et celle d'une possession *a priori* des principes de la possibilité de l'expérience comme un « système de l'*épigenèse* de la raison pure ». Ce que signale au premier chef cette comparaison, c'est l'aporie similaire de l'empirisme et de toute hypothèse de construction d'organismes à partir d'un état inorganique de la matière selon les seules lois physico-mécaniques : cette aporie consiste en une progression sans causalité suffisante pour rendre compte de l'effet supérieur à sa source présumée, voire transcendant par rapport à celle-ci. L'atteinte de jugements universels et nécessaires dans la connaissance des réalités phénoménales suppose une source originaire de l'universalité et de la nécessité des concepts dans l'entendement, ainsi que de leur potentiel d'application à l'ordre sensible. De même, la formation d'êtres vivants suppose un potentiel originaire de structuration organique, susceptible d'assurer l'intégration dans une unité totale des multiples processus efficients de l'organisation. Cette idée, nous le savons, était déjà présente dans l'adhésion initiale de Kant à l'épigenèse, suivant des formes peut-être alors voisines de celles de l'épigenèse dans la mouvance néo-leibnizienne, mais sans réduction de ce potentiel au jeu d'une force formatrice conforme à l'analogie des forces physico-mécaniques, comme c'était le cas chez C. F. Wolff et encore plus nettement chez Maupertuis et Buffon. Bien que le texte ne nous fournisse pas d'indices très décisifs sur ce point, il semble que la vision que Kant se donne en 1787 du potentiel initial de formation et d'organisation du vivant soit plutôt extrêmement proche d'une conception du *Bildungstrieb* à la façon de Blumenbach. Les traits signalés de l'épigenèse de la raison pure jouent en ce sens. Les catégories ne sont-elles pas présentées comme « des

1. *Critique de la raison pure*, trad. A. Tremesaygues, B. Pacaud, Paris, P.U.F., 1963 (cité CRP), p. 145; KrV, B167, AK, III, 167 : « [...] die Gründe der Möglichkeit aller Erfahrung überhaupt enthalten ».

2. Que représentait la génération équivoque dans l'histoire naturelle de l'époque ? Il semble que ce terme ait servi à caractériser de façon critique des théories épigénétiques telles que celles de Buffon, Maupertuis et Needham, voire celle de C. F. Wolff, pour autant qu'elles semblaient sous-entendre que la formation de corps organiques pouvait résulter de forces propres à la matière inorganique.

premiers principes spontanément conçus de notre connaissance »[1], qui déterminent et imposent la nécessité des liaisons empiriques constitutives de la connaissance des objets ? Le principe d'organisation vitale qui serait similairement figuré devrait être une source de spontanéité dans l'organisation : impliquant le dessein de coordination des forces suivant le projet d'intégration structurale et fonctionnelle à réaliser, ce serait une source de détermination légale spécifique et *sui generis*.

Or, l'affirmation de l'épigenèse ainsi représentée ne suffit pas à écarter une tierce hypothèse qui peut faire figure de compromis entre les branches apparemment contradictoires du dilemme, mais qui de fait se distingue de l'une comme de l'autre, puisqu'elle évacue tout rapport de production de la connaissance objective par et pour le sujet connaissant. Il s'agit cette fois de concevoir une théorie de la connaissance de type occasionnaliste, conforme à l'analogie du préformationnisme strict[2]. Un « système de préformation de la raison pure »[3] impliquerait des dispositions subjectives innées à penser les objets suivant les lois mêmes de la nature instituées par la Créateur pour régir les phénomènes. Dans ces conditions, germes et dispositions apparaîtraient comme autant de miniatures préétablies des jugements que l'on peut proférer sur l'ordre des objets phénoménaux. Il n'y aurait alors aucune nécessité objective reconnue des liaisons conceptuelles qu'établirait l'entendement en s'appliquant à l'expérience. L'entendement ne pourrait se reconnaître comme source de ces déterminations nécessaires, mais il les subirait, tel un état de fait lié à quelque disposition subjective à penser dont la raison suffisante lui échapperait. Des dispositions subjectives à penser, éprouvées comme données empiriques, ne sauraient justifier qu'il y ait production effective par le sujet de la liaison qu'il reconnaît dans l'enchaînement des phénomènes. Or, la position dogmatique consistant à postuler l'harmonie de nos façons de penser et de l'ordre effectif des choses ne pourrait

1. CRP, p. 144 ; KrV, B167, Ak, III, p. 128 : « […] selbstgedachte erste Principien a priori unserer Erkenntnis ».

2. Cette analogie n'est d'ailleurs pas sans fondement historique puisque des théories de la connaissance comme celles de Malebranche et de Leibniz ont eu partie liée avec des variantes de préformationnisme impliquant la préexistence des germes. Ceci est particulièrement vrai de Malebranche qui fut un ardent propagandiste de ce paradigme dès *La Recherche de la vérité* (1674). La position de Leibniz doit être évaluée avec plus de prudence puisque l'auteur des *Principes de la nature et de la grâce* (1714) fait place à des transformations radicales des conditions préalables de pré-ordination organique lors de la conception. Voir à ce sujet F. Duchesneau, *Les Modèles du vivant de Descartes à Leibniz*, Paris, Vrin, 1998, p. 315-372.

3. CRP, p. 145 ; KrV, B167, Ak, III, p. 129 : « eine Art von Präformationssystem der reinen Vernunft ».

résister à une critique qui réduirait cette harmonie présumée aux seules données des liaisons subjectivement perçues. Dans le même ordre d'idées, le préformationnisme qui suppose la préexistence des germes emboîtés et ultimement la préexistence enveloppée des organismes à produire, exclut tout pouvoir naturel de former des organismes et, par le fait même, toute causalité spécifique interne à l'organisme constitué et capable d'en assurer la survie et la reproduction. Or, c'est cette causalité spécifique que Kant se représente comme une force organisatrice vitale.

Si l'on voulait saisir la cheville ouvrière de l'analogie commune aux deux volets, épistémologique et physiologique, de la déduction kantienne, sans doute conviendrait-il de considérer le concept de « système » épigénétique. Comme théorie de la génération, ce système consiste à postuler un ordre de dispositions dynamiques spécifiques à un type donné d'êtres organiques et capables d'en assurer la reproduction. Cet ordre définit la loi de développement des organismes de ce type en corrélation avec les circonstances matérielles particulières qui en balisent la formation, le développement et l'activité. Il représente un dessein immanent d'actualisation. Il s'incarne en un principe autonome et spontané de formation : celui-ci détermine la configuration globale des processus efficients par lesquels l'organisme se réalise. Du point de vue épistémologique, un système épigénétique met en scène le pouvoir formateur de la raison à l'égard des connaissances par lesquelles la liaison des phénomènes se trouve nécessairement déterminée. Cette capacité de déterminer l'ordre constitutif des objets de connaissance est corrélative à l'organisation interne de nos pouvoirs de connaissance et révèle l'harmonie dynamique des opérations qui en découlent. Cette harmonie dynamique fonde la possibilité de l'expérience : elle détermine les liens nécessaires qui assujettissent les phénomènes à des représentations de lois. Comment, dans ces conditions, ne pas reconnaître au sujet connaissant une disposition architectonique à produire des connaissances objectives dans les limites d'un rapport organique de l'entendement à l'intuition sensible possible ? La conception d'un tel *Bildungstrieb* transcendantal ne pourrait relever que d'une forme de jugement réfléchissant, comme c'est effectivement le cas de la conception épigénétique de l'ordre organique dont le principe de formation des organismes fournit un modèle possible. Jusqu'à quel point peut-on cependant traiter l'architectonique des pouvoirs de la raison suivant un modèle propre aux êtres organisés ? Sur la cheville ouvrière conjointe des analogies épigénétiques, l'article 65 de la *Critique de la faculté de juger* nous fournit un intéressant témoignage :

> Le concept d'une chose comme fin naturelle en elle-même n'est pas [...] un concept constitutif de l'entendement ou de la raison ; mais il peut être cependant un concept régulateur pour la faculté de juger réfléchissante, pour guider la recherche sur les objets de ce genre et réfléchir sur leur principe suprême d'après une analogie éloignée avec notre causalité suivant des fins en général, cette réflexion servant moins la connaissance de la nature ou de son fondement originaire que celle de la faculté pratique rationnelle en nous, en analogie avec laquelle nous considérons la cause de cette finalité [1].

Les analogies biologiques dans l'article terminal de la Déduction transcendantale B requièrent en définitive sous cet angle l'éclairage des théories contemporaines de la génération et des thèses que Kant développe à ce sujet au fil de son œuvre. C'est d'abord à la *Theoria generationis* et à la *Theorie von der Generation* de C. F. Wolff que les analystes ont tenté de référer la prise de position initiale de Kant en faveur de l'épigenèse. Dans une perspective néo-mécaniste et réductionniste, Wolff supposait une construction de l'organisme par des processus qui seraient analogues à ceux de la nature inorganique, mais causés et régis par une « force essentielle » (*vis essentialis*). Il entendait définir le statut de cette force spécifique de végétation à partir des phénomènes de plus en plus complexes qui en expriment les effets à la suite du mélange des semences. La *vis essentialis* wolffienne comportait néanmoins une difficulté fondamentale du point de vue de ses interprètes vitalistes : n'aurait-elle pas dû impliquer potentiellement (*virtualiter*) l'architectonique de l'organisme complexe à produire et des fonctions intégrées qui s'y rattachent ? Comment, dans ces conditions, juger illégitime chez certains la tendance à reporter sur la *vis essentialis* la forme virtuelle des activités vitales même les plus complexes ? Cette pré-ordination virtuelle d'une forme à produire n'est-elle pas conforme à l'ordre des choses lorsqu'on poursuit l'analyse des phénomènes vitaux dans leur déploiement, à commencer par l'analyse des phases successives de la formation organique ? Il est donc aisé de comprendre le virage vitaliste opéré par Blumenbach lorsqu'il traite des forces en jeu dans l'épigenèse. Le concept de force formatrice (*Bildungstrieb*, *nisus formativus*) que celui-ci propose alors signifie une

1. CFJ, p. 194 ; Ak, V, p. 375 : « Der Begriff eines Dinges, als an sich Naturzwecks, ist also kein constitutiver Begriff des Verstandes oder der Vernunft, kann aber doch ein regulativer Begriff für die reflectirende Urtheilskraft sein, nach einer entfernten Analogie mit unserer Causalität nach Zwecken überhaupt die Nachforschung über Gegenständen dieser Art zu leiten und über ihren obersten Grund nachzudenken ; das letztere zwar nicht zum Behuf der Kenntniß der Natur, oder jenes Urgrundes derselben, sondern vielmehr eben desselben praktischen Vernunftvermögens in uns, mit welchem wir die Ursache jener Zweckmäßigkeit in Analogie betrachteten ».

tendance générique incarnant le projet architectonique de l'organisme à développer. L'émergence des structures complexes répondrait, quant à elle, à des lois de développement inhérentes à ce projet et serait irréductible à une auto-organisation du type de celle que Wolff avait envisagée : celle-ci excluait en effet la finalité immanente à l'agent au profit d'une pré-ordination initiale des forces mécaniques en jeu.

Il y a sans doute lieu de tenir compte ici des arguments d'analyse historique avancés par Phillip Sloan[1]. Celui-ci soutient que Kant n'a jamais entériné l'épigenèse telle que la concevait Wolff – théorie qu'il trouve plutôt intégrée à la conception de la *genetische Kraft* selon les *Ideen zur Philosophie der Geschichte der Menschheit* de Johann Gottfried von Herder et qui fait à ce titre indirectement l'objet des critiques que Kant adresse à l'hylozoïsme. En fait, selon Sloan, si Kant a dès 1763 rejeté le préformationnisme des germes emboîtés depuis la création originelle, il aurait alors accepté une forme de préformationnisme assez voisine de celle de Haller et de Bonnet suivant laquelle les germes préformés seraient sujets à des transformations diverses les amenant à des formes plus accomplies. Kant aurait par la suite intégré à cette conception des germes (*Keime*) la notion de propriétés dynamiques sous forme de « prédispositions » (*Anlagen*) aux changements adaptifs contingents. Ce serait plus tardivement et essentiellement sous l'influence de sa lecture des *Ideen* de Herder qu'il aurait développé une notion plus épigénétique du développement organique, axée principalement sur la dynamique des prédispositions, celles-ci étant plus franchement interprétées comme des propriétés fonctionnelles. En témoignerait le passage suivant dans la recension de l'œuvre de Herder :

> Au no 3 du septième livre il appelle force génétique ce qui produit les variétés climatiques entre les humains. Présentons donc la conception que notre collaborateur se fait de cette expression, au sens où l'emploie l'auteur. Il [Herder] entend rejeter d'une part le système évolutionniste [le préformationnisme], mais d'autre part également l'influence purement mécanique exercée par des causes extérieures, les considérant comme des explications irrecevables. Il admet, lui, un principe vital susceptible de se modifier lui-même de l'intérieur en s'adaptant à elles : telle serait la cause de ces variétés climatiques. Notre collaborateur [Kant] se range totalement à cette façon de voir, avec une seule réserve toutefois : si la cause qui organise de l'intérieur était limitée par la nature à un certain nombre et degré de variétés dans la conformation de sa créature (une fois celles-ci établies, elle perdrait toute liberté dans des circonstances nouvelles de

1. Voir P. Sloan, « Preforming the categories : eighteenth-century theory and the biological roots of Kant's a priori », *Journal the History of Philosophy*, 40 (2002), p. 229-253.

> fabriquer sur un autre type), on pourrait appeler cette fonction naturelle de la nature plastique aussi bien germes ou dispositions originelles, sans pour cela considérer les précédentes variations comme des mécaniques ou des bourgeons insérés en puissance aux toutes premières origines du monde et qui se seraient seulement déployés au hasard des occasions (hypothèse du système évolutionniste) ; mais on pourrait y voir les simples limitations, inexplicables par ailleurs, d'une faculté plastique agissant sur elle-même ; limitations que pour notre part nous ne pouvons pas davantage expliquer ou rendre intelligibles [1].

Sloan lie le recours à la notion d'« épigenèse de la raison pure » à cet infléchissement vitaliste limité qui se serait produit dans l'hypothèse explicative de la génération à la suite de l'ajustement du concept de prédisposition dans un sens que je qualifierais de « fonctionnel ». Ce serait essentiellement à partir de la lecture de la seconde édition (1789) de l'opuscule *Über den Bildungstrieb* de Blumenbach que Kant aurait formalisé son adhésion à la théorie épigénétique de celui-ci, comme le reflètera la *Critique de la faculté de juger*.

Comme je pense l'avoir montré, avec ou sans usage du terme même d'épigenèse. Kant s'était déjà antérieurement démarqué d'un préformationnisme présupposant des structures germinatives préétablies, tels ceux de Bonnet et du dernier Haller. L'hypothèse explicative qu'il avait formulée en termes de germes et de prédispositions, faisait d'emblée place à une détermination de la génération selon des forces de production imposant un dessein d'organisation à travers une séquence de modifications contingentes. On peut certes reconnaître un infléchissement tardif de cette hypothèse dans le sens d'une conception plus proprement vitaliste de la *Bildungskraft* à l'œuvre dans la structuration même des

1. Compte rendu de l'ouvrage de Herder, Opusc., p. 116-117 ; Ak, VIII, p. 62-63 : « In des siebenten Buches dritter Nummer nennt er die Ursache der klimatischen Verschiedenheit der Menschen eine genetische Kraft. Rec. macht sich von der Bedeutung dieses Ausdrucks im Sinne des Verf. diesen Begriff. Er will einerseits das Evolutionssystem, andererseits aber auch den blos mechanischen Einfluss äusserer Ursachen als untaugliche Erläuterungsgründe abweisen und nimmt ein innerlich nach Verschiedenheit der äusseren Umstände sich selbst diesen angemessen modificirendes Lebensprincip als die Ursache derselben an, worin ihm Recensent völlig beitritt, nur mit dem Vorbehalt, dass, wenn die von innen organisirende Ursache durch ihre Natur etwa nur auf eine gewisse Zahl und Grad von Verschiedenheiten der Ausbildung ihres Geschöpfs eingeschränkt wäre (nach deren Ausrichtung sie nicht weiter frei wäre, um bei veränderten Umständen nach einem anderen Typus zu bilden), man diese Naturbestimmung der bildenden Natur auch wohl Keime oder ursprüngliche Anlagen nennen könnte, ohne darum die erstern als uranfänglich eingelegte und sich nur gelegentlich auseinander faltende Maschinen und Knospen (wie im Evolutionssystem) anzusehen, sondern wie blosse, weiter nicht erklärliche Einschränkungen eines sich selbst bildenden Vermögens, welches letztere wir eben so wenig erklären oder begreiflich machen können ».

germes et dans la programmation de leur développement. Mais il semble que, très tôt, Kant a adopté une position critique à l'égard du préformationnisme, particulièrement lorsque celui-ci impliquait la préexistence et l'emboîtement des organismes individuels préformés à l'état germinal. Hormis les difficultés empiriques relatives notamment à l'hérédité et à l'hybridation que recèle ce type d'hypothèse, on ne saurait minimiser le recours constant qu'il implique à des interventions causales hyper-physiques pour compenser l'absence de pouvoir producteur de la part des agents naturels de la génération. Si Kant se rallie à une variante d'épigenèse, c'est que celle-ci renvoie à un système de causes effectives de formation et de développement des corps organisés, une fois donné l'ordre organique virtuel que suppose le mélange des semences au stade germinal. Ce schéma théorique qui se signale jusque dans les textes kantiens de la décennie 1780 n'est guère éloigné des thèses des partisans de l'épigenèse qui s'affichaient alors en contexte wolffien, tel Hanov. Suivant ce type de doctrine épigénétique, Kant exclut toute possibilité d'épigenèse de l'ordre organique primordial par le seul jeu de forces physico-mécaniques et pose le caractère physiquement inexplicable de l'organisation telle qu'elle émerge au sein des réalités naturelles. Les développements plus tardifs qui culmineront dans les exposés de la *Critique de la faculté de juger* présumeront un pouvoir spécifique d'organisation et d'intégration des processus physico-mécaniques suivant le modèle d'un principe vital analogue au *Bildungstrieb* de Blumenbach. Kant traitera alors, sans problème particulier de cohérence, l'épigenèse comme un préformationnisme générique de forces organisatrices et de dispositions impliquant le projet virtuel du type d'organisme à produire. Ce dessein organisateur admet la possibilité de variations individuelles et le rôle incident de facteurs externes dans la production de totalités organiques comportant une intégration causale réciproque de leurs parties. Le *Bildungstrieb* fera alors figure à la fois d'agent naturel de production du vivant et de principe régulateur assurant le maintien d'une harmonie interne de ses structures et de ses opérations. La compréhension de ce principe ne pourrait relever que d'un jugement réfléchissant soumettant les phénomènes à une compréhension d'ordre téléologique, par-delà toute analyse en termes d'efficience physico-mécanique.

À l'évidence, les analogies de l'article 27 de la Déduction transcendantale B renvoient aux mêmes connotations conceptuelles que ces éléments de réflexion sur la théorie des corps organisés. Le contexte était alors toutefois profondément différent, puisqu'il s'agissait d'illustrer la pertinence de la démarche visant à dériver le rapport d'objectivité des concepts purs de l'entendement : ces concepts sont en effet censés ordonner la représentation des phénomènes dans les limites de l'expérience possible. Aussi importait-il à Kant d'assigner à l'entendement le pouvoir même de produire les concepts assurant le lien nécessaire des jugements exprimant l'ordre des choses; et il lui importait de soutenir que l'ordre immanent projeté par la raison dans cette opération déterminait de façon architectonique la forme même de l'expérience, alors que le contenu nous en était fourni par la représentation sensible. Les métaphores de la génération équivoque et du préformationnisme permettaient d'écarter de cette analyse des interprétations qui auraient occulté ou amoindri le caractère auto-formateur des processus déterminant les structures formelles de l'expérience. La métaphore d'un « système d'épigenèse de la raison pure » permettait de souligner que l'organisation interne de nos pouvoirs de connaissance détermine l'ordre objectif régissant la représentation possible des phénomènes pour nous. La question restait évidemment ouverte de savoir dans quelle mesure cette conception de la raison pure comme principe architectonique et régulateur de l'expérience possible pouvait ouvrir d'autres perspectives dans le cadre d'une philosophie kantienne de la connaissance.

3. Organisation vitale et jugement réfléchissant

L'analyse que Kant met en œuvre dans la seconde partie de la *Critique de la faculté de juger* est de fait tributaire de cette problématique : elle vise à révéler, de façon définitivement explicite, la part du jugement réfléchissant dans la connaissance des êtres vivants considérés en leur spécificité au sein de la nature, alors que la connaissance scientifique de cette nature est normée par les opérations cognitives que réalise le jugement déterminant. Il s'agit donc, dans un premier temps, de caractériser les objets de l'univers empirique qui font ou doivent faire l'objet de ce traitement rationnel particulier dans le cadre de la philosophie naturelle et, corrélativement, d'établir la nature de ce traitement en le différenciant des processus de connaissance portant sur l'ordre des phénomènes en général et visant leur explication théorique. Il s'agit donc alors de différencier toute tentative d'explication des phénomènes de la vie et des lois empiriques qui semblent les régir, d'explications canoniques qui les rattacheraient déductivement aux lois nécessaires du mécanisme, lois qu'illustrent ou devraient en principe illustrer tous les phénomènes appartenant à l'ordre de la nature. C'est là proprement la tâche qui nous semble assignée à l'Analytique de la faculté de juger téléologique.

Dans un deuxième temps, le caractère exceptionnel des processus rationnels à mettre en œuvre dans le cas des êtres organisés de la nature pour les expliquer semble traduire un conflit de la raison avec elle-même lorsqu'elle investit des dispositifs de connaissance de type subjectif dans une détermination objective de l'ordre même des choses. Somme toute, les modes spécifiques de compréhension et d'interprétation des phénomènes organiques vitaux nous entraînent dans une démarche que l'on pourra juger antinomique. Il s'agit d'établir à quelles conditions le conflit de juridiction entre les modes de connaissance, visant de tels objets de la nature, pourrait être évité, si tant est qu'il puisse l'être. Et, pour ce faire, il convient de déterminer les moyens rationnels dont nous disposons pour dénouer l'antinomie appréhendée et incontestablement présente dans maints discours de la science relatifs aux phénomènes caractéristiques des êtres vivants. La Dialectique de la faculté de juger téléologique entreprendra donc de dénouer l'antinomie des pouvoirs de connaissance dans leur application à de tels objets.

Dans un troisième temps, la Méthodologie de la faculté de juger téléologique s'emploie à baliser le recours à la téléologie dans l'interprétation scientifique des phénomènes organiques, pour autant que ceux-ci sont par ailleurs sujets, voire assujettis à une analyse qui doit se conformer aux principes du mécanisme. Il ressort alors des considérations que développe Kant une forme d'évaluation des pratiques et des stratégies de la philosophie naturelle lorsque celle-ci aborde la finalité qu'elle présume inscrite dans la nature propre de ces êtres et dans les rapports régissant leurs interrelations au sein de l'ordre naturel, ces relations incluant même la génération comme fonction productrice de formes vivantes en tant que fins naturelles.

Une proposition se révèle récurrente à travers les trois phases de l'analyse kantienne : le recours au concept d'une nature qui serait assujettie aux seules déterminations causales mécaniques ne saurait nous satisfaire lorsque nous tentons d'analyser les phénomènes caractéristiques des êtres vivants. Nous appréhendons, en ceux-ci et dans les processus faisant l'objet des lois empiriques de la physiologie, l'intervention d'une finalité qui sert à en caractériser l'organisation et le fonctionnement et à nous les rendre intelligibles, ce que Kant résume dans le fait que ces êtres se serviraient de moyens en vue de réaliser une fin et que cela supposerait qu'en quelque sorte, le concept de cette fin déterminât causalement la mise en œuvre de tels moyens. Même si, comme nous le verrons, le concept de cette téléologie organique doit comporter des déterminations spécifiques en fonction d'un cadre théorique particulier, celui de la théorie physiologique lorsqu'elle vise à se rapprocher des structures formelles d'une science de la nature, il n'en reste pas moins que toute l'opération d'interprétation téléologique des effets vitaux, requise en dépassement des explications mécanistes, repose sur une analogie avec la connexion entre fins et moyens dans l'activité technique d'êtres rationnels tels que nous sommes.

Dès l'article 61 qui figure en introduction de la Critique de la faculté de juger téléologique, ce recours analogique à la téléologie pour expliquer les phénomènes vitaux et rendre raison des lois empiriques qui semblent les régir, est à la fois présenté comme un recours naturel au jugement simplement réfléchissant face aux insuffisances ressenties de l'analyse mécaniste, et comme un usage « problématique » de ce type de jugement. Celui-ci sert alors de « simple principe régulateur pour juger des phénomènes, auxquels la nature peut être conçue comme soumise d'après ses lois particulières »[1]. Ce recours est tout autant justifié qu'indispensable lorsque l'on tente de mettre en forme théorique des propositions traduisant les relations fondamentales issues de l'observation et de la discrimination empirique des modes d'organisation vitale. Soumettre les phénomènes de la nature à des règles, c'est proprement formuler des lois permettant de décrire leur occurrence régulière suivant des relations de type causal. Et c'est ce que l'on tente de faire à l'égard des corrélations d'effets organiques, dont le caractère essentiel est de requérir que l'on évoque des fins spécifiques qui puissent en justifier l'occurrence. Mais, au-delà de la mise en forme générale de ces corrélations, tel concept de fin appliqué de la sorte analogiquement en vue de faciliter le déchiffrement empirique des phénomènes peut-il légitimement être transposé en un « principe constitutif de la dérivation de [tels] produits à partir de leurs causes »[2] ?

Tout semble indiquer que Kant récuse ce rôle explicatif attribué à la téléologie, lorsqu'il s'agit de soutenir la production causale intentionnelle des êtres organisés comme fondement objectif des lois qui les caractérisent. À la fois, saurait-on dire, nous ne pouvons rendre adéquatement compte des caractéristiques d'organisation vitale sans recourir à la téléologie et nous ne pouvons légitimement les rattacher à quelque principe constitutif que ce soit, découlant de leur essence réelle, qui aurait la forme d'un principe de finalité.

1. CFJ, § 61, p. 182 ; KU, Ak, V, p. 361 : « […] ein bloß regulatives Princip für die bloße Beurtheilung der Erscheinungen, denen die Natur nach ihren besondern Gesetzen als unterworfen gedacht werden könne ».

2. CFJ, § 61, p. 182 ; KU, AK, V, p. 361 : « […] ein constitutives Princip der Ableitung ihrer Produkte von ihren Ursachen zum Grunde legen ».

Il apparaît important, selon Kant, de distinguer, d'une part, le lien des concepts physiologiques à la subjectivité d'un entendement inscrivant les phénomènes sous des fins représentées, par rapport, d'autre part, à une finalité qui serait intrinsèque aux objets mêmes de l'entendement. Que le concept d'une figure géométrique recèle des propriétés formelles qu'on puisse en inférer à l'aide de représentations, à savoir de constructions selon un principe *a priori*, à savoir l'espace comme forme *a priori* de l'intuition[1], cet acte peut révéler une finalité intellectuelle liée à la possibilité même de l'objet – d'où sa caractérisation comme « finalité objective », mais sans que cela implique une relation à une fin qui déterminerait, peut-on présumer, quelque objet dans sa réalité empirique, indépendamment des facultés qui en engendreraient la connaissance. Cette première distinction nous oriente vers le statut particulier et ambigu des vivants comme « fins de la nature », obéissant à une finalité interne, mais schématisée suivant l'analogie avec un pouvoir technologique du sujet connaissant.

Or, ce premier point se complète d'une seconde distinction qui oppose la finalité organique comme finalité interne, à la finalité externe que l'on peut attribuer aux objets de la nature dans leurs relations réciproques[2]. L'identification d'une telle finalité de relations externes suppose que l'on soit en possession du concept d'un être pour l'utilité ou la convenance duquel quelque autre nature existerait. Par suite, l'idée d'une telle fin devrait figurer dans la production même de l'être qui se voit assigner par hypothèse le statut de moyen. Kant reprend ici, en guise d'illustrations, de multiples exemples de ce que l'on considérera ultérieurement comme des relations d'adaptation biologique ou de symbiose et qu'en son siècle on tenait pour des arguments sur la destination finale des êtres selon l'ordre de la nature, c'est-à-dire selon une loi de détermination téléologique globale. Mais le jugement qu'il porte sur ces relations consiste, du moins dans la perspective de l'Analytique, à les considérer comme l'expression d'une « finalité simplement contingente et relative pour [les choses auxquelles] on l'attribue »[3]. Il s'agirait somme toute d'hypothèses que l'on grefferait à la considération des êtres pour rendre compte des liens qui semblent les rattacher empiriquement les uns aux autres. En outre, la conception de ces relations téléologiques, hypothétiques et empiriquement fondées, ne semble pas découler de la conception des natures organiques comme fins

1. Voir CFJ, § 62, p. 183-186; KU, AK, V, p. 362-366.
2. CFJ, § 63, p. 186-189; KU, AK, V, p. 366-369.
3. CFJ, § 63, p. 188; KU, AK, V, p. 368 : « Sie ist ein bloß relative, dem Dinge selbst, dem sie beigelegt wird, bloß zufällige Zweckmässigkeit ».

de la nature d'un point de vue intrinsèque. C'est ce que Kant traduit en soulignant la disparité entre ces deux perspectives téléologiques distinctes, lorsque l'on traite d'un objet naturel doué d'organisation vitale :

> [...] et bien que parmi les exemples cités les espèces d'herbes doivent, considérées en tant que telles, être conçues comme faites avec art, on les regarde cependant comme une simple matière brute par rapport aux animaux qui s'en nourrissent [1].

D'un côté, la finalité, celle des relations présumées entre les êtres, apparaîtrait purement adventice, faute d'accéder à un principe général d'unité selon les fins – et il ne saurait y avoir de considérations métaphysiques de ce type à faire valoir à ce stade de l'analyse, limitée aux concepts qui peuvent s'inférer de l'expérience. De l'autre côté, quelle que soit la source de l'analogie sous-tendant l'argument téléologique, une finalité interne de constitution et de fonctionnement doit être nécessairement attribuée aux vivants comme condition de compréhension de leur nature par-delà la simple corrélation empirique des traits qui les caractérisent.

Le statut des corps organisés dans l'ordre naturel répond à la condition essentielle de ne pouvoir découler des pouvoirs ordinaires des réalités physiques, pouvoirs que l'on identifie aux forces engendrant leurs effets selon le mécanisme. La forme des corps organisés se révèle contingente dans sa production par rapport au seul exercice de telles forces. Cette contingence se manifeste donc par l'impossibilité de rattacher déductivement les lois empiriques en vertu desquelles leur production et leurs opérations semblent s'accomplir, aux principes explicatifs de l'enchaînement des phénomènes selon les déterminations catégoriales de l'entendement dans son application à l'expérience sensible. C'est dire qu'il faut faire intervenir une relation additionnelle afin de comprendre la production de ces êtres dans leur nature spécifique, relation qui ne peut répondre qu'à un pouvoir propre à la raison, que l'on présume pouvoir justifier les propriétés attribuables à de tels êtres. L'idée d'une fin naturelle est l'idée d'un mode de détermination de ces propriétés, suivant lequel l'être en question apparaît réciproquement comme cause et effet de lui-même. Suivant l'exemple développé dans l'article 64 de la *Critique de la faculté de juger* [2], un arbre illustre pleinement ce type de relation,

1. CFJ, § 63, p. 188; KU, AK, V, p. 368 : « [...] und obgleich unter den angeführten Beispielen die Grasarten für sich als organisirte Producte der Natur, mithin als kunsteich zu beurtheilen sind, so werden sie doch in Beziehung auf Thiere, die sich davon nähren, als bloße rohe Materie angesehen ».

2. Voir CFJ, § 65, p. 190-191 ; KU, Ak, V, p. 371-372.

soit qu'on le considère dans l'engendrement des spécimens représentatifs d'une espèce donnée, soit qu'on le considère dans les processus de son développement individuel, soit qu'on considère l'aptitude de ses parties à assurer la préservation de la totalité organique qu'elles constituent. Dans tous ces cas, une forme d'organisation vitale semble déterminer par anticipation l'effet résultant de l'enchaînement des opérations dont la plante est le sujet. Kant ajoute d'ailleurs, comme argument à l'appui de cette interprétation, la propriété de régénération de l'ensemble organique, lorsqu'une lésion est survenue, avec élision d'une partie et activité compensatrice des autres pour combler la lacune fonctionnelle dont elles sont affectées. D'où par exemple certaines formations pathologiques, monstruosités ou difformités, produites au cours du développement et traduisant l'empreinte d'une forme organique qui s'actualise dans des circonstances matérielles anormales [1]. Il n'est pas sans intérêt de noter que de tels arguments faisaient partie des raisons évoquées par Blumenbach en vue d'accréditer le rôle causal d'un *Bildungstrieb* dans la génération des corps organisés [2].

L'explication du concept de fin de la nature est spécifiée dans l'article 65, en même temps qu'il est établi que ce concept caractérise des êtres possédant une organisation qui ne peut s'interpréter que selon une telle connotation essentielle. Le statut d'une fin de la nature tient au fait que les liaisons causales qui s'exercent dans et par les corps concernés et que l'entendement ne peut concevoir se produire dans la nature autrement que selon des chaînes de causes efficientes (*nexus effectivus*), ne suffisent pas à rendre raison des productions organiques. Il importe de concevoir que de tels objets impliquent une détermination par les fins des enchaînements causaux qu'ils réalisent, à l'instar sur ce point des objets de l'art. En ce qui concerne la formation de ces objets de l'art, leurs parties constituantes ne sont possibles que pour l'accomplissement du tout. C'est ici le statut des machines qui est en cause, pour autant que les corps organisés puissent être considérés analogiquement comme des machines. Or, cette analogie ne vaut que jusqu'à un certain point, dans la mesure où elle

1. Voir CFJ, § 64, p. 191 ; KU, Ak, V, p. 372 : « Der Selbsthülfe der Natur in diesen Geschöpfen bei ihrer Verletzung, wo der Mangel eines Theils, der zur Erhaltung der benachbarten gehörte, von den übrigen ergänzt wird ; der Mißgeburten oder Mißgestalten im Wachsthum, da gewisse Theile wegen vorkommender Mängel oder Hindernisse sich auf ganz neue Art formen, um das, was da ist, zu erhalten und ein anomalisches Geschöpf hervorzubringen ; will ich hier nur im Vorbeigehen erwähnen, ungeachtet sie unter die wundersamsten Eigenschaften organisirter Geschöpfe gehören ».

2. Voir en particulier, J. F. Blumenbach, *De nisu formativo et generationis negotio nuperæ observationes*, Gottingæ, Apud J. C. Dieterich, 1787, p. XII-XXI, où celui-ci détaille les exemples d'adaptations fonctionnelles dans des cas d'embryogenèse pathologique.

présume qu'intervient quelque principe causal de l'ordre d'une raison architectonique externe au produit qu'elle compose. Car, comme produit de la nature, l'être organisé recèle, dans sa possibilité interne même, le principe d'une relation aux fins qu'il actualise. Outre la possibilité des parties dans leur liaison à l'idée du tout, il faut que les parties déterminent par leur organisation même et leur action réciproque la production de ce tout. Kant exprime cette condition constitutive du concept de fin de la nature par une formule qui inscrit la double relation causale et finale dans la capacité même des parties du corps d'accomplir la totalité organique dont elles forment les parties intégrantes.

> Mais, si la chose, en tant que produit naturel, doit envelopper en elle-même et en sa possibilité interne une relation à des fins, c'est-à-dire être possible en tant que fin naturelle et sans la causalité des concepts d'un être raisonnable lui étant extérieur [cas des machines comme produits de l'art], il faut deuxièmement que les parties de cette chose se lient dans l'unité d'un tout, en étant réciproquement les unes par rapport aux autres cause et effet de leur forme [1].

Dans ces conditions, ce n'est pas le concept situé dans l'esprit d'un être raisonnable qui agit causalement, mais un principe de détermination supposé dans la constitution du corps organisé, que seule la réflexion d'un être raisonnable, observateur et analyste de l'ordre naturel, permet de figurer comme principe de production des phénomènes propres à ce corps. C'est là la raison pour laquelle, selon Kant usant d'une formulation qui pourrait être leibnizienne, « la liaison des causes efficientes [peut] être en même temps considérée comme un effet par les causes finales » [2]. On pourrait tenter de considérer cette relation téléologique comme extérieure à l'enchaînement des causes efficientes déterminant la production de l'objet. Cette attitude serait appropriée dans le cas des productions de l'art, mais ne le serait pas, lorsqu'il s'agit de rendre compte d'un système organisé de parties matérielles, dont chacune constitue un organe qui produit les autres et accomplit donc l'intégration du tout. Notons ici que l'organe est par définition l'instrument dont un principe causal se sert pour réaliser le tout visé, mais, dans cette optique, le corps organisé vivant

1. CFJ, § 65, p. 192 ; KU, AK, V, p. 373 : « Soll aber ein Ding als Naturproduct in sich selbst und seiner innern Möglichkeit doch eine Beziehung auf Zwecke enthalten, d. i. nur als Naturzweck und ohne die Causalität der Begriffe von vernünftigen Wesen außer ihm möglich sein : so wird zweitens dazu erfordert : daß die Theile desselben sich dadurch zur Einheit eines Ganzen verbinden, daß sie von einander wechselseitig Ursache und Wirkung ihrer Form sind ».

2. CFJ, § 65, p. 193 ; KU, AK, V, p. 373 : « […] folglich die Verknüpfung der wirkenden Ursache zugleich als Wirkung durch Endursachen beurtheilt werden könnte ».

ne peut apparaître comme une simple machine, à l'instar d'une montre, dont les parties existent certes en vue du tout, mais sans détenir le pouvoir d'engendrer le tout, en s'engendrant les unes les autres. L'agencement des rouages de la machine lui permet d'accomplir, par enchaînement causal, des mouvements programmés par son concepteur. Le propre du corps organisé, comme fin naturelle, est de posséder, dans ses parties intégrantes, le pouvoir d'agencer celles-ci, non seulement les unes pour les autres, mais les unes par les autres. C'est pourquoi, même si les seuls effets physiquement identifiables sont des mouvements, le propre du corps organisé est de s'auto-organiser par des mouvements de ses parties, physiologiquement ordonnés à la formation du tout par une interaction causale suivant ce que l'on peut se représenter comme une programmation immanente. D'où l'évocation d'une force formatrice (*bildende Kraft*) inhérente à ce corps : cette force incarne une causalité selon les fins, qui s'accomplit dans et par la séquence de transformations de ce corps.

> Ainsi un être organisé n'est pas simplement machine, car la machine possède uniquement une force motrice ; mais l'être organisé possède en soi une force formatrice qu'il communique aux matériaux, qui ne la possèdent pas (il les organise) : il s'agit ainsi d'une force formatrice qui se propage et qui ne peut pas être expliquée par la seule faculté de mouvoir (le mécanisme) [1].

Dans la perspective kantienne, un tel concept de force formatrice ne saurait renvoyer à un « principe constitutif de l'entendement ou de la raison ». Qu'est-ce à dire sinon que ce concept n'atteint aucune cause que l'on puisse proprement identifier aux catégories s'appliquant à l'ordre des corps en tant que tel ? D'où le fait que Kant récuse non seulement l'analogie des corps organisés comme fins de la nature avec les produits de l'art, et cela essentiellement pour les raisons que nous avons évoquées, mais aussi l'analogie du principe organisateur de ces corps avec la vie hypostasiée comme substance et agent véritable. Cela signifie que l'on ne saurait admettre la vie comme un principe immanent à la nature physique, en même temps qu'ontologiquement distinct de la matière. C'est cette subreption que Kant dénonce dans ce qu'il qualifie d'« hylozoïsme », subreption qu'il a violemment contestée dans une doctrine telle celle que Johann Gottfried Herder avait exposée dans ses *Ideen zur Philosophie*

1. CFJ, § 65, p. 193 ; KU, Ak, V, p. 374 : « Ein organisirtes Wesen ist also nicht bloß Maschine : denn die hat lediglich bewegende Kraft ; sondern es besitzt in sich bildende Kraft und zwar eine solche, die es den Materien mittheilt, welche sie nich haben (sie organisirt) : also eine sich fortpflanzende bildende Kraft, welche durch das Bewegungsnvermögen allein (den Mechanism) nicht erklärt werden kann ».

der Geschichte der Menschheit (1784)[1]. Si nous cherchons à retracer l'hylozoïsme dans les doctrines physiologiques contemporaines de l'œuvre kantienne, nous pouvons en saisir la teneur dans toute hypothèse d'un principe vital qui interviendrait dans la nature en produisant des phénomènes dérogeant aux lois de la physique, et donc à l'universalité des principes du mécanisme. Manifestement, au moins deux traditions physiologiques du XVIIIe siècle, qui n'étaient d'ailleurs pas sans lien l'une avec l'autre, s'inscrivaient dans cette mouvance théorique : l'animisme de Stahl et de ses disciples et le vitalisme issu de Bordeu et de l'école de Montpellier. Comment ne pas voir le net rejet des implications de ces traditions dans ce célèbre passage de la troisième *Critique* :

> On s'approche davantage peut-être de cette qualité insondable [le pouvoir d'auto-organisation], lorsqu'on la nomme un analogon de la vie ; mais alors il faut ou bien attribuer à la matière en tant que simple matière une propriété (hylozoïsme) qui contredit son essence, ou bien lui associer un principe (une âme) qui lui est étranger et qui serait en communauté avec elle ; et en ce dernier cas, si un tel produit doit être un produit naturel, ou bien on présuppose déjà la matière organisée comme instrument de cette âme et ainsi on ne la rend pas plus compréhensible, ou bien il faut faire de l'âme l'artiste de cette construction et il faut ôter le produit à la nature (corporelle). Pour parler en toute rigueur l'organisation de la nature n'a rien d'analogue avec une causalité quelconque connue de nous[2].

La représentation des êtres organisés comme fins de la nature peut donner lieu à des constats empiriques et à des lois exprimant les raisons téléologiques de leur mode d'organisation. Cette organisation est intégralement analysable en termes de rapports finaux des parties en vue du tout, et cela, quelle que soit la décomposition analytique de ces parties à laquelle on procède. C'est là une résurgence manifeste de la notion d'une machine de la nature indéfiniment décomposable en moyens

1. Voir la recension critique de cet ouvrage par Kant dans l'*Allgemeine Literatur-Zeitung* en 1785 (AK, VIII, p. 43-66). Voir J. Zammito, *The Genesis of Kant's Critique of Judgement*, p. 178-188, pour une analyse du rejet par Kant des principes de Herder qu'il associait à l'hylozoïsme.

2. CFJ, § 65, p. 185 ; KU, AK, V, p. 374-375 : « Näher tritt man vielleicht dieser unerforschlichen Eigenschaft, wenn man sie ein Analogon des Lebens nennt : aber da muß man entweder die Materie als bloße Materie mit einer Eigenschaft (Hylozoism) begaben, die ihrem Wesen widerstreitet ; oder ihr ein fremdartiges mit ihr Gemeinschaft stenhendes Princip (eine Seele) beigesellen : wozu man aber, wenn ein solches Product ein Naturproduct sein soll, organisirte Materie als Werkzeug jener Seele entweder schon voraussetzt und jene also nicht in mindesten begreiflicher macht, oder die Seele zur Künstlerin dieses Bauwerks machen und so das Product der Natur (der körperlichen) entziehen muß. Genau zu reden, hat also die Organisation der Natur nichts Analogisches mit irgend einer Causalität die wir kennen ».

ordonnés à la fin que représente le corps organique dans son ensemble. C'est pourquoi l'article 66 soutient qu'il ne peut y avoir de composantes de ce corps qui échappent à la relation téléologique que représente toute fonction vitale. Le principe, y est-il rappelé, subsume sous l'idée qui lui correspond l'unité intégrale du divers matériel indéfini composant le corps organisé. Il ne saurait y avoir de domaine ou de partie à l'intérieur du corps organisé qui ne fût régie par la loi d'organisation du tout. Ceci toutefois n'exclut nullement la possibilité de concevoir que telles de ces parties composantes soient agies selon un mécanisme nettement identifiable, mais alors ces mécanismes se trouvent intégrés sous les fins qui définissent l'organisation vitale. Et il apparaît que l'on ne peut aboutir à l'idée d'un tout organique qui fonctionnerait comme fin de toutes ses composantes, jusqu'aux plus infimes, par synthèse de processus physico-mécaniques, comme s'il s'agissait d'une production technologique selon les schèmes que nous pouvons nous en donner.

> Or si nous considérons un tout matériel, suivant sa forme, comme un produit des parties et de leurs forces et de leur faculté de se lier d'elles-mêmes (y compris d'autres matières, qu'elles s'adjoignent mutuellement), nous nous représentons un mode mécanique de production. Mais on ne parvient pas de la sorte à un concept d'un tout en tant que fin, dont la possibilité interne suppose nécessairement l'Idée d'un tout, dont dépend la nature et le mode d'action des parties, d'un tout enfin tel que nous devons nous représenter un corps organisé [1].

Du moins nous est-il impossible de nous représenter les choses autrement, même s'il reste, dans l'absolu, pensable que des touts organiques de ce type puissent survenir au terme d'une production de mode purement mécanique dont le dessein relèverait d'une puissance suprasensible.

Dans le cadre d'une science de la nature constituée systématiquement, le recours à la téléologie afin de concevoir la façon dont des êtres sont produits n'est légitime que dans la seule mesure où l'on a affaire à des corps organisés. Dans ce cas d'ailleurs, il est impossible d'atteindre quelque explication adéquate que ce soit sans un tel usage de concepts renvoyant aux relations fonctionnelles constitutives de l'objet. « Il est

1. CFJ, § 77, p. 222 ; KU, AK, V, p. 408 : « Wenn wir nun ein Ganzes der Materie seiner Form nach als ein Product der Theile und ihrer Kräfte und Vermögen sich von selbst zu verbinden (andere Materien, die diese einander zuführen, hinzugedacht) betrachten : so stellen wir uns eine mechanische Erzeugungsart desselben vor. Aber es kommt auf solche Art kein Begriff von einem Ganzen als Zweck heraus, dessen innere Möglichkeit durchaus die Idee von einem Ganzen voraussetzt von der selbst die Beschaffenheit und Wirkungsart der Theile abhängt, wie wir uns doch einen organisirten Körper vorstellen müssen ».

[…] non seulement permis, affirme Kant, mais encore inévitable, en ce qui concerne les lois empiriques des fins naturelles dans les êtres organisés, de faire usage du jugement téléologique comme principe de la théorie de la nature par rapport à une classe particulière de ses objets »[1]. Les lois empiriques dont il s'agit alors sont celles qui traduisent les propriétés physiologiques expérimentalement mises en évidence dans la morphogenèse des plantes et des animaux, ainsi que dans les opérations découlant de leurs structures une fois formées. Or, ces propriétés doivent être analysées et expliquées en mettant en évidence les effets fonctionnels qui en résultent. Ce point de départ obligé de l'explication est lié aux caractères d'unité et d'autosuffisance de l'organisation structuro-fonctionnelle dont il s'agit de rendre compte par subsomption des relations causales impliquées sous l'idée d'un plan à réaliser, analogue aux fins technologiques pour un agent humain, mais se présentant comme immanent à la matière organique même. Il s'agit somme toute de présumer une forme de dessein fonctionnel dont le vivant serait l'incarnation, sous réserve que le concept de ce dessein fournisse la raison suffisante la plus adéquate des propriétés empiriquement attestées de l'organisation vitale selon les divers types spécifiques considérés. Le modèle le plus aisément concevable d'une telle stratégie explicative consiste sans doute à présumer une matière organiquement constituée qui recèlerait les forces propres à accomplir les structurations et processus caractéristiques de la vie végétative ou animale à ses diverses phases de développement. La loi de ce développement impliquerait une règle d'ordination des mécanismes en lesquels se décomposeraient, doit-on présumer, les multiples mouvements physiologiques accomplis. Cette règle se formulerait comme une idée interprétative du mode de régulation de ces mouvements au bénéfice du tout intégré que constitue le corps organique.

La Dialectique de la faculté de juger téléologique vise à dénouer le conflit des maximes issues du jugement déterminant et du jugement réfléchissant dans leur application aux objets que sont les corps organisés, comme si un seul et même principe devait régir ontologiquement et épistémologiquement la liaison physico-mécanique et la liaison finale des phénomènes pour de tels objets. Si cette question concerne l'économie de nos facultés de connaissance et leur rapport aux fondements métaphysiques de l'ordre naturel, elle n'a sans doute pas d'incidence directe sur les

1. CFJ, § 68, p. 200 ; KU, AK, V, p. 382 : « […] wie es wohl mit den empirischen Gesetzen der Naturzwecke an organisirten Wesen nicht allein erlaubt, sondern auch unvermeidlich ist, die teleologische Beurtheilungsart zum Princip der Naturlehre in Ansehung einer eigenen Classe ihrer Gegenstände zu gebrauchen ».

modalités de la théorisation biologique. Aussi à ce sujet peut-on renvoyer aux études qui ont reconstitué l'architecture d'arguments que recèle cette Dialectique [1], pour n'en relever que les points qui se rapportent aux conditions d'établissement d'une science des phénomènes vitaux, et cela en commençant par la résolution de l'antinomie par dissociation : ainsi doit-on distinguer la racine autonome ou subjective des jugements de finalité dans la formulation des lois empiriques de la physiologie, d'une part, et la racine hétéronome ou objective des jugements déterminant les lois de causalité efficiente dans l'interprétation des phénomènes organiques. D'où le principe de résolution dont Kant fait état :

> Toute apparence d'antinomie entre les maximes de la méthode d'explication proprement physique (mécaniste) et de la méthode téléologique (technique) repose donc sur ceci : on confond un principe de la faculté de juger réfléchissante avec celui de la faculté de juger déterminante et l'autonomie de la première (qui n'a de valeur que simplement subjectivement pour l'usage de notre raison par rapport aux lois particulières de l'expérience) avec l'hétéronomie de la seconde, qui doit se diriger d'après les lois (universelles ou particulières) données par l'entendement [2].

Comme le stipule l'article 78, le principe des fins dans son application aux lois empiriques relatives aux corps organisés ne peut donc être tenu pour un « principe constitutif et dogmatique », ce qui exclut qu'il puisse justifier l'existence de véritables principes vitaux, conçus comme des entités constitutives de l'ordre physique. De telles entités se situeraient en marge, pourrait-on dire, des lois physico-mécaniques régissant en principe cet ordre de façon universelle et nécessaire : ce serait comme si des zones de non-droit prévalaient dans le cours des choses, zones dans lesquelles les lois du mécanisme ne sauraient s'appliquer. C'est pourquoi Kant limite la portée du recours à la téléologie aux processus de découverte et de dévoilement des lois empiriques particulières régissant l'organisation vitale, et cela à l'exclusion de la production causale effective de cette

1. Voir en particulier P. McLaughlin, *Kant's Critique of Teleology in Biological Explanation. Antinomy and Teleology*; E. Watkins, « The antinomy of teleological judgment », *in* D. Heidemann (ed.), *Kant Yearbook 1*, Berlin, Walter de Gruyter, 2009, p. 197-221 ; M. Quarfood, « The antinomy of teleological judgement : what it is and how it is solved », *in* I. Goy, E. Watkins (eds.), *Kant's Theory of Biology*, Berlin, Walter de Gruyter, 2014, p. 167-183.

2. CFJ, § 71, p. 205-206 ; KU, AK, V, p. 389 : « Aller Anschein einer Antinomie zwischen den Maximen der eigentlich physischen (mechanischen) und der teleologischen (technischen) Erklärungsart beruht also darauf : daß man einen Grundsatz der reflectirenden Urtheilskraft mit dem der bestimmenden und die Autonomie der ersteren (die bloß subjectiv für unsern Vernunftgebrauch in Ansehung der besonderen Erfahrungsgesetze gilt) mit der Heteronomie der anderen, welche sich nach den von dem Verstande gegebenen (allgemeinen oder besondern) Gesetzen richten muß, verwechselt ».

organisation. En ce qui concerne les produits de la nature, nous est-il dit, « le principe des fins […] ne nous rend pas plus compréhensible la structure de leur genèse, c'est cependant un principe heuristique pour étudier les lois particulières de la nature »[1].

Dans un autre développement, Kant tend à accorder au principe de finalité un statut plus conséquent, bien que son application ne relève pas davantage d'un usage déterminant de la raison ordonné à la causalité effective des processus naturels. « Il est indispensable pour nous, écrit-il, de mettre au principe de la nature le concept d'une intention, si nous voulons seulement l'étudier dans ses produits organisés par une observation suivie ; et ce concept est donc déjà une maxime absolument nécessaire pour l'usage empirique de notre raison »[2]. On peut certes tenter d'appliquer le principe à la nature en sa totalité, mais alors l'usage en est méta-empirique et outrepasse les bornes d'une recherche de science naturelle. Toutefois, pour la partie de la nature que représentent ses produits organisés, le recours aux maximes téléologiques s'impose comme nécessaire, car il est requis de présumer que leur production répond à un dessein intentionnel dont l'effet est en quelque sorte inscrit sous forme de disposition immanente à la matière organisée. D'où le fait que le concept d'un tel principe soit tenu pour une condition d'intelligibilité du mode de formation et d'organisation des vivants, « si l'on veut acquérir ne serait-ce qu'une connaissance empirique de leur constitution interne ; en effet l'Idée même de ces choses, en tant qu'organisées est impossible, si la pensée d'une production effectuée intentionnellement n'y est pas liée »[3]. La contrepartie de cette nécessité fonctionnelle du recours à la téléologie est l'impossibilité de fournir une déduction de l'organisation vitale en son fondement depuis de simples principes mécaniques. Cette impossibilité résulterait de la conformation même de nos pouvoirs de connaissance et aurait pour conséquence de proscrire la constitution d'une science des êtres vivants à l'intérieur du cadre délimité par les lois générales du mécanisme.

1. CFJ, § 78, p. 224 ; KU, Ak, V, p. 411 : « […] weil es [das Princip der Zwecke], wenn es gleich die Entstehungsart derselben uns eben nicht begreiflicher macht, doch ein heuristisches Princip ist, den besondern Gesetzen der Natur nachzuforschen ».

2. CFJ, § 75, p. 213 ; KU, Ak, V, p. 398 : « Wir haben nämlich unentbehrlich nöthig, der Natur den Begriff einer Absicht unterzulegen, wenn wir ihr auch nur in ihren organisirten Producten durch fortgesetzte Beobachtung nachforschen wollen ; und dieser Begriff ist also schon für den Erfahrungsgebrauch unserer Vernunft eine schlechterdings nothwendige Maxime ».

3. CFJ, *Ibid.* ; KU, Ak, V, p. 398 : « […] um auch nur reine Erfahrungserkenntniß ihrer innern Beschaffenheit zu bekommen, ist jene Maxime der reflectirenden Urtheilskraft wesentlich nothwendig : weil selbst der Gedanke von ihnen als organisirten Dingen, ohne den Gedanken einer Erzeugung mit Absicht damit zu verbinden, unmöglich ist ».

> Et cela est si certain, professe Kant, qu'on peut dire hardiment qu'il est absurde pour les hommes de former un tel dessein ou d'espérer, qu'il surgira un jour quelque Newton, qui pourrait faire comprendre ne serait-ce que la production d'un brin d'herbe d'après des lois naturelles qu'aucune intention n'a ordonnées ; il faut absolument refuser ce savoir aux hommes [1].

Il faut toutefois ici inscrire deux remarques qui tendent à relativiser ce verdict épistémologique. D'une part, l'impossible déduction mécaniste de l'organisation vitale ne vaudrait que pour une conceptualisation de celle-ci en termes de raisons mécaniques empiriquement instanciées. Kant n'exclut aucunement que suivant un dessein total et un arrangement primordial de la nature, qui nous seraient *de facto* inaccessibles, compte tenu des conditions de l'expérience possible, les lois générales du mécanisme puissent hypothétiquement suffire à rendre compte de la production des êtres organisés. D'autre part, l'explication par lois empiriques des phénomènes liés à l'organisation vitale, explication qui intègre nécessairement des rapports de fonctionnalité, ne laisse pas cependant d'être rationnellement fondée sous la forme d'hypothèses que l'expérience doit corroborer. Ce qui, d'un point de vue kantien, manque à cette démarche pour répondre au modèle de la mécanique newtonienne, c'est de pouvoir constituer un système intégré de propositions, exclusivement construit sur la base de principes à la fois nécessaires et objectifs. La science des êtres organisés, quels que soient les modèles physico-mécanistes qu'on parvient à y intégrer, apparaît ultimement dépendante de lemmes renvoyant à des principes et à des concepts d'ordre téléologique.

C'est à la constitution de cette science que sont consacrés de façon incidente les articles 79 à 81 au début de l'Appendice de la *Critique de la faculté de juger*, sous-titré « Méthodologie de la faculté de juger téléologique ». Comprenons que l'objectif principal de l'Appendice n'est pas de penser les fondements théoriques et méthodologiques de la physiologie en tant que telle, mais plutôt de situer la place et le rôle de la téléologie au fondement de la science de la nature, comme « science philosophique » (*philosophische Wissenschaft*) [2]. Comme une science de la nature au sens kantien prescrit des lois déterminantes de production des corps, qui en explicitent donc la causalité efficiente, le recours aux causes finales s'en trouve écarté par principe. Kant n'assigne un rôle à

1. CFJ, § 75, p. 214-215 ; KU, Ak, V, p. 400 : « […] und zwar so gewiß, daß man dreist sagen kann : es ist für Menschen ungereimt, auch nur einen solchen Anschlag zu fassen, oder zu hoffen, daß noch etwa ein dereinst Newton aufstehen könne, der auch nur die Erzeugung eines Grashalms nach Naturgesetzen, die keine Absicht geordnet hat, begreiflich machen werde ; sondern man muß diese Einsicht den Menschen schelchterdings absprechen ».

2. CFJ, § 79, p. 229 ; KU, Ak, V, p. 416.

la téléologie comme mode d'investigation des phénomènes que dans le cadre d'une « histoire naturelle » des corps organisés vivants, considérés comme produits de la nature. Il dénie en effet au savoir qui doit nécessairement faire appel aux concepts téléologiques pour représenter son objet, la capacité de parvenir à expliquer « la production et la possibilité interne de ces formes, ce qui est cependant l'objet propre de la science théorique de la nature » [1]. Par rapport à l'objectif de constituer une science des phénomènes organiques, l'insertion nécessaire de jugements de finalité dans l'analyse en vue de cerner les propriétés de l'objet rend *a priori* inadéquate toute tentative de déduire causalement ces propriétés d'un mécanisme suffisant pour produire un tel effet. Réciproquement, l'intervention nécessaire de concepts téléologiques au fondement de toute représentation théorique du mode d'être des corps vivants révèle l'insuffisance intrinsèque du mécanisme à rendre compte des structures et des processus qui les caractérisent. Ce double constat apparaît lié à une conception unifiée du mode de constitution de la science de la nature, conception répondant à un modèle de principes géométriques, mécaniques, voire dynamiques, confinés dans les limites de déduction possible depuis les postulats d'une physique newtonienne – modèle dûment exposé dans les *Premiers Principes métaphysiques de la science de la nature* (1786). Compte tenu de sa théorie des principes pour une science de la nature, Kant n'aurait pu admettre que quelque partie que ce fût de cette science pût se constituer par la voie de modèles analogiques représentant les paramètres de l'espace des états de réalités complexes comprises en leur organisation interne. Partant à bien des égards d'une représentation néo-leibnizienne des corps organisés comme machines de la nature fonctionnellement intégrées, il s'en écarte radicalement en professant l'hétéronomie de juridiction des principes de causalité et de finalité en ce qui concerne la formation et le fonctionnement de ces corps.

Kant adopte toutefois une formule assez voisine des implications du modèle néo-leibnizien lorsqu'il recommande au chercheur en science naturelle de poursuivre aussi loin que possible l'analyse mécaniste des processus vitaux, sauf à admettre le postulat d'une « organisation originaire, qui utilise ce mécanisme même pour produire d'autres formes organisées ou pour développer la sienne propre en de nouvelles formes (qui résultent cependant toujours de cette fin et conformément

1. CFJ, *Ibid.* ; KU, AK, V, p. 417 : « [...] über das Entstehen und die innere Möglichkeit dieser Formen gar keinen Aufschluß giebt, worum es doch der theoretischen Naturwissenschaft eigentlich zu thun ist ».

à elle) »[1]. Ce concept d'organisation originaire constitue le présupposé relatif à la constitution essentielle des corps organiques, présupposé que pose le jugement réfléchissant au fondement de toute représentation rationnelle de tels objets dans leur provenance et leur forme même. Comme Philippe Huneman l'a judicieusement souligné, cette détermination des vivants en leur constitution même forme un préalable incontournable pour toute analyse mécaniste subséquente des phénomènes qui s'y déploient[2].

Mais ne s'agit-il pas de poser la préformation d'une matière organisée qui possède par-devers soi la loi de ses propres transformations et celle des formes qu'elle engendre, toutes ses transformations étant par suite présumées s'accomplir mécaniquement, sous la régulation d'une telle loi d'organisation? La filiation par rapport au modèle néo-leibnizien de l'épigenèse programmée est apparente, mais la démarche scientifique qui s'y rattache implique le recours à des hypothèses relativement indéterminées qui ont trait soit aux formes primordiales d'organisation, soit aux mécanismes sous-tendant les processus de transformation, soit aux modes de la régulation biologique. De façon remarquable, l'évocation de ces hypothèses qui resteraient à déterminer nous réfère à des problématiques de physiologie générale, lesquelles fourniront l'agenda de recherches ultérieures : l'analyse kantienne semble en quelque sorte les dessiner en creux. Mais, à dire vrai, le dessin en remonterait sans doute aux modèles de l'organisme que Kant a infléchis dans le sens d'une critique du jugement téléologique qu'il considère dissocié de toute causalité productrice mécanique[3].

1. CFJ, § 80, p. 230-231; KU, AK, V, p. 418 : « [...] eine ursprüngliche Organisation zum Grunde legen, welche jenen Mechanism selbst benutzt, um andere organisirte Formen hervorzubringen, oder die seinige zu neuen Gestalten (die doch aber immer aus jenem Zwecke und ihm gemäß erfolgen) zu entwickeln ».

2. P. Huneman, *Métaphysique et biologie*, p. 318 : « À partir de cette position ininterrogeable d'une organisation originaire, on peut attribuer au phénomène du vivant une explication mécaniste en termes de développement [...] En somme le concept d'organisation originaire permet *d'isoler* ce qui, dans la force formatrice, relève si spécifiquement du jugement réfléchissant que cela échappe au jugement déterminant et aux lois mécaniques que celui-ci cherche et applique; par-là, le vivant offre alors une prise au jugement déterminant ».

3. À mon sens, cette dissociation rend douteux le rattachement à Kant du téléomécanisme que Timothy Lenoir lui attribue : voir T. Lenoir, « Kant, Blumenbach, and Vital Materialism in German Biology », *Isis*, 71 (1980), p. 77–108; T. Lenoir, *The Strategy of Life*, p. 17-34. Ce téléomécanisme par synthèse méthodologique de mécanisme et de finalisme, qui aurait alimenté la méthodologie de recherche biologique dans des phases ultérieures de constitution d'une science de l'organisme, serait davantage le fait des physiologistes d'inspiration néo-leibnizienne dont Kant visait à désarticuler les systèmes explicatifs.

Or, ayant reconnu aux physiologistes le droit de poursuivre aussi loin que possible le mode mécaniste d'explication des phénomènes vitaux, Kant s'emploie, dans ces articles méthodologiques, à restreindre la portée de programmes de recherche visant un tel objectif. Dans cette perspective, il se réfère aux investigations d'anatomie comparée qui dévoilent les homologies structurales et fonctionnelles entre espèces situées à des niveaux distants de complexité organisationnelle, ainsi que les modulations qui semblent affecter ce qui en constituerait un schéma unitaire relativement simple. D'où l'hypothèse qui pourrait venir à l'esprit, selon laquelle les organisations les plus simples, tels les polypes, voire les mousses et les lichens, peu empreintes de finalité apparente, auraient pu être issues des forces de la matière, suivant des processus régis par des lois purement mécaniques, à l'instar des formations cristallines. Se fondant sur une démarche régressive depuis les organisations les plus complexes pour lesquelles le principe de finalité semble indispensable, jusqu'aux plus simples pour lesquelles on pourrait se dispenser d'y recourir, certains chercheurs concevraient le projet d'une genèse mécanique successive des formes organisées initialement surgies de l'exercice des forces inhérentes à la matière brute. Au passage, cette hypothèse « archéologique », bien qu'elle s'y apparente, est plus réductionniste que ne l'étaient les vues spéculatives de Maupertuis et de Buffon : leurs hypothèses en la matière tendaient à supposer des principes *sui generis* d'organisation dans les éléments s'agrégeant pour former des corps organiques. Kant écarte ici de fait toute forme de référence à des éléments ou à des monades physiques dotées de capacités perceptives ou formatrices. Son argument pour contrer toute hypothèse de dérivation physico-mécanique des formes vitales consiste à requérir, au fondement de l'intellection possible de toute modalité de morphogenèse, le présupposé d'une nature dotée « d'une organisation qui soit finale par rapport à toutes ces créatures, car autrement la forme finale des productions du règne animal et végétal n'est pas pensable en sa possibilité »[1]. C'est en vertu de cette exigence de postuler une raison architectonique d'organisation fonctionnelle à laquelle se conformeraient les processus de formation des êtres vivants que Kant rejette catégoriquement toute éduction des corps organisés depuis la matière inorganique réduite à ses seules propriétés physico-mécaniques. C'est l'impossibilité pour nous de concevoir les conditions d'une telle formation sous les schèmes du mécanisme, qui entraîne le refus de toute hypothèse de génération équivoque.

1. CFJ, § 80, p. 232 ; KU, AK, V, p. 419 : « [...] eine auf alle diese Geschöpfe zweckmäßig gestellte Organisation beilegen, widrigensfalls die Zweckform der Producte des Thier- und Pflanzenreichs ihrer Möglichkeit nach gar nicht zu denken ist ».

Par contre, diverses hypothèses peuvent satisfaire aux conditions de représentation du principe final dans l'organisation vitale. Kant, comme je l'ai signalé ci-dessus, les insère sous la catégorie de la génération univoque. Celle-ci peut donner lieu à une modalité suivant laquelle il serait pensable que les diverses formes spécifiques réalisées se soient engendrées successivement, actualisant le potentiel compris dans le dessein originel inhérent à la matière organisée. Il est intéressant de noter que Kant conçoit que cette hypothèse de génération univoque hétéronyme satisferait aux conditions abstraites d'intelligibilité de toute production organique, mais qu'elle se heurte au défaut de corroboration empirique affectant l'idée des processus transformistes que l'hypothèse implique. L'hypothèse de génération univoque homonyme qui apparaît la plus recevable, compte tenu des faits empiriquement constatés, implique, quant à elle, la similarité d'organisation et donc de type entre les individualités productrices et les individualités produites. De façon tout à fait explicite, dans le même développement, Kant justifie, par l'exigence téléologique posée au principe de toute formation organique, sa propre théorie des germes et des dispositions comme déterminants héréditaires des formes de vie, lesquelles sont par ailleurs soumises aux facteurs de variation provenant du milieu extérieur. Lorsque, sous l'effet de ces facteurs, les corps organisés d'une espèce donnée développent des adaptations héréditairement transmissibles, il y a lieu de supposer que ces adaptations figuraient à titre de dispositions latentes dans les germes de la lignée spécifique. « Car la production d'êtres de même espèce, étant donné la finalité interne complète d'un être organisé, est intimement liée à la condition de ne rien admettre dans la force de reproduction qui, dans un tel système des fins, n'appartienne pas aussi à l'une des dispositions primitives non développées »[1].

Kant revient à cet égard sur une forme de préformation qui n'est pas sans affinité formelle avec le modèle leibnizien de préformation comme loi d'engendrement des métamorphoses successives d'une individualité vivante, mais des différences majeures s'affichent dans ce rapport au modèle. Ainsi en est-il de la formation contingente des germes suivant les dispositifs compris dans l'organisation interne du ou des géniteurs. C'est l'effet du passage à l'épigenèse qui a altéré le modèle néo-leibnizien dans sa phase de transformation. Mais, plus fondamentalement, la raison particulière du virage kantien provient de la nécessaire subordination

1. CFJ, § 80, p. 232; KU, AK, V, p. 420 : « weil das Zeugen seines gleichen bei der durchgängigen innern Zeckmäßigkeit eines organisirten Wesens mit der Bedingung nichts in die Zeugungskraft aufzunehmen, was nicht auch in einem solchen System von Zwecken zu einer der unentwickelten ursprünglichen Anlagen gehört, so nahe verbunden ist ».

du modèle de la génération retenu par rapport à l'idée régulatrice d'une organisation finalisée présumée au fondement des processus de reproduction. À défaut d'admettre ce principe, on ne saurait faire sens des lois empiriques qui émanent de l'observation des phénomènes vitaux. Somme toute, la préformation, telle que Kant la conçoit, correspondrait à un réquisit de nos pouvoirs d'intellection dans leur application au monde des vivants.

L'explication de la génération qui en découle consiste à présumer que le principe téléologique d'organisation doit intervenir en conjonction avec le mécanisme dans la production des corps organisés. La source de la détermination téléologique et de sa conciliation avec les principes mécaniques impliqués relèverait d'une cause agissant intentionnellement. La possibilité d'une telle union « réside dans le substrat suprasensible de la nature » [1] dont nous ne connaissons que le rapport hypostasié à l'ordre des phénomènes. Mais le point le plus important est de considérer que tout produit de la nature de caractère organique est subordonné aux lois du mécanisme dans l'accomplissement de ses fonctions, sous la spécification d'un ordre des processus conforme à la finalité organisationnelle. Selon Kant, on peut concevoir que cette spécification se produit soit sur le mode de l'occasionnalisme, soit sur celui du « préstabilisme » (*Prästabilism*). Le premier mode est celui d'une génération dans laquelle une puissance transcendante à la nature interviendrait à chaque copulation pour en disposer le produit suivant l'idée de l'organisme correspondant, sans aucun rôle dévolu aux causes physiques. Sous le concept de préstabilisme, Kant entend une éduction de tous les corps organisés vivants de corps organisés antécédents. Or, dans un cas, celui où il y aurait préformation individuelle, la structure des vivants successifs ne serait pas produite naturellement, mais serait issue d'un principe originaire transcendant, quitte à ce que les mécanismes naturels intervinssent accessoirement pour en développer les dispositions immanentes sous forme de germes emboîtés. Ici, Kant dénonce évidemment les apories classiques de l'ovovermisme qui se révèlent notamment dans l'existence latente présumée d'une infinité de germes et dans l'absence de raisons probantes lorsqu'il s'agit de rendre compte de l'hérédité biparentale, de la formation des hybrides ou de l'embryogenèse des monstres ; mais la principale critique adressée à cette sorte d'hypothèse tient au fait qu'elle prive la nature de toute autonomie dans les processus qui font émerger l'organisation vitale au fil des générations successives.

1. CFJ, § 81, p. 234 ; KU, AK, V, p. 422 : « Sie liegt im übersinnlichen Substrat der Natur ».

Dans l'autre cas de figure correspondant au préstabilisme, la justification que Kant fournit de l'épigenèse la présente comme la matrice théorique la plus adéquate à assurer l'intégration des lois empiriques qui paraissent régir les phénomènes de génération. Il note évidemment que l'épigenèse recouvre mieux la description des phénomènes : ce qui lui accorde « des raisons tirées de l'expérience comme preuves de ses théories »[1], mais il ajoute une raison d'un autre ordre, qui tient à l'extension maximale consentie aux raisons relevant du mécanisme de la nature dans l'explication des processus, une fois posé le principe d'une organisation finalisée de type générique régulant les processus de formation individuelle.

> [L'explication épigénétique] considère la nature – par rapport aux choses qu'on ne peut originairement se représenter comme possibles que d'après la causalité des fins – non pas simplement comme ce qui développe, mais comme ce qui produit, tout au moins en ce qui concerne la reproduction, et qu'ainsi avec le plus petit usage possible du surnaturel, elle abandonne tout ce qui suit du premier commencement à la nature[2].

Il s'agit bien de ce que Kant décrit comme de la « préformation générique » (*generische Präformation*)[3], et que nous pouvons sans doute interpréter comme la préformation de lois de développement pour les divers types de formes vitales. Ces lois nous permettent de penser l'inscription des processus particuliers de formation et de fonctionnement des corps animés – processus relevant des puissances de la nature et donc de l'ordre mécanique au sens large – sous un projet directeur d'actualisation, qui serait en quelque sorte l'idée de l'organisme dans et pour sa réalisation phénoménale. Dans le concret des explications physiologiques, cela pourra se traduire par l'admission de forces ou de dispositifs spécifiques inhérents à la matière organisée dont on entend déduire les lois qui permettront de décrire le cours des phénomènes observés. Et c'est sans doute ainsi qu'il faut comprendre l'endossement par Kant de la théorie physiologique de Blumenbach en sa teneur épistémique.

1. CFJ, § 81, p. 235 ; KU, AK, V, p. 424 : « […] in Ansehung der Erfahrungsgründe zum Beweise seiner Theorie ».

2. CFJ, § 81, p. 235 ; KU, AK, V, p. 424 : « weil sie die Natur in Ansehung der Dinge, welche man ursprünglich nur nach der Causalität der Zwecke sich als möglich vorstellen kann, doch wenigstens, was die Fortpflanzung betrifft, als selbst hervorbringend, nich bloß als entwickelnd betrachtet und so doch mit dem kleinst-möglichen Aufwande des Übernatürlichen alles Folgende vom ersten Anfange an der Natur überläßt ».

3. CFJ, § 81, p. 234 ; KU, AK, V, p. 423.

> Sous le principe insondable pour nous d'une organisation originaire, [Blumenbach] laisse au mécanisme de la nature une part indéterminable, mais en même temps toutefois impossible à méconnaître et cette faculté de la matière dans un corps organisé […] est appelée par lui tendance formatrice (*Bildungstrieb*) (elle serait pour ainsi dire sous la direction supérieure de la première [l'organisation originaire comme principe] et recevrait ses instructions) [1].

Blumenbach visait à constituer une théorie de la formation des corps organisés qui relevât de la *philosophia experimentalis* : de ce point de vue, ce qu'il notait, c'est qu'on ne peut concevoir que les corps organisés puissent être originellement formés par les seules forces mécaniques de la nature. Il faut supposer une matière déjà dotée du pouvoir de produire l'organisation du vivant pour que ce vivant puisse se former et se développer. D'où la postulation d'un *Bildungstrieb*. Dans le fond, il ne lui importait aucunement que la causalité impliquée dépendît d'une représentation issue du jugement réfléchissant, pourvu que le concept de l'agent du développement vital inféré de la description du vivant en ses opérations propres fournît une raison suffisante des phénomènes du développement organique. La perspective selon laquelle Kant profère ce jugement et avalise en quelque sorte la pratique de Blumenbach, est néanmoins différente, puisqu'il s'interrogeait sur les pouvoirs de la raison permettant au jugement d'intervenir dans la représentation de la causalité telle qu'on peut la concevoir à l'œuvre dans l'organisation vitale par-delà la simple efficience mécanique. D'où la thèse qui lui est propre du recours à la représentation de principes régulateurs et non plus constitutifs des processus au seul titre de l'efficience causale. Mais, ceci dit, sous ce chapeau de conceptions épistémiques, la forme que doit prendre l'énoncé des lois empiriques de l'organisation vitale est parfaitement bien représentée, selon Kant, par la doctrine du *Bildungstrieb* de Blumenbach. C'est du moins là l'argument principal que je ferais valoir contre l'opposition présumée des vues de l'un et de l'autre selon certains interprètes [2]. Nous avons

1. CFJ, § 81, p. 236 ; KU, AK, V, p. 424 : « […] läßt aber zugleich dem Naturmechanism unter diesem uns unerforschlichen Princip einer ursprünglichen Organisation einen unbestimmbaren, zugleich doch auch unverkennbaren Antheil, wozu das Vermögen der Materie […] von ihm in einem organisisten Körper ein (gleichsam unter den höheren Leitung und Anweisung der ersteren stehender) Bildungstrieb genannt wird ».

2. Je réfère ici au débat amorcé par R. J. Richards, « Kant and Blumenbach on the *Bildungstrieb* : A historical misunderstanding », *Studies in History and Philosophy of Biological and Biomedical Sciences*, 31 (2000), p. 11-32. La critique de Richards visait essentiellement les interprétations indûment assimilatrices de Timothy Lenoir dans *The Strategy of Life* (1982). J'ai plus particulièrement tenté de faire la part des choses sur cette question dans le chapitre IX, p. 410-412.

essentiellement affaire à des modèles assez analogues de l'organisation vitale, mais construits et analysés dans le cadre de démarches que l'on peut tenir pour philosophiquement distinctes. Selon Blumenbach, l'analyse des processus vitaux apparaît subordonnée à un mécanisme spécial, puisqu'il faut supposer que celui-ci s'exerce dans des dispositifs organiques causalement construits et téléologiquement régis par une force organisatrice spécifique ; et ce *Bildungstrieb*, bien que propre à la seule matière organisée, peut se concevoir suivant une analogie de statut avec les forces physico-mécaniques et à ce titre figurer dans toute explication théoriquement fondée comme un principe vital ontologiquement immanent à l'ordre de la nature. Selon Kant, l'explication des processus vitaux n'est possible que si les causes physico-mécaniques générales sont présumées intervenir dans et sur des dispositifs organiques dont l'engendrement ne peut être conçu que par projection de raisons suffisantes téléologiques ; et celles-ci doivent nécessairement émaner des représentations que se donne le jugement réfléchissant s'appliquant aux lois empiriques de la génération et du fonctionnement des êtres vivants. De part et d'autre, les explications de phénomènes présenteront des structures affines en tant qu'elles reposeront sur le postulat d'une organisation primordiale non mécaniquement dérivable. Mais des divergences devront nécessairement apparaître dans l'analyse des théories en jeu, pour peu que l'on tente de cerner les modalités d'obtention et le statut épistémologique des diverses composantes, causales-efficientes et téléologiques, de telles explications. Toutefois, c'est ici la communauté de modèle concernant l'organisation primordiale de tout vivant et la nécessité de subordonner à ce modèle l'analyse des processus et mécanismes en jeu pour fin de connaissance scientifique qu'il convient de retenir, comme Kant l'a d'ailleurs fait de façon manifeste à la fin de l'article 81 de la *Critique de la faculté de juger* en se référant à la physiologie de Blumenbach.

La conception kantienne de l'être vivant s'est élaborée dans le double contexte d'une évaluation critique des hypothèses relatives à la génération et d'une démarche pour établir le mode de constitution d'une théorie des corps organisés suivant les ressources disponibles à la raison humaine pour ce faire. Dans *L'Unique Fondement possible d'une démonstration de l'existence de Dieu* (1763), Kant prend position au sujet de l'explication possible de la génération dans le cadre d'un système de la nature régi par des lois générales. Les formes de vie semblent ne pouvoir découler que d'un projet intentionnel. La préformation, sur le mode d'un emboîtement des germes à l'infini dans les semences originelles, rattache toute génération à une intervention causale d'ordre surnaturel. Parce que la production même des corps organisés depuis la matière inorganique constitue une forme d'épigenèse qui n'en saurait fournir la raison suffisante, Kant privilégie une variante de cette position impliquant la production naturelle de ces corps depuis des vivants archétypaux originellement postulés. L'épigenèse est alors conçue comme une production autonome s'exerçant en vertu des forces immanentes aux dispositifs organiques. Ce n'est qu'en supposant un « ordre artistique de la nature » que l'on pourrait appliquer des schèmes mécanistes à l'analyse des phénomènes qui en découlent. Étudiant les variétés susceptibles de transmission dans l'espèce humaine et de façon analogique dans toute espèce biologique, Kant conçoit que la détermination des formes et de leur potentiel d'adaptation résulte des propriétés immanentes aux « germes » et des « prédispositions » qui s'y rattachent en vertu de l'organisation archétypale des diverses espèces. Les développements structuraux contingents affectant la production des vivants sont déterminés et régis par une forme de pré-ordination fonctionnelle des forces en jeu. C'est dans ce contexte, que la compréhension des corps organisés se trouve subordonnée au principe d'une forme de causalité téléologique. La théorie épigénétique implique de ce fait des agents dont on conçoit qu'ils agissent conformément à un « projet organisateur ». La doctrine correspondante se réalise pleinement dans la notion de « fin de la nature » selon la *Critique de la faculté de juger*, l'unité du tout déterminant le rapport causal réciproque des parties. On peut alors parler d'un dessein immanent à la « force formatrice » et même « auto-formatrice » d'où découle et dont dépend la production du vivant. Certes, appliquée à la théorie de la génération, cette idée ne peut autoriser que des productions organiques issues de productions organiques – d'où le rejet de toute génération « équivoque ». Mais, sous la détermination générale de génération univoque, on pourrait certes concevoir une dérivation commune de toutes les formes organiques. Or, la contrainte découlant de lois empiriques qui seraient conformes aux reproductions observées favorise plutôt des générations dont les produits répondraient aux archétypes spécifiques. L'épigenèse se produirait de ce fait dans le cadre d'« un système de la préformation générique » : celui-ci impliquerait l'émergence originelle d'organisations par types spécifiques et ferait dépendre de processus naturels le déploiement contingent des structures et fonctions des individualités organiques.

Or, se pose alors la question stratégique de l'harmonie possible entre téléologie et explication causale dans la conception et l'explication des vivants comme objets de connaissance. Le schème même de l'épigenèse est de fait évoqué dans la seconde édition (1787) de la *Critique de la raison pure* pour caractériser le pouvoir de la raison tirant de son propre fond les ressources *a priori* de détermination nécessaire qu'elle applique à toutes relations empiriquement attestées. Ainsi s'éclaire la signification du concept d'épigenèse dans son usage par voie de jugement réfléchissant. Il s'avère qu'une loi de détermination originaire renferme les principes *a priori* de toute expérience possible. La dérivation empirique des principes peut être représentée comme une génération équivoque et rejetée, alors que l'analyse tend à justifier le mode de constitution des connaissances objectivement fondées comme « système de l'épigenèse de la raison pure ». L'analogie sert alors indirectement à renforcer le modèle de l'organisme en vertu duquel Kant s'écarte de toute interprétation réductionniste des forces en jeu dans la production des corps organisés : la formation d'êtres vivants suppose un potentiel originaire de structuration organique, susceptible d'assurer l'intégration en une unité totale des multiples processus efficients en lesquels on peut tenter d'analyser l'organisation. Le principe d'organisation vitale apparaît comme une source de déterminations causales et légales spécifiques des processus fonctionnels qui en émanent spontanément. Or, la représentation de ce principe dans sa fonction architectonique relève non d'une fonction déterminante de l'intellect à l'égard des objets qu'il connaît d'expérience, mais de sa capacité réflexive dévoilant le concept de sa propre activité de production d'organisation. La compréhension des corps organisés ne pourrait donc relever que d'un jugement réfléchissant issu du dispositif téléologique immanent à nos pouvoirs d'intellection des phénomènes.

La tâche de la Critique de la faculté de juger téléologique, seconde partie de la *Critique de la faculté de juger*, consiste en grande partie à établir le mode de constitution d'explications portant sur la formation et le fonctionnement des corps organisés et assujetties au principe d'une finalité immanente. Il s'agit conséquemment de dénouer le conflit possible de juridiction entre les modes de connaissances impliqués et ceux qui prévalent dans l'explication physico-mécaniste des phénomènes. Enfin, l'objectif est de baliser le recours à la téléologie dans l'interprétation scientifique des processus vitaux. Confrontés aux insuffisances de l'analyse mécaniste dans le cas de tels objets, nous ne pouvons recourir qu'à un usage analogique d'un principe de constitution finale des vivants en vertu duquel leurs structures et leurs opérations existent et s'accomplissent pour l'unité intégrative du tout qu'elles forment, et en vertu duquel elles sont causalement déterminées à cet effet les unes par rapport aux autres. Le statut des vivants comme fins de la nature apparaît ambigu puisque leurs propriétés résulteraient d'une finalité interne que l'on ne peut toutefois schématiser que suivant l'analogie d'un pouvoir technologique, tel celui d'un agent intentionnel apte à produire l'organisation équivalente. Cette finalité dépasse, par ailleurs, la simple corrélation empirique des mécanismes auxquels on pourrait tendre à réduire l'enchaînement des processus propres au vivant : une forme d'organisation vitale semble déterminer par anticipation cet enchaînement et en assurer la réalisation contingente. Le propre du corps organisé, comme fin naturelle, est de posséder, dans ses parties intégrantes mêmes, le pouvoir d'agencer celles-ci, non seulement les unes pour les autres, mais les unes par les autres en fonction du tout à accomplir et à préserver. D'où la supposition qu'une force formatrice (*bildende Kraft*) est inhérente aux corps organisés et préside aux séquences de transformation de ces corps, mais, rejetant ce qu'il qualifie d'« hylozoïsme », Kant refuse d'attribuer à ce principe vital le statut d'un principe hétérogène à l'ordre matériel et donc aux caractéristiques organisationnelles mêmes des corps concernés. L'ordre vital, pourrait-on dire, ne saurait contredire l'ordre physico-mécanique, dans le temps même où il surdétermine celui-ci selon la compréhension analytique qu'on peut légitimement s'en donner. Les mécanismes qu'on peut concevoir à l'œuvre dans l'exécution des processus vitaux se révèlent nécessairement intégrés sous les fins qui définissent l'organisation vitale. Il s'agit de présumer qu'un concept de dessein fonctionnel immanent fournit la raison suffisante des propriétés de l'organisation vitale selon les divers types spécifiques considérés et fournit un fondement causal présumé aux lois empiriques en lesquelles cette organisation se détaille. Ainsi la Dialectique de la faculté de juger téléologique permet-elle de dénouer toute antinomie possible des principes de jugement déterminant et de jugement réfléchissant dans l'explication physiologique en maintenant la subjectivité des concepts téléologiques dans leur rôle interprétatif (heuristique) et l'hétéronomie des principes mécanistes qui sous-tendent la détermination causale effective des phénomènes.

Il reste néanmoins que la science des êtres organisés, quels que soient les modèles physico-mécanistes qu'on puisse y intégrer, dépend de lemmes spécifiant la prévalence d'une organisation fonctionnelle primordiale que l'on ne peut se représenter qu'au moyen de concepts d'ordre téléologique. L'insertion obligée pour le physiologiste de jugements de finalité dans l'analyse des phénomènes organiques en vue de cerner les propriétés des objets qu'il considère atteste qu'il est impossible de déduire ces propriétés d'un système entier de lois physico-mécaniques. Le concept d'« organisation originaire » que pose le jugement réfléchissant au fondement de la formation des corps organisés et des processus qui s'y déploient, sert de préalable à toute analyse mécaniste relative à de tels objets. Le corps organique que les Leibniziens concevaient comme une machine de la nature ne peut s'interpréter et s'analyser d'un point de vue kantien que suivant l'idée de cette organisation comme principe de régulation de toute analyse causale subordonnée. Quant à l'épigenèse kantienne comme préformation générique, elle n'apparaît pas non plus sans affinité avec le modèle leibnizien de la pré-ordination fonctionnelle des métamorphoses de toute individualité vivante, mais avec des différences marquées, puisque l'explication de la génération dépend ici d'une idée régulatrice d'organisation finalisée au fondement des processus de reproduction par type spécifique, plutôt que d'une loi causale inhérente à la monade comme principe substantiel du corps organique. L'union de la détermination téléologique et des principes mécaniques impliqués est renvoyée par Kant au « substrat suprasensible de la nature », alors que Leibniz la tenait pour immanente à l'ordre naturel même – ce que reflétaient d'ailleurs les modèles néo-leibniziens qui avaient marqué la transition de la théorie de l'organisme de la *Monadologie* à celle de la *Critique de la faculté de juger*.

CONCLUSION

J'ai tenté de retracer, au siècle des Lumières, les métamorphoses d'un modèle de ce qui allait être proprement identifié comme l'organisme, objet d'étude privilégié de la physiologie générale au cœur de la biologie du XIXe siècle. Il s'agit d'un modèle dans la mesure où, fonction de paramètres théoriques et méthodologiques donnés, il guide l'élaboration de concepts en vue d'analyser et d'interpréter les structures et les processus spécifiques aux êtres vivants. Les paramètres de cette modélisation relèvent de principes métaphysiques, de normes et de pratiques méthodologiques agréés par les savants qui ont œuvré dans le contexte historique considéré. Le modèle apparaît de ce point de vue comme une matrice pour la production de représentations théoriques concernant les phénomènes à expliquer. On ne peut considérer que les concepts figurant dans les formulations successives du modèle répondent à une stricte délimitation en fonction de leur rapport aux données d'expérience qui leur servent de référents; on ne peut non plus soutenir qu'ils relèvent de la seule spéculation rationnelle *a priori*. Il s'agit de leur reconnaître un statut mixte, et d'y repérer des éléments plutôt empiriques et d'autres correspondant plutôt aux schématismes assurant l'expansion analogique et la généralisation des raisons présumées et des hypothèses explicatives au fondement des phénomènes observés.

Le couple monade-corps organique, composant les machines de la nature selon Leibniz, a sans doute constitué, au début du XVIIIe siècle, l'armature conceptuelle d'un tel modèle. Ce modèle sert à représenter les êtres vivants, animaux et végétaux, pour fins d'analyse structurale et fonctionnelle des corps organiques, donc pour en orienter l'analyse vers des formes d'explication : celles-ci doivent satisfaire à la fois aux exigences de la philosophie expérimentale (*experimental philosophy*) et aux besoins de construction théorique propres à une philosophie de la nature visant à opérer des synthèses selon des principes. Suivant l'idée qui a orienté l'ensemble des études rassemblées dans cet ouvrage, ce modèle leibnizien peut servir de révélateur des principales formes prises et des principales mutations subies par la théorie de l'organisation vitale dans une histoire qui nous mène au seuil de la biologie et à l'usage dorénavant central du concept d'organisme. Il ne saurait toutefois être ici question d'exclure la possibilité, d'ailleurs bien réelle, que d'autres concepts et d'autres pratiques, élaborés par d'autres auteurs, aient contribué à cette évolution. Mais la séquence de doctrines que nous pouvons apparenter par filiation directe ou indirecte à un phylum leibnizien ressort comme assez déterminante pour nous permettre une lecture suffisamment objective, légitime et adéquate des continuités et des transformations en cause. Puisque la trajectoire que j'ai suivie n'avait aucune prétention d'exclusivité, puis-je d'entrée de jeu suggérer qu'on révise, amende et complète le tableau diachronique des différenciations et spéciations progressives que j'ai dressé : je nourris toutefois l'espoir que la séquence des instances du modèle telle que j'ai choisi de la retracer demeurera éclairante pour qui veut connaître de telles avancées dans la science des vivants, aussi stratégiques en leur temps que celles qui ont ultérieurement marqué la biologie.

Vu l'intention de retracer en quelque sorte la genèse d'une théorie de l'organisme avant que ce terme ne prenne sa signification moderne et actuelle, un point d'importance est apparu au fil du travail : tout s'est passé comme si l'on assistait à un dédoublement de l'objet qui se présentera par la suite comme unitaire dans la biologie consacrée. D'une part, l'objet que l'on décrit, que l'on analyse et que l'on tente d'expliquer dans ses spécifications causales est dit « corps organique » ou « corps organisé », ce qui suggère qu'on doit en traiter d'abord comme corps et en raison de son organisation, c'est-à-dire des modes et éventuellement des lois de celle-ci. Par ailleurs, cette prise en compte de l'objet « corps organique » se double d'une réflexion, certes beaucoup moins constante et structurée, mais néanmoins toujours présente explicitement ou implicitement : celle-ci porte sur l'ordre des processus se déployant dans et par cette catégorie de corps et sur le système de causes apte à produire de tels effets. Quel est le mécanisme sous-jacent à cette efflorescence de phénomènes et comment pouvons-nous le connaître et l'identifier ? Tel est le second volet de l'analyse, celui qui porte sur l'« organisme » ou du moins sur ce qui en tient lieu, car le terme est, tout compte fait, assez peu usité et souvent remplacé par celui d'« organisation ».

J'ai à plusieurs reprises par le passé abordé la conception du vivant selon Leibniz, sous ses deux aspects principaux, théorique et méthodologique. Et plusieurs études remarquables d'autres chercheurs ont approfondi cette problématique qui nous livre progressivement ses secrets. La présente recherche s'est plutôt intéressée aux éléments de doctrine leibnizienne susceptibles de transmission et de reformulation dans le contexte scientifique en voie d'évolution qui accompagne les phases ultimes de la carrière de Leibniz. Ainsi en est-il du rapport entre corps organique et harmonie dans la compréhension des vivants comme machines de la nature. Certes, ce concept de machine de la nature renvoie au micro-structuralisme des promoteurs de l'anatomie subtile que furent en leur temps les Sténon, Malpighi, Swammerdam et leurs disciples. Ces savants se représentaient les corps des vivants comme composés de petites machines juxtaposées et emboîtées, susceptibles de décomposition en machines organiques plus ténues. Même en supposant que la génération de ces corps requît la préexistence de germes emboîtés depuis la création originelle et donc une forme d'incommensurabilité de l'organisation ultime des composants du vivant, la notion d'infini que Leibniz utilise pour caractériser l'ordre d'intégration des machines de la nature semble impliquer un sens différent. Dès le *Corpus hominis* (c. 1682), Leibniz souligne le caractère de mouvement perpétuel organique qui résulte d'une organisation impliquant une régulation harmonique de structures et de processus : ceux-ci sont sujets à une analyse se déployant à l'infini, dont l'anatomie subtile et la physiologie mécaniste ne peuvent rendre compte que par des modèles approchés – certains acoustiques, d'autres pneumatiques ou hydrauliques, mais tous visant à exprimer la corrélation harmonique des forces sous-tendant des parties infiniment divisibles. Lorsque plus tardivement, surtout après 1700, Leibniz utilise le terme d'« organisme », il le fait pour signifier « l'ordre et l'artifice » de ce mode d'organisation et des processus qui en découlent. En outre, le concept implique l'exercice d'un pouvoir de structurer les corps en une composition à l'infini : ce pouvoir répond à une finalité intrinsèque, celle d'un principe de mouvement autonome se diffusant sans limitation aux parties constituantes organiques. On comprend dans ces conditions que Leibniz se soit opposé à la conception de l'organisme selon Georg Ernst Stahl : l'organisme stahlien est un ensemble de mécanismes intégrés selon une forme et une fin vitale qui dépendraient du dessein d'une âme régissant directement les phénomènes et leur imposant un ordre de finalités externes. La vie selon Leibniz se définit par la capacité de perception et d'appétition de la monade intimement associée au corps organique, mais celui-ci possède les dispositifs requis pour exercer toutes les fonctions vitales et animales selon des lois mécaniques : seule la raison formelle de ces lois réside dans la suite des déterminations internes de la monade dominante. Le vivant répond à l'analogie d'une machine qui recevrait, distribuerait en elle-même et dépenserait un quantum donné de force de façon globalement conservatrice et en vertu d'une forme d'autorégulation intrinsèque des processus. Point intéressant : Leibniz envisage que ces analogies puissent inclure la transcription des fonctions vitales en termes de réactions chimiques organiques. Cette pratique devrait permettre de révéler de façon expressive l'agencement téléologique et la fonctionnalité des dispositifs physico-chimiques du corps organique. La controverse avec Pierre Bayle et Jean Le Clerc au sujet des « natures plastiques » permet à Leibniz de développer l'idée de rattacher aux lois de la nature l'ordre d'enchaînement des phénomènes organiques. En vertu de l'harmonie préétablie, les séries causales d'états monadiques d'une part, de processus impliquant les structures organiques d'autre part, sont à concevoir comme subordonnées à une pré-ordination divine. Cela implique l'impossibilité d'expliquer la formation des corps organisés par le seul jeu de causes mécaniques, mais, dans le même temps, il s'avère que toutes les opérations et transformations de ces corps relèvent de lois de développement : les corps organiques apparaissent comme des « natures plastiques matérielles » dont les raisons déterminantes sont conjointement liées à la préformation et à l'organisme à l'infini. Ce dernier est certes analysable en termes de variations de composition structurale, mais tout autant en termes de processus et d'opérations téléologiquement ordonnés. Les lois de l'organisme devront représenter les modalités d'auto-développement des machines de la nature en leur composition à l'infini. Or, l'expression de ces lois dans l'ordre phénoménal peut susciter des difficultés particulières eu égard aux modèles scientifiques appelés à en rendre compte. Si l'âme ou monade préexiste au vivant qu'elle anime et demeure semblable à travers la série indéfinie de ses changements d'état, le corps organique ne peut être ramené à l'identité d'un même corpuscule, subsistant constamment de métamorphose en métamorphose. Il n'est que le corrélat matériel d'une action de transformation qu'il faut réserver à la monade dominante et à la force qui en constitue l'expression substantielle dans l'ordre phénoménal. Ce qui délimite essentiellement le vivant comme individualité constamment changeante, c'est la correspondance des séries de déterminations entre processus physiologiques et processus perceptifs-appétitifs, plutôt qu'entre combinaisons de corpuscules et états internes de l'âme. Par ailleurs, les corps organiques, tous strictement individualisés et régis par des lois de séquences d'états distinctes les unes des autres, répondent aux raisons générales du mécanisme, donc aux principes de la théorie des forces appliquée aux phénomènes. Les machines de la nature sont bien des machines intégrant de telles machines à l'infini : la forme canonique d'une telle intégration nous est donnée par le schème d'une loi autonome à laquelle on puisse rattacher tous les changements affectant le corps vivant comme tout enveloppant de façon elle-même changeante d'autres touts de même nature, régis par des lois similaires de développement.

Une première exploitation du modèle leibnizien se produit chez Christian Wolff et, par suite, dans une partie de l'école wolffienne ; et elle va de pair avec de substantiels ajustements. Bien qu'elle s'avère compatible avec les principes métaphysiques par ailleurs énoncés par Wolff, sa théorie des corps organisés vise à se situer dans le prolongement des hypothèses explicatives des physiologistes mécanistes auxquels il se réfère, qu'il s'agisse de Leeuwenhoek, des anatomistes italiens ou de théoriciens de la médecine tels que Boerhaave. De façon générale, la représentation des corps aussi bien vivants que non vivants implique que leur agencement et leurs propriétés soient en principe analysables suivant les catégories du mécanisme. Certes, l'explication des structures et des processus physiologiques repose sur une relation téléologique immanente, mais celle-ci est entièrement compréhensible selon les séquences de phénomènes qui l'expriment et qui découlent de la composition des organes interprétée suivant des analogies mécanistes. La théorie des machines de la nature tend à se conformer de plus en plus au statut hypothético-déductif d'un modèle dont la norme de validité est fournie par des généralisations empiriques. On peut noter que, suivant cette approche épistémologique, Wolff tend à se représenter la constitution des corps organisés comme résultant de combinaisons de fibres à divers paliers de complexité. Il est visible qu'il promeut alors une méthode de décomposition des structures anatomiques qui culminera au milieu du siècle dans la physiologie d'Albrecht von Haller, lui-même en la matière disciple de Boerhaave, et dans la supposition que la fibre ultime se situe au-delà de toute observation microscopique possible. Mais rien ne permet de corroborer empiriquement la notion d'une organicité qui se déploierait dans des composés à l'infini. D'où la mise à l'écart de la thèse de l'indestructibilité du corps organique quelle que soit la décomposition dont il serait affecté. Certes, Wolff adopte une théorie de la génération assez analogue à celle de Leibniz et impliquant l'enveloppement des corps organiques embryonnaires dans l'emboîtement sériel des animalcules spermatiques, avec transformation des corpuscules préformés à la suite de la fécondation. Mais la mort apparaît corrélativement comme une rupture de l'organisation mécanique du vivant. C'est qu'alors nous n'avons plus affaire à des monades leibniziennes, intrinsèquement dotées de perception et d'appétition, mais à de simples « éléments », atomes de force qui n'ont plus de liens essentiels à des corps organiques, alors même qu'ils peuvent entrer dans la composition de ceux-ci par une sorte d'assemblage contingent répondant à un dessein divin de préformation. La définition même du corps organique nous renvoie au type d'action qu'il est susceptible d'accomplir en vertu de sa structure et des lois générales du mouvement. L'analyse téléologique des fonctions est conçue comme l'anticipation de la relation causale liant structures et effets spécifiques. Confronté aux processus de régénération de polypes entiers à partir de simples segments, Wolff va tenter d'ajuster son modèle en anticipant en quelque sorte sur une métamorphose ultérieure du modèle leibnizien. Il tend à supposer des germes de reconstitution partielle pouvant compléter le développement intégral du tout qui a subi la segmentation : cela, semble-t-il, pourrait être concevable en raison de la caractérisation des éléments du type des monades physiques et de leurs propriétés agrégatives par contraste avec le rapport indissociable entre monade douée de perception et corps organique selon Leibniz. Les spécificités de la doctrine des corps organiques selon Wolff se répercutent chez certains de ses disciples, comme l'examen de conceptions équivalentes chez Georg Bernhard Bilfinger, Isaac Gottlieb Canz et Johann Heinrich Winckler tend à le prouver, même si l'on peut y repérer des points d'inflexion modifiés – par exemple l'harmonie préétablie représentée comme une simple hypothèse, le rôle de l'âme animale comme principe d'unification des actions organiques, la prise en compte de propriétés physiologiques issues des mixtes chimiques et des structures organiques développées comme causes prochaines des fonctions vitales.

En parallèle à la révision par Wolff du modèle leibnizien, Louis Bourguet a entrepris de révéler les caractéristiques méthodologiques de ce modèle et d'en montrer l'application conséquente au problème de la génération. Dans ses *Lettres philosophiquessur la formation des sels et des crystaux, et sur la génération et le mechanisme organique des plantes et des animaux* (1729), Bouguet s'emploie à dissocier l'organisation des cristaux par composition et celle des végétaux et des animaux qui résulte d'une structure intégrée préexistante, sorte de corps séminal qui sert de matrice à un développement obéissant par ailleurs aux lois du mécanisme. Bourguet se rallie aux hypothèses de préformation oviste, après examen critique des arguments animalculistes qu'il attribue à Leibniz. Il n'en retient pas moins la structure argumentative leibnizienne qui lui sert à disqualifier l'hypothèse des « moules » et celle des « natures plastiques ». Dans le premier cas, faute de correspondre à la raison formelle du corps entier, le moule supposé ne pourrait en assembler les diverses composantes. Dans le second cas, Bourguet soutient la correspondance stricte entre les corps organiques et des « natures simples actives », mais l'artifice et la complexité de ces corps apparaissent tels qu'on ne saurait trouver dans les pouvoirs de ces monades de quoi en justifier la production. À cela s'ajoute l'harmonie régissant l'interrelation des organisations vitales, qui suppose également le recours à un agent de formation transcendant. Selon le cadre de philosophie naturelle que propose Bourguet, des monades brutes, assez similaires aux éléments wolffiens, seraient liées harmoniquement aux corps inorganiques en tant que corpuscules élémentaires de matière et pourraient de ce fait être assimilés par les vivants organiques. Éléments ou monades, les natures simples détiennent un pouvoir d'agir qui s'exprime dans les effets de mouvement au sein des corps auxquels elles correspondent. Ceci dit, en ce qui concerne proprement l'organisation des vivants, Bourguet soutient quelque chose d'analogue à la préformation leibnizienne sous forme de loi de transformation inhérente à la structure infinie des corpuscules organisés. Le « mécanisme organique » représente la mise en œuvre des processus vitaux sous forme de lois générales s'exerçant suivant la diversité des structures individuelles et des conditions matérielles dans lesquelles ils se déploient. La détermination unitaire des formes d'organisation successives d'un vivant tient à la pré-délinéation des effets dans les « principes de vie » que constituent les monades. La transposition de thèses leibniziennes apparaît donc ici de façon manifeste, suivant un double registre. D'une part, la monade est souvent représentée par une sorte d'équivalent physique de ses propriétés, incluant la capacité d'opérer des actions physiologiques en principe analysables suivant les lois du mécanisme organique. D'autre part, l'harmonie entre actions internes aux principes de vie et effets organiques apparaît comme une hypothèse suivant laquelle les lois de développement des monades et des corps seraient ajustées en vertu d'un plan divin, inhérent au processus de création.

Maupertuis et Buffon n'ont pas restauré l'épigenèse après un règne inconditionnel du préformationnisme. Parmi d'autres facteurs, l'explication leibnizienne de la génération, notamment dans la version que Bourguet en avait donnée, fut appelée à jouer un rôle déterminant dans le passage à de nouveaux concepts sur la formation des corps organisés. Même s'il récuse l'héritage de Leibniz et soutient l'originalité de ses propres découvertes, Maupertuis transpose volontiers certains concepts leibniziens. Il dénonce dans la monade un sujet transcendant auquel les corps de l'univers se réduiraient comme purs phénomènes. Dans le même temps, les monades seraient appelées à figurer des éléments de la nature de l'assemblage desquels résulteraient les corps que l'expérience nous révèle. Pour l'essentiel, Maupertuis entérine l'interprétation que Condillac avait fournie du système des monades et selon laquelle l'atomisme servirait à expliciter la structure des êtres comme celle des représentations. En particulier, à chaque monade serait associé un corps organique minimal qui s'agrégerait d'autres éléments corporels, et la perception monadique ne serait qu'une figuration analogique de propriétés observées dans l'expérience sensible des êtres animés que nous sommes. La représentation condillacienne du corps organique en faisait une sommation de corps organiques minimaux, à chacun desquels se rattachait un principe élémentaire de force : les perceptions attribuées aux monades dominantes seraient les résultantes sommatives des forces élémentaires présumées. Chez Maupertuis, l'hypothèse explicative de la génération, esquissée dans la *Vénus physique* (1745), vise à rendre compte de la façon dont des particules, composants élémentaires des corps organiques et vecteurs de reproduction de leurs caractéristiques, peuvent s'assembler pour réaliser ce qui apparaît comme un dessein fonctionnel. D'où la supposition d'une sorte d'instinct dont seraient dotées les particules séminales et à partir duquel se produirait la morphogenèse des vivants. Tout se passe comme si des propriétés architectoniques irréductibles aux lois ordinaires du mouvement figuraient dans les éléments de toute formation organique. Le *Système de la nature* tente de justifier le recours à ce type d'inconnues explicatives en recourant à un cadre théorique d'inspiration monadologique. Aux éléments constituant les moindres parties de la matière sont dévolues des propriétés formatrices impliquant « désir, aversion et mémoire », donc une forme de perception essentielle. L'architecture complexe des éléments est inscrite dans le rapport de leurs perceptions réciproques, mais la mise en œuvre de l'activité formatrice peut impliquer des variations dans l'ordre réalisé suivant les circonstances dans lesquelles elle s'exerce. Par ailleurs, la question ne semble pas tranchée de savoir si certaines formes supérieures de perception et donc d'organisation vitale relèveraient directement des éléments ou émergeraient plutôt de combinaisons complexes déjà réalisées. Il est clair cependant que tous les processus de formation organique, y compris ceux qui aboutissent aux corps les plus harmonieux résultent directement non d'une source transcendante, mais de pouvoirs inhérents à l'ordre des corps et incarnés dans ce que j'ai pu définir comme des « monades physiologiques ».

On retrouve de même chez Buffon une stratégie de naturalisation des concepts leibniziens. Ainsi le concept de machine de la nature est-il repensé comme un tout organisé dont les parties sont elles-mêmes des touts organisés résultant ultimement de l'arrangement de parties organiques élémentaires; la construction du vivant organisé depuis ses composants élémentaires suppose par ailleurs un système physique apte à assurer l'intégration harmonieuse de ces composants. D'où les principes bien connus de cette hypothèse que sont les concepts de « molécule organique » et de « moule intérieur ». Les pouvoirs de ces entités, présumées à partir d'analogies empiriques, ne peuvent se réduire aux pouvoirs généraux de la matière inorganique, compte tenu du moins de nos moyens limités de connaissance. Ainsi les êtres organisés tels qu'on les observe apparaissent composés de nombre de petits êtres organisés, dont Buffon retrace la genèse par assemblage de molécules organiques : les fonctions vitales font figure de propriétés émergentes issues de combinaisons structuralement ordonnées de ces molécules. S'inspirant de la force vive leibnizienne, et sans aborder la question des fondements de la dynamique, Buffon suppose une force organisatrice propre à une « matière organique toujours active ». Le concept de moule intérieur, sans doute transposé d'un des modèles examinés par Bourguet, est destiné à incarner les effets visés de cette force à titre de dispositifs, tout en évitant de s'égarer dans le « labyrinthe du continu » qu'impliqueraient les doctrines de la préformation. Il convient, par ailleurs, de construire une hypothèse vraisemblable afin de rendre compte de la génération. Ainsi Buffon se sert-il de l'analogie du moule intérieur pour représenter la forme interne des corps organisés, c'est-à-dire la configuration particulière des micro-parties qui les composent : de ce point de vue, ce moule constitue et représente la matrice des différentes machines minuscules de la nature, juxtaposées, voire intégrées les unes aux autres conformément à l'unité constitutive de l'être vivant. Et la même analogie permet d'invoquer un système similaire de processus aptes à rendre compte de la reproduction, comme du développement et de la nutrition. Enfin, la préformation au sens strict cède le pas à un pré-ordonnancement contingent qui résulterait de l'immanence des moules intérieurs et plus fondamentalement de la corrélation des forces organisatrices inhérentes aux molécules organiques. Le principe vital résiderait dans ces corpuscules organiques ultimes et s'exprimerait dans l'intégration fonctionnelle des structures qui en émaneraient.

On a souvent rapproché John Turberville Needham de Buffon et de Maupertuis, pour avoir collaboré avec le premier et pour avoir contribué à restaurer l'épigenèse comme mode d'explication de la génération par des arguments apparemment assez voisins de ceux de ces deux philosophes. Remarquable naturaliste, observateur notamment des zoophytes et des infusoires, Needham développe une hypothèse interprétative des faits observés qu'il prolonge analogiquement en une véritable théorie des corps organisés. Dans cette opération, le modèle leibnizien devient sa principale référence. Cette présence des concepts monadologiques s'accentue entre les *Nouvelles Observations microscopiques* (1750) et les *Nouvelles Recherches sur les découvertes microscopiques et la génération des corps organisés* (1769). Parmi les éléments les plus importants empruntés par Needham, figurent la nécessité de supposer des monades dotées de forces actives et passives et aptes à engendrer le continu extensif et les rapports de puissance active et réactive qui caractérisent les corps. Si l'on ajoute à cela l'harmonie du jeu intégré des forces qui composent et décomposent les structures organiques, on peut sans doute voir là le fondement de toutes les formations et décompositions organiques. Parmi les éléments monadiques qui entrent dans la composition de ces corps peuvent figurer des monades douées de sensibilité, voire d'intellection, dont la destinée apparaît distincte de celle des principes actifs élémentaires, et dont on peut présumer, tout au moins en ce qui concerne les monades, qu'elles peuvent persister par-delà la dissolution des corps correspondants. Par ailleurs, Needham rejette la préexistence des germes, mais utilise un schème leibnizien lorsqu'il rattache l'immanence des structures organiques à advenir à la *vis insita* des éléments monadiques qui en accompliraient la formation dans le temps. Les observations initiales de Needham sur ce que nous pouvons tenir pour des micro-organismes, sur les infusoires par exemple, l'incitent à penser que les êtres séminaux dont il s'agit sont des machines organiques subtiles et ténues qui se constituent progressivement, pour se dissoudre par la suite. Le point de départ de l'analyse est ici le processus de végétation comme mode de formation et de métamorphose des moindres animalcules : ainsi en est-il par exemple des anguillules du blé niellé. Même quand on accède aux paliers supérieurs de l'organisation animale, tout ce qui relève de la composition organique relève de la végétation comme principe de vie, c'est-à-dire d'un processus menant à un agencement structural d'où découlent les fonctions vitales et, par complexification, les fonctions animales. Le premier modèle construit pour donner sens à la production de corps organisés de plus en plus complexes et de moins en moins plastiques semble suggérer une diversité de degrés dans les principes de vie responsables de la structuration, mais ce qui ressort encore plus nettement, c'est la thèse d'une impossible réduction de ces principes à des dispositifs purement mécaniques. À l'inverse, il faut néanmoins rejeter la préformation qui part de suppositions insoutenables au vu des données d'expérience, au lieu de tenter de déterminer à quelles conditions les forces génératrices de la nature pourraient s'avérer adéquates à la production des phénomènes observés. Si Needham adhère, dans un premier temps, à la supposition que la végétation des corps dépend de molécules organiques agrégées, il tend par la suite à s'en dissocier en présumant que le processus de formation émane d'une disposition à la végétation interne à toute partie organique. À partir de là, il assimile le principe de formation des corps organiques animés à ceux des machines végétantes, et il suppose qu'il existe une forme de continuité entre les modes immanents de vitalité végétative et ceux de l'animation proprement dite. Somme toute, un « principe vital » animerait les monades et les formations organiques résultantes et engendrerait des processus fonctionnels spécifiques suivant les dispositifs réalisés. En se fondant sur les séquences de formation et de transformation des infusoires, Needham vise à établir ce que nous pouvons tenir pour des corrélations entre forces d'exaltation et de résistance et entre phases d'expansion et de décomposition de ces corps organisés qui semblent se développer par cycles. Ces corrélations empiriques expriment les propriétés inhérentes aux « principes simples », agents de type monadique en lesquels se résolvent ultimement les composés que sont les corps organiques. À des agents de cet ordre se rattachent les effets identifiés à la sensibilité et à la pensée, mais il faut présumer l'existence de combinaisons organiques suffisantes pour produire les effets correspondants et ces dernières combinaisons supposent la « co-efficience » de nombreux agents simples et sans doute un rôle hégémonique dévolu à des monades sensitives et intellectives. Le corps comme machine de la nature apparaît comme un système où chaque partie, jusqu'aux moindres d'entre elles, est le siège d'actions et de réactions harmoniquement intégrées de façon à engendrer les fonctions vitales et animales. Ce mode de constitution et d'opération se déploie de façon épigénétique : la génération résulte en effet de principes dynamiques immanents aux monades qui exercent un rôle architectonique dans la formation progressive des corps organisés et font émerger des combinaisons successives de dispositifs fonctionnels. Une confirmation du lien à établir entre cette théorie épigénétique et un modèle inspiré de la doctrine des monades nous est fournie dans le mémoire que Needham a adressé à Haller en 1759. Il y adosse sa conception fibrillaire de la composition organique à la reconnaissance d'une *vis vitalis* responsable de la morphogenèse et des actions organiques infra-sensibles, notamment de celles qui seraient dues à l'irritabilité hallérienne. La décomposition des structures complexes nous rapproche de l'observation des corps organiques élémentaires, tels ceux des animalcules des infusions, où se révèle une vitalité plus intense des particules matérielles, susceptibles de servir de base ou d'instruments pour des fonctions plus relevées, régies par des principes de sensibilité et d'intellection. Les thèses de Needham ont été vivement contestées, notamment par Lazzaro Spallanzani : celui-ci entreprend de récuser expérimentalement que la décomposition des matières organiques dans les infusions puisse libérer des corpuscules organiques qui, en vertu de leur force de vitalisation inhérente, se combineraient spontanément pour donner des corps organisés assimilables à des germes de vivants. Or, Needham s'accommode d'une partie des arguments avancés par le naturaliste italien. À supposer que des matrices de type germinal soient requises pour la production ou la reproduction d'individus relevant d'espèces vivantes, le principe de continuité nous impose de considérer par analogie la structuration primordiale des corps organiques les plus simples par agrégation de corpuscules organiques comme possible et même requise, car l'épigenèse est le seul mode de formation des corps organisés qui soit adéquat aux données d'expérience. Le principe d'animation sensible ou intellectuelle qui caractérise un type supérieur de monade surgit par émergence dans une structure organique qu'il ne saurait avoir initialement produite et dont la dissolution anéantit l'activité qu'un tel principe est censé régir. Il y aurait continuité des modes de formation organique qui tous renverraient à la « co-efficience » d'unités de type monadique, mais, dans le même temps, sur le plan métaphysique, il y aurait lieu de supposer des différences de nature entre principes de vitalisation, principes d'animation sensible et principes d'action intellective, bien que tous soient également corrélés à l'épigenèse de formations organiques.

La détermination par Haller de l'irritabilité et de la sensibilité comme propriétés fondamentales distinctes des fibres composant le corps animal va se trouver intégrée à des systèmes physiologiques qui par ailleurs s'inscrivent en continuité d'éléments conceptuels du modèle que nous avons désigné comme leibnizien. Cette assertion vaut au premier chef pour Haller lui-même, mais tout particulièrement pour son ami Charles Bonnet. Même si Haller entend se cantonner dans les limites d'une pratique de « philosophie expérimentale », il doit élaborer un cadre théorique dans lequel il puisse inscrire l'analyse des propriétés physiologiques. Celles-ci se traduisent en mouvements vitaux qui sont présumés découler des structures et de la composition des parties constitutives du corps organisé. Deux considérations guident sa réflexion : l'inaccessibilité irrémédiable des éléments ultimes de la composition organique ; l'incapacité de tout modèle mécanique inorganique à représenter les pouvoirs d'engendrement des processus vitaux dans les microstructures impliquées. Les diverses fibres, voire les structures micro-fibrillaires recèlent sans doute les propriétés d'où découlent ces processus. Le modèle de la machine de la nature s'ajuste pour refléter le fait que la détermination des propriétés des composantes jusqu'au niveau infra-microscopique doit fournir la raison des systèmes complexes d'opérations qui prévalent dans le vivant considéré comme un tout fonctionnel intégré. En arrière-plan de la distinction empiriquement fondée entre irritabilité et sensibilité, se produit une prise de distance marquée à l'égard de la théorie unitaire de Boerhaave. La distinction fonctionnelle de l'agent de la sensibilité, agissant par excitation des fibres nerveuses en réseau intégré, par rapport aux agents décentralisés des mouvements attribuables à l'irritabilité, incite à soulever la question des composantes élémentaires du réseau nerveux et de l'intégration des dispositifs sous forme de système unitaire. Haller reconnaît la pluralité des forces en jeu résultant d'organisations hétérogènes au sein du corps organisé. Mais il s'agit alors de se représenter le type spécial de mécanisme qui pourrait équivaloir à cette intégration hautement diversifiée de dispositifs organiques. La stratégie d'analyse à mettre en œuvre pour expliquer cet ensemble de dispositifs et les fonctions qui s'y rattachent consiste à remonter aux composantes morphologiques les plus élémentaires, à cerner les pouvoirs afférents à ces « unités » morphologiques intrinsèquement complexes, et à concevoir des modèles aptes à représenter les combinaisons de microstructures et de pouvoirs qui, de palier en palier, nous fourniraient analogiquement l'équivalent des systèmes organiques intégrés. Une illustration de cette stratégie nous est proposée par les tentatives de Haller visant à constituer un système analytique de la sensibilité et des réseaux nerveux contrôlés centralement.

Bonnet pour sa part en est venu à intégrer des principes de philosophie leibnizienne à une théorie des corps organisés visant l'explication de la génération à travers les modes les plus divers de reproduction. Il fait jouer le principe de continuité dans une représentation de la chaîne des êtres conforme à un schème leibnizien. S'intéressant à l'organisation des corps, Bonnet présume l'incapacité d'en rendre compte suivant les lois du mécanisme. Il tente d'ajuster l'hypothèse de la préformation de façon à pouvoir à la fois expliquer la pré-ordination structurale des germes et concevoir des lois de développement qui puissent englober la contingence des accroissements et métamorphoses des entités organiques. Le schème dominant de l'hypothèse consiste dans l'idée de séries de corrélations structurales et fonctionnelles formant le pendant des transitions que l'on observe entre les formes vivantes que sont les animaux et les végétaux. Or, la pertinence de cette représentation repose non sur une conception métaphysique de l'ordre de la nature, mais sur des données d'expérience dont on peut inférer un système de déterminations générales selon lequel la régression à l'infini de l'organicité ne serait guère concevable. Lorsqu'il établit sa théorie des « machines organiques » – véritables « ouvrages à réseau » – Bonnet joint des éléments de physiologie hallérienne à des concepts de provenance leibnizienne. Les fibres en sont les structures fondamentales, constituant des petits touts organiques, sujets à développement par assimilation de nouvelles molécules et dont les actions respectives s'accomplissent harmoniquement. Ces machines ont comme caractéristique mécaniquement irréductible de pouvoir se reproduire, ce qui incite Bonnet à admettre une pluralité de modes de préformation et une hiérarchie de dispositifs correspondants, allant de simples « points organiques » à des germes du corps organique entier : d'où un notable élargissement de la notion de préformation, appelée à rendre compte de modes fibrillaires, voire moléculaires, de génération reproductive. Un aménagement encore plus significatif du modèle leibnizien survient dans le cas du repliement supposé du corps organique à la suite de la mort. Bonnet entend en effet rabattre enveloppement et développement sur une représentation physique aussi rigoureuse que possible. Par ailleurs, il reproche à Leibniz de ne pas avoir conçu qu'un petit corps, proprement similaire à soi-même dans la durée et comme tel indestructible et siège de l'âme, puisse servir de « germe de restitution » lors d'un état futur de réactivation personnelle. Cela revient à supposer qu'un substrat intemporel d'âme et de petit corps indestructible constitue le noyau autour et en fonction duquel s'opèrent le développement et les transformations du corps phénoménal. Somme toute, la monade, unie à ce corpuscule inaltérable, est assimilée à un germe immortel, source de personnalité pour l'animal et de restitution ultime du corps organique qui en constitue l'expression variable dans la durée.

Dans la postérité wolffienne, l'on rencontre, surtout à compter de la décennie 1760, une approche à l'égard de l'organisation vitale qui fait place à l'épigenèse et conceptualise à nouveaux frais le modèle de l'intégration organique. Cette approche est bien illustrée dans la *Philosophia naturalis* (1762-1768) de Michael Christoph Hanov. Dans le cadre de ce qu'il définit comme « biologie », Hanov s'intéresse d'abord à la végétation à laquelle se rattachent les fonctions reproductives, ainsi que celles du développement, de la nutrition et de la mort. Il suppose que cette végétation dépend d'éléments monadiques, dotés de perception sans conscience, qui, en vertu de lois immanentes, déploient dans des corpuscules agrégés l'ensemble des effets architectoniques et fonctionnels de la vie végétative. La forme d'où découle la nature des êtres vivants est une force vitale inhérente dont résultent les dispositifs actifs et passifs propres à ces êtres : tout s'y accomplit comme par correspondance des causes efficientes et finales impliquées. Dans le même temps, Hanov récuse la possibilité d'accéder à une explication purement mécanique des processus vitaux : les phénomènes observés permettent d'identifier des propriétés physiques qui seraient issues d'une force que l'on peut légitimement qualifier de vitale et qui désignerait la raison suffisante des processus de génération, de conservation et de reproduction. Un seul principe d'unité régit la formation organique, mais cet élément, dans sa constitution formelle, implique une relation harmonique avec de multiples autres unités de même nature, ce qui laisse supposer un rapport équivalent de subordination des composantes de la structure organique. Cette structure ne peut se comprendre indépendamment du rapport téléologique inscrit dans la loi de développement des monades correspondantes. Le passage des corps simplement vivants aux corps animés suppose un rehaussement de la force propre aux monades dominantes de ces corps, avec accession à la perception sensible. La *monas sentiens* dont il s'agit implique les fonctions subordonnées de la vie végétative : elle se manifeste de ce fait en tant que force organopoïétique, opérant par « perception formatrice obscure ». Dans ces conditions, l'hypothèse la plus recevable concernant la génération est celle d'une épigenèse programmée sous forme de loi inhérente à la forme-force de la monade dominante. Il y aurait donc lieu de dénoncer les apories du préformationnisme tel que révisé par Haller et Bonnet, qui tentaient de concilier une structuration des vivants préalable à toute génération et la possibilité de transformations affectant l'organisation même des corps. Dans le même temps, Hanov adopte la conception fibrillaire du composé organique et la distinction de l'irritabilité et de la sensibilité comme propriétés vitales spécifiques des composantes organiques, mais le rattachement de ces propriétés à leur source dans les principes monadiques suscite une conception originale du rapport entre irritabilité et sensibilité, puisque leur corrélation et leur activation suivant les parties du tout organique supposent des raisons déterminantes indissociablement structurales et téléologiques.

Il est intéressant de suivre la reconfiguration du même modèle en contexte réductionniste, voire moniste et matérialiste, et donc à plus grande distance, pourrait-on dire, de Leibniz. Diderot recueille les concepts leibniziens déjà fortement remodelés par ses prédécesseurs et par l'évolution récente des méthodes d'analyse physiologique. Ce sera également le cas chez Jean-Claude de la Métherie. Diderot se représente les éléments premiers composant les structures organiques comme des « points sensibles et vivants » et il doit concevoir comment ces éléments discrets peuvent engendrer des organisations intégrées, dotées de capacités fonctionnelles tant physiologiques que psychiques. Tout se joue autour de l'attribution de sensibilité comme « qualité générale et essentielle » de la matière. Toute molécule ainsi dotée de ce que l'on peut tenir pour l'équivalent de la perception monadique, possède force, spontanéité et vie et détient en puissance la capacité de générer des structures organiques par voie de combinaisons et de sommations de processus émergents. À l'encontre de toute préformation structurale, il faut comprendre le développement des vivants comme le développement épigénétique d'un édifice fibrillaire. À l'instar de Needham, Diderot dérive les fonctions vitales et animales d'un processus de végétation suscité par la sensibilité des composantes organiques, elle-même interprétées comme l'expression de pures combinaisons matérielles.

Tant dans ses *Vues physiologiques sur l'organisation animale et végétale* (1780) que dans ses *Principes de la philosophie naturelle* (1787), La Métherie adopte une approche méthodologique qui implique le recours à des principes architectoniques leibniziens, appliqués à l'ordre des phénomènes. L'explication des processus vitaux requiert de postuler des « êtres-uns », « principes sentants », dotés d'un *nisus* inaltérable. La combinaison des effets dynamiques produits par ces monades engendrerait les manifestations phénoménales infiniment variées caractérisant les corps composés. Cette combinaison d'effets est la source de formes émergentes de la sensibilité qui se révèlent dans les corps vivants et dans les lois qui les régissent. Celles-ci se traduisent en séquences réglées de morphogenèse et de décomposition. Certains « êtres-uns » sont appelés à exercer une fonction hégémonique par rapport à d'autres telles unités : ainsi en est-il par exemple du moi percevant chez les animaux les plus complexes, mais toute réalité organique suppose des séries de telles unités exerçant leur sensibilité suivant une gradation continue de degrés d'intensité. La hiérarchie des monades associées se reflète dans l'agencement des structures organiques et dans les fonctions qui leur sont dévolues. Les divers corps organisés représentent, de ce point de vue, les variantes d'un même plan d'intégration fonctionnelle des parties, que l'on peut retracer, à travers des simplifications régressives, jusqu'aux formes les plus élémentaires de vie. Chez les êtres les plus complexes, la conjonction harmonique d'un principe sentant et d'une machine corporelle dotée d'un appareil sensori-moteur centralisé ne peut se concevoir que sur la base d'une somme de composantes possédant une constitution analogue. La représentation du corps organisé vivant comme machine auto-suffisante s'impose, à condition d'y reconnaître l'apport d'un principe sentant, agent producteur d'harmonie à l'intérieur même de l'ordre physique. L'analyse de l'automate sensible que constitue ce corps se fonde sur les concepts anatomiques et physiologiques hérités de Haller, avec quelques nuances interprétatives : un modèle micro-vasculaire généralisé sous-tend l'interprétation de la structure fibrillaire ; les fibres se forment par des combinaisons chimiques spécifiques, réalisées sur le mode de l'intussusception. De façon générale, la génération se produit par épigenèse, mais celle-ci est interprétée en présumant une pré-ordination de l'organisation sous forme de dispositifs dynamiques au sein des fluides séminaux, reflétant eux-mêmes l'interrelation des forces propres aux monades concernées. Partant de ces présupposés, une grande partie de l'analyse physiologique porte sur la corrélation entre les états internes sensibles ou infra-sensibles du principe sentant et les phénomènes se déroulant dans le réseau nerveux et, par l'intermédiaire de celui-ci, dans tout le corps organisé vivant. S'en dégage l'idée d'une machine de la nature, automate sentant dont les parties se trouvent fonctionnellement intégrées et dans lequel les processus se déterminent les uns les autres, comme s'ils étaient causes et effets les uns des autres.

La physiologie de Johann Friedrich Blumenbach rend compte de la génération en faisant appel à un principe vital d'auto-organisation, le *Bildungstrieb*, qui constitue, par la suite, la raison et la source des forces vitales à l'œuvre dans les structures précédemment formées. Le *Bildungstrieb* apparaît comme la cause latente de toute séquence de phénomènes épigénétiques ; sa mise en œuvre se greffe sur la structuration harmonique inscrite dans l'ordre de la nature physique, mais, à la différence de la *vis essentialis* selon Caspar Friedrich Wolff, il représente une force organique intégrant un dessein architectonique qui ne peut se concevoir que suivant une ordination téléologique, même si les effets réalisés satisfont, par ailleurs, à des lois de type physico-chimique. Somme toute, le projet même de structuration organique se trouve situé de façon immanente dans la matière organisée. Les phénomènes qui ont retenu particulièrement l'attention de Blumenbach sont ceux qui traduisent des altérations du dessein fonctionnel à accomplir en raison de conditions externes influant sur les processus épigénétiques et déterminant des variations de l'archétype spécifique : formation de monstres, hybridation, déformation pathologique de certaines structures. Les forces organiques spécialisées se présentent comme des variantes de propriétés de type hallérien, qui, en interrelation les unes avec les autres, sont présumées assurer un ensemble intégré de fonctions : les forces vitales dont le *Bildungstrieb* détermine l'émergence se distingueraient donc suivant les opérations fonctionnelles qui leur correspondent, et les séquences causales impliquées formeraient ainsi un système intégré du point de l'organisation du tout. Blumenbach transpose par ailleurs la dynamique propre aux corps organisés individuels aux séries génératives constitutives des espèces. La métamorphose programmée inhérente au *Bildungstrieb* peut subir des altérations qui déterminent des variations de l'archétype héréditaire avec formation éventuelle de nouvelles lignées génératives. Dans les cas de variation intra-spécifique, comme dans ceux qui sembleraient de plus grande ampleur, le pouvoir architectonique immanent aux germes et aux fœtus assure la formation et l'ajustement des structures aux conditions ambiantes en fonction desquelles le *nisus formativus* exerce son action. Observant notamment les processus de la nutrition dans les divers organes, Blumenbach en vient à postuler l'existence d'unités de force vitale dispersées dans la matière du corps organique et susceptibles de combiner leurs effets suivant un dessein fonctionnel propre au tout, même si nous ne pouvons expliquer mécaniquement la régulation des fonctions que cela suppose. Tout se passe comme si les effets fonctionnels que l'on observe dépendaient d'une ordination téléologique des mouvements impliqués. De ce fait, l'explication des processus vitaux requiert que l'on conjugue des propositions relatives à l'analyse des structures et des mécanismes en termes de propriétés physico-chimiques avec des hypothèses relatives aux relations téléologiques régissant les dispositifs intégrés du corps vivant. J'ai tenté de montrer comment, en prolongement de cette doctrine, Carl Friedrich Kielmeyer tente de définir des lois englobant à la fois l'analyse des organismes individuels du point de vue des forces et des dispositifs en jeu et du point de vue de la transformation des forces spécifiques. Dans les deux cas, le schème qui apparaît dominant semble être celui de séries graduées de systèmes de forces et de dispositifs : ces séries refléteraient une même économie d'organisation, soumise à des variations que l'on pourrait qualifier d'harmoniques, puisqu'elles traduisent les effets d'une force-principe architectonique et régulatrice, qui n'est pas sans rappeler les pouvoirs attribuables à la monade leibnizienne dans son hégémonie formelle sur le corps organique et sur les machines organiques à l'infini qui le composent.

Il faut contourner certaines interprétations courantes de la philosophie de Kant pour y retrouver le fil des transformations de la doctrine des corps organiques qui se sont accomplies au cours du XVIIIe siècle. Il convient en particulier de rejeter la conception d'un système de philosophie transcendantale clos sur lui-même. Il faut aussi éviter d'être obnubilé par le modèle épistémologique d'une science qui ne pourrait être concevable que selon les normes *a priori* d'une doctrine de la causalité efficiente mécanique. Mais il importe surtout de saisir la continuité historique des considérations kantiennes portant sur le vivant. Dès *L'Unique Fondement possible d'une démonstration de l'existence de Dieu* (1763), Kant se prononce en faveur d'une forme non réductionniste d'épigenèse contre la préformation et il amorce, par la suite, le jeu des comparaisons entre les modes de formations possibles des principes de la connaissance et les hypothèses explicatives de la génération. Le point de départ des réflexions kantiennes réside dans la considération selon laquelle les phénomènes vitaux ne semblent pas pouvoir découler mécaniquement des « lois générales de la nature », mais requièrent d'être régis par une loi issue d'un projet intentionnel. La transposition épigénétique de cette thèse consiste à présumer la seule formation transcendante d'organismes primordiaux et la formation naturelle des individus des générations successives. Or, cette formation ne semble pas pouvoir se conformer à des schèmes mécanistes conformes aux lois générales de la nature. Les écrits sur les variétés de l'espèce humaine (1775, 1785 et 1788) rattachent le développement des corps organisés à des germes et à des dispositions qui s'actualisent dans la combinaison de semences mâles et femelles, et ils relient la variation de ces corps à des altérations et à des différenciations des types spécifiques suivant le potentiel d'adaptation compris dans les dispositions héréditaires. Ultimement, tout dépend de la pré-ordination des forces impliquées dans les semences et dans leurs dispositions, et du déploiement consécutif de processus téléologiquement ordonnés selon le schème prédéterminant du tout. Dans la *Critique de la faculté de juger* (1790), cette thèse aboutit au concept d'une force formatrice qui réalise, conserve et reproduit une structure organique fonctionnellement intégrée. D'où, du point de vue épistémologique, la combinaison et, *de facto*, la subordination requise des déterminations physico-mécaniques à un principe téléologique d'explication et de régulation. En ce qui concerne l'explication de l'évolution des formes spécifiques, Kant justifie son adhésion à un mode de génération « homonyme » et prend parti pour un préformationnisme générique. S'assurant de justifications théoriques suffisantes, Kant loue Blumenbach d'avoir dissocié le principe de formation, générateur des corps organiques, de toute force de formation simplement mécanique. Reste à comprendre le sens analogique du concept d'épigenèse dans le cadre d'une doctrine relative au fondement rationnel des lois de la nature. L'interprétation des analogies développées à l'article 27 de la Déduction transcendantale B (1787) de la *Critique de la raison pure* fournit sur ce point un utile éclairage. La question porte alors sur le rôle fonctionnel et formateur de l'entendement pur dans la détermination objective d'objets de l'expérience perçus selon les formes générales de l'espace et du temps. La thèse d'une possession *a priori* des principes de l'expérience est ainsi présentée comme impliquant un « système de l'épigenèse de la raison pure ». Le principe d'organisation vitale, qui sert à fonder l'analogie épistémique, est présenté comme une source de spontanéité dans l'organisation et comme une source de détermination légale spécifique, conforme au projet d'intégration structurale et fonctionnelle à accomplir. Un principe autonome et spontané de formation détermine la configuration globale des processus par lesquels l'organisme se réalise. On comprend, dans ces conditions, que la référence physiologique à laquelle Kant recourt s'apparente au concept d'une force de formation : celle-ci implique l'idée d'un projet architectonique correspondant à l'ordre organique du vivant – selon Blumenbach – plutôt qu'à une force potentiellement réductible à l'ordre des causes physico-mécaniques, alors même qu'elle réaliserait une forme d'organisation matérielle – selon Caspar Friedrich Wolff. La compréhension du principe, tel que conçu par Kant, ne peut relever que d'un jugement réfléchissant soumettant les phénomènes à une compréhension d'ordre téléologique, par-delà toute analyse, même hypothétique, en termes d'efficience physico-mécanique. L'Analytique de la faculté de juger téléologique de la troisième *Critique* s'applique à déterminer à quelles conditions des objets de la nature, les corps organiques en opération et les lois empiriques qui les caractérisent, déterminent l'implication du jugement réfléchissant dans la constitution du savoir qui s'y rapporte. Cette implication pouvant entraîner une antinomie dans l'application des modes d'intellection au cas des êtres organisés, il s'agit, dans la Dialectique de la faculté de juger téléologique, de dénouer les conditions susceptibles de susciter cette antinomie. Quant à la Méthodologie qui clôt l'analyse, elle a entre autres pour objectif de baliser le recours à la téléologie dans l'interprétation scientifique des phénomènes vitaux. De façon générale, cette interprétation requiert un dépassement des explications mécanistes : elle présume une activité immanente à ces « fins de la nature » (*Naturzwecke*). Chez celles-ci, structures et processus apparaissent comme des moyens ordonnés à une finalité qui les détermine les uns par rapport aux autres et tous par rapport au tout qu'ils forment. Le statut des vivants comme fins de la nature ne laisse pas toutefois d'être ambigu, car on leur assigne une finalité interne comme principe régulateur gouvernant l'interprétation des lois empiriques qui se rapportent à eux, mais sans qu'on puisse assigner à ce principe une fonction constitutive fondant l'essence de tels êtres comme objets de l'expérience possible. L'analogie des corps organisés avec des machines de l'art tient au fait que les structures et les mouvements qui les animent peuvent être analogiquement identifiés comme des instruments propres à réaliser le tout selon le dessein d'un concepteur qui en détiendrait le pouvoir, mais l'auto-organisation requiert que l'on conçoive qu'y intervient une « force formatrice » incarnant une causalité immanente selon des fins et échappant de ce fait aux limites de l'analogie évoquée. Le propre du corps organisé, comme fin naturelle, est de posséder, dans ses parties intégrantes, le pouvoir d'agencer celles-ci les unes pour les autres, les unes par les autres, en fonction du tout qu'elles forment. Ce pouvoir ne peut toutefois être conçu comme relevant d'une conception « hylozoïste » de la nature : c'est dire que, dans son exercice, il ne saurait contrevenir au mécanisme général de la nature, alors même qu'il échappe à la juridiction de celui-ci et implique un mode de représentation distinct du projet qu'il réalise. Tout se passe comme si une régulation immanente des mouvements organiques s'opérait au bénéfice du corps vivant comme tout individuel intégré. L'antinomie qui résulterait de l'identification du principe téléologique comme ontologiquement constitutif des êtres vivants en tant qu'objets de l'expérience possible, peut être résolue si l'on en restreint l'application à un usage du jugement réfléchissant : celui-ci permet le dévoilement heuristique de formes de lois empiriques régissant l'organisation vitale, sans qu'il ait à statuer sur la production causale effective de cette organisation. Mais le concept d'un tel principe est aussi tenu pour une condition d'intelligibilité, certes subjective, mais néanmoins indispensable pour nous, du mode de formation, d'organisation et d'opération des corps organisés vivants. D'où son implication requise pour la constitution d'un succédané de théorie de ces corps. Car la science des êtres organisés, quelle que soit l'ampleur des explications physico-mécanistes qu'on parvient à y intégrer, reste ultimement dépendante, pour nous, de lemmes référant à la conception de l'ordre organique même. Le rôle heuristique de la téléologie se trouve de ce fait limité, selon Kant, à l'« histoire naturelle » des corps organisés en tant que produits de la nature. Se déclarant pour l'hétéronomie des principes de causalité et de finalité dans l'explication physiologique, Kant s'écarte des implications épistémologiques du modèle leibnizien ; il paraît toutefois s'en rapprocher lorsqu'il recommande, une fois posé le postulat d'une organisation originaire, de procéder à l'analyse mécaniste la plus poussée possible des processus par lesquels s'actualise la finalité des processus vitaux. Dans le même temps cependant, Kant tend à réduire toute hypothèse mécaniste relative à la genèse des vivants à un principe unitaire de transformation mécanique qui lierait la production des formes vitales les unes aux autres. Par-delà le rejet de toute génération équivoque, il ne saurait même incliner à admettre un système de « génération univoque homonyme » qui impliquât un mécanisme unitaire téléologiquement orienté. Il en reste plutôt à la représentation d'une pluralité de mécanismes spécifiés par une préformation générique sous forme de germes et de dispositions propres aux diverses espèces biologiques et incarnant autant de projets d'organisation spécifiques. Cette préformation n'apparaît pas sans affinités avec le modèle leibnizien de la préformation comme loi d'engendrement des métamorphoses des corps organisés individuels, si ce n'est que la loi empirique de la génération que Kant conçoit englobe la production des individualités successives, une fois posé l'archétype originaire de la forme générique des individualités concernées : d'où son adhésion à un concept d'épigenèse assez analogue à celui que l'on trouve chez certains tenants d'une doctrine néo-leibnizienne de l'organisation vitale. C'est d'ailleurs sous l'angle des lois empiriques que légitime un tel modèle, plutôt que sous celui des principes épistémologiques servant de conditions pour la formulation de ces lois, que Kant lui-même manifeste son adhésion aux concepts physiologiques de Blumenbach.

Avec cette doctrine-synthèse kantienne se clôt un cycle de transformations du concept de corps organique et des principes théoriques qui lui ont été associés, cycle dont l'amorce se trouvait dans le modèle leibnizien des « machines de la nature », indissociablement constituées de monades dominantes et de corps organiques en une composition à l'infini. D'entrée de jeu, l'« organisme » signifiait les formes particulières de mécanisme régissant la structuration et le fonctionnement de cet ensemble intégré de corps organiques agissant et réagissant de façon harmonique de façon à assurer la préservation du tout et l'exercice de ses diverses fonctions. Le trait dominant du modèle résidait sans doute dans la capacité du corps organique d'être un principe d'action sur soi et d'accomplir par soi la séquence de ses incessantes transformations : d'où l'idée qui prend progressivement corps d'un « mécanisme organique » qui se manifesterait par des lois autonomes de formation et de développement, exprimant la *vis insita* de l'individualité vivante. À travers les phases de transformation du modèle du corps organique, la conception de ces lois et de la force immanente dont elles traduiraient l'effet va progressivement se détacher de la seule référence au mécanisme général qui était réputé régir la nature tant organique qu'inorganique. Le recours obligé à la téléologie pour rendre compte de l'ordre spécifique reflété par les phénomènes vitaux en leur production comme en l'économie des fonctions exercées semble alors justifier l'invocation de propriétés physiologiques, puis de principes vitaux à titre d'hypothèses explicatives. Le statut de ces hypothèses donne lieu, semble-t-il, à deux courants plus ou moins divergents. D'une part, certains tendront à repenser la nature et les propriétés des monades physiologiques de façon à y insérer la capacité d'organisation et d'action structurale et fonctionnelle que reflètent les séquences de processus vitaux propres aux individualités biologiques. De façon quelque peu contrastée, l'on sera incité d'autre part à concevoir ces principes vitaux comme l'incarnation d'une disposition du sujet connaissant à interpréter les phénomènes vitaux comme s'ils résultaient d'un plan d'intégration fonctionnelle se déployant en séquences ordonnées de processus jusque dans les moindres éléments de telles individualités. Dans la ligne de développement de ces deux axes de constitution théorique, l'un plus ontologique, l'autre plus épistémologique, le schème de lois spécifiques d'organisation vitale liant dynamiquement des états successifs d'intégration structurale et fonctionnelle de l'être vivant devient dominant – ce que semble excellemment représenter la notion d'organisme.

Certes, la *Naturphilosophie* s'emparera de cette notion, comme en témoigne notamment l'œuvre de Schelling. Celui-ci impose un usage spéculatif et transcendant du concept, clé de voûte de l'interprétation de la nature dans son incarnation microcosmique, celle des vivants proprement dits, aussi bien que dans son devenir macrocosmique, celle d'un monde régi par son propre principe d'intégration et de transformation [1]. Prenons-en à titre d'illustration ces propos de Schelling qui, si l'on fait abstrait de la construction spéculative dans laquelle ils s'inscrivent, reflètent des éléments centraux du modèle de l'organisme issu de Leibniz, ultimement réinterprété par Kant :

> Tout être véritablement individuel est par lui-même tout à la fois effet et cause. Mais un tel être [...] nous le qualifions d'organisé. De ce fait, ce qui revêt dans la nature le caractère de l'individualité doit être une organisation, et réciproquement. Dans toute organisation, l'individualité (des parties) va jusqu'à l'infini : cette proposition, même si elle n'est pas démontrable par l'expérience en tant que principe constitutif, doit du moins être posée comme régulatrice pour fondement de toute recherche. [...] L'essence du processus organisateur doit donc consister dans l'individualisation de la matière à l'infini. Mais une partie d'une organisation n'est individuelle qu'en tant que le tout de l'organisation est encore reconnaissable, et en quelque sorte exprimé en elle. Or, ce tout ne consiste lui-même que dans l'unité du processus vital [2].

Or, la biologie naissante ne manquera pas non plus de recourir au même concept d'être organisé en le qualifiant d'organisme. Elle s'en servira pour exprimer l'essence de son objet, à savoir le corps organisé vivant en toutes ses variétés, dans la mesure où toutes les composantes de ce corps concourent à maintenir l'intégration du tout et à déployer

1. Voir par exemple F. W. J. von Schelling, *Von der Weltseele. Eine Hypothese der höhern Physik zur Erklärung des allgemeinen Organismus*, Hamburg, bey Friedrich Perthes, 1798 ; F. W. J. von Schelling, *De l'Âme du monde. Une hypothèse de la physique supérieure pour l'explication de l'organisme général*, traduction, annotation et postface de S. Schmitt, Paris, Éditions Rue d'Ulm-Presses de l'École Normale Supérieure, 2007.

2. *Ibid.*, p. 143-144.

la série indéfinie des processus fonctionnels qui semblent requis à cette fin. Dans la section des Prolégomènes de son *Handbuch der Physiologie des Menschen* (1833) consacrée à l'organisme et à la vie, Johannes Peter Müller résume bien cette transformation métonymique du concept scientifique d'organisme qui s'est produite à l'orée du XIXe siècle :

> Les corps organisés ne diffèrent pas seulement des corps inorganiques par la manière dont sont arrangés les éléments qui les constituent ; l'activité continuelle qui se déploie dans la matière organique vivante jouit aussi d'un pouvoir créateur soumis aux lois d'un plan raisonné, de l'harmonie, car les parties sont disposées de telle sorte qu'elles répondent au but en vue duquel le tout existe, et c'est là précisément ce qui distingue l'organisme. [...] D'après ce caractère, on conçoit pourquoi une partie isolée du tout organique cesse de vivre la plupart du temps, pourquoi le corps organique est un individu, un tout indivisible. [...] Il y a donc, dans l'organisme, l'unité du tout qui plane au-dessus de la multiplicité des membres et qui la domine [1].

1. J. P. Müller, *Manuel de physiologie*, trad. de l'allemand par A.-J.-L. Jourdan, Paris, Chez J.-B. Baillière, 1851, I, p. 16-17 ; J. P. Müller, *Handbuch der Physiologie des Menschen*, Coblenz, J. Hölscher, 1838-1840, I, p. 19-20 : « Die organischen Körper unterscheiden sich nicht bloß von den unorganischen durch die Art ihrer Zusammensetzung aus Elementen, sondern die beständige Thätigkeit, welche in der lebenden organischen Materie wirkt, schafft auch in den Gesetzen eines vernünftigen Plans mit Zweckmäßigkeit, indem die Theile zum Zwecke eines Ganzen angeordnet werden, und dies ist gerade was den Organismus auszeichnet [...] Durch diesen Charakter begreift man, warum ein blosser Theil des organischen Ganzen meist nicht fortlebt, warum der organische Körper ein Individuum, ein Untheilbares scheint. [...] Im Organismus ist also eine die Zusammensetzung aus ungleichen Gliedern beherrschende Einheit des Ganzes ».

BIBLIOGRAPHIE

Sources

BAYLE P., *Dictionnaire historique et critique*, Rotterdam, Chez Reinier Leers, 1697.

– « Mémoire communiqué par Mr. Bayle [...] », *Histoire des ouvrages des sçavans*, 20 (1704), p. 369-396.

– *Œuvres diverses*, La Haye, Par la Compagnie des Libraires, 1737.

BICHAT X., *Recherches physiologiques sur la vie et la mort*, Paris, Brosson, Gabon et C ie, an VIII.

BILFINGER G. B., *Dilucidationes philosophicae de Deo, anima humana, mundo, et generalibus rerum affectionibus*, Tubingae, Sumtibus Joh. Georgii & Christiani Godof. Cottae, 1725.

BLUMENBACH J. F., *De nisu formativo et generationis negotio nuperæ observationes*, Gottingæ, Apud J.C. Dieterich, 1787.

– *Commentatio de vi vitali sanguinis*, Gottingae, J. C. Dieterich, 1788.

– « Ueber Menschen-Rassen und Schweine-Rassen », *Voigts Magasin für das Neueste aus der Physik und Naturgeschichte*, 6 (1789), p. 6-7.

– *Über den Bildungstrieb*, Göttingen, bey Johann Christian Dieterich, 1791.

– *De generis humani varietate nativa*, edition tertia, Gottingæ, Apud Vandenhoek & Ruprecht, 1795.

– *Institutions physiologiques*, trad. du latin et augmentées de notes par J. Fr. Pugnet, Lyon, Chez J. T. Reymann et Cie, 1797.

– *Handbuch der Naturgeschichte.* 6. Auflage, Göttingen, bey Johann Christian Dieterich, 1799.

– *Manuel d'histoire naturelle*, trad. de l'allemand par Soulange Artaud, Metz, Collignon, An XI – 1803.

BLUMENBACH J. F., BORN C. F., *Zwo Abhandlungen über die Nutritionskraft welche von der Kayserlichen Academie der Wissenschaften in St. Petersburg den Preis getheilt erhalten haben. Die erste von Herrn Hofrath Blumenbach, die zwote von Herrn Prof. Born. Nebst einer fernern Erläuterung eben derselben Materie, von C.F. Wolff*, St. Petersburg, gedruckt bey die Kayserl. Akademie der Wissenschaften, 1789.

BONNET C., *Œuvres d'histoire naturelle et de philosophie*, Neuchâtel, Chez Samuel Fauche, 1779-1783.

– *Considération sur les corps organisés* (1762), Paris, Fayard, 1985.
BOURGUET L., *Lettres philosophiques sur la formation des sels et des crystaux, et sur la génération et le mechanisme organique des plantes et des animaux ; à l'occasion de la pierre belemnite et de la pierre lenticulaire, avec un mémoire sur la théorie de la Terre*, Amsterdam, François l'Honoré, 1729.
– « Lettre à Mr. Meuron [...] sur la philosophie de Mr. le baron de Leibniz », *Journal helvétique*, mai 1738, p. 393-419.
– « À Mr. Roques [...] servant de reponse aux quatre lettres qui ont parû de lui, dans le Journal helvétique contre le sistème de Mr. de Leibniz », *Journal helvétique*, août 1739, p. 49-84.
BOYLE R., *De ipsa natura sive libera in receptam naturæ notionem disquisitio*, Londini, Typis H. Clark, Impensis Johannis Taylor, 1687.
BUFFON G. L. Leclerc de, *Histoire naturelle générale et particulière*, Paris, Imprimerie royale, 1749-1789 (cité IR).
– *Œuvres philosophiques*, éd. J. Piveteau, Paris, P.U.F., 1954 (cité OP).
CANZ I. G., *Meditationes philosophicæ quibus variæ scientiarum difficultates expenduntur et veritates oppositæ confirmantur*, Tubingæ, Sumtibus Johannis Georgii Cottæ, 1750.
CONDILLAC E. Bonnot de, « Les Monades. Dissertation », in *Dissertation qui a remporté le prix proposé par l'Académie royale des sciences et des belles-lettres sur le système des monades avec les pieces qui ont concouru*, Berlin, Chez A. Haude & J. C. Spener, 1748, p. 257-362.
– *Les Monades*, ed. L. L. Bongie, Oxford, Voltaire Foundation, 1980.
– *Œuvres philosophiques*, Paris, P.U.F., 1947 (cité OP).
CONTI A., *Risposta del Signor abate Conte Antonio Conti, nobile veneziano, alla Difesa del Libro delle Considerazioni intorno alla generazione de' viventi*, Venezia, Appresso Jacopo Tommasini, 1716.
CUDWORTH R., *The True Intellectual System of the Universe*, London, Printed for Richard Royston, 1678.
DIDEROT D., *Éléments de physiologie*, éd. J. Mayer, Paris, Marcel Didier, 1964 (cité EP).
– *Œuvres philosophiques*, éd. P. Vernière, Paris, Garnier, 1964 (cité OP).
GAUB H. D., *Institutiones pathologiæ medicinalis* (1758), editio altera, Lugduni Batavorum, Apud Samuelem & Johannem Luchtmans, 1775.
GEOFFROY É.-F., « Table des differens rapports observés en chimie entre differentes substances », *Histoire de l'Académie Royale des Sciences*, année 1718, p. 202-212.
HALLER A. von, « De partibus corporis humani sensilibus et irritabilibus », *Commentarii Societatis Regiæ Scientiarum Gottingensis,* 2 (1753), p. 114-158.
– *Mémoires sur les parties sensibles et irritables du corps animal*, Lausanne, M. M. Bousquet (-S. d'Arnay), 1756-1760.
– *Elementa physiologiæ corporis humani*. Lausannæ, Sumptibus M. M. Bousquet ; Bernæ, Sumptibus Societatis Typographicæ, 1757-1766.

– *Sur la formation du cœur dans le poulet ; sur l'œil ; sur la structure du jaune*, Lausanne, M.-M. Bousquet, 1758.
– *Élémens de physiologie*, Paris, Chez Guillyn, 1769.
– « Irritabilité », *Supplément à l'Encyclopédie*, Amsterdam, Rey, 1776-1777, III, p. 663.
– *Primæ lineæ physiologiæ*, Hildesheim, G. Olms, 1974.
– *Commentarius de formatione cordis in ovo incubato*, Basel, Schwabe, 2000.
HANOV M. C., *Philosophiæ naturalis sive Physicæ dogmaticæ Tomus I-IV* (1762-1768), Hildesheim, Georg Olms, 1997 (cité PN).
HARTSOEKER N., « Lettre sur quelques endroits des ouvrages de Mrs Cheyne et Derham », *Bibliothèque ancienne et moderne*, 8 (1717), p. 303-350.
– « Lettre [...] sur les serres, qui recroissent aux ecrevisses, quand on les a rompues ; sur la petitesse des animaux que quelques-uns supposent avoir été tous créez au commencement du monde, & sur les natures, qui forment présentement les corps organisez, & qui y résident », *Bibliothèque ancienne et moderne*, 18 (1722), p. 194-205.
– *Recueil de plusieurs pièces de physique*, Utrecht, Vve Braedelet, 1717.
HOFFMANN F., *De natura morborum medicatrice mechanica*, Halæ Magdeburgicæ, Typis Christiani Henckelii, 1699.
– *Operum omnium physico-medicorum supplementum primum*, Genevæ, Apud Fratres de Tournes, 1749.
KANT I., *Kants Werke. Akademie-Textausgabe*, Berlin, Walter de Gruyter, 1968 (cité Ak).
– *Critique de la raison pure*, trad. A. Tremesaygues, B. Pacaud, Paris, P.U.F., 1963.
– *Critique de la faculté de juger*, trad. A. Philonenko, Paris, Vrin, 1965 (cité CFJ).
– *Œuvres philosophiques*, Paris, Gallimard, 1985-1986 (cité OP).
– *Opuscules sur l'histoire*, trad. S. Piobetta, Paris, GF-Flammarion, 1990.
KIELMEYER C. F., « Ueber die Verhältniße der organischen Kräfte untereinander in der Reihe der verschiedenen Organisationen, die Geseze und Folgen dieser Verhältniße » (1793), *Sudhoffs Archiv für Geschichte des Medizin und der Naturwissenschaften*, 23 (1930), p. 247-267.
– « Ideen einer Entwicklungsgeschichte der Erde und ihrer Organisation. Schreiben an Windischmann », in *Gesammelte Schriften*, Berlin, F. Keiper, 1938, p. 203-210.
KÖLREUTER J. G., *Vorläufige Nachricht von einigen das Geschlecht der Pflanzen betreffenden Versuchen und Beobachtungen, nebst Fortsetzungen 1, 2 und 3* (1761-1766), hrsg. von W. Pfeffer, Leipzig, W. Engelmann, 1893.
KRATZENSTEIN C. G., *Anhandlung von dem Nutzen der Electricität in der Arzneywissenschaft*, 2. vermehre Auflage, Halle, Verlegts Carl Hermann Hemmerde, 1745.
LA MÉTHERIE J.-C. de, *Vues physiologiques sur l'organisation animale et végétale*, Amsterdam-Paris, Chez P. F. Didot, 1780.
– *Principes de la philosophie naturelle*, Genève, 1787.

LE CLERC D., MANGET J.-J. (dir.), *Bibliotheca anatomica*, Genevæ, Sumptibus Joannis Anthonii Chouet, 1695.

LE CLERC J., « Éclaircissement de la doctrine de Mrs. Cudworth & Grew, touchant la nature plastique et le monde vital […] », *Bibliothèque choisie*, 5 (1705), art. 4, p. 283-303.

LEEUWENHOEK A. van, *Epistolae physiologicæ super compluribus naturæ arcanis*, Delphis, Apud Adrianum Beman, 1719.

LEIBNIZ G. W., *Opera omnia*, ed. L. Dutens (1768), Hildesheim, Georg Olms, 1989 (cité Dutens).

– *Sämtliche Schriften und Briefe*, Berlin, Akademie-Verlag, 1923-… (cité A).

– *Mathematische Schriften*, hrsg. von C. I. Gerhardt, Hildesheim, Georg Olms, 1977 (cité GM).

– *Die philosophische Schriften*, hrsg. von C. I. Gerhardt, Hildesheim, Georg Olms, 1965 (cité GP).

– « Extrait d'une lettre de Mr. Leibniz à l'auteur du Journal, touchant le principe de justesse des horloges portatives de son invention », *Journal des sçavans*, 25 mars 1675, p. 91-96.

– *Principes de la nature et de la grâce fondés en raison. Principes de la philosophie ou Monadologie*, éd. A. Robinet, Paris, P.U.F., 1954.

– *Nachgelassene Schriften physikalischen, mechanischen und technischen Inhalts*, hrsg. von E. Gerland, Hildesheim, Georg Olms, 1995 (cité Gerland).

MAUPERTUIS P. L. MOREAU de, *Œuvres* (1768), Hildesheim, Georg Olms, 1974.

MICHELOTTI P. A., *De separatione fluidorum in corpore animali dissertatio physico-mechanico-medica*, Venitiis, Pinellorum ære, 1721.

MONESTIER B., *La Vraie Philosophie*, Bruxelles, Valade, 1774.

MÜLLER J. P., *Handbuch der Physiologie des Menschen*, Coblenz, J. Hölscher, 1838-1840.

– *Manuel de physiologie*, trad. de l'allemand par A.-J.-L. Jourdan, Paris, Chez J.-B. Baillière, 1851.

NEEDHAM J. T., *Nouvelles Observations microscopiques avec des découvertes intéressantes sur la composition et la décomposition des corps organisés*, Paris, Chez Louis-Étienne Ganeau, 1750 (cité NO).

NIGRISOLI F. M., *Considerazioni intorno alla generazione de' viventi e particolarmente de' mostri*, Ferrara, Presso Bernardini Barbieri, 1712.

RÉAUMUR R. A. FERCHAULT de, *Mémoires pour servir à l'histoire des insectes*, Paris, De l'Imprimerie Royale, 1734-1745.

SCHELLING F. W. J. von, *Von der Weltseele. Eine Hypothese der höhern Physik zur Erklärung des allgemeinen Organismus*, Hamburg, bey Friedrich Perthes, 1798.

– *De l'Âme du monde. Une hypothèse de la physique supérieure pour l'explication de l'organisme général*, traduction, annotation et postface de S. Schmitt, Paris, Éditions Rue d'Ulm ; Presses de l'École Normale Supérieure, 2007.

SIGORGNE P., *Les Monades, ou Introduction à la philosophie de Léibnitz*, Lyon, Chez les Frères Perisse, 1767.

SPALLANZANI L., NEEDHAM J. T., *Nouvelles Recherches sur les découvertes microscopiques, et la génération des corps organisés*, Londres-Paris, Chez Lacombe, 1769 (cité NR).

SPALLANZANI L., « Saggio di osservazioni microscopiche concernenti il sistema della generazione de' Signori di Needham e Buffon », in *Due dissertazioni*, Modena, B. Soliani, 1765.

– « Observations et expériences sur les animalcules des infusions », in *Opuscules de physique animale et végétale*, trad. de l'italien par J. Senebier, Pavie et Paris, 1787, I, p. 1-255.

– *Cartegi*, Modena, Mucchi, 1984-1990.

STAHL G. E., *Dissertatio medica inauguralis de intestinis, eorumque morbis ac symptomatibus cognoscendis et curandis*, Ienæ, Typis Wertherii, 1684.

– *Negotium otiosum*, Halae, Litteris et impensis Orphanotrophei, 1720.

– *Theoria medica vera* (1708), Halæ, Impensis Orphanotrophei, 1737.

TREMBLEY A., *Mémoires pour servir à l'histoire d'un genre de polypes d'eau douce, en bras en forme de cornes*, Leyde, Jean & Herman Verbeek, 1744.

UNZER J. A., *Erste Gründe einer Physiologie der eigentlichen thierischen Natur thierischer Körper*, Leipzig, Weidmanns, Erben und Reich, 1771.

WHYTT R., *An Essay on the Vital and Other Involuntary Motions of Animals*, Edinburgh, Hamilton, Balfour and Neill, 1751.

WINCKLER J. H., *Institutiones philosophiæ wolfianæ utriusque contemplativæ et activæ usibus academicis accommodatæ*, Lipsiæ, Sumtibus Caspar Fritsch, 1735.

WOLFF C. F., *Theoria generationis* (1759). *Theorie von der Generation* (1764), Hildesheim, Georg Olms, 1966.

WOLFF C., *Vernünfftige Gedancken von Gott, der Welt und der Seele des Menschen, auch allen Dingen überhaupt* (1720) [*Deutsche Metaphysik*], Halle in Magdeburg, in der Rengerischen Buchhandlung, 1747.

– *Allerhand nützliche Versuche, dadurch zu genauer Erkäntnis der Natur und Kunst der Weg gebähnet wird* [*Deutsche Experimentalphysik*] (1721-1723), Hildesheim, Georg Olms, 1982.

– *Vernünfftige Gedancken von der Würckungen der Natur* [*Deutsche Physik*], Halle in Magdeburg, in der Rengerischen Buchhandlung, 1723.

– *Vernünfftige Gedancken von den Absichten der natürlichen Dinge* (1726) [Deutsche Teleologie], Hildesheim, Georg Olms, 1980.

– *Vernünfftige Gedancken von dem Gebrauche der Theile in Menschen, Thieren und Pflanzen, den Liebhabern der Wahrheit mitgetheilet* (1725) [*Deutsche Physiologie*], Frankfurt-Leipzig, in der Rengerischen Buchhandlung, 1730.

– *Cosmologia generalis, methodo scientifica pertractata*, Francofurti-Lipsiæ, Prostat in officina libraria rengeriana, 1731.

– *Psychologia rationalis* (1734), Hildesheim, G. Olms, 1972.

– *Cosmologia generalis* (2 e éd. 1737), Hildesheim, G. Olms, 1964.

Études

ANDRAULT R., « Entre anatomie et théologie : L'organisme chez Nehemiah Grew et G. W. Leibniz », *in* H. Breger, J. Herbst, S. Erdner (Hrsg.), *Natur und Subjekt.* IX. Internationaler Leibniz-Kongreß, Hannover, Gottfried-Wilhelm-Leibniz-Gesellschaft, 2011, I, p. 18-26.

– *La Vie selon la raison. Physiologie et métaphysique chez Spinoza et Leibniz*, Paris, Honoré Champion, 2014.

– *La Raison des corps. Mécanisme et science médicale*, Paris, Vrin, 2016.

BALAN B., *L'Ordre et le temps. L'anatomie comparée et l'histoire des vivants au XIXe siècle*, Paris, Vrin, 1979.

BARBER W. H., *Leibniz in France. From Arnauld to Voltaire* [1955], New York, Garland Publishing, 1985.

BELAVAL Y., *Études leibniziennes*, Paris, Gallimard, 1976.

BERNEZ M.-O. (dir.), *L'Héritage de Buffon*, Dijon, Éditions universitaires de Dijon, 2009.

BERTOLONI Meli D., *Mechanism, Experiment, Disease. Marcello Malpighi and Seventeenth-Century Anatomy*, Baltimore, Johns Hopkins University Press, 2011.

BLANK A., « Sennert and Leibniz on animate atoms », *in* J. Smith, O. Nachtomy (eds.), *Machines of Nature and Composite Substances in Leibniz*, Dordrecht, Springer, 2011, p. 115-130.

BORCHERS S., BRONISCH J., « Christian Wolff und des Süßwasserpolyp. Zum wissenschaftsgeschichtlichen Quellenwert des Briefwechsels des Philosophen », *Studia leibnitiana*, 37 (2005), p. 224-237.

BREGER H., *Kontinuum, Analysis, Informales. Beiträge zur Mathematik und Philosophie von Leibniz*, Berlin, Springer Spektrum, 2016.

CALINGER R., « The Newtonian-Wolffian Controversy », *Journal of the History of Ideas*, 30 (1969), p. 319-330.

CANGUILHEM G., *La Formation du concept de réflexe aux XVIIe et XVIIIe siècles*, Paris, P.U.F., 1955 (réédition : Paris, Vrin, 1994).

CASSIRER E., *Leibniz' System in seinen wissenschaftlichen Grundlagen* (1902), Hildesheim, Georg Olms Verlag, 1980.

– *La Philosophie des Lumières*, trad. P. Quillet, Paris, Fayard, 1970.

CEGLIA F. P. de, *I fari di Halle. Georg Ernst Stahl, Friedrich Hoffmann e la medicina europea del primo settecento*, Bologna, Società editrice il Mulino, 2009.

CHERNI A., *Épistémologie de la transparence. Sur l'embryologie de A. von Haller*, Paris, Vrin, 1998.

CHEUNG T., « Ontologie und Physiologie bei Christian Wolff (1679-1754) », *Verhandlungen zur Geschichte und Theorie der Biologie*, 19 (2004), p. 263-281.

– « From the organism of a body to the body of an organism : occurrence and meaning of the word 'organism' from the seventeenth to nineteenth centuries », *British Journal for the History of Science*, 39 (2006), p. 319-339.

Cheung T., *Res vivens. Agentenmodelle organischer Ordnung 1600-1800*, Freiburg i. Br., Rombach Verlag, 2008.
– « What is an 'organism' ? On the occurrence of a new term and its conceptual transformations 1680-1850 », *History and Philosophy of the Life Sciences*, 32 (2010), p. 155-194.
Coleman W., « Limits of the recapitulation theory. Carl Friedrich Kielmeyer's critique of the presumed parallelism of earth history, ontogeny, and the present order of organisms », *Isis*, 64 (1973), p. 341-350.
Dawson V. P., *Nature's Enigma. The Problem of the Polyp in the Letters of Bonnet, Trembley and Réaumur*, Philadelphia, American Philosophical Society, 1987.
Di Bella S., « La nature en question : Leibniz, Bayle et la querelle des natures plastiques », *in* C. Leduc, P. Rateau, J.-L. Solère (dir.), *Leibniz et Bayle : confrontation et dialogue*, Stuttgart, Franz Steiner Verlag, 2015, p. 219-245.
Di Domenico M. G., *L'inquietudine della ragione. Scienza e metafisica in Maupertuis*, Napoli, Morano Editore, 1990.
Duchesneau F., « Vitalism in late eighteenth century physiology : the cases of Barthez, Blumenbach, and J. Hunter », *in* W. B. Bynum, R. S. Porter (eds.), *William Hunter and the Eighteenth Century Medical World*, Cambridge, Cambridge University Press, 1985, p. 259-295.
– *Genèse de la théorie cellulaire*, Paris-Montréal, Vrin-Bellarmin, 1987.
– *Leibniz et la méthode de la science*, Paris, P.U.F., 1993.
– *La Dynamique de Leibniz*, Paris, Vrin, 1994.
– *Philosophie de la biologie*, Paris, P.U.F., 1997.
– « Territoires et frontières du vitalisme (1750-1850) », *in* G. Cimino, F. Duchesneau (eds.), *Vitalism from Haller to the Cell Theory*, Firenze, Leo S. Olschki, 1997, p. 297-349.
– *Les Modèles du vivant de Descartes à Leibniz*, Paris, Vrin, 1998.
– « Diderot et la physiologie de la sensibilité », *Dix-huitième Siècle*, 31 (1999), p. 195-216.
– « Épigenèse de la raison pure et analogies biologiques », *in* F. Duchesneau, G. Lafrance, C. Piché (dir.), *Kant actuel*, Paris-Montréal, Vrin-Bellarmin, 2000, p. 233-256.
– « Louis Bourguet et le modèle des corps organiques », *in* M.T. Monti (a cura di), *Antonio Vallisneri. L'edizione del testo scientifico d'età moderna*, Firenze, L. S. Olschki, 2003, p. 3-31.
– « Charles Bonnet's neo-Leibnizian theory of organic bodies », *in* J. E. H. Smith (ed.), *The Problem of Animal Generation in Early Modern Philosophy*, Cambridge, Cambridge University Press, 2006, p. 285-314.
– « Conti's conjectures in Vallisneri's *Istoria* », *in* D. Generali (a cura di), *Antonio Vallisneri. La figura, il contesto, le immagini storiografiche*, Firenze, L. S. Olschki, 2008, p. 195-221.
– « "Essential force" and "formative force" : models for epigenesis in the 18th century », *in* B. Feltz, M. Crommelinck, P. Goujon (eds.), *Self-Organization and Emergence in Life Sciences*, Dordrecht, Springer, 2006, p. 171-186.

– « Méthodes et idées selon l'*Istoria* », *in* A. Vallisneri, *Istoria della generazione*, a cura di M. T. Monti, Firenze : L. S. Olschki, 2009, p. CV-CXC.
– *Leibniz. Le vivant et l'organisme*, Paris, Vrin, 2010.
– « Autonomie des âmes et devenir des corps dans les *Essais de théodicée* », *in* P. Rateau (dir.), *Lectures et interprétations des Essais de théodicée*, Studia Leibnitiana, Sonderhefte 40, Stuttgart, Franz Steiner, 2011, p. 97-115.
– *La Physiologie des Lumières. Empirisme, modèles et théories*, Paris, Classiques Garnier, 2012.
– « Organisme et mécanisme : de Hoffmann à la controverse entre Leibniz et Stahl », *in* H. Breger, J. Herbst, S. Erdner (Hrsg.), IX. Internationaler Leibniz-Kongress. Natur und Subjekt, Hannover, Gottfried-Wilhelm-Leibniz-Gesellschaft, 2012, Nachtragsband, p. 20-38.
– « Charles Bonnet et l'immortalité des vivants selon les *Essais de théodicée* », *in* W. Li, W. Schmidt-Biggemann (Hrsg.), *300 Jahre Essais de Théodicée. Rezeption und Transformation*, *Studia Leibnitiana*, Supplementa 36, Stuttgart, Franz Steiner Verlag, 2013, 299-320.
– « Critique et usage du concept de monade par Maupertuis », *Studia Leibnitiana*, 45 (2013), p. 170-190.
– « Blumenbach on teleology and the laws of vital organization », *Verifiche*, 43 (2014), p. 113-135.
– « The organism-mechanism relationship : An issue in the Leibniz-Stahl controversy », *in* J. Smith, O. Nachtomy (eds.), *The Life Science in Early Modern Philosophy*, New York, Oxford University Press, 2014, p. 98-114.
– « Bayle et Leibniz critiques des natures plastiques », *in* C. Leduc, P. Rateau, J.-L. Solère (dir.), *Leibniz et Bayle : confrontation et dialogue*, Studia Leibnitiana, Sonderhefte 43, Stuttgart, Franz Steiner, 2015, p. 247-265.
— Smith J. E. H. (eds.), *The Leibniz-Stahl Controversy*, New Haven & London, Yale University Press, 2016.
– « L'ordre naturel selon Needham : métaphysique et philosophie expérimentale », *in* P. Girard, C. Leduc, M. Rioux-Beaulne (dir.), *Les Métaphysiques des Lumières*, Paris, Classiques Garnier, 2016, p. 155-170.
– « Le mécanisme organique : à propos de la réception de Leibniz par Bourguet », *Les Études philosophiques*, Leibniz après 1716 : Comment (ne pas) être leibnizien ?, octobre 2016, p. 495-513.
– « Degrees and forms of sensibility in Haller's physiology », *in* S. Buchenau, R. Lo Presti (eds.), *Human and Animal Cognition in Early Modern Philosophy and Medicine*, Pittsburgh, University of Pittsburgh Press, 2017, p. 201-220.
DUFLO C., *Diderot philosophe*, Paris, Honoré Champion, 2003.
EICHBERG S., « Constituting the human via the animal in eighteenth-century experimental neurophysiology : Albrecht von Haller's sensibility trials », *Medizinhistorisches Journal*, 44 (2009), p. 274-295.
FAUVERGUE C., *Diderot, lecteur et interprète de Leibniz*, Paris, Honoré Champion, 2006.

FICHANT M., « Leibniz et les machines de la nature », *Studia Leibnitiana*, 35 (2003), p. 1-28.
– « Introduction. L'invention métaphysique », *in* G.W. Leibniz, *Discours de métaphysique*, suivi de *Monadologie*, Paris, Gallimard, 2004.
FRENCH R. K., *Robert Whytt. The Soul and Medicine*, London, Wellcome Institute of the History of Medicine, 1969.
FRIEDMAN M., *Kant's Construction of Nature. A Reading of the Metaphysical Foundations of Natural Science*, Cambridge, Cambridge University Press, 2013.
GENOVA A. C., « Kant's epigenesis of pure reason », *Kant-Studien*, 65 (1974), p. 259-273.
GIGLIONE G., « What ever happened to Francis Glisson ? Albrecht Haller and the fate of eighteenth century irritability », *Science in Context*, 21 (2008), p. 465–493.
GODFREY-SMITH P., *Philosophy of Biology*, Princeton, Princeton University Press, 2014.
GOLDENBAUM U., *Ein gefälschter Leibnizbrief? Plädoyer für seine Authentizität*, Hannover, Wehrhahn Verlag, 2016.
GOY I., « Epigenetic theories : Caspar Friedrich Wolff and Immanuel Kant », , *in* I. Goy, E. Watkins (eds.), *Kant's Theory of Biology*, Berlin, Walter de Gruyter, 2014, p. 43-60.
GRMEK M. D., « La notion de fibre vivante chez les médecins de l'école iatrophysique », *Clio Medica*, 5 (1970), p. 297–318.
HALL T. S., *Ideas of Life and Matter*, Chicago, University of Chicago Press, 1969.
HOQUET T., *Buffon. Histoire naturelle et philosophie*, Paris, Honoré Champion, 2005.
HUNEMAN P., *Métaphysique et biologie. Kant et la constitution du concept d'organisme*, Paris, Éditions Kimé, 2008.
IBRAHIM A., « La notion de moule intérieur dans la théorie de la génération au XVIII e siècle », *Archives de philosophie*, 50 (1987), p. 555-580.
INGENSIEP H. W., « Die biologische Analogien und die erkenntnistheoretischen Alternativen in Kants Kritik der reinen Vernunft B § 27 », *Kant-Studien*, 85 (1994), p. 381-393.
LEDUC C., « Maupertuis et le système leibnizien des *Essais de théodicée* », *in* W. Li, W. Schmidt-Biggeman (Hrsg.). *300 Jahre Essais de Théodicée – Rezeption und Transformation*, Stuttgart, F. Steiner Verlag, 2013, p. 285-298.
LEDUC C., PÉPIN F., REY A.-L., RIOUX-BEAULNE M. (dir.), *Leibniz et Diderot. Rencontres et transformations*, Montréal-Paris, Presses de l'Université de Montréal-Vrin, 2015.
LENOIR T., « Kant, Blumenbach, and Vital Materialism in German Biology », *Isis*, 71 (1980), p. 77–108.
– *The Strategy of Life. Teleology and Mechanics in Nineteenth Century German Biology*, Dordrecht, Reidel, 1982.

Le Sueur A., *Maupertuis et ses correspondants*, Genève, Slatkine Reprints, 1971.
Löw R., *Philosophie des Lebendigen. Der Begriff des Organischen bei Kant, sein Grund und seine Aktualität*, Frankfurt am Main, Suhrkamp Verlag, 1980.
McLaughlin P., « Blumenbach und der Bildungstrieb », *Medizinhistorisches Journal*, 17 (1982), p. 357-372.
– *Kant's Critique of Teleology in Biological Explanation. Antinomy and Teleology*, Lewiston, Edwin Mellen Press, 1990.
– « Naming Biology », *Journal of the History of Biology*, 35 (2002), p. 1-4.
Monti M. T., « Un inedito di John Turberville Needham : Ideæ quædam generales de mundi systemate », *Rivista di storia delle filosofia*, 40 (1985), p. 503-529.
– *Congettura ed esperienza nella fisiologia di Haller. La riforma dell'anatomia animata e il sistema della generazione*, Firenze, L. S. Olschki, 1990.
Nachtomy O., « Leibniz and *The Logic of Life* », *Studia leibnitiana*, 41 (2009), p. 1-20.
Pasini E., *Corpo e funzioni in Leibniz*, Milano, Franco Angeli, 1996.
Pépin F., *La Philosophie expérimentale de Diderot et la chimie. Philosophie, science et arts*, Paris, Classiques Garnier, 2012.
Piché C., « The Precritical Use of the Metaphor of Epigenesis », dans T. Rockmore (ed.), *New Essays on the Precritical Kant*, Amherst NY, Humanity Books, 2001, p. 182-200.
Pradeu T., *Les Limites du soi. Immunologie et identité biologique*, Montréal-Paris, Presses de l'Université de Montréal-Vrin, 2009.
Quarfood M., *Trascendental Idealism and the Organism. Essays on Kant*, Stockholm, Almqvist & Wiksell International, 2004.
– « The antinomy of teleological judgement : what it is and how it is solved », *in* I. Goy, E. Watkins (eds.), *Kant's Theory of Biology*, Berlin, Walter de Gruyter, 2014, p. 167-183.
Ramos M. de Carvalho, *A Geração dos corpos organizados em Maupertuis*, São Paulo, Editora 34, 2009.
Rey R., *Naissance et développement du vitalisme en France de la deuxième moitié du 18 e siècle à la fin du Premier Empire*, Oxford, Voltaire Foundation, 2000.
Richards R. J., « Kant and Blumenbach on the *Bildungstrieb* : A historical misunderstanding », *Studies in History and Philosophy of Biological and Biomedical Sciences*, 31 (2000), p. 11-32.
Rieppel O., « The reception of Leibniz's philosophy in the writings of Charles Bonnet (1720-1793) », *Journal of the History of Biology* 21 (1988), p. 119-145.
Roe S. A., *Matter, Life and Generation : Eighteenth-Century Embryology and the Haller-Wolff Debate*, Cambridge, Cambridge University Press, 1981.
— Mazzolini R., *Science against the Unbelievers. The Correspondence of Bonnet and Needham, 1760-1780*, Oxford, Voltaire Foundation, 1986.
– « Buffon and Needham : diverging views on life and matter », *in* J. Gayon (dir.), *Buffon 88*, Paris, Vrin, 1992, p. 439-450.

ROGER J., *Les Sciences de la vie dans la pensée française du XVIIIe siècle. La Génération des animaux de Descartes à l'Encyclopédie*, 2e éd., Paris, Armand Colin, 1971.

ROLAND J., *Leibniz et l'individualité organique*, Montréal-Paris, Presses de l'Université de Montréal-Vrin, 2012.

SAVIOZ R., *Mémoires autographes de Charles Bonnet de Genève*, Paris, Vrin, 1948.

SCHMITT S., *Les Forces vitales et leur distribution dans la nature. Un essai de « systématique physiologique »*, Turnhout, Brepols, 2006.

SLOAN P. R., « Buffon, German Biology, and the historical interpretation of biological species », *British Journal for the History of Science*, 12 (1979), p. 109-153.

– « Organic molecules revisited », *in* J. Gayon (dir.), *Buffon 88*, Paris, Vrin, 1992, p. 415-438.

– « Preforming the categories : eighteenth-century theory and the biological roots of Kant's a priori », *Journal the History of Philosophy*, 40 (2002), p. 229-253.

SMITH J. E. H., *Divine Machines. Leibniz and the Sciences of Life*, Princeton, Princeton University Press, 2011.

STEFANI M., *Corruzione e generazione. John T. Needham e l'origine del vivente*, Firenze, L. S. Olschki, 2002.

STEINKE H., *Irritating Experiments. Haller's Concept and the European Controversy on Irritability and Sensibility, 1750-90*, Amsterdam-New York, Rodopi, 2005.

STERELNY K., GRIFFITHS P. E., *Sex and Death. An Introduction to Philosophy of Biology*, Chicago, University of Chicago Press, 1999.

TERRALL M., *The Man Who Flattened the Earth : Maupertuis and the Sciences in the Enlightenment*, Chicago, University of Chicago Press, 2002.

WATKINS E., « The antinomy of teleological judgment », *in* D. Heidemann (ed.), *Kant Yearbook 1*, Berlin, Walter de Gruyter, 2009, p. 197-221.

WUBNIG P., « The epigenesis of pure reason », *Kant-Studien*, 60 (1969), p. 147-152.

ZAMMITO J. H., *The Genesis of Kant's Critique of Judgment*, Chicago, University of Chicago Press, 1992.

INDEX DES MATIÈRES

INDEX DES NOMS

TABLE DES MATIÈRES

ACHEVÉ D'IMPRIMER
EN OCTOBRE 2018
SUR LES PRESSES
DE
L'IMPRIMERIE F. PAILLART
À ABBEVILLE

DÉPÔT LÉGAL : 4e TRIMESTRE 2018
Nº. IMP. 16082